住房和城乡建设部"十四五"规划教材

高等学校给排水科学与工程学科专业指导委员会规划推荐教材

有机化学

（第五版）

蔡素德　主　编

邹小兵　副主编

蒋展鹏　主　审

中国建筑工业出版社

图书在版编目（CIP）数据

有机化学 / 蔡素德主编. — 5 版. — 北京：中国
建筑工业出版社，2022.7（2023.4重印）
住房和城乡建设部"十四五"规划教材　高等学校给
排水科学与工程学科专业指导委员会规划推荐教材
ISBN 978-7-112-27403-1

Ⅰ．①有… Ⅱ．①蔡… Ⅲ．①有机化学－高等学校－
教材 Ⅳ．①O62

中国版本图书馆 CIP 数据核字（2022）第 084572 号

本书在第四版基础上进行修订，共 13 章，主要包括：绪论，烃，烃的卤
素衍生物，醇、酚、醚，醛和酮，羧酸及羧酸衍生物，含硫有机化合物，含氮
有机化合物，杂环化合物，碳水化合物，氨基酸、蛋白质、核酸，合成高分子
化合物，立体化学简介。书后附有习题参考答案及实验部分。

本书除可作为高等学校给排水科学与工程、环境科学、环境工程和建筑材
料等专业的本科生教材，亦可供相关专业的研究生、科研及工程技术人员参
考，还适合作少学时非化工专业教学用书。

为便于教学，作者特制作了与教材配套的电子课件，如有需求，可发邮件
（标注书名、作者名）至 jckj @ cabp.com.cn 索取，或到 http://
edu.cabplink.com 下载，电话（010）58337285。

＊　　　＊　　　＊

责任编辑：王美玲
责任校对：张惠雯

住房和城乡建设部"十四五"规划教材
高等学校给排水科学与工程学科专业指导委员会规划推荐教材
有　机　化　学
（第五版）
蔡素德　主　编
邹小兵　副主编
蒋展鹏　主　审

＊

中国建筑工业出版社出版、发行（北京海淀三里河路 9 号）
各地新华书店、建筑书店经销
北京红光制版公司制版
北京同文印刷有限责任公司印刷

＊

开本：787 毫米×1092 毫米　1/16　印张：22　字数：549 千字
2022 年 7 月第五版　　2023 年 4 月第二次印刷
定价：**59.00** 元（赠教师课件）
ISBN 978-7-112-27403-1
（39521）

出 版 说 明

党和国家高度重视教材建设。2016 年，中办国办印发了《关于加强和改进新形势下大中小学教材建设的意见》，提出要健全国家教材制度。2019 年 12 月，教育部牵头制定了《普通高等学校教材管理办法》和《职业院校教材管理办法》，旨在全面加强党的领导，切实提高教材建设的科学化水平，打造精品教材。住房和城乡建设部历来重视土建类学科专业教材建设，从"九五"开始组织部级规划教材立项工作，经过近 30 年的不断建设，规划教材提升了住房和城乡建设行业教材质量和认可度，出版了一系列精品教材，有效促进了行业部门引导专业教育，推动了行业高质量发展。

为进一步加强高等教育、职业教育住房和城乡建设领域学科专业教材建设工作，提高住房和城乡建设行业人才培养质量，2020 年 12 月，住房和城乡建设部办公厅印发《关于申报高等教育职业教育住房和城乡建设领域学科专业"十四五"规划教材的通知》（建办人函〔2020〕656 号），开展了住房和城乡建设部"十四五"规划教材选题的申报工作。经过专家评审和部人事司审核，512 项选题列入住房和城乡建设领域学科专业"十四五"规划教材（简称规划教材）。2021 年 9 月，住房和城乡建设部印发了《高等教育职业教育住房和城乡建设领域学科专业"十四五"规划教材选题的通知》（建人函〔2021〕36 号）。为做好"十四五"规划教材的编写、审核、出版等工作，《通知》要求：（1）规划教材的编著者应依据《住房和城乡建设领域学科专业"十四五"规划教材申请书》（简称《申请书》）中的立项目标、申报依据、工作安排及进度，按时编写出高质量的教材；（2）规划教材编著者所在单位应履行《申请书》中的学校保证计划实施的主要条件，支持编著者按计划完成书稿编写工作；（3）高等学校土建类专业课程教材与教学资源专家委员会、全国住房和城乡建设职业教育教学指导委员会、住房和城乡建设部中等职业教育专业指导委员会应做好规划教材的指导、协调和审稿等工作，保证编写质量；（4）规划教材出版单位应积极配合，做好编辑、出版、发行等工作；（5）规划教材封面和书脊应标注"住房和城乡建设部'十四五'规划教材"字样和统一标识；（6）规划教材应在"十四五"期间完成出版，逾期不能完成的，不再作为《住房和城乡建设领域学科专业"十四五"规划教材》。

住房和城乡建设领域学科专业"十四五"规划教材的特点，一是重点以修订教育部、住房和城乡建设部"十二五""十三五"规划教材为主；二是严格按照专业标准规范要求编写，体现新发展理念；三是系列教材具有明显特点，满足不同层次和类型的学校专业教学要求；四是配备了数字资源，适应现代化教学的要求。规划教材的出版凝聚了作者、主审及编辑的心血，得到了有关院校、出版单位的大力支持，教材建设管理过程有严格保障。希望广大院校及各专业师生在选用、使用过程中，对规划教材的编写、出版质量进行反馈，以促进规划教材建设质量不断提高。

住房和城乡建设部"十四五"规划教材办公室
2021 年 11 月

第五版前言

本书在第四版内容的基础上，全面梳理各类有机物的电子结构式（如具有 π 键、大 π 键、σ 键的形成、杂化轨道的类型等），重新画了它们的结构表示式；在部分有机反应方程式中也重新画了结构式。这不仅统一本书的版面，更重要的是使学生易于理解具有复杂共轭系统的有机化合物的结构，进一步掌握其化学和物理性质的特征，理解反应原理；在实验内容中：删除"无水乙醇的制备"、修改"乙酸乙酯的制备"、增加"工业乙醇的蒸馏"和"柠檬烯的提取"。

本教材是以有机化学的基础知识、基本原理为主，按官能团体系把脂肪族化合物和芳香族化合物合在一起编写。全书重点是结合各类有机物质的结构讨论化学性质。有些化合物的制备是通过某些物质的化学性质而引申出来的，所以本书对这部分弱化处理。本书的特点除保持有机化学的系统性外，还适当结合了土建类各相关专业特点，结合专业的内容是穿插在各章节里的。注有 * 号者可据不同专业和总学时情况适当选学。

全书从第 1 章到第 12 章都备有电子课件，每章后是习题且后面附有参考答案，最后是实验内容，建议实验不低于总课时的 20%。

本书承蒙清华大学蒋展鹏教授主审，提出许多宝贵意见，并经高等学校给排水科学与工程学科专业指导委员会规划推荐，重庆大学教务处、重庆大学化学化工学院资助出版，同时还得到中国建筑工业出版社高度重视、关心和支持。在此编者一并向他们致以最诚挚、最衷心的感谢。

本书除作高校给排水科学与工程、环境工程、环境科学及建筑材料等专业的教材外，也适合作少学时非化工专业的教学用书，也可供相应专业的科技人员参考。

本书由重庆大学蔡素德教授主编，邹小兵副教授副主编，参加此次编写的有秦波、蔡云飞、李葆生、胡文等。电子课件由邹小兵副教授、秦波副教授、胡文工程师制作。

限于编者水平，错误和不妥之处在所难免，敬请广大师生和读者批评指正。

编　者

2022 年元月于重庆大学

第四版前言

本书第三版自 2006 年出版以来，已使用十年了。随着有机化学学科的迅速发展、教学改革的不断深入及建筑工程类各专业（给排水科学与工程、环境工程、环境科学及建筑材料）的实际需要。在第三版内容的基础上，全书未做过多的变动，少数内容有所增删。如删去了第 14 章测定有机物结构的物理方法、第 13 章立体化学简介改作选读材料。对某些文字叙述不当之处和印刷错误进行了仔细修订。

修订后的教材是以有机化学的基础知识、基本原理为主。按官能团体系，把脂肪族化合物和芳香族化合物合在一起编写。全书重点是结合各类有机物质的结构讨论化学性质，制备方法极少，鉴于某类化合物的性质，往往就是另一类化合物的制备方法。所以有的制备是通过某些物质的化学性质而引申出来的。

全书从第 1 章到第 12 章都备有电子课件，每章后是习题且后面附有参考答案，最后是实验内容，建议实验不低于总课时的 20％。

本书的特点除保持有机化学的系统性外，还适当结合了建筑工程类各相关专业。结合专业的内容是穿插在各章节里的。注有 ＊ 号者可据不同专业和总学时情况适当选学。

本书承蒙清华大学蒋展鹏教授主审，提出许多宝贵意见，并经高等学校给排水科学与工程学科专业指导委员会规划推荐，重庆大学教务处、化学化工学院资助出版，编写过程中得到中国建筑工业出版社责任编辑王美玲的高度重视，关心和支持。在此编者一并向他们致以最诚挚、最衷心的感谢。

本书除作高校给排水科学与工程、环境工程、环境科学及建筑材料等专业的教材外，也适合作少学时非化工专业的教学用书，也可供相应专业的科技人员参考。

本书由重庆大学蔡素德教授主编，邹小兵副教授副主编，参加此次编写的还有秦波、赵纯兰、罗东华、罗自萍、高俊敏、龙绪兰、胡文等。电子课件由邹小兵副教授、秦波副教授、胡文工程师制作。

限于编者水平，错误和不妥之处在所难免，敬请广大师生和读者批评指正。

编　者

2016 年 5 月于重庆大学

第三版前言

本书在第二版内容的基础上，增加了紫外光谱、红外光谱、核磁共振谱、质谱等谱学方面的基础知识。同时结合给水排水工程、环境工程、建筑材料等专业增加了高分子分离膜、高分子絮凝剂及生物降解高分子等内容。由于近年来扩大招生，老师们对学生的作业很难做到每本都改，所以在书的后面新增加了各章习题参考答案。

修订后的教材分上下两篇，上篇为有机化学的基础知识、基本原理、各类有机物质的结构和性质。部分结合专业的知识是穿插在各章有关内容里。下篇主要是结合专业及新增加的内容。这篇都属选用部分。根据各学校各专业的教学计划安排，斟酌取舍。

本书承蒙清华大学蒋展鹏教授主审，提出许多宝贵意见，并经高等学校给水排水工程专业指导委员会审查推荐，重庆大学教务处支助出版。编者谨向蒋展鹏教授、专业指导委员会的专家们及本校教务处致以衷心的感谢。

本书除可作为高校给水排水工程、环境工程、环境科学、建筑材料等专业的教材外，也可供该专业硕士研究生、相关科研、技术人员参考，还适合少学时非化工有关专业作教学用书。

参加本书第三版编写的同志，除参加第二版编写的同志外，还有邹小兵（副主编）、罗自萍、高俊敏等。

限于编者水平，错误和不妥之处在所难免，敬请广大师生和读者批评指正。

编　者
2006 年元月于重庆大学

第二版前言

本书自 1989 年出版以来，已过十几年。为了适应有机化学学科的不断发展，教学改革的不断深入及建工类各专业（给水排水、环境工程、城市燃气、建筑材料等）教学计划的修订、学分制的推行，为了进一步加强教材建设、提高教学质量，我们对全书作了系统的修改，使之成为更具有建工特色，更适合给水排水等专业使用的教材。

修订后的教材是以烃及烃的几大衍生物为核心，将开链烃中必须掌握的基础知识（分类、同分异构及命名）集中编写，这一部分可作自学内容，通过课堂讨论或作业来检查自学效果。另外在各章节中不同程度的更新了一些内容，修改了某些叙述不当之处。同时增加了一些生物化学、立体化学的选读材料。结合专业的知识是穿插在各章有关内容里。各章均有习题，最后是实验内容。

本书按修改后的"教学基本要求"定为 45～55 学时，其中实验内容建议不低于 20%。注有 * 号者，可根据不同专业和总学时情况适当选学。

全书承蒙清华大学蒋展鹏教授主审，提出许多宝贵意见，并经建设部高等给水排水工程学科专业指导委员会审查后推荐出版。编者谨向蒋展鹏教授、专业指导委员会的同志们致以衷心的感谢。

本书由重庆大学蔡素德教授主编。参加编写的有赵纯兰、罗东华、龙绪兰。梁建军绘图。

限于编者水平，书中的错误和不妥之处一定仍然存在，敬希各校师生和读者批评指正。

编　者

2001 年元月于重庆大学

第一版前言

本书根据给水排水专业"有机化学教学基本要求"编写而成。它是给水排水专业的基础理论及基础技术课教材。也可以作高等学校建筑工程类城市燃气，建筑材料等专业的教材，还可供环境工程专业试用。

为了使学生能在较少学时数的情况下，学好"有机化学教学基本要求"规定的内容。本书以基础知识、基本原理为主，按官能团体系，把脂肪族化合物和芳香族化合物合在一起编写。全书重点是结合各类有机物质的结构讨论主要性质，制备方法极少。有的制备是通过某些物质的化学性质而引申出来的。

本书的特点除保持有机化学一定的系统性外，还适当结合了建筑工程类各有关专业。并包括实验内容，每章后附有习题。

本书按"有机化学教学基本要求"规定为 45～55 学时，其中实验内容建议不低于20％，注有 * 号者，可根据不同专业和总学时情况适当选学。

本书承蒙华东化工学院徐寿昌教授主审，提出许多宝贵意见，并经给水排水及环境工程类专业教学指导委员会推荐出版。编者谨向徐寿昌教授，指导委员会的同志们致以衷心的谢意。

本书初稿还承重庆建筑工程学院有机化学教研组及其他兄弟院校部分同志试用和指正，特此表示谢意。

本书由重庆建筑工程学院蔡素德主编，参加实验内容编写工作的还有赵纯兰、罗东华、王茹、龙绪兰等同志。

在本书编写过程中，承张凌生、叶晓芹和许思农等同志担任缮写和绘图工作，特此表示感谢。

由于编者水平有限，错误与不妥之处在所难免，敬希各校师生和读者予以批评指正。

编 者
1988 年 8 月于重庆建筑工程学院

目　　录

第1章 绪 论

1.1 有机化合物和有机化学

化学是研究物质的组成、结构、性质及其变化规律的科学。物质就其组成和性质来说可以分为无机化合物和有机化合物两大类。无机化合物大多是从矿物中得到的物质，如金属、食盐、氧气等，而有机化合物在人们不能合成之前都是来自动物植物，如酒、糖、醋、油脂、尿素等。它们的分子组成中都含有碳元素。动物植物都是有生命力的"有生机之物"，从它们得到的化合物与无机化合物在组成及性质上有明显的差别，最早人们就指来源于动物植物体的物质为有机化合物。后来，随着科学实践的进展，用无机化合物为原料合成出了一些有机化合物，从此有机化合物和无机化合物不再因来源而划分，而是以其组成中特有的碳元素为它们的特征。所以，有机化合物就是含碳化合物。

有些简单的含碳化合物如二氧化碳、碳酸和碳酸盐等，由于它们的结构和性质与一般的无机化合物相似，习惯上将它们归属于无机化合物。

另外，有机化合物的组成中除都含有碳元素外，绝大多数还含有氢元素，有的还含有氧、硫、氮及卤素等元素，故有机化合物（有机物）也可以看作是碳氢化合物及其衍生物。有机化学就是研究此类化合物的结构、性质、合成、变化、应用及与此相关理论的一门学科。

衍生物是指烃分子中的氢原子被其他的原子或原子团取代而衍生出来的另一种化合物，称为衍生物。如一氯甲烷、甲醇、硝基甲烷等都是甲烷的衍生物。

有机化学是化学的一个重要分支，它成为一门独立的科学，是化学科学发展的必然结果。有机化合物与无机化合物之间并无明显的绝对界限，但有机化合物还是具有它的特性。

1.2 有机化合物的特点

有机化合物是含碳的化合物。碳原子处于元素周期表的第二周期，恰在电负性极强的卤素和电负性极弱的碱金属之间，这个特殊的位置决定了有机化合物的一些特殊性质。一般地讲，有机化合物与无机化合物比较，有以下特点：

一般有机物都容易燃烧。例如酒精、汽油、乙炔等都容易燃烧。而无机物一般不易燃烧。因此，人们常用引燃的方法判断一个化合物是有机化合物还是无机化合物。

有机化合物一般难溶于水，而易溶于非极性或极性小的有机溶剂中。

有机化合物熔点低，一般不高于400℃。它们的沸点也比无机化合物低，一般不超过350℃左右。若温度再高时，则分解。

有机化合物的反应速度慢，一般常需要加热或加催化剂来加速反应。

有机化合物的反应复杂，常有副反应发生。有机反应往往并不按照某一反应式定量地进行。一个有机反应若能达到 $60\%\sim70\%$ 的理论产量，就算是比较满意的反应了。

还有一个重要特点，就是有机化合物数目繁多。

以上所列举的几个特点只是有机化合物的一般特性，并不是绝对的标志。某些有机化合物如四氯化碳不但不能燃烧，而且可作灭火剂。又如蔗糖、酒精、醋酸等也是非常容易溶于水的。有些有机物发生反应的速度也很快，甚至以爆炸形式进行。因此，在认识有机化合物的共性时，也要注意它们的个性。

有机化合物的这些特点与它的结构有着密切的关系：

有机物分子中的原子主要是以共价键相结合。一般来说，原子核外未成对的电子数，也就是该原子可能形成的共价键的数目。例如，氢原子外层只有一个未成对的电子，所以它只能与另一个氢原子结合形成双原子分子，而不可能再与第二个氢原子结合，这就是共价键的饱和性。

量子力学的价键理论认为，共价键是由成键原子电子云重叠形成的，这就决定了共价键有方向性。

共价键的饱和性和方向性决定了每一个有机分子都是由一定数目的某几个元素的原子按特定的方式结合形成的，每一个有机分子都有其特定的大小及立体形状。分子的立体形状与分子的物理、化学性质都有很密切的关系。有机化合物中的立体化学是近代有机化学的重要研究课题之一。

离子型化合物与共价化合物由于它们的化学键本质的不同，所以在性质上有较大的区别。在共价化合物中，极性化合物与非极性化合物在物理及化学性质上也有所差异。以共价键形成的化合物，虽然有的具有极性，但不是离子型物质而是中性分子，分子之间只存在着较弱的范德华力，而不是正、负离子间的较强的静电引力。基于结构上的差异，有机化合物与无机化合物在物理性质方面有较大的区别。

在晶体中，作为结构单元的质点是规则地排列着的。例如氯化钠晶体中的 Na^+ 与 Cl^- 彼此依靠较强的静电引力相互约束在一定的位置上。当晶体加热时，质点吸收的热能大到足以克服约束它们成规则排列的作用力时，这种有秩序的排列就被破坏，晶体便熔化而成液态。显然要克服离子间较强的静电引力就需要相当高的温度。如氯化钠的熔点是 $800℃$。

对于非离子型的有机化合物晶体来说，作为结构单元的质点分子，分子之间只有较弱的范德华力，要克服这种分子之间的作用力不需很高的能量，所以一般有机化合物的熔点较低。

离子化合物在液态时，它的单元仍然是离子，虽然它们排列得并不规则，而且运动比较自由，但是正、负离子之间仍然相互制约着，所以要克服内在的这种作用力仍然需要一定的能量，如氯化钠的沸点就高达 $1440℃$，而非离子型化合物在液态时其单元是分子，所以它们的沸点要比离子型化合物低很多。在非离子型化合物中，极性分子间的作用力比非极性分子强，所以极性分子的沸点较高，如甲醇（CH_3OH）的沸点（$65℃$）比非极性的甲烷（CH_4，沸点 $-161℃$）要高 $226℃$。

"相似相溶"是物质溶解性能中的一个经验规律。其本质是结构相似的分子之间的作用力比结构上完全不同的分子之间的作用力强，例如氯化钠可溶于水而不溶于汽油中，但石蜡则不溶于水而溶于汽油。这是由于水是极性分子，对极性物质易溶，而汽油是非极性分子，它不具备拆散离子晶格的能力。但汽油分子之间的作用力与石蜡分子之间的作用力相似，所以石蜡分子之间的作用力可被汽油与石蜡之间的作用力所代替，从而可以使石蜡分子分散于汽油中。由此可见，有机化合物的溶解性能主要取决于它们的极性。极性强的化合物易溶于极性强的溶剂，而弱极性或非极性化合物则易溶于弱极性或非极性的溶剂中。例如，乙醇可以溶于水中而甲烷则能溶于四氯化碳中，但乙醇在水中的溶解过程与氯化钠在水中的溶解过程不同，前者呈分子状态而后者则被水拆成正、负离子。

在化学性质方面，典型的离子化合物在水溶液中以离子存在，离子之间的反应速度快，例如，Ag^+ 遇 Cl^- 立即形成氯化银沉淀，而大多数有机化合物以分子状态存在，分子之间发生化学反应必须使分子中的某个键破裂才进行，所以一般说来，大多数有机反应速度慢，需要一定的时间，有的可长达几十小时才能完成。此外，由于有机化合物分子大都是由多个原子形成的复杂分子，所以当它与另一试剂作用时，分子中易受试剂影响的部位较多，而不是只局限于某一特定部位。因此在主反应之外，常伴随着不同的副反应。从而得到的产物往往是混合物。这就给研究有机反应及制备纯的有机化合物带来了许多麻烦。

有机化合物中普遍存在着同分异构现象，这是造成有机化合物数目繁多的主要原因。有机化合物分子中碳原子之间可以彼此结合形成直链、支链及环状的稳定化合物，同时碳原子之间还可按不同的形式（单键、双键和叁键）相结合形成不同的稳定化合物，而无机化合物中很少有这种现象。

1.3　有机化合物的结构

1.3.1　有机分子结构的两个基本原则

对于一个有机分子，只测定它的实验式、分子量并没有全面认识它，往往因为好几个有机化合物都具有相同的分子式，而它们的物理、化学性质却并不相同。这就是同分异构现象（以后简称异构现象）。两个或两个以上的具有相同组成的物质叫作同分异构体。异构体的不同是因为分子中各个原子的结合方式不同而产生的，这种不同的结合叫作结构。一个分子中如有几十个原子，将有多少不同的结构？有机化合物的结构问题成了一大难题。到 1857 年凯库勒（A·Kekule）及古柏尔（A·Couper）收集了很多资料，同时还研究了多种碳化合物之后，两人独立地同时得出了下面两个极重要的关于有机结构的基本问题。

1. 碳原子是四价原子

无论在简单的或复杂的化合物里，碳原子和其他原子的数目总是保持着一定的比例。例如：在甲烷（CH_4）、四氯化碳（CCl_4）、氯仿（$CHCl_3$）中都是由一个碳原子与四个其他原子结合。若认为每一种原子都有一定的"化合力"，把这种力叫作价。定氢为一价，则碳在上面几个化合物中就必定是四价的。

有很多碳氢化合物，如 C_2H_6、C_3H_8 等，表面上看来碳的原子价似乎也是在变动的，但这和碳原子四价的概念毫无矛盾之处。在下面将会看到，要解释这些化合物，就必须用碳原子四价的观念。

他们除发现碳是四价外，还注意到碳的四个价键是相等的。当一个碳原子和三个氢原子及一个氯原子相结合成一个化合物时，若用一条短直线代表一价，则这个化合物可用下

式表示:

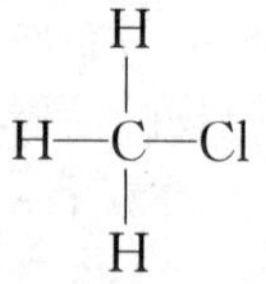

$$
\begin{array}{c}
H \\
| \\
H-C-Cl \\
| \\
H
\end{array}
$$

假若碳原子的四个键不相等的话,则下面所写的三个化合物应有别于上面的化合物。

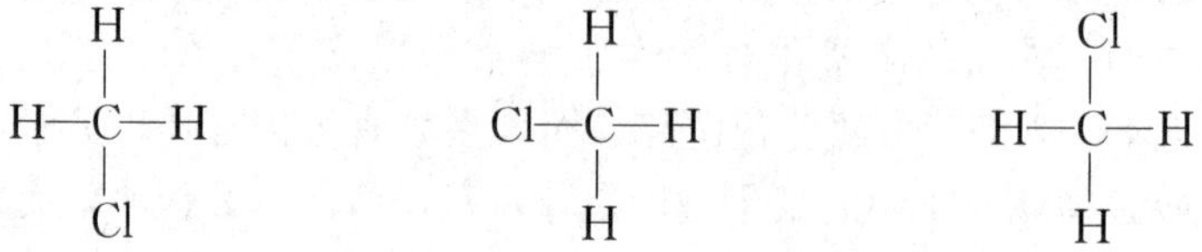

$$
\begin{array}{ccc}
H & H & Cl \\
| & | & | \\
H-C-H & Cl-C-H & H-C-H \\
| & | & | \\
Cl & H & H
\end{array}
$$

但事实证明,含有一个碳原子,三个氢原子及一个氯原子的化合物只有一个。也就是说 CH_3Cl 这个化合物没有异构体,因此我们必须承认碳原子的四个价键是相等的。若承认这个事实,则上面四个式子就应该完全相同,不管氯原子写在上、下、左、右,都是一样的,仅是写法不同而已。

2. 碳原子自相结合成链

碳原子之间可以用一价自相结合成为一个链子,即碳原子不但可以和其他元素的原子结合,而且自己也可以各用一个单位的化合力相互结合起来,这样重复结合下去,可以形成很长的碳链。如:

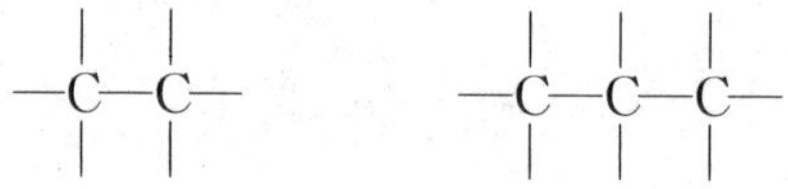

$$
-C-C- \qquad -C-C-C-
$$

假若剩下的每个价键都和氢相结合就得到 C_2H_6,C_3H_8……,因此这些化合物可用如下方式写出,从中可以看到每一个化合物中碳原子都仍是四价的:

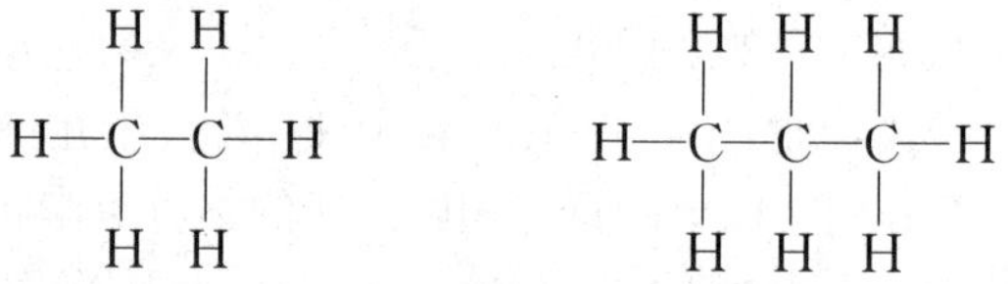

上面式子除了说明每一分子中所含的碳原子和氢原子的数目外,还说明了碳和氢结合的方式,也就是说它们代表着分子中原子的种类、数目和排列的次序,因此把它们叫作结构式。结构式中的每一条线代表一个价键,故把每一条线叫作键。如果两个原子各用一个价键相结合,这种键叫作单键。

碳与碳之间不仅可以以单键相结合,而且还可以用两个价键或三个价键彼此自相结合成碳链或碳环。

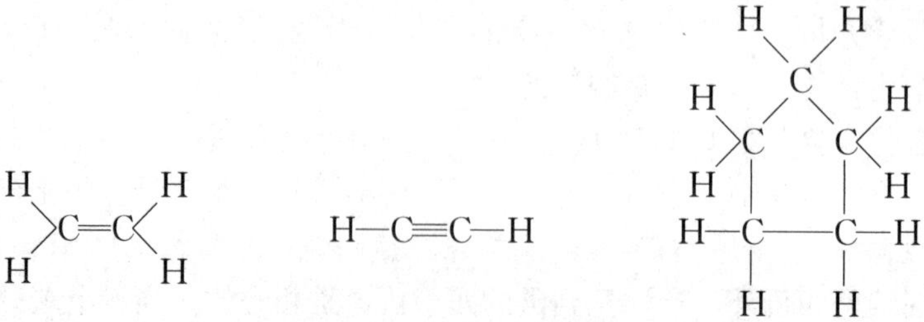

凯库勒和古柏尔推导出来的这两个基本原则,具有特殊的重要意义,不但可以看出各

4

个原子在分子中结合的次序，解决了异构现象问题，而且可以把当时已知的绝大多数有机物质放在一个体系之内，即每一个有机化合物在这个体系之内都有它合理的位置。如 C_4H_{10} 这个分子，若按上面的两个基本原则，只能有两种不同的排列方式，也就是说只能有两个同分异构体。

$$
\begin{array}{ccccc}
& H & H & H & H \\
& | & | & | & | \\
H- & C- & C- & C- & C-H \\
& | & | & | & | \\
& H & H & H & H
\end{array}
\qquad
\begin{array}{cccc}
& H & H & H \\
& | & | & | \\
H- & C- & C- & C-H \\
& | & | & | \\
& H & CH_3 & H
\end{array}
$$

除这两个式子以外，无论直着写，斜着写或横着写再也写不出第三个式子来，因此这个化合物只有两种异构体，事实证明也是这样。经过千百万个化合物的考验，证明这两个基本原则在绝大多数的场合下可以同样使用而无错误。

自从量子力学发展以来，在原子形成分子的概念上也有了更深的理解。有机化学中也引进了新的理论，虽然旧的还在应用，但已用现代理论对之加以解释。

共价键是有机化合物分子中最普遍的一种典型键，也就是在研究有机化合物分子时最重要的键。

1.3.2 共价键的性质

共价键的重要性质表现于键长、键角、键能和键的极性等物理量。

1. 键长

键长是指成键原子的核间距离。键长单位常以 Å （10^{-10} m）表示。不同共价键的键长是不相同的。例如 C—H 键的键长为 1.09Å，C—C 键的键长为 1.54Å。表 1-1 中为常见的共价键的键长。

一些共价键的键长

表 1-1

键	键长（Å）	键	键长（Å）
C—H	1.09	C=C	1.33
C—C	1.54	C=O	1.22
C—Cl	1.76	C=C	1.20
C—Br	1.94	C=N	1.30
C—I	2.14	C≡N	1.16
N—H	1.03	C—N	1.47
O—H	0.97		

同一类型的共价键的键长在不同的化合物中可能稍有差别，因为构成共价键的原子在分子中不是孤立的，而是相互影响的。

2. 键角

两个共价键之间的夹角叫键角。例如，甲烷分子中 H—C—H 的键角为 109.5°。但在烷烃分子中因为和碳原子结合的原子团不完全相同，由于这些原子的相互影响，所以烷烃分子的键角稍有变化。例如，丙烷中的 C—CH_2—C 键角便是 112°。

3. 键能

共价键形成时放出的能量或共价键断裂时所吸收的能量便叫作键能。双原子分子的键能也就是它的离解能。在 1 大气压下，25℃时 1mol 的双原子分子（气态）离解为原子

（气态）所需要的能量就是该分子的离解能。通常用焓变△H来表示。吸热为"＋"，放热为"－"。例如

$$H_2 \longrightarrow H \cdot + \cdot H \qquad \triangle H = +435kJ/mol$$

$$Cl_2 \longrightarrow Cl \cdot + \cdot Cl \qquad \triangle H = +244kJ/mol$$

多原子分子的每个共价键的离解能是不一样的，例如甲烷中每个C—H键离解时的能量是不同的：

$$CH_4 \longrightarrow \cdot CH_3 + H \cdot \qquad \triangle H = +435kJ/mol$$

$$\cdot CH_3 \longrightarrow \cdot CH_2 + H \cdot \qquad \triangle H = +443kJ/mol$$

$$\cdot CH_2 \longrightarrow \cdot CH + H \cdot \qquad \triangle H = +443kJ/mol$$

$$\cdot CH \longrightarrow \cdot C \cdot + H \cdot \qquad \triangle H = +338kJ/mol$$

多原子分子中同类型共价键的键能是各个键离解能的平均值，如C—H键的键能就可以取上列甲烷各个C—H键离解能的平均值。

$$（435+443+443+338）/4 = 415kJ/mol$$

键能是化学键强度的主要标志之一，它在一定程度上反映了键的稳定性。相同类型的共价键，键能越大，键越稳定，表示该键越牢固。表1-2中为常见的共价键键能。

一些共价键的键能 表1-2

键	键能（kJ/mol）	键	键能（kJ/mol）
C—C	347	C—F	485
C—H	415	C—Cl	349
C—N	307	C—Br	285
C—O	360	C—I	218
O—H	464	N—H	389

4. 元素的电负性与键的极性

元素的电负性即指该元素原子在分子中吸引电子的能力。若为相同原子形成的共价键则为非极性键，如H_2等；若为不相同的原子形成的共价键则为极性键。如：

$$\overset{\delta^+}{H} \longrightarrow \overset{\delta^-}{Cl}$$

因为各个原子的电负性不同，成键的电子云总是或多或少地偏向电负性较大的原子，如HCl中氯原子的电负性大于氢原子，成键电子云偏向氯原子，氯原子的电子云密度大些，带微量负电荷，用δ^-表示；氢原子电子云密度小些，带微量正电荷，用δ^+表示。组成共价键的两原子，电负性相差越大，键的极性也越大。常见元素电负性见表1-3。

常见元素电负性值 表1-3

元　素	H	C	N	O	F	Al	Si	P	S	Cl	Br	I
电负性	2.1	2.5	3.0	3.5	4.0	1.5	1.8	2.1	2.5	3.0	2.8	2.6

共价键极性的大小是用键的偶极矩来量度的。偶极矩（μ），是电荷（e）与正、负电荷中心之间的距离（d）的乘积。$\mu=e \cdot d$，单位用德拜（Debye）D 表示。偶极矩是有方向性的，用→表示，箭头指向带负电荷的一端，如 HCl

$$H—Cl$$
$$— | \longrightarrow$$
$$\mu=1.03D$$

偶极矩的大小表示有机分子极性的强弱，键的偶极矩越大表示键的极性越大。分子的偶极矩是各共价键偶极矩的向量和。因此在有的分子中，虽然各化学键有极性，当各化学键的极性正好抵消时，这个分子便没有极性。如乙炔，虽然有两个极性的 C—H 键，但它们都是线性分子，并且是对称的，所以分子没有极性，偶极矩为零：

$$\overset{\delta^+}{H}—\overset{\delta^-}{C}\equiv\overset{\delta^-}{C}—\overset{\delta^+}{H}$$
$$\longrightarrow \quad \longleftarrow$$
$$\mu=0$$

一切饱和烃，不论其结构如何，各个 C—H 键虽有很小的极性，然而正好互相抵消，因此偶极矩均为零。

在实验室中直接测量出来的是整个分子的偶极矩，键的偶极矩是根据许多分子的偶极矩计算出来的平均值。一些键的偶极矩见表 1-4。

常见共价键的偶极矩（D） 表 1-4

键	偶 极 矩	键	偶 极 矩
C—N	1.15	N—H	1.31
C—O	1.5	C—H	0.4
C—Cl	2.3	O—H	1.50
C—Br	2.2	Cl—H	1.03
C—I	2.0	S—H	0.68

分子的极性对熔点、沸点和溶解度都有影响，键的极性对化学反应也有决定性的作用。

1.4 有机化学反应的基本类型

化学反应是旧键断裂及新键的形成过程。有机化合物多为共价键化合物，其反应进程不同于无机化合物瞬间的离子反应。在有机化学反应中，旧键的断裂有两种方式。

1. 均裂
一个共价键断裂时，组成该键的一对电子由键合的两个原子各保留一个。

$$A \overset{..}{.} B \xrightarrow{均裂} A \cdot + B \cdot$$

按此种方式断裂而产生的带单电子的原子（或原子团）称为自由基（或称游离基），按此种方式进行的反应称为"自由基反应"。

7

2. 异裂

成键的一对电子保留在一个原子上。

$$A\!:\!B \xrightarrow{\text{异裂}} A^+ + B^-$$

异裂产生的是离子。按异裂进行的反应叫"离子型"反应，它不同于无机化合物的离子反应。这种反应是通过共价键的异裂，形成一个离子型的中间体来完成的。

所以有机化学反应按化学键的断裂类型可分为自由基（游离基）型反应和离子型反应两大类型。

1.5 有机化合物的分类

有机化合物种类繁多。据相关资料，已知的有机化合物约有 800 万种，每年大约增加 30 万种，平均每天增加千种之多。因此，它们的分类具有很重要的意义。一般的分类方法有两种，即根据分子中碳的骨架或按照决定分子主要化学性质的特殊原子或基团（官能团）来分类。

1.5.1 按碳的骨架分类

1. 开链化合物
在开链化合物分子中，碳原子相互结合成链状，而不形成环状。例如：

$$CH_3—CH_2—CH_3 \qquad CH_3CH\!=\!CH_2 \qquad CH_3CH_2CH_2OH$$

　　　　丙烷　　　　　　　　　丙烯　　　　　　　　　丙醇

由于这类化合物最初是在油脂中发现的，所以又叫脂肪族化合物。

2. 碳环化合物
在碳化合物分子中含有完全由碳原子组成的环。根据碳环的特点，它们又分为以下两类：

（1）脂环族化合物　由开链化合物关环而成。性质与脂肪族化合物相似。例如：

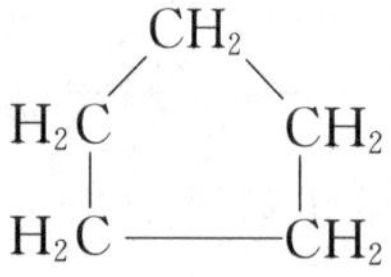

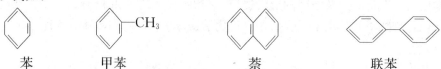

　　　　环戊烷 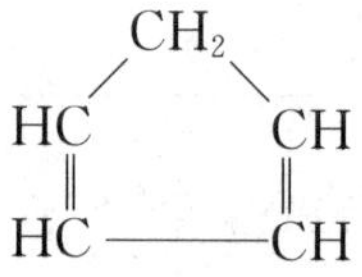　　　　　　　　环戊二烯 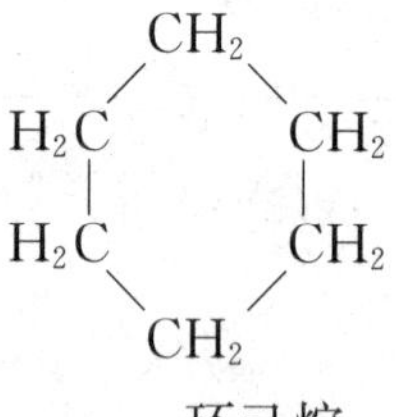　　　　　　　　　环己烷

（2）芳香族化合物　分子中有一个或多个苯环，它们在性质上与脂肪族化合物有较大的区别。例如：

苯　　　　　　甲苯　　　　　　　　萘　　　　　　　　联苯

由于这类化合物最初是由具有芳香气味的有机化合物中发现的，所以把它们叫作芳香族化合物。

3. 杂环化合物
分子中的环是由碳原子和其他元素的原子组成的，叫作杂环。含有杂环的化合物叫杂环化合物。例如：

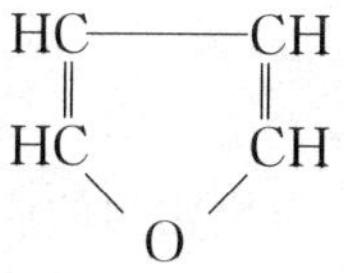

| 呋喃 | 吡啶 | 喹啉 |

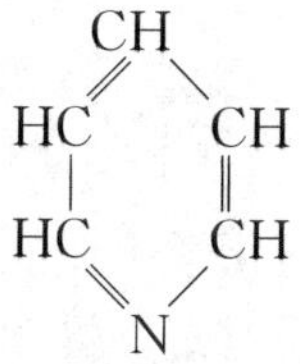

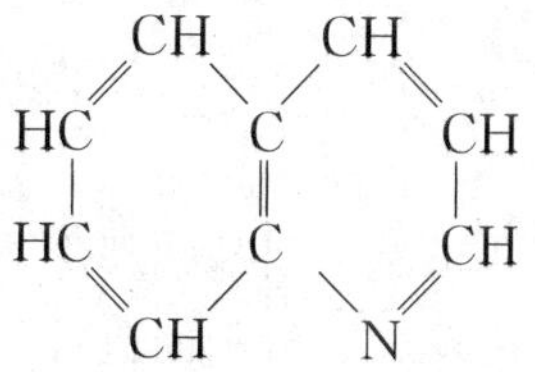

1.5.2 按官能团分类

按官能团分类的方法，是将含有同样官能团的化合物归为一类，因为一般来说，含有同类官能团的化合物在化学性质上是基本相似的。下面就是根据这个分类方法，由简单到复杂分类编排的。常见有机化合物的类别和官能团见表1-5。

常见有机化合物的类别和官能团 表1-5

有机化合物			官能团	
类 别	名 称	通 式	结 构	名 称
碳氢化合物	烯 烃	C_nH_{2n}	$\diagup C=C \diagdown$	碳碳双键
	炔 烃	C_nH_{2n-2}	$—C≡C—$	碳碳叁键
含卤化合物	卤 代 烃	RX	$—X$	卤 基
含氧化合物	醇	ROH	$—OH$	羟基（醇）
	酚	ArOH	$—OH$	羟基（酚）
	醚	$R—O—R'$	$—O—$	醚 键
	醛	$R—CHO$	$H—C=O$	醛 基
	酮	$R—\overset{}{\underset{O}{C}}—R'$	$—C=O$	羰 基
	羧 酸	$R—\overset{O}{C}—OH$	$—\overset{O}{C}—OH$	羧 基
含氮化合物	腈	$R—CN$	$—C≡N$	氰 基
	硝基化合物	$R—NO_2$	$—N\overset{O}{\underset{O}{}}$	硝 基
	胺	$R—NH_2$	$—NH_2$	氨 基
	偶氮化合物	$Ar—N=N—Ar$	$—N=N—$	偶 氮 基
	重氮化合物	$Ar—N≡N·X$	$—N≡N·X$	重 氮 基
含硫化合物	硫 醇	$R—SH$	$—SH$	巯 基
	砜及亚砜	$R—\overset{O}{\underset{O}{S}}—R$ 、 $R—\overset{O}{S}—R'$	$—\overset{O}{\underset{O}{S}}—$ 、 $—\overset{O}{S}—$	砜基，亚砜基
	磺 酸	$R—SO_3H$	$—SO_3H$	磺 酸 基

1.6 有机化学与建筑工程

有机化学是一门基础理论课程，是有机化学工业的理论基础。有机化学的成就和有机化学工业的发展，对于创造日益增加的物质财富，推动国民经济各个部门和科学技术的发展都将起着十分重要的作用。同时在我们物质生活中几乎离不开有机物质。

随着工业的高速发展，工矿企业排放出来的"三废"已成为许多国家亟待解决的难题。尤其近百年来有机合成工业已显示了无与伦比的威力，制造出多种多样的自然界没有的物质。但是其中许多是毒性很强的物质，它们可使江河湖海和空气都遭受到严重的污染。如果对污染不给予应有的重视和严格控制，将来我们会不会把地球这个太阳系内有生命奇迹的星体又变回到亿万年前那种荒漠死寂的景象呢？因此能不能把这些有害的分子变成有用而无毒分子、能不能从某些废物中回收有用的原料、能不能从废水中除去消耗水中溶解氧的有机物及有毒物等已是有机化学工作者、给水排水工作者及环境保护面临的一个极其迫切的重要课题。这是全世界的一件大事情。所以一个给排水科学与工程专业的工程技术人员如果不具备有机化学的基本知识，要处理好这些问题将会遇到一些困难，或者说不能从根本上去治理它们。同时，在水源处理方面也要具备相当水平的有机化学基础知识。为了进一步提高水处理技术，给排水科学与工程专业、环境工程专业的学生及工程技术人员必须具有一定的有机化学理论知识及实验操作技能。

城市燃气化是城市现代化的重要标志之一。城市中大量地使用燃气及集中供热，可以大量节约能源，有利于环境保护；有利于提高人民生活水平。燃气生产的主要原料是煤、石油及天然气。而有机化学工业是以煤为基础，一方面应用煤焦油中的芳香烃发展染料、合成药物、香料、炸药等化学工业，另一方面通过电石、乙炔发展高分子化学工业。目前石油是有机化学工业的新来源，石油所提供的有机化工原料已占全部化工原料的80%以上。由此可知城市燃气生产的原料与有机化学工业的主要原料都是煤、石油及天然气等。这两者之间有着密切的联系。若这两种工业相互结合起来便能充分利用这些原料，净化环境。所以有机化学既是有机化学工业的理论基础又是培养城市燃气专业高级技术人员及科学研究人员必不可少的技术基础理论。

材料是人类跨越时代的物质基础。建筑材料中的粘结材料、嵌缝材料、胶凝材料等大部分都是有机化合物，尤其是当前建筑业的蓬勃发展，改善混凝土的某些性能已是当务之急，如改善它的和易性，提高它的强度和耐久性或者为了缩短施工工期，节约水泥等。必须使用一定的外加剂，其中有机外加剂效力特别高。如：目前最受瞩目的新一代高效能聚羧酸系减水剂。特种砂浆用有机硅憎水剂、建筑防水材料硅烷改性聚醚密封胶、防护与修复用硅氧烷混凝土防护剂、建筑节能保温用聚氨酯硬（泡）保温材料等。像这些为了新型建筑材料的研究开发，该专业的学生或科学技术人员都应具备一定的有机化学基础知识，为从事该专业的研究和开发新型建筑材料奠定技术基础理论，为选择各种性能不同的混凝土外加剂提供理论指导。

习　题

1. 下列化合物哪些是无机化合物？哪些是有机化合物？

(1) 乙醇 C_2H_5OH　　　　(2) 氰化钠 NaCN

(3) 乙酸 CH_3COOH　　　(4) 碳酸钠 Na_2CO_3

(5) 硫氰化钾 KCNS　　　　(6) 脲 H_2NCONH_2

2. 简单说明下列术语。

键能　键长　键角　共价键　极性共价键　官能团　电负性

3. 写出下列化合物的一种主要官能团，并指出官能团的名称，各属哪一类？

(1) CH_3CH_2Br　　　　　　　　(2) CH_3NO_2

(3) $CH_2{=}CH{-}CH_3$　　　　　(4) $CH_3{-}O{-}CH_3$

(5) $CH_3CH_2{-}OH$　　　　　　(6)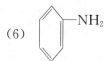

(7) 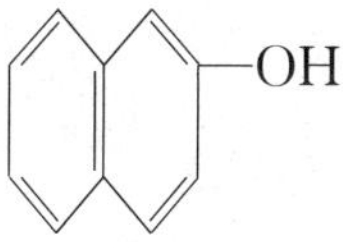 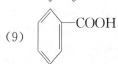　　　　　(8)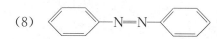

(9)

4. 下列各化合物中哪个元素的电负性强？

(1) SO_2　　　(2) PBr_3　　　(3) HF　　　(4) $SiCl_4$　　　(5) HI

第 2 章 烃

由碳和氢两种元素组成的化合物叫作烃。烃类又叫作碳氢化合物，其他各类有机化合物都可看成是由烃衍生出来的，所以烃是有机化合物的母体。

按分子中碳原子之间连接的方式以及键不同，可把烃的分类如下：

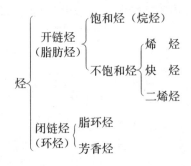

2.1 开链烃的概况

2.1.1 开链烃的含义、分类及通式

开链烃又叫脂肪烃。在化学结构上具有不封闭的链状结构的烃叫作开链烃。根据它的结构和性质又可分为饱和烃和不饱和烃。

1. 饱和烃

饱和烃又称烷烃，它是分子中碳碳间均以单链（C—C）相连，而其余价键均为氢原子所饱和的开链烃，又称石蜡烃。

最简单的烷烃是甲烷，它是由一个碳原子四个氢原子组成即 CH_4；随着碳原子数的增加，依次为乙烷、丙烷、丁烷等，分子式依次为

甲烷　　CH_4　　　　$C_1H_{2\times1+2}$

乙烷　　C_2H_6　　　$C_2H_{2\times2+2}$

丙烷　　C_3H_8　　　$C_3H_{2\times3+2}$

丁烷　　C_4H_{10}　　$C_4H_{2\times4+2}$

不难看出，这些化合物的组成，可用一个通式表示，即 C_nH_{2n+2}。

2. 不饱和烃

在开链烃分子中，碳原子之间具有双键或叁键的碳氢化合物叫作不饱和烃。它们又分为烯烃、炔烃和二烯烃。

（1）烯烃　含一个双键的不饱和烃叫作烯烃。它们比起相应的烷烃缺少两个氢原子，因此，它们的通式为 C_nH_{2n}。

如： CH_2=CH_2　　　　乙烯

　　　CH_2=CH—CH_3　　丙烯

（2）炔烃　含有叁键的不饱和烃叫作炔烃。它们比相应的烷烃少四个氢原子，因此它们的通式为 C_nH_{2n-2}。

如：CH≡CH　　　　乙炔

　　CH≡C—CH_3　　丙炔

（3）二烯烃　含有两个双键的不饱和烃叫作二烯烃。二烯烃比烯烃多一个双键，需要从烯烃的相邻两个饱和碳原子上各去掉一个氢原子，所以二烯烃比烯烃少两个氢原子。

如： CH_2=CH—CH=CH_2　　　　　　1，3—丁二烯

　　　CH_2=CH—CH=CH—CH_3　　　　1，3—戊二烯

它们的通式为 C_nH_{2n-2}。这个通式与炔烃的通式相同。因此同数碳原子的二烯烃与炔烃也是同分异构体。

2.1.2　同系列和同系物

从烷烃、烯烃、炔烃和二烯烃等的通式可看出，每一类化合物代表一系列物质。在这同一系列物质中，任何相邻的两个烃，在组成上都是相差一个 CH_2 原子团（亚甲基），不相邻的烃则相差两个或多个 CH_2。像这样在组成上相差一个或多个 CH_2，而且具有同一个通式的化合物系列叫作同系列。同系列中的各化合物叫作同系物。相邻的两个同系物在组成上的差额，即 CH_2，叫作系差。如：

烷烃同系列为甲烷、乙烷……；

烯烃同系列为乙烯、丙烯……；

炔烃同系列为乙炔、丙炔……。

在同系列内，同系物具有相似的结构和化学性质；它们的物理性质，常常是随着分子量的改变而显示出规律性的变化。因此，当我们知道了其中某种化合物的性质时，就可以推测同系列中其他化合物的性质，而使我们在学习和研究工作中得到许多方便。

2.1.3　开链烃的同分异构现象和命名方法

同分异构现象是指具有相同化学组成的有机化合物，由于分子中原子的连接顺序和连接方式不同，它们就会有不同的物理和化学性质，即形成不同的化合物，这就是有机化合物中普遍存在的同分异构现象。

同分异构现象包括构造异构与立体异构，构造异构指的是分子的组成相同而构造不同所引的异构现象；而立体异构指的是分子的组成和构造均相同，只是分子中原子的相对空间位置不同而引起的异构现象。有关立体异构本章不讨论（详见第 13 章）。

1. 烷烃的同分异构现象和命名方法

（1）烷烃的同分异构现象

从碳的四个价键相等的理论出发，则烷烃中的甲烷、乙烷和丙烷都不可能有异构体，因为这三种化合物中碳原子的结合方式只可能有一种。但从丁烷起，情况就不同了，丁烷可看作是丙烷分子中的一个氢原子被一个甲基取代而成的衍生物，而丙烷分子中，氢原子的位置不完全相同。若甲基取代两端碳原子上的氢原子，就得到具有直链的

正丁烷。如果取代中间碳原子上的氢原子，则得到带支链的异丁烷，因此丁烷有两种异构体存在。

$$CH_3-CH_2-CH_2-CH_3 \qquad 正丁烷$$

$$CH_3-CH-CH_3$$
$$|$$
$$CH_3 \qquad 异丁烷$$

同理，由两个丁烷可以导出戊烷的三个异构体：

$$CH_3-CH_2-CH_2-CH_2-CH_3 \qquad 正戊烷$$

$$CH_3-CH-CH_2-CH_3$$
$$|$$
$$CH_3 \qquad 异戊烷$$

$$CH_3$$
$$|$$
$$CH_3-C-CH_3 \qquad 新戊烷$$
$$|$$
$$CH_3$$

上述三个戊烷的组成是相同的（分子式都是 C_5H_{12}），但分子中原子连接的方式和次序不同（即其构造不同）。在正戊烷中五个碳原子连接一条直链；异戊烷则有四个碳原子连接成一条直链，另一个碳原子则连接在中间碳原子上，形成一个分支，叫作支链；而新戊烷则有两条支链。在有机化学中将这种分子组成相同，但构造不同的化合物叫作构造异构体，此种现象叫作构造异构现象。这是在有机化学中普遍存在的异构现象的一种。三种戊烷的构造异构体是由于碳链的构造不同而形成的，故这种构造异构又叫作碳链异构。由于三者的构造不同故其物理性质也不同。构造异构体的数目随分子中碳原子数目的增加而增加。一些烷烃的异构体数目见表 2-1。

这些异构体的数目是在 20 世纪 30 年代有人用数学方法推算出来的。目前，含有 10 个碳以下的烷烃的异构体已全部合成出来，含 10 个碳的烷烃的异构体只得到一半，含更多碳的烷烃只有少数异构体是已知的。

烷烃结构异构体的数目　　　　　　　　　　　　　　　　　　　　　　表 2-1

分 子 式	异构体数	分 子 式	异构体数
CH_4	1	C_8H_{18}	18
C_2H_6	1	C_9H_{20}	35
C_3H_8	1	$C_{10}H_{22}$	75
C_4H_{10}	2	$C_{11}H_{24}$	159
C_5H_{12}	3	$C_{12}H_{26}$	355
C_6H_{14}	5	$C_{15}H_{32}$	4374
C_7H_{16}	9	$C_{20}H_{42}$	366319

在有机化合物分子中，碳原子不仅能与另一碳原子相连，还可与两个、三个或四个碳原子相连，因此可以出现四种不同类型的碳原子，若碳原子与一个碳原子相连接，这种碳原子叫作伯碳原子，或一级碳原子，常用 $1°$ 表示；有的碳原子是与两个碳原子相连接，这

种碳原子叫作仲碳原子或二级碳原子，常用 2°表示；有的碳原子是与三个碳原子相连接，这种碳原子叫作叔碳原子，或三级碳原子，常用 3°表示；有的碳原子是与四个碳原子相连接，这种碳原子叫作季碳原子或四级碳原子，常用 4°表示。如：

$$\overset{6}{CH_3}$$

$$\overset{1}{CH_3}-\overset{2}{CH_2}-\overset{3}{\underset{\underset{CH_3}{|}}{CH}}-\overset{4}{\underset{\underset{CH_3}{|}}{C}}-\overset{5}{CH_3}$$

C_1，C_5，C_6，C_7，C_8 是伯碳原子（1°）；

C_2 是仲碳原子（2°）；

C_3 是叔碳原子（3°）；

C_4 是季碳原子（4°）。

与伯、仲、叔碳原子相连接的氢原子相应地分别叫作伯、仲、叔氢原子。

从烃分子中去掉一个或几个氢原子后剩下的基团叫作某基。从烷烃分子中去掉一个氢原子后剩下的基团叫作烷基。烷基通常用"R"来表示。有时也用来表示烃基或任何一个有机基团。下面是几个简单的烷基和名称：

CH_3- 甲基

CH_3-CH_2- 乙基 $CH_3-\overset{\overset{CH_3}{|}}{\underset{\underset{CH_3}{|}}{C}}$ 或 $(CH_3)_3C-$ 叔丁基

$CH_3-CH_2-CH_2-$ 正丙基

$CH_3-\underset{\underset{CH_3}{|}}{CH}-$ 或 $(CH_3)_2CH-$ 异丙基

$CH_3-CH_2-CH_2-CH_2-$ 正丁基

$CH_3-CH_2-\underset{\underset{CH_3}{|}}{CH}-$ 或 $CH_3-CH_2-CH(CH_3)-$

                                 仲丁基

$CH_3-\underset{\underset{CH_3}{|}}{CH}-CH_2-$ 或 $(CH_3)_2CH-CH_2-$

                                 异丁基

（2）烷烃的命名法

有机化合物的分子比较复杂，在命名时，不仅要表示出有机化合物分子中所含有原子的种类和数目，而且还必须表示有机化合物的分子构造，这样才能根据名称确切地、不混淆地、知道它是哪一个有机化合物。一种物质可以有几个名称，但是，一个名称只能表示一种物质，这样才不会引起混乱。不同的有机化合物可具有相同的分子式，但是，不同的有机化合物必定具有不同的分子构造（构造异构体）。

1）习惯命名法

习惯上常把直链烷烃叫作"正"某烷；带有支链构造的烷烃如 $(CH_3)_2CH-CH_3$、$(CH_3)_2CH-CH_2-CH_3$、$(CH_3)_2CH-CH_2-CH_2-CH_3$ 的烷烃分别叫异丁烷、异戊烷、异己烷；把构造式为 $(CH_3)_3C-CH_3$ 的烷烃叫作新戊烷。如戊烷的三种异构体的名称为：

$$CH_3—CH_2—CH_2—CH_2—CH_3$$

正戊烷

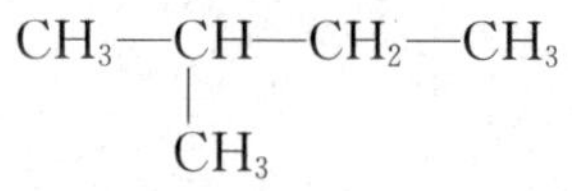

$$CH_3—CH—CH_2—CH_3$$
$$\quad\quad |$$
$$\quad\quad CH_3$$

异戊烷

$$CH_3—\overset{\displaystyle CH_3}{\underset{\displaystyle CH_3}{\overset{|}{\underset{|}{C}}}}—CH_3$$

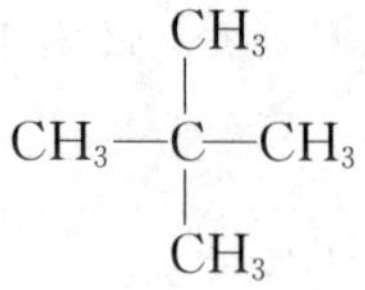

新戊烷

习惯命名法简单，但它只适合于少数简单烷烃。

2）衍生物命名法

这种命名法是把复杂烷烃一律视为甲烷的烷基衍生物，以甲烷为母体，其他的烷基作为取代基。命名时选择连有烷基最多的碳原子为甲烷母体碳原子；烷基按大小排列，较小的烷基排在前面，如

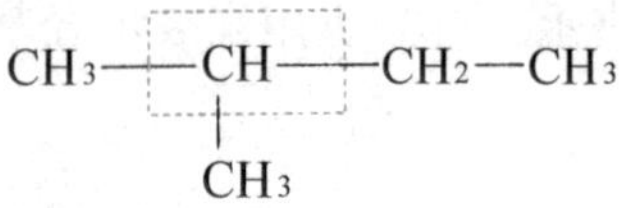

$$CH_3—\underset{\displaystyle CH_3}{\overset{|}{CH}}—CH_2—CH_3$$

二甲基乙基甲烷

$$CH_3—CH_2—\overset{\displaystyle CH_3}{\underset{\displaystyle CH_3}{\overset{|}{\underset{|}{C}}}}—\underset{\displaystyle CH_3}{\overset{|}{CH}}—CH_3$$

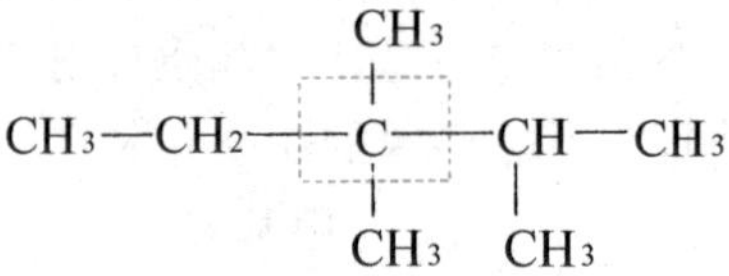

二甲基乙基异丙基甲烷

这种命名法虽然能表示出分子的构造，但对复杂的烷烃，仍不适用。

3）系统命名法

1892 年在瑞士日内瓦召开的一次国际化学会议上，首次制定一个系统的有机化合物命名原则，称为日内瓦命名法。此后，又经国际化学组织多次修订而日益完善，并为各国所采用，这就是 IUPAC（International Union of Pure and Applied Chemistry——国际纯粹与应用化学联合会的缩写）系统命名法。我国现在所用的系统命名法就是根据国际通用的 IUPAC 系统命名法的原则，结合我国的文字特点而制定的。

烷烃系统命名法的要点如下：

a. 直链烷烃 直链烷烃的系统命名法和习惯命名法基本相同，可以不用"正"字。根据分子中碳原子的数目称"某烷"。分子中碳原子数在十以内时依次用天干顺序（甲、乙、丙、丁、戊、己、庚、辛、壬、癸）来表示碳原子数；分子中碳原子数在十以上时用数字十一，十二，十三，…，二十，二十一等来表示碳原子数。例如：

$CH_3(CH_2)_7CH_3$ 　　　　壬烷

$CH_3(CH_2)_{10}CH_3$ 　　　　十二烷

b. 支链烷烃 带有支链的烷烃，它们的名称是由相当于其分子中含碳原子数目最多的直链烃的名称导出的命名。步骤如下：

（a）选择主链 从构造式中选定最长的碳链作为主链，把支链看作取代基，以主链为标准，根据它所含有的碳原子数叫作"某烷"。

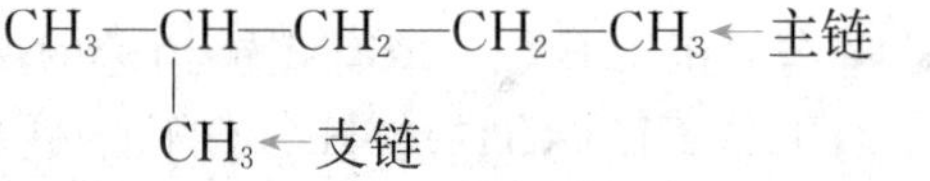

$$CH_3—CH—CH_2—CH_2—CH_3 \leftarrow 主链$$
$$\quad\quad |$$
$$\quad\quad CH_3 \leftarrow 支链$$

同一分子若有两条以上的碳数相同的长链时，则应选择含支链最多的一条长链为主链。如

$$CH_3-CH_2-\overset{3}{CH}-\overset{4}{CH}-CH_2-CH_3$$
$$CH_3-\overset{2}{CH} \quad \overset{5}{CH}-CH_3$$
$$\overset{1}{CH_3} \quad \overset{6}{CH_3}$$

正　确

$$\overset{1}{CH_3}-\overset{2}{CH_2}-\overset{3}{CH}-\overset{4}{CH}-\overset{5}{CH_2}-\overset{6}{CH_3}$$
$$CH_3-CH \quad CH-CH_3$$
$$CH_3 \quad CH_3$$

不正确

(b) 主链编号　把主链上的碳原子从靠近支链的一端开始编号，依次标以阿拉伯数字1，2，3……；若从碳链任何一端开始，第一个支链的位置都相同时，则优先考虑结构简单的支链。如：

$$\overset{1}{CH_3}-\overset{2}{CH}-\overset{3}{CH_2}-\overset{4}{CH_3}$$
$$CH_3$$

$$\overset{7}{CH_3}-\overset{6}{CH_2}-\overset{5}{CH}-\overset{4}{CH_2}-\overset{3}{CH}-\overset{2}{CH_2}-\overset{1}{CH_3}$$
$$CH_2-CH_3 \quad CH_3$$

(c) 命名时将支链的名称写在主链名称的前面。主链上若有不同的支链时，将结构简单的支链写在结构复杂的支链前面，并逐个标明其所在的位置；相同的支链可以合并起来书写，但必须在支链名称之前标明它们的位次（用1，2，3……）和数目（用一，二，三……），表示位次的数字要用"，"（逗号）隔开，文字和阿拉伯数字之间要用"—"短线隔开。如

$$\overset{1}{CH_3}-\overset{2}{CH_2}-\overset{3}{CH}-\overset{4}{CH}-\overset{5}{CH_2}-\overset{6}{CH_2}-\overset{7}{CH_3}$$
$$CH_3 \quad CH_2-CH_3$$
　　　　3—甲基—4—乙基庚烷

$$\overset{2}{CH_2}-\overset{1}{CH_3}$$
$$\overset{3}{CH_3}-\overset{}{CH}-CH_2-\overset{4}{CH}-CH_2-\overset{5}{CH_3}$$
$$\overset{6}{CH_2}-\overset{7}{CH_2}-\overset{8}{CH_3}$$
　　　　3—甲基—5—乙基辛烷

$$CH_3-CH_2-\overset{3}{CH}-\overset{4}{CH}-CH_2-CH_3$$
$$CH_3-\overset{2}{CH} \quad \overset{5}{CH}-CH_3$$
$$CH_3 \quad CH_3$$
　　　　2，5—二甲基—3，4—二乙基己烷

$$\overset{1}{CH_3}-\overset{2}{CH}-\overset{3}{CH}-\overset{4}{CH_2}-\overset{5}{CH}-CH_2-CH_3$$
$$CH_3 \quad CH_3 \quad \overset{6}{CH_2}-\overset{7}{CH}-\overset{8}{CH_3}$$
$$CH_3$$
　　　　2，3，7—三甲基—5—乙基辛烷

系统命名法有许多优点，但对于结构复杂的化合物用系统命名法命名时太烦琐，使用也不方便，因此在工业上对这些物质仍采用习惯名称或俗名。

2. 烯烃的同分异构现象和命名方法

(1) 烯烃的同分异构现象

由于烯烃含有双键，使其同分异构现象比烷烃复杂得多，除有构造异构外还有顺反异构。

1) 构造异构

乙烯、丙烯没有同分异构体。从四个碳原子的丁烯开始就有同分异构体，如丁烯的碳链异构：

$$CH_3—CH_2—CH=CH_2 \qquad\qquad 1—丁烯$$

$$CH_3—\underset{\underset{CH_3}{|}}{C}=CH_2 \qquad\qquad 2—甲基丙烯$$

由于双键（官能团）的位置不同而发生位置异构。

$$CH_3—CH=CH—CH_3 \qquad\qquad 2—丁烯$$

$$CH_3—CH=CH_2 \qquad 丙烯 \qquad\qquad \underset{CH_2—CH_2}{\overset{CH_2}{\triangle}} \qquad 环丙烷$$

2) 顺反异构

由于双键不能自由旋转，双键两端碳原子连接的四个原子又是处在同一平面上，同时，双键两端碳原子各与不同的原子或基团相连接，在这些条件下，尽管分子式、构造式相同，而各基团在空间排列的方式（即构型）不同而产生的异构现象，叫作顺反异构。它属于立体异构的一种，如2—丁烯有下列两种不同空间排列的异构体：

$$\underset{H}{\overset{CH_3}{\diagup}}C=C\underset{H}{\overset{CH_3}{\diagdown}} \qquad\qquad 顺\ 2—丁烯 \quad (1)$$

$$\underset{H}{\overset{CH_3}{\diagup}}C=C\underset{CH_3}{\overset{H}{\diagdown}} \qquad\qquad 反\ 2—丁烯 \quad (2)$$

在 (1) 中两个甲基（或两个氢原子）处于双键的同侧，这种结构叫顺式异构体。在 (2) 中两个甲基（或两个氢原子）处于双键的两侧，这种结构叫反式异构体。两者具有不同的物理性质，化学性质上也存在一定的差异。像这种分子中的某原子或基团在空间的不同排列的结构叫构型。顺—2—丁烯和反—2—丁烯就是两种构型不同的异构体。

含有碳碳双键的化合物并不是都有顺反异构体。烯烃在下列情况下具有顺反异构现象。

$$\underset{b}{\overset{a}{\diagup}}C=C\underset{b}{\overset{a}{\diagdown}} \qquad\qquad \underset{b}{\overset{a}{\diagup}}C=C\underset{a}{\overset{b}{\diagdown}}$$

$$顺式 \qquad\qquad\qquad\qquad 反式$$

$$\underset{b}{\overset{a}{\diagup}}C=C\underset{d}{\overset{a}{\diagdown}} \qquad\qquad \underset{b}{\overset{a}{\diagup}}C=C\underset{a}{\overset{d}{\diagdown}}$$

$$顺式 \qquad\qquad\qquad\qquad 反式$$

$$\underset{b}{\overset{a}{>}}C=C\underset{e}{\overset{d}{<}} \qquad\qquad \underset{b}{\overset{a}{>}}C=C\underset{d}{\overset{e}{<}}$$

顺式　　　　　　　　　　反式

其中 a，b，d，e 代表四个不同的原子或基团，并且 $a>b>d>e$。

双键两端如一个碳原子上有两个相同的原子或基团时，就不存在顺反异构现象，如下面两式为同一化合物。

$$\underset{a}{\overset{a}{>}}C=C\underset{b}{\overset{d}{<}} \equiv \underset{a}{\overset{a}{>}}C=C\underset{d}{\overset{b}{<}}$$

（2）烯烃的命名法

烯烃的命名和烷烃相似，此处主要介绍系统命名法。

烯烃命名的基本要点是以含有双键的最长碳链为主链，把支链当作取代基来命名。其名称依主链中所含有的碳原子数目而定。由于双键的存在，必须指出双键的位置。从靠近双键的一端开始，将主链中的碳原子依次编号，双键的位置以双键上位次较小的碳原子号数来表明，写在烯烃名称的前面，取代基的位置、数目和名称都写在双键位置的前面，如：

$$\overset{5}{C}H_3-\overset{4}{C}H_4-\overset{3}{C}H-\overset{2}{C}H=\overset{1}{C}H_2$$
$$|$$
$$CH_3$$

3—甲基—1—戊烯

$$\overset{1}{C}H_2=\overset{2}{C}-CH_2-CH_3$$
$$|$$
$$\overset{3}{C}H_2-\overset{4}{C}H_2-\overset{5}{C}H_3$$

2—乙基—1—戊烯

$$\overset{6}{C}H_3-\overset{5}{C}H_2-\overset{4}{C}H-\overset{3}{C}H=\overset{2}{C}-\overset{1}{C}H_3$$
$$|\qquad\qquad |$$
$$CH_3\qquad\quad CH_3$$

2，4—二甲基—2—己烯

$$\overset{3}{C}H_2-\overset{2}{C}=\overset{1}{C}H_2$$
$$CH_3-\qquad\quad |$$
$$\overset{6}{C}H_3-\overset{5}{C}H_2-\overset{4}{C}H_2$$

3—甲基—2—乙基—1—己烯

烯烃中碳原子数在十以内用天干数字表示，在十以上时用中文数字表示，并在"烯"字之前加一个"碳"字，如 $C_{12}H_{24}$ 叫十二碳烯。

关于顺反异构体的命名，如果碳碳双键两端的两个碳原子连接有相同的原子或基团时，则根据其构型，在系统命名的名称前加一"顺"字或"反"字来表示即可。如：

$$\underset{CH_3-CH_2}{\overset{H_3C}{>}}C=C\underset{CH_2-CH_3}{\overset{CH_3}{<}}$$

顺—3，4—二甲基—3—己烯

$$\underset{CH_3-CH_2}{\overset{H_3C}{>}}C=C\underset{CH_3}{\overset{CH_2-CH_3}{<}}$$

反—3，4—二甲基—3—己烯

若碳碳双键两端的两个碳原子连接四个不同的取代基时，就很难确定哪一个是顺式哪一个是反式。因此提出按 IUPAC 命名法的次序规则命名的（Z）、（E）命名法。

Z，E 命名法就是用（Z）、（E）来标记顺反异构体的方法。Z 是德语（Zusammen）的

19

第一个字母，是共同的意思。E 是德语（Entgegen）的第一个字母，是相反的意思。这个命名法，是比较各取代基团一定的先后次序来区别顺反异构体的，而这个先后次序是由一定的"次序"规则规定的。

Z，E 命名法的具体内容为：分别比较顺反异构体中双键两端碳原子上各自连接的两个基团，如果一个碳上所连的原子序数大的基团与另一个碳上所连的原子序数大的基团在双键的同侧，则以字母 Z 表示，叫（Z）—构型。例如下式中，若原子序数 $a>b$，$d>e$，则 a、d 处在双键同侧的为（Z）—构型，a、d 处在双键两侧的为（E）—构型。

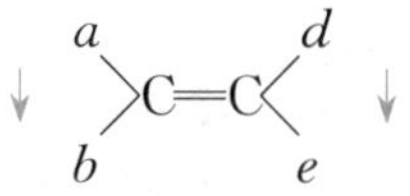

$$\downarrow\ \downarrow \qquad\qquad \downarrow\ \uparrow$$

```
    a         d              a         e
     \       /                \       /
      C == C                   C == C
     /       \                /       \
    b         e              b         d
   （Z）—构型              （E）—构型
```

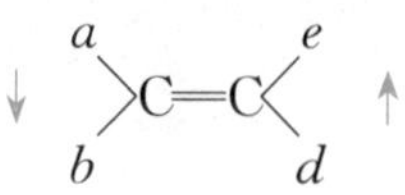

箭头方向表示与双键碳原子相连的两个基团的原子序数由大到小，若两个箭头方向一致是（Z）—构型，相反是（E）—构型。

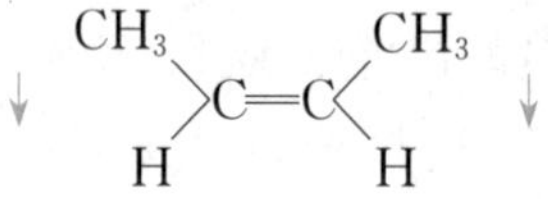

```
   CH3       CH3            CH3       H
     \       /                \       /
      C == C                   C == C
     /       \                /       \
    H         H              H         CH3
   （Z）—构型              （E）—构型

   CH3       CH3            CH3       Br
     \       /                \       /
      C == C                   C == C
     /       \                /       \
    H         Br             H         H
   （E）—构型              （Z）—构型
```

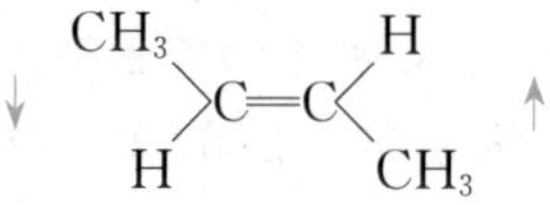

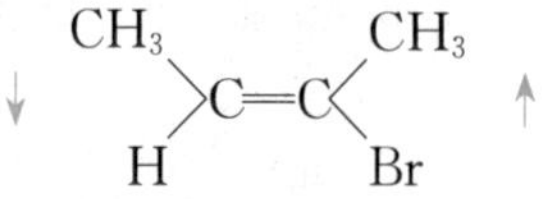

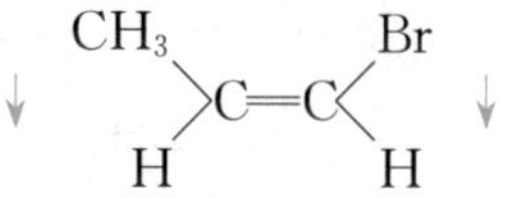

"次序规则"是按照优先的次序排列原子或基团的几项规则，优先的原子或基团排列在前面，这些规则的要点如下：

1）若双键碳原子上连接的取代基是原子时，则按原子序数大小排列，大的在前，小的在后；如果原子序数相同（即同位素）时则按原子量大小次序排列。常见的几种原子按原子序数的减小次序排列如下：

$$I>Br>Cl>S>P>F>O>N>C>D>H$$

这里的符号">"表示"优先于"。上述排列次序表示 Br 原子优先于 Cl 原子，也优先于 SH 基或 SR 基。OH 基或 OR 基优先于 NH_2 基或 NHR 基……

2）若双键碳原子连接的取代基是原子团时，则首先比较第一个原子的原子序数，若第一个原子的原子序数相同时，就要从这个原子起向外进行比较，依次外推，直到能够解决它们的优先次序为止。如—CH_3 和—CH_2—CH_3 直接连接的都是碳原子，但是在—CH_3 中与这个碳原子相连接的是三个氢原子（H，H，H）；而在—CH_2—CH_3 中则是一个碳原子两个氢原子（C，H，H），外推比较，碳的原子序数大于氢，所以—CH_2—CH_3＞—CH_3。因此几个简单烷基的优先次序是：

$$-C(CH_3)_3\ >\underset{\underset{CH_3}{|}}{-CH}-CH_2-CH_3\ >-CH_2-CH(CH_3)_2\ >-CH_2-CH_2-CH_2-CH_3$$

同理—CH_2OH＞—CH_2CH_3，　　　—CH_2OCH_3＞—CH_2OH 等。

3）若取代基为不饱和基时，应把双键或叁键看作是它以单键和多个原子相连接。如：

$$-CH=CH_2 \qquad 相当于 \qquad -\overset{\overset{\displaystyle H}{|}}{\underset{\underset{\displaystyle H}{|}}{C}}-C-H$$

$$>C=O \qquad 相当于 \qquad >\overset{\displaystyle O}{\underset{\underset{\displaystyle O}{|}}{C}}-O$$

$$-C\equiv CH \qquad 相当于 \qquad -\overset{\overset{\displaystyle C}{|}}{\underset{\underset{\displaystyle C}{|}}{C}}-C-H$$

$$-C\equiv N \qquad 相当于 \qquad -\overset{\overset{\displaystyle N}{|}}{\underset{\underset{\displaystyle N}{|}}{C}}-N$$

$$\text{苯环} \qquad 相当于 \qquad -\overset{\overset{\displaystyle CH}{|}}{\underset{\underset{\displaystyle CH}{|}}{C}}-C$$

因此 $-C\equiv CH > -CH=CH$ 。

$$\underset{CH_3}{\overset{Cl}{>}}C=C\underset{H}{\overset{Cl}{<}} \qquad \underset{CH_3}{\overset{Cl}{>}}C=C\underset{Cl}{\overset{H}{<}} \qquad \underset{Cl>H}{Cl>-CH_3}$$

$$(Z)-1,2-二氯丙烯 \qquad (E)-1,2-二氯丙烯$$

$$\underset{CH_3-CH_2}{\overset{CH_3}{>}}C=C\underset{CH(CH_3)_2}{\overset{CH_2-CH_2-CH_3}{<}} \qquad -C_2H_5>-CH_3$$

$$-CH(CH_3)_2>-CH_2-CH_2-CH_3$$

$(Z)-3-甲基-4-异丙基-3-庚烯$

　　顺反异构以前也叫几何异构，顺反异构体也叫几何异构体。现在将几何异构及几何异构体这两个词已废弃不再使用。

　　3. 炔烃的同分异构现象和命名法

　　炔烃是指分子中含有碳碳叁键的不饱和开链烃，$-C\equiv C-$ 是炔烃的官能团，炔烃也形成一个同系列，通式为 C_nH_{2n-2}，除炔烃外还可能有含两个双键的二烯烃。它们互为同分异构，如：

$$CH_3-CH_2-C\equiv CH \quad 和 \quad CH_2=CH-CH=CH_2$$

此种异构叫作官能团异构。

　　从丁炔开始炔烃才有构造异构，主要是由碳链不同和叁键的位置不同而引起的。炔烃的系统命名法与烯烃相似，如：

$$CH_3-CH_2-CH_2-C\equiv CH \qquad\qquad 1-戊炔$$

$$\underset{\underset{\displaystyle CH_3}{|}}{CH_2}-CH-C\equiv CH \qquad\qquad 3-甲基-1-丁炔$$

$$CH_3-CH_2-C\equiv C-CH_3 \qquad\qquad 2-戊炔$$

$$CH_3-CH_2-\underset{\underset{CH_3}{|}}{CH}-C\equiv C-CH_3 \qquad 4-甲基-2-己炔$$

在分子中同时含有双键和叁键，则首先应选取含有双键和叁键的最长碳链为主链，并将其命名为某烯炔，主链编号应遵循最低系列原则，给双、叁键以尽可能低的数字，一般不考虑双、叁键所在的位次的大小。如：

$$CH_3-CH=CH-C\equiv CH \qquad 3-戊烯-1-炔$$
$$CH_3-C\equiv C-\underset{\underset{CH_3}{|}}{CH}-CH_2-CH=CH_2 \qquad 4-甲基-1-庚烯-5-炔$$

若双、叁键处在相同的位次时，则给双键以最低编号。如：

$$HC\equiv C-CH_2-CH=CH_2 \qquad 1-戊烯-4-炔$$

4. 二烯烃的分类和命名法

分子中含有两个或两个以上碳碳双键的开链不饱和烃叫作二烯或多烯烃。多烯烃中最重要的是分子中含有两个双键的二烯烃，二烯烃的性质和分子中两个双键的相对位置有密切关系。

根据两个双键的相对位置可以把二烯烃分为三类：

（1）累积二烯烃

含有 $\underset{}{>}C=C=C\underset{}{<}$ 体系的二烯烃，例如丙二烯 $CH_2=C=CH_2$ 两个双键累积在同一个碳原子上。

（2）共轭二烯烃

含有 $\underset{}{>}C=CH-CH=C\underset{}{<}$ 体系的二烯烃，例如：1，3-丁二烯， $CH_2=CH-CH=CH_2$，两个双键被一个单键隔开，这样的体系叫共轭体系。被一个单键隔开的两个双键叫作共轭双键。

（3）孤立二烯烃

含有 $\underset{}{>}C=CH-(CH_2)_n-CH=C\underset{}{<}$ 体系的二烯烃，例如，1，4-戊二烯，即 $CH_2=CH-CH_2-CH=CH_2$ 。两个双键被两个或两个以上的单键隔开的二烯烃叫孤立二烯烃，它的性质与单烯烃相似。这种二烯烃的数量少，且实际应用也不多。共轭二烯烃在理论和实际应用上都很重要，故本章主要讨论共轭二烯烃。

二烯烃的系统命名法和烯烃相似，两个双键的位置须用两个阿拉伯数字标出，两个数字之间加一逗点"，"，列于二烯烃名称之前，双键位置也以最小为原则：如：

$$CH_2=\underset{\underset{CH_3}{|}}{C}-CH=CH_2 \qquad 2-甲基-1，3-丁二烯$$
$$CH_2=CH-CH=CH-CH_3 \qquad 1，3-戊二烯$$

含十个以上碳原子的二烯烃，命名时需在数字后，"二烯"之前加一个"碳"字，如：

$$CH_3-CH_2-CH=CH-CH=CH-(CH_2)_5CH_3 \qquad 3，5-十二碳二烯$$

二烯烃或多烯烃中，顺、反异构体的命名与烯烃相似，可用顺、反命名法，也可用

Z、E 命名法。如：

H H
CH₃ ↑ C=C ↑   顺，顺－2,4－己二烯
↓ C=C ↓ CH₃   Z,Z－2,4－己二烯
H H

H CH₃
CH₃ ↑ C=C ↓   顺，反－2,4－己二烯
↓ C=C ↓ H   Z,E－2,4－己二烯
H H

2.2 饱和烃（烷烃）

2.2.1 烷烃的结构及 σ 键的形成

1. 甲烷的正四面体结构和碳原子的 sp^3 杂化

甲烷是最简单的烷烃。用物理方法测得甲烷分子为一正四面体结构。碳原子居于正四面体的中心，和碳原子相连的四个氢原子，居于四面体的四个角，如图 2-1 所示，四个碳氢键键长都为 1.10Å，所有 H—C—H 的键角都是 109.5°。即甲烷是一个立体结构。

烷烃的结构特点是分子中只含有 C—C 和 C—H 单键。由于碳元素在周期表中所处的位置决定了这些键是由电子配对的方式而形成的共价键。但是这些共价键是如何形成的呢？必须从碳原子

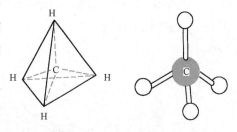

图 2-1 甲烷的正四面体结构

在基态时外层电子的结构来认识。碳原子在基态时其核外六个电子的排布为 $1s^2$，$2s^2$，$2p_x^1$，$2p_y^1$。它的四个外层电子已有两个充满 $2s$ 轨道，在两个 $2p$ 轨道中各有一个未成键的电子，因此，在形成共价键时，按照未成键的电子数目，碳原子应该是两价的，然而在有机化合物分子中碳原子一般都是四价而不表现为两价。这是为什么呢？原子轨道杂化理论认为：在形成烷烃时，碳原子的 $2s$ 轨道中有一个电子由于获得能量而活化，进而跃迁到 $2p$ 轨道上，此时形成的电子层结构为：$1s^2$，$2s^1$，$2p_x^1$，$2p_y^1$，$2p_z^1$。如：

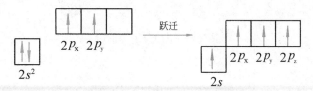

由于未成键的电子数目为 4，所以碳原子就具有四价。

在这四个原子轨道中，一个是 s 轨道，三个是 p 轨道，它们的能量大小，轨道形状和空间伸展方向都是有差别的，如果按照这种状态来成键，则碳原子的四个键不可能是等同

的。但是事实上碳原子的四个价键都是相等的，为了解释这个新的矛盾，杂化理论又认为：在甲烷的分子中，碳原子的四个成键轨道并不是分别由 $2s$，$2p_x$，$2p_y$，$2p_z$ 原子轨道组成的，而是由一个 $2s$ 轨道和三个 p 轨道"混合起来"进行"重新组成"形成四个能量相等的新轨道，其能量稍高于 $2s$ 轨道，但又稍低于 $2p$ 轨道。此种由不同类型的轨道混合起来重新组合新轨道的过程叫作"杂化"。由一个 s 轨道和三个 p 轨道杂化所形成四个能量相等的新轨道叫作 sp^3 杂化轨道。这种杂化方式叫做 sp^3 杂化。如

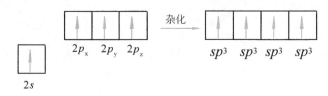

sp^3 杂化轨道的形状及能量既不同于 s 轨道又不同于 p 轨道，它含有 $\frac{1}{4}s$ 成分和 $\frac{3}{4}p$ 成分。sp^3 杂化轨道是有方向性的，即在对称轴的一个方向集中，如图 2-2 所示，一头大，一头小，大的一头表示电子云偏向这一边。当 sp 杂化轨道与另外的轨道成键时，轨道重叠的程度要比未杂化的 s 轨道或 p 轨道更为有效，因此所形成的化学键也更稳定。有关计算表明，若 s 轨道的成键能力为 1 时，则 p 轨道的成键能力为 1.732。sp^3 杂化轨道的成键能力为 2.0。sp^3 杂化又称正四面体杂化，四个 sp^3 杂化轨道对称地排布在碳原子的周围，各对称轴（相当于由正四面体的中心引向正四面体四个顶点的四条直线）之间的夹角为 $109.5°$。这样的排布可以使四个轨道彼此在空间距离最远，电子之间相互斥力最小，体系最稳定，如图 2-3 所示。

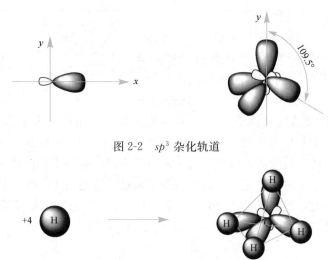

图 2-2　sp^3 杂化轨道

图 2-3　甲烷分子的形成

2. σ 键的形成及特点

在形成甲烷分子时，四个氢原子分别沿着 sp^3 杂化轨道对称轴的方向接近碳原子时，氢原子的 $1s$ 轨道可以同碳原子的 sp^3 杂化轨道进行最大程度的重叠，形成四个等同的 C—H 键，因此甲烷分子具有正四面体的立体结构。按正四面体计算，每个 H—C—H 键的键角应是 $109.5°$，这与实验测得结果相符。

甲烷分子中的碳氢键是沿着 sp^3 杂化轨道对称轴方向发生轨道重叠而形成的，这种键的电子云分布具有圆柱形的轴对称。长轴在两个原子核的连接线上。凡是成键电子云对称轴呈圆柱形对称的键都叫作 σ 键。其特征是以 σ 键相连接的两个原子可以相对旋转而不影响电子云重叠的程度，σ 键也不会破坏。

其他烷烃分子中除了 C—H σ 键外，碳原子之间也都是以 sp^3 杂化轨道形成 σ 键，因此也都具有正四面体结构。例如在乙烷分子中除了六个 C—H σ 键外，还有一个由碳与碳的 sp^3 杂化轨道所形成的 C—C σ 键，如图 2-4 所示。

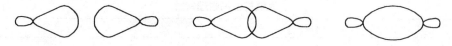

图 2-4 乙烷分子中的 C—C σ 键

由实验已知，乙烷分子中 C—C 键的键长为 1.54Å，C—H 键的键长为 1.10Å，所有的键角均为 109.5° 左右，而不是 180°。在结晶状态时烷烃的碳链不是直线形的而是锯齿形的，如正戊烷：

$$CH_3—CH_2—CH_2—CH_2—CH_3 \quad 或 \quad \wedge\!\!\vee\!\!\wedge$$

3. 乙烷的构象

乙烷是烷烃中最简单的含碳碳单键的化合物。如果使乙烷中一个甲基固定不动，而使另一个甲基绕碳碳键轴旋转，则两个甲基中氢原子的相对位置将不断改变，产生许多不同的空间排列方式。这种由于围绕碳碳单键旋转而产生的分子中的各个原子或原子团在空间不同的排列方式叫构象。同一种化合物可能有许多构象，不同的构象可以通过单键的旋转由一种转变为另一种。转动的角度是无穷多的，所以排列方式也是无穷多的，乙烷分子的构象是无穷多的。但最有典型意义的只有两种构象，一种是交叉式，另一种是重叠式。

在乙烷的许多构象中，两个碳原子上的氢原子彼此相距最近的构象，也就是两个甲基互相重叠的构象叫重叠式构象。两个碳原子上的氢原子彼此相距最远的构象，也就是两个甲基正好相互交叉，这个构象叫交叉式构象。图 2-5 用透视式表示乙烷的重叠式和交叉式构象，图 2-6 用投影式表示乙烷的重叠式和交叉式。

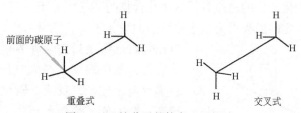

图 2-5 乙烷分子的构象（透视式）

在交叉式构象中，由于两个碳原子上的氢原子相距最远，相互排斥的力最小，整个分子体系的能量最低，这种构象稳定。在重叠式构象中，由于两个碳原子上的氢原子相距最近，斥力最大，整个分子体系的能量最高，这种重叠式构象也最不稳定。

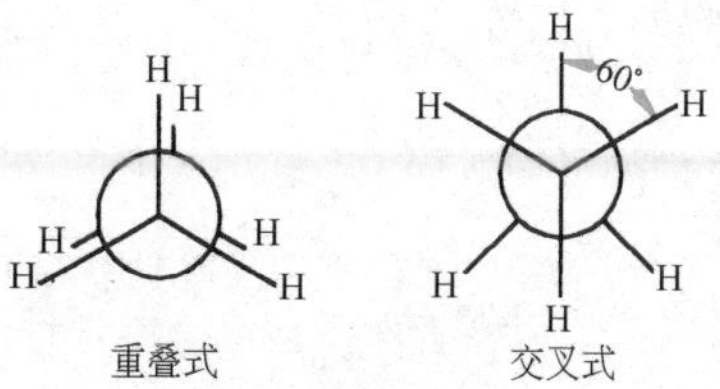

图 2-6 乙烷分子的构象（投影式）

2.2.2 烷烃的性质

1. 烷烃的物理性质

有机化合物的物理性质除偶极距之外，还通常包括化合物的状态、相对密度、沸点、熔点和溶解度等。纯物质的物理性质在一定条件下都有固定的数值，所以常把这些数值称为物理常数。表 2-2 列出了部分直链烷烃的物理常数，从表中可看出它们的物理性质是随分子量的增加而呈现出规律性的变化。

直链烷烃的物理常数　　　　　　　　　　表 2-2

碳原子数	名　　称	沸点（℃）	熔点（℃）	相对密度 d_4^{20}	状　　态
1	甲　烷	−161.7	−182.5	0.424	气
2	乙　烷	−88.6	−183.3	0.456	
3	丙　烷	−42.1	−187.7	0.501	
4	丁　烷	−0.5	−138.3	0.579	
5	戊　烷	36.1	−129.8	0.626	液
6	己　烷	68.1	−95.3	0.659	
7	庚　烷	98.4	−90.6	0.684	
8	辛　烷	125.7	−56.8	0.703	
9	壬　烷	150.8	−53.5	0.718	
10	癸　烷	174.0	−29.7	0.730	
11	十一烷	195.8	−25.6	0.740	
12	十二烷	216.3	−9.6	0.749	
13	十三烷	235.4	−5.5	0.756	
14	十四烷	253.7	5.9	0.763	
15	十五烷	270.6	10	0.769	
16	十六烷	287.0	18.2	0.773	
17	十七烷	301.8	22	0.778	固
18	十八烷	316.6	28.2	0.779	
19	十九烷	329.0	32.1	0.777	
20	二十烷	343.0	36.8	0.786	

（1）**物质状态**　物质的状态，可以从化合物的沸点和熔点判断出来，在室温和一个大气压下，$C_1 \sim C_4$ 的烷烃是气体，$C_5 \sim C_{16}$ 是液体，C_{17} 以上是固体。

（2）**沸点**　一个化合物的沸点就是这个化合物的蒸气压等于一个大气压时的温度。化合物的蒸气压与分子之间的吸引力大小相反。如果分子间的吸引力小，这种化合物蒸气压就比较高，往往只需从外界供给较小的能量就可使它的蒸气压提高到与大气压相等，因而该化合物沸点就比较低。反之，则该化合物的沸点就比较高。烷烃分子是靠范德华力吸引在一起的，这些力只在分子相距很近时才能产生。分子的大小影响引力的大小，所以随着烷烃分子量的增加，分子间的作用力亦增加，沸点也相应增高，如图 2-7 所示。

同数碳原子的构造异构体中，分子的支链越多，则沸点越低，见表 2-3。这是因为支链增多，则

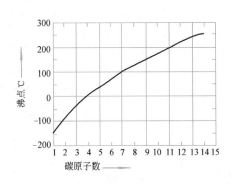

图 2-7　直链烷烃的沸点曲线

分子趋向于球形，使这些分子不能像直链烷烃那样接近，分子间的作用力也就减弱，所以在较低的温度下就可以克服分子间的吸引力而沸腾。

部分烷烃异构体的物理常数 表 2-3

烷　　　烃	结　构　式	沸　点　（℃）	熔　点　（℃）
正　丁　烷	$CH_3CH_2CH_2CH_3$	−0.5	−13.83
异　丁　烷	$CH_3CH(CH_3)CH_3$	−11.7	−159.4
正　戊　烷	$CH_3CH_2CH_2CH_2CH_3$	36.1	−129.8
异　戊　烷	$CH_3CH(CH_3)CH_2CH_3$	29.9	−159.9
新　戊　烷	$CH_3C(CH_3)_3$	9.4	−16.8

（3）熔点　固体状态时，由于分子间范德华力的作用，分子靠得更近，并按照一定的晶格排列。当固体受热时就增加了分子的动能，动能增加到能克服这种范德华力时，晶体就开始熔化而变为液体。这时的温度称为熔点。

直链烷烃的熔点也是随着碳原子的增加而升高。不过含奇数碳原子的烷烃和含偶数碳原子的烷烃各构成两条熔点曲线，如图 2-8 所示，随着分子量的增加，两条曲线逐渐趋于一致。

烷烃的熔点变化不像沸点变化那样有规律，是因为晶体分子间的作用力，不仅取决于分子的大小，而且也取决于它们在晶格中的排列情况，在晶体中，偶数碳原子的烷烃分子排列更紧密些，所以熔点也高。一般说来，熔点是随着分子的对

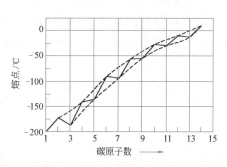

图 2-8　烷烃的熔点曲线

称性而升高，分子越对称它在晶格中的排列越紧密，熔点也越高，从表2-3可以看出这个规律。

（4）相对密度　直链烷烃的相对密度也是随着碳原子数目的增加逐渐增大，最后接近于0.78，这也与分子间引力有关。分子间的距离相应减小，所以相对密度就增大。烷烃的相对密度都小于1。

（5）溶解度　烷烃不溶于水，能溶于某些有机溶剂，尤其是烃类溶剂中，例如石蜡和汽油两者非常相似，分子间的引力相似，故能很好溶解。这些是"相似相溶"经验规律实例之一。

2. 烷烃的化学性质

烷烃的结构特点决定它的化学性质不活泼，尤其是直链烷烃，更是突出。烷烃是饱和烃，无论是 C—C 键还是 C—H 键都是结合得比较牢固的共价键，分子都无极性，所以烷烃在一般条件下试剂不易进攻，故化学性质比较稳定。它与大多数试剂如强酸，强碱，强氧化剂，强还原剂及金属钠等都不起反应，或者反应速度缓慢，当然，烷烃的稳定性也是相对的，在适当的温度，压力和催化剂存在的条件下，也可与一些试剂起反应。烷烃的主要反应有：

（1）氧化反应

烷烃在空气中完全燃烧时，不仅生成二氧化碳和水，还放出大量的热。如：

$$CH_4 + 2O_2 \longrightarrow CO_2 + 2H_2O + 890kJ/mol$$
$$2C_2H_6 + 7O_2 \longrightarrow 4CO_2 + 6H_2O + 1538kJ/mol$$

这就是天然气、汽油、柴油可用作燃料的基本依据。

烷烃燃烧不完全,会产生游离碳。汽油、煤油、柴油等燃烧时带有黑烟就是因为空气不足,燃烧不完全的缘故。

控制在一定条件下,用空气氧化烷烃可以生成醇、醛、酮、酸等含氧有机化合物。由于原料便宜,这类氧化反应在工业上具有重要性。

在无机化学中,是用电子得失也就是氧化数升降来判断氧化还原反应的。而在有机化学中,则经常把有机化合物分子中引进氧或脱去氢的反应叫作氧化;引进氢或脱去氧的反应叫作还原。这与以碳原子氧化数升降描述判断有机化合物的氧化还原反应是一致的。

烷烃是易燃易爆物质,它的气体或蒸气与空气混合达到一定程度时(爆炸极限以内)遇到火花就发生爆炸。

(2)热裂反应

在隔绝氧气的条件下,烷烃蒸气受热到 400℃ 以上时,分子中 C—C 键和 C—H 键都断裂,生成较小的分子。这种在高温及没有氧气的条件下发生键断裂的反应叫作热裂反应。如

$$CH_3 - \underset{\overset{|}{H}}{CH} - \underset{\overset{|}{H}}{CH_2} \xrightarrow{460℃} CH_3 - CH = CH_2 + H_2 \quad \text{丙烯}$$

$$CH_3 \vdots CH_2 - CH_2 \xrightarrow{460℃} CH_2 = CH_2 + CH_4 \quad \text{乙烯}$$
$$\underset{\overset{|}{H}}{}$$

由此可见键断裂的情况不外乎是两个 C—H 键断裂生成丙烯和氢气或者是 C—C 键和 C—H 键同时断裂生成乙烯和甲烷。

较高级的烷烃碳碳键比碳氢键易断裂。长链烷烃碳碳键断裂的趋势是在碳链的一端,较短的碎片成为烷烃,较长的碎片成为烯烃。增加压力则有利碳链中间断裂,如:

$$C_{16}H_{34} \longrightarrow C_8H_{18} + C_8H_{16}$$

热裂后得到分子量较小的类似汽油的混合物,有的产物还能够进一步热裂:

$$C_8H_{18} \longrightarrow C_4H_{10} + C_4H_8$$

$$C_4H_{10} \xrightarrow{500℃} \begin{cases} CH_4 + CH_3 - CH = CH_2 \\ CH_3 - CH_3 + CH_2 = CH_2 \\ CH_3 - CH = CH - CH_3 + H_2 \end{cases}$$

(3)取代反应

烷烃分子中的氢原子可被其他原子或原子团所取代,这种反应叫取代反应。被卤素取代的反应叫卤代反应。本节以氯代反应为例,具体讨论如下。

1)甲烷的氯化反应 在黑暗中甲烷和氯气不起反应,如果在强烈的日光照射下,则起猛烈的反应甚至发生爆炸,生成氯化氢和碳。

$$CH_4 + 2Cl_2 \xrightarrow{强烈日光} 4HCl + C + 热量$$

在漫射光、热或某些催化剂作用下，甲烷与氯发生氯化反应时，氢原子被氯原子取代，生成氯甲烷和氯化氢，同时放出热量。

$$CH_4 + Cl_2 \xrightarrow{\text{漫射光}} CH_3Cl + HCl + 99.8kJ/mol$$

此反应很难停留在这一阶段，所生成的一氯甲烷容易继续氯化，生成二氯甲烷、三氯甲烷、四氯化碳。

$$CH_3Cl + Cl_2 \xrightarrow{\text{漫射光}} CH_2Cl_2 + HCl$$

$$CH_2Cl_2 + Cl_2 \xrightarrow{\text{漫射光}} CHCl_3 + HCl$$

$$CHCl_3 + Cl_2 \xrightarrow{\text{漫射光}} CCl_4 + HCl$$

所得产物是由四种氯甲烷组成的混合物，分离很困难，工业上常把这种混合物作溶剂使用。但是反应条件（氯气用量、气体流量、温度等）对反应产物的组成影响很大，控制反应条件可以使其主要产物为某一种氯化物。

2）其他烷烃的卤代反应　一般烷烃氯化反应的条件与甲烷氯化反应相似，但产物就复杂得多，这是由于伯、仲、叔碳原子的反应活性各不相同的缘故。

乙烷氯代可得三种氯代物。

$$CH_3-CH_3 + Cl_2 \longrightarrow CH_3CH_2Cl + HCl$$

$$CH_3-CH_2Cl + Cl_2 \longrightarrow CH_3CHCl_2 + \underset{\underset{Cl}{|}}{CH_2}-\underset{\underset{Cl}{|}}{CH_2} + HCl$$

丙烷氯代可得到两种一氯代丙烷。

$$CH_3-CH_2-CH_3 + Cl_2 \xrightarrow{\text{光}} \underset{\underset{Cl}{|}}{CH_3-CH_2-CH_2} + \underset{\underset{Cl}{|}}{CH_3-CH-CH_3}$$

$$43\% \qquad\qquad 57\%$$

丁烷的两种异构体进行一氯代反应时，生成的产物有：

$$CH_3-CH_2-CH_2-CH_3 \xrightarrow[25℃,CCl_4]{\text{光}}$$

$$CH_3-CH_2-CH_2-CH_2-Cl + \underset{\underset{Cl}{|}}{CH_3-CH-CH_2-CH_3}$$

1—氯丁烷 28% 　　　　　　　2—氯丁烷 72%

$$\underset{\underset{CH_3}{|}}{CH_3-CH} \xrightarrow[25℃,CCl_4]{\text{光}} \underset{\underset{CH_3}{|}}{CH_3-\overset{\overset{CH_3}{|}}{C}-Cl} + \underset{\underset{CH_3}{|}}{CH_3-CH-CH_2Cl}$$

2—甲基—2—氯丙烷　　　2—甲基—1—氯丙烷
64%　　　　　　　　　36%

丙烷中有六个1°氢，两个2°氢，它们之比为3：1但是两种氢原子被氯原子取代后所生成的一氯代物的比例却几乎是1：1，由此可知1°氢与2°氢被氯取代的活泼性是不同的。设1°氢的反应活性为1，2°氢的反应活性为 x，则可由氯代物的数量比来求得 x 的值。

$$\frac{6}{2x} = \frac{43}{57} \qquad\qquad x = \frac{6 \times 57}{2 \times 43} = 4$$

2°氢的活泼性为1°氢的四倍。丁烷中的情况也是这样。在异丁烷中1°氢有九个，3°氢有一个，两者之比为9：1但其一氯代物之比为64：36。

$$\frac{9}{x}=\frac{64}{36} \qquad x=9\times\frac{36}{64}=5$$

3°氢是1°氢的五倍，由此可知烷烃中的氢原子的反应活泼顺序为3°氢＞2°氢＞1°氢。这种情况也可用键的离解能（即一摩尔烷烃变成游离基原子时所需要的能量）的不同来说明，键的离解能（kJ/mol）如下：

1°氢	$CH_3—H$	435
	$CH_3—CH_2—CH_2—H$	412
2°氢	$(CH_3)_2CH—H$	395
3°氢	$(CH_3)_3C—H$	382

3°氢的离解能量低，故反应中这个键最容易断裂，所以它在取代反应中活泼性最高。

3）烷烃与其他卤素的取代反应　在光、热及某些催化剂的影响下，烷烃也能与溴进行取代反应，但反应比较缓慢。

烷烃与氟作用时，反应剧烈，并有大量的热放出，反应不易控制，有时会引起爆炸，所以烷烃氟代物没有实用价值。

3. 甲烷氯代反应历程

一般反应式只表示反应物和生成物之间的数量关系，并未表明反应物是如何转变成产物的，而反应历程是说明化学反应所经"历"的全部过"程"。了解反应过程可以使我们认清反应的本质，深入掌握反应规律，从而达到控制和利用反应的目的。反应历程是根据实验事实作出的理论假设，根据的事实越多，其可靠程度就越大。目前，只有少数有机反应历程是比较清楚的，更多的有机反应历程还不完全清楚，还需要通过更多的研究工作使之成熟、完善。反应历程又称反应机理，是有机化学理论的重要组成部分。

甲烷和氯在光照或加热下生成一个含有四种氯甲烷的混合物，但在室温下和黑暗中，长期保存并不发生反应，由此说明，氯化反应的进行与光对氯气的影响是有关系的。氯分子在光照或高温条件下获得能量，使共价键断裂，产生了两个氯自由基。自由基是非常活泼的，它有要获得一个电子而形成八隅体电子结构的倾向。从能量的观点看，氯分子吸收了能量，使共价键断裂，形成了富有能量的氯原子，氯原子强烈地要求与其他原子形成新的化学键而放出能量，于是Cl·进一步夺取甲烷分子的氢原子而形成氯化氢和甲基自由基·CH₃。·CH₃非常活泼，再与氯分子作用生成一氯甲烷和一个新的Cl·。使反应可以连续不断地进行下去：

$$Cl\vdots Cl \xrightarrow{光} 2Cl· \qquad 链引发$$
$$·Cl+H:CH_3 \longrightarrow HCl+·CH_3 \qquad 链增长$$
$$·CH_3+Cl:Cl \longrightarrow CH_3Cl+Cl·$$
$$Cl·+H:CH_2Cl \longrightarrow HCl+·CH_2Cl$$
$$·CH_2Cl+Cl:Cl \longrightarrow CH_2Cl_2+Cl·$$
$$Cl·+H:CHCl_2 \longrightarrow HCl+·CHCl_2$$
$$·CHCl_2+Cl:Cl \longrightarrow CHCl_3+Cl·$$

$$Cl \cdot + H : CCl_3 \longrightarrow HCl + \cdot CCl_3$$
$$\cdot CCl_3 + Cl : Cl \longrightarrow CCl_4 + Cl \cdot$$

像以上这种每一步反应都生成新的自由基，因而使反应可以不断连续进行下去的反应叫作链反应，或链锁反应。因为这是由于自由基的生成而参与进行的链式反应，所以又叫作自由基反应。在大量甲烷存在时，生成的氯自由基，主要与甲烷分子碰撞而发生反应，氯自由基自相碰撞的概率很小。但当甲烷量减少时，氯自由基之间相遇的概率相应地增加，当两个氯自由基相遇则形成氯分子。同样道理，当氯分子的量很少时，甲基自由基相遇的机会增多，它们相遇则形成了乙烷。

$$Cl \cdot + Cl \cdot \longrightarrow Cl_2 \qquad 链终止$$
$$\cdot CH_3 + \cdot CH_3 \longrightarrow CH_3 - CH_3$$
$$\cdot CH_3 + Cl \cdot \longrightarrow CH_3Cl$$

这样就消耗了自由基，反应不能继续，至此终止。如果希望反应继续进行，就需要重新引发新的自由基。

甲烷的氯代反应是通过共价键的均裂生成氯自由基，而后进行的链式反应，是自由基在反应，它包括链引发、链增长和链终止三个阶段。

烷烃的氧化和热裂反应也都是自由基反应。自由基反应大多可被高温、光、过氧化物所催化，一般在气相或非极性溶剂中进行。

2.2.3　烷烃的天然来源及其重要性

烷烃的天然来源主要是石油和天然气。石油的成分非常复杂，其组成也因产地而异，石油中含有 $1\sim50$ 个碳原子的链状烷烃及一些环烷烃，个别产地的石油中还含有芳香烃。

石油虽含有丰富的各种烷烃，但这个复杂混合物，除了 $C_1\sim C_6$ 烷烃外，由于其中各组分的分子量差别小，沸点相近，要完全分离成极纯的烷烃较为困难，因此使用上，只把石油分离成几种馏分（见表 2-4）来应用，纯的烷烃一般是经过合成的方法制备的。

石　油　馏　分　　　　　　　　　　表 2-4

馏　分	组　分	沸点范围或凝固点	用　途
石 油 气	$C_1\sim C_4$	20℃以下	燃料、化工原料
石 油 醚	$C_5\sim C_6$	20~60℃	溶剂
汽 油	$C_7\sim C_9$	40~200℃	溶剂，内燃机燃料
煤 油	$C_{10}\sim C_{16}$	170~275℃	飞机燃料
柴 油	$C_{16}\sim C_{18}$	180~350℃	柴油机燃料
润 滑 油	$C_{18}\sim C_{22}$	300℃以上	润 滑
燃 料 油	$C_{16}\sim C_{20}$	250~400℃	船用燃料，锅炉燃料
沥 青	C_{20}以上	不挥发	防腐绝缘材料

天然气的主要成分是甲烷，一般含量可达 $75\%\sim95\%$，因产地不同而变化也很大。天然气分干气（干性天然气）和湿气（湿性天然气）两类，干气的成分主要是甲烷；湿气除主要成分甲烷外还含有乙烷、丙烷、丁烷等。天然气中除上述烷烃外，还含有一些其他气体，例如：硫化氢、氮、氦等。常温时干气加压不能液化，湿气加压则可部分液化。

石油产区及其附近也有天然气，甲烷在石油岩层中存在于石油的液面或溶于石油中，有的油井不产石油只产天然气，开采石油时就可获得。溶于石油中的天然气可通过石油的蒸馏而得到。

在池沼地层中常有很多有机物质，特别是纤维素如杂草、落叶等，在隔绝空气并有适当温度或湿度的情况下，受到一种厌氧甲烷细菌的分解作用便产生沼气，粪便借甲烷细菌的作用也能产生沼气。

近来在工业废水中如皮革废水，啤酒废水等，通过厌氧甲烷细菌分解作用，便产生甲烷气体，为此既处理了废水又增加能源。利用生活废水发酵处理，也产生甲烷气，利用它来制取氯仿，为此既处理了城市生活废水又制取了有用的溶剂。

某些动植物体中也有少量烷烃存在，动物和高等植物中的烷烃往往以含奇数碳原子为主，如蜂蜡中含有 $C_{27}H_{56}$ 及 $C_{31}H_{64}$ 的烷烃，菠菜叶中含有 $C_{33}H_{68}$、$C_{35}H_{72}$、$C_{37}H_{76}$ 的烷烃，某些昆虫之间用来传递信息而分泌的化学物质也是烷烃。

石油和天然气可用作燃料，是最主要的能源，而且也是现代化学工业最基本的原料，所以烷烃是工业的命脉。烷烃还是某些细菌的食物，借以制造石油蛋白及其他重要的有机物。

2.3 不饱和烃

在开链烃分子中含有碳碳双键($>C=C<$)或碳碳叁键($—C\equiv C—$)的烃类称为不饱和烃，不饱和烃又可分为烯烃、炔烃、二烯烃。

2.3.1 烯烃的结构及 π 键的形成

烯烃是指分子中含有一个碳碳双键的不饱和烃，$>C=C<$ 双键是烯烃的官能团。乙烯、丙烯、丁烯等都是烯烃，烯烃也形成一个同系列，通式为 C_nH_{2n}。

乙烯是烯烃中最简单的化合物，碳碳双键是烯烃的结构特征，现以乙烯为例来说明双键的结构。

1. 乙烯的平面结构及 sp^2 杂化轨道

乙烯的分子式为 C_2H_4，构造式为 $>C=C<$(H,H/H,H)，从乙烯的构造式中看出碳碳双键好像是由相同的两个单键组成。但是，从许多事实说明它的双键并不等于单键的两倍，如键能，C—C 单键键能为 345kJ/mol，而 $>C=C<$ 双键的键能为 610kJ/mol，小于两个 C—C 单键的键能之和 690kJ/mol。

通过现代物理方法测定证实乙烯分子中的所有原子均在同一平面上，每个碳原子只和三个原子相连，各个键彼此之间的角度和键长如图 2-9 所示。

杂化轨道理论根据这些事实，设想乙烯分子中的碳原子成键时，由一个 s 轨道和两个 p 轨道进行杂化，组成三个等同的 sp^2 杂化轨道。

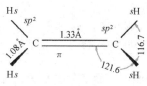
图 2-9 乙烯分子中的键长及键角

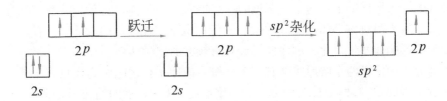

sp^2 杂化轨道的形状与 sp^3 杂化轨道相似。sp^2 杂化轨道含有 $\frac{1}{3}s$ 成分和 $\frac{2}{3}p$ 成分，图 2-10（a）所示为 sp^2 截面形状，图 2-10（b）所示为简化图。这三个杂化轨道的对称轴以碳原子为中心，分别指向正三角形的三个顶点，相互之间构成三个接近 $120°$ 夹角，这种杂化方式叫作碳原子轨道的 sp^2 杂化或三角形杂化。

乙烯分子的两个碳原子各以两个 sp^2 杂化轨道与两个氢原子的 $1s$ 轨道形成两个 σ 键，两个碳原子之间又各以一个 sp^2 杂化轨道相互形成一个 σ 键，这五个 σ 键的对称轴在同一平面，如图 2-11 所示。

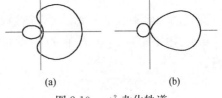

图 2-10　sp^2 杂化轨道

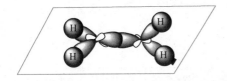

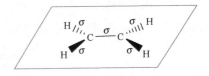

图 2-11　乙烯分子的 σ 键

2. π 键的形成及其特点

乙烯分子中每个原子除形成三个 σ 键外，还各有一个未参加杂化的 p 轨道，这两个 p 轨道垂直于由 σ 键组成的平面，相互平行，从侧面以"肩并肩"的方式重叠，如图 2-12 所示，这样才能达到最大程度的重叠，而使体系能量降低，由此便形成了另一种共价键即是 π 键。形成 π 键的电子叫 π 电子或者说处于 π 轨道中的电子叫作 π 电子，如图 2-13 所示。

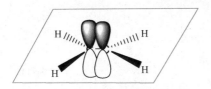

图 2-12　两个 p 轨道重叠交盖

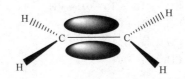

图 2-13　π 电子云分布在平面的上下

在烯烃中所有的双键都与乙烯中的双键相同，都是由一个 σ 键和一个 π 键组成的，π 键以纵剖面垂直于 σ 键所组成的平面，如图 2-14 所示。

π 键和 σ 键是不相同的，它的主要特点在于：π 键是由两个 p 轨道进行侧面重叠而成的，重叠程度一般比 σ 键小，所以 π 键不如碳碳 σ 键牢固，容易断裂，从键能估算，乙烯分子 C=C 的键能为 $610kJ/mol$，C—C 的键能为 $345kJ/mol$，π 键的键能便为 $610-345=265\ kJ/mol$。π 电

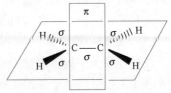

图 2-14　乙烯中的 σ 键和 π 键

子云不像σ电子云那样集中在两个原子核的连线上而呈轴对称，它是分散暴露在分子平面的上下两方，呈平面对称，如图 2-13 所示。π键的电子云比σ键的电子云具有较大的流动性，易受外界影响而发生极化，因而使烯烃具有较大的化学活性。

在乙烯分子中由于两个碳原子间有一个π键，故原子核之间距离比只有一个σ键相连时更为靠近，因此C＝C的键长约为 1.33Å，比乙烷中 C—C 键的键长 1.54Å 要短。

π键还有一个特点，它不像σ键能够自由旋转，如果乙烯分子中的碳原子绕σ键的键轴作相对旋转，则必然使组成π键的两个 p 轨道离开平行状态而不能相互重叠，这就意味着π键的断裂。

2.3.2 烯烃的性质及诱导效应

烯烃的主要来源是石油，大量的烯烃主要是由石油进行裂化得到的。

近年来又发展到从石油的各种馏分裂解或以原油裂解来获得，它们的主要性质有：

1. 烯烃的物理性质

在常温下，含有 $C_2 \sim C_4$ 的烯烃是气体，含有 $C_5 \sim C_{18}$ 的烯烃是液体，含有 C_{19} 以上的烯烃为固体；烯烃的沸点随分子量的增加而递增；相对密度小于 1；烯烃难溶于水，而易溶于有机溶剂。一些烯烃的物理常数见表 2-5。

烯烃的物理常数表　　　　　表 2-5

状 态	结 构 式	熔点（℃）	沸点（℃）	相对密度 d（液态）
气 态	$CH_2＝CH_2$	−169.2	−103.7	0.570
	$CH_3CH＝CH_2$	−185.3	−47.4	0.5193（20℃）
	$CH_3CH_3—CH＝CH_2$	−185.4	−6.3	0.5951
	$(CH_3)_2C＝CH_2$	−140.4	−6.9	0.5902
	(Z)—$CH_3—CH＝CH—CH_3$	−138.9	3.70	0.6213
	(E)—$CH_3—CH＝CH—CH_3$	−105.6	0.88	0.6042
液 态	$CH_3—CH_2—CH_2—CH＝CH_2$	−165.2	30.0	0.640
	$CH_3(CH_2)_3CH＝CH_2$	−139.8	63.4	0.673
	$CH_3(CH_2)_4CH＝CH_2$	−119	93.6	0.697
	$CH_3(CH_2)_5CH＝CH_2$	−101.7	121.3	0.714

2. 烯烃的化学性质

烯烃分子中由于有碳碳双键的存在，使它具有很大的化学活性，烯烃的大部分反应都发生在双键上，所以双键是烯烃的官能团。烯烃的主要反应是在双键上发生加成反应、氧化反应和聚合反应，还有 α-H 的取代反应。

（1）加成反应

在烯烃分子中碳碳双键的π键发生断裂，两个一价的原子或基团，分别加到双键两端的碳原子上，形成两个新的σ键，从而生成饱和化合物，这种反应叫作加成反应。除加氢外，一般是按离子型反应历程进行。

$$>C=C< \ + YZ \longrightarrow -\overset{\displaystyle |}{\underset{\displaystyle Y}{C}}-\overset{\displaystyle |}{\underset{\displaystyle Z}{C}}-$$

1）催化加氢

在常温常压下，烯烃与氢混合并不起反应，甚至在高温时反应也很慢，但在催化剂铂、钯、镍等金属作用下（雷尼镍也是一种常用的催化剂，是把镍铝合金用氢氧化钠处理，使铝熔去即成为活性很强的雷尼镍）与氢反应生成烷烃，称为催化加氢。

$$CH_2=CH_2 + H_2 \xrightarrow{Pt\ 或\ Pd,\ Ni} CH_3-CH_3$$

$$CH_3-CH=CH-CH_3 + H_2 \xrightarrow{Pt\ 或\ Pd,\ Ni} CH_3-CH_2-CH_2-CH_3$$

$$R-CH=CH_2 + H_2 \xrightarrow{催化剂} R-CH_2-CH_3$$

含有碳碳双键的化合物在一定条件下都会发生这种反应。

2）加卤素—亲电加成反应

烯烃遇卤素后，立即发生加成作用，生成邻二卤化物，如在室温下：

$$CH_2=CH_2 + Cl_2 \longrightarrow \overset{\displaystyle CH_2}{\underset{\displaystyle Cl}{|}}-\overset{\displaystyle CH_2}{\underset{\displaystyle Cl}{|}} \qquad 1，2—二氯乙烷$$

若将乙烯通入溴的四氯化碳溶液中，溴的颜色立即消失。

$$CH_2=CH_2 + Br_2 \xrightarrow{CCl_4} \overset{\displaystyle CH_2}{\underset{\displaystyle Br}{|}}-\overset{\displaystyle CH_2}{\underset{\displaystyle Br}{|}} \qquad 1，2—二溴乙烷$$

在实验室中常用此法来鉴别该化合物是否含有 C=C 双键。

当干燥的乙烯通入溴的四氯化碳溶液时反应很难进行，当加入一点水时，反应立即发生而使溴的颜色消失。又如乙烯和溴在玻璃器皿中反应能顺利进行，倘若在器皿的内壁涂上一层石蜡则反应就很难进行，若改涂硬脂酸则反应进行很快，这就说明溴与乙烯的加成反应是溴分子受极性物质如水、玻璃（弱极性）和硬脂酸的影响后，才能产生。

将乙烯通入含溴的氯化钠溶液时，反应除了主要生成 1，2—二溴乙烷外，还有 1—氯—2—溴乙烷，但没有 1，2—二氯乙烷生成。

$$Br_2 + CH_2=CH_2 \xrightarrow[液]{NaCl} \begin{cases} \overset{\displaystyle CH_2}{\underset{\displaystyle Br}{|}}-\overset{\displaystyle CH_2}{\underset{\displaystyle Br}{|}} \quad （主要产物） \\[2em] \overset{\displaystyle CH_2}{\underset{\displaystyle Br}{|}}-\overset{\displaystyle CH_2}{\underset{\displaystyle Cl}{|}} \quad （次要产物） \end{cases}$$

由这一现象表明碳碳双键与溴加成是分步进行的，否则就不可能生成 1—氯—2—溴乙烷，其过程是溴分子被极化使一个溴原子带有部分正电荷，另一个溴原子带有部分负电荷。

$$\overset{\delta+}{Br} \overset{\frown}{\longrightarrow} \overset{\delta-}{Br}$$

被极化的溴分子以 $Br^{\delta+}$ 一端进攻 $CH_2=CH_2$ 分子中的一个碳原子上的 π 电子（亲

电），反应时 π 电子完全转移到这个碳原子上，$\overset{\delta^+}{C}H_2\!=\!\overset{\delta^-}{C}H_2$（以弯箭头 ↓ 表示 π 电子云转移的方向）与溴分子的 Br^{δ^+} 一端形成 C—Br σ 键，与此同时溴分子发生异裂给出负溴离子，这一步反应结果是生成了碳正离子 $\overset{+}{C}H_2\!-\!\underset{\underset{Br}{|}}{C}H_2$ 和 Br^- 负离子，这是慢的一步，碳正离子活性很大，叫作活性中间体。只能瞬间存在的活性中间体立即与 Br^- 离子结合生成 $\underset{\underset{Br}{|}}{C}H_2\!-\!\underset{\underset{Br}{|}}{C}H_2$，这是第二步，是快的一步。

整个加成反应是由两步组成，反应速率由第一步决定。因为反应过程中有离子生成，所以乙烯与溴的加成反应又叫作离子型加成反应。反应第一步的进攻试剂实际上是一个缺少电子的溴正离子，它从 π 键接受一对电子形成 C—Br σ 键，这种试剂称为亲电试剂。由亲电试剂进攻而引起的加成反应叫作亲电加成反应。

$$\overset{\delta^+}{C}H_2\!=\!\overset{\delta^-}{C}H_2 + \overset{\delta^+}{Br}\!-\!\overset{\delta^-}{Br} \xrightarrow[\text{慢}]{\text{第一步}} \overset{+}{C}H_2\!-\!\underset{\underset{Br}{|}}{C}H_2 + Br^-$$

$$\overset{+}{C}H_2\!-\!\underset{\underset{Br}{|}}{C}H_2 + Br^- \xrightarrow[\text{快}]{\text{第二步}} \underset{\underset{Br}{|}}{C}H_2\!-\!\underset{\underset{Br}{|}}{C}H_2$$

由此可知，当乙烯通入含溴的氯化钠溶液时为什么有 1—氯—2—溴乙烷生成，这是因为形成的中间体碳正离子除了立即与溴负离子结合外，还可以与氯负离子结合生成 1—氯—2—溴乙烷。

$$\overset{+}{C}H_2\!-\!\underset{\underset{Br}{|}}{C}H_2 \xrightarrow[\text{快}]{\text{第二步}} \begin{cases} Br^- \quad \underset{\underset{Br}{|}}{C}H_2\!-\!\underset{\underset{Br}{|}}{C}H_2 \\[2mm] Cl^- \quad \underset{\underset{Br}{|}}{C}H_2\!-\!\underset{\underset{Cl}{|}}{C}H_2 \end{cases}$$

一般认为亲电试剂溴与乙烯进行加成时，比上述过程复杂得多。首先是极化了的溴分子从垂直方向与 π 键相接近，第一步很可能是先形成一个 π 络合物，然后再转变为一个环状中间体和一个溴负离子，中间体可能是个环状锇离子形式，第二步是溴负离子进攻中间体的两个碳原子之一，生成邻二溴化合物，它是个反式产物。其历程如下式：

一般认为亲电试剂溴与乙烯进行加成时，比上述过程复杂得多。首先是极化了的溴分子从垂直方向与 π 键相接近，第一步很可能是先形成一个 π 络合物，然后再转变为一个环状中间体和一个溴负离子，中间体可能是个环状锇离子形式，第二步是溴负离子进攻中间体的两个碳原子之一，生成邻二溴化合物，它是个反式产物。其历程如下式：

卤素中，氟与烯烃的反应太猛烈，往往使碳链断裂，生成含碳原子数较少的产物。碘与烯烃难起反应，故烯烃加卤素，一般是指加氯、溴而言，且加氯比加溴快，反应不需光照或催化剂，在室温下即进行，所以碳碳双键与卤素进行加成时卤素的活性（反应速度）顺序是：

$$Cl_2 > Br_2$$

烯烃的反应顺序是：

$$(CH_3)_2C{=}CH_2 > CH_3CH{=}CH_2 > CH_2{=}CH_2$$

3）加卤化氢—不对称加成规则、诱导效应

烯烃与卤化氢气体或浓的氢卤酸起加成反应，生成卤代烷，例如：

$$CH_2{=}CH_2 + HBr \longrightarrow CH_3{-}CH_2Br$$

乙烯是对称分子，不论卤原子或氢原子加在哪一个碳原子上，产物都是相同的，但丙烯与卤化氢加成时，情况就不同了，不只生成 2—溴丙烷，同时还有 1—溴丙烷生成。根据大量实验结果，归纳出一条规律：凡不对称烯烃与卤化氢等极性试剂进行加成时，试剂中带正电的部分总是加在含氢较多的双键碳原子上，试剂中带负电部分则加到含氢较少或不含氢的双键碳原子上，这个经验规律叫马尔可夫尼科夫（Markovnikov）规则，简称马氏规则。

如：
$$CH_3{-}CH{=}CH_2 + HBr \longrightarrow CH_3{-}\overset{Br}{\underset{}{CH}}{-}CH_3$$

$$CH_3{-}CH_2{-}CH{=}CH_2 + HBr \xrightarrow{\text{醋酸}} CH_3{-}CH_2{-}\underset{Br}{\overset{}{CH}}{-}CH_3 \qquad 80\%$$

$$CH_3{-}\underset{CH_3}{\overset{}{C}}{=}CH_2 + HBr \longrightarrow CH_3{-}\underset{CH_3}{\overset{Br}{C}}{-}CH_3 \qquad 100\%$$

卤化氢与烯烃加成反应的历程，与卤素和烯烃加成相似，也是离子型的亲电加成，反应也是分两步进行，但由于 HX（X 表示卤素）是极性分子，其中质子首先与双键上的 π 电子结合生成碳正离子，然后再与负卤离子生成卤代烷。

$$HX \rightleftharpoons H^+ + X^-$$

$$\underset{H}{\overset{H}{>}}C{=}C\underset{H}{\overset{H}{<}} + H^+ \xrightarrow{\text{第一步}} CH_3{-}\overset{+}{CH_2} \xrightarrow[\text{第二步}]{X^-} CH_3{-}CH_2X$$

其中，决定整个分子反应速率的是第一步，因为第一步反应后形成碳正离子。生成的碳正离子越稳定，反应越容易进行。

从物理的规律来看，一个带电体系的稳定性，决定于电荷的分散情况，电荷越分散，体系越稳定。碳正离子的稳定性也同样取决于其中电荷的分布情况，碳正离子的稳定性如下：

$$CH_3{\to}\underset{CH_3}{\overset{CH_3}{C^+}} > CH_3{\to}\underset{CH_3}{\overset{H}{C^+}} > CH_3{\to}\underset{H}{\overset{H}{C^+}} > H{-}\underset{H}{\overset{H}{C^+}}$$

甲基与氢原子相比，甲基是供电子取代基（用 $CH_3\rightarrow$ 表示），当甲基与带正电荷的中心碳原子相连接时，电子对向中心碳原子的方向移动，使中心碳原子上的正电荷减少一部分，而甲基则相应地取得一部分正电荷，结果使碳正离子上的电荷分散，所以中心碳原子（正碳）上连接甲基越多，碳正离子越稳定，因此，上面一系列正离子的稳定性是逐步减弱的，如：

$$CH_3-CH=CH_2 + H^+ \longrightarrow \begin{cases} CH_3-\overset{+}{C}H-CH_3 \quad (1) \\ CH_3-CH_2-\overset{+}{C}H_2 \quad (2) \end{cases}$$

上式中（2）式就没有（1）式稳定（乙基给电子的能力与甲基相近）所以反应产物主要是 2—卤丙烷，符合马氏规则，当然也还有一种次要产物。

马氏规则也可以用诱导效应来解释，丙烯与乙烯对比，分子中甲基的推电子效应增大了 $C=C$ 双键的电子密度，从而使 $CH_3-CH=CH_2$ 的亲电加成反应比乙烯快，活性比乙烯大，同时甲基的推电子（供电子）效应又使 $C=C$ 双键的 π 电子按照下式中弯箭头表示的方向转移，所以与马氏规则一致。

$$CH_3 \longrightarrow \overset{\delta+}{CH} = \overset{\delta-}{CH_2}$$
$$\qquad\qquad \underset{Br^-}{\uparrow} \quad \underset{H^+}{\uparrow}$$

像这种由于吸电子或推电子作用，使双键上电子云发生极化，分子中成键的电子云向着一个方向转移，使分子发生极化的现象，叫作诱导效应。

各种烷基推电子的能力顺序为：

$$\underset{\underset{CH_3}{|}}{\overset{\overset{CH_3}{|}}{CH_3-C-}} > \underset{\underset{CH_3}{|}}{CH_3-CH-} > CH_3-CH_2- > CH_3-$$

如果诱导效应是分子本身结构决定的，与外界的因素无关，不管有无介质或试剂在场，它都存在，这叫作静态诱导效应；当在有极性介质或试剂的外电场影响下，诱导极化加强了，这种由于受极性介质或极性试剂的影响而深化了诱导效应叫作动态诱导效应。这不是分子内在的性质，如在未发生反应时把外电场除去，则动态诱导效应又消失。

烯烃与卤化氢加成时卤化氢的活性是：

$$HI > HBr > HCl$$

例如乙烯不被浓盐酸吸收，但能与浓氢溴酸加成。

4）加硫酸

烯烃能与硫酸加成生成硫酸氢酯，如：

$$CH_2=CH_2 + HOSO_3H \longrightarrow CH_3-CH_2-OSO_3H$$
硫酸氢乙酯

$$CH_3-CH=CH_2 + HOSO_3H \longrightarrow CH_3-\underset{\underset{OSO_3H}{|}}{CH}-CH_3$$
硫酸氢异丙酯

反应过程与 HX 的加成一样，第一步是烯烃与质子的加成，生成碳正离子，然后碳正离子再和硫酸氢根结合。不对称烯烃与硫酸加成也符合马尔可夫尼科夫规则。

所生成的硫酸氢乙酯与水共热，则水解而得醇。

$$CH_3-CH_2-OSO_3H + H_2O \xrightarrow{\triangle} CH_3-CH_2-OH + H_2SO_4$$

$$(CH_3)_2CH-OSO_3H + H_2O \xrightarrow{\triangle} CH_3-\underset{\underset{CH_3}{|}}{CH}-OH + H_2SO_4$$

以上这种通过加成和水解两个反应而生成醇是工业上制取低级醇的方法之一，这叫作烯烃间接水合法。

烯烃与硫酸加成时双键碳上烷基越多，越容易和硫酸加成，如异丁烯用 63% 的硫酸即可发生加成，而丙烯和丁烯则需用 80% 的硫酸才能发生加成，乙烯则需用 98% 的浓硫酸。烯烃加成活性顺序为：

$$CH_3-\underset{\underset{CH_3}{|}}{C}=CH_2 > CH_3-CH_2-CH=CH_2 > CH_3-CH=CH_2 > CH_2=CH_2$$

5）加水

在酸催化下，烯烃与水加成生成醇。如：

$$CH_2=CH_2 + H_2O \xrightarrow[300℃]{磷酸—硅藻土} CH_3-CH_2-OH$$

$$CH_3-CH=CH_2 + H_2O \xrightarrow[250℃]{磷酸—硅藻土} CH_3-\underset{\underset{OH}{|}}{CH}-CH_3$$

这是工业上生产乙醇、异丙醇的最重要方法之一，也是遵循马氏规则的，叫烯烃直接水合法。烯烃的活性顺序与烯烃加硫酸的顺序一致。

6）加次卤酸

烯烃能与次卤酸加成，生成卤代醇，如与次氯酸加成：

$$CH_2=CH_2 + HOCl \longrightarrow \underset{\underset{Cl}{|}}{CH_2}-\underset{\underset{OH}{|}}{CH_2} \qquad 2-氯乙醇$$

不对称烯烃与次卤酸加成时，是按马氏规则进行的。

$$CH_3-\overset{\delta^+}{CH}=\overset{\delta^-}{CH_2} + H\overset{-}{O}\overset{+}{Cl} \longrightarrow CH_3-\underset{\underset{OH}{|}}{CH}-\underset{\underset{Cl}{|}}{CH_2} \qquad 1-氯-2-丙醇$$

其反应历程和烯烃与卤素加成相似，加成的第一步，是亲电试剂对烯烃的进攻，形成卤素正离子和烯烃结合，所以这个反应也是亲电加成反应。其反应活性顺序与烯烃加硫酸的顺序一致。

（2）氧化反应

烯烃分子中 C=C 双键的活泼性还表现在氧化反应上，随着氧化剂和反应条件的不同，氧化产物也不相同，氧化反应发生时首先是 π 键打开，当反应条件强烈时 σ 键也可断裂。

1) 空气氧化

用银或氧化银为催化剂，乙烯可被空气中的氧直接氧化，双键中π键断裂，生成环氧乙烷。

$$2CH_2=CH_2+O_2 \xrightarrow[250℃]{Ag} 2CH_2\underset{O}{\overset{}{\triangle}}CH_2$$

温度若超过300℃，双键中的σ键也会断裂，生成二氧化碳和水。

$$CH_2=CH_2+3O_2 \xrightarrow[300℃]{Ag} 2CO_2+2H_2O$$

烯烃的氧化产物比较复杂，主要取决于烯烃的构造、氧化剂的种类和用量、反应的温度、介质的酸碱性等，烯烃氧化后可生成不同类型的含氧化合物。

2) 高锰酸钾氧化

在稀的、冷高锰酸钾碱性或中性溶液中，烯烃可被氧化成二元醇。

$$3RCH=CH_2+2KMnO_4+4H_2O \xrightarrow[或中性]{碱性} 3R\underset{OH}{\overset{}{-}}CH\underset{OH}{\overset{}{-}}CH_2+2MnO_2+2KOH$$

反应和产物均比较复杂，不易停留在二元醇阶段，加热可进一步氧化，使双键彻底破裂，因此，此法不适用于作二元醇的制备，但反应发生后$KMnO_4$紫色消失，并有MnO_2褐色沉淀生成，可用于定性鉴定分子中是否有双键存在。

如果用过量的高锰酸钾或用高锰酸钾的酸性溶液氧化烯烃则反应发生迅速，此时π键、σ键都断裂。由于双键碳原子连接的烃基不同，氧化产物也不同，通过得到的产物，可以确定原来烯烃的分子结构，如：

$$R-CH=CH_2 \xrightarrow[H^+]{KMnO_4} R\underset{OH}{\overset{}{-}}C=O+O=C\underset{OH}{\overset{}{-}}H \atop (O) \searrow CO_2+H_2O$$

$$R-CH=C\underset{R''}{\overset{}{-}}R' \xrightarrow[H^+]{KMnO_4} R\underset{OH}{\overset{}{-}}C=O+O=C\underset{R''}{\overset{}{-}}R'$$

由上述反应可知：

当双键一端有 $=CH_2$ 时氧化生成 CO_2+H_2O；

当双键一端有 $=CH-R$ 时氧化后生成 $R-COOH$ 羧酸；

当双键一端有 $=C\underset{R'}{\overset{}{-}}R$ 时氧化后生成 $R\underset{O}{\overset{\parallel}{-}}C-R'$ 酮；

当双键两端结构对称，氧化后生成两分子同一种化合物。

3) 臭氧氧化

用含有6%～8%臭氧的氧化物通入液体烯烃或烯烃的非水溶液（一般为CCl_4溶液）中，在低温中，臭氧即迅速而定量地与烯烃作用，生成黏稠的臭氧化物，此反应称为臭氧化反应，如：

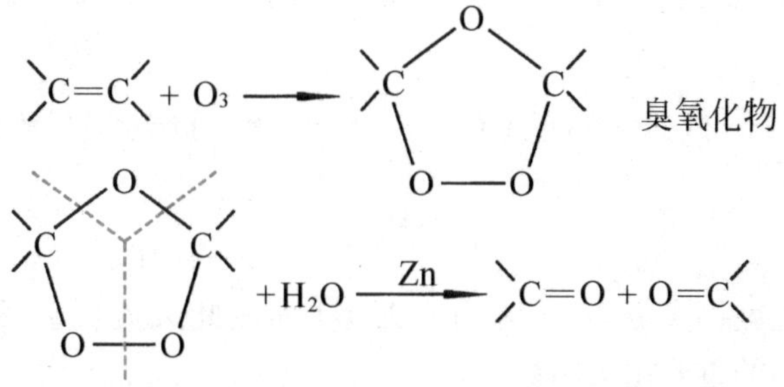

臭氧化物游离状态不稳定，易爆炸，一般留在反应液中，可直接加水进行水解，生成的产物为醛或酮，并且有 H_2O_2 生成，为了不让 H_2O_2 继续将醛氧化成酸，可加还原剂，锌粉或醋酸将其破坏，也可在催化剂铂、钯等存在下通入氢气，同样可以避免过氧化氢的生成。

不同结构的烯烃经臭氧氧化后，在还原剂存在下进行水解可得到不同的醛或酮。如：

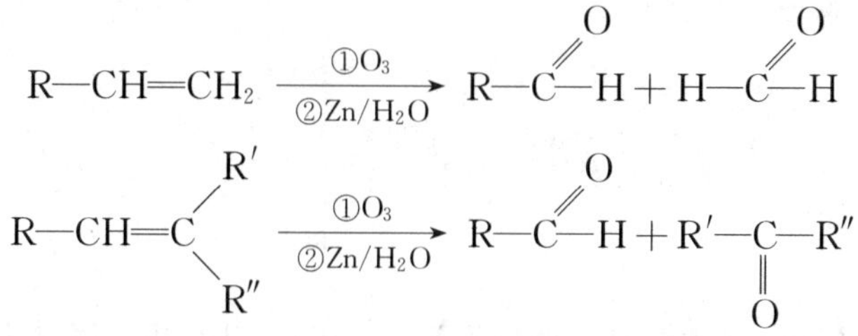

由上列反应可知，当烯烃分子中有 $=CH_2$ 存在，臭氧化水解还原后可得 $H-\overset{O}{\overset{\|}{C}}-H$（甲醛）；当烯烃分子中有 $=CH-R$ 存在，臭氧化水解还原后可得 $R-\overset{O}{\overset{\|}{C}}-H$ 醛类；当烯烃分子中有 $=\overset{}{\underset{R'}{\overset{|}{C}}}-R$ 存在，臭氧化水解还原后可得 $R-\overset{O}{\overset{\|}{C}}-R'$ 酮类；

若是一个对称烯烃，反应后只生成两分子同一种物质。

根据反应后生成物的不同，便可推测原来烯烃的结构。

（3）聚合反应

烯烃可以通过加成反应自身结合起来生成聚合物，这类反应叫作聚合反应，生成的产物叫作聚合物。

$$nCH_2=CH_2 \xrightarrow[50℃、10大气压]{TiCl_3-Al(C_2H_5)_3} \left[CH_2-CH_2\right]_n$$
乙烯　　　　　　　　　　　　　　　　聚乙烯
（单体）　　　　　　　　　　　　　　（高分子）

凡是合成高分子化合物的主要直接原料叫作单体，如乙烯是聚乙烯的单体。

（4）α—氢原子的取代反应

烯烃双键在化学反应中表现得很活泼，但是这种活泼性也不是绝对的和无条件的。在一定条件下烯烃也能起取代反应，如丙烯在气相氯化时当温度低于 250℃ 反应的主要方向

41

是加成反应，但随着温度的上升，取代产物逐渐增加，当超过 350℃时，取代反应几乎占绝对优势。

$$CH_3\text{—}CH\!=\!CH_2 + Cl_2 \xrightarrow[-HCl]{400\sim500℃} \underset{\underset{Cl}{|}}{CH_2}\text{—}CH\!=\!CH_2$$

3—氯丙烯

若有少许氧存在，温度可降至 300℃左右。工业上常用此法制取 3—氯丙烯，3—氯丙烯是制造甘油与环氧树脂的重要化工原料。

2.3.3 炔烃的结构及叁键的形成

1. 乙炔的直线形结构及 sp 杂化轨道

乙炔是炔烃同系列中最简单、最重要的成员，通过对乙炔结构的讨论来认识炔烃的结构。

根据现代物理方法测定：乙炔分子中的四个原子分布在一条直线上，它是一个线型分子。分子中的碳碳键长和键角见下式。

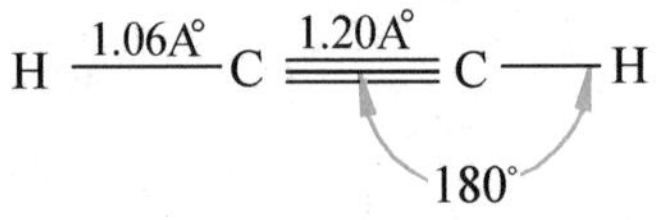

H —^{1.06Å} C ≡^{1.20Å} C — H   180°

杂化轨道理论认为，在乙炔分子中碳原子的杂化与甲烷及乙烯又有所不同，它进行的是 sp 杂化，即乙炔分子中的碳原子成键时，是由一个 $2s$ 轨道和一个 $2p$ 轨道杂化，组成两个能量均等的 sp 杂化轨道。这种杂化方式叫作碳原子轨道的 sp 杂化。如：

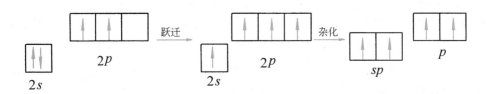

sp 杂化轨道中，s 轨道成分占 1/2，p 轨道成分占 1/2。sp 杂化轨道的形状与 sp^3 和 sp^2 杂化轨道相似，图 2-15 所示为 sp 杂化轨道，其中（a）表示截面大致形状，（b）表示简化图。

2. 叁键的形成

乙炔分子中，两个碳原子各以一个 sp 杂化轨道互相重叠，形成一个 C—C σ 键，同时每个碳原子又各以另一个 sp 杂化轨道分别与一个氢原子的 $1s$ 轨道形成两个 C—H σ 键。乙炔分子中的三个 σ 键的对称轴在同一条直线上，如图 2-16 所示。此外，每个碳原子上还各有两个互相垂直的、未杂化的 p 轨道，其对称轴分别平行，并分别从侧面互相重叠，形成两个互相垂直的 π 键，如图 2-17(a) 所示，这两个 π 键的电子云围绕在两个碳原子的上下和前后部位，对称轴分布在 C—C σ 键的周围，形成一个以 σ 键为对称轴的圆筒形，如图 2-17(b) 所示。

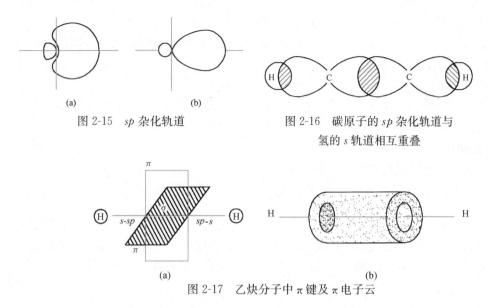

图 2-15　sp 杂化轨道　　　　图 2-16　碳原子的 sp 杂化轨道与
氢的 s 轨道相互重叠

图 2-17　乙炔分子中 π 键及 π 电子云

总之，乙炔分子中的 C≡C 是由一个 σ 键和两个相互垂直的 π 键组成的，三个键的键能不相等。由于 sp 杂化轨道互呈 180℃角，重叠时能量最低，所以乙炔分子是直线型的。又由于碳原子间存在有两个 π 键，所以 C≡C 之间电子云密度较大，碳原子之间距离更近，键长更短。

2.3.4　炔烃的性质

最简单的炔烃是乙炔，纯的乙炔是无色，无臭的气体，可由电石水解或天然气裂解来制取。由于电石中含有其他杂质，所以由电石制取的乙炔中含有少量硫化氢和磷化氢，故有一定的臭味。

1. 炔烃的物理性质

炔烃的物理性质与烯烃相似，C_4 以下的炔烃是气体，C_5 以上的炔烃是液体，高级炔烃是固体。它们的物理常数也随分子量的增加表现出有规律的变化，见表 2-6。简单炔烃的沸点、熔点和相对密度比相应的烷烃和烯烃都高一些，这是由于炔烃分子较短而且又细长，在液态和固态中，分子可以彼此靠近，分子间范德华力较强的缘故。炔烃是非极性分子，难溶于水，易溶于有机溶剂，如乙醚，苯和丙酮等。

炔烃的物理常数　　　　表 2-6

名　称	沸　点（℃）	熔　点（℃）	相对密度 d_4^{20}
乙　炔	−83.4	−82	0.618
丙　炔	−23	−101	0.671
1—丁炔	8.6	−122.6	0.668
2—丁炔	27.2	−32.5	0.694
1—戊炔	39.7	−98	0.695
2—戊炔	55.5	−101	0.713
3—甲基—1—丁炔	28	−89.7	0.665
1—十八碳炔	180	22.5	0.869

2. 炔烃的化学性质

炔烃的化学性质主要表现在 $C\equiv C$ 上，叁键是它的官能团。主要性质是叁键的加成反应和叁键碳上氢原子的活泼性。

（1）加成反应

由于炔烃的分子中含有两个 π 键，它的不饱和程度比烯烃大，可以和两分子试剂进行加成，生成饱和化合物，而烯烃只与一分子试剂发生加成反应。

1）催化加氢

乙炔催化加氢先生成乙烯，再生成乙烷

$$H—C\equiv C—H+H_2 \xrightarrow[\text{或 Ni}]{\text{Pt、Pd}} CH_2=CH_2 \xrightarrow[\text{Pd 或 Ni}]{H_2,\ Pt} CH_3—CH_3$$

要使产物停留在烯烃阶段，用 Pd、Pt 和 Ni 作催化剂是困难的，只有用活性较低的林德拉（Lindlar）催化剂（沉淀在 $BaSO_4$ 或 $CaCO_3$ 上的金属钯，加喹啉或醋酸铅使钯部分中毒而降低其活性）可使炔烃加一分子氢，反应停留在生成烯烃阶段，如：

$$CH_3(CH_2)_3C\equiv C(CH_2)_2CH_3+H_2 \xrightarrow[\text{化的 BaSO_4—Pd}]{\text{被喹啉毒}} CH_3(CH_2)_3CH=CH(CH_2)_2CH_3$$

若分子中同时有双键和叁键时，则催化加氢时首先发生在叁键上。

$$R—C\equiv C(CH_2)_nCH=CH_2 \xrightarrow[H_2]{BaSO_4—Pd} R—CH=CH(CH_2)_nCH=CH_2$$

工业上，利用这个反应可以除去乙烯中含有微量的乙炔，以提高乙烯的纯度。

2）加卤素

炔烃与氯或溴进行加成时先生成二卤化合物，在过量的氯或溴存在下，可继续进行加成生成四卤化合物。

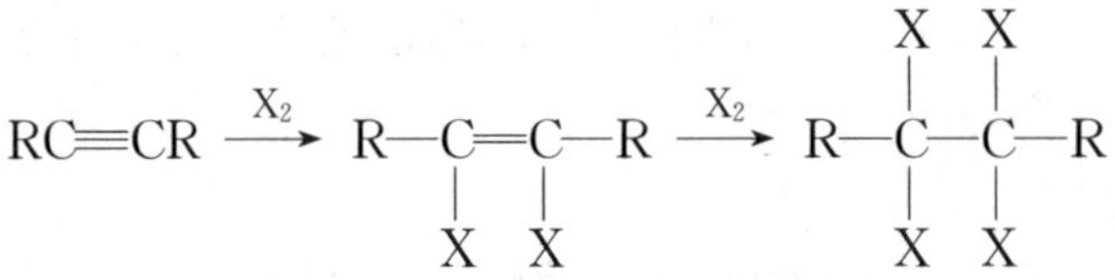

控制反应条件，可使反应停留在生成一分子加成产物阶段，如：

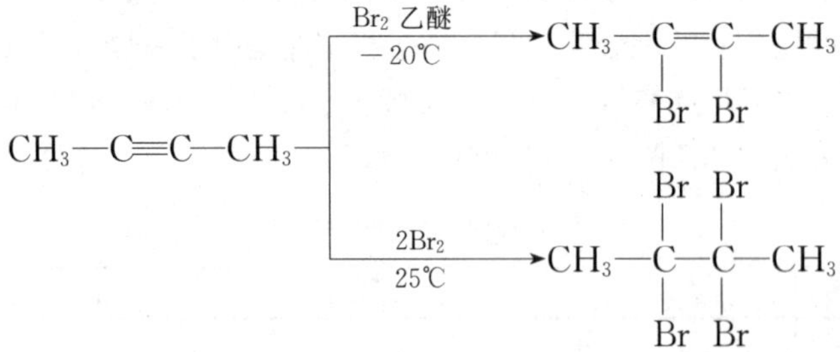

炔与溴加成，可使溴水褪色，用以检查叁键的存在。碘与炔加成困难，通常只与一分子碘加成。

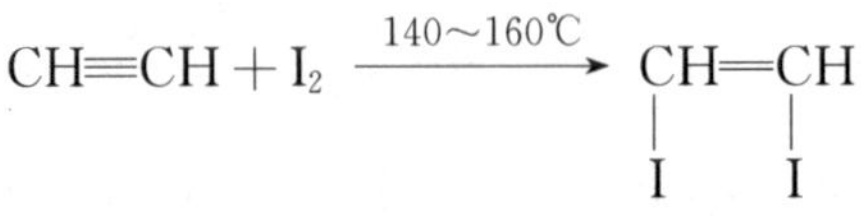

3）加卤化氢

炔烃与烯烃相似，可与卤化氢进行加成，并遵循马氏规则。

$$CH{\equiv}CH + HI \longrightarrow CH_2{=}CHI \xrightarrow{HI} CH_3{-}CHI_2$$

碘化氢与炔烃的加成反应容易进行，但是氯化氢则难进行，一般用汞盐催化剂，在气相中进行，加热时，也只能与一分子氯化氢加成。

$$CH{\equiv}CH + HCl \xrightarrow[150\sim160℃]{HgCl_2} CH_2{=}CHCl$$

$$CH_3{-}CH_2{-}CH_2{-}CH_2{-}C{\equiv}CH + HBr \longrightarrow CH_3{-}CH_2{-}CH_2{-}CH_2{-}\underset{\overset{|}{Br}}{C}{=}CH_2$$

$$\xrightarrow{HBr} CH_3{-}CH_2{-}CH_2{-}CH_2{-}\underset{\overset{\displaystyle |}{Br}}{\overset{\overset{\displaystyle Br}{|}}{C}}{-}CH_3$$

可见炔烃与烯烃相似，也能与氯、溴、卤化氢等亲电试剂进行加成反应，但比烯烃难一些，尽管炔烃分子中有两个 π 键，然而炔烃中的 π 电子云不如烯烃中的 π 电子云那么活泼，乙炔中叁键的键长为 1.20Å，这表明形成 π 轨道的两个 p_y 原子轨道和两个 p_z 原子轨道重叠的程度比乙烯大，所以乙炔的 π 键强于乙烯的 π 键，故亲电加成较乙烯难于进行。

4）加水

一般情况下炔烃和水是不发生反应的。但在有硫酸汞的稀硫酸溶液中，先生成烯醇（不饱和醇，由于羟基直接连在双键碳原子上故叫烯醇）这样结构的化合物很不稳定，会立即发生分子重排，生成稳定的羰基（$>C{=}O$）化合物，如：

$$CH{\equiv}CH + H_2O \xrightarrow[100℃]{5\%HgSO_4、10\%H_2SO_4} \left[\underset{\overset{\displaystyle |}{OH}}{CH_2{=}CH} \right] \longrightarrow \underset{乙醛}{CH_3{-}\overset{\overset{\displaystyle O}{\|}}{C}{-}H}$$

乙炔的同系物加水后生成酮：

$$R{-}C{\equiv}CH \xrightarrow[稀\ H_2SO_4]{HgSO_4} \left[\underset{\overset{\displaystyle |}{OH}}{R{-}C{=}CH_2} \right] \longrightarrow \underset{酮}{R{-}\overset{\overset{\displaystyle O}{\|}}{C}{-}CH_3}$$

若在这类反应中生成乙醛，可以使汞盐还原成金属汞，汞和汞盐毒性很大，生产单位排放出工业废水必须经过处理，否则污染环境，影响健康，为了尽量消除污染，也有在生产中使用铜、锌或镉的磷酸盐作催化剂，在 250℃ 时，使炔烃水化而得到羰基化物。

这个反应是由俄国化学家库切洛夫（Mr. Г. Кучеров）在 1881 年发现的，故叫库切洛夫反应。

5）乙烯基化反应

乙炔与氢氰酸、羧酸和醇类等进行加成后的产物中都含有乙烯基，所以此类反应叫乙烯基化反应。如：

a. 与氢氰酸加成　乙炔在有 Cu_2Cl_2—NH_4Cl 的酸性溶液中与氢氰酸起加成反应，生成丙烯腈。

$$CH\!\equiv\!CH + HCN \xrightarrow{Cu_2Cl_2-NH_4Cl} CH_2\!=\!CH\!-\!CN$$
丙烯腈

丙烯腈是合成聚丙烯腈（人造羊毛）的主要原料，目前工业上生产丙烯腈主要是用丙烯的氨氧化法进行生产。

　b. 与醇加成　在碱的存在下，乙炔可以和醇发生加成反应，生成甲基乙烯基醚。

$$CH\!\equiv\!CH + CH_3OH \xrightarrow[\text{加热加压}]{KOH} CH_2\!=\!CH\!-\!O\!-\!CH_3$$
甲基乙烯基醚

甲基乙烯基醚是一个很重要的单体，经聚合生成高分子化合物，用作涂料和胶粘剂等。

　c. 与羧酸加成　乙炔在催化剂作用下与醋酸作用，生成醋酸乙烯酯，它是生产维尼纶的主要原料。

$$CH\!\equiv\!CH + HO\!-\!\underset{\underset{O}{\parallel}}{C}\!-\!CH_3 \xrightarrow[120\sim230℃]{\text{醋酸锌}} CH_2\!=\!CH\!-\!O\!-\!\underset{\underset{O}{\parallel}}{C}\!-\!CH_3$$
醋酸乙烯酯

（2）聚合反应

在不同的催化剂和不同的反应条件下，乙炔发生聚合反应能生成不同的聚合物，如：

$$CH_2\!=\!CH + H\!-\!C\!\equiv\!C\!-\!H \xrightarrow[\text{饱和溶液}]{Cu_2Cl_2+NH_4Cl} CH_2\!=\!CH\!-\!C\!\equiv\!CH$$
乙烯基乙炔

在工业上，可以控制条件，使主要产物为乙烯基乙炔（因反应过程中还有二乙烯基乙炔生成），乙烯基乙炔可用作生产氯丁橡胶的原料。

$$CH_2\!=\!CH\!-\!C\!\equiv\!CH + HCl \longrightarrow CH_2\!=\!CH\!-\!\underset{\underset{Cl}{|}}{C}\!=\!CH_2$$
2—氯—1，3—丁二烯

在高温下乙炔可以发生环状聚合，生成少量的苯。

苯

（3）氧化反应

炔烃和氧化剂反应可使碳碳叁键断裂，最后生成羧酸或二氧化碳。如：
$$3CH\!\equiv\!CH + 10KMnO_4 + 2H_2O \longrightarrow 6CO_2 + 10KOH + 10MnO_2$$

$$CH_3—CH_2—CH_2—C≡CH \xrightarrow[OH^-]{KMnO_4 \cdot H_2O} CH_3—CH_2—CH_2—COOH + CO_2 + H_2O$$

$$CH_3—CH_2—C≡C—CH_3 \xrightarrow[OH^-]{KMnO_4 \cdot H_2O} CH_3—CH_2—COOH + CH_3—COOH$$

可以利用炔烃的氧化反应，检验分子中是否存在叁键，以及确定叁键在分子中的位置。

（4）炔烃的活泼氢反应

直接连在叁键碳上的氢比连在双键碳上或连在饱和碳上的氢较为活泼，具有一定的酸性，因此一般称为炔烃的活泼氢或炔氢。

乙炔分子中的活泼氢能与碱金属钾或钠等作用，生成炔金属化合物叫金属炔化合物，同时放出氢气。

$$CH≡CH + Na \xrightarrow{液氨} HC≡C—Na + \frac{1}{2}H_2$$

乙炔钠

$$HC≡CH + 2Na \xrightarrow[190\sim200℃]{液氨} NaC≡CNa + H_2$$

乙炔二钠

$$CH_3—CH_2—C≡CH + NaNH_2 \xrightarrow{液氨} CH_3—CH_2—C≡C—Na + NH_3$$

炔钠与卤代烷（一般伯卤烷）作用，可以在炔烃中引入烷基，这类反应叫作炔烃的烷基化反应。

$$CH_3—CH_2—C≡CNa + Br—CH_2—CH_2—CH_3 \xrightarrow[6h]{液氨}$$

$$CH_3—CH_2—C≡C—CH_2—CH_2—CH_3 + NaBr$$

凡是具有活泼氢的炔烃都可以通过烷基化反应而制成一系列高级的炔烃，这是炔烃的重要制法之一。

具有活泼氢的炔烃还可以被一些重金属置换而生成金属衍生物，例如：将乙炔通入硝酸银或氯化亚铜的氨溶液中，则生成白色的乙炔银或棕红色的乙炔亚铜沉淀。

$$HC≡CH + Ag(NH_3)_2NO_3 \longrightarrow Ag—C≡C—Ag↓（白色）$$

$$HC≡CH + Cu(NH_3)_2Cl \longrightarrow Cu—C≡C—Cu↓（棕红色）$$

或 $$R—C≡CH + Ag(NH_3)_2NO_3 \longrightarrow R—C≡C—Ag↓（白色）$$

$$R—C≡CH + Ag(NH_3)_2Cl \longrightarrow R—C≡C—Ag↓$$

这些反应很灵敏，常用于鉴别具有活泼氢的炔烃，同时这些金属衍生物容易在盐酸、硝酸等作用下分解成为原来的炔烃，所以也可用来分离或提纯具有—C≡CH 结构的炔烃或用以萃取贵重金属。

$$Ag—C≡C—Ag + 2HNO_3 \longrightarrow HC≡CH + 2AgNO_3$$

这些重金属炔化物潮湿时比较安全，而干燥时极不稳定，遇撞击或受热容易发生爆炸，因此反应后必须用 HNO_3 处理，使之分解，以免发生危险。

综上所述，炔烃和烯烃都是不饱和烃，其结构相似，分子中都含有 π 键，所以它们都能发生加成反应、聚合反应和氧化反应，但由于炔烃分子中有两个 π 键，叁键碳原子的杂化状态与双键碳原子不一样，叁键碳氢 σ 键与双键碳氢 σ 键也不相同，故炔烃具有它的独特性。

2.3.5 共轭二烯烃的结构及共轭效应

最简单的共轭二烯是1，3—丁二烯，下面即以它为例来说明共轭二烯烃的结构。

1，3—丁二烯的构造式为 $CH_2=CH-CH=CH_2$，由物理方法测得1，3—丁二烯分子中四个碳原子及六个氢原子都在同一平面上，键角都是120°，它的 C—C 单键键长为1.48Å比乙烷分子中C—C 单键键长1.54Å 短，它的 C=C 双键键长为1.34Å比乙烯分子中 C=C 双键键长1.33Å 要长，这说明它的键长有平均化的趋势，产生这种现象的原因是什么呢？

$$
\begin{array}{c}
H \qquad\qquad 1.48Å \qquad\qquad H \\
\overset{1}{C}=\overset{2}{CH}-\overset{3}{CH}=\overset{4}{C} \\
H \quad 1.34Å \qquad\qquad\qquad H
\end{array}
$$

杂化理论认为，1，3—丁二烯中C—C 单键碳原子轨道是 sp^2 杂化轨道，而乙烷中C—C 单键碳原子轨道是 sp^3 轨化轨道，杂化轨道中，s 成分的增加意味着杂化轨道的电子云更靠近原子核，因此，由两个 sp^2 杂化轨道构成的C—C 单键必然比由两个 sp^3 杂化轨道构成的C—C 单键的键长要短些。

1，3—丁二烯每个碳原子都是 sp^2 杂化碳原子，都是用三个 sp^2 杂化轨道分别与氢的 s

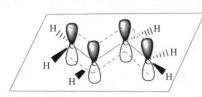

图 2-18　1，3—丁二烯大π键的构成

轨道或相邻碳原子的 sp^2 杂化轨道构成σ键，共九个σ键，每个碳原子上还余下一个价电子，处于 p 轨道，当四个 sp^2 杂化碳原子都处于同一平面时，则所有σ键的对称轴都共平面，每个碳原子上未参加杂化的 p 轨道，其对称轴均垂直于上述平面，这四个 p 轨道由于对称轴互相平行，因而相邻的两个 p 轨道可以进行侧面重叠，如图 2-18 所示。

从图 2-18 可以看出，1，3—丁二烯分子中的四个 p 轨道，除了 C_1 及 C_2，C_3 及 C_4 之间存在着侧面重叠外，C_2 及 C_3 之间也有一定程度的重叠，由此可见1，3—丁二烯分子中π电子云的分布不像乙烯中那样只局限（或称"定域"）在形成双键的两个碳原子之间，而是扩展（或称"离域"）到四个碳原子周围，形成一个整体，这种现象叫作电子离域或键的离域，这样形成的键叫作离域π键或叫作大π键。大π键的形成不仅使单、双键的键长产生了平均化的趋势，而且使分子的内能降低，进而导致体系稳定。这种体系叫共轭体系。在共轭体系中，由于原子间的相互影响，使整个分子中电子云的分布趋于平均化的现象叫共轭效应。由于π电子离域而体现的共轭效应又叫作π-π共轭效应，由此可见1，3—丁二烯分子中单键缩短，双键增长，即键的平均化是由于共轭效应存在所致。

共轭效应的特点，是共平面性，键长趋于平均化，折射率较高。从氢化热（有机化合物催化加氢时放出来的热量叫作氢化热）的数据可看出共轭二烯烃体系的内能较低，分子稳定。如1，3—丁二烯的氢化热为238kJ/mol，和丁烯两倍氢化热252kJ/mol 比较低了13kJ/mol；1，4—戊二烯的氢化热为254kJ/mol，而1，3—戊二烯的氢化热只有226kJ/mol，两者相差28kJ/mol，以上两例中的差值叫作离域能或共轭能。离域能越大表示这个共轭体系越稳定。

2.3.6 共轭二烯烃的性质

共轭二烯烃与一般烯烃比较，由于结构上有些相似，所以性质上也有相似之处，如：1，3—丁二烯能与氢、卤素、卤化氢等发生加成反应，但由于它是共轭二烯烃，它也有其特殊性质。

1.1，2—加成和1，4—加成

1，3—丁二烯与卤素、卤化氢等能发生亲电加成反应，当它与一分子溴加成时，可得到3，4—二溴—1—丁烯和1，4—二溴—2—丁烯两种产物。

$$CH_2{=}CH{-}CH{=}CH_2 + Br_2 \xrightarrow{\begin{array}{c}1,2-\text{加成}\\ \\1,4-\text{加成}\end{array}} \begin{array}{l} CH_2{-}CH{-}CH{=}CH_2 \\ \quad | \qquad | \\ \quad Br \quad\; Br \\[2mm] CH_2{-}CH{=}CH{-}CH_2 \\ \quad | \qquad\qquad\quad | \\ \quad Br \qquad\qquad\; Br \end{array}$$

1，3—丁二烯和溴加成时有两种可能，一种是在一个双键上加成，这与单烯烃的加成一样，叫作1，2—加成，另一种加成方式是两个溴原子加在共轭体系的两端1，4碳原子上，原来的两个双键消失了，而在C_2和C_3之间生成一个新的双键，这叫作1，4—加成，两种加成是同时发生的，两种产物的比例决定于反应条件，如反应物的结构、产物的稳定性、反应温度、试剂和溶剂的性质等。

1，3—丁二烯与溴的亲电加成与单烯烃和溴加成历程相似，这里不讨论。

2. 双烯合成（狄尔斯—阿尔德反应）

共轭二烯烃可以和某些碳碳双键、叁键的不饱和化合物进行1，4—加成反应，生成环状化合物，这种反应叫作双烯合成或狄尔斯—阿尔德（Diels—Alder）反应，这是共轭二烯烃特有的反应，它是将链状化合物变成一个六元环状化合物的一种重要方法。

$$\begin{array}{c} CH_2 \\ \| \\ CH \\ | \\ CH \\ \| \\ CH_2 \end{array} \quad + \quad \begin{array}{c} CH_2 \\ \| \\ CH_2 \end{array} \quad \xrightarrow[\text{高压}]{200℃} \quad \bighexagon \qquad （产率78\%）$$

环己烯

双烯合成是由一个双烯体（共轭二烯烃）和一个亲双烯体（不饱和化合物）组成的，其产物称加合物。当亲双烯体双键碳上连有一个吸电子基如：—CHO、—COR、—COOR、—CN及—NO$_2$时，则反应容易进行，并且产量很高。

$$\begin{array}{c} CH_2 \\ \| \\ CH \\ | \\ CH \\ \| \\ CH_2 \end{array} \quad + \quad \begin{array}{c} COOCH_3 \\ | \\ CH \\ \| \\ CH_2 \end{array} \quad \xrightarrow{150℃} \quad \overset{COOCH_3}{\bighexagon} \quad \downarrow$$

丙烯酸甲酯 　　　　4—环己烯甲酸甲酯

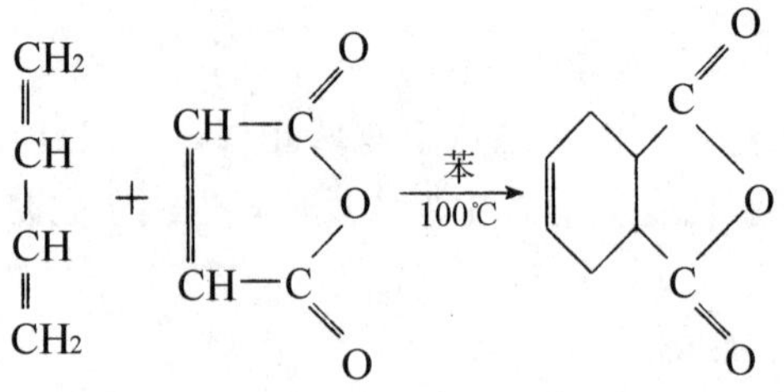

顺丁烯二酸酐

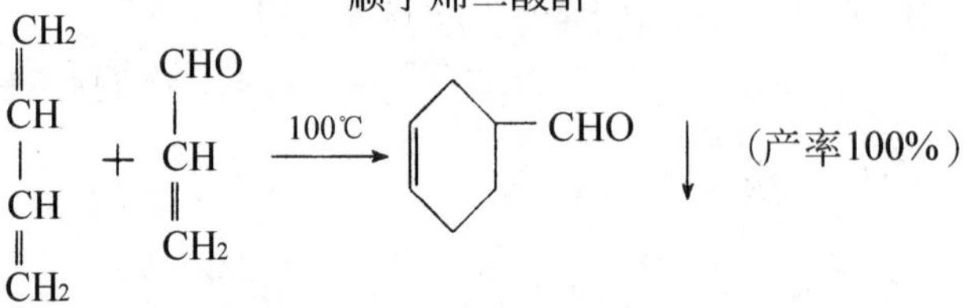

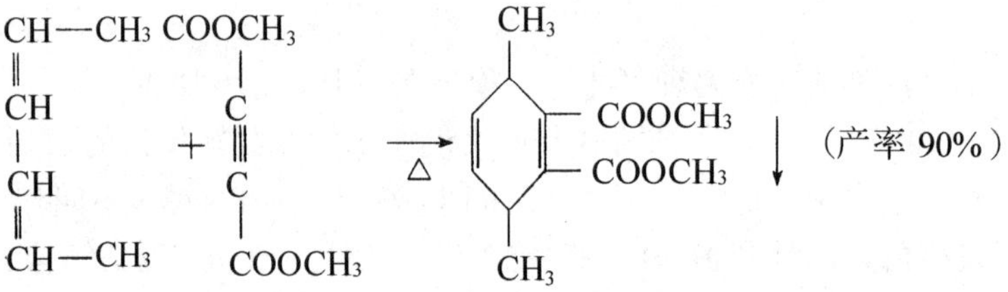

（产率100%）

（产率 90%）

双烯合成反应在理论及应用上都有重要价值，由于可生成易分离的加合物，所以用于混合物的提纯，还可以用生成的1，4 固体加合物来鉴定共轭二烯烃。

3. 聚合反应

共轭二烯烃可发生聚合反应。如1，3—丁二烯在金属的催化下，发生分子间的1，4—加成（或1，2—加成反应），生成高分子聚合物—丁钠橡胶，这种聚合反应是生产合成橡胶的基本反应。

$$n\text{CH}_2=\text{CH}-\text{CH}=\text{CH}_2 \xrightarrow[60℃]{\text{Na}} \{\text{CH}_2-\text{CH}=\text{CH}-\text{CH}_2\}_n$$

丁钠橡胶性能不如天然橡胶好，由这种方法得到的是混合物。

2.3.7 天然橡胶与合成橡胶

天然橡胶主要来自于橡胶树，是线型高分子化合物，平均分子量 20 万～50 万。将天然橡胶干馏则得到异戊二烯。

$$\text{天然橡胶} \xrightarrow{\text{干馏}} \text{异戊二烯}$$

天然橡胶的结构，经研究的结果表明它是顺—1，4—聚异戊二烯。

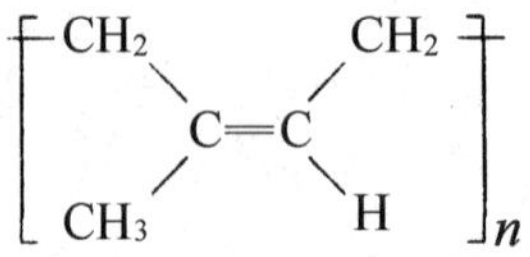

橡胶是工业生产、交通运输、国防建设和日常生活中不可缺少的物质。天然橡胶的产量和性能早已不能满足工业、农业、交通、国防事业的需要。为了满足橡胶供应不受自然

条件的限制，在探明天然橡胶结构的基础上，还发展了多种多样的合成橡胶。目前常用的有顺丁橡胶、丁苯橡胶、氯丁橡胶、丁腈橡胶等。

1. 顺丁橡胶

在络合催化剂（如三异丁基铝—三氯化硼乙醚络合物—环烷酸镍）的催化下，在苯或加氢汽油溶剂中，于 $40\sim70℃$ 时，1，3—丁二烯即聚合生成顺丁橡胶。

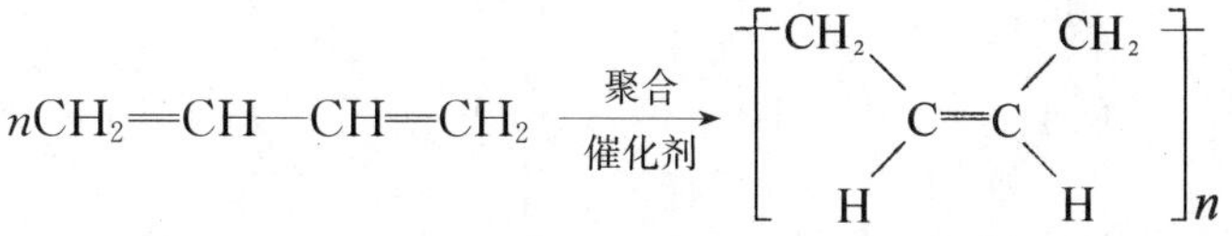

$$n CH_2=CH-CH=CH_2 \xrightarrow[\text{催化剂}]{\text{聚合}} \left[\begin{array}{c} CH_2 \quad\quad CH_2 \\ \diagup \quad\quad \diagdown \\ C=C \\ \diagup \quad\quad \diagdown \\ H \quad\quad\quad H \end{array} \right]_n$$

顺丁橡胶的主要用途是制造轮胎。

2. 丁苯橡胶

1，3—丁二烯和苯乙烯共聚所生成的高分子化合物叫作丁苯橡胶。

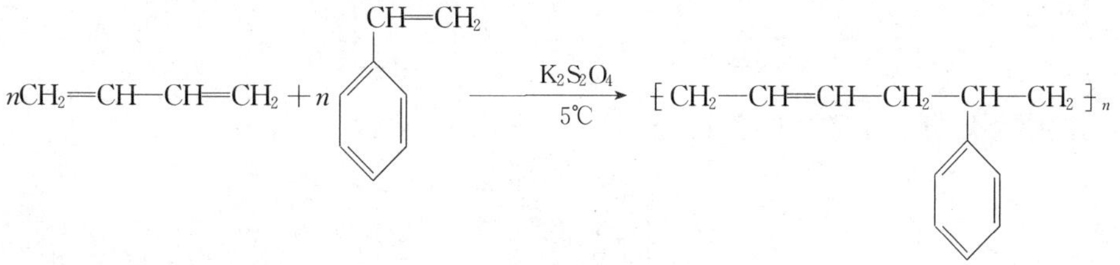

$$n CH_2=CH-CH=CH_2 + n \underset{\bigcirc}{CH=CH_2} \xrightarrow[5℃]{K_2S_2O_4} \left[CH_2-CH=CH-CH_2-CH-CH_2 \right]_n$$

丁苯橡胶具有良好的耐老化、耐热、耐油和耐磨等性能，主要用来生产各种轮胎和其他橡胶制品。产量占目前世界上合成橡胶的首位。

3. 氯丁橡胶

由 2—氯—1，3—丁二烯单体聚合所生成的高聚物，叫作氯丁橡胶。

$$n CH_2=\underset{Cl}{C}-CH=CH_2 \xrightarrow{\text{过氧化物}} \left[CH_2-\underset{Cl}{C}=CH-CH_2 \right]_n$$

氯丁橡胶中反式结构含量约 90%，具有耐酸、耐碱、耐热、耐油、耐燃烧、耐挠曲、气密性良好等性能，但耐寒性和贮存稳定性较差。

氯丁橡胶价格低廉，适用于制造运输带、胶管、印刷胶管、油箱等。

以上各种合成橡胶都是线型高分子化合物，都要经过处理后才能应用。

2.4　脂　环　烃

环烃是由碳和氢两种元素组成的环状化合物，根据它们的结构和性质，可以分成脂环烃和芳香烃两类，这节只讨论脂环烃。

2.4.1　脂环烃的分类、同分异构现象及命名

脂环烃是一类性质与脂肪烃相似，同时在分子中含有碳环结构的烃类。组成环的碳原子数可以是 3 个、4 个、5 个……，分别叫作三员环、四员环、五员环……。

1. 脂环烃的分类

（1）按脂环烃环上是否有不饱和键分

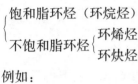

例如：

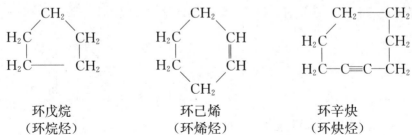

环戊烷	环己烯	环辛炔
（环烷烃）	（环烯烃）	（环炔烃）

可把它们简化为：

（2）按脂环烃分子中碳环的数目分

单环脂环烃
二环脂环烃
多环脂环烃

例如：

环己烷	十氢化萘	1，4—甲撑萘
（单环）	（二环）	（三环）

在脂环烃中由于环烷烃比较简单且比较重要，本节重点讨论环烷烃。

2．脂环烃的同分异构现象

环烷烃的通式为 C_nH_{2n}，与烯烃互为同分异构体，例如 C_3H_6 的烃，可以是 $CH_3—CH=CH_2$ 丙烯，也可以是 CH_2——CH_2 环丙烷，但对于环烷烃本身来说，由于
          CH_2

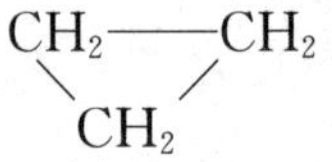

组成环的碳原子数不同，环上取代基及其位次不同，也产生同分异构现象。例如 C_5H_{10} 的环烷烃有以下异构体：

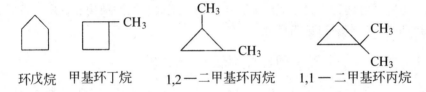

环戊烷   甲基环丁烷   1,2—二甲基环丙烷   1,1—二甲基环丙烷

环烷烃的命名与烷烃相似，即以相应的烷烃的名称前加一"环"字来命名，当环上有支链时，把支链作为取代基。若取代基不止一个，则将环上碳原子编号，且使取代基所在碳原子数字最小，命名时标出取代基的位次，最后将取代基的位次和名称写在环烷烃名称

之前（这一原则与烷烃相同）。例如：

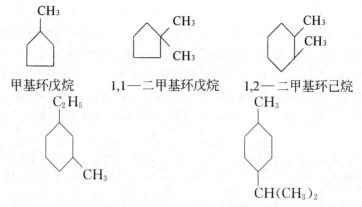

甲基环戊烷　　　1,1—二甲基环戊烷　　　1,2—二甲基环己烷

1—甲基—3—乙基环己烷　　　　1—甲基—4—异丙基环己烷

若取代基碳链较长，则可将环当做取代基，作为开链烃的衍生物来命名，也可将烷基简写成折线，每一个转折点表示一个亚甲基，折线两端的端点表示两个甲基，例如：

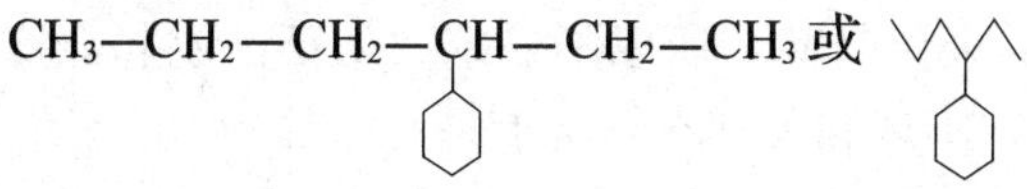

$CH_3-CH_2-CH_2-CH-CH_2-CH_3$ 或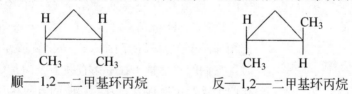

命名为：3—环己基己烷。

3. 脂环烃的命名

烯烃中由于双键的存在，阻碍了碳碳 σ 键的自由旋转，使其存在顺、反异构现象。在脂环烃中，由于环的存在阻碍了碳碳 σ 键的自由旋转，如果有两个或两个以上的环碳原子连有不同的取代基时，也会产生顺、反异构现象，也适宜用顺、反命名法命名。如：

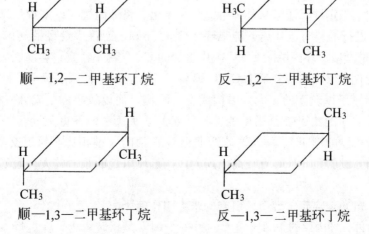

顺—1,2—二甲基环丙烷　　　　反—1,2—二甲基环丙烷

二甲基环丁烷的异构体中，除有位置异构外，它们也存在顺、反异构。

顺—1,2—二甲基环丁烷　　　　反—1,2—二甲基环丁烷

顺—1,3—二甲基环丁烷　　　　反—1,3—二甲基环丁烷

2.4.2 环的稳定性

由热化学实验测得，含碳原子数不同的环烷烃中，不仅每一个分子的燃烧热不同，且不同化合物中每一个—CH_2—的燃烧热也不相同。所谓燃烧热就是指一摩尔物质完全燃烧生成稳定的氧化物（例如二氧化碳和水）时放出的热量。由于单环烷烃的通式为 C_nH_{2n}，如果将每一个环烷烃的燃烧热除以环内碳原子数 n，得到的是各环烷烃中每一个亚甲基的燃烧热，它的大小反映出分子内能的高低。部分环烷烃的燃烧热见表2-7。

环烷烃的燃烧热/CH_2 （ΔH. kJ/mol） 表2-7

环 烷 烃	$\Delta H/CH_2$	与烷烃的差值	环 烷 烃	$\Delta H/CH_2$	与烷烃的差值
环 丙 烷	697.1	38.5	环 己 烷	658.6	0
环 丁 烷	686.2	27.6	环 庚 烷	662.3	3.8
环 戊 烷	664.0	5.4			

从表中看出，环越小，每个—CH_2—的燃烧热越大，随着环的加大，每个—CH_2—的燃烧热量则依次逐渐减低，这说明环越小，能量越高，所以不稳定。从环己烷起，每个—$CH_2{}'$—的燃烧热趋于恒定，这些现象表明，小环和大环在结构上是有差异的。

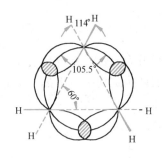

图2-19 环丙烷中C—C键的原子轨道重叠情况

对于小环如环丙烷，三个碳原子连接成环，同在一个平面上，形成一个三角形。由于每个碳原子与四个原子相连接，与烷烃相似，每个碳原子各以两个 sp^3 杂化轨道分别与两个相邻碳原子的 sp^3 杂化轨道相互交盖而成两个 C—C σ 键，同时各以两个 sp^3 杂化轨道分别与两个氢原子的 $1s$ 轨道相互交盖而成两个 C—Hσ 键。计算结果表明，H—C—H 键角是 114°，C—C—C键角是 105.5°。因此相邻两个碳原子的两个 sp^3 杂化轨道在形成 C—Cσ 键时，它们的对称轴不在一条直线上，而是如图2-19所示，在两个碳原子所连直线外侧弯曲的方向相互交盖成键。

在这种情况下，杂化轨道的交盖程度没有一般的 σ 键大，因而分子有一种力量趋向于能量最低，交盖程度最大的可能，因此键容易断裂，这是造成环丙烷分子不稳定的根本原因。环丙烷的不稳定性，还可从其离解能数字看出。将环丙烷与许多烷烃做一对比，环丙烷的 C—C 键进行均裂时，其离解能 $\Delta H = 230$kJ/mol，而许多烷烃的离解能接近 343kJ/mol，由此不难看出，环丙烷的 C—C 键比烷烃的 C—C 键不稳定，容易断裂。

目前认为在构成环丙烷分子中 C—C 键和 C—H 键时，碳原子价电子的杂化轨道并不完全相同，碳原子以较多的 s 成分去构成 C—H 键，而以较小的 s 成分去构成 C—C 键，因此，这个 C—H 键比甲烷分子中的 C—H 键短。而 C—C 键也不同于烷烃中的 C—Cσ 键，这种特殊类型的键叫"弯曲键"。弯曲键与正常的 σ 键相比，轨道交盖的程度较小，因此比一般的 σ 键弱，并且具有较高的能量，这是环丙烷的张力较大，容易破坏的一个重要因素。

这种由于键角偏离正常键角而引起的张力叫作角张力。

除角张力外，环丙烷的张力比较大的另一个因素是扭转张力。在烷烃一节中已经讨论过，重叠式构象比交叉式构象能量高，比较不稳定。环丙烷的三个碳原子在同一个平面上，相邻两个碳上的 C—H 键都是重叠式的，因此也具有较高的能量。这种由于重叠式构象中，两个碳原子上的取代基距离近而产生的排斥力叫扭转张力。

由于形成了弯曲键，不仅重叠程度较少，而且使电子云分布在连接两个碳原子的直线的外侧，提供了被亲电试剂进攻的位置，从而使其有一定的烯烃性质。

环丁烷是由四个碳原子组成的环，四个碳原子不是在一个平面上，而是三个碳原子分布在同一平面上，另一个碳原子处于这个平面之外，形成一个折叠式结构，因张力与环丙烷相仿，故不稳定。

在五员环中，由于键角与正常的键角相近，没有什么张力，比较稳定。

2.4.3 脂环烃的物理性质

低级环烷烃，如环丙烷和环丁烷在常温为气体，从环戊烷开始是液体，高级环烷烃是固体。

环烷烃的沸点、熔点和相对密度较碳原子数相同的烷烃为高，但相对密度仍小于1，常见物理常数见表 2-8。

烷烃与环烷烃物理常数比较　　表 2-8

名　称	为分子式	熔点（℃）	沸点（℃）	相对密度 d_4^{30}
丙烷	$CH_3CH_2CH_3$	−187.7	−42.7	0.5005（在沸点时）
环丙烷	$(CH_2)_3$	−127.4	−32.9	0.720（−79℃）
正丁烷	$CH_3(CH_2)_2CH_3$	−138.4	−0.5	0.6012（在加压下）
环丁烷	$(CH_2)_4$	−80	12	0.703（0℃）
正戊烷	$CH_3(CH_2)_3CH_3$	−129.7	36.7	0.6262
环戊烷	$(CH_2)_5$	−93.8	49.3	0.745
正己烷	$CH_3(CH_2)_4CH_3$	−93.5	68.95	0.658
环己烷	$(CH_2)_6$	6.5	80.7	0.779

2.4.4 环烷烃的化学性质

环烷烃的化学性质与烷烃很相似，它们不仅能发生取代反应，还由于特殊的碳环结构表现出一些特殊性质，尤其是小环（三员环，四员环）分子中只有 C—C 键和 C—H 键，虽然是饱和环烃，但却能起加成反应。

1. 加成反应

（1）加氢　在催化剂镍的存在下，小环容易加氢，高级环烷烃一般不进行加氢反应。

$$\triangle + H_2 \xrightarrow[80℃]{Ni} CH_3—CH_2—CH_3$$

$$\square + H_2 \xrightarrow[120℃]{Ni} CH_3—CH_2—CH_2—CH_3$$

环戊烷较稳定，需要在较强烈的条件下才进行加氢。

$$\text{（五边形）} + H_2 \xrightarrow[300\sim310℃]{Ni} CH_3-CH_2-CH_2-CH_2-CH_3$$

（2）加溴　环丙烷及其烷基衍生物不仅容易加氢，在常温下也易与卤素起加成反应。

$$\triangle + Br_2 \xrightarrow{CCl_4} \underset{Br}{CH_2}-CH_2-\underset{Br}{CH_2}$$

环丁烷与溴在常温下不起反应，在加热下能进行加成反应，生成1，4—二溴丁烷。

$$\square + Br_2 \xrightarrow{加热} \underset{Br}{CH_2}-CH_2-CH_2-\underset{Br}{CH_2}$$

环戊烷及更高级的环烷烃与溴不发生加成反应，而发生取代反应。

（3）加卤化氢　环丙烷在常温下也能与卤化氢进行加成反应，它的烷基衍生物与氢卤酸加成时，符合马氏规则，氢原子加在含氢较多的碳原子上。

$$\underset{CH_2-CH_2}{\overset{CH_2}{\triangle}} + HI \longrightarrow CH_3-CH_2-CH_2I$$

$$CH_3-\underset{CH_2}{\overset{}{CH}}-CH_2 + HBr \longrightarrow CH_3-\underset{Br}{CH}-CH_2-CH_3$$

$$\underset{CH_3}{\overset{CH_3}{C}}-\underset{CH_2}{CH}-CH_3 + HBr \longrightarrow CH_3-\underset{Br}{\overset{CH_3}{C}}-\underset{CH_3}{CH}-CH_3$$

在常温下环丁烷与卤化氢不反应。

环丙烷也能与硫酸进行加成反应，生成酸式硫酸正丙酯。

$$\underset{CH_2-CH_2}{\overset{CH_2}{\triangle}} + H_2SO_4 \longrightarrow CH_3-CH_2-CH_2-OSO_3H$$

有水存在下，酸式硫酸正丙酯水解生成正丙醇。

$$CH_3-CH_2-CH_2-OSO_3H \xrightarrow[H_2O]{H_2SO_4} CH_3-CH_2-CH_2OH$$

从以上反应看出，环丙烷在某些性质方面，与烷烃不同，反而与烯烃相似，环易断裂而发生加成反应，但它也不完全同于烯烃。

2. 氧化反应

环丙烷对氧化剂稳定，如在常温下不与高锰酸钾水溶液或臭氧作用，故可用高锰酸钾溶液来区别烯烃和环丙烷衍生物；此反应还可除去环丙烷中的丙烯。

1,1—二甲基—2—异丁烯基环丙烷　　2,2—二甲基环丙基甲酸

3. 取代反应

环烷烃与烷烃相似，主要发生自由基取代反应：

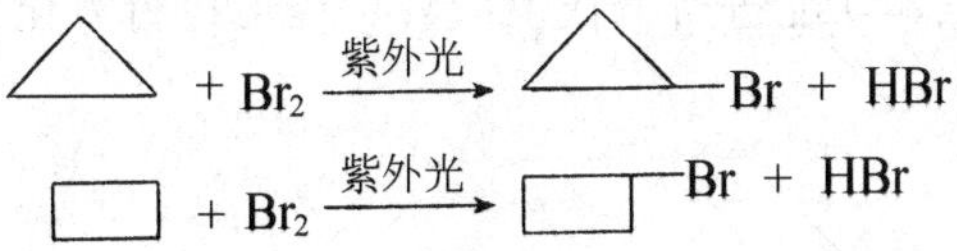

$$\triangle + Br_2 \xrightarrow{\text{紫外光}} \triangle\!\!-Br + HBr$$

$$\square + Br_2 \xrightarrow{\text{紫外光}} \square\!\!-Br + HBr$$

因此，环丙烷、环丁烷既像烷烃，又像烯烃。

2.4.5　环烯烃的化学性质

环烯烃的性质与烯烃相似，可以发生加成反应、氧化反应、α—H 的取代反应等。具有共轭双键的环烯烃也可以发生双烯合成反应。

1. 加成反应

环烯烃可与卤素、卤化氢、硫酸等反应，加成反应发生在碳碳双键位置，如：

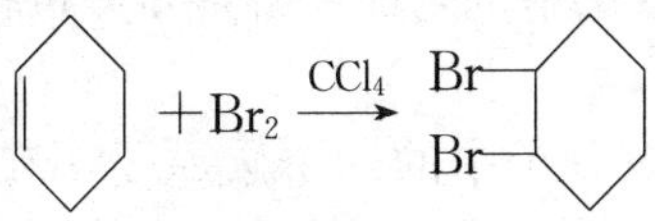

$$\bigcirc\!\!=\ +Br_2 \xrightarrow{CCl_4} \begin{array}{c} Br \\ Br \end{array}$$

双键上连有取代基的环烯烃与极性试剂加成时遵循马尔可夫尼科夫规则，如：

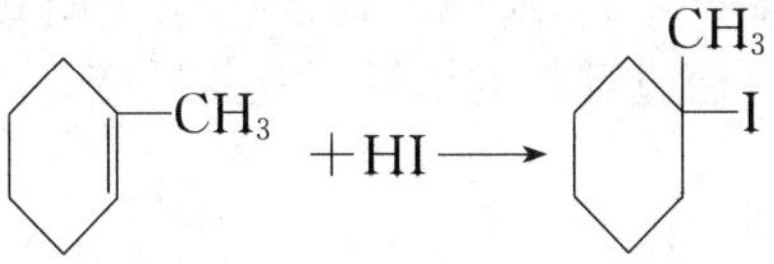

$$\bigcirc\!\!-CH_3 + HI \longrightarrow \begin{array}{c} CH_3 \\ I \end{array}$$

2. 氧化反应

环烯烃可以被高锰酸钾、臭氧等氧化剂氧化成开链含氧化合物。氧化条件不同生成的产物也不同。如：

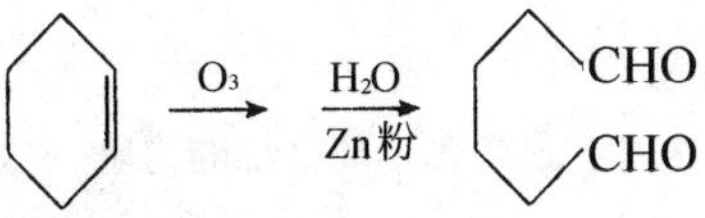

$$\bigcirc \xrightarrow{O_3} \xrightarrow[\text{Zn粉}]{H_2O} \begin{array}{c} CHO \\ CHO \end{array}$$

环己烯　　　　　己二醛

$$\bigcirc \xrightarrow[H_2SO_4]{KMnO_4} \begin{array}{c} COOH \\ COOH \end{array}$$

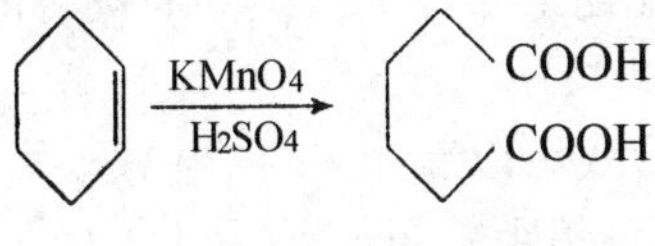

己二酸

2.4.6　环己烷

1. 环己烷的概况

环己烷存在于某些石油中，原油里一般含有 0.5%～1% 的环己烷，而粗汽油中约含 5%～15%，在工业上是用镍作催化剂，将苯加氢而得：

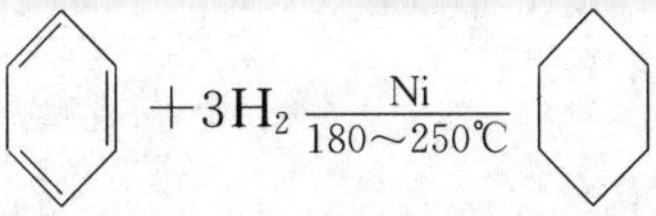

$$\bigcirc + 3H_2 \xrightarrow[180\sim250℃]{Ni} \bigcirc$$

从石油馏分中也能得到环己烷。环己烷是无色流动性液体，沸点 80.8℃，相对密度

0.779，不溶于水而溶于有机溶剂。有汽油气味，易挥发，易燃烧，其蒸气能与空气形成爆炸性混合物，爆炸极限 1.3%～8.3%（体积）。

化学性质与烷烃相似，除能进行取代反应外，还可进行氧化等反应。

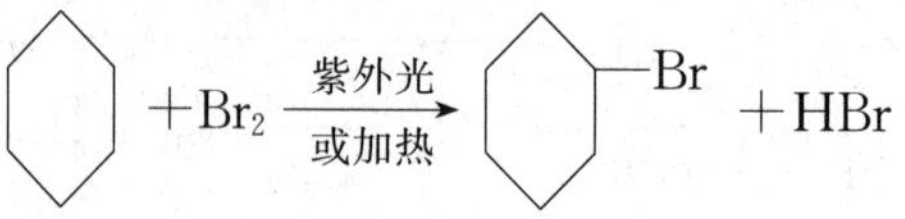

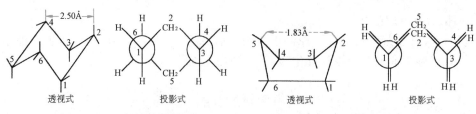

$$\text{环己烷} + Br_2 \xrightarrow[\text{或加热}]{\text{紫外光}} \text{环己基-Br} + HBr$$

溴代环己烷

用空气，硝酸直接氧化环己烷可得到己二酸，例如：

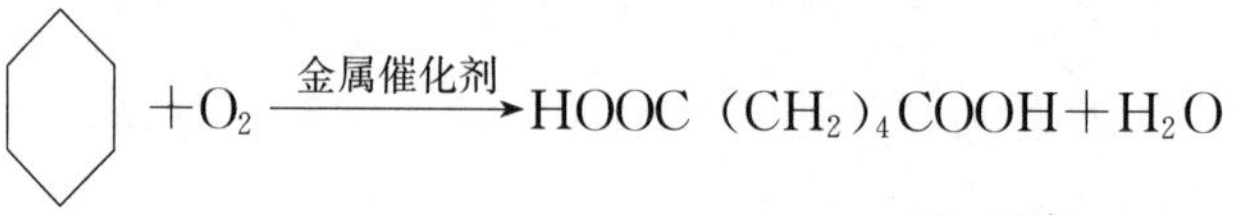

$$\text{环己烷} + O_2 \xrightarrow{\text{金属催化剂}} HOOC(CH_2)_4COOH + H_2O$$

己二酸

环己烷主要用于制造尼龙 66 和尼龙 6 的单体己二酸、己二胺和己内酰胺，以及用作树脂、涂料、清漆和丁基橡胶等的溶剂，能溶解许多有机物，且毒性比苯小。

2. 环己烷的构象

电子衍射法研究发现环己烷分子中的六个碳原子不在同一个平面上，它的 C—C—C 夹角保持 109.5°，没有角张力，整个碳环以椅式和船式两种不同排列方式存在，这两种形式就是环己烷的两种构象。如图 2-20 所示，椅式构象比船式构象稳定得多，在常温下几乎全为椅式构象。但它们又可通过键角的扭转，互相转变。

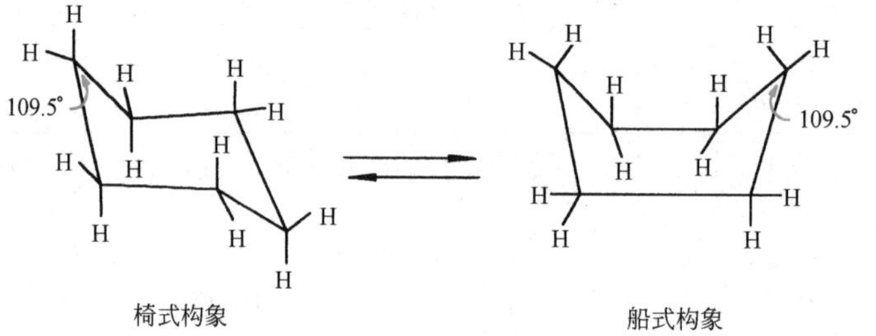

椅式构象　　　　　　　　　船式构象

图 2-20　环己烷的构象

从环己烷的透视式和投影式可以清楚地看出椅式构象比船式构象稳定。在椅式构象中任何相邻两个碳原子的碳氢键皆处于邻位交叉式。非键合的 C_2 与 C_4 上氢原子相距 2.50Å 属于正常的原子间距，如图 2-21 所示。

从船式构象的透视式和投影式可以看出，C_1 与 C_6、C_3 与 C_4 之间为全重叠式，C_2 与 C_5 上各有一个氢原子伸向环内而相距较近，约为 1.83Å，小于正常的原子间距而产生排斥力，如图 2-22 所示。虽然环己烷的船式构象没有角张力却有扭转张力，比椅式构象的能量要高约 29.9 kJ/mol。所以在常温下环己烷两种构象中几乎全为椅式构象。

透视式　　　　　投影式　　　　　　　　透视式　　　　　投影式

图 2-21　环己烷椅式构象　　　　　　图 2-22　环己烷船式构象

在环己烷椅式构象中,六个碳原子在空间分布于两个相互平行的平面上,两平面相距0.5Å,如图 2-23 所示。C_1,C_3,C_5 在一个平面,C_2,C_4,C_6 在另一个平面。

十二个碳氢键分别处于两种形态,有六个碳氢键与分子的对称轴平行,这类键叫作竖键或直立键,以符号 a(axial 的第一个字母)表示,亦叫 a 键。其中有三个 a 键的方向朝下,还有三个 a 键的方向朝上。另外有六个碳氢键与对称轴接近于 109.5°的夹角,这种键叫作横键或平伏键,以符号 e(equatorial 的第一个字母)表示,亦叫作 e 键。在环己烷分子中,同一碳原子上的两个碳氢键,一个是 a 键,另一个是 e 键。以 e 键与环相连的氢称为 e—氢原子,以 a 键相连的氢称为 a—氢原子,如图 2-24 所示。

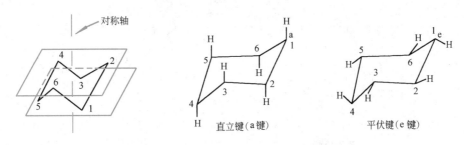

图 2-23　椅式构象中碳　　　　图 2-24　椅式构象中的直立键与平伏键
　　　　 原子的空间排列

在室温下,环己烷的一种椅式构象可以很快地转变为另一种椅式构象,这时原来的 a 键变成了 e 键,原来的 e 键变成了 a 键,这两种椅式构象相互转变,达成平衡,如图 2-25 所示。

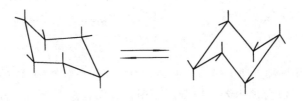

图 2-25　椅式构象的转变

2.5　芳　香　烃

芳香烃一般是指含有苯环的碳氢化合物,它是芳香族化合物的母体。芳香族化合物是芳香烃及其衍生物的总称。芳香族化合物原来是指由树脂中取得的一些有香气味的含苯环的物质,实际上,许多含有苯环的化合物并不一定具有芳香气味,所以"芳香族"这一名称并不十分恰当。从另一方面来说,含有苯环的化合物有独特的化学性质,这种特性叫作"芳香性"。后来又发现许多不含苯环的化合物,也具有与苯相似的"芳香性"。所以芳香族化合物这一名称虽然至今还用,但含义已完全不同,它不再仅指"含有苯环具有香味"的物质,而是指在结构上具有某些特点并具"芳香性"的许多化合物。本章只讨论含有苯环的芳香烃,亦称芳烃。

根据分子中所含苯环的数目及连接方式不同可将芳香烃分为单环芳香烃、多环芳香烃和稠环芳香烃。

单环芳香烃　分子中只含有一个苯环的芳香烃叫单环芳烃。如苯、甲苯、苯乙烯等。

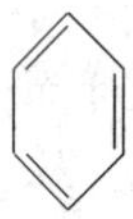

苯 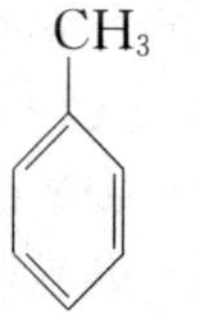　　　　甲苯 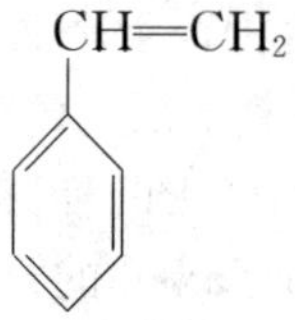　　　　　苯乙烯

多环芳香烃　分子中含有两个或两个以上苯环、以单键相连接或通过烷基间接相连接的芳烃叫多环芳烃。如：

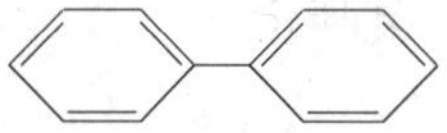

联苯 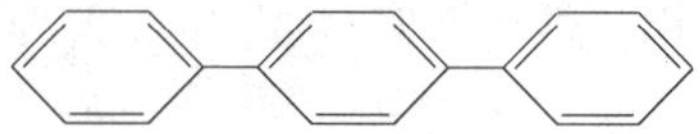　　　　　　　　　　　　1，4—联三苯

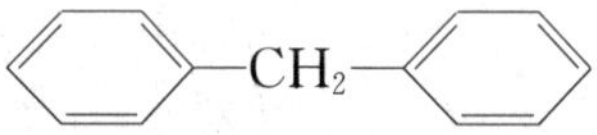

二苯甲烷 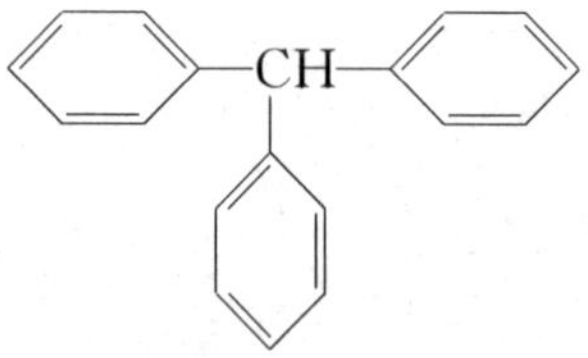　　　　　　　　　　　三苯甲烷

稠环芳香烃　分子中含有两个或多个苯环、彼此共用两个相邻的碳原子连接起来的芳烃，叫稠环芳烃。如：

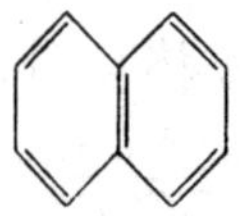

萘 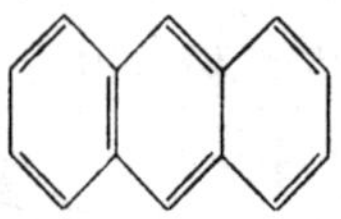　　　　　　蒽 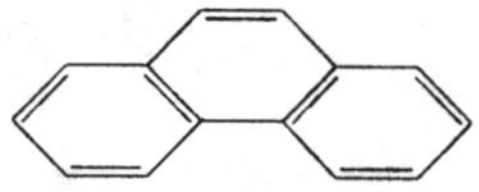　　　　　　　菲

芳香烃主要是从煤和石油中得到。由煤干馏生成的焦炉气中可以回收苯、甲苯、二甲苯等。从煤焦油中可以分离出苯、甲苯、二甲苯、萘、蒽及菲等。高温裂解石油生成乙烯、丙烯和1，3—丁二烯时可得到一些液体产物，从液体产物中也可以分离出苯、甲苯、二甲苯等芳香烃。以铂为催化剂处理石油中含 $C_6 \sim C_8$ 的馏分，它们发生环化去氢反应生成 $C_6 \sim C_8$ 的苯、甲苯、乙苯和二甲苯等。这个过程在石油工业上叫石油的铂重整，这个反应叫芳构化。如：

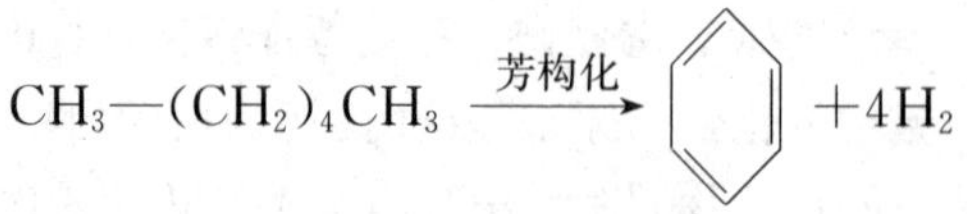

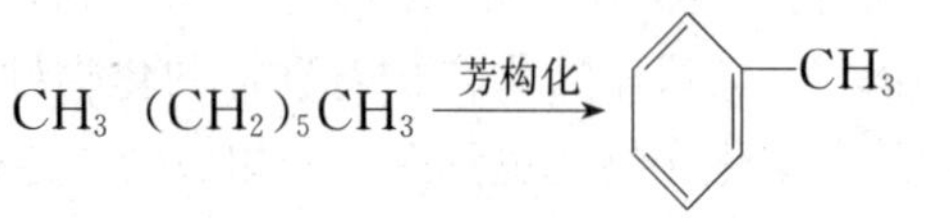

石油铂重整是芳烃最重要的来源。

2.5.1　苯的结构

从物理方法研究证明苯分子中的六个碳原子都在一个平面上，六个碳原子组成一个正六边形，C—C 键键长完全相等，约为 1.39Å，由此可知苯分子中既无碳碳单键，也无碳碳双键，为什么是这样呢？

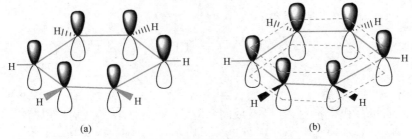

杂化轨道理论认为，苯分子中的碳原子都进行的 sp^2 杂化，每个碳原子都以三个 sp^2 杂化轨道分别与碳和氢形成三个 σ 键，键角都是 120°。每个碳原子各剩余一个 p 轨道，它们相互平行，并垂直于碳环平面，如图 2-26（a）所示。每个 p 轨道与相邻的两个 p 轨道彼此从侧面"肩并肩"地同等程度地重叠，形成一个整体，在这个整体里有六个电子，形成一个包括六个原子，六个电子的共轭键，如图 2-26（b）所示。形成共轭 π 键的六个电子并不是分成三对分别定域在相邻的两个碳原子之间，而是离域扩展到共轭 π 键（包括这六个碳原子）之上。这样在苯分子中连接六个碳原子的是六个等同的 C—C σ 键和一个包括六个碳原子在内的闭合的共轭 π 键，因此苯分子中的碳键是完全等同的。

苯分子中形成闭合的 π 键叫作大 π 键。大 π 键的电子云对称的分布于六碳环平面的上下两侧。由于共轭效应使 π 电子高度离域，电子云完全平均化。

从上面的讨论，我们认为苯分子的结构是正六边形的对称分子，六个碳原子和六个氢原子都在一个平面上，π 电子云分布在环平面上下两侧，电子云完全平均化，形成一个封闭的共轭体系，并且是一个最典型最稳定的闭合共轭体系。

图 2-26 苯分子中的六个 p 轨道和共轭 π 键

（a）苯分子中的六个 p 轨道；（b）苯分子中的共轭 π 键

对苯分子的结构式，目前还没有一个合适的式子，习惯上仍采用凯库勒（F. A. Ke-lule）式。但决不能认为苯环是单、双键交替组成的。在有的书上为了表示苯分子中六个 π 电子组成的大 π 键也采用的书写法。

2.5.2 苯的同系物的异构现象及命名

苯的同系物可以看作是苯环上氢原子被烃基取代的衍生物。

由于苯环上的六个氢原子都是一样的，所以它的一元取代物只有一种，没有同分异构体。如：

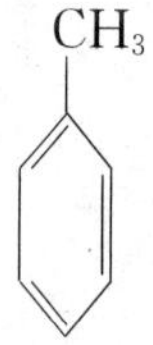

CH_3　　　　　CH_2—CH_3　　　　　CH=CH_2

甲苯 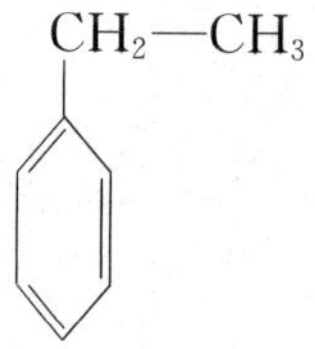　　　　　　乙苯 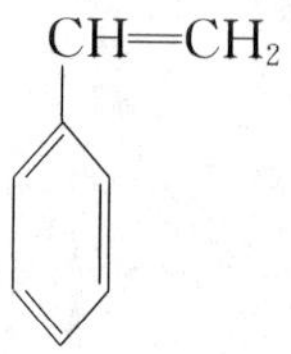　　　　　　　苯乙烯

苯的二元、三元等取代物，由于取代基的相对位置不同，所以就产生不同的异构体，如二元取代物就有邻、间、对三种异构体。

　　单环芳烃的命名是以苯环为母体，烷基作为取代基（或侧链）叫作某烷基苯，当苯环上连有两个或两个以上的取代基时，可用阿拉伯数字表明它们的相对位置，当苯环上只连有两个取代基时，也可有邻、间、对或 o—（ortho—）、m—（meta—）、p—（para—）字表明它们的相对位置。当苯环上有三个相同的取代基时，也可用连、偏、均字表明它们的相对位置。如：

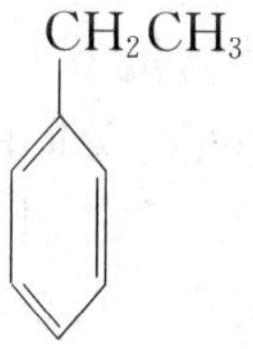

CH_2CH_3　　　　　　　　　　　$CH(CH_3)_2$

乙苯 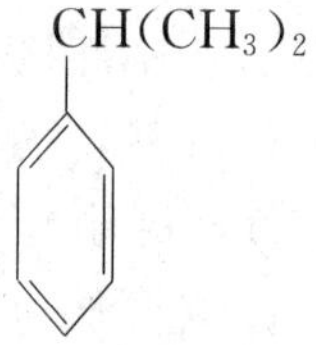　　　　　　　　　　　异丙苯

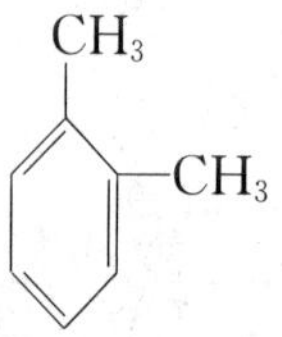

CH_3　　　　　　　CH_3　　　　　　　CH_3

CH_3　　　　　　　CH_3　　　　　　　CH_3

1，2—二甲苯　　　　　1，3—二甲苯　　　　　1，4—二甲苯
或邻二甲苯　　　　　　或间二甲苯　　　　　　或对二甲苯
或 o—二甲苯　　　　　或 m—二甲苯　　　　　或 p 二甲苯

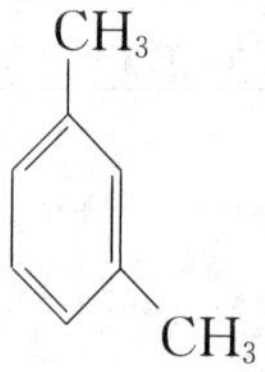

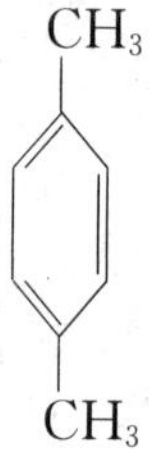

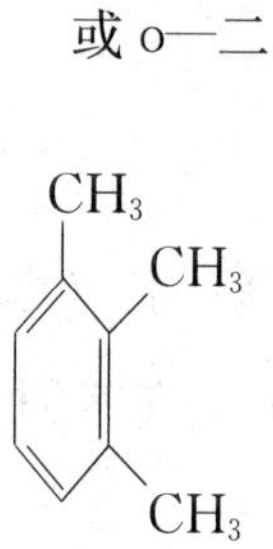

CH_3　　　　　　　CH_3　　　　　　　CH_3
CH_3　　　　　　　CH_3
CH_3　　　　　　　CH_3　　　　　CH_3　　　CH_3

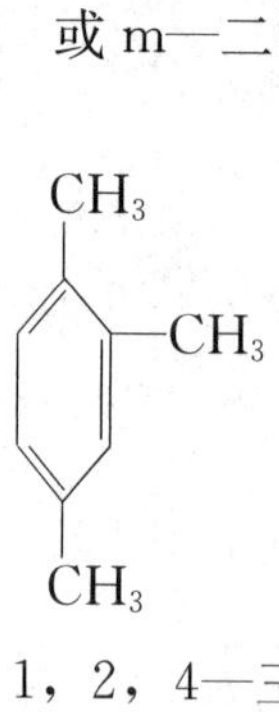

1，2，3—三甲苯　　　　1，2，4—三甲苯　　　　1，3，5—三甲苯
或连—三甲苯　　　　　　或偏—三甲苯　　　　　　或均—三甲苯

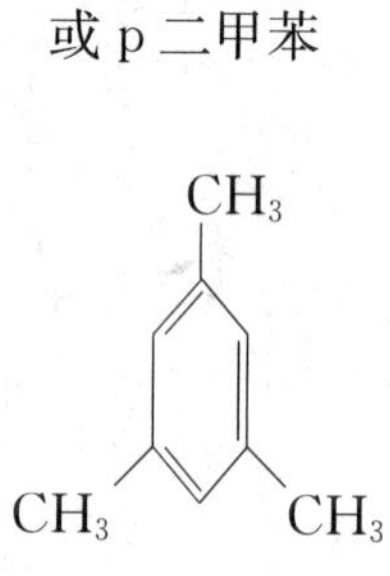

　　对结构复杂或侧链有几个官能团的化合物，也可用侧链作为母体，把苯环当作取代基来命名。

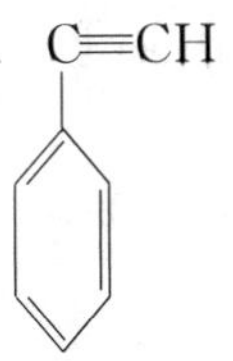

苯乙炔 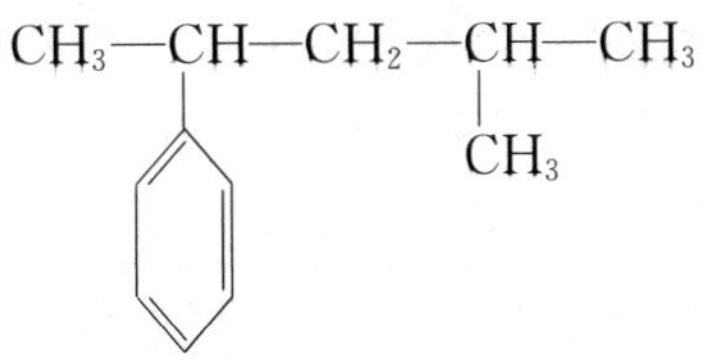   2—甲基—4—苯基戊烷

苯分子去掉一个氢原子后的原子团 C_6H_5—叫苯基，也可用 ph—代表（ph 是英文 phe-nyl 缩写），芳烃分子的芳环上去掉一个氢原子后的原子团叫芳基，可用 Ar—代表（Ar 是英文 Aryl 的缩写）。甲苯去掉侧链上的一个氢原子后，该基团叫苯甲基 $C_6H_5CH_2$—或叫苄基，也可写 $phCH_2$—，例如：

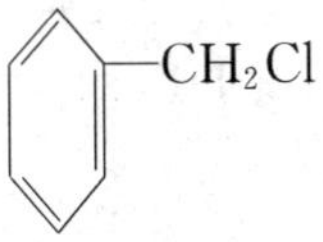

苄氯（氯苄） 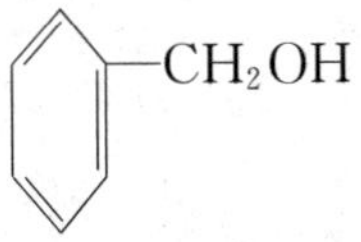   苄醇（苯甲醇）

2.5.3 芳香烃的性质

单环芳香烃一般是无色液体，不溶于水，溶于某些有机溶剂，例如乙醚，汽油和四氯化碳等，相对密度小于 1，一般在 0.86～0.9 之间。单环芳烃有特殊的气味，并且有毒，易燃烧，使用时应注意。一些芳香烃的物理常数见表2-9。

一些芳烃的物理常数   表 2-9

名 称	沸 点（℃）	熔 点（℃）	相对密度（20℃）
苯	80.1	5.5	0.879
甲 苯	110.6	−95	0.867
乙 苯	136.1	−95	0.867
正丙苯	159.5	−99.5	0.862
异丙苯	152	−96	0.862
邻二甲苯	144.4	−25.5	0.880
间二甲苯	139.1	−48	0.864
对二甲苯	138.4	13	0.864
萘	218	80.3	0.861
蒽	354	216	1.25
菲	340	101	1.79

从表中可以看出随分子量的增加，沸点上升，而熔点的变化就有所不同。在苯的二元取代物中对位取代物熔点最高。一般来说，熔点越高，异构体的溶解度也越小。

苯环中不存在典型的碳碳双键，它没有烯烃的典型性质，不易被氧化，具有较大的稳定性，也不容易发生加成反应。在一定条件下可以发生取代反应。这便是它的芳香性，芳香性是芳香族化合物共有的特性。

1. 取代反应
苯环上的氢原子被取代是苯及其同系物最重要的化学反应。
（1）卤化反应

苯及其同系物在铁或卤化铁的催化下与氯或溴作用，很快放出氯化氢或溴化氢，生成卤代苯。

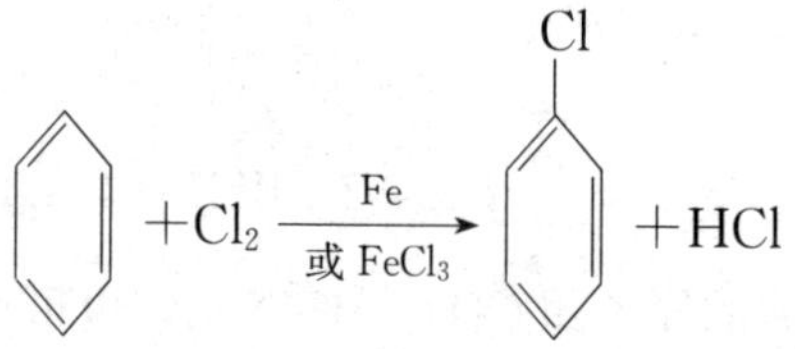

氯苯

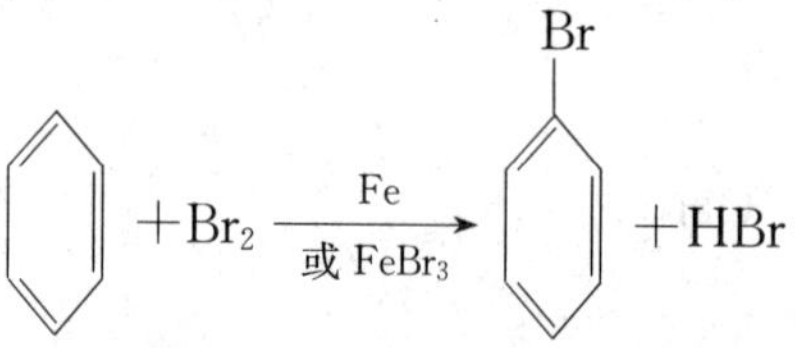

溴苯

若卤代苯再进一步卤化，生成二卤化合物。当环上已有卤原子时，第二个氯或溴主要进入到第一个卤原子的邻位和对位。甲苯进行卤化时，新进去的卤原子也进入甲基的邻、对位。

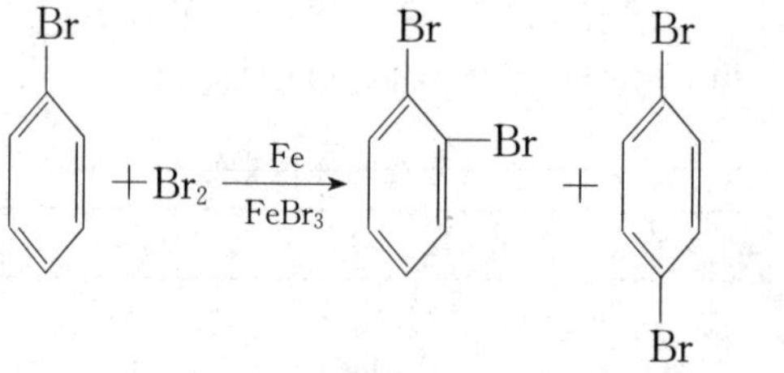

邻二溴苯　　对二溴苯

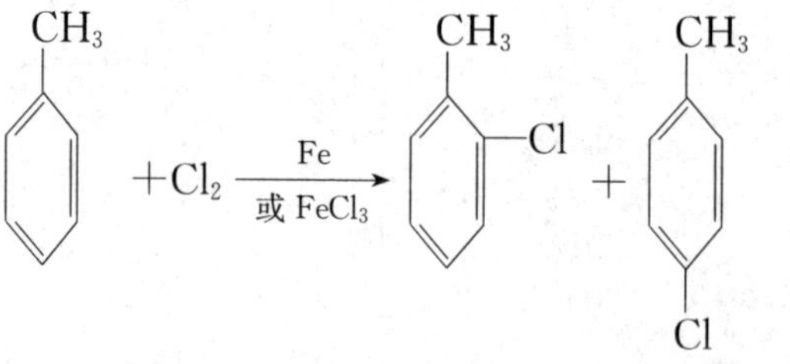

邻氯甲苯　　对氯甲苯

若没有催化剂时甲苯与卤素作用是进行另一种取代（自由基取代），如：

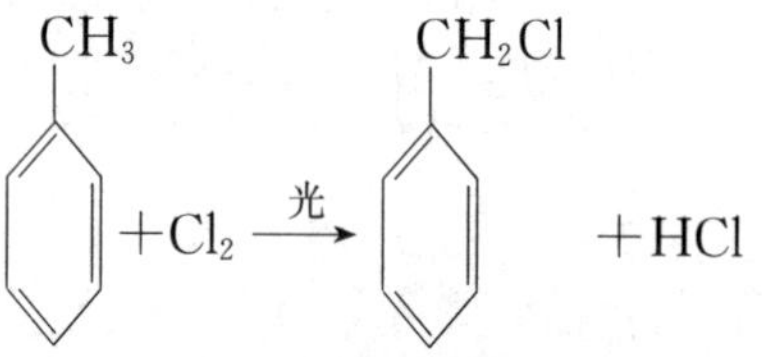

α—氯代甲苯 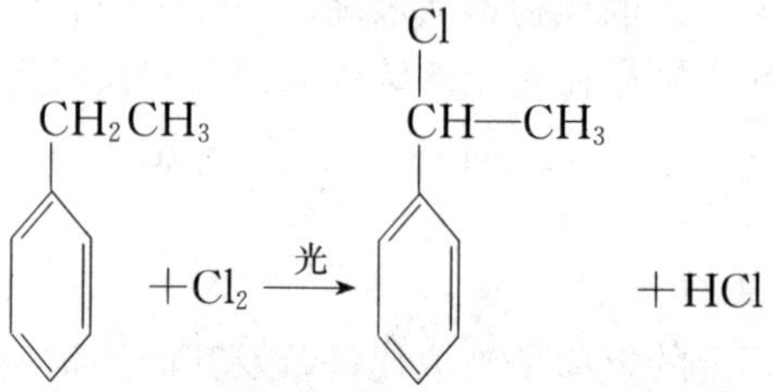　　　　　　　　α—氯代乙苯

说明不同的反应条件生成的产物不同。因为它们的反应历程不同。前者为亲电取代,后者与烷烃卤代历程一样是进行自由基取代反应。

苯与溴混合时几乎不反应,但加入少量铁粉或三溴化铁,稍微加热反应立即进行,并猛烈放出溴化氢,这是因为三溴化铁首先与卤素络合而生成溴正离子。溴正离子是一个亲电试剂,极易进攻含有 π 电子的苯环,形成 σ 络合物。

$$Fe+Br_2 \longrightarrow FeBr_3$$
$$Br-Br+FeBr_3 \longrightarrow FeBr_4^- + Br^+$$

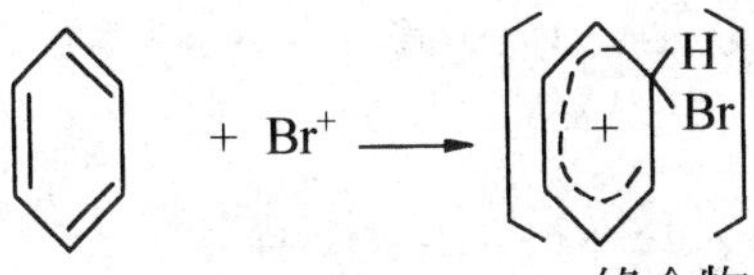

σ—络合物

苯环中六个电子中的两个与溴正离子结合生成 C—Br 键,余下的四个 π 电子分布在五碳原子所形成的共轭体系中,因此该中间体带有正电荷,这个中间体叫 σ 络合物,它很不稳定,在反应中趋向形成苯环的稳定结构。所以在 $FeBr_4^-$ 作用下很快脱去质子而恢复原来的苯环结构,生成溴代苯。

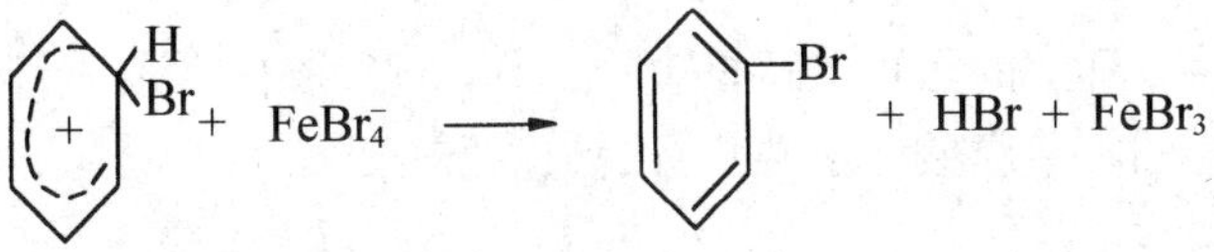

在铁粉催化下,苯环上的氯代历程与溴代相似。

(2) 硝化反应

苯与浓硝酸和浓硫酸的混合物作用生成硝基苯。它是一种淡黄色液体,有苦杏仁味,有毒,使用时应注意安全。

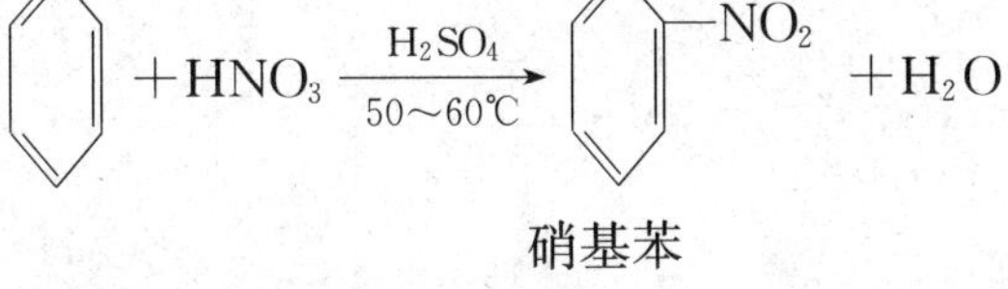

硝基苯

生成的硝基苯再继续硝化比较困难,但升高温度可以进入第二个硝基,生成二硝基苯。第二个硝基主要进入原来那个硝基的间位。

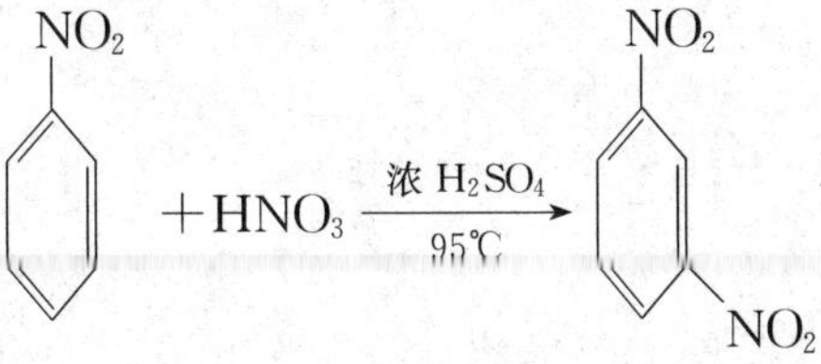

1,3—二硝基苯

甲苯进行硝化比较容易,硝基主要进入甲基的邻、对位。

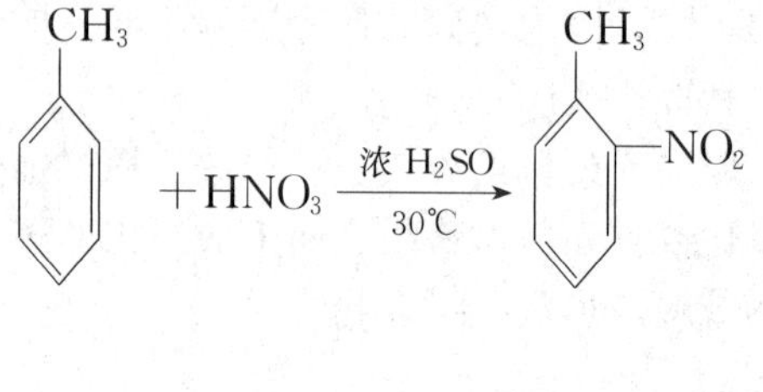

邻硝基甲苯　　　对硝基甲苯

硝化反应历程与卤化相似，也是亲电取代反应。浓硫酸不仅是脱水剂，它还与硝酸作用生成硝酰正离子（NO_2^+），它是一个亲电试剂，进攻苯环，形成 σ 络合物，然后脱去质子生成硝基苯。

$$HNO_3+2H_2SO_4 \rightleftharpoons NO_2^+ +2HSO_4^- +H_2O$$

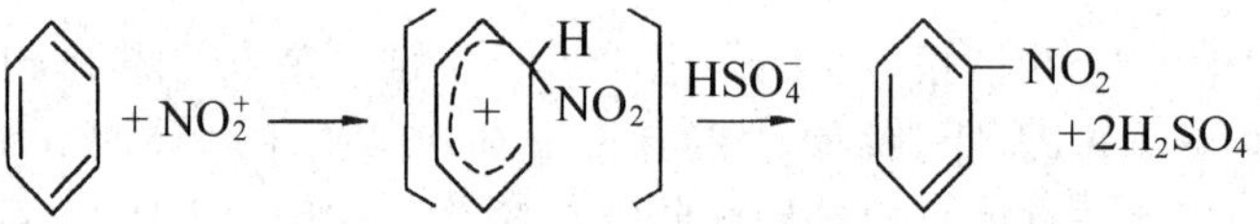

σ—络合物

（3）磺化反应

苯与浓硫酸共热，环上的氢可被磺酸基（—SO_3H）取代，生成苯磺酸的反应叫磺化反应。此反应是可逆的，苯磺酸与水共热可脱去磺酸基。

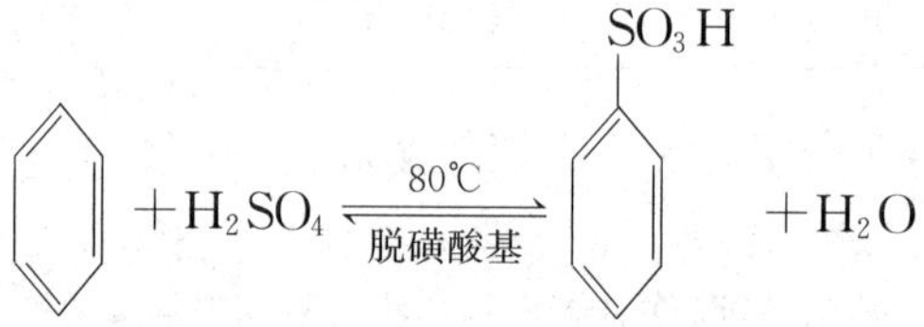

苯磺酸继续磺化主要生成间苯二磺酸。

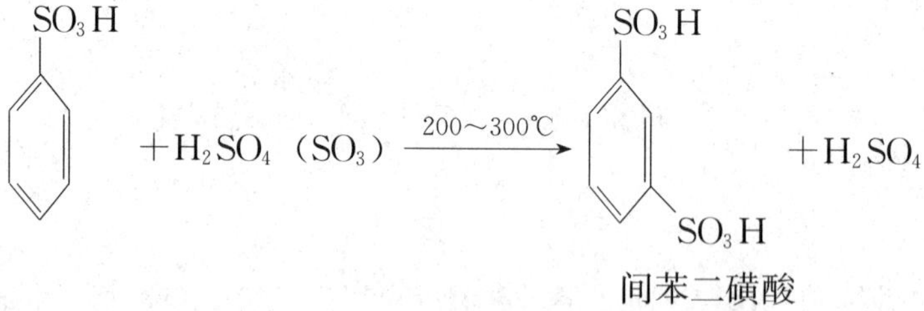

间苯二磺酸

甲苯比苯易磺化，在常温下可起反应，主要产物是对甲基苯磺酸。

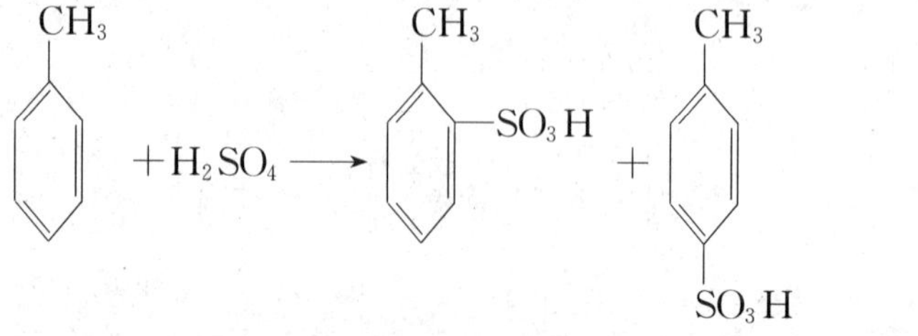

邻甲基苯磺酸 32%　　　对甲基苯磺酸 62%

以浓硫酸或发烟硫酸（H_2SO_4，SO_3）进行磺化时，一般认为有效的亲电试剂是从下式生成的三氧化硫。

$$2H_2SO_4 \rightleftharpoons SO_3 + H_3O^+ + HSO_4^-$$

在 SO_3 分子中， 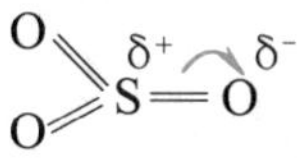 以呈现正电荷的硫原子首先进攻苯环，发生磺化反应，其反应历程：

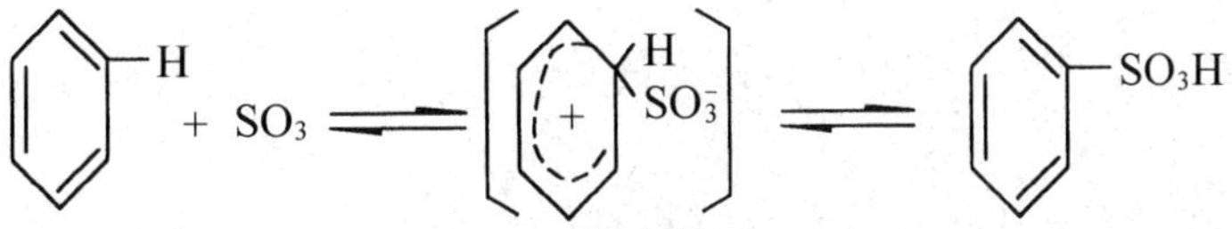

σ—络合物

苯磺酸在水中溶解度很大，因此在化合物中引入磺酸基可以增加化合物在水中的溶解度。建筑材料中常用到的混凝土外加剂一般都是苯磺酸盐。磺酸基是亲水基团，把带有这种基团的物质加入混凝土后它可以起到分散水泥的作用，使混凝土和易性好。

（4）付列德尔—克拉夫茨（Fridel—Crafts）反应

付列德尔—克拉夫茨反应简称付—克反应，或付氏反应，它为芳香族化合物的烷基化和酰基化反应。

芳香烃在无水三氯化铝催化下与卤代烷反应，生成烷基苯的反应叫作**付氏烷基化反应**。

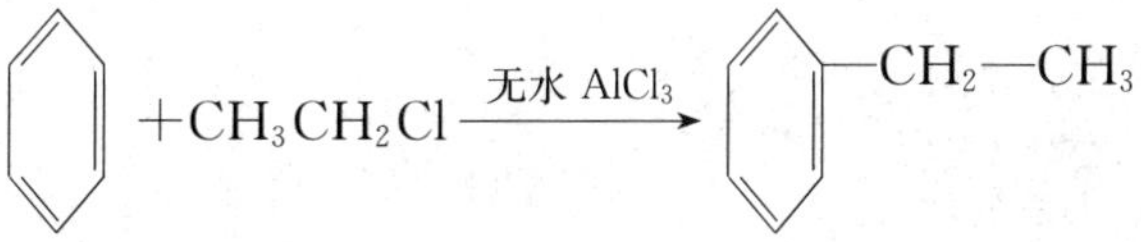

烷基化反应历程是无水 $AlCl_3$ 与卤烷 RCl 反应，生成亲电试剂烷基正离子，烷基正离子进攻苯环生成 σ 络合物。络合物不稳定脱去质子而生成稳定的烷基苯。

$$RCl + AlCl_3 \longrightarrow R^+ + AlCl_4^-$$

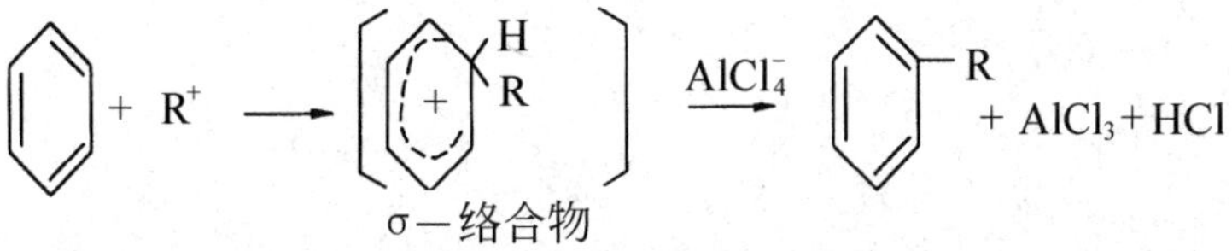

σ—络合物

烷基化时除 $AlCl_3$ 可做催化剂外，$FeCl_3$、$ZnCl_2$、BF_3 等都是烷基化反应的催化剂。当所用的烷基化剂在三个或三个以上碳原子时，会发生异构化。如：

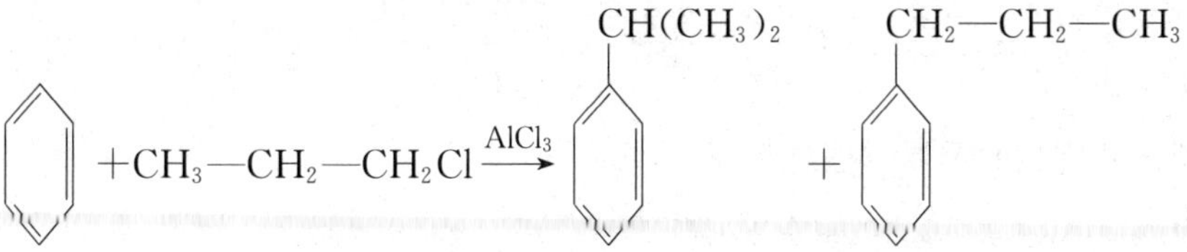

主要产物

在催化剂作用下，苯与烯烃也能发生烷基化反应。

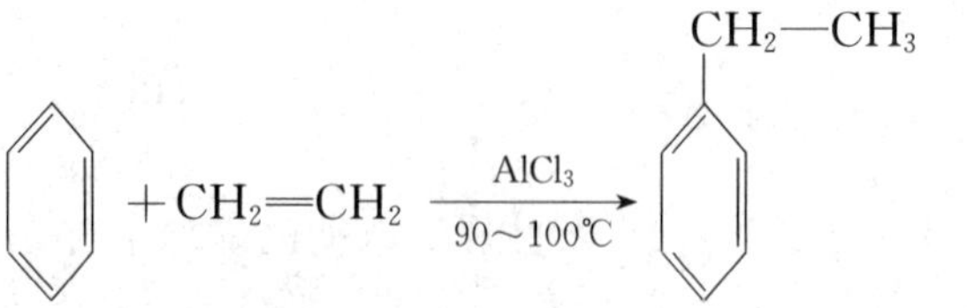

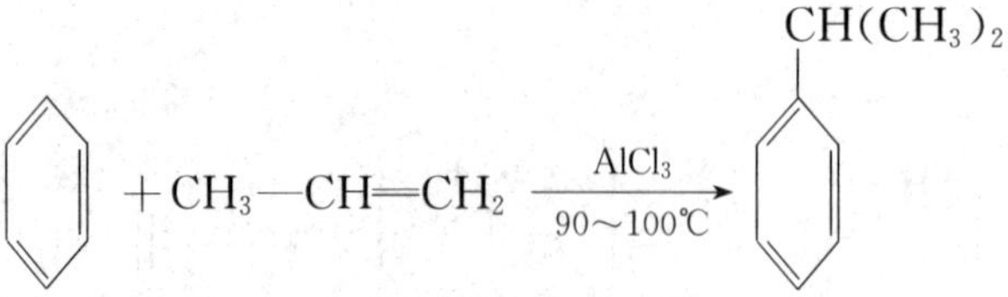

以上两个反应是工业生产乙苯和异丙苯的方法之一。

付氏烷基化反应不易停留在一元取代物阶段，通常反应中有多烷基苯生成。

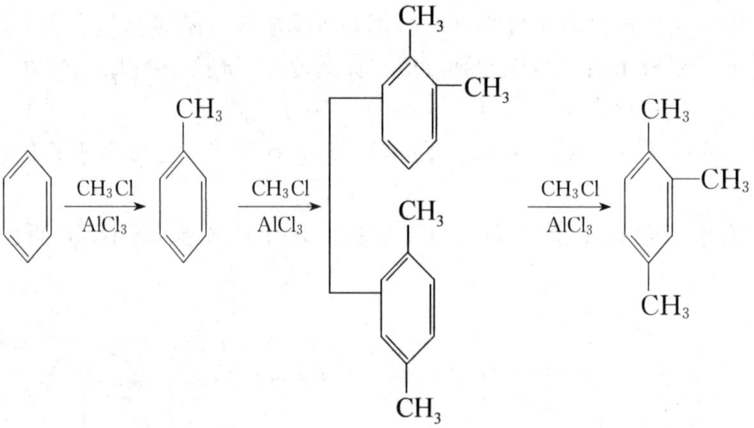

如反应中用过量的苯，则可得到较多的一元取代物。

苯环上若有—NO_2、—SO_3H 等取代基时，则不能发生付氏反应，所以常用硝基苯作为付氏反应的溶剂，而且苯和三氯化铝都能溶于硝基苯。

在无水 $AlCl_3$ 的催化下苯与酰氯、酸酐发生取代反应生成芳酮，这叫付氏酰基化反应。

苯乙酮

这是制备芳香酮的重要方法之一。

反应历程：

$$CH_3-\overset{\overset{O}{\|}}{C}-Cl + AlCl_3 \longrightarrow CH_3-\overset{\overset{O}{\|}}{C^+} + AlCl_4^-$$

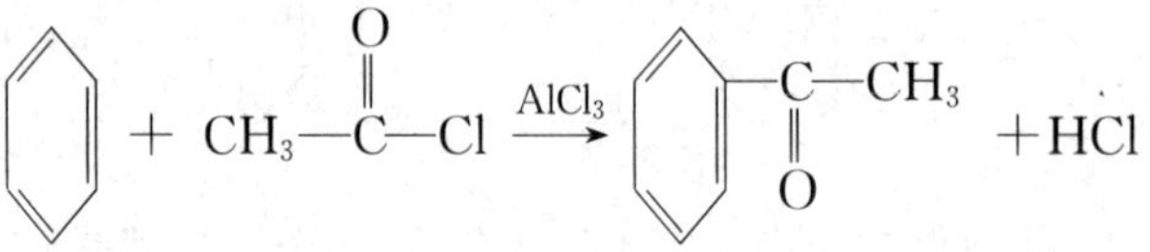

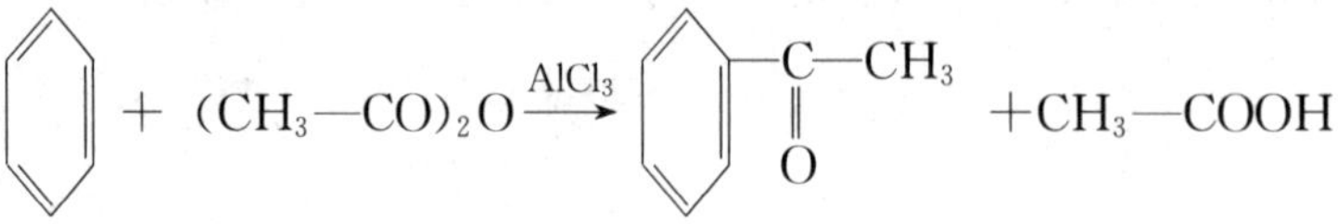

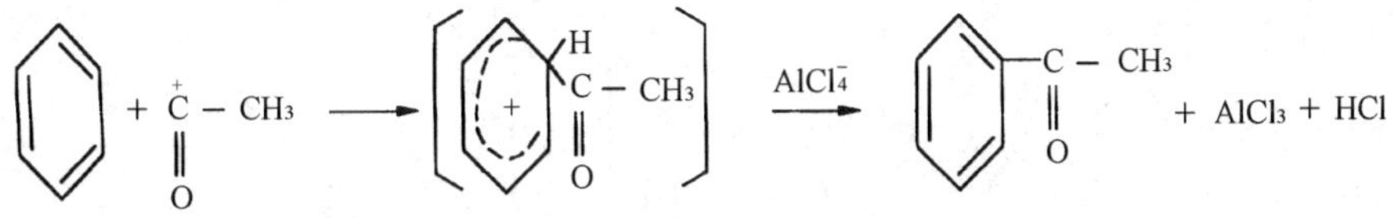

酰基化反应既不生成多元取代物，又不发生异构化反应。

苯及其同系物在发生上述反应时，首先是亲电试剂（设为 E^+）进攻苯环，生成中间体碳正离子，即 σ 络合物，碳正离子很快脱去质子生成取代苯，这都是由于亲电试剂进攻苯环而引起的取代反应，叫作**亲电取代反应**，可用通式表示。

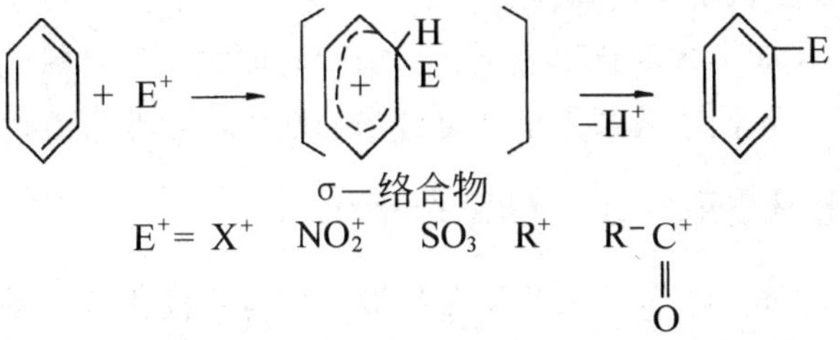

$$E^+ = X^+ \quad NO_2^+ \quad SO_3 \quad R^+ \quad R-\overset{+}{\underset{\underset{O}{\parallel}}{C}}$$

2. 氧化反应

苯的一些同系物，尤其侧链上有烃基时，它们在氧化剂的作用下是能被氧化的，不管侧链有多长，最后都生成苯甲酸，只有当 α 碳上没有氢原子时，这种烃基苯才不被氧化。

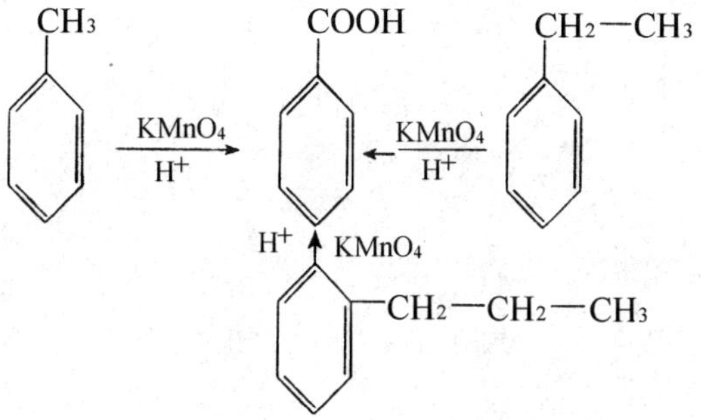

在强氧化剂如高锰酸钾或在重铬酸钾作用下苯环并不受影响，由此可看出苯环的稳定性，所以要从某些含苯及其衍生物的废水中破坏苯的结构是不容易的。

3. 加成反应

苯及其同系物也能进行加成反应，在一定条件下，如在催化剂铂、钯、雷内镍的作用下苯环能与氢加成生成环己烷。

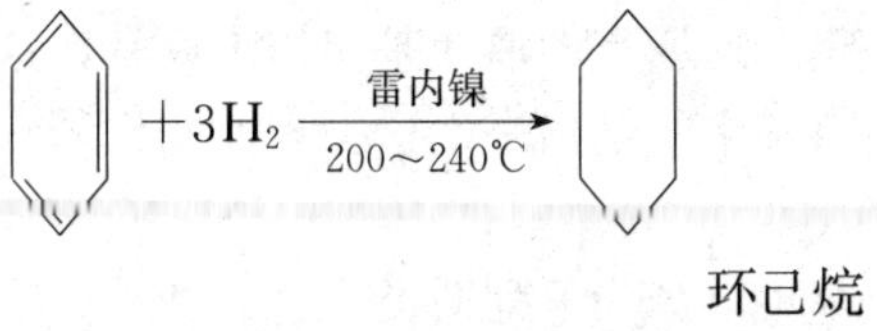

环己烷

在日光或紫外线照射下，苯亦能与氯加成生成六氯化苯。

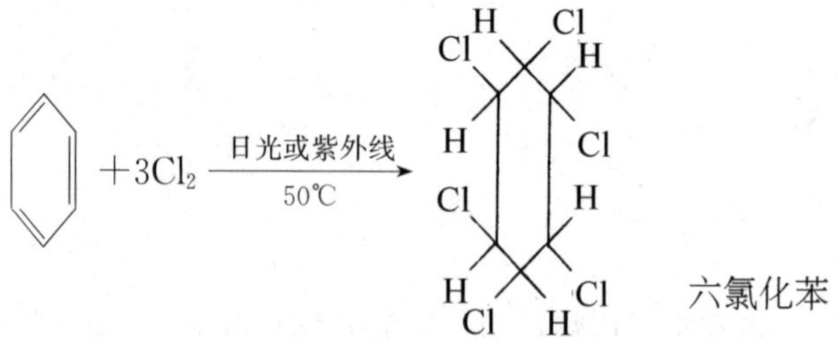

六氯化苯

六氯化苯 $C_6H_6Cl_6$ 俗称六六六，有九个异构体，具有杀虫能力的是其中的 γ-异构体。它是农用杀虫剂，在自然环境中残留期很长，容易污染环境，危害人体健康。由于它们的结构稳定，用各种处理方法都难于使其分解，当然它若残留在废水中或土壤中就更难处理。因此从 1983 年起不再生产这种农药。

以上的反应充分说明了苯的化学稳定性，苯不易加成，不易氧化，能发生取代，具有碳环异常稳定的特性，不同于一般不饱和化合物的性质，总称为芳香性。

2.5.4 苯环上亲电取代反应的定位规律

从苯及其同系物的取代反应中看出甲苯的取代反应不仅比苯容易进行，而且取代基主要进到甲基的邻位和对位，而硝基苯的进一步硝化不仅需要提高反应温度，而且取代基主要进到硝基的间位，由此可见这些基团对新进入的第二个取代基起到不同的作用，而与新进入基团的性质关系不大，如：

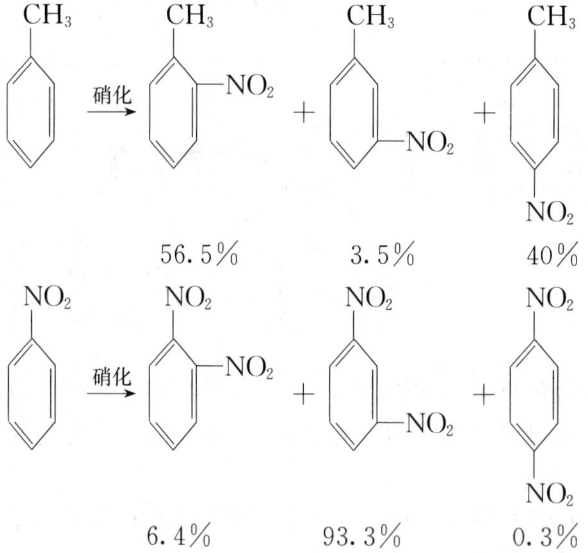

所以当苯环上已有一个取代基，再引进第二个取代基时，新进入基进入的位置由原来在苯环上的取代基性质来决定，这原有的取代基叫作**定位基**，这种现象叫作**苯环上亲电取代定位效应**。从大量的实验事实中归纳出来的这类规律叫作**苯环上亲电取代定位规律**。

1. 定位基分类

根据实验结果定位基可以分为下列两类。

（1）邻对位定位基

当这类定位基已连在苯环上时，引进的新取代基主要是进入到它的邻位或对位上去，并使取代反应容易进行。对亲电取代来讲使苯环活化。它们的定位作用将按下列顺序依次减弱。

—N(CH$_3$)$_2$，—NH$_2$，—OH，—OR，—NHCOCH$_3$，—OCOCH$_3$，—CH$_3$，—C$_6$H$_5$，—Cl，—Br，—I 等。

这类定位基的特点是：与苯环直接相连的原子一般是饱和的（ —CH=CH$_2$ 例外）或者大都是给电子取代基，使苯环容易进行亲电取代（卤素例外）。

（2）间位定位基

这类基团使苯环钝化，同时使新进入的基团主要进到它的间位。它们的定位作用按下列顺序减弱。

—N$^+$(CH$_3$)$_3$，—NO$_2$，—CCl$_3$，—CN，—COOH，—SO$_3$H，—CHO，—COCH$_3$，—COOCH$_3$，—CONH$_2$等。

一般来讲这类定位基的特点是：直接与苯环相连的原子以重键与电负性较强的原子结合（CCl$_3$ 除外）或带正电荷，即是说大都是吸电子取代基，可使苯环钝化，难发生亲电取代反应。

为什么苯环上连有邻对位定位基后，能使苯环活化，取代反应容易进行？而连有间位定位基后，使苯环钝化，取代反应不易进行？取代基的定位性质与它们的结构有什么关系？

首先要知道这里讨论的苯环上的取代是亲电试剂的进攻引起的，它属于亲电取代反应，某个位置上的电子云密度越大越容易进行取代反应。

苯是对称分子，苯环上的电子云密度分布是完全平均化的。当进行一元取代反应时，由于受到取代基的影响，环上电子云密度分布就发生了变化。当环上的电子云密度受定位基影响而增加时，取代就容易进行，受定位基影响而减少时，取代就难进行，现将各类取代基对环的影响及定位效应分述如下。

2. 邻对位定位基对苯环的影响及它们的定位效应

邻对位定位基在结构上的主要特点是不含重键，多数都有孤电子对，由于这种基团的存在，环上电子云密度增加，因此当分子继续进行亲电取代时，就变得容易些，也就是说苯环受它们的影响而活化了。

由于苯环是个闭合的共轭体系，当环上连有这类取代基时，环上的电子便沿着共轭链传递，出现电子云密度较大和较小的交替现象。若这种取代基是邻对位定位基，在该基的邻位和对位受影响比间位大些，因此邻位和对位便具有较大的电子云密度，这些位置上就容易发生亲电取代。例如：

甲苯分子中甲基与苯环上碳原子相连的情况与丙烯相似，也是甲基碳原子与苯环上的 sp^2 杂化碳原子相连，因而甲基与苯环相连时也由于它们的供电性使苯环上电子云密度增加，从而有利于亲电试剂进攻。

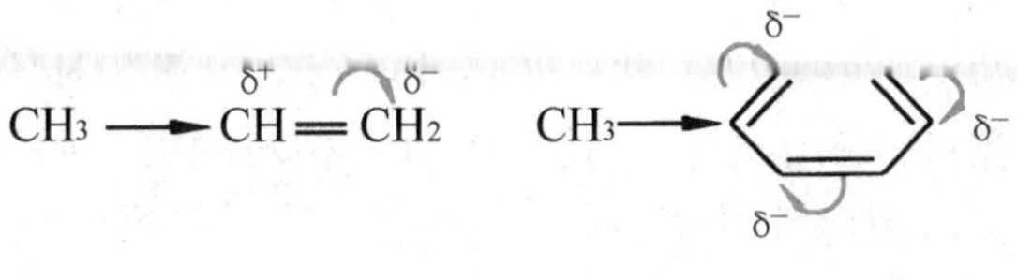

甲基的供电性随着共轭键传递，而使苯环上 2，4，6 位置带有部分负电荷（即邻对位），因此邻对位比间位更有利于亲电试剂进攻。其他的烷基也是供电基，也能使整个苯环电子云密度得到提高，所以烷基苯的亲电取代速度较苯快。这也是苯的烷基化反应不能停留在一元取代阶段的主要原因。

如苯酚和苯胺，羟基或氨基直接与苯环上碳原子相连，从诱导效应来看，羟基和氨基都是吸电子基，因为氧与氮的电负性都大于碳，表现为吸电子诱导效应（以—I 表示）使苯环上的电子云向—OH 或—NH$_2$ 方向转移。但另一方面氧原子和氮原子上尚有未成键的孤电子对和苯环上的 π 电子构成 p-π 共轭体系，由于 p 电子离域，使电子云向苯环转移，而且给电子的共轭效应（以＋C 表示）比吸电子的诱导效应强（即＋C＞—I），所以总的结果仍使苯环上的电子云密度增加，尤其以邻对位更为显著，故第二个取代基主要进入邻对位。

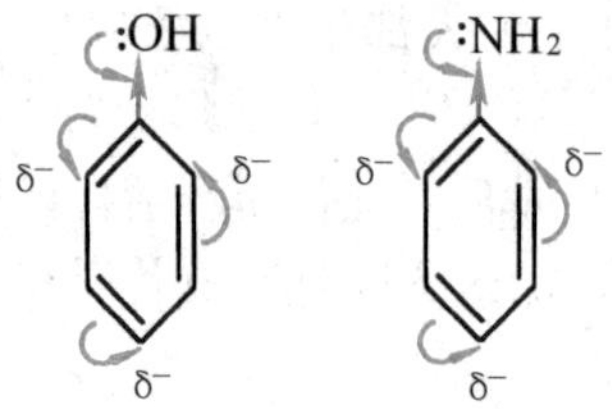

直箭头表示诱导效应电子云转移方向，弯箭头表示共轭效应电子云转移方向。与苯环直接相连的具有孤电子对的原子团如—NR$_2$、—OR 等都属这类情况。

一般来说，邻对位定位基都能活化苯环，而间位定位基却钝化苯环，可是氯苯中的氯情况就特殊一些。—Cl 是钝化苯环的邻、对位定位基，—Cl 的电子效应是—I 和＋C，而—I＞＋C，故降低苯环上的电子云密度（与苯比较）可以钝化苯环。由于—Cl 的＋C 效应的存在，导致苯环上邻位和对位的电子云密度大于间位，所以—Cl 是邻对位定位基。

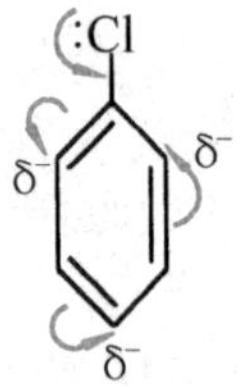

3. 间位定位基对苯环的影响及它们的定位效应

间位定位基在结构上的特点是：定位基中与苯环直接相连的原子，一般都带有正电荷或含有重键，具有强烈的吸电子效应，使苯环上的电子云密度降低，如硝基苯中的—NO$_2$。另一方面—NO$_2$ 中的 π 键与苯环上的大 π 键形成 π-π 共轭体系，使苯环上电子云也向硝基转移，即产生吸电子共轭效应（—C），所以在硝基苯分子中诱导效应与共轭效应方向一致。使苯环上的电子云密度降低，尤其是在硝基的邻、对位上降低更多，而不利于亲电试剂进攻，因此在进行亲电取代时比苯困难。相对而言，间位电子云密度高于邻、对位，因此主要得到间位产物。

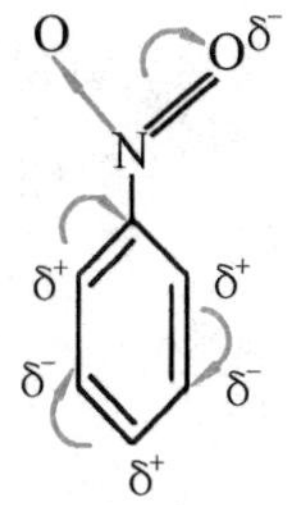

$$\overset{\displaystyle O}{\underset{\displaystyle \begin{array}{c}\\ \end{array}}{\overset{\displaystyle \|}{N}}}\cdots O^{\delta^-}$$

4. 二元取代苯的定位规律

以上主要讨论是一元取代苯的定位规律，苯环上已有两个取代基，欲引入第三个取代基有如下的几种情况。

（1）苯环上原有的两个定位基定位作用一致，则第三个取代基主要进入箭头所示的位置。如邻氯苯甲酸的硝化，—Cl 的邻、对位正好是—COOH 的间位，两者定位作用指向同一位置。如：

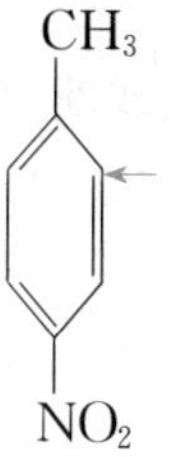

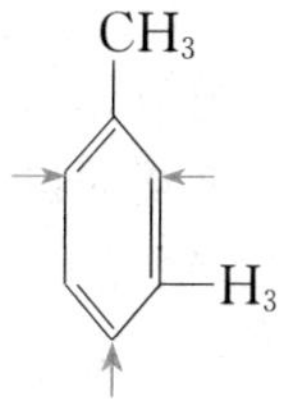

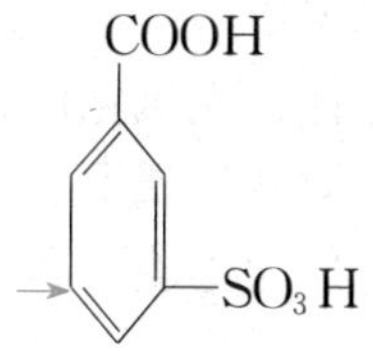

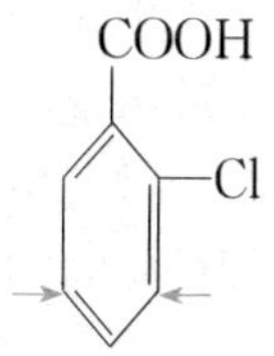

（2）两类定位基在同一苯环上，并且定位作用不一致时，则主要产物服从邻、对位定位基。如：

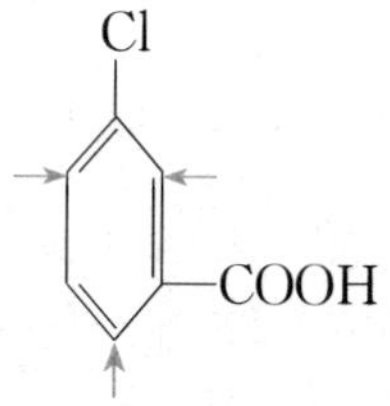

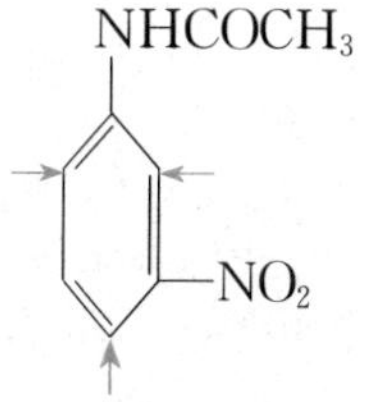

（3）两个取代基属同一类，并且定位作用不一致时，第三个取代基进入的位置由强的定位基决定，如：

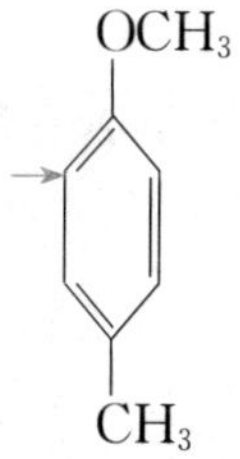

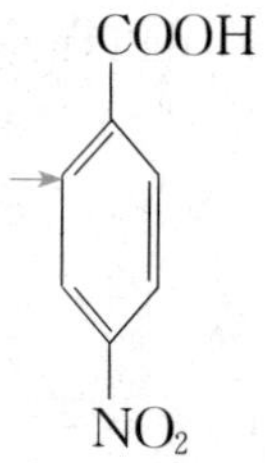

5. 定位规律的应用

了解苯环上亲电取代定位规律的目的，是在于应用它，定位规律对于合成苯的衍生物具有重大的指导作用。这是因为在合成苯的二元和多元取代衍生物时，必须考虑取代基的定位效应，否则是达不到预期目的的，即是应用它选择合成路线合成预期的有机化合物。如：

（1）由苯合成邻、对硝基氯苯和间硝基氯苯。

氯原子是邻对位定位基，硝基是间位定位基，所以合成邻、对硝基氯苯时，是先氯化然后硝化，合成间硝基氯苯时，是先硝化然后氯化。最后把生成产物分离、精制。

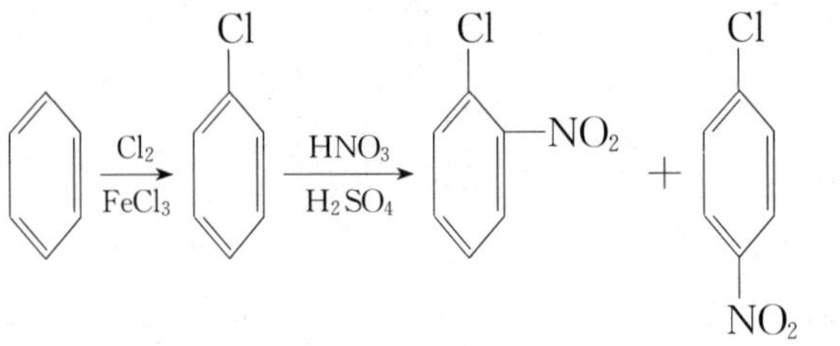

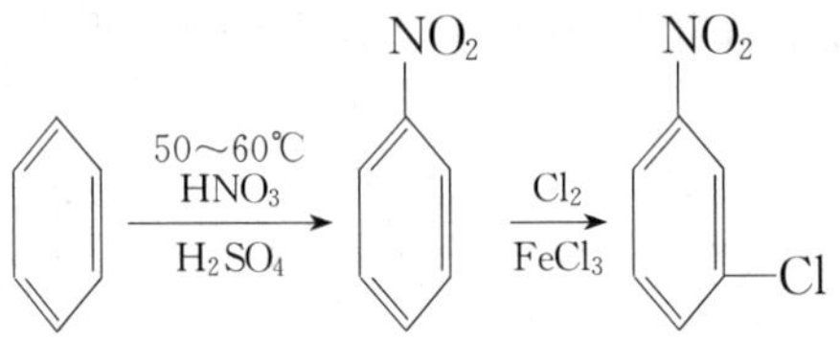

（2）由甲苯合成对硝基苯甲酸

有两种可能的线路供选择：先氧化再硝化或先硝化再氧化。第一种合成线路得不到需要的产物，因为甲基氧化为羧基后就由邻、对位定位基变成间位定位基，硝化时硝基进到羧基的间位。若用先硝化再氧化则能顺利地得到所需的产物。

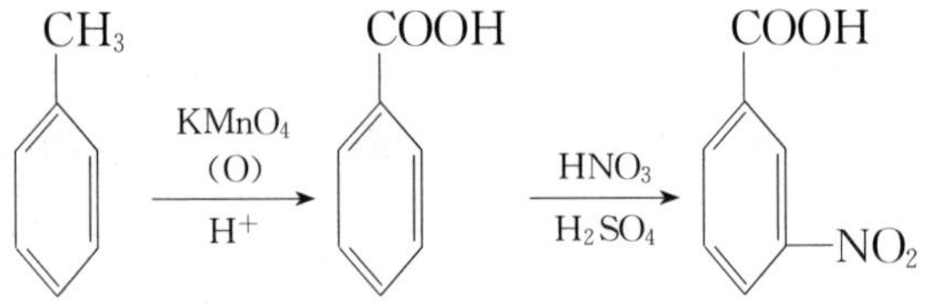

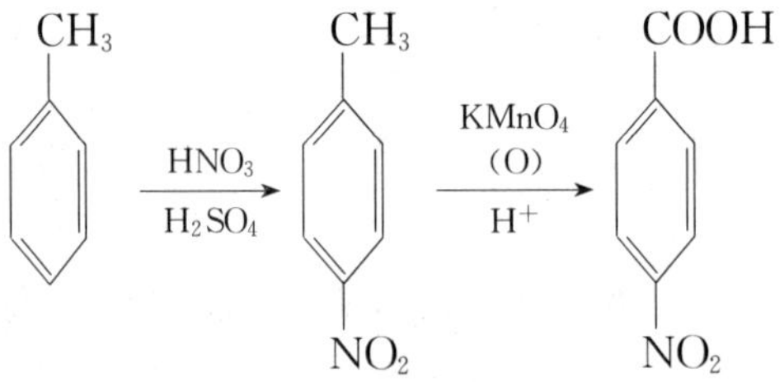

苯环上亲电取代反应的定位规律，是芳香族化合物苯环上亲电取代反应最重要的一个规律。这个规律是由该反应总结出来的，所以只能应用于芳香族化合物苯环上的亲电取代。另一方面反应条件改变，生成异构体的比例也有所改变，不过只要是亲电取代反应，取代基的定位类型是不会改变的。

2.5.5 多环芳烃和稠环芳烃

多环芳香烃是分子中含有两个或两个以上苯环的烃类。

1. 联苯

联苯为无色晶体，熔点 70℃，沸点 254℃，不溶于水，易溶于有机溶剂。联苯的化学性质与苯相似，在两个苯环上均可发生磺化、硝化等取代反应。联苯环上碳原子的位置采用下式的编号来表示：

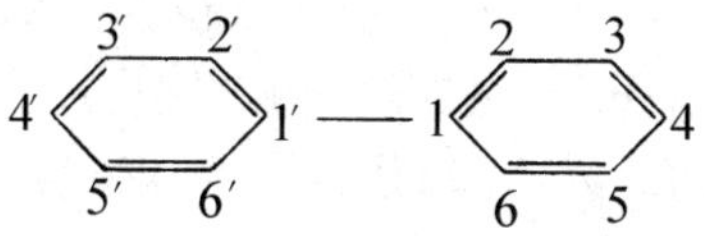

联苯可以看作是苯的一个氢原子被苯基所取代，而苯基是邻、对位定位基，所以当联苯发生取代反应时，取代基主要进入苯基的对位，同时也有少量的邻位产物生成，如联苯硝化时主要生成 4，4′—二硝基联苯。

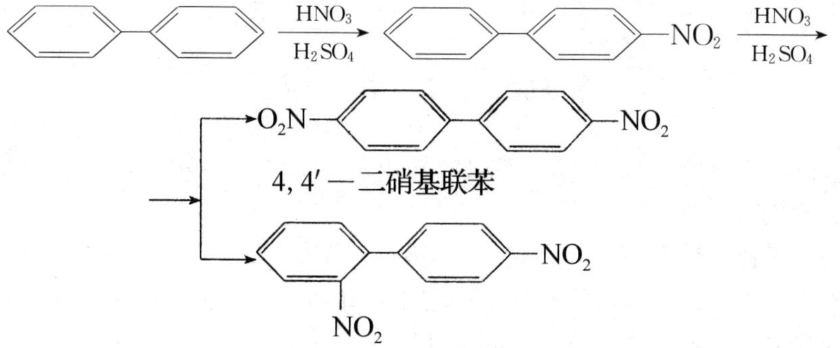

4，4′—二硝基联苯

2，4′—二硝基联苯

关于联苯的衍生物后面章节还要讨论，本节就不再叙述。

2. 萘

萘是最简单的稠环芳烃。分子式为 $C_{10}H_8$，萘在煤焦油中的含量为 6%，目前所需的萘大多从煤焦油中提炼得到。

（1）萘的结构

萘的结构和苯类似，它也是一个平面分子。萘分子中每个碳原子也以 sp^2 杂化轨道与相邻的碳原子及氢原子轨道重叠而形成 σ 键，十个碳原子都处在一个平面上，连接成两个稠合的六员环，八个氢原子也在同一平面上。每个碳原子还有一个电子在 p 轨道内，这些对称轴平行的 p 轨道侧面相互重叠，形成一个闭合的共轭体系，因此萘分子比较稳定。但萘和苯的不同之处是碳原子上的各个 p 轨道相互重叠的程度不完全相同，因此 π 电子云并不完全平均地分布在碳环上。

萘的各碳碳键的键长并不完全相等，X 衍射法测定的结果，萘分子各键的键长如下：

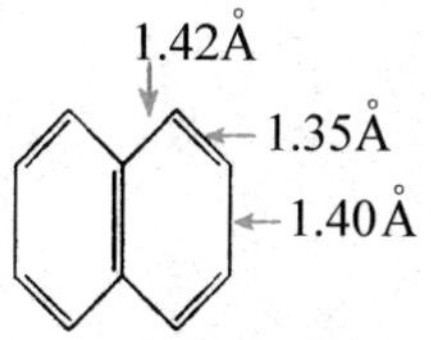

萘分子中十个碳原子是不等同的，为此对碳原子加以编号。

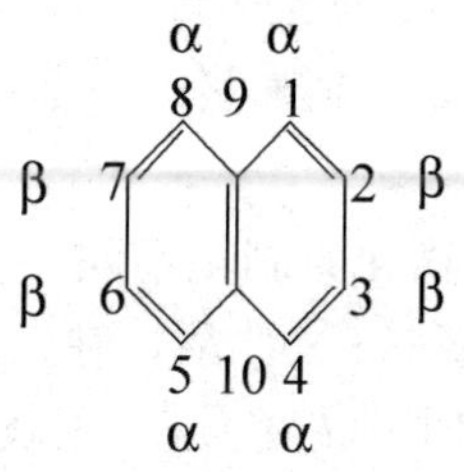

　　式中1，4，5，8位置相同叫作α位，这四个位置上的任何一个氢原子被取代时得到的是相同的一元取代物。2，3，6，7这四个位置也相同，叫β位。因此萘的一元取代有两种即α—取代物（即1—取代物）或β—取代物（2—取代物）。如：

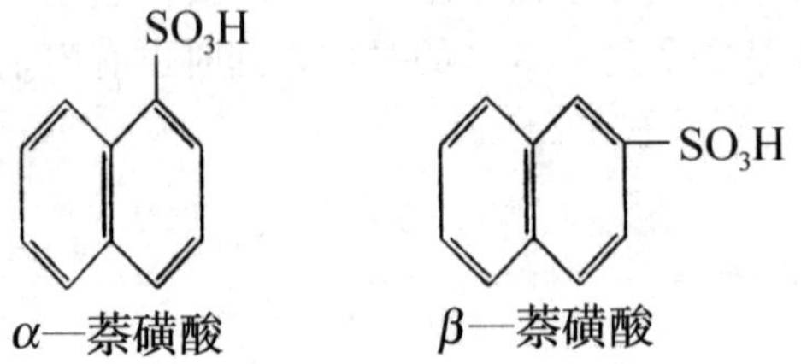

α—萘磺酸　　　　　　β—萘磺酸

　　由于α位电子云密度较高，β位次之，所以亲电取代反应主要发生在α位。

　　（2）萘的性质

　　萘是白色晶体，熔点80.5℃，沸点218℃，有特殊的气味，易升华。它不溶于水，易溶于有机溶剂，如热的乙醇及乙醚。常用它作防蛀剂。它是主要的化工原料，广泛应用于染料工业及高分子工业，大部分用于制造邻苯二甲酸酐。

　　萘的化学性质与苯相似，但比苯更易起取代反应、加成反应和氧化反应。因此萘的芳香性比苯差。

　　1）取代反应

　　a. 卤化反应　萘的卤化反应比苯容易得多，即使没有催化剂时也能与溴反应。

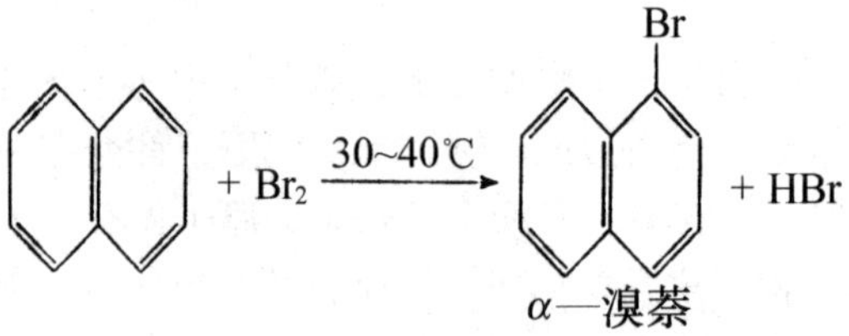

　　b. 硝化反应

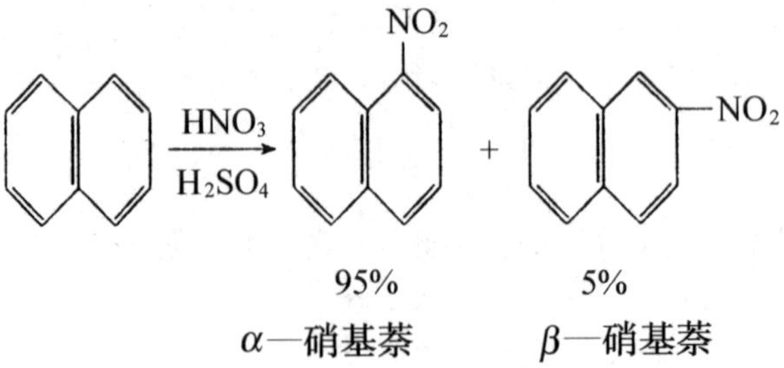

95%　　　　　　　5%

α—硝基萘　　　　β—硝基萘

　　c. 磺化反应　萘的磺化反应与卤化，硝化不同，磺酸基进入的位置与外界条件有关。在较低的温度（60℃）时，容易生成α—萘磺酸，在较高温度下主要产物为β—萘磺酸。

　　α—萘磺酸与硫酸共热至165℃时可转变为β—萘磺酸。

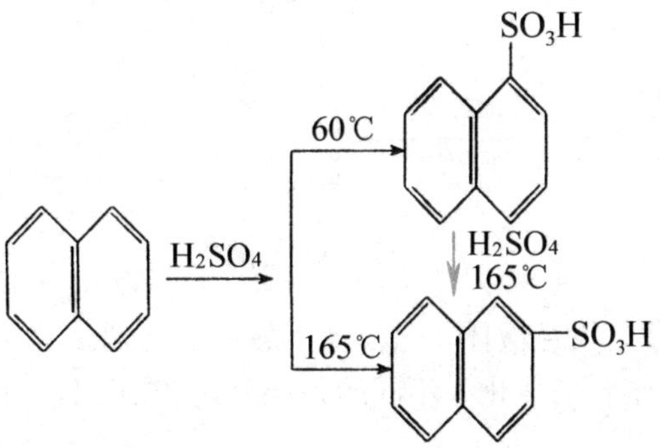

β—萘磺酸与甲醛缩合，经中和过滤，干燥可制取建筑材料中用作减水剂的亚甲基二萘磺酸钠：

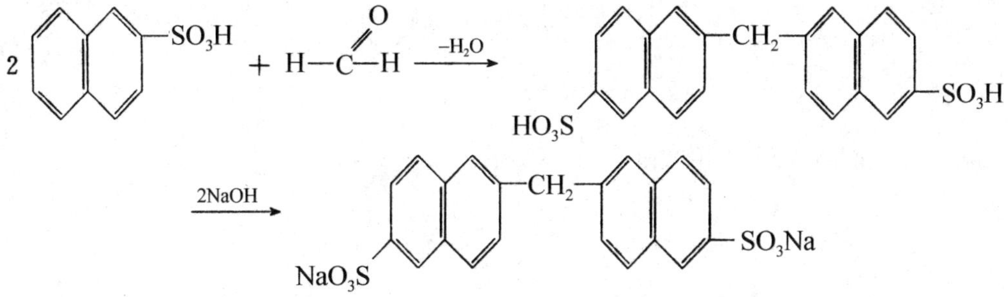

亚甲基二萘磺酸钠

这是一种阴离子表面活性剂，是高效能减水剂。

萘进行取代反应时也遵循着取代规律：当第一个取代基是邻、对位定位基时，则发生同环取代，第二个取代基一般进入 α 位。当第一个取代基是间位定位基时，它使所连的环钝化，第二个取代基便进入另一个环上，即发生异环取代，不论原来取代基是在 α—位或 β—位，第二个取代基一般进到第二个环的 α 位上，如：

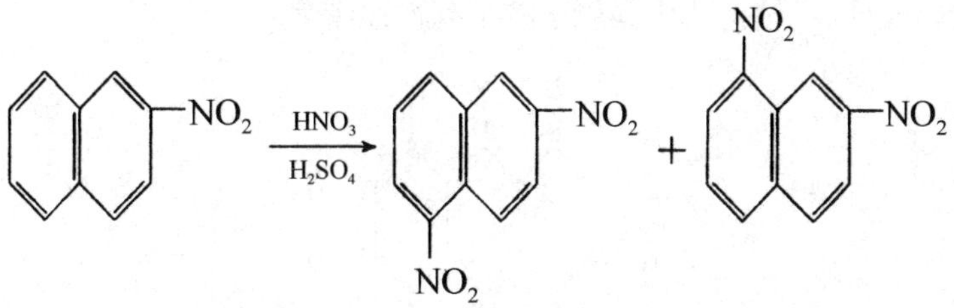

2）加成反应　萘的加成反应比苯容易，如萘可被金属钠—异戊醇还原生成四氢化萘。

四氢化萘

在催化剂作用下萘可与氢加成，生成四氢化萘和十氢化萘。

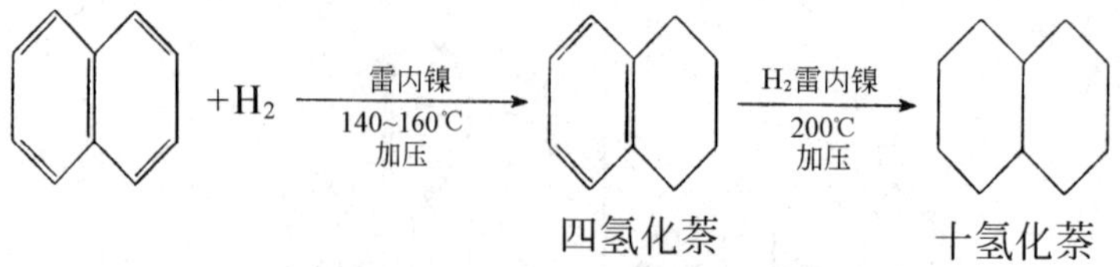

四氢化萘和十氢化萘是无色液体，是工业上较好的溶剂。

3）氧化反应　萘比苯容易氧化，不同的条件氧化产物不同。

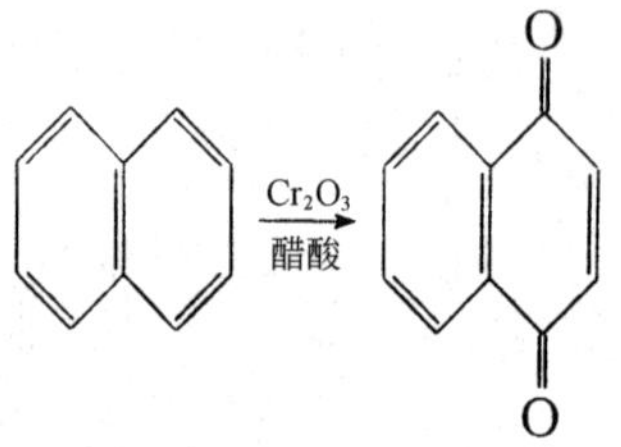

被空气氧化生成邻苯二甲酸酐。

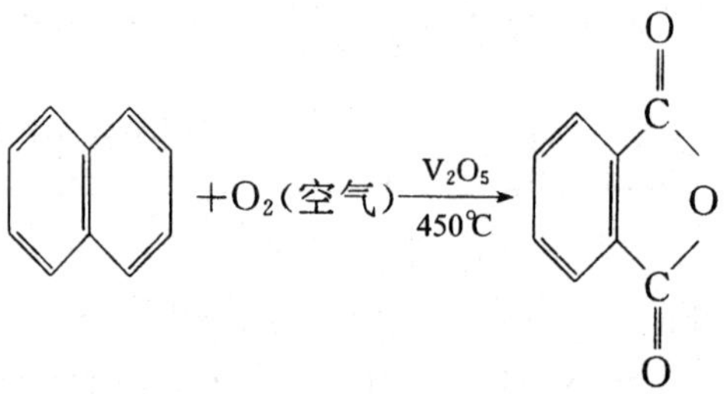

这是工业上生产邻苯二甲酸酐的方法之一。

（3）蒽

蒽的分子式 $C_{14}H_{10}$，结构式中碳原子按下列次序编号：

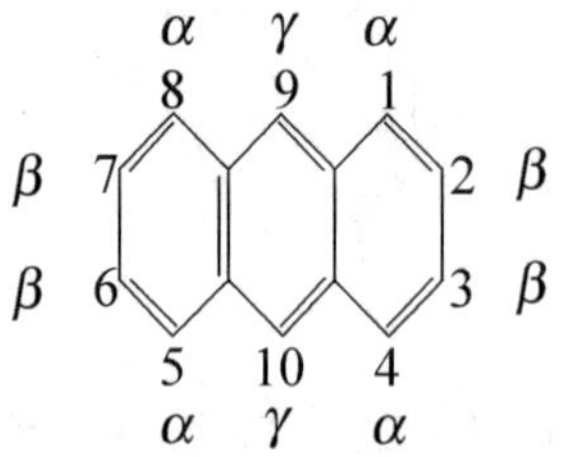

蒽是无色片状结晶，具有黄色荧光。熔点 216℃，沸点 354℃，不溶于水，难溶于乙醇和乙醚，能溶于苯。蒽也是工业原料。

蒽分子中 γ 位置的碳原子最活泼，因此蒽的各种化学反应（如氧化、加成）都在这里进行。取代反应一般也在这里进行。这表示蒽的芳香性比苯和萘都要弱得多。蒽主要用来制造蒽醌。

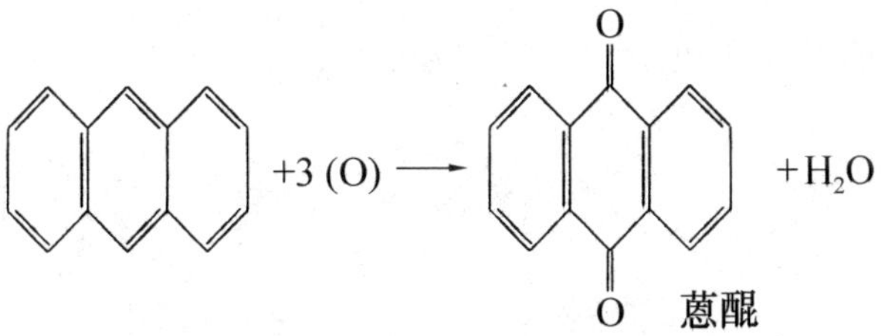

蒽醌

蒽醌是合成蒽醌染料的重要原料。工业上生产蒽醌是将蒽在重铬酸钾和硫酸混合物中氧化而得。

蒽醌是淡黄色的结晶，熔点285℃，没有气味，它不溶于水，难溶于多数有机溶剂中，但易溶于热的浓硫酸，将溶有蒽醌的硫酸溶液用水稀释，则蒽醌又成固体析出。利用这个性质可使蒽醌与其他杂质分离。

（4）菲

菲是蒽的同分异构体，它们都是由三个苯环稠合而成，但菲的三个环并不像蒽那样成直线排列，而形成一个角度，菲的结构有两种表示。

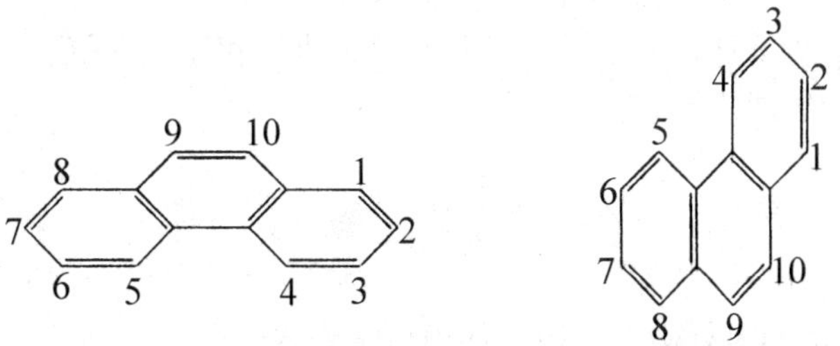

菲

菲存在于煤焦油的蒽油馏分中，是白色的片状结晶，熔点100℃，沸点340℃，能溶于苯、醚等有机溶剂，溶液呈蓝色荧光。因为蒽在有机溶液中溶解度小，可利用溶解度的不同来使蒽和菲分离。

菲经电解氧化能制菲醌，它是农药和纸浆防腐剂。菲还可用于作硝化甘油炸药，作硝化纤维的安定剂及烟幕弹。菲的固体氯化物可制耐焰性好的绝缘材料。在高温高压下加氢可得过氢菲，是高级喷气式飞机的燃料。

若菲的第1，10位上碳原子换成氮原子时，便是一种杂环化合物。1，10—二氮杂菲或叫邻菲罗林。在水质分析中，测定水中低铁和总铁就常采用邻菲罗林比色法，它简便灵敏。

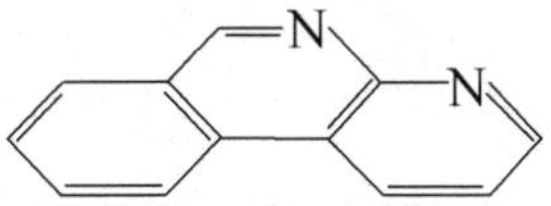

1，10—二氮杂菲

1，10—二氮杂菲与硫酸亚铁共溶于蒸馏水中，便得到试亚铁灵指示剂，它也是水质分析中用重铬酸钾法测定水中耗氧量的指示剂。

（5）其他稠环芳烃

在煤焦油中还含有苊、芘和 3，4—苯并芘等。

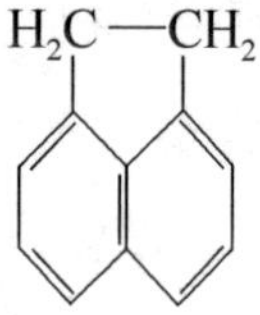

苊 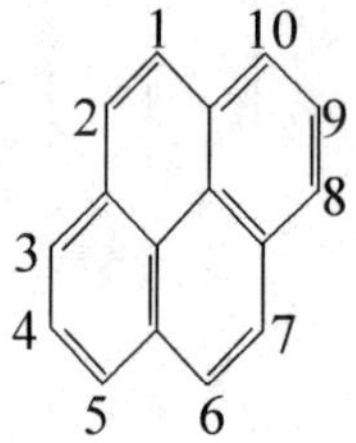   芘 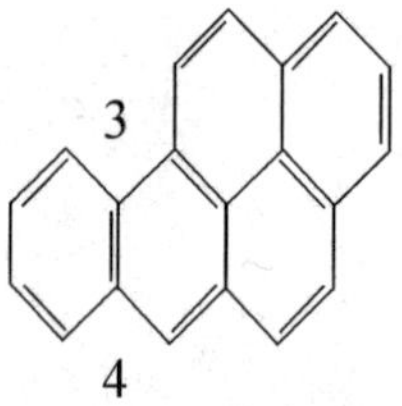   3，4 苯并芘

苊是无色结晶，熔点 95℃，是制造苊烯树脂、醇酸树脂和染料等的原料。

芘是固体，熔点 151℃，难溶于水，能溶于有机溶剂。

3，4—苯并芘是一个由五个环组成的稠环化合物。呈黄色针状或片状结晶，难溶于水，在苯—酒精等有机溶剂中发生黄紫色的荧光，熔点 179℃，沸点 500℃。石油、煤、烟草等不完全燃烧，汽油机，柴油机产生的废气中都可能含有一定量的 3，4—苯并芘，因此在环境中传播较广。根据调查资料认为它有致癌作用，但并不可怕，可通过氧化、还原作用使其降解。如在水处理技术中可用臭氧、二氧化氯和其他含氯化合物的氧化作用去除它们。有些水生生物也能降解它们。

习　　题

1 写出庚烷 C_7H_{16} 的所有构造异构体并用系统命名法命名。

2. 写出下列化合物的结构式，并指出其中的 1°、2°、3°、4°碳原子，或写出各名称。

（1）2，2—二甲基戊烷

（2）3—甲基—4—乙基庚烷

（3）2，4—二甲基—3—异丙基戊烷

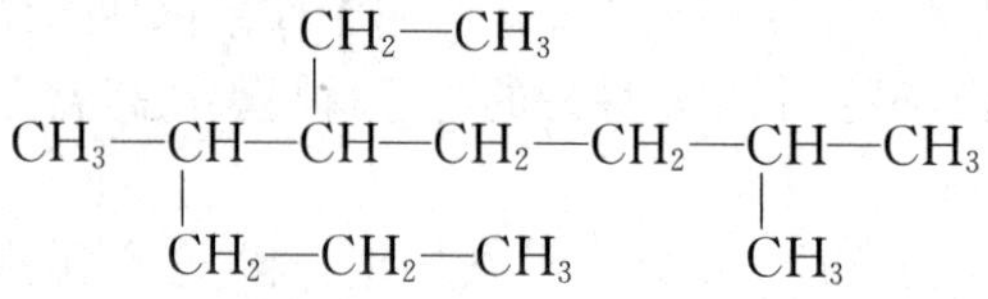

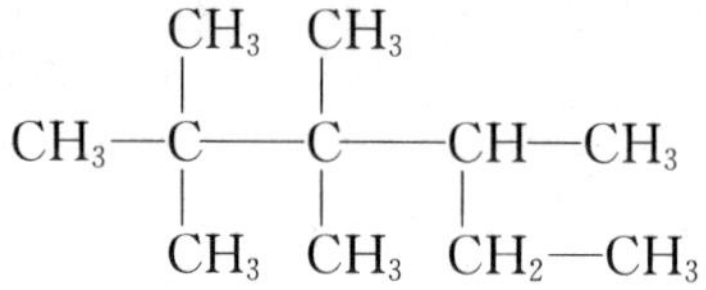

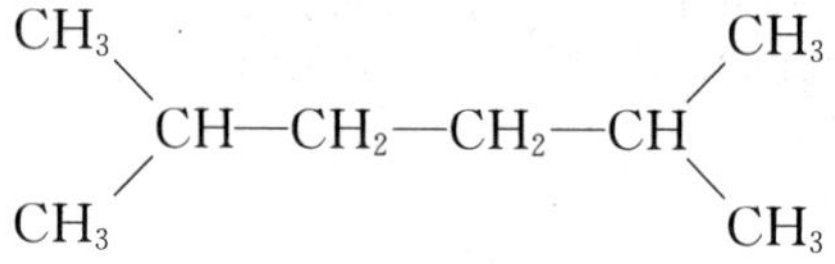

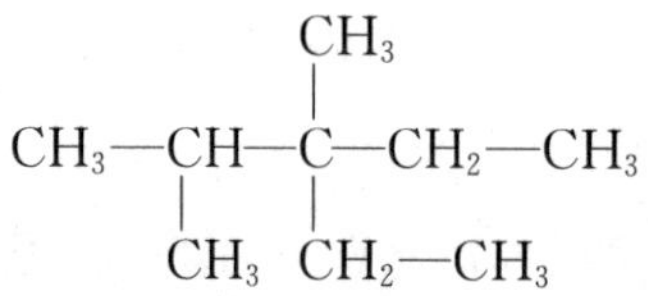

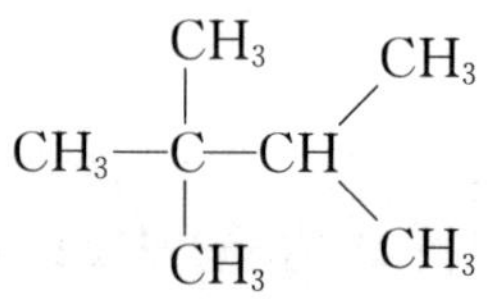

$$CH_3$$
$$|$$
$$CH-CH_3$$
$$|$$
(9)　$CH_3-CH-CH-CH_2-CH_2-CH_3$　(10)　$\overset{\displaystyle CH_3}{\underset{\displaystyle CH_3}{CH_3-CH_2-CH_2-C-H}}$
$$|$$
$$CH-CH_3$$
$$|$$
$$CH_3$$

3. 指出下列化合物中哪些是相同的物质。

(1)　$\overset{\displaystyle CH_3}{\underset{\displaystyle CH_2-CH_3}{CH_3-CH-CH-CH_3}}$　　　　(2)　$\underset{\displaystyle CH_2-CH_3}{CH_3-CH_2}$

(3)　$\overset{\displaystyle CH_3\ \ CH_3}{CH_3-CH-CH-CH_2-CH_3}$　　(4)　$\overset{\displaystyle CH_2-CH_2}{\underset{\displaystyle CH_3\ \ CH_3}{\ }}$

(5)　$\overset{\displaystyle CH_3\qquad CH_3}{\underset{\displaystyle CH_3\qquad CH_2-CH_3}{\underset{\displaystyle CH}{\overset{\displaystyle CH}{\ }}}}$　　(6)　$\overset{\displaystyle CH_3}{\underset{\displaystyle CH_3}{CH-CH_3}}$

(7)　$\overset{\displaystyle CH_3}{CH_3-CH-CH_3}$　　(8)　$\overset{\displaystyle CH_3-CH_2}{\underset{\displaystyle CH_3}{\underset{\displaystyle CH_2}{\ }}}$

(9)　$\overset{\displaystyle CH_3}{\underset{\displaystyle CH_2-CH_3}{\underset{\displaystyle CH_2}{\ }}}$　　(10)　$CH_3-\overset{\displaystyle }{\underset{\displaystyle CH_3}{CH}}-CH_2-C(CH_3)_3$

4. 下列化合物的系统命名是否正确？如有错误请予更正。

(1)　$\underset{\displaystyle CH_2-CH_3}{CH_3-CH-CH_2-CH_3}$　　　　2—乙基丁烷

(2)　$\overset{\displaystyle CH_3}{\underset{\displaystyle CH_3}{CH_3-CH-CH_2-CH-CH_2-CH_3}}$　　　2，4—二甲基己烷

(3)　$\underset{\displaystyle CH_3}{CH_3\text{〔}CH_2\text{〕}_8-CH-CH_2-CH_3}$　　　3—甲基十二烷

$$CH_2-CH_2-CH_3$$

(4)　$CH_3-CH_2-CH_2-\overset{|}{CH}-CH_2-CH_2$ 　　　4—丙基庚烷
$$\underset{CH_3}{|}$$

(5)　$CH_3-CH_2-C(CH_3)_2-(CH_2)_3-CH_3$ 　　　4—二甲基辛烷

(6)　$(CH_3)_3C-CH_2-CH(CH_3)CH_2-CH_3$ 　　　1,1,1—三甲基—3—甲基戊烷

(7)　3—叔丁基戊烷

(8)　2,3—二乙基丁烷

5. 写出符合下列条件的烷烃结构式：

(1)　只含有伯氢原子的戊烷。

(2)　含有一个叔氢原子的戊烷。

(3)　只含有伯氢和仲氢原子的戊烷。

(4)　含有一个叔氢原子的己烷。

(5)　含有一个季碳原子的己烷。

6. 根据下述条件，推测戊烷 C_5H_{12} 的结构。

(1)　一元氯代产物只有一种。

(2)　一元氯代产物有三种。

(3)　一元氯代产物有四种。

7. 试推测己烷三种异构体沸点的高低。

正己烷、2—甲基戊烷和2,2—二甲基丁烷。

8. 不参看物理常数表，试推测下列化合物沸点高低的顺序。

(1)　正庚烷；(2)　正己烷；(3)　正癸烷；(4)　2—甲基戊烷；(5)　2,2—二甲基丁烷。

9. 什么叫自由基反应？自由基反应历程经过哪些阶段？举例说明。

10. 写出丙烷结构式的透视式和投影式，并指出哪种构象较稳定，为什么？

11. 写出烯烃 C_6H_{12} 的三个同分异构体（包括顺反异构体）及其系统命名。

12. 下列化合物中何者有顺反异构体，写出它们的结构式，并命名。

(1)　$CH_2=CH-CH_2-CH_3$ 　　　(2)　$CH_3-CH_2-CH=CH-CH=CH_2$

(3)　$CH_3-CH_2-CH=\overset{\underset{|}{CH_3}}{C}-CH_2-CH_3$ 　(4)　$CH_3-CH=CH_2$

(5)　2—戊烯　　　(6)　$\underset{Cl}{\overset{|}{CH}}=\underset{Cl}{\overset{|}{CH}}$ 　　　(7)　4—甲基—3—庚烯

13. 用 Z、E 命名法命名下列化合物。

(1)　$\underset{H_3C}{\overset{H}{\diagdown}}C=C\underset{CH_2-CH_3}{\overset{CH_2-CH_2-CH_3}{\diagup}}$

(2)　$\underset{\overset{CH_3}{\diagup}H_3C}{\overset{CH_3}{\diagdown}}\overset{Cl}{\underset{\diagup}{C}}=\overset{CH_3}{\underset{CH_2-CH_3}{C}}$

$$
(3) \quad \underset{Br}{\overset{Cl}{}}C=\underset{CH_2CH_3}{\overset{H}{}}
\qquad\qquad
(4) \quad \underset{F}{\overset{Cl}{}}C=\underset{CH_2-CH_3}{\overset{CH_3}{}}
$$

14. 写出下列化合物的结构式，其命名如有错误予以改正，给出正确的名称。

(1) 顺—2—甲基—3—戊烯

(2) 2—甲基—3—戊烯

(3) 反—1—丁烯

(4) 1—溴—异丁烯

(5) E—3—乙基—3—戊烯

15. 完成下列反应。

(1) $CH_3-CH_2-\underset{CH_3}{\overset{}{C}}=CH_2 \xrightarrow{HCl} ?$

(2) $CH_3-CH_2-\underset{CH_3}{\overset{}{C}}=CH_2 \xrightarrow{HOCl} ?$

(3) $CH_3-\underset{CH_3}{\overset{}{C}}=CH_2 \xrightarrow[\text{NaCl 水溶液}]{Br_2} ?$

(4) $CH_3-\underset{CH_3}{\overset{}{C}}=CH_2 \xrightarrow{O_3} ? \xrightarrow[Zn]{H_2O} ?$

(5) $CH_2=CH-CH_2-CH_3 \xrightarrow{Cl_2}{}_{500℃} ?$

16. 用指定原料合成下列化合物。

(1) $CH_3-CH=CH_2 \cdots\cdots \rightarrow \underset{Cl}{\overset{}{CH_2}}-\underset{Cl}{\overset{}{CH}}-\underset{Cl}{\overset{}{CH_2}}$

(2) $CH_3-CH=CH_2 \cdots\cdots \rightarrow CH_3-\underset{OH}{\overset{}{CH}}-CH_3$

17. 比较 $CH_3-CH=CH_2$ 和 $CH_3-\underset{CH_3}{\overset{}{C}}=CH_2$ 的酸催化加水反应，哪一个化合物更易反应？说明原因。

18. 某烯烃经催化加氢得到 2—甲基丁烷，加 HCl 可得 2—甲基—2—氯丁烷。如经臭氧化并在锌存在下水解，可得丙酮和乙醛，写出该烯烃的结构式及各步反应式。

19. 某化合物 A 分子式为 $C_{10}H_{16}$，经催化加氢得到化合物 B，B 分子式为 $C_{10}H_{22}$ 化合物，A 和过量高锰酸钾溶液作用，得到下列三种化合物：

$$
CH_3-\underset{O}{\overset{\|}{C}}-CH_3, \quad CH_3-\underset{O}{\overset{\|}{C}}-CH_2-CH_2-COOH, \quad CH_3-COOH
$$

写出 A 的所有结构式，并表明推导过程。

20. 某化合物分子式为 C_8H_{16}，它可使溴水褪色，也可溶于浓硫酸。经臭氧化反应并在锌存在下水解只得到一种产物丁酮，写出该化合物的结构式及分析过程。

21. 根据乙烯加溴反应历程解释为什么将溴和乙烯通入氯化钠的水溶液时，加成产物中没有 $\underset{Cl}{\overset{}{CH_2}}-\underset{Cl}{\overset{}{CH_2}}$ 生成？

22. 写出炔烃 C_6H_{10} 的各种异构体，并用系统命名法命名。

23. 写出下列反应的主要产物。

(1) $CH \equiv C-CH_2-CH_2-CH_3 + HCl(过量) \longrightarrow ?$

(2) $CH_3-C \equiv C-CH_2-CH_3 + H_2O \xrightarrow{HgSO_4, H_2SO_4} ?$

(3) $CH_3-CH_2-C \equiv CH + NaNH_2 \longrightarrow ?$

(4) $CH_3-\overset{\underset{\displaystyle |}{CH_3}}{CH}-C \equiv CH + Ag(NH_3)_2NO_3 \longrightarrow ?$

(5) $CH \equiv CH \cdots\cdots \longrightarrow CH_3-CH_2-C \equiv C-CH_2-CH_3$

24. 命名下列化合物或写出它们的结构式。

(1) $CH_3-\overset{\underset{\displaystyle |}{CH_2-CH_3}}{CH}-C \equiv C-CH_3$

(2) $CH_3-\overset{\underset{\displaystyle |}{CH_3}}{\overset{\displaystyle |}{\underset{\displaystyle CH_3}{C}}}-C \equiv C-CH_3$

(3) 3—甲基—1—丁炔

(4) 2—甲基—1—戊烯—3—炔

25. 以丙炔为原料合成下列化合物（其他试剂任选）。

(1) 丙酮

(2) 2—溴丙烷

(3) 2，2—二溴丙烷

(4) 正己烷

26. 某烃 C_5H_8（A）先与钠反应，再与1—碘丙烷反应，得到 C_8H_{14}（B），A 与 HgSO$_4$ 和稀 H_2SO_4 反应得到酮 $C_5H_{10}O$（C），将 B 用 KMnO$_4$ 酸性溶液氧化得到两个酸 $C_4H_8O_2$（E、D），它们是同分异构体，推导 A、B、C、D、E 的结构式。

27. 完成下列反应方程式。

(1) $CH_2=\overset{\underset{\displaystyle |}{Cl}}{C}-CH=CH_2 \xrightarrow{聚合} ?$

(2) $CH_3-C \equiv CH + HCN \longrightarrow ?$

(3) $\overset{\displaystyle CH_2}{\underset{\displaystyle CH_2}{\overset{\parallel}{\underset{\parallel}{\overset{\displaystyle CH}{\underset{\displaystyle CH}{|}}}}}} + CH_2=\overset{\underset{\displaystyle |}{CH_3}}{C}-COOH \longrightarrow ?$

28. 化合物 A 和 B 互为异构体，都能使溴水褪色，A 与 Ag（NH$_3$）$_2$NO$_3$ 作用生成沉淀，氧化 A 得到 CO_2 和 CH_3CH_2COOH；B 不与 Ag（NH$_3$）$_2$NO$_3$ 作用，但氧化 B 得到 CO_2 和 $\overset{\underset{\displaystyle |}{COOH}}{COOH}$ ，试推导出 A、B 的结构式。

29. 某二烯烃和一分子溴加成，生成2，5—二溴—3—己烯，该二烯烃经臭氧分解生成两分子乙醛和一分子乙二醛（$\overset{\underset{\displaystyle |}{CHO}}{CHO}$），试写出该烃的结构式，并用方程式验证。

30. 用简单而明显的化学方法鉴别下列各组化合物。

(1) 2—戊烯、1—戊炔和正丁烷。

(2) 1—庚炔、1、3—己二烯、庚烷和1，5—己二烯。

31. 有两个化合物 A、B 具有相同的分子式 C_5H_8，它们都能使溴的四氯化碳溶液褪色。A 与 Ag（NH_3）$_2NO_3$ 溶液作用生成沉淀，B 则不能，当用酸性 $KMnO_4$ 氧化时，A 得到丁酸和 CO_2，B 得到乙酸和丙酸，试写出 A、B 的结构式，并说明分析过程。

32. 现有下列四种原料任你选择，想利用氨基钠和液氨作试剂合成 $2，2—$二甲基—$3—$己炔，试设计合理的合成路线，并说明理由。

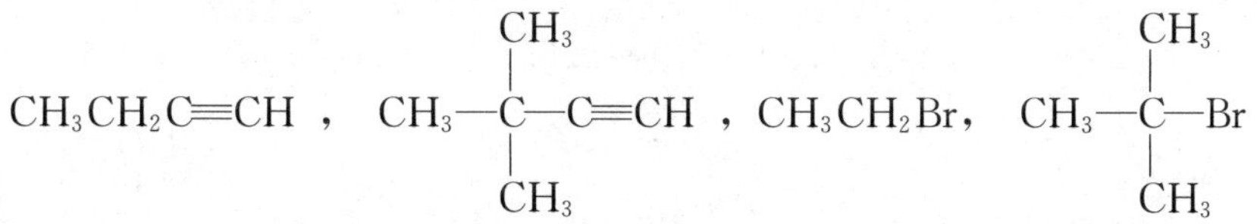

$$CH_3CH_2C{\equiv}CH \quad , \quad CH_3{-}\underset{\underset{\displaystyle CH_3}{|}}{\overset{\overset{\displaystyle CH_3}{|}}{C}}{-}C{\equiv}CH \quad , \quad CH_3CH_2Br, \quad CH_3{-}\underset{\underset{\displaystyle CH_3}{|}}{\overset{\overset{\displaystyle CH_3}{|}}{C}}{-}Br$$

33. 写出 C_4H_8 所有的异构体，并命名。

34. 命名下列化合物。

(1)

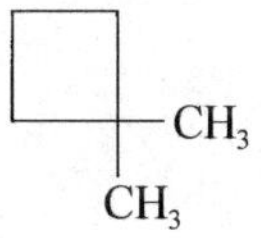

(2)

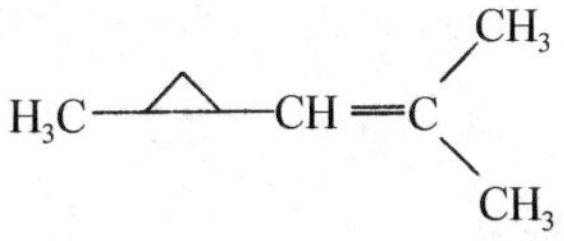

(3)

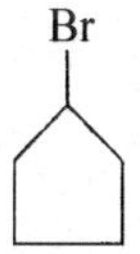

(4)

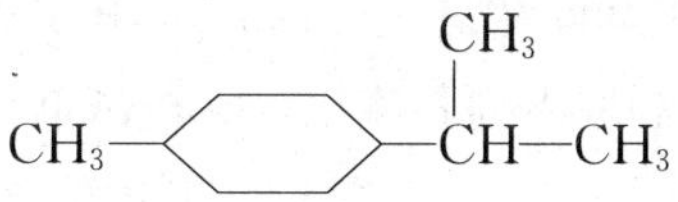

35. 写出下列化合物的结构式。

(1) $1，2—$二甲基—$1—$乙基环己烷

(2) 顺—$1，2—$二溴环丙烷

(3) 反—$1，3—$环戊烷二甲酸

36. 试写出 $2—$丁烯与 $1，3—$二甲基环丁烷的顺反异构体，并分别给予命名。它们具有顺反异构现象的条件如何？

37. 如何用化学方法区别下列化合物？

(1) $2—$戊烯、$1，2—$二甲基环丙烷、环戊烷。

(2) 丙烷、丙烯、环丙烷。

38. 化合物 A，分子式为 C_4H_8，它能使溴溶液褪色，但不能使稀的高锰酸钾溶液褪色，一摩尔 A 与一摩尔 HBr 作用生成 B，B 也可以从 A 的同分异构体 C 与 HBr 作用得到。化合物 C 分子式也是 C_4H_8，能使溴水褪色，也能使稀的高锰酸钾溶液褪色。试推测 A、B、C 的结构式并写出各步反应式。

39. 写出分子式为 C_9H_{12} 的单环芳烃的所有同分异构体并命名。

40. 命名下列各化合物。

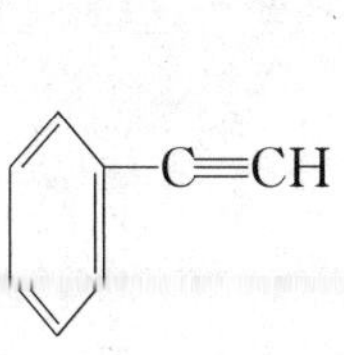

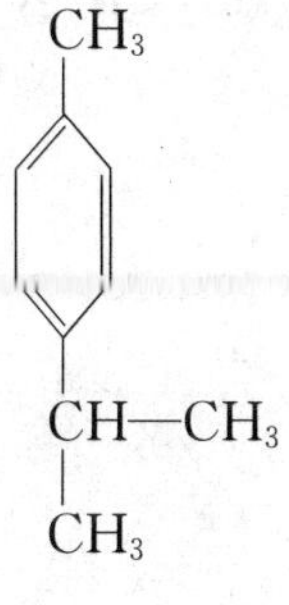

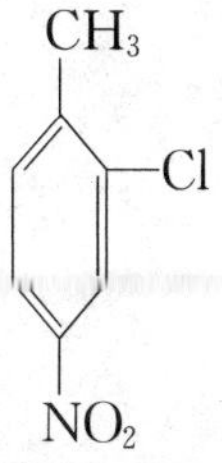

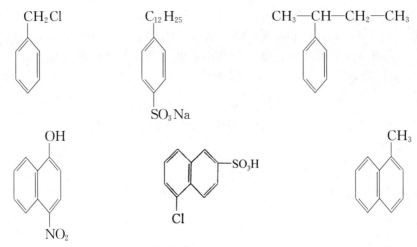

41. 写出下列化合物的结构式。

(1) 1，3，5—三乙基苯　　　　(2) 1，2，3—三甲基苯

(3) 4，4′—二甲基联苯　　　　(4) α—甲基萘

42. 由苯或甲苯制取下列各物质（无机试剂任选）。

(1) 对溴硝基苯　　　　　　　(2) 间溴硝基苯

(3) 对氯苯甲酸　　　　　　　(4) 2，4—二氯甲苯

(5) 2，6—二溴—4—硝基甲苯

43. 下列化合物硝化时（引入一个硝基），硝基进入什么位置？用箭头表示。

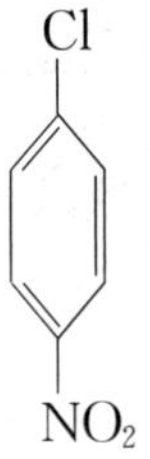

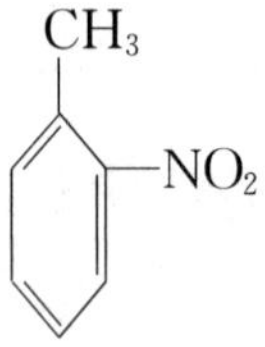

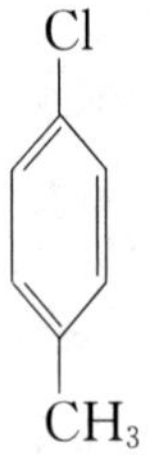

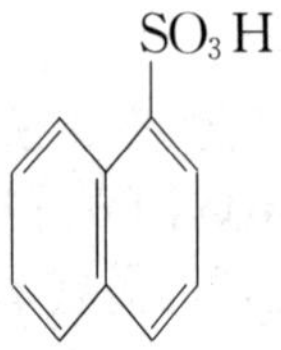

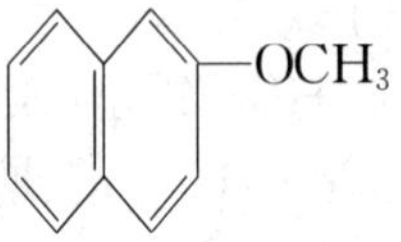

44. 完成下列反应式。

(1)  $\bigcirc$ +CH₃CH₂CH₂Cl $\xrightarrow{\text{AlCl}_3}$? $\xrightarrow[\text{KMnO}_4+\text{H}_2\text{SO}_4]{(O)}$?

(2) 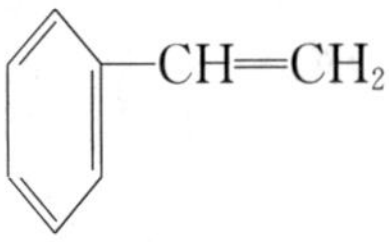 $\bigcirc$—CH=CH₂ +Br₂ ⟶ ?

(3)

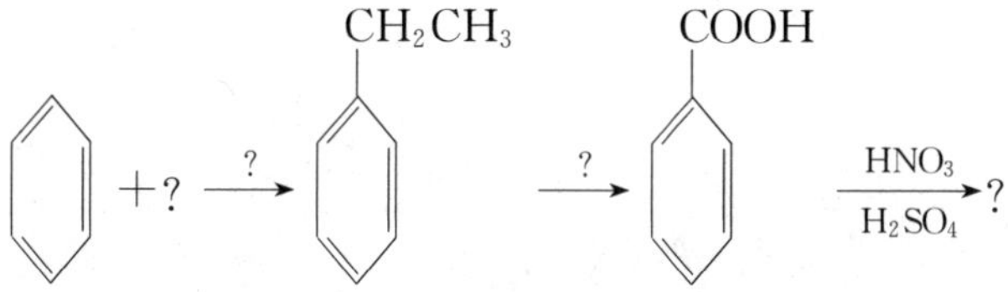

(4)

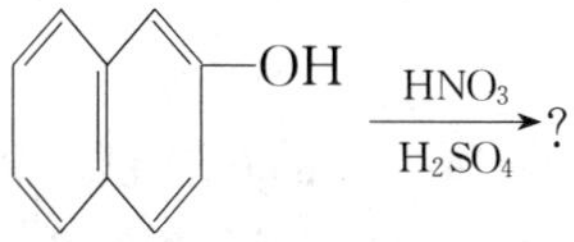

(5)

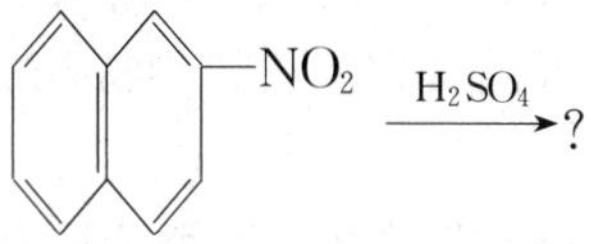

(6)

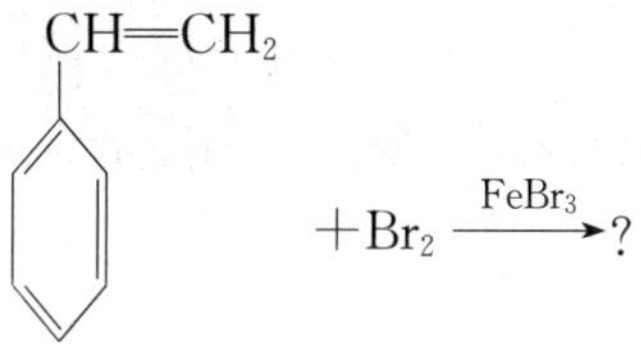

45. 用化学方法区别出下列各组化合物。

(1) 环己烷、环己烯、苯。

(2) 苯、1—己炔、1，5—己二烯。

46. 将下列各组化合物对亲电取代反应的容易程度排列成序。

(1) 苯、氯苯、甲苯、硝基苯。

(2) 苯、苯乙酮、苯酚、硝基苯。

47. A、B、C 三种芳香烃，分子式为 C_9H_{12}。氧化后，A 生成一元羧酸，B 生成二元羧酸，C 生成三元羧酸。硝化时 A 与 B 分别得到两种一元硝基化合物，而 C 只得到一种一元硝基化合物，试推出 A，B 和 C 的结构式，并写出反应式。

48. 利用什么二元取代苯，经亲电取代反应制备纯的下列化合物？

(1)

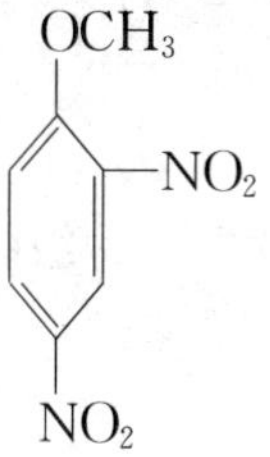

(2)

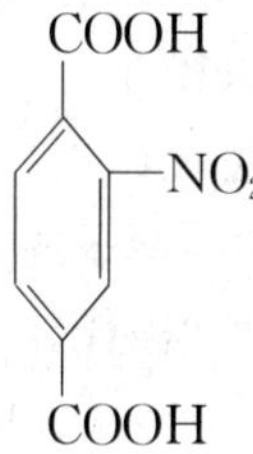

(3)

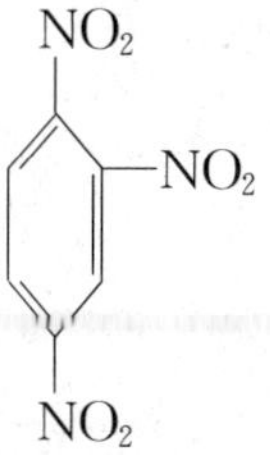

(4)

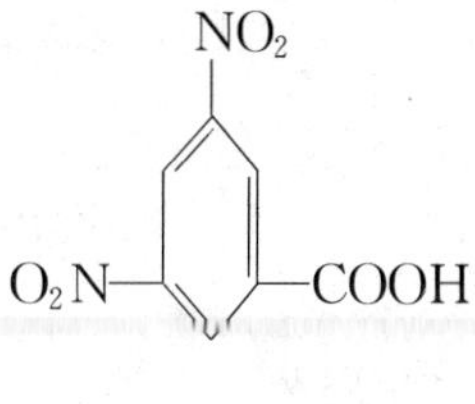

第3章 烃的卤素衍生物

烃的卤素衍生物是烃分子中的氢原子被卤原子取代后所生成的化合物，又叫作卤代烃，简称卤烃，可用 RX 表示。卤原子是卤代烃的官能团。通常所说的卤代烃是指氯代烃、溴代烃和碘代烃，一般不包括氟代烃。这是由于后者性质和制法较为特殊，常单独进行讨论。

卤代烃是很重要的一类化合物，能通过多种化学反应转变成其他类型的化合物，所以，引入卤原子，往往是改造有机化合物分子性能的第一步加工，在有机合成中起着桥梁的作用。有些卤代烃，特别是一些多卤代烃可用作有机溶剂、农药、制冷剂、灭火剂、麻醉剂和防腐剂等。

3.1 卤代烃的分类、同分异构现象及命名

3.1.1 卤代烃的分类

根据分子中烃基的不同，卤代烃可分为饱和卤代烃、不饱和卤代烃和卤代芳烃。饱和卤代烃又称为卤代烷，不饱和卤代烃一般是指卤代烯烃。例如：

$$CH_3-CH_2-Cl \qquad\qquad CH_2=CHCl \qquad\qquad \text{〈〉}-Cl$$

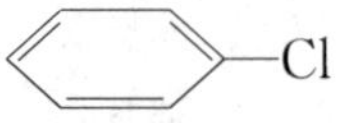

　　　卤代烷　　　　　　　　　卤代烯烃　　　　　　　　卤代芳烃

　（饱和卤代烃）　　　　　（不饱和卤代烃）

根据分子中卤原子的数目不同，卤代烃可分为一卤代烃、二卤代烃和多卤代烃。例如：

$$CH_3Cl \qquad\qquad CH_2Cl_2 \qquad\qquad CF_2Br_2$$

　一卤代烃　　　　　　二卤代烃　　　　　多卤代烃

根据与卤原子直接相连的碳原子的类型不同，卤代烃可分为伯卤代烃（一级卤代烃 1°）、仲卤代烃（二级卤代烃 2°）和叔卤代烃（三级卤代烃 3°）。例如：

$$R-CH_2-X \qquad\qquad R-\overset{R'}{\underset{}{CH}}-X \qquad\qquad R-\overset{R''}{\underset{R'}{C}}-X$$

　伯卤代烃（1°）　　　　　仲卤代烃（2°）　　　　　叔卤代烃（3°）

3.1.2 卤代烃的同分异构现象

碳原子数目相同的卤代烃比烷烃的同分异构体多，如果是卤代烷，除碳键异构外，还有卤原子的位置异构。例如，丙烷没有同分异构现象，但一元卤代丙烷就有两种同分异构体：

$$CH_3-CH_2-CH_2-X \qquad\qquad CH_3-\overset{\overset{\displaystyle X}{|}}{CH}-CH_3$$

一元氯代丁烷有四种同分异构体：

$$CH_3CH_2CH_2CH_2Cl \qquad\qquad CH_3CHClCH_2CH_3$$

$$CH_3-\overset{\overset{\displaystyle CH_3}{|}}{\underset{\underset{\displaystyle CH_3}{|}}{C}}-Cl \qquad\qquad CH_3-\overset{\overset{\displaystyle CH_3}{|}}{CH}-CH_2-Cl$$

其中前面两个异构体可看作是正丁烷的衍生物，后面两个则可看作是异丁烷的衍生物。

随着分子中碳原子数目的增加，卤代烷的同分异构体的数目也逐渐增加。

在卤代烯烃分子中，除了碳链异构和卤原子的位置异构外，还由于双键和卤原子的相对位置不同而使同分异构现象更为复杂。

3.1.3　卤代烃的命名

简单卤代烃的命名可采用习惯命名法或俗名，较复杂的卤代烃按系统命名法命名，命名时，以相应的烃为母体，将卤原子作为取代基，在烃的名称之前标上卤原子及支链等取代基的位置、数目和名称。

卤代烷的命名以烷烃的名称为基础，选择连有卤原子的最长碳链为主链而称为某烷，以卤原子及其他支链作为取代基，从靠近支链的一端开始对主链碳原子进行编号，若无支链，从靠近卤原子一端进行编号，用阿拉伯数字表示其位次，将烃基、卤原子及其他取代基的位置排在烷烃名称之前，例如：

$$CH_3-\overset{\overset{\displaystyle}{|}}{\underset{\underset{\displaystyle Br}{|}}{CH}}-\overset{\overset{\displaystyle}{|}}{\underset{\underset{\displaystyle CH_3}{|}}{CH}}-CH_3 \qquad\qquad 2-甲基-3-溴丁烷$$

$$CH_3-CH_2-\overset{\overset{\displaystyle}{|}}{\underset{\underset{\displaystyle CH_2Br}{|}}{CH}}-CH_2-CH_3 \qquad\qquad 2-乙基-1-溴丁烷$$

$$CH_3-\overset{\overset{\displaystyle}{|}}{\underset{\underset{\displaystyle Br}{|}}{CH}}-\overset{\overset{\displaystyle}{|}}{\underset{\underset{\displaystyle Cl}{|}}{CH}}-\overset{\overset{\displaystyle}{|}}{\underset{\underset{\displaystyle CH_3}{|}}{CH}}-CH_3 \qquad 2-甲基-3-氯-4-溴戊烷$$

$$\overset{\overset{\displaystyle}{|}}{\underset{\underset{\displaystyle Cl}{|}}{CH_2}}-CH_2-\overset{\overset{\displaystyle CH_3}{|}}{\underset{\underset{\displaystyle CH_3}{|}}{C}}-CH_2Cl \qquad 2,2-二甲基-1,4-二氯丁烷$$

不饱和卤代烃以包含卤素和不饱和键的最长碳链作为主链，主链编号时应使双键或三键的位次最小。例如：

$$CH_2=\overset{\overset{\displaystyle}{|}}{\underset{\underset{\displaystyle CH_3}{|}}{C}}-CH_2-CH_2-Cl \qquad\qquad 2-甲基-4-氯-1-丁烯$$

$$CH_3-C\equiv C-\overset{\overset{\displaystyle}{|}}{\underset{\underset{\displaystyle CH_3}{|}}{CH}}-CH_2Br \qquad\qquad 4-甲基-5-溴-2-戊炔$$

命名卤代脂环烃或卤代芳香烃时，分别以脂环烃或芳香烃为母体，将卤原子作为取代基。当卤原子连接在芳烃侧链时，以侧链烃为母体，卤原子及芳基为取代基，例如：

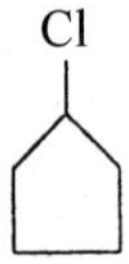

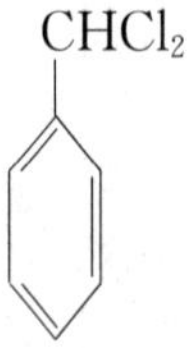

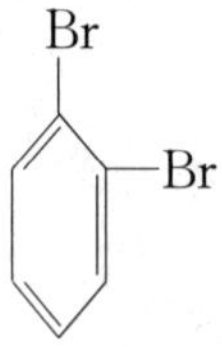

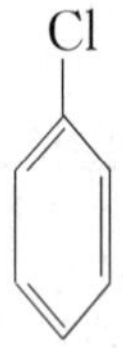

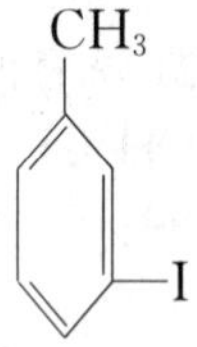

氯代环戊烷　　苯二氯甲烷　　1，2—二溴苯　　氯苯　　　溴苯　　　3—碘甲苯

某些比较简单的卤代烃可采用俗名或习惯命名法，例如：

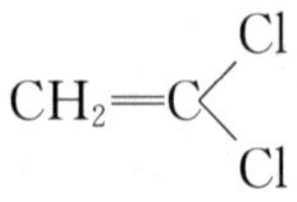

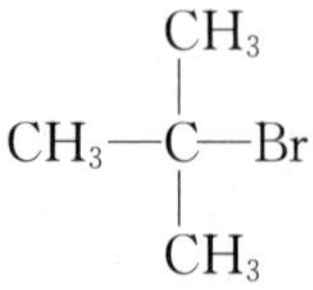

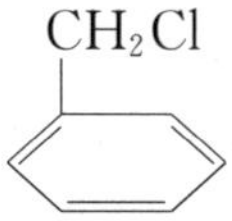

氯仿　　　　偏二氯乙烯　　　　　叔丁基溴　　　　　氯化苄

3.2 卤代烃的性质

本节主要讨论卤代烷的性质。

3.2.1 卤代烃的物理性质

由于卤代烃所含烃基及卤原子的不同，其物理性质存在较大的差异。

常温常压下，四个碳原子以下的氟代烷，两个碳原子以下的氯代烷以及溴甲烷是气体，一般的卤代烷为液体，高级卤代烷为固体。卤代烃的沸点随烃基碳原子数目及卤原子的相对原子质量的增加而升高，在相同碳原子数目的卤代烃的同分异构体中，直链异构体的沸点最高，支链数目越多，沸点越低。

一元卤代烃的相对密度大于同数碳原子的烷烃，一氯代烷的相对密度小于1，一溴代烷、一碘代烷及多氯代烷的相对密度大于1，同一烃基的卤代烷中，氯代烷相对密度最小，碘代烷相对密度最大。部分卤代烷的物理常数见表 3-1。

卤代烃的物理常数 　　　　　　　　　　　　　　　　表 3-1

名　称	熔点（℃）	沸点（℃）	相对密度 d_4^{20}	名　称	熔点（℃）	沸点（℃）	相对密度 d_4^{20}
氯甲烷	−97	−24	0.920	1—氯丙烷	−133	47	0.890
溴甲烷	−93	4	1.732	2—氯丙烷	−117	36	0.860
碘甲烷	−66	42	2.279	氯乙烯	−154	−14	0.911
二氯甲烷	−96	40	1.326	氯　苯	−45	132	1.107
三氯甲烷	−64	62	1.489	溴　苯	−31	155	1.499
四氯化碳	−23	77	1.594	碘　苯	−29	189	1.824
氯乙烷	−139	12	0.898	邻二氯苯	−17	180	1.305
溴乙烷	−119	38	1.461	对二氯苯	53	174	1.247
碘乙烷	−111	72	1.936				

卤代烷不溶于水，可溶于醇、醚、烃等有机溶剂，一些卤代烃如 CH_2Cl_2、$CHCl_3$ 等，本身就是常用的有机溶剂。

纯净的一卤代烷是无色的，但是碘代烷容易分解，析出游离碘，故碘代烷久置后逐渐变为红棕色。不少卤代烷带有香味，但多数卤代烷的蒸气有毒，特别是碘代烷、氯代烷。

卤代烃分子中卤原子数目增多，其可燃性逐渐降低。一些卤代烃如 CCl_4 等可用作灭火剂，某些氯化石蜡可用作阻燃剂，广泛应用于各种阻燃高聚物制品。

3.2.2 卤代烃的化学性质

卤代烃分子中，由于卤原子具有较大的电负性，当它与碳原子形成碳卤键时，共用电子对偏向于卤原子，使碳卤键具有较强的极性。

$$\overset{\delta^+}{\underset{|}{-}}\overset{\delta^-}{C}-X$$

分子中的这种极性叫作静态极性或静态诱导效应。静态极性随着卤素电负性的增大而增大。当烃基相同时，碳卤键的静态极性次序为：$C-Cl>C-Br>C-I$ 键。在极性试剂的影响下，$C-X$ 键较容易发生异裂，卤原子被其他基团取代。同时，在化学反应过程中，$C-X$ 键也容易受试剂电场的影响，使电子云重新分布而发生暂时极化。暂时极化只有在化学反应中才表现出来，这种极化现象叫作**动态极化**。动态极化又称为动态诱导效应。不同的 $C-X$ 键在外界电场的影响下发生动态极化的难易程度是不相同的。共价键对于外界电场的感受能力叫做**极化度**。共价键的极化度越大，越容易受试剂电场的影响而发生极化，这种共价键就越活泼。$C-X$ 键的极化度随卤原子半径的增大而增大，即：$C-I>C-Br>C-Cl$ 键。

在化学反应中，卤代烷所表现的活泼性与极化度的大小次序是一致的，与静态极性的次序刚好相反。故卤代烷的化学反应活泼性次序为：

$$R-I>R-Br>R-Cl$$

另外，通过键能的比较也说明 $C-X$ 键比 $C-H$ 键更活泼。

$C-I$	$C-Br$	$C-Cl$	$C-H$
218kJ/mol	286kJ/mol	340kJ/mol	416kJ/mol

1. 取代反应

在一定条件下，卤代烷分子中的卤原子可被羟基（—OH）、烷氧基（—OR）、氨基（—NH$_2$）、氰基（—CN）等原子团所取代，这是卤代烷最基本的，也是最重要的一类反应。

（1）水解反应

卤代烷与水作用，卤原子被羟基（—OH）取代生成醇的反应称为卤代烷的水解反应。这个反应是可逆的。

$$R-X+H_2O \rightleftharpoons R-OH+HX$$

如果卤代烷在强碱水溶液中受热，则水解反应可进行完全：

$$C_2H_5-Br+H_2O \xrightarrow[\triangle]{KOH} C_2H_5-OH+HBr$$

当卤原子连接在芳环上时，则水解反应困难得多。

（2）氰解反应

卤代烷与氰化钾或氰化钠在醇溶液中加热回流，卤原子可以被氰基（—CN）取代，生成的化合物叫作腈。这种反应称为卤代烷的氰解反应。

$$R—X + KCN \xrightarrow[\triangle回流]{R'—OH} R—CN + KX$$

反应产物中增加了一个碳原子，这是有机合成中增长碳链的方法之一。同时，氰基（—CN）还可以转变成其他基团，如—COOH，—CONH$_2$等。

（3）醇解反应

卤代烷与醇钠共热，主要发生取代反应，生成醚。这种反应又叫作卤代烷的醇解反应。例如：

$$RX + R'O^-Na^+ \xrightarrow[\triangle]{R'OH} R—O—R' + NaX$$

醚

$$CH_3CH_2CH_2CH_2Br + NaOCH_2—CH_3 \xrightarrow[\triangle]{C_2H_5OH} CH_3CH_2CH_2CH_2OCH_2CH_3 + NaBr$$

乙醇钠　　　　　　　　　　　乙丁醚

这是制备醚的方法之一，特别是制取 R—O—R′ 型醚的方便方法，此方法称为威廉森（Williamson）合成法。采用本方法制备混醚时，一般都是用伯卤烷为原料。因为在强碱性条件下，仲卤烷和叔卤烷在反应过程中往往容易脱去卤化氢而生成烯烃。

$$CH_3\overset{\overset{\displaystyle CH_3}{|}}{\underset{\underset{\displaystyle CH_3}{|}}{C}}—Cl + C_2H_5—ONa \xrightarrow{\triangle} CH_2=\overset{\overset{\displaystyle CH_3}{|}}{C}—CH_3 + C_2H_5OH + NaCl$$

因此，在制备乙基叔丁基醚时，往往不用叔丁基氯和乙醇钠为原料，而是选用氯乙烷和叔丁醇钠为原料。

$$C_2H_5—Cl + Na—O—\overset{\overset{\displaystyle CH_3}{|}}{\underset{\underset{\displaystyle CH_3}{|}}{C}}—CH_3 \longrightarrow C_2H_5—O—\overset{\overset{\displaystyle CH_3}{|}}{\underset{\underset{\displaystyle CH_3}{|}}{C}}—CH_3 + NaCl$$

乙基叔丁基醚

（4）氨解反应

卤代烷与过量的氨作用，生成胺的反应称为卤代烷的氨解反应。例如：

$$CH_3—CH_2—CH_2—CH_2—Br + 2NH_3 \longrightarrow CH_3—CH_2—CH_2—CH_2—NH_2 + NH_4Br$$

过量　　　　　　　　　　　丁胺

这个反应可用来制备伯胺。反应中氨要过量，否则生成的胺会进一步与卤代烷发生反应。

（5）与硝酸银作用

卤代烷与硝酸银的乙醇溶液反应生成硝酸酯和卤化银沉淀。

$$RX + AgNO_3 \xrightarrow{R'OH} R—O—NO_2 + AgX\downarrow$$

硝酸酯

伯、仲、叔卤代烷与硝酸银醇溶液反应的活性是不相同的，可用于卤代烷的鉴别。各种卤代烷的反应活性顺序是：

叔卤烷＞仲卤烷＞伯卤烷

当卤原子相同时，叔卤烷生成卤化银沉淀最快，一般是立即反应，而伯卤烷反应最慢，常常需要加热。另外不同卤素的卤代烷生成卤化银沉淀的颜色和活泼性也不相同。

上述反应都是由试剂的负离子部分或具有未共用电子对的分子，如—OH，—CN，—ONO$_2$，—OR，—NH$_2$ 等去进攻卤代烷中电子云密度较小的 α—碳原子引起的。这些进攻的离子或分子都具有较大的电子云密度，能提供一对电子给卤代烷分子中缺电子的 α—碳原子形成共价键，卤原子则带着碳卤键上的一对电子以负离子的形式离去。即是说这些离子或分子具有亲核性，这种能提供电子的试剂如 NaOH、NaCN、NaOR、NH$_3$ 等称为亲核试剂，由亲核试剂的进攻引起的取代反应称为亲核取代反应，常用 S_N 表示（Nucleophilic Subutitution 的首字母）。亲核取代反应可用一个通式表示：

$$: Y^- + R—CH_2^{\delta+} : X^{\delta-} \longrightarrow R—CH_2—Y + : X^-$$

式中 ：Y$^-$ 为亲核试剂，叫做进攻基团，：X$^-$ 是被取代的基团，叫作离去基团。

2. 亲核取代的反应历程

亲核取代是卤代烷的一类重要反应。大量的实验表明，卤代烷的亲核取代可以按两种不同的反应历程进行。下面通过卤代烷的水解反应为例来说明。在研究水解反应速度与反应物浓度的关系时，发现某些卤代烷的水解反应速度与卤代烷和碱的浓度都有关系，而另一些卤代烷的水解反应速度只与卤代烷的浓度有关，而与碱的浓度关系不大。

（1）双分子亲核取代历程（S_N2）

实验表明，溴甲烷在强碱的水溶液中进行水解反应时，反应速度不仅与溴甲烷的浓度成正比，而且也与碱的浓度成正比，整个反应是一步完成的。

$$CH_3—Br + OH^- \longrightarrow CH_3—OH + Br^-$$

反应中，带负电荷的进攻基团（—OH）从离去基团（Br$^-$）的背面，也就是从远离溴原子的方向，沿着 C—Br 键的轴线进攻电子云密度较低的 α—碳原子。在—OH 与 α—碳原子之间开始形成 C—O 键的同时，C—Br 键也随着伸长和变弱，此时，与 α—碳原子相连接的其他三个基团处于同一平面上，形成一个过渡态。在过渡状态下，HO—C 键和 C—Br 键都是半键合地位于与平面垂直的一条直线上，此时，由于旧键尚未完全断裂，新键也未完全形成，故用 HO…C…Br 表示，α—碳原子也由 sp^3 杂化转为 sp^2 杂化。接着—OH 进一步接近 α—碳原子，直至完全形成 HO—C 键，而溴原子则进一步远离 α—碳原子，直至 C—Br 键完全断裂，溴原子带着原来成键的电子对以负离子的形式离去。α—碳原子上的三个基团也由平面结构进一步偏到溴原子一方，而离 C—O 键较远，α—碳原子也由过渡态的 sp^2 杂化转变为 sp^3 杂化，恢复碳原子的四面体结构。整个转化过程犹如在大风中被吹得向外翻转的雨伞一样发生空间构型的转化，这种转化称为瓦尔登（Walden）转化。空间构型的转化是 S_N2 历程的重要标志。S_N2 历程是一步反应历程，O—C 键的形成和 C—Br 键的断裂是同时进行的。

从这个反应历程可以看出，形成过渡态的决定因素是 OH$^-$ 与 CH$_3$Br 分子的有效碰撞，控制反应速度的一步有反应物和亲核试剂两种分子参与，所以叫作双分子亲核取代反应。常用 S_N2 表示，其中"2"即表示双分子。

形成过渡状态的速度取决于 OH^- 离子及卤代烷的浓度，并且与 α—碳原子的电子云密度也有关。α—碳原子的电子云密度越大，则 OH^- 越难与它接近。在 CH_3Br，CH_3CH_2Br，$(CH_3)_2CHBr$，$(CH_3)_3CBr$ 分子中，CH_3—是供电基，由于诱导效应，可增加 α—碳原子上的电子云密度。若与多个 CH_3—相连，则 α—碳原子电子云密度更大，不易形成过渡态。

$$HO^- +H\cdots C-Br \longrightarrow \overset{\delta^-}{HO}\cdots \overset{}{C}\cdots \overset{\delta^-}{Br} \longrightarrow HO-C\cdots H+Br^-$$

α—碳原子为 sp^3 杂化	sp^2 杂化过渡态	sp^3 杂化

另一方面，α—碳原子上所连的烃基越多，则占据了较大的空间位置，阻碍了 OH^- 离子的接近，这是一种空间阻碍。

结合电子效应及空间效应，各种卤代烷按 S_N2 历程进行反应时，其相对反应速度次序为：

$$CH_3Br > CH_3CH_2Br > (CH_3)_2CHBr > (CH_3)_3CBr$$

相对速度　　150　　　　　1　　　　　0.01　　　　　0.001

（2）单分子亲核取代历程（S_N1）

单分子亲核取代历程是分两步进行的。以叔丁基溴的碱性水解反应为例，反应物首先离解为碳正离子和卤素负离子，这是第一步。离解过程中，C—Br 键逐渐被拉长，电子云逐渐偏向溴原子，使溴原子的电子云密度逐渐增加，α—碳原子的电子云密度逐渐降低而形成过渡态（A）。继续反应直至 C—Br 键断裂，形成叔丁基碳正离子和溴负离子，这是一个慢的过程，也是起决定性作用的一步。

第1步　　$(CH_3)_3C-Br \xrightarrow{慢} (CH_3)_3C^{\delta+}\cdots Br^{\delta-} \longrightarrow (CH_3)_3C^+ +Br^-$

过渡态（A）

这一步的关键是生成了活性中间体碳正离子，而且活性中间体碳正离子的存在时间比过渡态（A）的存在时间更长，能量比过渡态更低，很容易发生反应。然后活性中间体叔丁基碳正离子迅速通过过渡态（B）与—OH 结合生成水解产物叔丁醇，这是第二步。

第2步　　$(CH_3)_3C^+ +OH^- \xrightarrow{快} (CH_3)_3C^{\delta+}\cdots O^{\delta-}H \longrightarrow (CH_3)_3C-OH$

过渡态（B）

对于一个多步反应，生成产物的反应速度主要由速度慢的一步决定。第一步反应速度是慢的一步，在这一步反应中，反应速度仅与叔丁基溴的浓度有关，与碱的浓度关系不大，即决定反应速度的只有一种分子参与，所以称为单分子亲核取代，用 S_N1 表示，其中"1"表示单分子。

在 S_N1 历程中，反应分两步进行，反应中存在一个活性中间体碳正离子。两步反应各有一个过渡态，而决定反应速度的是第一步。

当卤代烷分子中卤原子相同时，按 S_N1 历程进行反应的关键是碳正离子是否容易生成。凡是容易形成稳定的碳正离子的卤代烷都按 S_N1 历程进行反应。碳正离子的稳定性次序如下：

$$(CH_3)_3C^+ > (CH_3)_2CH^+ > CH_3CH_2^+ > CH_3^+$$

由于甲基是供电基，α—碳原子上所连甲基越多，中心碳原子上的正电荷被分散的程度越大，碳正离子就越稳定。大量实验证明，按 S_N1 历程进行反应时，各种卤代烷的反应速度次序为：

$$R_3CX > R_2CHX > RCH_2X > CH_3X$$

例如，在极性较强的溶剂（如甲酸）中，下列溴代烷按 S_N1 历程进行水解反应，其相对反应速度如下：

$$(CH_3)_3C—Br > (CH_3)_2CH—Br > CH_3CH_2—Br > CH_3—Br$$

相对速度　　　　　10^8　　　　　　45　　　　　1.7　　　　　1.0

通过对两种亲核取代反应历程的讨论可以发现，烷基结构对取代反应按何种历程进行有很大的影响。一般叔卤代烷主要按 S_N1 历程进行反应，伯卤代烷主要按 S_N2 历程进行反应，仲卤代烷既可按 S_N1 历程反应也可按 S_N2 历程进行反应。但是如果伯卤烷分子中，β—碳原子（α—碳原子的相邻碳原子）上支链增多，也会减慢 S_N2 历程的速度，这主要是空间效应的影响。

作为离去基团的卤素原子对取代反应的速度也有较大的影响。当卤代烷分子中烃基结构相同而卤素原子不同时，无论是 S_N1 历程或是 S_N2 历程，卤代烷的反应速度总是受极化度的影响，按下列规律变化：

$$R—I > R—Br > R—Cl$$

因为两种历程都必须发生 C—X 键断裂。C—X 键的极化度越大，离去基团越容易离去。因此，极化度对两种历程的影响是一致的。

除离去基团的性质和烷基结构对亲核取代的历程有影响外，亲核试剂的性质和浓度，溶剂的极性及反应条件等因素对取代反应的速度都有一定的影响。

3. 消除反应

卤代烷在氢氧化钠或氢氧化钾的乙醇溶液中共热时，卤代烷可脱去一分子卤化氢而生成烯烃：

$$CH_2—CH_2 + KOH \xrightarrow[\triangle]{C_2H_5—OH} CH_2{=}CH_2 + KX + H_2O$$
$$||$$
$$HX$$

$$R—CH—CH_2 + KOH \xrightarrow[C_2H_5OH]{\triangle} R—CH{=}CH_2 + KX + H_2O$$
$$||$$
$$HX$$

在同一个分子内，从两个相邻的碳原子上脱去一个简单分子（如 HX），形成不饱和键的反应叫作消除反应（Elimination），用 E 表示。

在不对称的仲卤烷或叔卤烷分子中，如果含有的 β—H 原子不止一个，当其进行消除反应时，往往得到不同烯烃的混合物，其中必定有一种产物占显著优势。实验证明，卤代烷在消除卤化氢时，氢原子主要是从含氢较少的 β—碳上脱去，即生成的主要产物为双键碳上连有较多烃基的烯烃。这是查依采夫（Saytzeff）根据实验结果总结出来的规则，叫作查依采夫规则，简称为查氏规则，这种消除方式又叫作 β—消除。例如：

$$CH_3 \overset{\beta}{-}CH_2 \overset{\alpha}{-}\underset{\underset{Br}{|}}{CH} \overset{\beta'}{-}CH_3 \xrightarrow[\triangle]{KOH,\ 乙醇} \begin{cases} CH_3-CH=CH-CH_3 \quad (81\%) \\ CH_3-CH_2-CH=CH_2 \quad (19\%) \end{cases}$$

由于卤代烷的取代反应和消除反应都是在亲核试剂的存在下进行的，因此，在多数情况下，当一种反应进行时，必然伴随有另一种反应也在进行，至于哪一种反应占优势，则与分子结构和反应条件有关。

$$CH_3-\underset{\underset{Br}{|}}{CH}-CH_3 + Na-OC_2H_5 \xrightarrow[55℃]{醇} \begin{cases} 消除 \quad CH_2=CH-CH_3 \quad (79\%) \\ 取代 \quad CH_3-\underset{\underset{CH_3}{|}}{CH}-O-C_2H_5 \quad (21\%) \end{cases}$$

4. 消除反应的历程

与亲核取代反应相对应，消除反应也有两种历程，即单分子消除反应（E_1）和双分子消除反应（E_2）。

（1）单分子消除反应历程（E_1）

E_1 反应和 S_N1 反应具有相似的历程。首先，卤代烷在极性溶剂的作用下，离解成碳正离子。如果这个碳正离子的 β—碳原子上连有氢原子的话，亲核试剂可以夺取一个 β-H 原子而形成碳—碳双键，于是就发生 E_1 消除反应。在 S_N1 反应中，是碳正离子与亲核试剂相结合生成取代产物。E_1 消除反应分两步进行，以叔丁基卤的消除反应为例，第一步是生成叔丁基碳正离子，这一步的反应速度是很慢的：

$$第1步 \quad CH_3-\underset{\underset{CH_3}{|}}{\overset{\overset{CH_3}{|}}{C}}-X \xrightarrow{慢} CH_3-\underset{\underset{CH_3}{|}}{\overset{\overset{CH_3}{|}}{C^+}}+X^-$$

第二步是从叔丁基碳正离子的 β-碳原子上脱去一个氢原子形成烯烃，这是快的一步：

$$第2步 \quad CH_3-\underset{\underset{\underset{\beta}{H-CH_2}}{|}}{\overset{\overset{CH_3}{|}}{C^+_\alpha}}+OH^- \xrightarrow{快} CH_3-\underset{}{\overset{\overset{CH_3}{|}}{C}}=CH_2+H_2O$$

整个消除反应的速度决定步骤是第一步。在这个过程中，只有卤代烷一种分子参与，故叫作单分子消除反应（E_1）。

（2）双分子消除反应历程（E_2）

当亲核试剂进攻卤代烷时，有两种可能的进攻方式。一种可能是进攻 α—碳原子而发生亲核取代反应（S_N2），另一种可能是进攻 β-H 原子而发生消除反应。在消除反应中，这个 β-H 原子成为质子而被脱去。当亲核试剂与 β—氢原子接近到一定程度时，形成一个过渡态。随着反应的不断进行，亲核试剂 OH^- 与脱下的 β-H 原子结合生成水分子而被除去，同时电子云发生重新分配，卤原子带着一对电子以负离子的形式离去，在 α—碳和 β—碳之间形成双键：

$$CH_3 - \underset{\substack{| \\ OH^-}}{\overset{\substack{H \\ |}}{C}} - CH_2 - X \longrightarrow \underset{\substack{| \\ HO}}{\overset{\substack{H_3C \quad H \\ \diagdown \quad /}}{C}} = CH_2 \cdots X^{\delta^-} \longrightarrow CH_3 - CH = CH_2 + H_2O + X^-$$

过渡态

上述反应是一步完成的，新键的形成和旧键的断开是同时进行的。其反应速度与反应物和试剂两种分子的浓度都有关，这类反应历程叫作双分子消除反应（E_2）。

综上所述，E_2 和 S_N2 两类历程非常相似，所不同的是在 S_N2 历程中，亲核试剂进攻的是 α—碳原子，而在 E_2 历程中，亲核试剂进攻的是 β—H 原子：

$$CH_3 - \underset{\substack{| \\ OH^-}}{\overset{\substack{CH_3 \\ |}}{C}} - CH_2 - X \quad \begin{cases} \text{①}S_N2 \\ \text{②}E_2 \end{cases}$$

可见，消除反应和亲核取代反应是相互伴随而又相互竞争的反应。消除产物和取代产物的比例受反应物结构、进攻试剂的性质、反应温度和溶剂的极性等多种因素的影响。在一般情况下，叔卤烷较容易发生消除反应，伯卤烷较容易发生取代反应。如果卤代烷的烷基结构相同，进攻试剂的碱性越强，碱的浓度越高以及反应温度高，溶剂的极性弱，则对消除反应更加有利。因此，卤代烷在碱的水溶液（溶剂极性较强）中主要生成水解产物，在碱的醇溶液（溶剂极性较弱）中主要生成消除产物。

当卤代烷进行消除时，脱去卤化氢的难易与烷基结构有关，各种卤代烷发生消除反应的难易次序为：

3°卤代烷＞2°卤代烷＞1°卤代烷

主要是受空间障碍的影响。因为亲核试剂进攻叔卤代烷的 α—碳原子比较困难，而进攻 β—氢原子则较容易。

5. 与金属反应

卤代烷能与某些金属发生反应，生成有机金属化合物，即金属原子直接同碳原子相连接的化合物。

（1）与金属钠反应

卤代烷与金属钠共热，生成烷烃和卤化钠。例如：

$$2CH_3 - I + 2Na \overset{\triangle}{\longrightarrow} CH_3 - CH_3 + 2NaI$$

$$2R - X + 2Na \overset{\triangle}{\longrightarrow} R - R + 2NaX$$

反应中，卤代烷先同金属钠作用生成有机金属钠化合物烷基钠。

$$R - X + 2Na \overset{\triangle}{\longrightarrow} R - Na + NaX$$

烷基钠

烷基钠很容易进一步与卤代烷反应而生成烷烃。

$$R—Na+X—R \longrightarrow R—R+NaX$$

以上反应叫作**伍尔兹（Wurtz）反应**。反应中生成的烷烃的碳原子数目比原来卤代烷的碳原子数目增加了一倍，可利用此反应从较低级的卤代烷制备较高级的烷烃。

如果用两种不同的卤代烷的混合物进行伍尔兹反应，则得到三种烷烃的混合物。由于三种烷烃难分离而无实际意义。例如：

$$3CH_3I+6Na+3CH_3CH_2I \xrightarrow{\triangle} CH_3CH_3+CH_3CH_2CH_3+CH_3CH_2CH_2CH_3+6NaI$$

因此，伍尔兹反应一般只适合于由同一种卤烷为原料来制备烷烃，尤其是制备高级烷烃，产率较高。德国化学家费特息（R·Fittig）应用伍尔兹反应将卤代烷与卤代芳烃的混合物同金属钠作用来制备烷基芳烃，尤其是制备带有长的直链烷基的芳烃，产率高、副产物(R—R)容易分离，这种反应叫作**伍尔兹—费特息（Wurtz-Fittig）反应**。例如：

$$\langle\bigcirc\rangle—Br +CH_3CH_2CH_2CH_2—Br \xrightarrow[\triangle]{Na} \langle\bigcirc\rangle—CH_2CH_2CH_2CH_3 + 2NaBr$$

（2）与金属镁作用

卤代烷与金属镁在无水乙醚中反应，可生成有机金属镁化合物—烷基卤化镁，该产物不需分离即可直接用于有机合成反应。这种有机金属镁化合物叫作**格林尼亚（Grignard）试剂**，简称格氏试剂，一般用 RMgX 表示。

$$R—X+Mg \xrightarrow{无水乙醚} R—Mg—X$$

一般碘代烷与金属镁反应最快，溴代烷次之，氯代烷最慢。

除乙醚外，四氢呋喃、苯和其他醚类亦可作溶剂。

格氏试剂中的 C—Mg 键是强极性共价键，化学性质很活泼，极易被含有活泼氢的化合物（如水、醇、酸、氨等）分解，生成相应的烃。例如：

$$RMgX \begin{cases} \xrightarrow{HOH} RH+Mg(OH)X \\ \xrightarrow{R'OH} RH+Mg(OR')X \\ \xrightarrow{HX} RH+MgX_2 \\ \xrightarrow{HNH_2} RH+Mg(NH_2)X \\ \xrightarrow{R'-C\equiv C-H} RH + R'-C\equiv C-MgX \end{cases}$$

因此，在制备格氏试剂时，必须严格防止这些物质的存在。上述反应还说明卤代烷可以通过生成格氏试剂制得相应的烷烃。此外，该反应还可用来测定有机化合物分子中所含活泼氢的数目。常用甲基碘化镁（CH_3MgI）与一定量的含活泼氢的化合物作用，便可定量地得到甲烷，从生成的甲烷的体积，可以计算出化合物分子中所含的活泼氢的数量。

格氏试剂可以与许多物质如二氧化碳、醛、酮、酰卤、酯等发生反应，生成相应的有机化合物，其中与二氧化碳的反应是制备羧酸的方法之一。

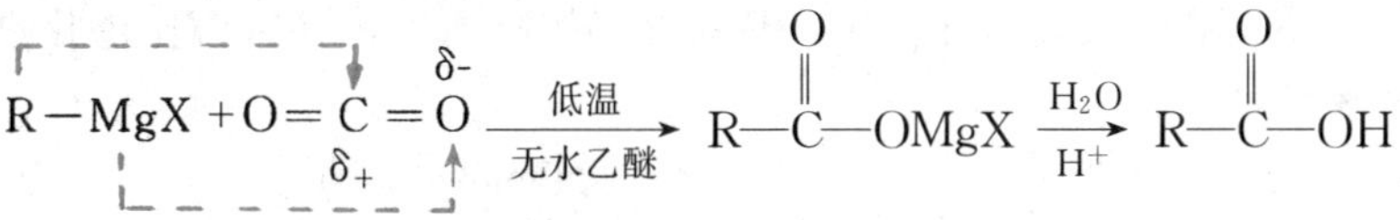

$$R-MgX + O=C=O \xrightarrow[\text{无水乙醚}]{\text{低温}} R-\overset{\overset{\displaystyle O}{\|}}{C}-OMgX \xrightarrow[H^+]{H_2O} R-\overset{\overset{\displaystyle O}{\|}}{C}-OH$$

因此，格氏试剂是有机合成中用途很广的一种试剂，可用来合成烷烃、醇、醛、酮、羧酸等化合物。

3.3　卤代烯烃和卤代芳烃

烯烃或芳烃的一元卤素衍生物可以看成是烯烃或芳烃分子中的一个氢原子被卤原子取代后生成的化合物。烯烃的卤素衍生物由双键和卤原子两部分组成，可根据两种官能团的相对位置不同将它们分为三类。

3.3.1　分类

1. 乙烯型卤代烃

卤原子直接与双键碳原子或芳环相连的卤代烃，它们具有 $-C=C-X$ 或 Ar—X 结构，如 $CH_2=CH-Cl$ 或 ⬡—Cl 等叫作乙烯型卤代烃。

2. 烯丙基型卤代烃

卤原子与双键碳原子或芳环之间相隔一个饱和碳原子的卤代烃，它们具有 $-C=C-C-X$ 或 ⬡—C—X 结构，如 $CH_2=CH-CH_2-Cl$ 或 ⬡—CH_2—Cl 等叫作烯丙基型卤代烃。

3. 隔离型卤代烃

卤原子与双键碳原子或芳环之间相隔两个或两个以上的饱和碳原子的卤代烃，具有 $-C=C-(CH_2)_n-X$ 或 ⬡—$(CH_2)_n$—X $(n\geq2)$ 结构，如 $CH_2=CH-CH_2-CH_2-Cl$ 或 ⬡—CH_2CH_2Cl 等叫作隔离型卤代烃。

3.3.2　化学性质

三种卤代烃中，双键和卤原子两种官能团同时存在，相互影响，其化学反应的活泼性差别很大。双键或芳环与卤原子的相对位置是影响其化学性质的主要因素。

例如，氯乙烯 $CH_2=CH-Cl$ 分子中的氯原子就不及氯乙烷CH_3-CH_2-Cl分子中的氯原子活泼。在一般条件下，氯乙烯分子中的氯原子不能被羟基（—OH）、氨基（—NH_2）、氰基（—CN）等亲核试剂所取代，即使在加热条件下，氯乙烯也不和硝酸银的乙醇溶液作用，在乙醚中也不能与金属镁作用生成格氏试剂，与卤化氢进行加成时的速度也比一般的烯烃缓慢，脱去卤化氢也比较困难。

氯苯的性质与氯乙烯相似，氯原子非常不活泼，不容易发生亲核取代反应，即使在煮沸的情况下，也不与硝酸银醇溶液作用，只有在高温高压下，并有铜作催化剂时才能发生水解反应生成苯酚钠。

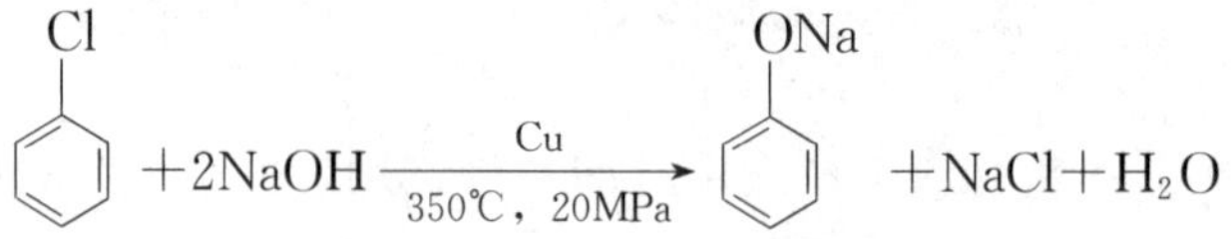

$$\underset{}{\text{C}_6\text{H}_5\text{Cl}} + 2\text{NaOH} \xrightarrow[350℃，20\text{MPa}]{\text{Cu}} \underset{\text{苯酚钠}}{\text{C}_6\text{H}_5\text{ONa}} + \text{NaCl} + \text{H}_2\text{O}$$

氯苯形成格氏试剂也较困难，在一般条件下，用绝对乙醚作溶剂，氯苯是不和金属镁作用的，但溴苯却比较容易形成格氏试剂。

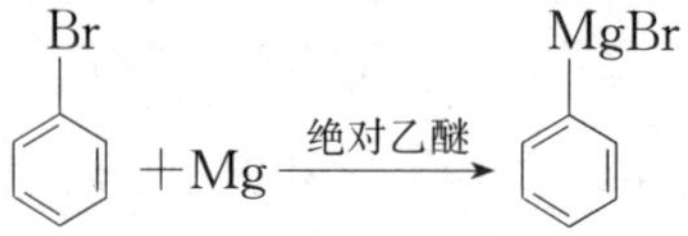

$$\underset{}{\text{C}_6\text{H}_5\text{Br}} + \text{Mg} \xrightarrow{\text{绝对乙醚}} \text{C}_6\text{H}_5\text{MgBr}$$

烯丙基型卤代烃中的卤原子比卤代烷中的卤原子更活泼，很容易发生亲核取代反应。例如，苯氯甲烷在室温下就能与硝酸银的乙醇溶液发生 S_N1 取代，很快生成氯化银白色沉淀。

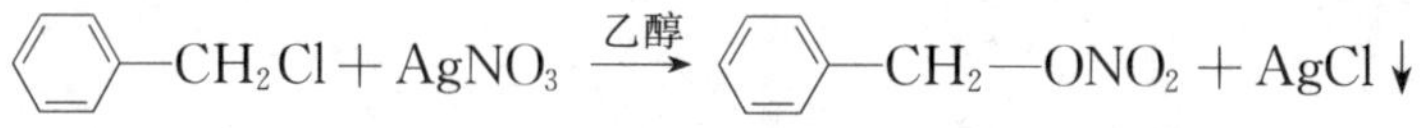

$$\underset{}{\text{C}_6\text{H}_5}\text{—CH}_2\text{Cl} + \text{AgNO}_3 \xrightarrow{\text{乙醇}} \underset{\text{苄基硝酸酯}}{\text{C}_6\text{H}_5\text{—CH}_2\text{—ONO}_2} + \text{AgCl}\downarrow$$

与氢氧化钠水溶液共沸可发生水解反应生成芳醇。

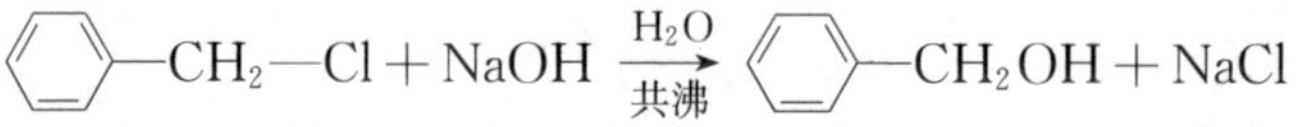

$$\underset{}{\text{C}_6\text{H}_5}\text{—CH}_2\text{—Cl} + \text{NaOH} \xrightarrow[\text{共沸}]{\text{H}_2\text{O}} \underset{\text{苯甲醇}}{\text{C}_6\text{H}_5\text{—CH}_2\text{OH}} + \text{NaCl}$$

也很容易形成格氏试剂。

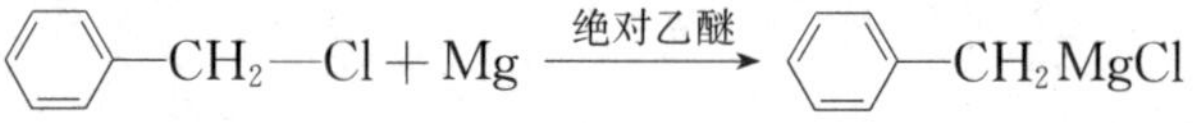

$$\underset{}{\text{C}_6\text{H}_5}\text{—CH}_2\text{—Cl} + \text{Mg} \xrightarrow{\text{绝对乙醚}} \text{C}_6\text{H}_5\text{—CH}_2\text{MgCl}$$

隔离型卤代烃的化学活性与相应的卤代烷相似，例如 $CH_2\!=\!CH\!-\!(CH_2)_2\!-\!Cl$ 与硝酸银的醇溶液在室温下不反应，但是在加热后能缓慢产生氯化银白色沉淀。由此可见，三种类型的卤代烯烃或卤代芳烃的化学活性次序为：

烯丙基型卤代烃＞隔离型卤代烃＞乙烯型卤代烃

3.3.3 双键或芳环位置对卤原子活性的影响

卤代烯烃分子中含有双键和卤原子，因此，它们具有烯烃和卤代烃的化学性质。但两种官能团又是相互影响的，尤其是双键位置对乙烯型卤代烃和烯丙基型卤代烃中卤原子的活泼性影响更大。

1. 对乙烯型卤代烃的影响

乙烯型卤代烃分子中，卤原子所连接的双键碳原子为 sp^2 杂化，卤原子 p 轨道上的未共用电子对与 C=C 上的 π 电子轨道发生重叠，形成包括卤原子在内的共轭体系叫作 **p-π 共轭体系**。例如氯乙烯 $CH_2\!=\!CH\!-\!Cl$ 分子就是包括两个碳原子和氯原子，一共三个原子和四个 p 电子（其中两个电子分别来自两个碳原子，另外两个来自氯原子）组成的 p—π 共轭体系。像这种 p 电子数目多于原子数目的共轭体系叫作**多电子共轭体系**。氯乙烯的多电子共轭体系，如图 3-1 和图 3-2 所示。

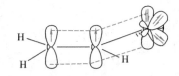

图 3-1　氯乙烯分子的 p-π 共轭体系　　　　图 3-2　氯乙烯分子中的电子云转移

由于 p—π 共轭效应的存在，电子云分布趋向于平均化，氯原子的一对未公用电子已不再为氯原子所独占，而是离域为整个共轭体系所共有，使得 C—Cl 键之间电子云密度相应增加，轨道的重叠程度相应增大，从而增加了 C—Cl 键的稳定性，使氯原子的活泼性降低，不容易发生取代反应，脱去卤化氢也较困难。

通过键长的比较也容易发现，乙烯型卤代烃中 C—X 键的键长比卤代烷中 C—X 键的键长更短，C═C 键的键长比烯烃中 C═C 键的键长更长，故乙烯型卤代烃的键长具有平均化的趋势，见表 3-2。

乙烯型与卤烷型的 C—X 键，C═C 键键长的比较　　　　　　表 3-2

化　合　物	C—Cl 键长	C═C 键长
CH_3CH_2Cl	1.77Å	—
CH_2═CHCl	1.72Å	1.38Å
CH_2═CH_2	—	1.33Å

氯苯分子中的氯原子直接连在苯环上，与氯乙烯有类似的结构，也形成了多电子 p—π 共轭体系（八个电子分布在七个原子周围），增大了碳原子和氯原子之间电子云的交盖程度，所以氯原子也不活泼，如图 3-3 和图 3-4 所示。

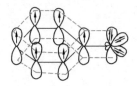　　　　　　　

图 3-3　氯苯的 p-π 共轭体系　　　　图 3-4　氯苯的电子云转移

2. 对烯丙基型卤代烃的影响

CH_2═CH—CH_2Cl 中的氯原子比 CH_3CH_2Cl 中的氯原子更活泼，这是因为前者 C—Cl 键的离解能较低，容易离解成烯丙基碳正离子和卤素负离子。

$$CH_2{=}CH{-}CH_2{-}Cl \rightleftharpoons CH_2{=}CH{-}CH_2^+ + Cl^-$$

$$\downarrow$$

$$\underset{H}{H_2C{=\!=\!=}C{=\!=\!=}CH_2}$$

这个带正电荷的碳原子是 sp^2 杂化，它的一个缺电子的空的 p 轨道与相邻 C═C 的 π

轨道发生重叠交盖形成 p-π 共轭体系，如图 3-5 所示，与氯乙烯的 p-π 共轭体系不同的是，这是个由两个 p 电子和三个原子形成的缺电子共轭体系（p 电子数目少于原子数目）。

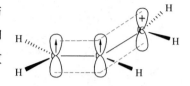

图 3-5　烯丙基正离子的共轭体系

由于 p-π 共轭效应，正电荷不再集中于一个碳原子上而得到分散，使体系趋于稳定。前面讲过，形成的碳正离子越稳定，卤代烃发生 S_N1 反应的活性越大。由于各种碳正离子的稳定性按下列规律变化：

$$ArCH_2^+,\quad -\overset{|}{C}=\overset{|}{C}-CH_2^+ > R_3C^+ > R_2CH^+ > RCH_2^+$$

因此，烯丙基型卤代烃中的卤原子具有很大的化学活性，在 S_N1 反应历程中一般比叔卤烷中的卤原子还活泼。

烯丙基型卤代烃不但在 S_N1 反应中很活泼，在 S_N2 反应中也很活泼。因为在 S_N2 历程中形成过渡态时，由于 α—碳相邻 π 键的存在，可以和过渡态电子云交盖。它已有了初步的共轭体系结构，使过渡态的负电荷被分散，能量降低而使过渡态稳定：

$$HO^- + CH_2-Cl \longrightarrow \left[HO \cdots \overset{\overset{\displaystyle H}{|}}{\underset{\underset{\displaystyle CH_2}{\|}}{\underset{CH}{C}}} \cdots Cl \right] \longrightarrow HO-CH_2 + Cl^-$$

$$\underset{CH_2}{\overset{CH}{\|}}$$

苄基氯的结构同 3—氯—1—丙烯相似，在进行 S_N1 反应时，容易离解成稳定的苄基正离子，此时，亚甲基上带正电荷的碳原子是 sp^2 杂化，其空的 p 轨道与苯环的大 π 键形成缺电子共轭体系，使其正电荷分散而趋于稳定。

3.4　重要的卤代烃

3.4.1　三氯甲烷

三氯甲烷俗名氯仿，是比较重要得多卤代烃，其沸点为 62℃，相对密度 1.489，是无色而有甜味的液体，不能燃烧，也不溶于水，能溶解油脂、有机玻璃及橡胶等，在工业上广泛用作溶剂，医药上用作全身麻醉剂。由于有毒副作用，目前已很少使用。遇空气、日光和水，容易分解生成氯化氢和有害的光气 $COCl_2$，故氯仿一般保存在密封的棕色瓶中，通常加 1% 的乙醇，使其生成碳酸二乙酯以破坏光气，可长期储存。

$$2CHCl_3 + O_2 \xrightarrow{\text{日光}} 2\ \underset{Cl}{\overset{Cl}{C}}=O + 2HCl$$

光气

$$O=C \begin{cases} \boxed{Cl+H}-OC_2H_5 \\ \boxed{Cl+H}-OC_2H_5 \end{cases} \longrightarrow O=C \begin{cases} O-C_2H_5 \\ O-C_2H_5 \end{cases} +2HCl$$

碳酸二乙酯(无毒)

光气吸入肺中会引起肺水肿，当空气中含有 0.5mg/L 光气时吸入 10 分钟，可危及生命，因此麻醉用氯仿使用前必须检查。三氯甲烷与碱金属或一些碱土金属接触容易引起爆炸。

3.4.2　四氯化碳

四氯化碳是无色液体，沸点 77℃，相对密度 1.59，微溶于水，易溶于乙醇或乙醚，不燃烧，遇热挥发，蒸气比空气重，遇燃烧物时，覆盖在物体上。是常用的灭火剂，应用于扑灭油类燃烧和电源附近的火灾，常温下对空气和光相当稳定，可作有机溶剂，能溶解油脂、油漆、树脂、橡胶等。但在 500℃ 以上时，四氯化碳可与水作用，生成光气。用它灭火时要注意通风，以免中毒。

$$CCl_4 + H_2O \xrightarrow{500℃以上} COCl_2 + 2HCl$$

四氯化碳有毒，能伤害肝脏，是一种驱除肠道寄生虫的药物。

3.4.3　氯乙烯

氯乙烯为无色易液化的气体，沸点 −13.9℃，与空气易形成爆炸性混合物。难溶于水，可溶于乙醇、乙醚、丙酮和二氯乙烷等有机溶剂。氯乙烯在少量过氧化物存在下能聚合成白色固体，称为聚氯乙烯，简称 PVC。

$$n CH_2{=}CH{-}Cl \xrightarrow{过氧化物} {-}[CH_2{-}CH{-}Cl]_n{-}$$

氯乙烯亦能与丁二烯、乙烯、丙烯、丙烯腈、醋酸乙烯、丙烯酸酯等单体发生共聚。

聚氯乙烯化学性质稳定，不易燃烧，其制品耐磨耐腐蚀，机械性能和电性能良好，但耐热性较差，软化点为 80℃。当加热至 130℃ 时开始分解变色并析出氯化氢，使用温度为 −15～60℃。依所加增塑剂的多少而有软聚氯乙烯和硬聚氯乙烯之分。软 PVC 可制薄膜、人造革、电线电缆的绝缘层、合成纤维等；硬 PVC 可制各种板材、硬管、阀门、楼梯扶手、门窗、地板和墙布墙纸等，可代替传统的木材制品。

聚氯乙烯进一步氯化可得到含氯 65% 以上的过氯乙烯树脂，用于生产涂料和过氯纶纤维等。

3.4.4　二氟二氯甲烷

二氟二氯甲烷是无色无臭无腐蚀性的气体。沸点为 −29℃，化学性质稳定，不易燃烧。极易被压缩成液体，解除压力后又立即气化并吸收大量的热，广泛用作制冷剂、喷雾剂和灭火剂，商品名称叫氟利昂（freon），但近期研究发现氟利昂对大气臭氧层有破坏作用，国际上已限制生产和使用。

实际上，氟利昂是泛指一些氟和氯取代的含有一个或两个碳原子的多卤代烷的总称，其结构特点是同一个碳原子上连有两个以上的氟原子和氯原子，故简称为氟氯烷。氟利昂的商品代号为 F×××。F 表示它是一个氟代烷，三个角码代表不同的结构，其中个位代表氟原子数目，十位代表氢原子数目加上1，百位代表碳原子数目减去1，碳原子上其余价数均与氯原子相连而不必标出。例如以下为部分氟利昂系列产品的商品代号。

结　构　CCl_3F　　　$CClF_3$　　　$CHClF_2$　　　$F_2ClC—CClF_2$　　　$FCl_2C—CClF_2$

商品代号　F_{11}　　　　F_{13}　　　　F_{22}　　　　F_{114}　　　　　F_{113}

3.4.5　氯化石蜡

氯化石蜡为多种氯代烷烃的混合物，由石蜡与氯反应而得，是应用最早的阻燃剂之一，尤其是含氯为 65％～70％ 的氯化石蜡与三氧化二锑混合使时阻燃效果更加显著。

将液状石蜡加热，在光催化下通入氯气，可制得含氯量达 65％ 以上，浅黄色树脂状的氯化石蜡。氯化石蜡广泛用于涂料和塑料中以增加其阻燃性，也可用作增塑剂、胶粘剂改性及木材防腐剂等。

习　　题

1. 写出下列分子式所代表的所有同分异构体，并用系统命名法命名。

(1) $C_5H_{11}Cl$ （指出其中的伯、仲、叔卤代烷）

(2) C_4H_7Cl （指出各属于哪一类卤代烯烃）

2. 写出下列化合物的结构式。

(1) 3—碘—1—己炔

(2) 2—甲基—2，3—二氯丁烷

(3) 3，3—二甲基—2，2—二氯戊烷

(4) 碘仿

(5) 间硝基氯苯

(6) 3，3—二溴—1—环戊烯

3. 用系统命名法命名下列化合物。

(1) 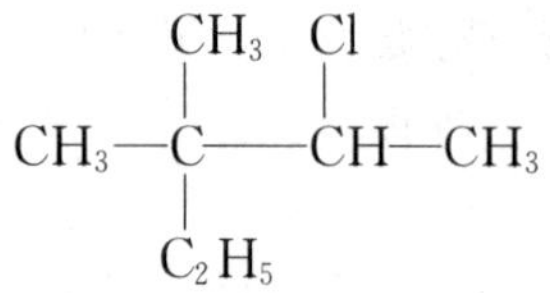
$$CH_3—\underset{\underset{C_2H_5}{|}}{\overset{\overset{CH_3}{|}}{C}}—\overset{\overset{Cl}{|}}{CH}—CH_3$$

(2) $CH_2Cl—CCl_2—CH_3$

(3) $CH_3—C≡C—CH(CH_3)CH_2Cl$

(4) 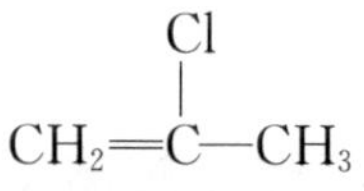
$$CH_2=\overset{\overset{Cl}{|}}{C}—CH_3$$

(5)

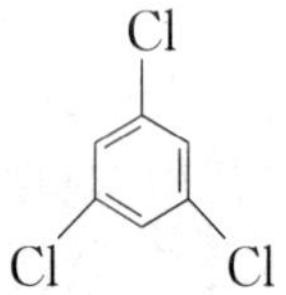

(6)

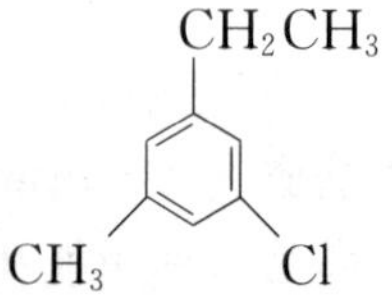

4. 完成下列反应式。

(1) $CH_3-CH-CH-CH_3 \xrightarrow[H_2O]{NaOH} ?$
　　　　　$\underset{\displaystyle CH_3}{|}\ \underset{\displaystyle Br}{|}$

(2) $CH_3-CH-CH-CH_3 \xrightarrow[\underset{\triangle}{ROH}]{NaOH} ?$
　　　　　$\underset{\displaystyle CH_3}{|}\ \underset{\displaystyle Cl}{|}$

(3) $CH_3-CH_2-CH=CH_2 \xrightarrow{HBr} ? \xrightarrow[\text{醇}]{NaCN} ?$

(4) $CH_3-CH=CH_2 \xrightarrow{HBr} ? \xrightarrow[\text{干乙醚}]{Mg} ?$

(5) $CH_3-CH=CH_2 \xrightarrow{?} ClCH_2-CH=CH_2 \xrightarrow{Cl_2+H_2O} ? \xrightarrow[H_2O]{NaOH} ?$
　　　　　　　　　　　　　$\Big\downarrow$ H_2O | $NaOH$
　　　　　　　　　　　　　　　$?$

(6) $CH_3-C\equiv CH + CH_3-CH_2MgBr \longrightarrow ?$

(7) 2—碘丙烷 $\cdots\cdots\longrightarrow$ 2，2—二溴丙烷

(8) 甲苯 $\cdots\cdots\longrightarrow$ 对硝基苯甲醇

(9) 乙炔 $\cdots\longrightarrow$ 2—丁炔

5. 用化学方法鉴别下列各组化合物。

(1) 对氯甲苯，苄基氯和 β —氯代乙苯

(2) $CH_3-CH-CH=CH-Cl$ 和 $CH_3-C=CH-CH_2-Cl$
　　　　　$\underset{\displaystyle CH_3}{|}$　　　　　　　　　$\underset{\displaystyle CH_3}{|}$

(3) 3—溴—2—戊烯和 2—甲基—4—溴—2—戊烯

6. 写出 1—溴丁烷分别与下列试剂反应生成的主要产物。

(1) NaOH（H_2O）

(2) Mg（乙醚）

(3) $CH_3-C\equiv CNa$

(4) $AgNO_3$（醇）

(5) NaCN（醇）

(6) KOH（醇）

(7) C_2H_5ONa

7. 某烃 A，分子式为 C_4H_8，加溴后的产物用 KOH 醇溶液处理，生成分子式为 C_4H_6 的化合物 B，B 能和硝酸银氨溶液反应生成沉淀。试推测 A、B 的结构式并写出各步反应。

8. 某卤代烃 C_3H_7Br（A）与 KOH 醇溶液作用生成 C_3H_6（B），B 经氧化后得到两个碳原子的羧酸 C，并有二氧化碳和水生成，B 与 HBr 作用得到 A 的同分异构体 D。试推测 A、B、C、D 的结构式，并写出各步化学反应。

9. 某烃 C_8H_{18} 的一元卤代物只有一种，写出该烃的结构式。

10. 某化合物 A 含氯，它能使溴水褪色，1 克 A 与过量的 CH_3MgI 作用放出

300.5mlCH₄（标准状态），试推测 A 的结构式。

11. 由指定原料合成下列化合物（其他试剂任选）。

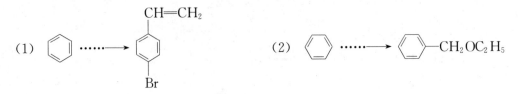

(1)
(2)

12. 比较下列各组化合物的反应活性。

(1) S_N2：

(2) S_N1：苄基溴，α—溴代乙苯，β—溴代乙苯

(3) S_N2：1—溴丁烷，2，2—二甲基—1—溴丁烷，
2—甲基—3—溴丁烷，2—甲基—2—溴丁烷

第4章 醇、酚、醚

烃是有机化合物的母体，它们的分子中只含有碳和氢两种元素。分子中含有碳、氢和氧三种元素的有机化合物，叫作烃的含氧衍生物（不包括杂环化合物）。氧原子在这类化合物中，以各种类型的官能团出现，即羟基 —OH，如乙醇 C_2H_5—OH、苯酚

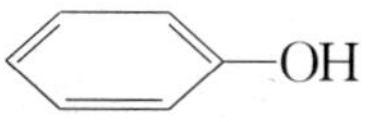

$$\langle\!\!\!\!\bigcirc\!\!\!\!\rangle\text{—OH}\ ;羰基\ \rangle C{=}O\ ，如甲醛\ \begin{matrix}H\\ \rangle C{=}O\\ H\end{matrix}\ 、丙酮\ CH_3{-}\underset{\underset{O}{\|}}{C}{-}CH_3\ ；羧基—$$

COOH，如乙酸CH_3—COOH；醚键—O—，如乙醚 C_2H_5—O—C_2H_5 等。

这类化合物大多数可以溶于水，特别是含五个碳原子以下的含氧有机物，有的甚至可与水混溶，如乙醇、乙醛、丙酮、醋酸等，所以在工业废水中遇到它们的机会较多。如：石油化工厂或炼焦厂的含酚废水，维尼纶厂的含甲醛废水，橡胶厂的含醛、酮废水，制药厂的含羧酸废水，聚乙烯醇厂的含甲醇废水等。工业污水中的主要有机化合物一般都是烃的含氧衍生物。同时它们又是重要的化工原料。本书分章讨论这些含氧化合物。

4.1 醇

醇、酚、醚都属于烃的含氧衍生物，醇和酚是烃的羟基衍生物，而醚通常是由醇或酚制得的，所以也常在一起讨论。

脂肪烃、脂环烃分子中以及芳烃侧链上的一个或几个氢原子被羟基取代后的产物叫作醇。

只有一个羟基的醇，也可以看作是水分子中的一个氢原子被开链烃基取代后的产物。

RH   R—OH

HOH   R—OH

羟基是醇的官能团。饱和一元醇的通式为 $C_nH_{2n+2}O$。

4.1.1 醇的分类、同分异构及命名

1. 分类

醇的分类方式有几种。

（1）按照烃基的不同可分为：

饱和醇   如 CH_3—CH_2—OH   乙醇

不饱和醇   如 $CH_2{=}CH{-}CH_2{-}OH$ 2—丙烯—1—醇

脂环醇   如 $\langle\!\!\!\!\bigcirc\!\!\!\!\rangle\text{—OH}$ 环己醇

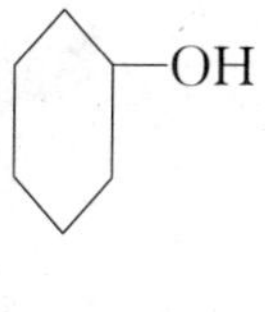

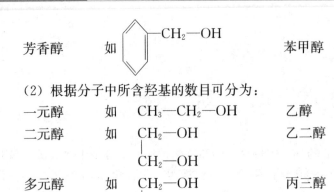

芳香醇　　　如　　　　　　　　　　苯甲醇

（2）根据分子中所含羟基的数目可分为：

一元醇　　　如　　$CH_3—CH_2—OH$　　　乙醇

二元醇　　　如　　$CH_2—OH$　　　　　　乙二醇
　　　　　　　　　　|
　　　　　　　　　$CH_2—OH$

多元醇　　　如　　$CH_2—OH$　　　　　　丙三醇
　　　　　　　　　　|
　　　　　　　　　$CH—OH$
　　　　　　　　　　|
　　　　　　　　　$CH_2—OH$

一般讲，两个羟基在同一个碳原子上的二元醇不能分离出来。这种结构容易失去水而形成羰基：

$$\begin{array}{c} \diagdown \diagup OH \\ C \\ \diagup \diagdown OH \end{array} \longrightarrow \begin{array}{c} \diagdown \\ C=O \\ \diagup \end{array}$$

所以二元醇是指两个羟基分别连接在两个碳原子上的醇类。

（3）根据羟基所连接的碳原子种类可分为：

一级醇（伯醇）如　　$CH_3—CH_2—CH_2—OH$　　　　　1—丙醇

二级醇（仲醇）如　　$CH_3—CH—CH_3$　　　　　　　　2—丙醇
　　　　　　　　　　　　　　|
　　　　　　　　　　　　　OH

　　　　　　　　　　　　　　　CH_3
　　　　　　　　　　　　　　　|
三级醇（叔醇）如　　$CH_3—CH_2—C—CH_3$　　　　　　2—甲基—2—丁醇
　　　　　　　　　　　　　　　|
　　　　　　　　　　　　　　OH

2. 醇的同分异构及命名

饱和一元醇的通式为 $C_nH_{2n+2}O$，当 $n=3$ 时，存在着官能团的位置异构，如丙醇有两种异构体：　$CH_3—CH_2—CH_2OH$　　　　　　　　1—丙醇
　　　　　　　　　$CH_3—CH—CH_3$　　　　　　　　　2—丙醇
　　　　　　　　　　　　　|
　　　　　　　　　　　OH

从 $n=4$ 开始，除位置异构外还有碳链异构存在，如：

　　　　　$CH_3—CH_2—CH_2—CH_2—OH$　　　　　1—丁醇

　　　　　$CH_3—CH—CH_2—OH$　　　　　　　　2—甲基—1—丙醇
　　　　　　　　　|
　　　　　　　　CH_3

　　　　　　　　CH_3
　　　　　　　　|
　　　　　$CH_3—C—CH_3$　　　　　　　　　　　2—甲基—2—丙醇
　　　　　　　　　|
　　　　　　　　OH

醇的命名方法也有几种，在此重点讨论醇的系统命名法。

（1）饱和醇的命名

选择含有羟基的最长碳链为主链，从距羟基最近的一端开始对主链碳原子编号，按主链所含碳原子数目叫某醇，羟基位次则以最小数目字在醇字前标示。其他支链或原子团在主链上的位次用阿拉伯数字标明，写在某醇的前面：

$$\overset{3}{C}H_3 - \overset{2}{C}H - \overset{1}{C}H_2 - OH$$
$$\quad\quad\quad | $$
$$\quad\quad\quad CH_3$$
2—甲基—1—丙醇

$$\overset{1}{C}H_3 - \overset{2}{C}H - \overset{3}{C}H_2 - \overset{4}{C}H_3$$
$$\quad\quad\quad | $$
$$\quad\quad\quad OH$$
2—丁醇

$$\quad\quad\quad\quad\quad CH_3$$
$$\quad\quad\quad\quad\quad | $$
$$\overset{5}{C}H_3 - \overset{4}{C}H_2 - \overset{3}{C} - \overset{2}{C}H_2 - \overset{1}{C}H_2 - \bigcirc$$
$$\quad\quad\quad\quad | $$
$$\quad\quad\quad\quad OH$$
3—甲基—1—苯基—3—戊醇

$$\quad\quad\quad\quad CH_3$$
$$\quad\quad\quad\quad | $$
$$\overset{1}{C}H_3 - \overset{2}{C}H - \overset{3}{C} - OH$$
$$\quad\quad\quad | \quad\quad |$$
$$\quad\quad CH_3 \quad \overset{4}{C}H_2 - \overset{5}{C}H_3$$
2，3—二甲基—3—戊醇

（2）不饱和醇的命名

不饱和醇的命名，选择既含羟基又含重键的长碳链为主链，命名时使羟基位次最小，根据主链碳原子的数目叫某烯醇或某炔醇，如：

$$CH_3 - CH - CH_2 - CH = CH_2$$
$$\quad\quad | $$
$$\quad\quad OH$$
4—戊烯—2—醇

$$\quad\quad OH$$
$$\quad\quad | $$
$$CH_3 - CH - CH = CH_2$$
3—丁烯—2—醇

$$CH_3 - C \equiv C - CH - CH_3$$
$$\quad\quad\quad\quad\quad | $$
$$\quad\quad\quad\quad\quad OH$$
3—戊炔—2—醇

$$CH_3 - CH_2 - CH_2 - CH - CH_2 - CH_2 - CH_2 - OH$$
$$\quad\quad\quad\quad\quad\quad | $$
$$\quad\quad\quad\quad\quad CH = CH_2$$
4—正丙基—5—己烯—1—醇

（3）多元醇的命名

多元醇命名时选择含有尽可能多的羟基的长碳链为主链，羟基的位次用阿拉伯数字代表，羟基的个数用中文数字表明，均写在醇字的前面。

$$\quad\quad\quad\quad CH_3$$
$$\quad\quad\quad\quad | $$
如：$$CH_3 - C - CH - CH_3$$
$$\quad\quad\quad | \quad |$$
$$\quad\quad\quad OH \; OH$$
2—甲基—2，3—丁二醇

$$CH_2 - CH_2 - CH_2$$
$$\; | \quad\quad\quad\quad | $$
$$\; OH \quad\quad\quad OH$$
1，3—丙二醇

4.1.2 醇的物理性质

低级饱和一元醇为无色有酒香味的流动液体，$C_5 \sim C_{11}$的醇为具有不愉快气味的油状液体，C_{12}以上的醇为无臭无味的固体，一些醇的物理常数见表4-1。

部分醇的物理常数 表4-1

名　称	熔　点 (℃)	沸　点 (℃)	相对密度	溶解度 (g/100g 水)	名　称	熔　点 (℃)	沸　点 (℃)	相对密度	溶解度 (g/100g 水)
甲　醇	−98	64.4	0.792	∞	正戊醇	−79	138	0.809	2.7
乙　醇	−114	78.3	0.789	∞	正己醇	−51.6	155.8	0.820	0.59
正丙醇	−126	97.2	0.804	∞	环己醇	25	161	0.962	3.6
异丙醇	−89	82.3	0.781	∞	丙烯醇	−129	97	0.855	∞
正丁醇	−90	118	0.810	7.9	苄　醇	−15	205	1.046	4
异丁醇	−108	108	0.798	9.5	乙二醇	−12.6	197	1.113	∞
仲丁醇	−115	100	0.808	12.5	丙三醇	18	290	1.261	∞
叔丁醇	26	83	0.789	∞					

直链饱和一元醇的物理性质随着分子中碳原子数的增大，而有规律的变化。如它们的沸点随着碳原子数的增大而升高，直链饱和一元醇的沸点最高，支链越多沸点越低，醇的沸点比它相应烷烃的沸点高，见表4-2。

几个醇和烷烃沸点的比较 表4-2

醇	烷　烃	分子量	沸点 (℃)	沸点差 (℃)
CH_3-OH	CH_3-CH_3	32 / 30	64.4 / −88.6	153
CH_3-CH_2-OH	$CH_3-CH_2-CH_3$	46 / 44	78.3 / −42	120
$CH_3-CH_2-CH_2-OH$	$CH_3-(CH_2)_2-CH_3$	60 / 58	97.2 / −0.5	97
$CH_3-(CH_2)_2-CH_2-OH$	$CH_3-(CH_2)_3-CH_3$	74 / 72	118 / 36.1	82
$CH_3-(CH_2)_{10}CH_2-OH$	$CH_3-(CH_2)_{11}-CH_3$	186 / 186	259 / 235	24

这是因为在醇分子间存在着氢键，分子间发生缔合。醇分子实际上是以缔合体存在。要使醇变为蒸气，不仅要破坏分子间的范德华力，而且还必须消耗一部分能量破坏氢键（氢键键能为25kJ/mol），这是醇具有较高沸点的原因。

氢键：一个醇分子羟基上的氢原子容易和另一醇分子羟基上的氧原子相互吸引，通过静电作用，产生一种新的结合力，这种结合力叫作氢键。

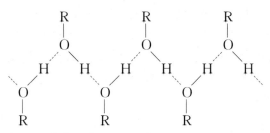

醇分子中的烷基越大，对缔合的位阻也越大，形成氢键的能力减小，因此直链一元醇的沸点随着分子量的增加与相应烷烃越来越接近，如图 4-1 所示。

醇的沸点不仅比分子间没有氢键的烷烃高，而且一般也比分子间没有氢键的其他类有机化合物的沸点高。

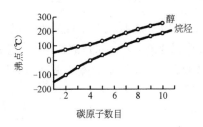

图 4-1 直链醇的沸点曲线

直链饱和一元醇的水溶性变化情况与沸点不同，随着分子中碳原子数的增大，逐渐变得难溶于水，从含九个碳原子以上的醇起，实际上已经不溶于水。

关于有机化合物的溶解性，虽然存在着一些经验规律。如"相似者相溶""极性溶剂溶解极性溶质""非极性溶剂溶解非极性溶质"等，总的说来还是比较复杂的，这里不讨论。但是，关于对有机化合物在水中的溶解性及规律性是比较清楚的，下面简略介绍这个规律。

有机化合物在水中的溶解与有机化合物分子与水分子间能否形成氢键有密切关系。烃分子与水分子间不能形成氢键，烃类就难溶或不溶于水，醇分子（R—OH）中的羟基（—OH）能与水分子形成氢键，—OH 是亲水基，R 基不能与水形成氢键，是憎水基。

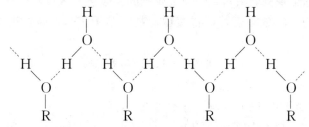

低级醇分子中亲水的羟基能与水分子形成氢键，由于烃基碳原子数少，碳链较短，如在甲醇、乙醇分子中所占分量较少，结果这些低级醇易溶于水。而 C_4 以上的直链醇虽然都有亲水基（—OH），但憎水基（R）的碳原子数增多，在醇分子中所占分子量增大，结果这些醇在水中的溶解度比甲醇、乙醇小很多，到了 C_9 以上的醇虽然分子中也有亲水基（—OH），但是由于烃基碳原子数更多，碳链更长，所占分量更大，高级醇在水中的溶解度就变得更小。实际上已经不溶于水了，如正十六醇、正十八醇，根本不溶于水，这是有机化合物在水中溶解性的一般规律。了解有机化合物在水中溶解性的规律，在水处理工程中具有重要意义。如要处理某工业废水，首先要了解排出来的废水中有哪些有机化合物，哪些是水溶性的，哪些是不溶或难溶于水的，这样根据水中某些有机物水溶性情况，好采取废水处理的措施，提出可行的处理设计方案等。

低级醇还能和一些无机盐类如 $MgCl_2$、$CaCl_2$、$CuSO_4$ 等形成结晶状的分子化合物，称为结晶醇，即醇化物，如 $MgCl_2 \cdot 6CH_3OH$、$CaCl_2 \cdot 4C_2H_5OH$、$CaCl_2 \cdot 4CH_3OH$ 等，结晶醇不溶于有机溶剂而溶于水，所以常利用这一性质使醇与其他有机化合物分开或从反应物中除去醇类。如在乙醚中杂有少量乙醇，便加 $CaCl_2$，乙醇与它形成结晶醇，便可除去乙醚中的少量乙醇。

4.1.3　醇的化学性质

醇的化学性质主要由羟基所决定，羟基是醇的官能团。当然羟基也受烃基的一些影响。从化学键来看，C—OH 键或 O—H 键都是极性键，这是醇易发生反应的两部分。当然由于羟基的影响，与羟基相连的碳原子上的氢也具有一定的活泼性。

$$R-\overset{|}{\underset{|}{C}}\!:\!O\!:\!H$$

在反应中究竟是 C—OH 键断裂，还是 O—H 键断裂，则取决于烃基的结构以及反应条件，醇的烃基结构不同，将产生不同的反应活性。

1. 与活泼金属作用

醇和金属钠反应与水和金属钠反应相似，醇羟基上的氢也可被金属钠取代，生成醇钠和氢气。

$$2HOH + Na \longrightarrow NaOH + H_2 \uparrow$$
$$2ROH + Na \longrightarrow RONa + H_2 \uparrow$$
醇钠

醇和金属钠的反应比水和金属钠的反应缓慢得多，放出的热也不足以使生成的氢气自燃，因此醇羟基中的氢原子不如水分子中的氢原子活泼。

随着醇分子中烃基碳链的增长，醇与金属钠的反应速度减慢，因此这个反应对于低级醇来说进行得很顺利，高级醇进行得很缓慢，甚至难于进行。各类醇与金属钠反应的速度为：

伯醇＞仲醇＞叔醇
1°醇　　2°醇　　3°醇

因为水的酸性比醇的酸性强，所以醇钠易被水分解。

$$RONa + HOH \Longrightarrow ROH + NaOH$$

醇钠在有机合成中用作碱性试剂，其碱性比氢氧化钠强，另外醇钠也常用作分子中引入烷氧基（RO—）的试剂。

其他活泼金属如镁、铝汞齐也可以在较高温度下和醇作用生成醇镁、醇铝，例如异丙醇铝。

$$6CH_3-\overset{CH_3}{\underset{|}{CH}}-OH + 2Al \longrightarrow 2(CH_3-\overset{CH_3}{\underset{|}{CH}}-O)_3Al + 3H_2 \uparrow$$

异丙醇铝是一种还原试剂，常用于有机合成中。

2. 与氢卤酸作用

醇与氢卤酸作用，生成卤代烃，反应发生在 C—OH 键上，羟基被卤素取代。

$$ROH + HX \longrightarrow RX + H_2O$$

反应速度与 HX 的类型及醇的结构有关。它们的反应活泼性次序为：

$$HI > HBr > HCl$$

$$烯丙基醇 > 叔醇 > 仲醇 > 伯醇$$

烯丙基醇虽然为伯醇，由于烯丙基正离子比较稳定，在亲核取代反应中容易发生取代，烯丙基醇与叔醇在高温和浓盐酸一起振荡下都能发生反应，有卤代烃生成，而伯醇与浓盐酸作用必须有无水氯化锌存在，并且还要加热才能生成。

$$CH_3-\underset{\underset{CH_3}{|}}{\overset{\overset{CH_3}{|}}{C}}-OH \xrightarrow{浓\ HCl} CH_3-\underset{\underset{CH_3}{|}}{\overset{\overset{CH_3}{|}}{C}}-Cl$$

$$CH_3-CH_2-CH_2-OH \xrightarrow[室温以上]{HCl+ZnCl_2} CH_3-CH_2-CH_2-Cl$$

利用不同醇与盐酸反应的速度不同，可以区别伯、仲、叔醇。所用的试剂为无水氯化锌和浓盐酸配制成的溶液叫**卢卡氏（Lucas）试剂**。它与叔醇反应速度最快，立即生成氯代烷而使溶液变浑浊，分成两层，伯醇（烯丙基醇型的伯醇例外）在常温下不发生反应。

$$CH_3-\underset{\underset{CH_3}{|}}{\overset{\overset{CH_3}{|}}{C}}-OH + HCl \xrightarrow[20℃]{ZnCl_2} CH_3-\underset{\underset{CH_3}{|}}{\overset{\overset{CH_3}{|}}{C}}-Cl + H_2O$$

立即浑浊

$$CH_3-\underset{\overset{|}{OH}}{CH}-CH_2-CH_3 + HCl \xrightarrow[20℃]{ZnCl_2} CH_3-\underset{\overset{|}{Cl}}{CH}-CH_2-CH_3 + H_2O$$

放置片刻才变浑

$$CH_3-CH_2-CH_2-CH_2OH + HCl \xrightarrow[常温下无变化,加热后反应慢]{ZnCl_2}$$

$$CH_3-CH_2-CH_2-CH_2-Cl + H_2O$$

溶液中出现浑浊，表示醇已转变成氯代烷，因为低级一元醇（C_5 以下）能溶于卢卡氏试剂。而相应的氯代烃不溶于它，所以用溶液浑浊来判断反应是否进行。

醇生成卤化物的反应是卤代烃水解的逆反应，与卤代烃水解反应一样也是亲核取代反应。

3. 脱水反应

在催化剂作用下，加热时，醇发生脱水反应，具体条件不同脱水后的生成物不同，醇既可以脱水生成醚，又可以脱水生成烯烃，如：

$$2CH_3-CH_2OH \xrightarrow[140℃]{浓\ H_2SO_4} CH_3-CH_2-O-CH_2-CH_3 + H_2O$$

$$CH_3-CH_2OH \xrightarrow[170℃]{浓\ H_2SO_4} CH_2=CH_2 + H_2O$$

$$2CH_3-CH_2OH \xrightarrow[240\sim160℃]{Al_2O_3} CH_3-CH_2-O-CH_2-CH_3 + H_2O$$

$$CH_3-CH_2OH \xrightarrow[320℃]{Al_2O_3} CH_2=CH_2 + H_2O$$

仲醇和叔醇脱水时与卤代烷脱卤化氢相似，也遵循查氏规律，脱去的是羟基和含氢较少的 β 碳原子上的氢原子，这样形成的烯烃较稳定。

$$CH_3-CH_2-\underset{\underset{OH}{|}}{CH}-CH_3 \xrightarrow{H_2SO_4} \begin{matrix} \xrightarrow{-H_2O} CH_3-CH=CH-CH_3 & （主） \\ \xrightarrow{-H_2O} CH_3-CH_2-CH=CH_2 & （次） \end{matrix}$$

醇脱水的方式及脱水的难易程度与醇的结构有关，其脱水难易情况是叔醇最快，伯醇最慢。即

叔醇＞仲醇＞伯醇

例如：

$$CH_3-CH_2OH \xrightarrow[100℃]{96\%H_2SO_4} CH_2=CH_2 + H_2O$$

$$CH_3-CH_2-\underset{\underset{OH}{|}}{CH}-CH_3 \xrightarrow[100℃]{66\%H_2SO_4} CH_3-CH=CH-CH_3 + H_2O$$

$$CH_3-\underset{\underset{OH}{|}}{\overset{\overset{CH_3}{|}}{C}}-CH_3 \xrightarrow[85\sim90℃]{20\%H_2SO_4} CH_2=\underset{\underset{CH_3}{|}}{C}-CH_3 + H_2O$$

从前面的反应可以看出，在较高的温度条件下有利于分子内脱水，生成烯烃，在较低温度条件下，有利于分子间脱水生成醚。可见反应条件对有机反应进行的方向有很大的影响。

4. 酯的生成

（1）醇与无机酸作用生成无机酸酯。例如甲醇与硫酸作用，先生成硫酸氢甲酯，而且在减压条件下蒸馏可得到硫酸二甲酯。

$$CH_3-OH + HOSO_3H \longrightarrow CH_3-O-SO_2OH \xrightarrow{CH_3OH} CH_3-OSO_2O-CH_3$$
硫酸氢甲酯　　　　　　硫酸二甲酯

硫酸二甲酯有剧毒,使用时必须注意安全。丙三醇与硝酸作用时生成三硝酸甘油酯。

$$\begin{matrix} CH_2-OH \\ | \\ CH-OH \\ | \\ CH-OH \end{matrix} + 3HNO_3 \xrightarrow[-3H_2O]{H_2SO_4} \begin{matrix} CH_2-O-NO_2 \\ | \\ CH-O-NO_2 \\ | \\ CH_2-O-NO_2 \end{matrix} + 3H_2O$$
丙三醇（甘油）　　　　　　三硝酸甘油酯

三硝酸甘油酯（硝化甘油）是无色油状液体，有毒，受振动即猛烈爆炸，是一种炸药。若把它吸收在黏土、硅藻土等多孔的物质里，即变为较稳定的物质，这样处理后，不用起爆剂，就不会爆炸。

（2）醇与有机酸作用生成羧酸酯（后面再讨论）。

$$CH_3-\overset{\overset{O}{\|}}{C}-\boxed{OH+H}OCH_2-CH_3 \rightleftharpoons CH_3-\overset{\overset{O}{\|}}{C}-O-CH_2-CH_3 + H_2O$$

5. 氧化与脱氢

醇氧化时，常用的氧化剂为高锰酸钾或重铬酸钾。伯醇氧化成醛，继续氧化生成羧酸，仲醇氧化生成酮。

$$R-CH_2-OH \xrightarrow[KMnO_4+H_2SO_4]{(O)} RCHO \xrightarrow{(O)} R-COOH$$
$$\qquad\qquad\qquad\qquad\qquad\quad 醛 \qquad\qquad 羧酸$$

$$\underset{R-CH-OH}{\overset{R'}{|}} \xrightarrow[\substack{KMnO_4+H_2SO_4 \\ (或\ K_2Cr_2O_7+H_2SO_4)}]{(O)} \underset{\substack{\| \\ O}}{R-C-R'}$$
$$\qquad\qquad\qquad\qquad\qquad\qquad\qquad\qquad 酮$$

伯醇和仲醇分子中与羟基直接相连的碳原子上含有的氢原子，叫作 α—氢，这些氢原子由于受相邻羟基的影响，易被氧化，而叔醇没有 α—氢，所以在上述条件下不易被氧化。

$$\underset{R''}{\overset{R'}{\underset{|}{\overset{|}{R-C-OH}}}} \begin{cases} \xrightarrow[一般氧化剂]{(O)} 不被氧化 \\[2ex] \xrightarrow{HNO_3} 生成小分子氧化产物，如羧酸等 \end{cases}$$

在交通安全工作中，检查司机是否酒后驾车的呼吸分析仪，就是应用乙醇的氧化反应。

$$C_2H_5OH+K_2Cr_2O_7+4H_2SO_4 \longrightarrow CH_3COOH+Cr_2(SO_4)_3+K_2SO_4+5H_2O$$
$$\qquad\quad 橘红色 \qquad\qquad\qquad\qquad\qquad\qquad 绿色$$

伯醇、仲醇的蒸气在 $300 \sim 325℃$ 下通过铜、铜铬、铜镍、氧化锌等催化剂，则脱氢生成醛或酮。

$$CH_3-CH_2OH \underset{250\sim300℃}{\overset{Cu}{\rightleftharpoons}} CH_3CHO+H_2$$

$$\underset{R}{\overset{|}{R-CH-OH}} \underset{400\sim500℃}{\overset{ZnO}{\rightleftharpoons}} \underset{O}{\overset{\|}{R-C-R}}+H_2$$

反应是可逆的，其逆反应为醛、酮的还原反应。叔醇分子中因羟基相连的碳原子上没有氢原子，因此不发生脱氢反应。

4.1.4 重要的醇

1. 甲醇 CH_3OH

甲醇又叫木精，因最初是从木材干馏得到的。纯的甲醇为无色透明液体，具有类似酒精气味，沸点 $65℃$，它与水、乙醇、乙醚等互溶，具有麻醉作用，且毒性很大，饮入 $10mL$ 就能使眼睛失明，再多就能使人中毒致死。

近代主要由一氧化碳和氢在一定条件下反应制造甲醇。

$$CO+2H_2 \xrightarrow[\text{200 大气压 300℃}]{\text{CuO, ZnO, Cr}_2\text{O}_3} CH_3-OH$$

将甲烷和氧气混合（体积比为 9：1）在 200℃和 100 大气压下，通过铜管也能得到甲醇。

$$CH_4+O_2 \xrightarrow{Cu} CH_3OH$$

甲醇不仅是优良的溶剂，也是重要的化工原料，大量的甲醇用来生产甲醛，此外甲醇也是合成甲烷、甲胺、有机玻璃、合成纤维等产品的原料。

2. 乙醇（酒精）CH_3-CH_2-OH

乙醇具有酒的气味，能与水混溶，它与水混合后总体积比原来醇和水的体积总和要小些，如 52mL 乙醇和 48mL 水混合后总体积不是 100mL，而是 96.3mL，这是因为乙醇分子之间通过氢键而缔合的缘故。在工业商品中，常用乙醇和水的容量关系来表示它的浓度、体积百分比叫度。

乙醇能和无机盐如 $CaCl_2$ 等生成结晶状的络合物即结晶醇，所以甲醇、乙醇都不能用无水氯化钙进行干燥。

乙醇易燃，蒸气爆炸极限为 3.28％～18.95％，它的化学性质与醇类相似。

目前工业上主要以乙烯生产乙醇，由石油热裂气中乙烯直接或间接水合法制取乙醇。但酒类饮料的主要来源还是由糖的发酵制取，发酵法所用原料为含淀粉丰富的物质如甘薯、谷物等及制糖工业的副产品——糖蜜。发酵是个复杂的、通过微生物再进行的生物化学过程，大致可由下列步骤进行：

$$(C_6H_{10}O_5)_n \xrightarrow{\text{糖化酶}} C_{12}H_{22}O_{11} \xrightarrow{\text{麦芽酶}} C_6H_{12}O_6 \xrightarrow{\text{酒化酶}} C_2H_5OH+CO_2\uparrow$$

　　淀粉　　　　　麦芽糖　　　　葡萄糖　　　　　酒精

发酵液内含乙醇 10％～15％，经精馏后只能得到 95.6％（重量）乙醇和 4.4％水的恒沸混合物，称为工业酒精，其沸点为 78.15℃，用直接蒸馏法不能将乙醇中的水完全除去，如要制 100％的乙醇，在实验室内是将工业酒精与生石灰共热，使水分与石灰结合后再进行蒸馏，这时可得 99.5％乙醇。最后的微量水用金属镁处理。

$$2C_2H_5OH+Mg \longrightarrow (C_2H_5O)_2Mg+H_2\uparrow$$
$$(C_2H_5O)_2Mg+H_2O \longrightarrow 2C_2H_5OH+Mg(OH)_2\downarrow$$

再经蒸馏出来的乙醇叫无水乙醇。

工业上制取无水乙醇时是在工业酒精中加入苯进行蒸馏，苯、乙醇和水形成一种共沸混合物，在 64.9℃沸腾，待将水全部蒸出后温度升高至 68.3℃，这时蒸出的是苯、乙醇的共沸混合物，等所有苯蒸出后，最后在 78.5℃蒸出的是无水乙醇，也叫绝对乙醇，沸点78.5℃，相对密度 0.789。

在废水处理工程中，利用造纸废液进行发酵，通过一系列的处理过程，最后能制出乙醇，这样既处理了造纸工业生产出来的废水又制取了乙醇，综合利用的途径是我们给水排水工作者努力的方向，在国内也有先例。

乙醇的用途很广，是有机合成的原料，也是常用溶剂，乙醇的氯化物、氯乙醇与氨作用生成三种乙醇胺，其中三乙醇胺是建筑材料工程中用作早强减水剂。含70％～75％的乙醇杀菌力最强，可作防腐剂、消毒剂。

在乙醇中加入各种变性剂（有毒性，有臭味或有色的物质如甲醇、吡啶、染料等），这种酒精叫变性酒精。主要是为了防止用工业的廉价乙醇配制饮料酒类。

3. 乙二醇（甘醇）HO—CH$_2$—CH$_2$—OH

乙二醇有甜味，俗称甘醇，它是最简单的和最重要的二元醇，是黏稠状的液体，沸点197℃，因为含有两个能缔合的羟基，它的沸点远远高于一元醇。乙二醇能与水、乙醇、丙酮混溶，但不溶于乙醚。

乙二醇是合成纤维、"涤纶"等高分子化合物的重要原料，又是常用的高沸点溶剂。乙二醇50％水溶液的凝固点为−34℃。60％水溶液冰点为−49℃，因此可用作汽车冷却系统的抗冻剂。

工业上生产乙二醇，主要由乙烯合成，乙烯在银催化剂的作用下，首先制取环氧乙烷，然后再水解为乙二醇。乙烯与氯水加成法也是其方法之一。

$$CH_2{=}CH_2 + \frac{1}{2}O_2 \xrightarrow[250℃]{Ag} CH_2{-}CH_2 \underset{O}{} \xrightarrow[H^+]{H_2O} \underset{OH\ \ OH}{CH_2{-}CH_2}$$

$$CH_2{=}CH_2 \xrightarrow[70\sim80℃]{Cl_2+H_2O} \underset{Cl\ \ OH}{CH_2{-}CH_2} \xrightarrow[\substack{105\sim110℃\\10\ 大气压}]{NaHCO_3 \cdot H_2O} \underset{OH\ \ OH}{CH_2{-}CH_2}$$

4. 丙三醇（甘油） $\underset{OH\ \ OH\ \ OH}{CH_2{-}CH{-}CH_2}$

甘油为无色有甜味的黏稠液体，沸点290℃，相对密度1.260，纯粹的甘油冷却至0℃时可以结晶出来，此结晶熔点为17℃，能与水混溶，不溶于醚及氯仿等有机溶剂中，这种性质是由于它可以与水分子形成氢键的缘故。甘油有吸湿性，能吸收空气中的水分。

甘油能与一些碱性氢氧化物如 Cu（OH）$_2$ 作用。说明多元醇的羟基表现了极弱的酸性。甘油与氢氧化铜作用生成的甘油铜，是一个鲜艳蓝色的物质，这个反应常用来作为鉴定多元醇的一种方法。

甘油以酯的形式广泛存在于自然界中，过去主要由植物油和动物脂及在制造肥皂时作为副产品得到的。现在工业上以石油热裂气中的丙烯为原料，用丙烯氯化法和丙烯氧化法来制备。

甘油的用途很广泛，在印刷工业、化妆工业、烟草工业中作为润湿剂，也用来制造炸药等。硝酸甘油有扩张冠状动脉的作用，在医药上用来治疗心绞痛，还是合成树脂的原料，以及用于食品工业等。

某些昆虫体内也含有甘油。甘油可降低昆虫体内水的冰点，可防止昆虫暴露在低温环境下体内水分结冰，造成细胞机体组织的破坏。

4.2 酚

芳香烃分子中芳环上的一个或几个氢原子被羟基取代生成的化合物叫作酚。酚和醇分子中都有羟基，具有相同的官能团，因此它们有一定的共性。

4.2.1 酚的分类和命名

按酚类分子中所含羟基数目的多少，可分为一元酚和多元酚。酚类命名时，一般以苯酚作为母体，苯环上连接的其他基团作为取代基，其位置和名称放在母体前面。但当取代基的序列优先于酚羟基时，则按取代基的排列次序的先后（先后次序按下面顺序），

—COOH，—SO₃H，—COOR，—COX，—CONH₂，—CN，—CHO， $\diagdown$C=O ，—OH（醇）

—OH（酚），—SH，—NH₂，—OR，—SR来选择母体。羟基直接连在稠环上的化合物，它们的命名一般与酚类相似。

一元酚

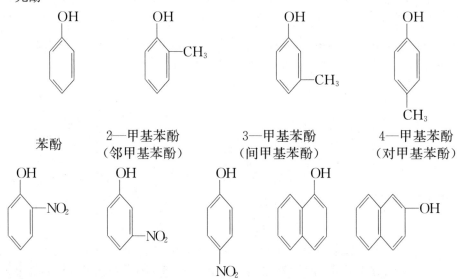

苯酚　　　　　2—甲基苯酚　　　　　3—甲基苯酚　　　　　4—甲基苯酚
　　　　　　（邻甲基苯酚）　　　　（间甲基苯酚）　　　　（对甲基苯酚）

2—硝基苯酚　 3—硝基苯酚　 4—硝基苯酚　　　α—萘酚　　　β—萘酚
（邻硝基苯酚）（间硝基苯酚）（对硝基苯酚）　　（1—萘酚）　（2—萘酚）

二元酚

1，2—苯二酚　　　　1，3—苯二酚　　　　1，4—苯二酚
（邻苯二酚）　　　　（间苯二酚）　　　　（对苯二酚）

三元酚

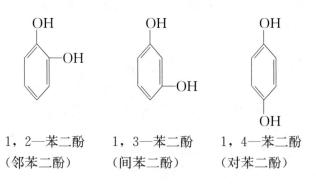

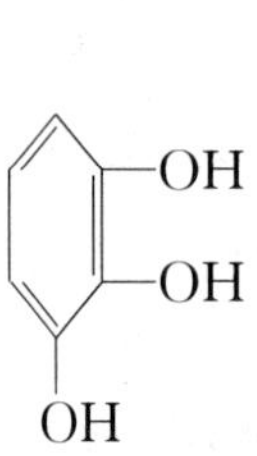

1，2，3—苯三酚　　　1，2，4—苯三酚　　　1，3，5—苯三酚
（连苯三酚）　　　　　（偏苯三酚）　　　　　（均苯三酚）

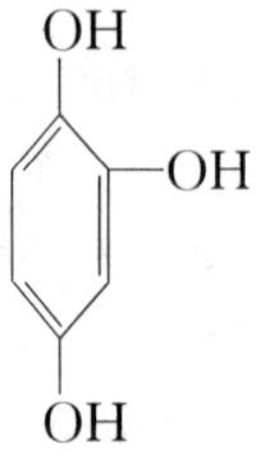

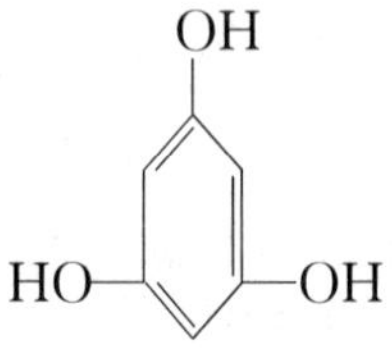

其他酚

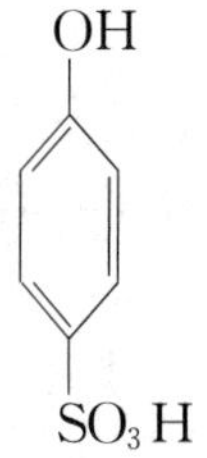

4—羟基苯磺酸   3—羟基苯甲酸   2—羟基苯甲醛
（对羟基苯磺酸） （间羟基苯甲酸） （邻羟基苯甲醛）

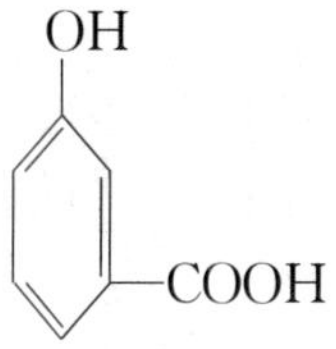

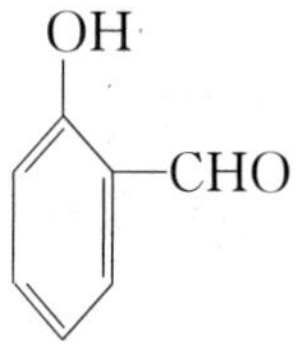

4.2.2 酚的物理性质

大多数酚在常温下是固体，微溶于水，在 100g 水中可溶 6.7g 苯酚，加热时可在水中无限溶解，酚在水中的溶解度随羟基的数目增加而增加，酚类的熔点和沸点都很高。这主要因为酚之间或酚与水之间都能形成氢键的缘故。

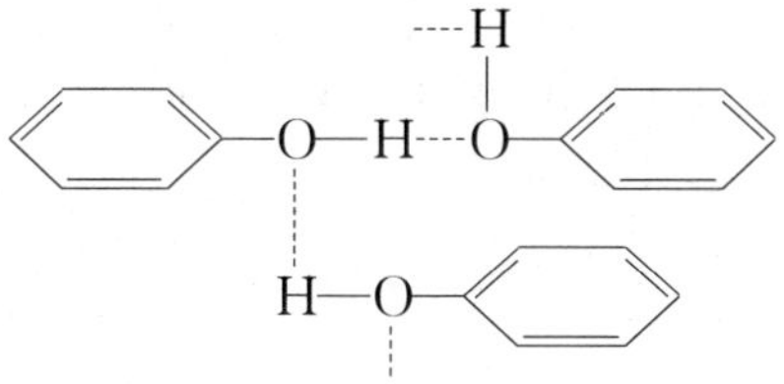

苯酚分子之间的氢键 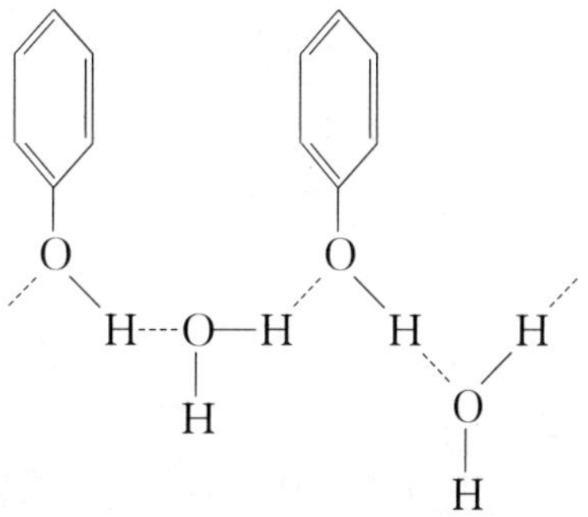   苯酚与水分子之间的氢键

如苯酚的沸点为 182℃，熔点 43℃，而甲苯的沸点为 110℃，熔点 −93℃，常见的酚的物理常数见表 4-3。

常见酚类物理常数   表 4-3

名　称	熔点（℃）	沸点（℃）	溶解度（g/100g 水）	Ka（25℃）
苯　酚	43	182	6.7	1.28×10^{-10}
邻甲苯酚	30	191	3.1	6.3×10^{-11}
间甲苯酚	11	201	2.4	9.8×10^{-11}
对甲苯酚	35.5	201	2.4	6.7×10^{-11}
邻苯二酚	105	245	45	4×10^{-11}
间苯二酚	110	281	123	4×10^{-10}
对苯二酚	170	286	8	1×10^{-10}
连苯三酚	133	309	62.5	1×10^{-7}
偏苯二酚	140	—	易溶	
均苯三酚	219	—	1.13	1×10^{-7}
α—萘酚	94	280	不溶	
β—萘酚	122	286	0.07	

4.2.3 酚的化学性质

酚和醇都含有羟基，因此它们在 C—OH 键及 O—H 键上能发生相似的反应，但由于酚羟基受到苯环影响，反应中表现出一定的差异。同时在酚分子中羟基也影响着苯环，使其邻、对位都很活泼。

苯酚是酚类最重要的化合物，本节就主要以苯酚为例进行讨论。

1. 酚羟基的反应

（1）弱酸性

苯酚的 pKa≈10，它的酸性比醇强（如乙醇的 pKa≈17，环己醇 pKa≈18）。

苯酚和氢氧化钠溶液作用生成可溶于水的酚钠。

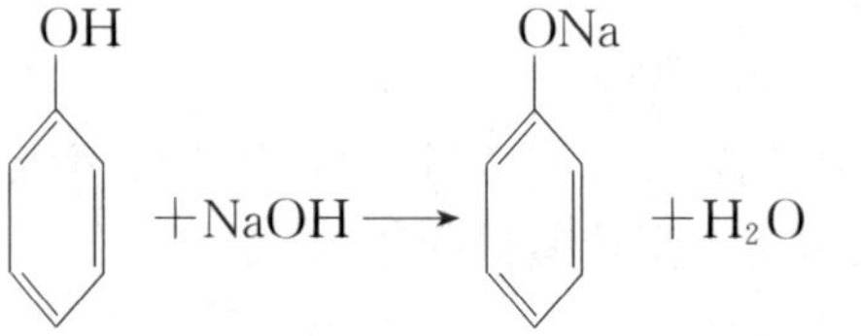

$$\text{OH} + \text{NaOH} \longrightarrow \text{ONa} + \text{H}_2\text{O}$$

苯酚的酸性比碳酸（pKa＝6.38）弱，所以不能与碳酸钠作用生成盐，通入二氧化碳于酚钠溶液，酚即游离出来。

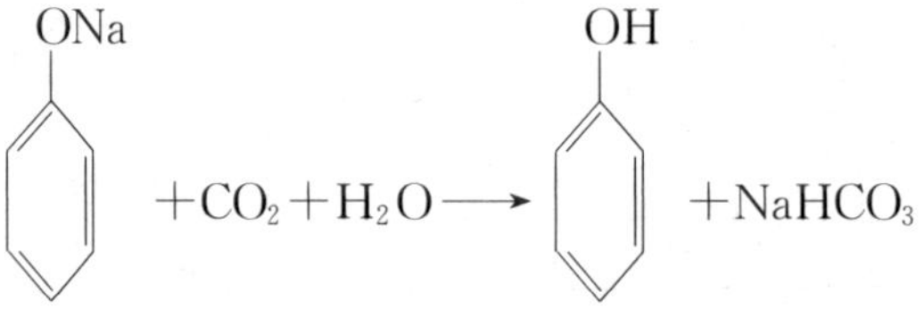

$$\text{ONa} + \text{CO}_2 + \text{H}_2\text{O} \longrightarrow \text{OH} + \text{NaHCO}_3$$

而醇与氢氧化钠溶液不起作用，这个性质可以用来区别、分离酚和醇，醇钠在水中几乎全部水解，这说明酚的酸性比醇强，为什么酚具有酸性？而酸性又比醇的酸性强呢？以苯酚和环己醇为例，从结构来分析它们的性质，如图 4-2 所示。

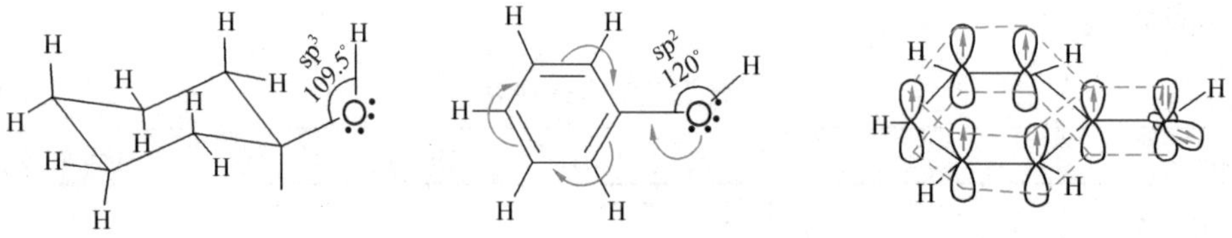

图 4-2　环己醇和苯酚

苯酚分子中氧原子的价电子以 sp^2 杂化轨道参与成键。酚羟基氧原子有一对未共用电子对在 p 轨道上，与苯环上六个碳原子的 p 轨道平行，发生 p—π 共轭，因此，由于氧原子上的部分负电荷离域而分散到整个共轭体系中，所以氧原子上的电子云密度降低，减弱了 O—H 键，有利于氢原子离解成为质子而呈酸性。环己醇分子中的氧原子为 sp^3 杂化状态成键，氧原子上电子云密度未得到分散，故 O—H 键较牢固。氢不易离解为质子，所以醇的酸性比酚弱。

当酚羟基的邻、对位的氢原子被吸电子基取代，则酸性增强。对硝基苯酚的酸性比苯酚的酸性强 600 倍，若再引进两个硝基其酸性则相当于无机酸。

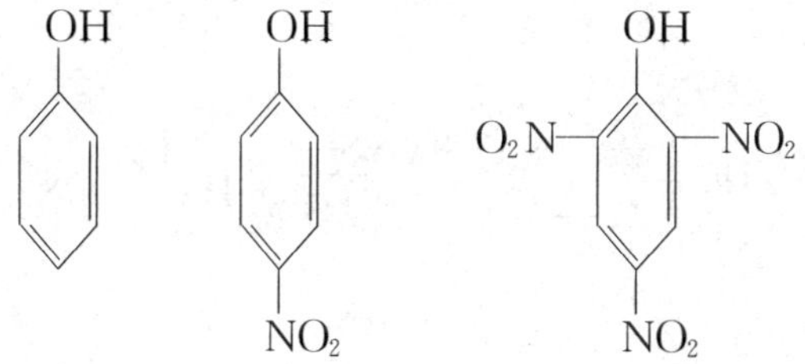

	OH	OH	OH
pKa	9.98	7.15	0.71

（2）醚的生成

酚和醇相似，由于酚羟基很难直接脱水。所以酚醚一般是由酚钠与卤代烃作用生成的。

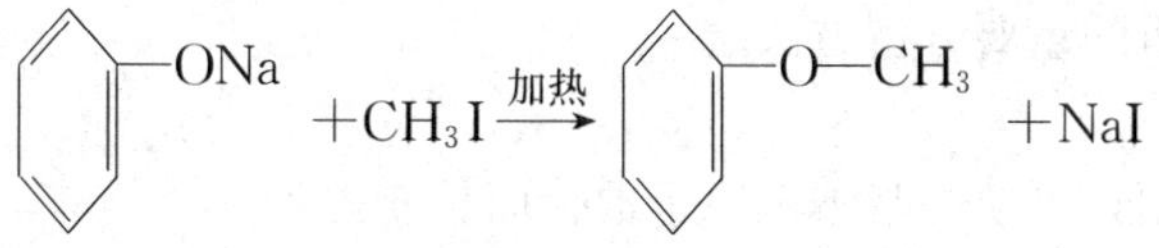

苯甲醚

酚醚化学性质稳定，不像苯酚容易氧化，因此常用苯酚暂时转变成酚醚，然后进行其他反应，以免羟基被破坏，待反应终了之后，再将醚用氢碘酸分解，恢复为原来的酚羟基而达到保护酚羟基的目的。此外酚也可以形成酯，但比醇困难。

（3）颜色反应

1）与三氯化铁反应

大部分的酚与三氯化铁水溶液作用能够显色，一般认为是生成络合物。不同的酚所产生的颜色也不同，见表 4-4。

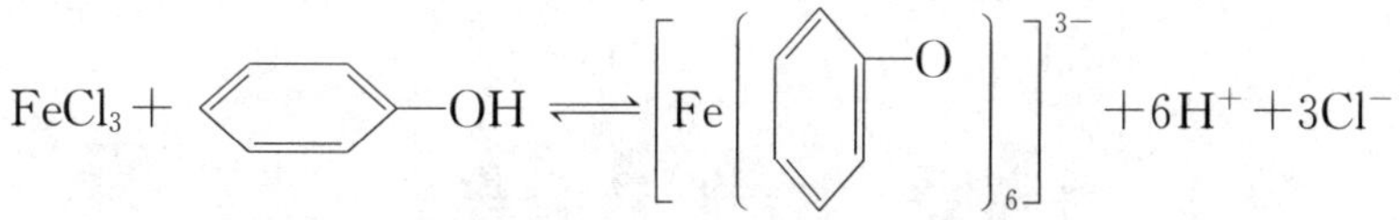

不同酚与三氯化铁水溶液作用显色　　　　　　　表 4-4

酚	与 FeCl₃ 水溶液	酚	与 FeCl₃ 水溶液
苯　　酚	蓝　紫　色	对甲苯酚	蓝　　色
邻苯二酚	深　绿　色	连苯三酚	淡棕红色
对苯二酚	暗绿色结晶		

除酚类外凡有 —C=C— 结构的化合物，与 FeCl₃ 作用，也都发生显色反应。（注：结构式上方有 OH）

2）与 4—氨基安替比林反应

在有氧化剂铁氰化钾的存在下，酚与 4—氨基安替比林反应生成红色染料。

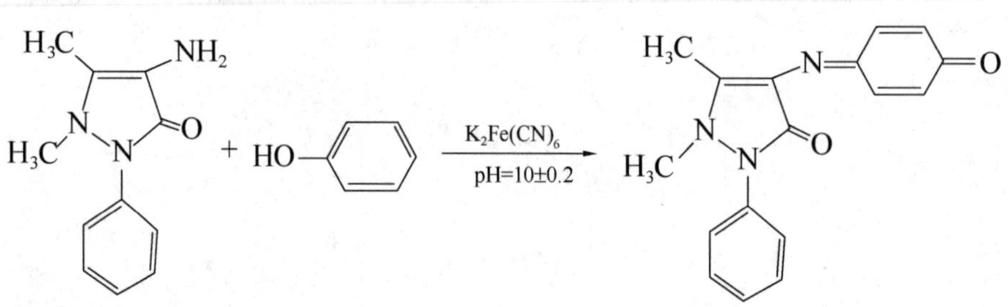

4—氨基安替比林　　　　　　　N—安替比林基—对—亚胺苯醌

4-氨基安替比林也能氧化成红色，但当 pH＞8 时，此红色化合物便转变为黄色，而 N—安替比林基—对—亚胺苯醌仍为红色，水中酚的含量在 $0\sim20\text{mg/L}$ 的范围内。红色强度与酚在水中浓度成正比，故可用比色分析法进行测定，用于微量酚的分析，这在给水排水工程专业中是水质分析的重要分析方法之一。

（4）与锌粉反应

苯酚与锌粉作用，可使羟基被氢原子取代而转变成苯。

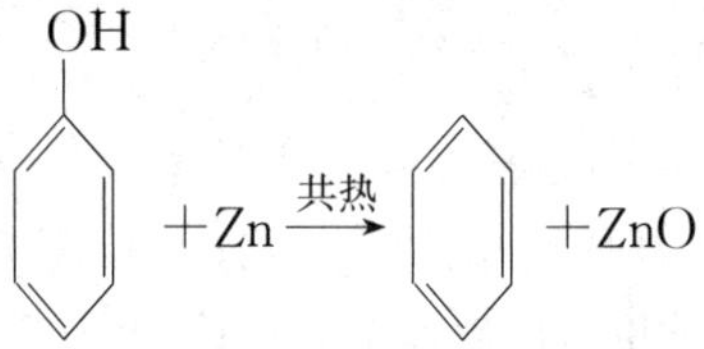

2. 芳环上的反应

酚羟基是强的邻、对位定位基，酚类的亲电取代反应比苯容易得多。当卤化、硝化、磺化时容易生成多元取代物。

（1）卤化

苯与溴在一般条件下不发生反应，但苯酚与溴水在常温下即可作用，生成三溴苯酚。

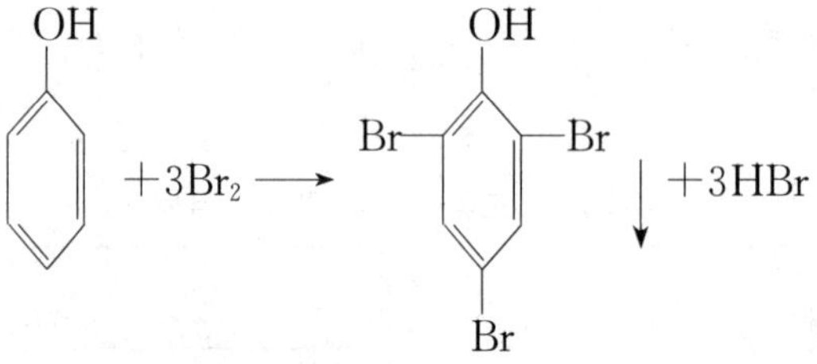

2，4，6—三溴苯酚（白色）

三溴苯酚的溶解度很小，很稀的苯酚溶液（100mg/L）与溴作用也能生成三溴苯酚沉淀。因而可用这个反应来检验酚的存在和用于定量测定，如检测含酚废水中的酚就用此反应，若继续向三溴苯酚中滴加溴水，便转变为黄色的四溴化合物，可以看作醌的溴代物。

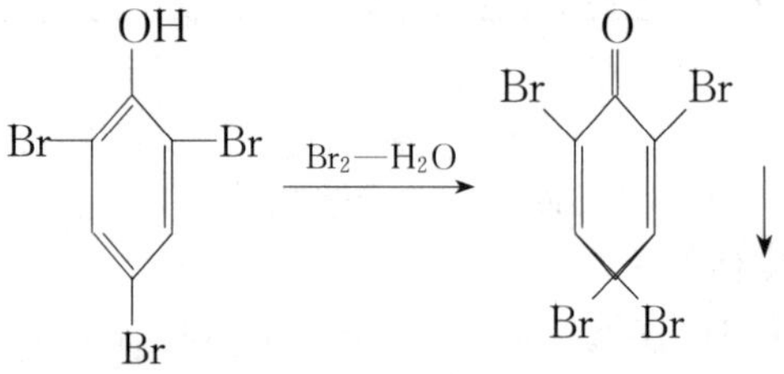

溴代三溴苯醌（黄色）

若要制取一卤苯酚，可在非极性溶剂如 $CHCl_3$、CCl_4 或 CS_2 中进行。

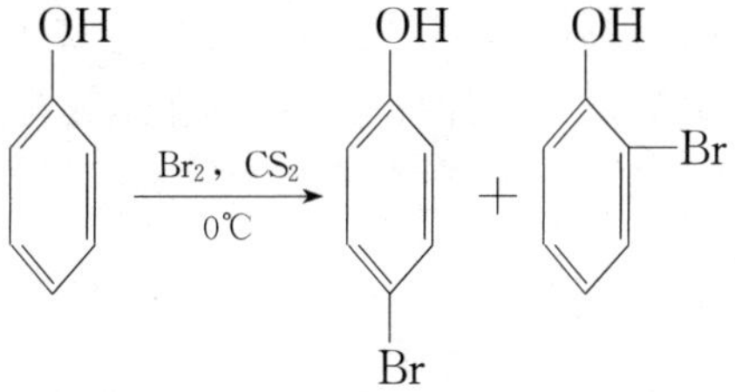

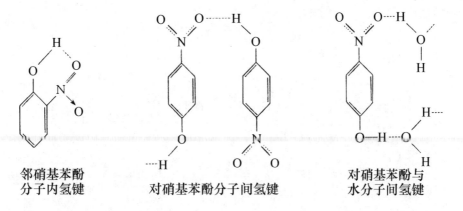

（2）硝化

苯酚硝化，可生成三硝基苯酚，因浓硝酸易破坏酚羟基，所以产量很低。

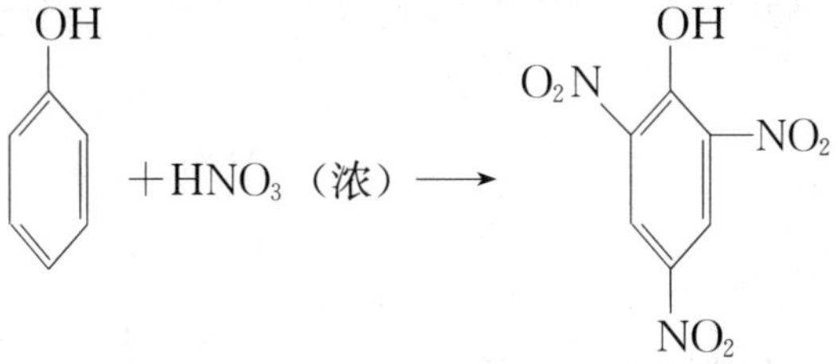

2，4，6—三硝基苯酚（苦味酸）

2，4，6—三硝基苯酚中的羟基受到苯环上三个硝基的影响，其水溶液酸性更强（pKa＝0.71），称为苦味酸，它是一种黄色结晶，熔点 122℃，可溶于乙醇、乙醚及热水中，它是盐类。极易爆炸，可作炸药及染料。

苯酚在室温下与稀 HNO_3 作用，可以得到邻、对硝基苯酚的混合物。

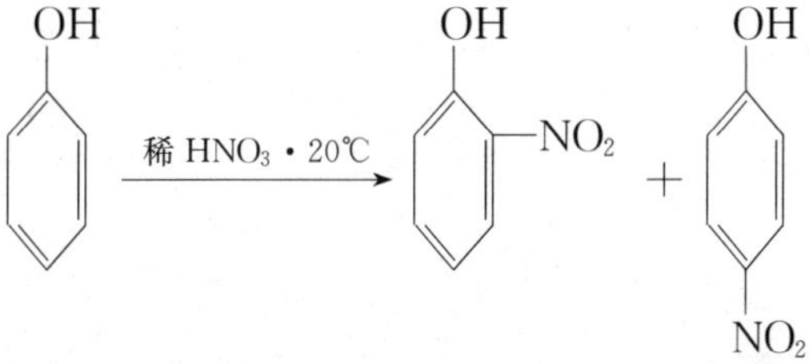

邻硝基苯酚的沸点和在水中的溶解度都比间位和对位两种异构体低。这是因为邻硝基苯酚分子中的—NO_2 与—OH 位置比较接近,它们能形成分子内氢键,失去了分子间及与水形成氢键的机会,所以表现出比对硝基苯酚的沸点低,水溶性小,挥发性大,能随水蒸气进行蒸馏。故可用水蒸气蒸馏法将邻、对硝基苯酚的混合物分离。而对硝基苯酚的—NO_2 及—OH 能形成分子间的氢键,故沸点较高(279℃),不能随水蒸气蒸馏出来,它又能与水形成氢键,所以也具有一定的水溶性。

邻硝基苯酚
分子内氢键　　　　　　对硝基苯酚分子间氢键　　　　　　对硝基苯酚与
水分子间氢键

（3）磺化

苯酚在室温下就能与浓硫酸进行磺化，主要生成邻羟基苯磺酸，如在 100℃ 左右进行磺化，主要产物为对羟基苯磺酸，二者都可进一步磺化生成羟基苯二磺酸。

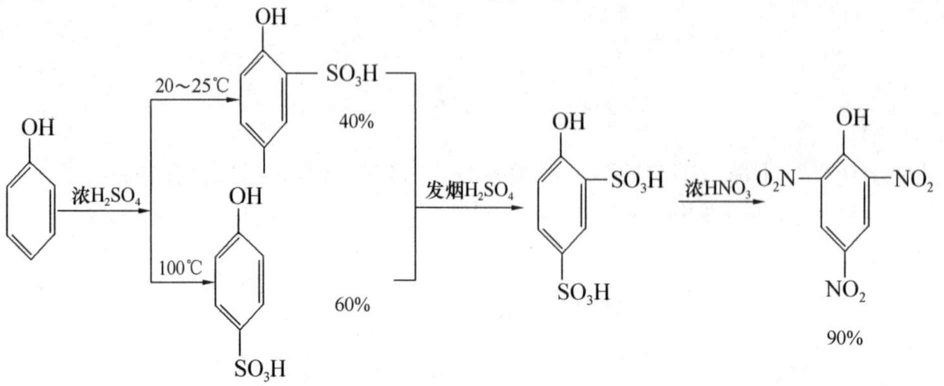

苯酚分子中引入了两个磺酸基后，可使苯环钝化，也不易被氧化，再与浓硝酸作用，两个磺酸基可同时被硝基置换生成 2，4，6—三硝基苯酚，这比用苯酚直接硝化制取苦味酸的产率高得多。

（4）烷基化（付—克反应或付氏反应）

由于酚羟基影响，酚比苯容易进行烷基化反应，在催化剂 H_2SO_4、H_3PO_4、HF、$AlCl_3$ 等存在下与卤代烷、烯烃或醇共热，可顺利地在芳环上引入烷基。

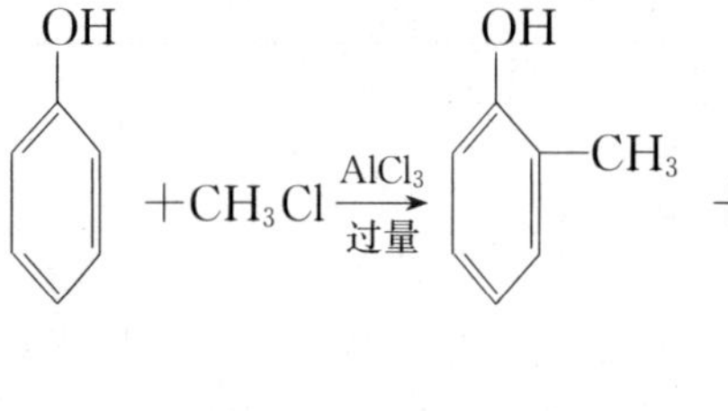

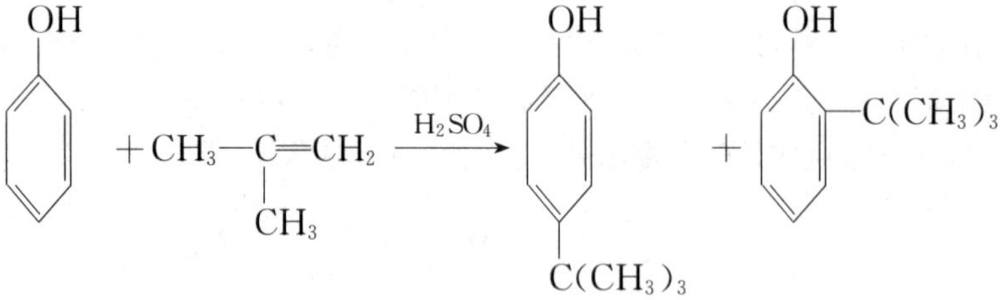

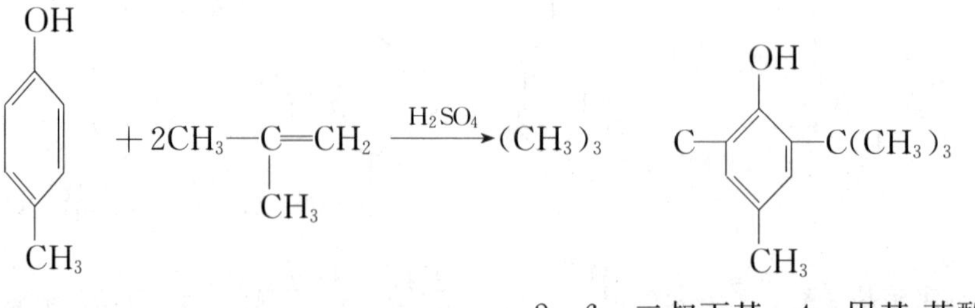

2，6—二叔丁基—4—甲基-苯酚
（简称二，六，四抗氧剂）

124

2，6—二叔丁基—4—甲基苯酚为白色固体，熔点为 70℃，用作石油产品及高聚物的抗氧化剂。

虽然 $AlCl_3$ 是常用的烷基化反应催化剂，但它与酚羟基易形成 $ArOAlCl_3$ 络合物，所以在此反应时必须用过量的 $AlCl_3$。

苯酚也能进行酰基化反应。

3. 氧化反应

酚容易氧化，有些酚能被空气中的氧氧化，颜色逐渐变深，氧化产物很复杂，称为自动氧化。食品，石油，橡胶和塑料工业中常利用某些酚的自动氧化性质，加进少量酚类作抗氧化剂。

用重铬酸钾氧化苯酚得到黄色对苯醌。

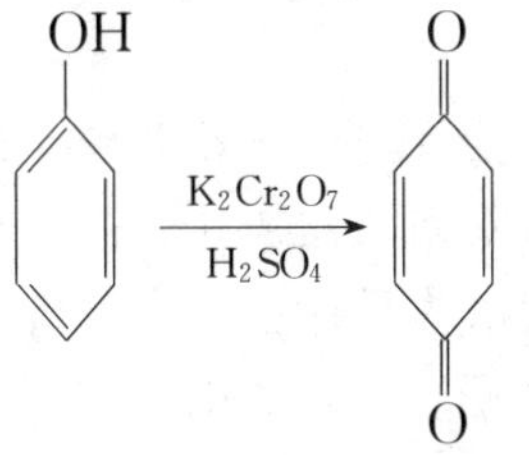

苯醌

多元酚更易氧化。对苯二酚可被弱氧化剂（Ag_2O，AgBr）氧化，能将感光后的 Ag_2Br 还原为金属银，所以可作为照相中的显影剂。

酚的氧化反应最初是羟基失去氢原子而成游离的苯氧基。它再通过很多复杂的化学变化，结合成有颜色的化合物。醌是酚的氧化产物之一。酚氧化后转变成醌，是由苯环变为醌型结构。具有醌型结构的化合物总称为醌类。

从结构上看，醌类化合物不再具有苯的结构。因此，在性质上和芳香烃衍生物不同。

具有醌型结构的化合物多数是有颜色的，利用酚酞作指示剂也正因为它在碱性时生成醌型结构。

酚酞是由邻苯二甲酸酐和苯酚与无水氯化锌共溶时生成的，它是无色粉末，熔点为 216℃，不溶于水，可溶于酒精，在分析化学中用作酸碱滴定的指示剂，其变色原因如下：

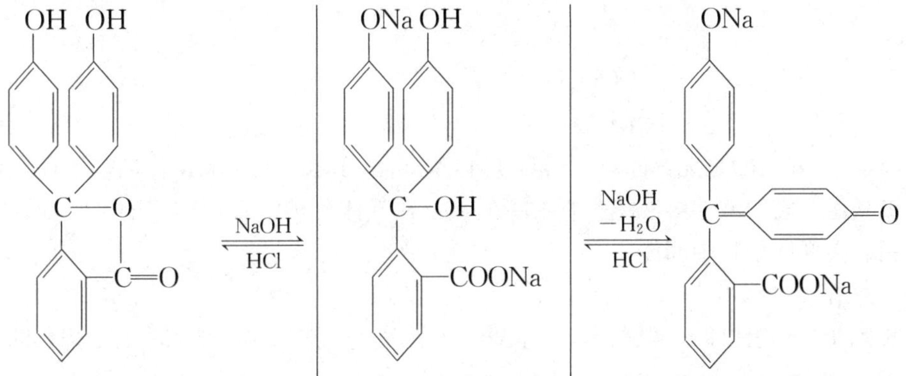

酚酞（无色）　　　　无色中间体　　　　红色（醌式二钠盐）

具有醌型结构的物质，多数是染料的重要原料。

4.2.4　重要的酚

（1）苯酚（又名石炭酸）

苯酚是具有特殊气味的无色结晶，露于光和空气中易被氧化变为红色渐至深色。苯酚微溶于冷水。在65℃以上时，可与水混溶，易溶于乙醇、乙醚等有机溶剂。酚有毒性，可作防腐剂和消毒剂。在工业上，苯酚的用途很广，是有机合成的重要原料，大量用于制造酚醛树脂，环氧树脂及其他高分子材料、药物、染料、炸药等。

（2）甲苯酚（又名甲酚）

甲酚有邻、对、间三种异构体，都存在于煤焦油中，由于沸点相近（见表4-3）不易分离，工业上应用的是三种异构体未分离的粗制品。

甲酚的杀菌力比苯酚强，可作木材、铁路枕木的防腐剂，医药上用作消毒剂，商品"来苏尔"消毒药水就是粗甲酚的肥皂溶液。

（3）对苯二酚（又称氢化苯醌）

对苯二酚是一种无色固体，熔点170℃，溶于水，乙醇、乙醚，对苯二酚极易氧化成醌，它是一个强还原剂，可用作显影剂，也可用作高分子单体防止聚合的阻聚剂。

对苯二酚的水溶液遇$FeCl_3$溶液先呈绿色，最后析出暗绿色结晶，这晶体是对苯醌和对苯二酚的分子化合物，叫作对苯醌合对苯二酚，或叫醌氢醌。

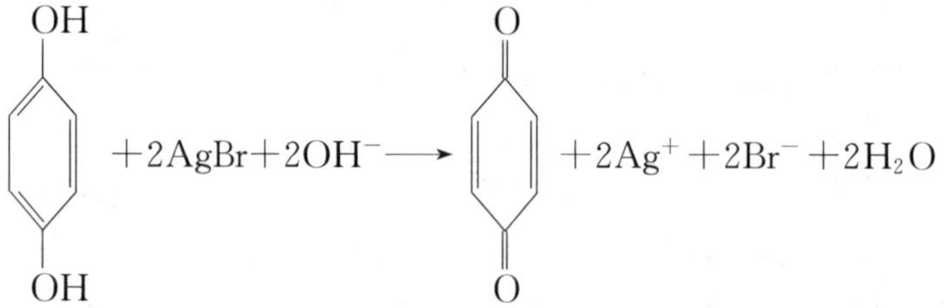

$$+2AgBr+2OH^- \longrightarrow +2Ag^+ +2Br^- +2H_2O$$

（4）1，2，3—苯三酚

将没食子酸(五倍子酸)加热脱羧可制得1，2，3—苯三酚，所以又叫焦性没食子酸。

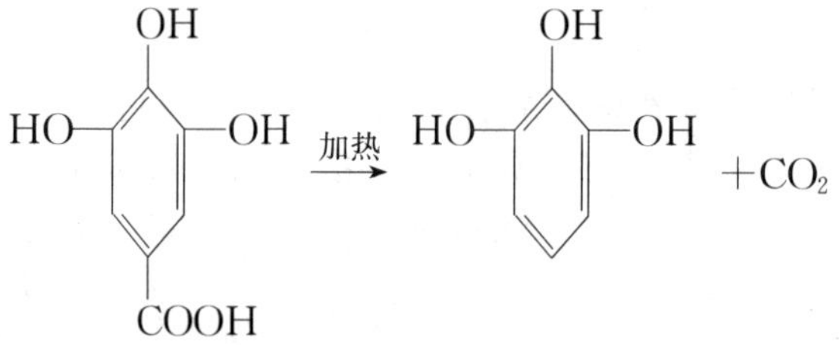

$$\xrightarrow{\text{加热}} +CO_2$$

五倍子酸　　　　　1，2，3—苯三酚

1，2，3—苯三酚是无色固体，熔点144℃，可溶于水，与$FeCl_3$作用呈淡棕红色，它很容易被氧化，它的碱性溶液能吸收大量的氧，在气体分析中常用作氧的吸收剂，它还可以作照相显影剂和染料中间体。

（5）萘酚

萘酚有两种异构体即α—萘酚和β—萘酚，其中β—萘酚较重要，大都存在于煤焦油中。

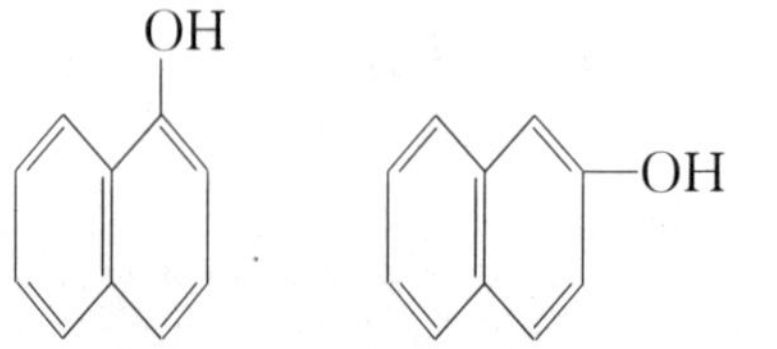

α—萘酚　　　β—萘酚

α—萘酚为针状结晶，β—萘酚为片状结晶，能溶于醇、醚等有机溶剂，物理常数见表 4-3。萘酚的化学性质与苯酚相似，都呈弱酸性，与 $FeCl_3$ 发生颜色反应。萘酚的羟基比苯酚的羟基活泼，易生成醚和酯，萘酚广泛用于制备偶氮染料，是最重要的染料中间体。

β—萘酚还可用作杀菌剂，抗氧剂。

*4.2.5　含酚废水

酚是重要的有机化工原料，随着石油化工，有机合成和焦化工业的发展，含酚废水的污染源越来越广，如钢铁工业、炼焦厂、石油化工厂、木材防腐厂、煤气发生站、生产酚类的车间等，都会或多或少的排放出含酚废水。自然界中腐殖酸的分解，也有酚类生成。

酚类化合物是一种原型质毒物，可使蛋白质凝固。酚的水溶液易被皮肤吸收，酚蒸气由呼吸道吸入，将引起中毒，对神经系统损害更大，也引起肝、肾、心肌的损害。高浓度酚可引起急性中毒。长期饮用被酚污染的水会引起头晕，贫血及各种神经系统病症。

含酚废水对水源污染严重，当水中含酚浓度为 0.002mg/L 时，加氯消毒就会产生氯酚恶臭。水体酚浓度为 0.1～0.2mg/L 时，鱼肉有异味，不能食用，甚至鱼虾绝迹。对鱼的致死浓度为 1～10mg/L，含酚废水浓度高于 100mg/L 时，灌溉农田会引起农作物枯死或减产。

除去酚害虽然是一项艰巨工作，但含酚废水的危害是可以消除的。对于工业废水中的酚类物质，以前曾采用蒸气脱酚法。现在用得较多的是萃取法，此法脱酚效率较高。将萃取出来的含酚液用氢氧化钠处理，生成酚钠，再通入二氧化碳，使酚游离出来。（反应方程式见酚的化学性质）。由于酚的酸性比碳酸还弱，故酚只能溶于氢氧化钠溶液而不能溶于碳酸氢钠溶液，所以苯酚便游离出来，这样可从含酚废水中回收酚类。

高浓度含酚废水经一般处理后，仍含有一定浓度的酚类，不允许排入水体，需作进一步处理。生物方法是一种普遍采用的补充处理或低浓度含酚废水处理方法，是利用好氧性微生物群自身的新陈代谢过程中产生的一种酶，使废水中有机物质分解，氧化成无机物质，从而使废水得到净化。所以对低浓度的含酚废水可采用生物法处理。

4.3　醚

醇分子中羟基氢被烃基取代生成的化合物叫作**醚**，也可以看作是水分子中两个氢原子都被烃基取代生成的化合物。醚分子中的两个烃基相同时叫作**单醚**，两个烃基不相同时叫作**混醚**。

$$R—OH \qquad R—O—R \qquad R—O—R'$$
　　　　醇　　　　　醚（单醚）　　　　（混醚）

$$H—O—H \qquad R—O—R$$
　　　　水　　　　　　醚

4.3.1　醚的命名

比较简单的醚，若两个烃基具有相同结构，命名时多按其烃基的名称来命名，称为二某醚，但一般"二"字和"基"字可省略如：

$$CH_3—O—CH_3 \qquad C_2H_5—O—C_2H_5$$

二甲醚或甲醚 　　　　　　二乙醚或乙醚

两个烃基不相同时将较小的烃基名称写在前面，在命名烷基芳基醚时，芳基放在烷基前面，如：

$$CH_3—O—C_2H_5 \qquad\qquad CH_3—O—\underset{\underset{CH_3}{|}}{\overset{\overset{CH_3}{|}}{C}}—CH_3$$

甲乙醚 　　　　　　　　甲基叔丁基醚

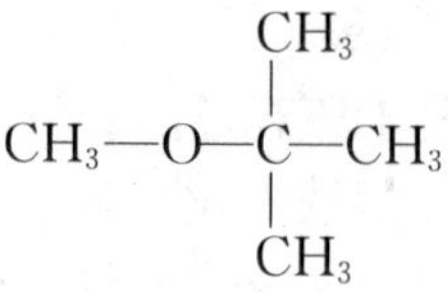

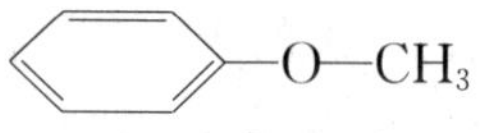

苯甲醚 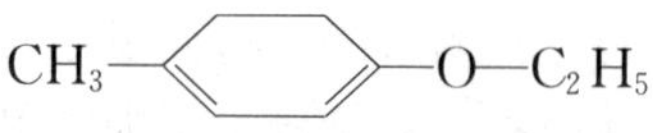 　　　　　　对—甲苯基乙基醚

不饱和烃基醚习惯保留"二"字，如：

$$CH_2{=}CH—O—CH{=}CH_2$$

二乙烯基醚

结构复杂的醚可以看作是烷氧基化合物来命名，将大的烃基作母体，剩下的作取代基（烷氧基），如：

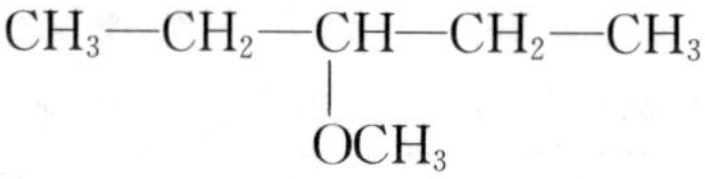

$$CH_3—CH_2—\underset{\underset{OCH_3}{|}}{CH}—CH_2—CH_3 \qquad CH_3—O—CH_2—CH_2—O—CH_3$$

3—甲氧基戊烷 　　　　　　1，2—二甲氧基乙烷

$$CH_3—O—CH_2—CH{=}CH_2 \qquad CH_3—\underset{\underset{CH_3}{|}}{CH}—CH_2—\underset{\underset{OCH_3}{|}}{CH}—CH_2—\underset{\underset{CH_3}{|}}{CH}—CH_3$$

3—甲氧基—1—丙烯 　　　　2，6—二甲基—4—甲氧基庚烷

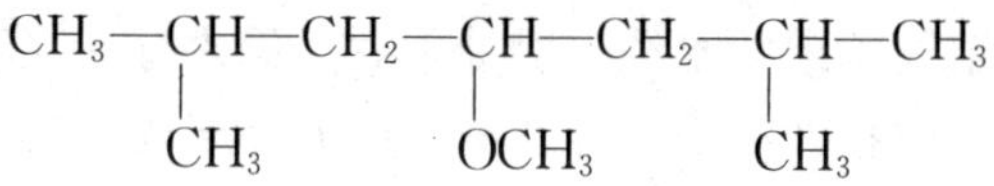

环状醚一般叫环氧某烷或按杂环命名，如

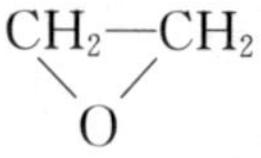

环氧乙烷 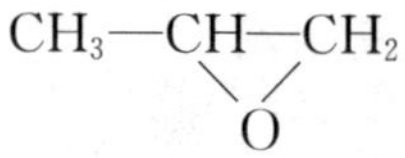 　　　1，2—环氧丙烷 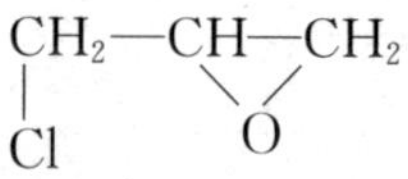 　　　3—氯—1，2—环氧丙烷

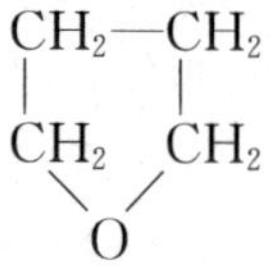

1，4—环氧丁烷 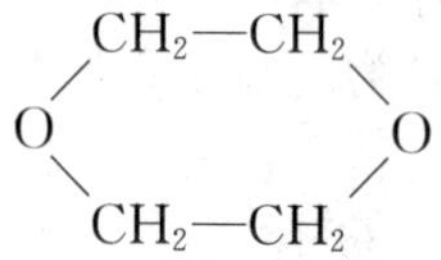 　　　　1，4—二氧六环

脂肪醚与含相同碳原子数的醇互为异构体，这种异构现象属于官能团异构，如：

$CH_3—O—CH_3$ 与 C_2H_5OH 是同分异构体。

4.3.2 醚的性质

1.物理性质

除甲醚和甲乙醚是气体外，一般醚在常温下为无色液体，有特殊气味，低级醚的沸点比同数碳原子醇类的沸点低。如乙醚的沸点 34.6℃，而正丁醇的沸点 117.3℃，这是因为在醚分子间不能以氢键缔合，多数醚难溶于水，每 100g 水约溶 8g 乙醚，但四氢呋喃与水能完全互溶。四氢呋喃是一种环醚，分子量与乙醚相近，因前者氧与碳架形成环，氧原子突出在外，容易与水形成氢键，而乙醚中的氧原子被包围在分子之内，难以与水形成氢键，所以乙醚在水中溶解度较低。

$$CH_2{-}CH_2 \atop CH_2{-}CH_2 \atop O \qquad\qquad CH_3{-}CH_2{-}O{-}CH_2{-}CH_3$$

由于醚不活泼，因此它是良好的有机溶剂，用来萃取有机物或作有机反应的溶剂。常用的溶剂有 1，4—二氧六环，四氢呋喃等。醚的一些物理常数见表4-5。

醚的物理常数 表 4-5

名 称	熔点 (℃)	沸点 (℃)	相对密度 (d_4^{20})	名 称	熔点 (℃)	沸点 (℃)	相对密度 (d_4^{20})
甲 醚	−142	−25	0.661	苯甲醚	−37	154	0.994
乙 醚	−116	34.6	0.741	环氧乙烷	−111	14	0.887
正丁醚	−98	141	0.769	四氢呋喃	−108	65	0.888
二苯醚	27	258	1.072	1，4—二氧六环	12	101	1.036

2. 化学性质

醚分子中的 C—O—C 键叫作醚键，这是醚的结构特征，与 C—O—H 结构的醇相比，分子的极性小，化学性质不活泼，在常温下不与金属钠作用，对碱、氧化剂和还原剂都十分稳定，其稳定性仅次于烷烃，但由于 C—O—C 键的存在又可以发生一些特有的反应。

（1）锌盐的生成

醚分子中氧原子上有孤对电子，可与强酸（如浓 H_2SO_4，浓 HCl 等）作用生成锌盐。

$$R{-}\overset{..}{\underset{..}{O}}{-}R + HCl \rightleftharpoons \left[R{-}\overset{\overset{H}{|}}{\underset{..}{O}}{-}R \right]^+ Cl^-$$

$$R{-}\overset{..}{\underset{..}{O}}{-}R + H_2SO_4 \rightleftharpoons \left[R{-}\overset{\overset{H}{|}}{\underset{..}{O}}{-}R \right]^+ HSO_4^-$$

或

$$C_2H_5{-}O{-}C_2H_5 + HCl \rightleftharpoons \left[C_2H_5{-}\overset{\overset{H}{|}}{\underset{..}{O}}{-}C_2H_5 \right]^+ Cl^-$$

因为生成的锌盐是强酸弱碱盐，很不稳定，遇水很快分解为原来的醚，利用这个性质可将醚从烷烃或卤代烷中分离出来，或者是将烷烃或卤代烷中的醚除去。

锌盐能溶于浓的强酸中，不溶于水。醚之所以能溶于浓酸就是由于生成了锌盐的缘故。

（2）醚键的断裂

醚键对碱 NaOH、KOH 是较稳定的，但是醚键可被强酸断裂，最常用的强酸是氢碘酸，其次是氢溴酸。把碘化氢通入醚中，使之饱和，然后在水浴上加热，醚键便断裂生成一分子碘烷和一分子醇或酚，如：

$$CH_3-(CH_2)_2-CH_2-O-CH_2(CH_2)_2CH_3 + HI \xrightarrow{\triangle} \begin{cases} CH_3CH_2CH_2CH_2I \\ CH_3CH_2CH_2CH_2OH \end{cases}$$

反应历程是首先生成锌盐，加热后醚键断裂。如：

$$CH_3-O-CH_2-CH_3 + HI \rightleftharpoons [CH_3-\overset{H}{\underset{..}{\overset{..}{O}}}-CH_2-CH_3]^+ I^- \rightarrow CH_3I + CH_3CH_2OH$$

混醚与 HI 作用时一般是较小的烃基形成碘代烷，如果用过量的氢碘酸，最后都形成碘代烷，但酚不能继续作用。

$$CH_3-CH_2-O-CH_2-CH_3 + 2HI \xrightarrow{\triangle} 2CH_3-CH_2I + H_2O$$

$$(CH_3)_2CH-O-CH(CH_3)_2 + 2HBr \xrightarrow{\triangle} 2(CH_3)_2CH-Br + H_2O$$

二苯醚由于 C—O 键很牢固，与 HI 作用时醚键并不断裂。

若生成的醇挥发性小，可利用此反应测定甲氧基或乙氧基的含量，此法称为蔡塞尔(Zeisel)法，将反应混合物中生成的碘甲烷或碘乙烷蒸馏出来，用硝酸银醇溶液吸收，再称量所得碘化银或用滴定法测定。

（3）过氧化物的生成

低级醚在贮存过程中若与空气长期接触，会逐渐形成过氧化物。过氧化物为一混合物，不易挥发，遇热极易爆炸，因此在蒸馏醚时切记不要蒸干，以免发生爆炸。醚中是否有过氧化合物存在，可用淀粉碘化钾试纸检验，试纸显蓝色证明有过氧化物存在。

$$KI+淀粉+过氧化物 \longrightarrow \underset{蓝色}{I_2-淀粉}$$

用硫酸亚铁铵与 KCNS 溶液检验也可以，如有红色络合物 Fe $(CNS_6)^{3-}$ 生成，则证明有过氧化物存在。醚中有过氧化物可用 $FeSO_4$ 或 Na_2SO_3 等还原除去，或在贮存时加入少许金属钠或铁屑以防过氧化物生成。

4.3.3　重要的醚

1. 乙醚

乙醚是最常见、最重要的一种醚。它是无色有一定气味的易挥发的液体。沸点 34.6℃。易着火，使用时必须远离火源，注意安全。

乙醚比水轻，略溶于水（在常温时 100g 水中约溶解 8g 乙醚），易溶于有机溶剂。

一般乙醚中含有少量水和乙醇，不含水和乙醇的乙醚叫作无水乙醚或绝对乙醚。

乙醚与空气长期接触，会发生自氧化反应，生成过氧化物。过氧化物不易挥发，留在蒸馏后的残渣中，受热时易爆炸。所以在蒸馏乙醚前应先检查一下是否生成了过氧化物，若已生成了过氧化物，则需先用硫酸亚铁—硫酸水溶液洗涤，破坏生成的过氧化物，再进行蒸馏。

乙醚可作溶剂，麻醉剂等。

2. 环氧乙烷

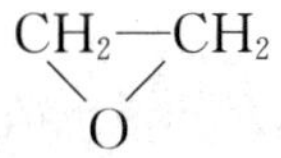

$$CH_2{-}CH_2$$
$$\diagdown\!O\!\diagup$$

碳链氧原子形成环状结构的化合物叫作环醚。
环醚中最简单，最重要的是环氧乙烷，它是一个重要的化工原料。
利用石油裂解气乙烯可以制取环氧乙烷：

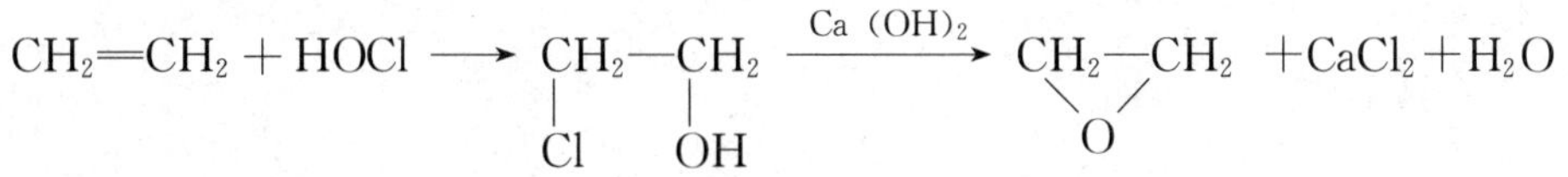

$$CH_2{=}CH_2 + HOCl \longrightarrow \underset{\substack{|\quad\;\;\;| \\ Cl\;\;\;OH}}{CH_2{-}CH_2} \xrightarrow{Ca(OH)_2} \underset{O}{CH_2{-}CH_2} + CaCl_2 + H_2O$$

以银作催化剂，乙烯可被空气氧化成环氧乙烷。

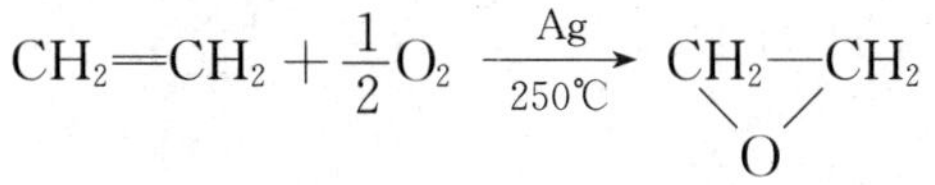

$$CH_2{=}CH_2 + \frac{1}{2}O_2 \xrightarrow[250℃]{Ag} \underset{O}{CH_2{-}CH_2}$$

环氧乙烷是无色有毒气体，沸点11℃，可与水混溶，也溶于乙醇、乙醚等有机溶剂中，易燃烧，与空气形成爆炸混合物，爆炸范围为3%～80%（体积）。工业上用它来作原料时常用氮气清洗反应釜及管线以排除空气，一般贮存于钢瓶中，使用时应注意安全。

环氧乙烷是一个三节环化合物，由于环的张力，三节环不稳定，它容易与醇、水、氨、格氏试剂等亲核试剂发生开环反应，与这些试剂反应的结果相当于环氧乙烷与这些试剂加成。

1）与水反应。在少量酸，如硫酸作用下，环氧乙烷与水反应生成乙二醇。

乙二醇分子中还含有—OH，它还可以与环氧乙烷继续作用生成一系列的化合物，总称为多缩乙二醇或多甘醇。$HO{\left[CH_2{-}CH_2{-}O\right]}_nH$，$n>1$，它们相当于乙醇的缩聚产物又叫聚乙二醇。

聚乙二醇平均分子量为200～650，常温时为无色黏稠的透明液体，易溶于水，也溶于许多有机溶剂中。

二聚乙二醇在工业上用于天然气的干燥和芳香烃的抽提。在脂肪酸工业上用作乳化剂、分散剂、洗涤剂和湿润剂等。

2）与醇反应。在少量的酸催化下，环氧乙烷与醇反应生成乙二醇单烷基醚。

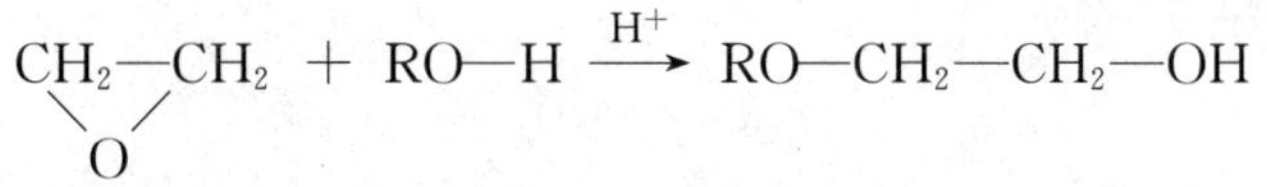

$$\underset{O}{CH_2{-}CH_2} + RO{-}H \xrightarrow{H^+} RO{-}CH_2{-}CH_2{-}OH$$

继续反应生成二聚乙二醇单烷基醚、三聚乙二醇单烷基醚等。

即 $RO{\left[CH_2{-}CH_2{-}O\right]}_nH$，$n>1$。

聚乙二醇单烷基醚同时具有醇和醚的性质。是很好的溶剂，广泛用于纤维素、脂、油漆工业上。

3）与氨反应。环氧乙烷与20%～30%氨水溶液反应生成β-羟基胺或叫一乙醇胺，反应继续作用可生成二乙醇胺、三乙醇胺。

习　题

1. 按系统命名法命名下列各化合物，并指出伯、仲、叔醇类。

(1) 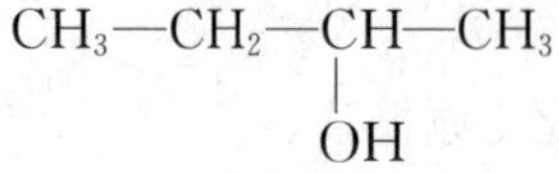　CH₃—CH₂—CH—CH₃
　　　　　　　　　|
　　　　　　　　　OH

(2)　CH₃—CH₂—CH₂—OH

(3) 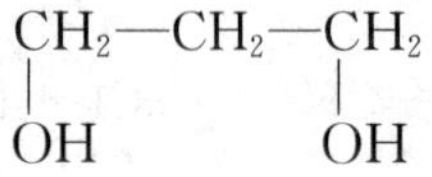　CH₂—CH₂—CH₂
　　　|　　　　　|
　　　OH　　　　OH

(4) 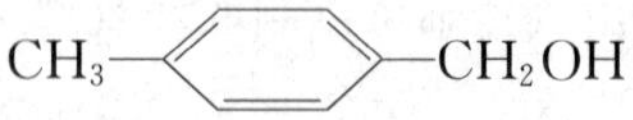　CH₃—⟨benzene⟩—CH₂OH

(5) 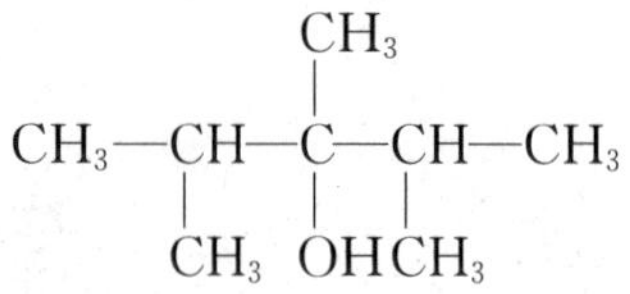　　　　　　CH₃
　　　　　　　|
　　CH₃—CH—C—CH—CH₃
　　　　|　　|　|
　　　CH₃ OH CH₃

(6)
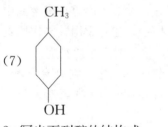

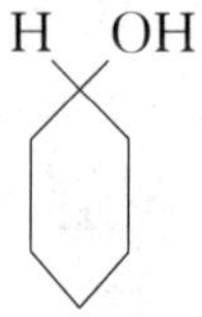

(7)
　　　CH₃
　　　|
　　⟨benzene⟩
　　　|
　　　OH

(8) 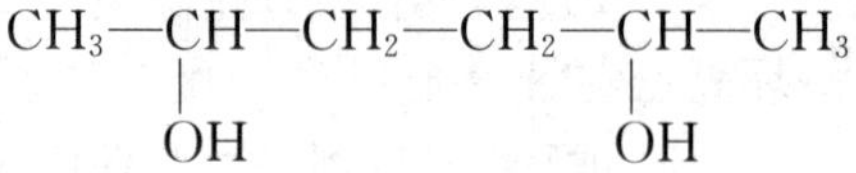　CH₃—CH—CH₂—CH₂—CH—CH₃
　　　　　|　　　　　　　|
　　　　　OH　　　　　　OH

2. 写出下列醇的结构式。

(1) 2—乙基—1—己醇

(2) 2，3—二氯—2—丁烯—1，4—二醇

(3) 对—乙基苯甲醇

(4) 三苯甲醇

3. 下列两组化合物与卢卡氏试剂反应，按其反应速度排列成序。

(1) 2—丁醇，3—丁烯—2—醇，正丁醇

(2) 苄醇，对甲基苄醇，对硝基苄醇

4. 比较下列化合物在水中溶解度。

(1) 甲基乙基醚

(2) 丁烷

(3) 1，3—丙二醇

(4) 2—丙醇

(5) 丙三醇

5. 选择合适的烯烃合成以下物质。

(1) 仲丁醇

(2) 叔丁醇

(3) 叔戊醇

6. 根据分子结构，推测下列化合物是否溶于水，并说明原因。

(1) 乙烷　　　　(2) 乙醚　　　　(3) 氯乙烷

（4）乙醛　　　（5）乙醇　　　（6）乙酸

7. 区别下列各组化合物。

（1）$CH_2\!=\!CH\!-\!CH_2OH$，$CH_3\!-\!CH_2\!-\!CH_2\!-\!OH$，$CH_3\!-\!CH_2\!-\!CH_2Br$

（2）$CH_3\!-\!CH_2\!-\!CH_2\!-\!CH_2\!-\!OH$，$(CH_3)_3C\!-\!OH$，$(CH_3)_2\!-\!CH\!-\!OH$

（3）乙醇钠与戊醇

（4）己烷，丁醇，苯酚，丁醚

（5）正丙醇、丙烯醇、丙炔醇

（6）含酚水溶液与纯水

（7）苯甲醚，甲苯，对甲基苯酚

8. 用指定的原料合成下列各化合物（其他试剂任选）。

（1）$C_6H_5CH_2Br\cdots\cdots\longrightarrow$ 苯甲醇 CH_2OH

（2）$CH_3\!-\!CH_2\!-\!CH_2\!-\!CH_2Br\cdots\cdots\longrightarrow CH_3\!-\!CH_2\!-\!\underset{\underset{OH}{|}}{CH}\!-\!CH_3$

（3）$CH_3\!-\!CH_2\!-\!CH_2\!-\!OH\cdots\cdots\longrightarrow CH_3\!-\!CH_2\!-\!CH_2\!-\!O\!-\!\underset{\underset{CH_3}{|}}{CH}\!-\!CH_3$

（4）$CH_3\!-\!\underset{\underset{OH}{|}}{CH}\!-\!\underset{\underset{CH_3}{|}}{CH}\!-\!CH_3\cdots\cdots\longrightarrow CH_3\!-\!\overset{\overset{CH_3}{|}}{\underset{\underset{OH}{|}}{C}}\!-\!CH_2\!-\!CH_3$

（5）丙烯$\cdots\cdots\longrightarrow$丙炔

9. 某醇 $C_5H_{11}OH$ 氧化后得一种酮，脱水后得一种烯烃，此烯烃经氧化可生成另一种酮和一种羧酸，试推测该醇的结构式。

10. 化合物 A 的分子量为 60，含有 60% 的碳，13.3% 的氢，A 与氧化剂作用，相继得到醛和酸；将 A 与溴化氢和硫酸作用，生成 B，B 与 KOH 乙醇作用生成 C，C 与 HBr 作用生成 D，D 含有 65% 的溴，水解后生成 E，而 E 是 A 的同分异构体。推导以上各化合物的结构式，写出各步反应式。

11. 写出下列各化合物的结构式。

（1）对—氨基苯酚　　　（2）邻—羟基苯乙酮　　　（3）β—溴萘

12. 命名下列各化合物。

(4)

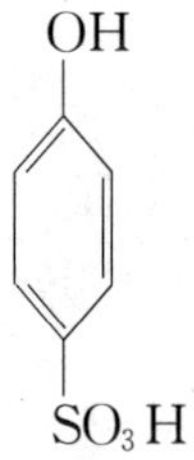

OH
（苯环，对位 SO$_3$H）

(5)

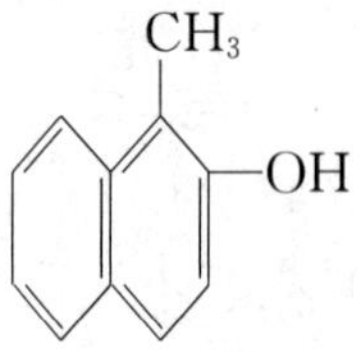

CH$_3$
（萘环，OH）

(6)

OH
（苯环，邻位 NO$_2$，对位 Cl）

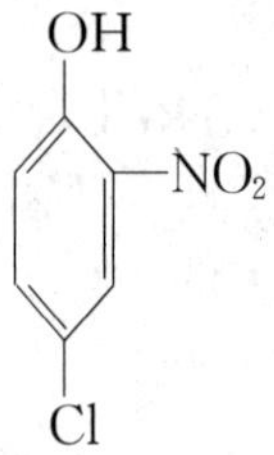

13. 比较下列化合物的酸性强弱，并解释之。

(1) 苯酚
(2) 对—甲基苯酚
(3) 对—甲氧基苯酚
(4) 对—硝基苯酚
(5) 间—硝基苯酚
(6) 2，4—二硝基苯酚

14. 下列化合物中哪些能形成分子内氢键或哪些形成分子间氢键？

(1) 对—硝基苯酚
(2) 邻—硝基苯酚
(3) 邻—甲基苯酚
(4) 邻—氯苯酚

15. 有一芳香族化合物 A，分子式为 C_7H_8O，A 与钠不反应，与氢碘酸反应生成两个化合物 B 和 C。B 能溶于 $NaOH$，并与 $FeCl_3$ 溶液作用呈紫色。C 与硝酸银醇溶液作用，生成黄色碘化银，试写出 A、B、C 的结构式，及反应式。

16. 化合物 $C_5H_{12}O$（A）可与钠作用放出氢气，与浓硫酸共热时生成烯烃 C_5H_{10}（B），B 经臭氧化作用水解生成丙酮及乙醛，B 与 HBr 作用得到化合物 $C_5H_{11}Br$（C），发生水解作用又可生成原来的化合物 A，试写出 A 的结构式，及各步反应式。

17. 有三种液体物质，分子式为 $C_4H_{10}O$，其中两种在室温下不与卢卡氏试剂起反应，但经重铬酸钾和稀硫酸氧化，最后得到两种羧酸。另一种则很快与卢卡氏试剂起反应生成 2—氯—2—甲基丙烷。试写出这三种有机物质的结构及变化过程。

18. 某种晶体，与少量水一起振荡，得到混浊液。把它分成两份，一份加入 $NaOH$ 溶液，则逐渐变澄清，通入二氧化碳，则溶液又混浊，另一份滴入 $FeCl_3$ 溶液，则立即有紫色出现，试推断这种晶体是什么？写出各有关反应方程式。

第5章 醛 和 酮

醛和酮是烃的含氧衍生物，这类含氧衍生物的氧原子是以双键与碳原子相连，而醇、酚、醚的氧是以单键与碳相连的含氧化合物。

醛和酮都含有羰基（$\diagup$C=O）。

羰基一端和一个氢原子相联结的化合物叫作醛，常用通式 RCHO（$C_nH_{2n}O$）表示脂肪族饱和一元醛，—CHO 叫作醛基。

羰基和两个烃基相连的化合物叫作酮，常用通式 RCOR′（$C_nH_{2n}O$）表示脂肪族饱和一元酮。R 和 R′相同的酮叫作单酮，不相同的称为混酮。

5.1 醛、酮的结构、分类和命名

羰基是醛、酮的官能团。羰基碳原子（简称羰碳）用三个 sp^2 杂化轨道分别和其他三个原子形成三个 σ 键，这三个 σ 键在同一平面上，键角接近 120°。碳原子余下的一个 p 轨道和氧原子的一个 p 轨道从侧面重叠形成一个碳氧 π 键。碳氧 σ 键和碳氧 π 键构成羰基碳氧双键，其结构如图 5-1 所示。

碳氧双键和烯烃的碳碳双键在结构上有相似之处，但又有明显的差别。由于氧原子的电负性比碳大，氧原子周围的电子云密度比碳原子周围的电子云密度大，所以羰基是一个极性基团，具有偶极矩，例如，甲醛的偶极矩为 2.27D，丙酮为 2.85D。羰基中的 π 电子云密度分布示意如图 5-2 所示。

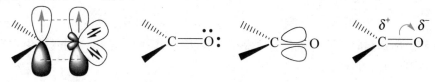

图 5-1　羰基结构示意　　　　图 5-2　羰基 π 电子云分布示意

醛、酮根据分子中烃基的不同可以分为脂肪族醛、酮，脂环族醛、酮和芳香族醛、酮；根据分子中烃基的饱和程度可以分为饱和醛、酮和不饱和醛、酮；根据分子中羰基的数目还可以分为一元醛、酮，二元醛、酮。

醛的习惯命名和醇相似，按分子中碳原子数称为"某醛"，例如：

HCHO　　CH₃CHO　　$\underset{CH_3}{\overset{CH_3}{\diagup}}$CHCHO　　CH₃CH₂CH₂CH₂CHO

甲醛　　　　乙醛　　　　异丁醛　　　　　正戊醛

酮的习惯命名除最简单的丙酮外，其他较简单的酮用连接在羰基碳上的两个烃基来命名，把简单的烃基写在前面，较复杂的烃基写在后面，最后再加"酮"字，例如：

$$CH_3-\overset{\overset{\displaystyle O}{\|}}{C}-CH_2CH_3$$

甲基乙基酮

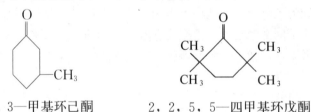

甲基苯乙基酮

醛、酮的系统命名法是选择含有羰基的最长碳链为主链，主链编号从靠近羰基一端开始，使羰基所在位置的数字最小。因为醛基一定在链端，总是占第一位，所以不必标出它的位次。酮的羰基在碳链间，除丙酮、丁酮外，其他酮的羰基位置必须标明。主链若有支链，都作为取代基，其名称、位次都写在"某醛（酮）"的前面，例如：

$$CH_3CH_2\underset{\overset{\displaystyle |}{CH_3}}{CH}CH_2CHO \qquad CH_3\underset{\overset{\displaystyle |}{CH_3}}{CH}CH_2\overset{\overset{\displaystyle O}{\|}}{C}CH_3 \qquad CH_3\underset{\overset{\displaystyle |}{CH_3}}{CH}CH_2\overset{\overset{\displaystyle O}{\|}}{C}CH_2Cl$$

3—甲基戊醛　　　　4—甲基—2—戊酮　　　4—甲基—1—氯—2—戊酮

碳原子的位次也可用希腊字母编号。在主链中靠近醛基的碳原子用 α 表示，其他的碳原子依次分别有 β、γ、δ……标出，所以 3—甲基戊醛又叫 β—甲基戊醛。

芳香族醛、酮常把芳环看作取代基，以脂肪链为主链来命名，例如：

$$\text{⌬}-CH=CHCHO \qquad \text{⌬}-COCH_3 \qquad \text{⌬}-CH_2COCH_3$$

3—苯基丙烯醛　　　　　　　苯乙酮　　　　　1—苯基—2—丙酮
（β—苯基丙烯醛）

脂环酮在相应的开链酮前面加"环"字来命名，例如：

3—甲基环己酮　　　　2，2，5，5—四甲基环戊酮

二元醛、酮命名时，所有羰基的位次按"最低系列规则"给出，同时用中文数字标出分子中的羰基数目，例如：

$$CH_3\overset{\overset{\displaystyle O}{\|}}{C}CH_2\overset{\overset{\displaystyle O}{\|}}{C}CH_3$$

2，4—戊二酮　　　　　1，3—环己二酮

5.2　醛、酮的物理性质

甲醛在室温下是气体，其他 12 个碳原子以下的醛、酮是液体，更高级的醛酮为固体。低级醛有刺激气味，$C_8 \sim C_{13}$ 的醛有果香味。

由于醛、酮是极性化合物，所以它们的沸点比分子量相近的非极性化合物高。但是醛和酮本身不能形成分子间氢键，致使它们的沸点比相应醇低，见表 5-1。

一些化合物的沸点　　　　　　　　　　　　　　　　　表 5-1

化合物	甲醇	甲醛	乙烷	正丙醇	丙酮	正丁烷
分子量	32	30	30	60	58	68
沸点（℃）	64.7	−21	−89	97.2	56.1	−0.5

由于低分子量的醛、酮能够和水分子形成氢键，所以低级醛、酮易溶于水。随着分子中的烃基逐渐增大，醛、酮在水中的溶解度逐渐下降，六个碳原子以上的醛、酮基本上不溶于水。醛、酮一般都溶于有机溶剂。

一些常见的醛、酮的物理常数见表 5-2。

常见醛、酮的物理常数　　　　　　　　　　　　　　表 5-2

名　　称	结　构　式	熔点（℃）	沸点（℃）	溶解度（g/100g 水）
甲　醛	HCHO	−92	−21	易　溶
乙　醛	CH_3CHO	−121	20.8	∞
丙　醛	CH_3CH_2CHO	−81	49	16
苯甲醛	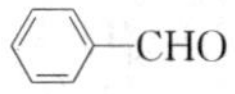 ⬡—CHO	−26	178.1	0.3
水杨醛	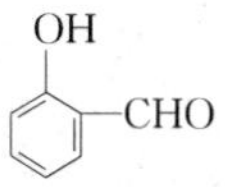 ⬡(OH)—CHO	−7	197	1.7
丙　酮	CH_3COCH_3	−94.8	56.1	∞
2—戊酮	$CH_2(CH_2)_2COCH_3$	−77.8	101.7	6.3
甲乙酮	$CH_3COCH_3CH_5$	−86	80	26
环己酮	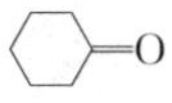 ⬡=O	−16.4	155.7	微　溶
苯乙酮	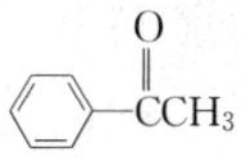 ⬡—COCH_3	20.5	202	不　溶
2，4—戊二酮（β—戊二酮）	$CH_3COCH_2COCH_3$	−23	139 (99458Pa)	微　溶

5.3　醛、酮的化学性质

5.3.1　亲核加成反应

羰基（$\rangle C=O$）是一个不饱和基团，它与碳碳双键一样，也能发生加成反应。但是，这种加成反应和烯烃的亲电加成有较大的差别。碳氧双键中由于氧的电负性比较大，π 电子云又易于极化，所以羰基中带部分正电荷的碳和带部分负电荷的氧相比，前者的活性大于后者。因此羰基碳容易被带负电荷或有未共用电子对的亲核试剂攻击而发生加成反应。

由亲核试剂攻击引起的加成反应叫亲核加成。亲核加成反应是醛、酮的典型反应，分两步进行。第一步是亲核试剂（：Nu）从羰基平面的一侧进攻缺电子的羰基碳，碳氧 π 键打开，一对 π 电子转向氧，羰基碳从 sp^2 杂化变为 sp^3 杂化，由原来的平面三角构型变为四面体构型。经历该过渡状态之后，生成一个氧负离子。

$$\overset{\text{''''}}{\underset{\blacktriangledown}{C}}{=}O \;+\; :Nu \;\underset{}{\overset{\text{慢}}{\rightleftharpoons}}\; \left[\ \overset{Nu}{\underset{\;\;\overset{\displaystyle \cdot}{O^-}}{C}}\ \right] \;\rightleftharpoons\; \overset{Nu}{\underset{O^-}{C}}$$

第二步是亲电试剂（E^+）和氧负离子结合，生成产物。

$$\overset{Nu}{\underset{O^-}{C}} \;+\; E^+ \;\overset{\text{快}}{\rightleftharpoons}\; \overset{Nu}{\underset{OE}{C}}$$

不同结构的醛、酮进行亲核加成反应的难易是不同的，由易到难的活性次序如下：

$$\overset{H}{\underset{H}{C}}{=}O > \overset{H}{\underset{CH_3}{C}}{=}O > \overset{H}{\underset{C_6H_5}{C}}{=}O > \overset{CH_3}{\underset{CH_3}{C}}{=}O >$$

$$\overset{R}{\underset{CH_3}{C}}{=}O > \overset{R}{\underset{R}{C}}{=}O > \overset{R}{\underset{C_6H_5}{C}}{=}O$$

这是由空间效应和电子效应决定的，当羰基碳所连接的烃基（R）增大时，由于烃基的空间障碍和烃基的供电效应及芳基的共轭效应，使亲核试剂难以接近羰基碳。另一方面，在过渡态中因为基团的空间拥挤程度增大和氧上负电荷的增加，降低了过渡态的稳定性。醛酮亲核加成反应是可逆的，酸碱均可催化反应。

1. 与氢氰酸的加成反应

$$\overset{R}{\underset{H}{C}}{=}O + HCN \rightleftharpoons \overset{R}{\underset{H}{\overset{\displaystyle}{C}}}{\langle}\overset{OH}{\underset{CN}{}}$$

$$\overset{R}{\underset{R'}{C}}{=}O + HCN \rightleftharpoons \overset{R}{\underset{R'}{\overset{\displaystyle}{C}}}{\langle}\overset{OH}{\underset{CN}{}}$$

氢氰酸与醛、酮在碱性催化剂的存在下，反应进行很快，产率也高，如 HCN 与丙酮反应。无碱存在时 3～4h 内只有一半原料起反应，加一滴氢氧化钾溶液，立即发生反应，两分钟内反应完成。如果加入酸，反而使反应速度减慢，加入大量的酸放置许多天也不反应，这些实验事实表明这种加成反应起决定性作用的是 CN^- 离子，因碱的存在能增加 CN^- 的浓度，酸的存在降低了 CN^- 离子的浓度。一般认为此反应历程是：

$$HCN \underset{H^+}{\overset{OH^-}{\rightleftharpoons}} H^+ + CN^-$$

$$R-\overset{R}{\underset{R}{C}}{}^{\delta+}=O^{\delta-} + CN^- \underset{慢}{\rightleftharpoons} \overset{R}{\underset{R}{C}}\overset{O^-}{\underset{CN}{}} \xrightarrow[快]{H^+} R-\overset{R}{\underset{OH}{C}}-CN$$

从羰基的结构已看到，碳氧双键是一个极性键，由于氧上带有部分负电荷，要比带部分正电荷的碳稳定，在发生加成时，CN^- 首先与带有正电荷的羰基碳结合，即 CN^- 具有亲核性，HCN 是一种亲核试剂。羰基化合物的加成一般是亲核加成。

HCN 加到醛、酮的羰基上，得到 α—羟基腈（又叫 α—氰醇）这个反应醛和脂肪族甲基酮（CH_3-CO-R）都能发生，在有机合成上用处很大，是增加碳链的一个方法，并且也可通过它转变成其他的化合物，如 α—羟基酸和不饱和酸酯。

$$R-CHO \xrightarrow{HCN} R-\overset{}{\underset{OH}{CH}}-CN \xrightarrow{水解} R-\overset{}{\underset{OH}{CH}}-COOH$$

α—羟基酸

$$CH_3-\overset{}{\underset{CH_3}{C}}=O + HCN \longrightarrow CH_3-\overset{OH}{\underset{CH_3}{C}}-CN \xrightarrow[H_2SO_4]{CH_3OH} CH_2=\overset{}{\underset{CH_3}{C}}-COOCH_3$$

甲基丙烯酸甲酯

甲基丙烯酸甲酯是制备有机玻璃聚甲基丙烯酸甲酯的单体。反应时由于 HCN 易于挥发而且剧毒，一般采用 KCN，它虽然有毒，但不挥发。

2. 与亚硫酸氢钠的加成反应

$$\overset{R}{\underset{(CH_3)H}{C}}=O + NaHSO_3 \longrightarrow \overset{R}{\underset{(CH_3)H}{C}}\overset{OH}{\underset{SO_3Na}{}}$$

α—羟基磺酸钠

醛和甲基酮与饱和的（40％）亚硫酸氢钠溶液作用是一可逆反应，必须加过量的饱和亚硫酸氢钠溶液，产物易溶于水不溶于饱和亚硫酸氢钠溶液而结晶出来，使平衡向右移动，产物也不溶于乙醚。用此反应来鉴别醛和甲基酮，同时也可利用此反应来提纯醛或甲基酮。因生成的亚硫酸加成产物在稀酸或稀碱存在下可分解生成原来的醛或酮，所以此反应可用于分离和提纯醛酮。

$$R-\overset{}{\underset{OH}{CH}}-SO_3Na \begin{cases} \xrightarrow{HCl} RCHO + NaCl + SO_2 + H_2O \\ \xrightarrow{Na_2CO_3} RCHO + Na_2SO_3 + CO_2 + H_2O \end{cases}$$

醛酮与亚硫酸氢钠的加成范围和氢氰酸大致相同，只有醛及脂肪族甲基酮还有低分子量的环酮才能反应。这主要因为亚硫酸氢根的体积比较大，羰基碳上所连烃基体积太大时，加成反应将受到空间阻碍。

α—羟基磺酸和等当量的氰化钠作用，磺酸基可以被氰基取代，生成 α—羟基腈，这是制备 α—羟基腈的好方法。它的优点是避免使用剧毒的氰化氢，而且产率也高。

3. 与醇的加成反应

在干燥氯化氢或浓硫酸的作用下一分子醛和一分子醇发生加成反应，生成半缩醛，它一般不稳定，继续与醇进行反应脱去一分子水，而生成稳定的缩醛，所以该反应叫缩醛反应。

$$\begin{array}{c} R \\ C=O \\ H \end{array} + R'OH \xrightarrow{\text{干 HCl}} \begin{array}{c} R \quad OH \\ C \\ H \quad OR' \end{array} \xrightarrow[\text{R'OH}]{\text{干 HCl}} \begin{array}{c} R \quad OR' \\ C \\ H \quad OR' \end{array}$$

半缩醛　　　　　缩醛

缩醛对碱、氧化剂、还原剂都比较稳定，但在酸性溶液中水解为原来的醛。

$$\begin{array}{c} R \quad OR' \\ C \\ H \quad OR' \end{array} + H_2O \xrightarrow{H^+} \begin{array}{c} R \\ C=O \\ H \end{array} + 2R'OH$$

可利用此反应来保护活泼的醛基。

在同样的条件下，酮一般不与饱和一元醇起加成反应。

4. 与格利雅试剂加成

醛酮能与格氏试剂加成，加成产物经水解后，分别得到伯醇、仲醇或叔醇。

$$\overset{\delta^+}{C}\!=\!\overset{\delta^-}{O} + R{-}MgX \longrightarrow \begin{array}{c} \\ C{-}OMgX \\ | \\ R \end{array} \xrightarrow{H_2O} \begin{array}{c} | \\ R{-}C{-}OH \\ | \end{array} + Mg\begin{array}{c} OH \\ \diagdown \\ X \end{array}$$

格氏试剂与醛酮加成是制取醇的好方法之一，尤其制取复杂的醇。格氏试剂的烃基带着电子从镁转移到羰基碳上，它是强的亲核试剂。

根据所需要醇的结构特点，可以选择适当的格氏试剂及羰基化合物来制取各种伯、仲、叔醇。

$$RMgX + HCHO \longrightarrow R{-}CH_2{-}OMgX \xrightarrow{H_2O} RCH_2OH + Mg\begin{array}{c} OH \\ \diagdown \\ X \end{array}$$

伯醇

$$RMgX + R'{-}CHO \longrightarrow \begin{array}{c} R{-}CH{-}OMgX \\ | \\ R' \end{array} \xrightarrow{H_2O} \begin{array}{c} R{-}CH{-}R' \\ | \\ OH \end{array} + Mg\begin{array}{c} OH \\ \diagdown \\ X \end{array}$$

仲醇

$$RMgX + \begin{array}{c} R' \\ \diagup \\ C=O \\ \diagdown \\ R'' \end{array} \longrightarrow \begin{array}{c} R' \\ | \\ R{-}C{-}OMgX \\ | \\ R'' \end{array} \xrightarrow{H_2O} \begin{array}{c} R' \\ | \\ R{-}C{-}OH \\ | \\ R'' \end{array} + Mg\begin{array}{c} OH \\ \diagdown \\ X \end{array}$$

叔醇

由以上反应可看出，甲醛与格氏试剂加成，水解后生成比甲醛碳原子多的伯醇。除甲醛外的醛与格氏试剂加成，水解后最终产物是仲醇，而酮与格氏试剂反应的最终产物是叔醇。

5. 与氨的衍生物加成缩合

氨及其衍生物是含氮亲核试剂，可以与羰基加成，氨与一般的羰基化合物不易得到稳定的加成产物，但它的衍生物（羟胺、肼、苯肼、2，4—二硝基苯肼和氨基脲等）都能与羰基加成，反应并不停止于加成这一步，而是相继由分子内失去水，形成 C＝N 双键，如果以符号 Y 表示氨基（—NH$_2$）以外的基团即氨的衍生物 NH$_2$—Y，便可用一个通式来代表羰基化合物与氨的衍生物反应情况。

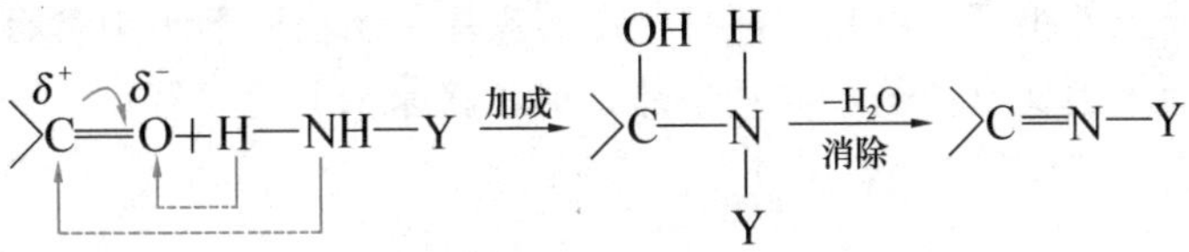

$$\overset{\delta^+}{C}\!\!=\!\!\overset{\delta^-}{O} + H\!-\!NH\!-\!Y \xrightarrow[\text{加成}]{} \underset{Y}{\overset{OH\ H}{C\!-\!N}} \xrightarrow[\text{消除}]{-H_2O} C\!=\!N\!-\!Y$$

氨的衍生物与醛酮作用是一种加成——消除反应，其中 Y 可代表—OH，—NH$_2$，

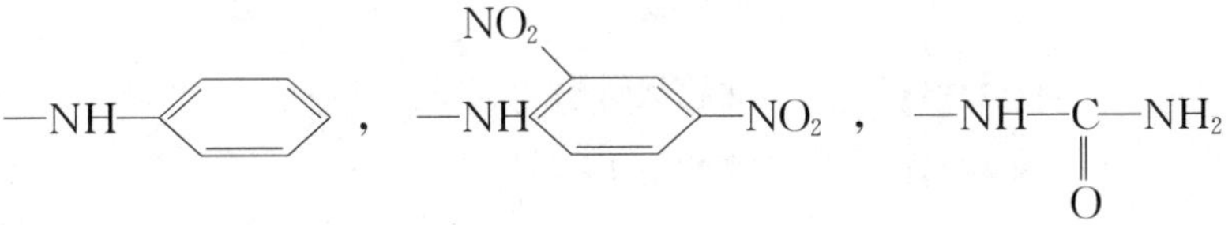

—NH—⟨苯环⟩，　—NH—⟨苯环 NO$_2$⟩—NO$_2$，　—NH—C(=O)—NH$_2$ 等基团，反应的最终

产物相应为肟、腙、苯腙、2，4—二硝基苯腙、缩氨脲等，其反应式：

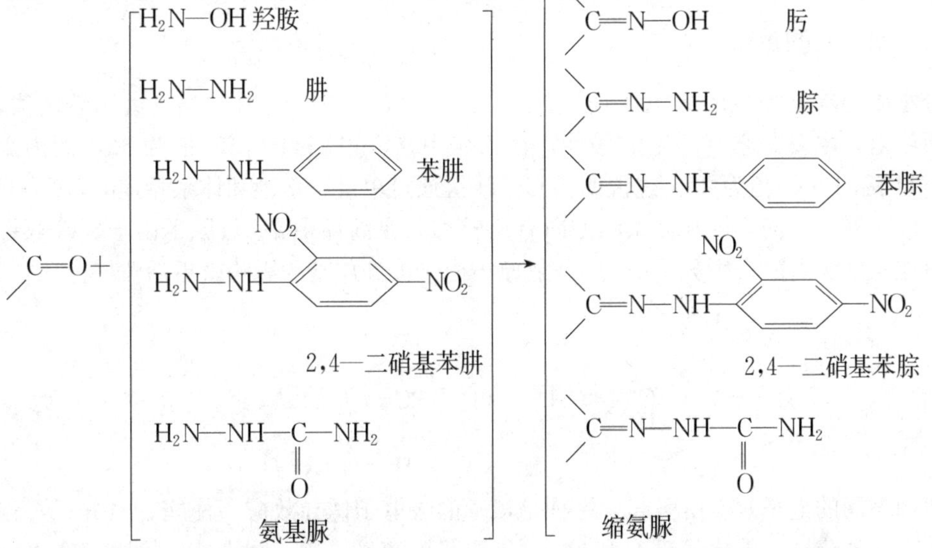

H$_2$N—OH 羟胺　　　　　　　　　　C＝N—OH 　肟

H$_2$N—NH$_2$　肼　　　　　　　　　C＝N—NH$_2$ 　腙

H$_2$N—NH—⟨苯环⟩ 苯肼　　　　　C＝N—NH—⟨苯环⟩ 苯腙

C＝O + H$_2$N—NH—⟨苯环 NO$_2$⟩—NO$_2$ → C＝N—NH—⟨苯环 NO$_2$⟩—NO$_2$

2，4—二硝基苯肼　　　　　　　　2，4—二硝基苯腙

H$_2$N—NH—C(=O)—NH$_2$　　　　C＝N—NH—C(=O)—NH$_2$

氨基脲　　　　　　　　　　　　缩氨脲

肟、苯腙及缩氨脲大多数是固体，有固定的熔点，产率高，易于提纯，在稀酸的作用下能水解生成原来的醛或酮，因此，可利用上述反应对羰基化合物进行分离、提纯和鉴别。常用 2，4—二硝基苯肼来鉴别羰基化合物，它与羰基生成黄色沉淀。

相当多的腙是液体，易溶于水及有机溶剂，且伴有副产物生成，因此腙的生成不能用以鉴定醛、酮。但它在 KOH 或 C$_2$H$_5$ONa 作用下，能分解出氮而生成烷烃，这是使羰基变为亚甲基的一种方法。

$$\underset{\diagup}{\overset{\diagdown}{C}}=N-NH_2 \xrightarrow[\substack{200℃\\加压}]{KOH} \underset{\diagup}{\overset{\diagdown}{C}}H_2 + N_2\uparrow$$

以上述的亲核加成反应难易可以看出与羰基的活性有密切的关系，影响羰基活性的因素主要是电子效应及空间效应，综合这两方面的因素羰基活性次序如下：

$$\underset{H}{\overset{H}{C}}=O > R-\underset{}{\overset{H}{C}}=O > CH_3-\underset{}{\overset{CH_3}{C}}=O >$$

$$R-\underset{}{\overset{CH_3}{C}}=O > Ar-\underset{}{\overset{CH_3}{C}}=O > Ar-\underset{}{\overset{Ar}{C}}=O$$

羰基上的加成反应虽然很多，可是它都有一定的规律，亲核试剂多半含有活泼氢，加成时氢加在羰基的氧原子上变成羟基，而其余部分加在碳原子上。

$$R-\underset{}{\overset{H(R)}{C}}=O \qquad 醛或酮$$

$$NC-H \qquad 氢氰酸$$

$$NaO_3S-H \qquad 亚硫酸氢钠$$

$$Y-NH-H \qquad 氨的衍生物$$

$$R-MgX \qquad 格氏试剂$$

5.3.2 α—氢的反应

醛酮分子中与羰基相邻的碳上所连接的氢叫 α—氢，醛酮分子中的 α—氢比较活泼，所以又叫活泼氢，主要是它有一定的酸性，在乙烷中，C—H 键的 pKa 值为 42，而丙酮中，α—C—H 键的 pKa 值为 20。这说明当 C—H 键通过单键与不饱和体系相连时，C—H 键中的共用电子对必然向不饱和体系的方向有所转移。在丙烯中 α—氢原子由于碳碳双键的影响变得比较活泼。醛、酮分子中的 α—氢原子由于极性羰基的影响就更活泼些。

$$H-\underset{H}{\overset{H}{C}}-C=CH_2 \qquad H-\underset{H}{\overset{H}{C}}-\underset{H(R)}{C}=O$$

这主要是两种不同的电子效应所引起。一种是羰基的吸电子诱导效应，使醛、酮分子有较大的偶极矩，在酸或碱的催化下都有利于 α—氢原子的离解；另一种是 α—氢原子有更大的离解倾向。同时，醛、酮失去质子后形成的负碳离子，由于电子的离域作用，使负电荷更加分散，从而增加了负碳离子的稳定性。

$$-\underset{}{\overset{}{C}}-C=O \xrightarrow{-H^+} -\overset{}{C}-C=O \longleftrightarrow -C-C-O^- \Longequiv -C=C-OH$$

所以醛、酮的 α—氢原子具有一定的酸性。例如，乙烷、丙酮和乙醛的碳氢键的 pKa 分别为 42、20 和 17。

这种电子效应可看成是 C—H 间 σ 键与 C—O 间 π 键发生共轭的结果，所以叫作 σ—π 共轭，属于超共轭效应的一种。

α—氢的活泼性主要表现在下列几个方面：

1. 卤代反应

α—氢在酸催化下容易被卤素取代，形成 α—卤代醛酮，如：

$$CH_3-\underset{\underset{O}{\|}}{C}-CH_3 + Br_2 \xrightarrow{H^+} CH_3-\underset{\underset{O}{\|}}{C}-CH_2Br$$

α—溴代丙酮

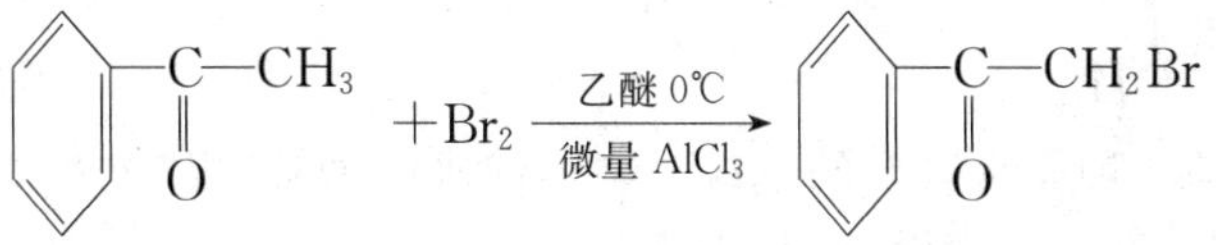

$$\underset{\underset{O}{\|}}{C}-CH_3 + Br_2 \xrightarrow[\text{微量 AlCl}_3]{\text{乙醚 0℃}} \underset{\underset{O}{\|}}{C}-CH_2Br$$

α—溴代苯乙酮

α—溴代苯乙酮是一个催泪性很强的化合物。

2. 卤仿反应

在碱性溶液中 α—氢很顺利的被卤素取代，常用的试剂是次卤酸钠或卤素的碱溶液，当一个卤素引入 α—碳原子上以后，α—碳原子上的其余氢原子更容易被卤素取代，如果 α—碳上有三个氢它们都被取代，便生成三卤衍生物，在碱溶液中分解成三卤甲烷即卤仿。

$$R-\underset{\underset{O}{\|}}{C}-CH_3 + 3NaOX \longrightarrow R-\underset{\underset{O}{\|}}{C}-CX_3 + 3NaOH$$

$$R-\underset{\underset{O}{\|}}{C}-CX_3 + NaOH \longrightarrow CHX_3 + RCOONa$$

卤仿

因此常把次卤酸的溶液与醛酮作用生成三卤甲烷的反应叫卤仿反应，常使用的卤素是碘，则叫碘仿反应。生成的碘仿为黄色沉淀，有臭味，不溶于水，故常用碘仿反应来鉴定化合物中是否有甲基醛酮。

从反应中可看出只有 $CH_3-\underset{\underset{O}{\|}}{C}-$ 这种结构的醛、酮才可以发生卤仿反应，但因次卤酸钠又是一个氧化剂，故能被氧化成 $CH_3-\underset{\underset{O}{\|}}{C}-$ 结构的化合物（如 $CH_3-\underset{\underset{OH}{|}}{CH_2}$）也能发生卤仿反应，这是制备羧酸的反应之一。

3. 羟醛缩合反应

在稀碱的催化下，含有 α—氢的醛可以发生自身的加成反应，生成 β—羟基醛。在 β—羟基醛中，由于受醛的影响，α—氢非常活泼，极易脱去，生成 α，β 不饱和醛，这反应的第一步是加成，第二步是脱水，因此叫作羟醛缩合反应。只生成羟醛而没有脱水，也叫羟醛缩合反应（或醇醛缩合）。

$$CH_3-\overset{\underset{|}{O}}{C}-H+CH_2-CHO \underset{\longleftarrow}{\overset{\text{稀碱}}{\longrightarrow}} CH_3-\underset{\underset{|}{OH}}{CH}-CH_2-CHO$$

酮在同样条件下，只能得到少量 β—羟基酮。

$$2CH_3-\overset{\underset{|}{O}}{C}-CH_3 \rightleftharpoons CH_3-\underset{\underset{|}{OH}}{C}-CH_2-\overset{\underset{|}{O}}{C}-CH_3$$

$$\qquad\qquad\qquad 99\% \qquad\qquad\qquad 1\%$$

在碱或酸溶液中加热，β—羟基醛中的 α—H，与羟基失水形成 α，β—不饱和醛。

$$CH_3-\underset{\underset{|}{OH}}{CH}-CH_2-CHO \xrightarrow[\text{OH}^-\text{或H}^+]{\triangle} CH_3-\overset{\beta}{CH}=\overset{\alpha}{CH}-CHO$$
$$\qquad\qquad\qquad\qquad\qquad\qquad\qquad\qquad 2—丁烯醛$$

羟醛缩合反应是一种非常重要的反应，它能使碳链增长，能产生支链，可得到各种各样的产物，在有机合成中有极其重要的用途。

若用不同的醛，则产生四种不同 β—羟醛的混合物，没有合成价值。若使一分子含 α—H 的醛与另一分子不含 α—H 的醛反应，则可得到产率较好的某一种产品。如：

$$\langle \rangle-CHO+CH_3-CHO \rightleftharpoons \langle \rangle-\underset{\underset{|}{CH}}{\overset{OH}{|}}-CH_2-CHO$$

$$\xrightarrow[\triangle]{-H_2O} \langle \rangle-CH=CH-CHO$$
$$\qquad\qquad\qquad\qquad 肉桂醛$$

5.3.3 氧化反应

醛很容易氧化生成相应的羧酸。酮一般不能氧化，在强氧化剂作用下，羰基两侧的键断裂生成各种小分子羧酸混合物，这正是醛、酮性质上突出的差异。

醛在较弱的氧化剂托伦（Tollens）试剂和斐林（Fehling）试剂作用下能氧化成羧酸，但与酮不发生反应，托伦试剂是硝酸银氨溶液〔Ag（NH$_3$）$_2$〕NO$_3$，〔Ag（NH$_3$）$_2$〕$^+$ 可以把醛氧化成酸，本身还原为金属银。

$$RCHO+〔Ag（NH_3）_2〕^++2OH^- \longrightarrow Ag\downarrow+RCOONH_4+NH_3+H_2O$$
$$\qquad 银氨络离子$$

此反应若试管洗得很干净，生成的银将镀在试管的内壁形成银镜，所以这个反应又叫作银镜反应，只有醛才有此反应，与酮不发生该反应。利用此性质可区别醛和酮。

斐林试剂是硫酸铜溶液与酒石酸钾钠和氢氧化钠混合溶液，作为弱氧化剂的铜离子，反应时铜离子把醛氧化成羧酸，本身还原成砖红色的氧化亚铜沉淀。

$$RCHO+2Cu^{2+}+5OH^- \xrightarrow{\triangle} RCOO^-+Cu_2O\downarrow+3H_2O$$
$$\qquad\qquad\qquad\qquad 砖红色$$

以上这两个反应现象都很明显，所以这个试剂经常用来鉴别醛和酮，不过斐林试剂只能与脂肪醛有比较明显反应，和芳香醛则不反应，因此用斐林试剂还可以区别脂肪醛和芳香醛。

5.3.4　还原反应

醛酮发生还原反应时在不同条件下产物各不相同。

1. 由醛和酮还原成醇

醛和酮用催化氢化的方法可以被还原为一级醇、二级醇，如：

$$R-\overset{\overset{\displaystyle}{\underset{\displaystyle O}{\|}}}{\underset{}{C}}-H \xrightarrow[\text{或 Pd, Pt}]{\text{Ni、}H_2} R-CH_2-OH \qquad 一级醇$$

$$R-\overset{\overset{\displaystyle}{\underset{\displaystyle O}{\|}}}{\underset{}{C}}-R \xrightarrow[\text{或 Pa, Pt}]{\text{Ni、}H_2} R-\underset{\underset{\displaystyle OH}{|}}{CH}-R \qquad 二级醇$$

如果分子中间含有羰基和 C=C 时，也一起被还原，如：

$$CH_3-CH=CH-CHO \xrightarrow[\text{或 Pa, Pt}]{H_2\ Ni} CH_3-CH_2-CH_2-CH_2-OH$$

要想只还原羰基而不还原 C=C 双键，就必须使用选择性较高的还原剂，如硼氢化钠（$NaBH_4$）、异丙醇铝/异丙醇〔$(CH_3)_2CH-O]_3Al/(CH_3)_2CH-OH$、四氢化铝锂等。如：

$$\text{⬡}-CH=CH-CHO \xrightarrow[H^+]{NaBH_4} \text{⬡}-CH=CH-CH_2OH$$
$$\text{肉桂醇}$$

2. 由羰基化合物直接还原成烃

可在不同的介质中进行。用锌汞浓盐酸可将醛、酮还原为亚甲基这种方法叫克莱门森（Clemmenson）还原法。

$$>C=O \xrightarrow[\triangle]{\text{Zn—Hg/浓 HCl}} >CH_2$$

将醛酮还原为烃的另一种方法，是先使醛和酮与纯肼作用生成腙，然后将腙和乙醇钠及无水乙醇在高压釜中加热到 180℃ 左右而成，此法叫伍尔夫—吉日聂尔（Wolff—Kishner）法。

$$>C=O \xrightarrow[\text{无水肼}]{NH_2-NH_2} >C=N-NH_2 \xrightarrow[\text{无水 }C_2H_5OH]{NaOC_2H_5} >CH_2+N_2\uparrow$$
$$\text{腙}$$

我国化学家黄鸣龙在反应条件方面作了改进，先将醛或酮、氢氧化钠、肼的水溶液和一个高沸点的水溶性溶剂（如一缩乙二醇）一起加热，使醛或酮变成腙，再蒸出过量的水和未反应的肼，待温度达到腙的分解温度（约 200℃），继续回流至反应完成，这样可不使用纯肼，反应在常温下进行，并得到高产量的产品，这个改进的方法叫黄鸣龙还原法。

$$\text{C}_6\text{H}_5\text{—C(O)—CH}_2\text{—CH}_2\text{—CH}_3 \xrightarrow[\text{(HOCH}_2\text{—CH}_2)_2\text{O, }\triangle]{\text{H}_2\text{N—NH}_2,\ \text{H}_2\text{O, NaOH}}$$

$$\text{C}_6\text{H}_5\text{—CH}_2\text{—CH}_2\text{—CH}_2\text{—CH}_3 \quad +\text{N}_2\uparrow+\text{H}_2\text{O}$$

这个反应是在碱性介质中进行的，分子中不能带有对碱敏感的其他基团。

此法是在芳环上引入直链烃基的一个间接方法。

5.3.5 歧化反应

含有 α—氢的醛在稀碱存在下可以自身加成，生成羟基醛，而不含 α—氢的醛在浓碱存在下可以自生氧化还原，生成一分子羧酸一分子醇，这种反应叫作歧化反应，也叫康尼扎罗（Cannizzaro）反应。

$$2\text{HCHO}+\text{NaOH}\longrightarrow\text{HCOONa}+\text{CH}_3\text{OH}$$

$$2\ \text{C}_6\text{H}_5\text{—CHO} +浓\ \text{NaOH}\longrightarrow \text{C}_6\text{H}_5\text{—COONa} + \text{C}_6\text{H}_5\text{—CH}_2\text{OH}$$

若两种不相同的醛进行交叉歧化反应时，产物复杂，不易分离，如果用甲醛和另一种不含 α—氢的醛进行歧化时，甲醛总是被氧化成甲酸，而另一种醛被还原成醇。如：

$$\text{C}_6\text{H}_5\text{—CHO} +\text{HCHO}\xrightarrow{浓\ \text{NaOH}} \text{C}_6\text{H}_5\text{—CH}_2\text{OH} +\text{HCOONa}$$

$$\text{HOH}_2\text{C—C(CH}_2\text{OH)(CH}_2\text{OH)—CHO} +\text{HCHO}\xrightarrow[\triangle]{浓\ \text{NaOH}} \text{HOH}_2\text{C—C(CH}_2\text{OH)(CH}_2\text{OH)—CH}_2\text{OH} +\text{HCOONa}$$

三羟甲基乙醛   季戊四醇

用此方法能制取季戊四醇，它是略有甜味的无色固体。熔点 360℃，在水中溶解度为 6g/100g 水，季戊四醇在建筑行业中用作涂料。

5.4 重要的醛酮

5.4.1 甲醛（HCHO）

甲醛在常温下是气体，沸点 −20℃，具有刺激气味，易溶于水。它的蒸气和空气的混合物，爆炸极限为 7%～73%（体积）。40% 甲醛水溶液是医药和农业上用的消毒剂福尔马林（formalin）。甲醛非常易聚合，气体甲醛在常温下自动聚合形成三聚甲醛。在酸的作用下，加热时它又可分解为甲醛。三聚甲醛为白色结晶粉末，熔点 64℃，在中性或碱性情况下稳定，可利用聚合和分解这一性质来保存或精制甲醛。

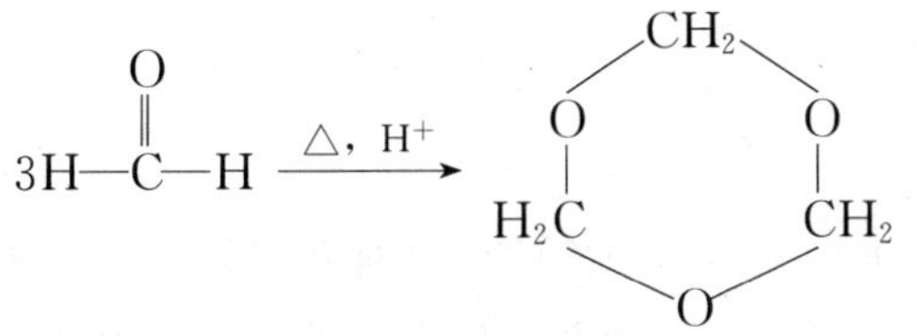

$$3H-\overset{\displaystyle O}{\underset{\displaystyle |}{C}}-H \xrightarrow{\triangle,\ H^+}$$ 三聚甲醛（白色晶体）

以甲醛为原料还可以制得多聚甲醛，其反应通式：$n\mathrm{HCHO} \xrightarrow{\text{聚合}} \left[\ \mathrm{CH_2O}\ \right]_n$。$n=8\sim100$ 为低聚物；$n>100$ 为高聚合物。多聚甲醛是优良的工程塑料，建筑材料工业中常用着它，它具有较高的机械强度和化学稳定性，在汽车零件和管道装置等方面可以代替金属材料使用。多聚甲醛加热至 $180\sim200℃$，即裂解为甲醛。

当甲醛溶液与氨水共同蒸发时，则生成一种具有吸湿性的结晶，叫作环六亚甲基四胺，又叫乌洛托品（Urotropine）。医药上作为尿道消毒剂，治风湿痛的药物，工业上用作橡胶硫化促进剂、酚醛树脂固化剂等。

$$4NH_3 + 6HCHO \longrightarrow 6H_2O + (CH_2)_6N_4$$

甲醛是近代化学工业上的一个重要原料，多用在合成酚醛树脂，尿甲醛树脂方面。

5.4.2 苯甲醛（ ）

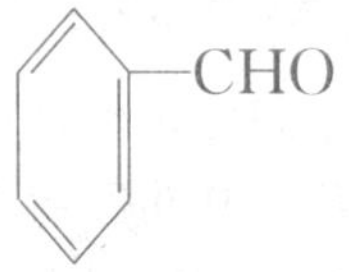

苯甲醛是芳香醛的代表，是有杏仁香味的液体，沸点 $179℃$，工业上叫苦杏仁油，它和糖类物质结合存在于杏仁、桃仁等许多果实的种子中。在稀酸或酶的催化下，苦杏仁可水解生成苯甲醛、葡萄糖和氢氰酸。苦杏仁有毒，就是由于它水解后能生成氢氰酸的缘故。

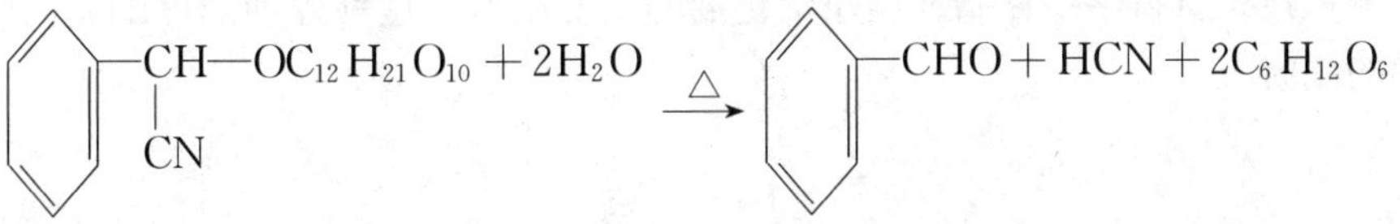

苦杏仁苷　　　　　　　　　　　　苯甲醛　　　　葡萄糖

苯甲醛在空气中放置能被氧化析出苯甲醛结晶，用于制造香料及其他衍生物。其中3—甲氧基—4—羟基苯甲醛（香草素），是一种白色结晶，熔点 $80℃$，有特殊香味，可用作饮料、食品香料、药剂中的矫味剂，现在也用作合成茶酚（中草药四季青的主要有效成分）的原料。

香草素是食品工业应用较普遍的香料，它可以从亚硫酸盐制浆造纸废液中提取。

5.4.3 丙酮（ $CH_3-\overset{\displaystyle}{\underset{\displaystyle \overset{\displaystyle |}{O}}{C}}-CH_3$ ）

丙酮是无色液体，易挥发、易燃，沸点 $56℃$，相对密度 0.7898，有令人愉快的气味，能与水、甲醇、乙醇、乙醚、氯仿等混溶。它是一种很好的溶剂，能溶解油脂、蜡、树脂、橡胶和赛璐珞等。丙酮可作无烟火药、人造纤维、卤仿、环氧树脂、油漆、甲基丙烯酸甲酯等的重要原料。

丙酮具有甲基酮类的典型化学性质。它的蒸气与空气混合物的爆炸极限是 $2.55\%\sim12.8\%$（体积）。

5.4.4　环己酮 （）

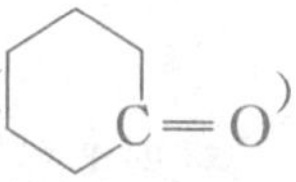

环己酮是工业上非常重要的化工原产，本身具有酮的各种化学性质，属于脂环酮，同时具有近似丙酮气味，常温下为无色或淡黄色、透明、低挥发性的油状液体，带有泥土气息。含有痕迹量的酚时，则带有薄荷味。环己酮的不纯物为浅黄色，随着存放时间生成杂质而显色，呈水白色到灰黄色，具有强烈的刺鼻臭味。与空气混合爆炸极限与开链饱和酮相同。

随着石油化工的发展，环己烷氧化生产环己酮的方法在工业上逐步占主导地位。环己烷氧化法以环己烷为原料，无催化下，用富氧空气氧化为环己基过氧化氢，再在铬酸叔丁酯催化剂存在下分解为环己醇和环己酮。

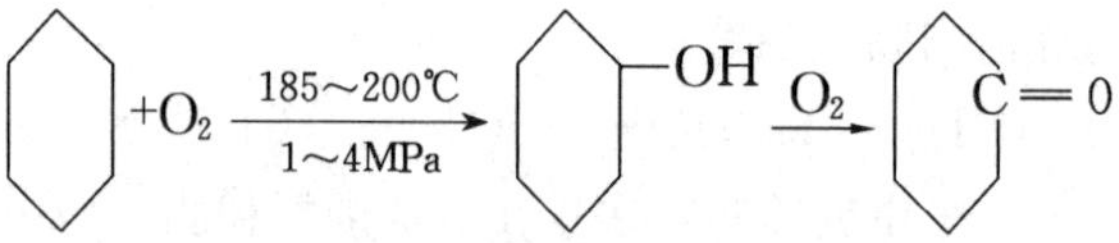

环己酮是制造尼龙、己内酰胺和己二酸的主要中间体，也是重要的工业溶剂，如用于油漆，特别是用于那些含有硝化纤维、氯乙烯聚合物及其共聚物或甲基丙烯酸酯聚合物油漆等；用于有机磷杀虫剂及许多类似物等农药的优良溶剂；用作染料的溶剂，作为活塞型航空润滑油的黏滞溶剂，脂、蜡及橡胶的溶剂；也用作染色和褪光丝的均化剂，擦亮金属的脱脂剂，木材着色涂漆；可用环己酮脱膜、脱污、脱斑。

环己酮是建筑材料中一种脂环族超塑化剂的主要原料，这种外加剂可配制高强度、耐久性优异的混凝土。

习　题

1. 用系统命名法命名下列化合物。

(1) 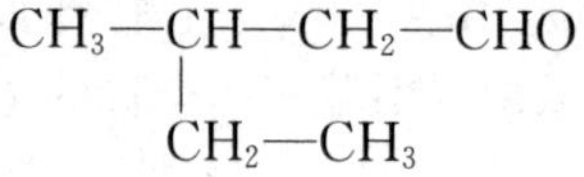　CH₃—CH—CH₂—CHO
　　　　｜
　　　　CH₂—CH₃

(2) 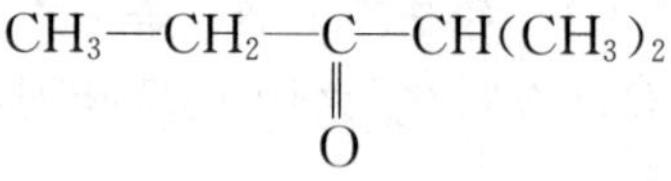　CH₃—CH₂—C—CH(CH₃)₂
　　　　　　　‖
　　　　　　　O

(3) 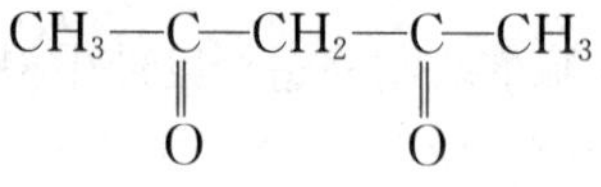　CH₃—C—CH₂—C—CH₃
　　　　‖　　　‖
　　　　O　　　O

(4) 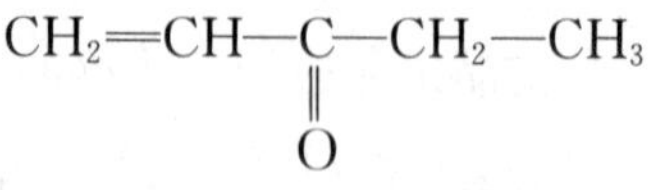　CH₂=CH—C—CH₂—CH₃
　　　　　　‖
　　　　　　O

(5) 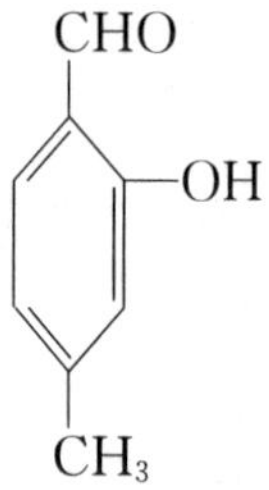　

(6) 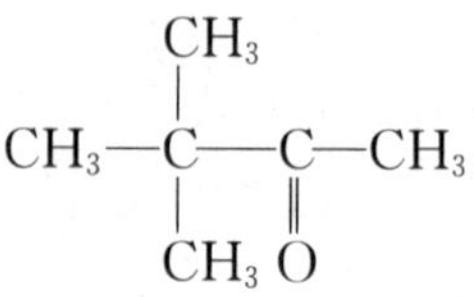　CH₃—C—C—CH₃（CH₃、CH₃、O）

2. 写出下列化合物的结构式。

(1) 丁二醛　　　(2) 2—丁烯醛　　　(3) 3—甲基—2—戊酮

148

3. 如何用下列的方法选择合适的原料及条件合成 2—己酮。

(1) 一个醇被氧化　　　(2) 一个烯烃被氧化　　　(3) 一个炔烃被水解

4. 用含四个碳或少于四个碳的卤代烷及醇为原料制备下列化合物。

(1) $CH_3-CH_2-\overset{\displaystyle}{\underset{\displaystyle O}{C}}-CH_2-CH_3$

(2) $CH_3-\overset{\displaystyle CH_3}{\underset{\displaystyle CH_3}{\overset{|}{\underset{|}{CH}}}}-CH_2-\overset{\displaystyle OH}{\overset{|}{C}}-CH_2-CH_3$

(3) $CH_3-CH_2-\overset{\displaystyle}{\underset{\displaystyle CH_3}{\overset{}{\underset{|}{CH}}}}-CHO$

(4) $CH_3-CH_2-CH_2-CH=\overset{\displaystyle CH_2-CH_3}{\overset{|}{C}}-CH_2OH$

5. 完成下列反应。

(1) $CH_3-\overset{\displaystyle}{\underset{\displaystyle OH}{\overset{}{\underset{|}{CH}}}}-CH_2-CH_3 \xrightarrow{?} CH_3-\overset{\displaystyle}{\underset{\displaystyle O}{C}}-CH_2-CH_3 \xrightarrow{HCN} ?$

(2) $CH_3-\overset{\displaystyle}{\underset{\displaystyle O}{C}}-CH_2-CH_3 + HN$ ⟶ ? (连接一个带 NH_2、NO_2、NO_2 取代基的苯环)

(3) $CH_3-CH_2-CH_2-CHO \xrightarrow[乙醚]{C_2H_5MgBr} ? \xrightarrow{H_2O} ?$

(4) $(CH_3)_3C-CHO \xrightarrow{浓\ NaOH} ? + ?$

(5) $HCHO + (CH_3)_3CMgBr \longrightarrow ? \xrightarrow[H^+]{H_2O} ?$

(6) $CH_3-CH=CH_2 \cdots\cdots \longrightarrow CH_3-CH_2-CH_2-CH_2OH$

(7) $CH_3-CH_2-OH \cdots\cdots \longrightarrow CH_3-CH_2-CH_2-CH_2-\overset{\displaystyle}{\underset{\displaystyle CH_2-CH_3}{\overset{}{\underset{|}{CH}}}}-CH_2OH$

(8) $CH_3-\overset{\displaystyle}{\underset{\displaystyle O}{C}}-CH_3 \cdots\cdots \longrightarrow CH_3-\overset{\displaystyle}{\underset{\displaystyle CH_3}{\overset{}{\underset{|}{CH}}}}-\overset{\displaystyle CH_3}{\underset{\displaystyle OH}{\overset{|}{\underset{|}{C}}}}-CH_3$

(9) $CH_3CHO \longrightarrow \cdots\cdots \longrightarrow CH_3-CH=CH-\overset{\displaystyle}{\underset{\displaystyle OC_2H_5}{\overset{}{\underset{|}{CH}}}}-OC_2H_5$

(10) 由甲苯和 2—甲基—1—丙醇为原料合成 1—苯基—3—甲基—2—丁醇。

(11) 丙烯 $\cdots\cdots \longrightarrow$ 2, 4—二甲基—3—戊醇。

(12) $CH_3-CH=CH_2 \cdots\cdots \longrightarrow$ 2—甲基—2—戊醇。

6. 用化学方法区别下列化合物。

(1) 2—丁醇和丁酮　　　　(2) 丙酮和丙醛

(3) 2—戊醇和 3—戊醇　　　(4) 甲醛，乙醛和丙酮、苯甲醛

7. 比较下列化合物中羰基对氰氢酸加成反应的活性大小。

(1) 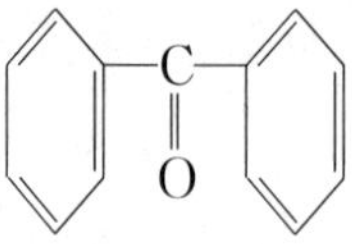 　　　　(2)

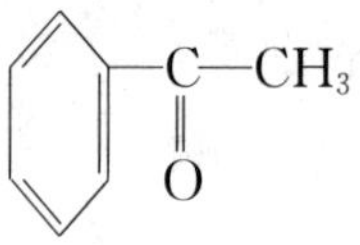

(3) $CH_3—CH_2—CHO$　　　　(4)

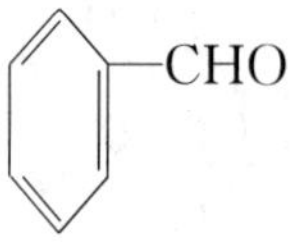

(5) $CH_2—CH_2—CHO$　　　　(6) $CH_3—CH—CHO$
　　　 |　　　　　　　　　　　　　　　 |
　　　 Cl　　　　　　　　　　　　　　　 Cl

8. 某化合物分子式 $C_6H_{12}O$，能与羟氨作用生成肟但不起银镜反应，在铂的催化下进行加氢得到一种醇，此醇经过脱水臭氧化、水解等反应后，得到两种液体，其中之一起银镜反应，但不起碘仿反应；另一种能起碘仿反应，而不能使斐林试剂还原，试推导该化合物的结构式，并写出反应过程。

9. 某化合物分子式 $C_5H_{12}O$ (A)，氧化后得 $C_5H_{10}O$ (B)，B 能和苯肼反应，并与碘的碱溶液共热时有黄色沉淀生成。A 和浓 H_2SO_4 共热得 C_5H_{10} (C)，C 经氧化得丙酮和乙酸，求 A 的结构式，并写出分析过程。

10. 某化合物 A ($C_8H_{14}O$)，与 2,4—二硝基苯肼反应生成黄色沉淀，强氧化后生成丙酸和 B，B 与次碘酸钠作用生成碘仿和丁二酸，试推导 A、B 的结构式，并写出推导过程。

11. 由化合物 A ($C_6H_{13}Br$) 所制得的格氏试剂与丙酮作用可生成 2,4—二甲基—3—乙基—2—戊醇，A 可发生消除反应，生成两种互为异构体的产物 B 和 C。将 B 臭氧化后再在还原剂存在下水解，则得到相同碳原子数的醛 D 和酮 E，试写出 A、B、C、D、E 的结构式及分析过程。

第6章　羧酸及羧酸衍生物

羧酸及其衍生物也是烃的含氧化合物。

6.1　羧酸的分类和命名

烃分子中的氢原子被羧基（—COOH）取代所生成的化合物叫作**羧酸**。它的官能团是羧基。饱和一元羧酸的通式为 $C_nH_{2n}O_2$。

按羧酸分子中所含烃基的种类不同可分为脂肪族羧酸、脂环族羧酸和芳香族羧酸；按烃基是否饱和，可分为饱和羧酸和不饱和羧酸；按分子中所含羧基的数目不同，又可分为一元羧酸、二元羧酸、三元羧酸，二元以上的羧酸都称为多元羧酸。本章着重讨论一元羧酸。

羧酸通常根据它的天然来源或性质而命名，如很多高级脂肪一元羧酸以酯或盐的形式广泛存在于自然界中。因最早从脂肪水解得到，所以叫脂肪酸。又如甲酸最早来自蚂蚁，所以又称蚁酸，醋酸（乙酸）来自食醋等，这些都是俗名。

羧酸的系统命名法，是选择含有羧基的碳原子在内的最长碳链为主链，按主链的碳原子数目称某酸。从羧基的碳原子开始用阿拉伯数字编号，标明支链的位次。如

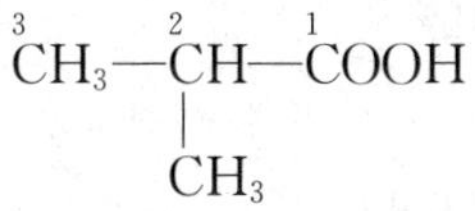

$$\overset{3}{C}H_3-\overset{2}{C}H-\overset{1}{C}OOH \qquad 2—甲基丙酸$$ 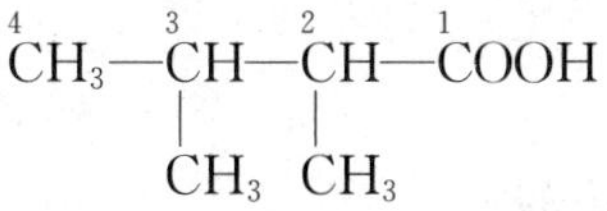
$$|$$
$$CH_3$$

$$\overset{4}{C}H_3-\overset{3}{C}H-\overset{2}{C}H-\overset{1}{C}OOH \qquad 2，3—二甲基丁酸$$
$$| \qquad |$$
$$CH_3 \quad CH_3$$

采用俗名的羧酸，是从羧基相邻的碳原子开始，用希腊字母 α、β、γ……标明取代基的位次。如：

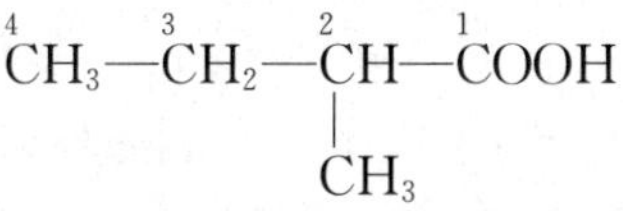

$$\overset{4}{C}H_3-\overset{3}{C}H_2-\overset{2}{C}H-\overset{1}{C}OOH \qquad \alpha—甲基丁酸$$
$$|$$
$$CH_3$$

不饱和脂肪酸命名时，选择包含不饱和键及羧基的长碳链为主链，从羧基碳原子开始用阿拉伯数字编号，以某烯酸为母体，如：

$$\overset{4}{C}H_3-\overset{3}{C}H=\overset{2}{C}H-\overset{1}{C}OOH \qquad 2—丁烯酸（巴豆酸）$$

脂肪族二元酸的命名，是选择分子中含有两个羧基碳原子在内的最长碳链作为主链，称某二酸，如：

$$COOH \qquad 乙二酸（草酸）$$
$$|$$
$$COOH$$

$$\begin{array}{l} COOH \\ | \\ CH_2 \\ | \\ COOH \end{array}$$ 丙二酸(胡萝卜酸)

$$\begin{array}{l} CH—COOH \\ \| \\ CH—COOH \end{array}$$ 顺丁烯二酸(马来酸)

$$\begin{array}{l} CH_2—COOH \\ | \\ CH_2—COOH \end{array}$$ 丁二酸(琥珀酸)

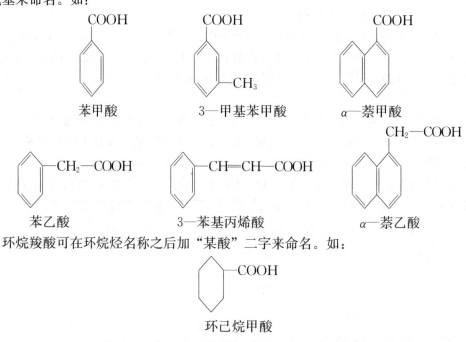

芳香族羧酸的命名：羧基与苯环直接相连接的芳香羧酸，可以苯甲酸作为母体，环上的其他基团作为取代基来命名。羧基与苯环支链相连接的可以脂肪酸作为母体，芳基看作取代基来命名。如：

苯甲酸

3—甲基苯甲酸

α—萘甲酸

苯乙酸

3—苯基丙烯酸

α—萘乙酸

环烷羧酸可在环烷烃名称之后加“某酸”二字来命名。如：

环已烷甲酸

6.2 羧酸的物理性质

含十个碳原子以下的脂肪酸为液体，$C_1\sim C_3$ 羧酸具有刺激性气味，$C_4\sim C_8$ 羧酸具有腐败气味。脂肪族二元酸和芳香族羧酸都是结晶体。直链饱和一元羧酸的沸点、熔点及在水中的溶解度等，都随着分子中碳原子数的增多而呈现规律性的变化。常见羧酸的物理常数见表 6-1。

饱和直链一元羧酸随分子中碳原子数的增加沸点逐渐升高，在异构体中，直链异构体沸点更高，支链越多，沸点越低。如：

$$\left\{\begin{array}{ll} CH_3—CH_2—CH_2—COOH & 沸点\ 164℃ \\ CH_3—\underset{\underset{CH_3}{|}}{CH}—COOH & 沸点\ 154℃ \end{array}\right.$$

$$CH_3-CH_2-CH_2-CH_2-COOH \qquad 沸点\ 187℃$$

$$CH_3-\underset{\underset{CH_3}{|}}{CH}-CH_2-COOH \qquad 沸点\ 176℃$$

$$CH_3-\underset{\underset{CH_3}{|}}{\overset{\overset{CH_3}{|}}{C}}-COOH \qquad 沸点\ 163℃$$

常见羧酸的物理常数　　　　表 6-1

名　　称	熔　点（℃）	沸　点（℃）	溶解度（g/100g 水）	pKa（25℃）两个为 pKa₁、pKa₂
甲　酸	8.4	100.7	∞	3.77
乙　酸	16.6	118	∞	4.76
丙　酸	−21	141	∞	4.88
正丁酸	−5	162.5	∞	4.82
正戊酸	−34	187	3.7	4.81
正己酸	−3	205	1.0	4.85
十六酸（软脂酸）	62.9		不　溶	
十八酸（硬脂酸）	69.9		不　溶	
苯甲酸	121.7		0.34	4.17
邻苯二甲酸	231		0.7	2.89　5.28
间苯二甲酸	349		0.01	3.28　4.46
对苯二甲酸	300（升华）		0.02	3.55　4.82
乙二酸	189.5	8.6	1.27	4.27

　　羧酸与相应的醇比较其沸点高于醇。这是因为羧酸分子间的氢键比醇分子间的氢键更强的缘故。经实验证明，羧酸在固态或液态时是通过氢键以环状二聚体的形式存在的，甚至在羧酸蒸气中也存在着环状二聚体，如甲酸蒸气。

$$H-C\underset{O-H\cdots O}{\overset{O\cdots H-O}{\diagup\diagdown}}C-H$$

　　饱和一元羧酸的熔点随分子中碳原子数的增加而呈锯齿状变化，即偶数碳原子的羧酸比相邻的两个奇数碳原子的羧酸熔点高，如图 6-1 所示。

　　直链饱和一元羧酸中，常温时 $C_1 \sim C_4$ 的羧酸能与水无限溶解，从 C_5 的羧酸起，随着烷基的增大羧酸在水中的溶解度减小，到了 C_{12} 羧酸，实际上已经不溶于水了，它们变化情况与相应的醇相似。

　　羧酸分子中的羧基能与水形成氢键，它是亲水

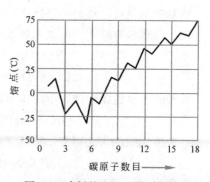

图 6-1　直链饱和一元羧酸的熔点

有机化学(第五版)

的基团，烷基不能与水形成氢键，是憎水基团。烷基越大，其憎水性表现越突出，在水中的溶解也就越小，所以饱和一元羧酸在水中的溶解度是随烷基的增大而降低的。低级二元酸溶于水，随分子量增大溶解度减小。芳香羧酸在水中溶解度更小。二元羧酸由于分子链两端都有羧基，分子间吸引力大，熔点比分子量相近的一元羧酸高得多。

6.3 羧酸的化学性质

羧酸的官能团是羧基（ $-\overset{\overset{\displaystyle O}{\|}}{C}-OH$ ），羧基由羰基和羟基直接相连而成，但羧基的性质并不是这两个基团性质的简单加和。羧酸分子中，羰基碳原子是以 sp^2 杂化状态存在的，它的三个 sp^2 杂化轨道分别和烃基（R）及两个氧原子形成三个 σ 键。

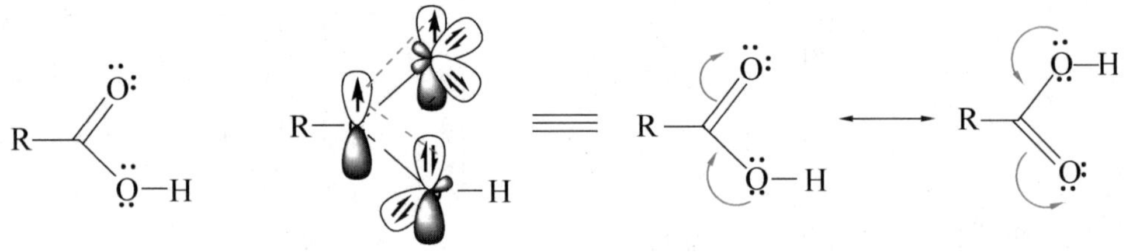

由于—OH 上氧原子有一对孤电子，和 C=O 上的 π 键发生 p—π 共轭。因有共轭体系的存在使得 C=O ，和 C—O 的键长有平均化的趋向。因此羧酸中的 C=O 不具有普通羰基的性质，而—OH 也不具有醇的性质，它有它的特殊性。

6.3.1 酸性

羧酸分子由于在 $-\overset{\overset{\displaystyle O}{\|}}{C}-O-H$ 中发生 p—π 共轭，电子离域的结果使得 O—H 键减弱，增加了它离解成负离子和质子的趋势。

$$R-COOH \rightleftharpoons R-COO^- + H^+$$

用 X 射线测定甲酸根离子中的两个 C—O 键键长是相等的，均为 0.127nm，没有单键和双键之分，增强了羧基负离子的稳定性。

羧基中的氢可以离解为氢离子，而显示酸性。

羧酸既然具有酸性，就能和碱发生反应生成盐和水，也能与活泼金属反应放出氢气。

$$RCOOH + NaOH \longrightarrow ROONa + H_2O$$

$$2RCOOH + Mg \longrightarrow (RCOO)_2Mg + H_2\uparrow$$

羧酸的酸性比碳酸强，所以也可以和碳酸钠或碳酸氢钠反应。

$$RCOOH + NaHCO_3 \longrightarrow RCOONa + CO_2\uparrow + H_2O$$

在羧酸盐中加入无机酸，羧酸又可以游离出来。

$$RCOONa + HCl \longrightarrow RCOOH + NaCl$$

羧酸的 pKa 值越小酸性越强，一般羧酸的 pKa 值在 3.5～5 之间。羧酸的酸性比碳酸（pKa=6.38）强，比苯酚（pKa=9.98）的酸性更强，但比无机酸的酸性弱。

154

　　在羧酸分子中，当烃基上引入不同取代基时，羧酸的酸性会发生变化。当烃基上的氢原子被卤素取代，羧酸酸性增强，卤原子距离越近酸性越强；若烃基上的氢被烷基取代，则羧酸的酸性减弱，烷基越多，酸性越弱。

$$CH_2—COOH > CH_3—COOH$$
$$|$$
$$Cl$$

pKa 为　　　　　　　　　　　2.86　　　4.76

$$CH_3—CH_2—CH—COOH > CH_3—CH—CH_2—COOH > CH_2—CH_2—CH_2—COOH$$
$$\qquad\qquad | \qquad\qquad\qquad\qquad | \qquad\qquad\qquad\qquad |$$
$$\qquad\qquad Cl \qquad\qquad\qquad\qquad Cl \qquad\qquad\qquad\qquad Cl$$

pKa 为　　2.80　　　　　　4.06　　　　　　　　　4.52

$$HCOOH > CH_3—COOH > CH_3—CH—COOH > CH_3—C—COOH$$

pKa 为 3.77　　　　4.76　　　　　　　　　4.86　　　5.02

以上卤素和烷基对羧酸酸性的影响主要由诱导效应的关系所致。

　　芳香酸的酸性也因苯环上取代基影响而变化。当苯环上带有吸电子基团时酸性增加；带有供电子基团时酸性减弱。如：

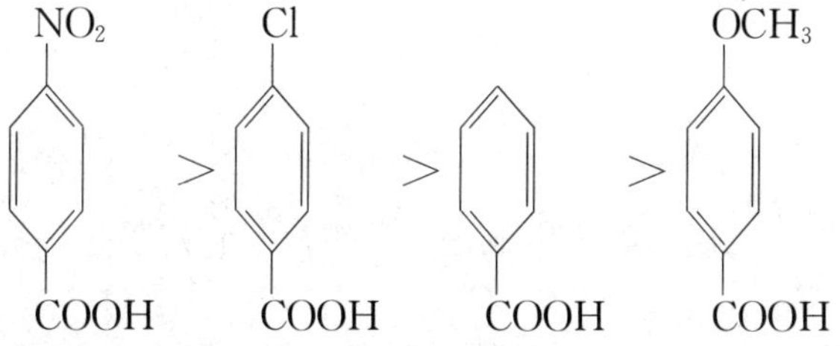

这主要是由共轭效应和诱导效应两种因素所造成的。

6.3.2　羧酸衍生物的生成

羧基中羟基被其他原子或原子团取代后的产物叫羧酸衍生物。这些衍生物中都含有

$$R—C— 基，叫酰基。$$
$$\|$$
$$O$$

1. 酰卤的生成

羧酸与 PX_5，PX_3，$SOCl_2$ 等反应，羧基中的羟基被卤素取代后的生成物叫酰卤。

$$R—\overset{O}{\overset{\|}{C}}—OH + PCl_5 \longrightarrow R—\overset{O}{\overset{\|}{C}}—Cl + POCl_3 + HCl$$

酰氯　三氯氧磷

$$3R—\overset{O}{\overset{\|}{C}}—OH + PCl_3 \longrightarrow 3R—\overset{O}{\overset{\|}{C}}—Cl + H_3PO_3$$

$$R—\overset{O}{\overset{\|}{C}}—OH + SOCl_2 \longrightarrow R—\overset{O}{\overset{\|}{C}}—Cl + SO_2 \uparrow + HCl$$

酰卤性质很活泼，其中应用最广泛的是酰氯。

2. 酸酐的生成

两分子羧酸脱水便生成酸酐。

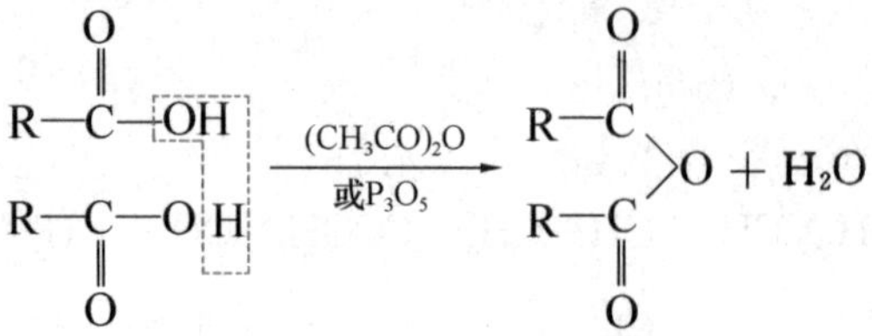

$$R-\overset{\overset{O}{\|}}{C}-OH \quad \xrightarrow[\text{或} P_3O_5]{(CH_3CO)_2O} \quad R-\overset{\overset{O}{\|}}{C}\!\!\!>\!\!O + H_2O$$

羧酸酐

有机酸酐与无机酸酐不同，它是羧基之间脱水后的产物。

有些二元羧酸，如丁二酸，戊二酸等，只需加热，分子内就可脱水形成五元环或六元环状的酸酐，而不必使用脱水剂。

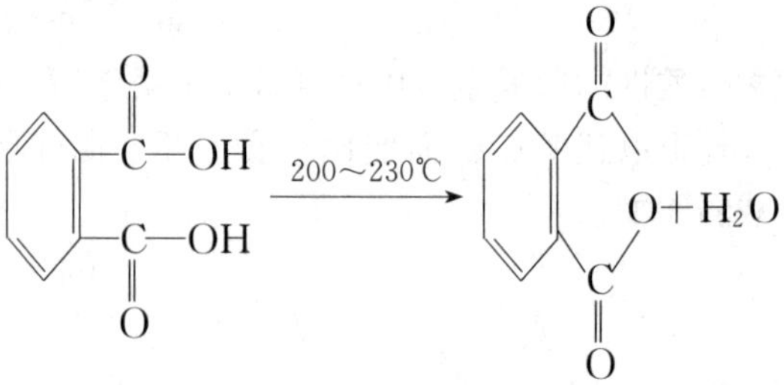

$$\xrightarrow{200\sim230℃} \quad O + H_2O$$

3. 酰胺的生成

羧酸与碳酸铵反应，或通入氨气生成羧酸的铵盐。它们受热分解失水即得到酰胺。

$$R-\overset{\overset{O}{\|}}{C}-OH + NH_3 \longrightarrow R-\overset{\overset{O}{\|}}{C}-ONH_4 \xrightarrow{\triangle} R-\overset{\overset{O}{\|}}{C}-NH_2 + H_2O$$

酰胺

$$2CH_3COOH + (NH_4)_2CO_3 \longrightarrow 2CH_3-\overset{\overset{O}{\|}}{C}-O-NH_4 + CO_2\uparrow + H_2O$$

$$CH_3-\overset{\overset{O}{\|}}{C}-ONH_4 \xrightarrow{\triangle} CH_3-\overset{\overset{O}{\|}}{C}-NH_2 + H_2O$$

酰胺大部分是结晶固体，由于分子间的缔合作用使它的沸点比相应的羧酸高，液体酰胺是有机物和无机物的良好溶剂。最常用的是 N，N—二甲基甲酰胺

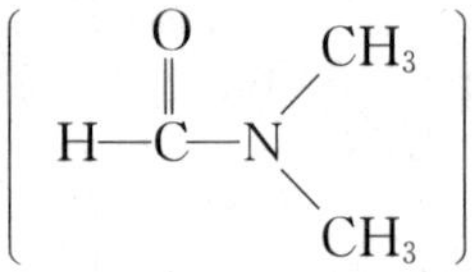

$$\left[H-\overset{\overset{O}{\|}}{C}-N\!\!\!<^{CH_3}_{CH_3} \right]$$ 简称 DMF，它可以作许多高分子聚合物的溶剂，如聚丙烯腈很难溶于其他有机溶剂而能溶于 DMF，因此工业上把它做腈纶抽丝的溶剂。

4. 酯的生成

羧酸分子中羧基上的羟基被烷氧基取代后的产物叫酯。由羧酸和醇生成酯的反应，叫酯化反应。

$$\underset{酯}{\overset{O}{\underset{\|}{R-C-OH}} + HOR' \rightleftharpoons \overset{O}{\underset{\|}{R-C-OR'}} + H_2O}$$

有机酸和醇的酯化反应是可逆的，所以必须在酸的催化及加热下进行，否则反应速度极慢。要提高酯的产率，则必须增加一种反应物的用量，即是过量的酸或过量的醇，这要根据哪一种反应物容易得到、成本较低又易回收来选择，另一种方法是不断从反应体系中移去一种生成物以使平衡向右移动。如果生成的酯沸点较低，则可以在反应过程中不断蒸出酯，或者在反应体系中加入苯，利用苯可与水形成恒沸物的性质，在反应过程中，不断蒸出苯与水的恒沸物而将水除去。

酯化时是由羧酸中的羟基与醇中的氢原子结合成水的，也就是羧酸分子中键的断裂发生在酰基和氧之间。如用含有示踪原子^{18}O的乙醇与乙酸作用，反应后这^{18}O原子是存在于产物乙酸乙酯中，而不是存在于水分子中；如用含^{18}O的羧酸与普通醇作用，反应后^{18}O原子存在水分子中，而不是存在于酯分子中。

$$\overset{O}{\underset{\|}{CH_3-C}}-\boxed{OH+H}-{}^{18}O-C_2H_5 \overset{H^+}{\rightleftharpoons} \underset{乙酸乙酯}{\overset{O}{\underset{\|}{CH_3-C}}-{}^{18}O-C_2H_5} + H_2O$$

$$\overset{O}{\underset{\|}{R-C}}-\boxed{{}^{18}OH+H}-O-R' \longrightarrow \overset{O}{\underset{\|}{R-C}}-O-R' + H_2{}^{18}O$$

据此，可推知酸催化酯化反应历程如下：

$$\overset{O}{\underset{\|}{R-C-OH}} \overset{H^+}{\rightleftharpoons} \overset{OH^+}{\underset{\|}{R-C-OH}} \overset{R'OH}{\rightleftharpoons} \overset{OH}{\underset{\underset{HOR'}{+}}{R-C-OH}} \overset{H^+转移}{\rightleftharpoons}$$

$$\overset{OH}{\underset{\underset{OR'}{}}{R-\overset{}{C}-OH_2^+}} \overset{-H_2O}{\rightleftharpoons} \overset{OH^+}{\underset{\|}{R-C-OR'}} \overset{-H^+}{\rightleftharpoons} \overset{O}{\underset{\|}{R-C-OR'}}$$

质子首先与羧酸分子中的羰基形成𨥁盐，增加了羰基碳的正电性，有利于亲核试剂$R'OH$与羧基中的羰基进行加成。

由此证明酯化时一般是按上式脱水方式进行的。但醇和酸的结构不同，酯化反应历程也就不同，如某些叔醇的酯化是按另一种历程进行，醇的脱水方式是按碳氧键断裂的。

$$\overset{O}{\underset{\|}{R-C-O}}-\boxed{H+HO}-CR_3' \longleftarrow R-\overset{O}{\underset{\|}{C}}-O-CR_3'+H_2O$$

酯一般可用异羟肟酸铁试验来鉴定，酯首先与羟氨作用生成异羟肟酸，产物再与三氯化铁作用，生成红色异羟肟酸铁。如：

$$R-\overset{\underset{\displaystyle O}{\|}}{C}-OR' + H_2N-OH \longrightarrow R-\overset{\underset{\displaystyle O}{\|}}{C}-\overset{\underset{\displaystyle H}{|}}{N}-OH + R'OH$$

异羟肟酸

$$R-\overset{\underset{\displaystyle O}{\|}}{C}-\overset{\underset{\displaystyle H}{|}}{N}-OH + FeCl_3 \longrightarrow \left[R-\overset{\underset{\displaystyle O}{\|}}{C}-\overset{\underset{\displaystyle H}{|}}{N}-O \right]_3^- Fe^{3+} + 3HCl$$

异羟肟酸铁（红色）

6.3.3 羧基的还原

在一般条件下羧酸是不能被还原成醇的，只有特殊催化剂四氢化铝锂可以把羧酸直接还原成醇。

$$RCOOH \xrightarrow{LiAlH_4} RCH_2OH$$

$$CH_3(CH_2)_{16}COOH \xrightarrow{LiAlH_4} CH_3(CH_2)_{16}-CH_2OH$$

四氢化铝锂还原能力很强，并有一定选择性，只还原羰基和羧基而不影响分子中的碳碳双键。

在一定条件下羧酸还可以还原成烷烃。即在一定压力下长时间与浓氢碘酸及少量红磷共热。

$$R-COOH \xrightarrow[200℃在铜管内]{HI,红磷} RCH_3$$

6.3.4 脱羧反应

羧酸失去羧基放出二氧化碳的反应叫脱羧反应。如羧酸的碱金属盐与碱石灰共熔生成烷烃。

$$CH_3-\boxed{COONa+NaO}H(CaO) \xrightarrow{共熔} CH_4+Na_2CO_3$$

有机酸钙、锰等盐受热后发生脱羧反应可制取酮。

$$\begin{matrix} CH_3-\overset{\underset{\displaystyle O}{\|}}{C}-O \\ CH_3-\underset{\underset{\displaystyle O}{\|}}{C}-O \end{matrix} Ca \xrightarrow{\triangle} CH_3-\overset{\underset{\displaystyle O}{\|}}{C}-CH_3 CaCO_3$$

二元酸加热时也能脱羧，生成一元酸。

$$\begin{matrix} COOH \\ | \\ COOH \end{matrix} \xrightarrow{\triangle} HCOOH+CO_2\uparrow$$

$$CH_2 \begin{matrix} COOH \\ \\ COOH \end{matrix} \xrightarrow{\triangle} CH_3COOH+CO_2\uparrow$$

158

6.3.5　烃基上 α—氢的取代反应

在催化剂红磷、碘或硫的存在下，羧酸的 α—氢原子可以被氯或溴逐步取代。

$$R-CH_2-COOH \xrightarrow[\text{红磷}]{Br_2} R-\underset{\underset{Br}{|}}{CH}-COOH + HBr$$

$$R-\underset{\underset{Br}{|}}{CH}-COOH \xrightarrow[\text{红磷}]{Br_2} R-\overset{\overset{Br}{|}}{\underset{\underset{Br}{|}}{C}}-COOH + HBr$$

羧酸分子中 α—氢被卤素取代后生成的物质叫 α—卤代酸，卤代酸在强碱作用下可发生消除反应，还可发生氨解、醇解等反应，生成物叫作取代酸，如生成氨基酸。

$$R-\underset{\underset{Br}{|}}{CH}-COOH \xrightarrow{NH_3} R-\underset{\underset{NH_2}{|}}{CH}-COOH + HBr$$

α—氨基酸

α—卤代酸水解，可得到 α—羟基酸，产率很高。

$$\underset{\underset{Cl}{|}}{CH_2}-COOH + H_2O \xrightarrow{NaOH} \underset{\underset{OH}{|}}{CH_2}-COONa \xrightarrow{H^+} \underset{\underset{OH}{|}}{CH_2}-COOH$$

羟基酸一般为结晶固体或黏稠液体。由于羟基酸分子中含有羟基和羧基，这两个基团都能分别和水形成氢键，所以羟基酸在水中的溶解度比相应的醇和羧酸都大，低级羟基酸可与水混溶，它的熔点也比相应的羧酸高。

羟基酸兼有羟基和羧基的特性，又由于两个官能团的相互影响而具有一些特殊性质。如酸性较相应的羧酸强，能生成交酯、内酯、链状聚酯、不饱和酸等。羟基酸在工业上有不同的用途，如作媒染剂、脱灰剂、鞣剂、表面活性剂等。

羧酸分子中羧基上的羟基被其他原子或原子团取代后的产物称为羧酸衍生物。如酰卤、酸酐、酯和酰胺都是羧酸的衍生物。

6.4　羧酸衍生物命名

酰卤可看作是酰基与卤原子相连的产物。通常根据酰基的名称命名酰卤。

$$CH_3-\overset{\overset{O}{||}}{C}-Cl \qquad \text{乙酰氯}$$

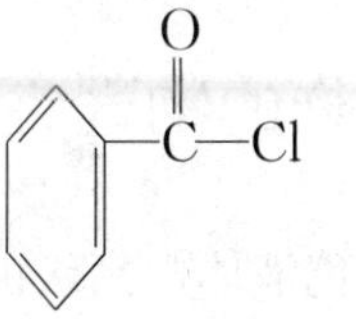

$$\overset{\overset{O}{||}}{C}-Cl \qquad \text{苯甲酰氯}$$

酸酐的命名是在"酐"的前边冠以酸的名称，但"酸"字一般可省略。

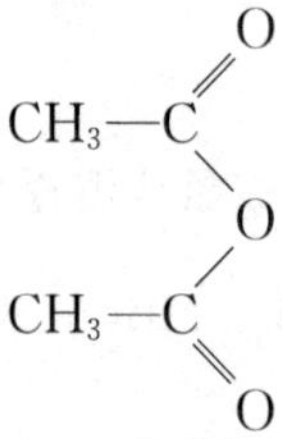

乙酐 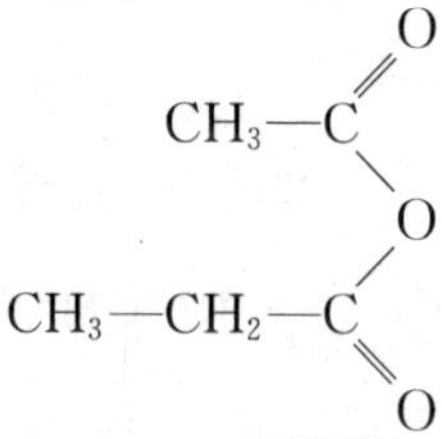   乙丙酐 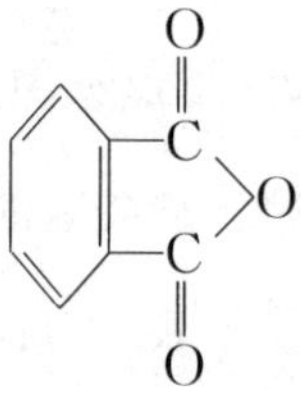   邻苯二甲酸酐

由相同羧酸分子之间脱水形成的酸酐称为单酐，如：乙酐；由不同羧酸分子间脱水形成的酸酐称为混酐，如：乙丙酐。

酯通常根据羧酸和醇的名称命名，最后加个"酯"字，一般"醇"字可省略，称为某酸某酯。

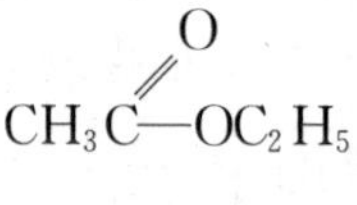

$$CH_3C\overset{O}{-}OC_2H_5 \qquad\qquad CH_3-C\overset{O}{-}OCH_2CH_2CHCH_3$$
$$\qquad\qquad\qquad\qquad\qquad\qquad\qquad\qquad\qquad CH_3$$

乙酸乙酯 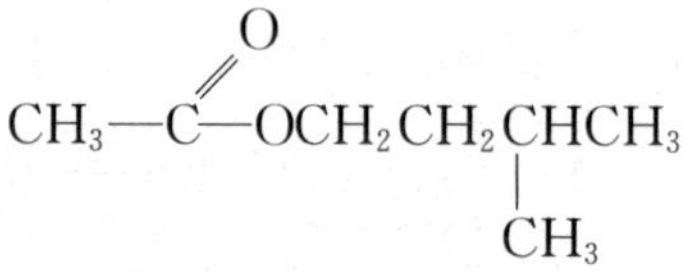   乙酸异戊酯

$$COOC_2H_5$$
$$COOC_2H_5$$

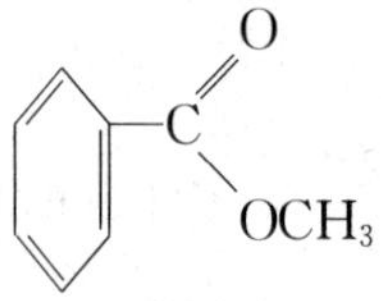

苯甲酸甲酯 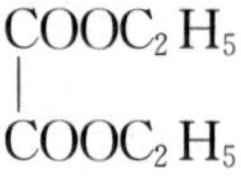   乙二酸二乙酯

多元醇形成的酯一般将醇的名称放在前边，称为某醇某酸酯，"醇"字不省略。

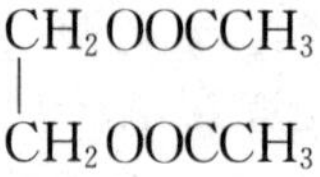

$$CH_2OOCCH_3$$
$$CH_2OOCCH_3$$

$$CH_2OOCC_{15}H_{31}$$
$$CHOOCC_{15}H_{31}$$
$$CH_2OOCC_{15}H_{31}$$

乙二醇二乙酸酯 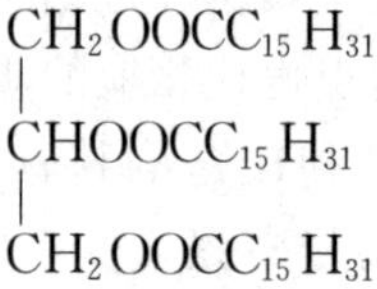   丙三醇三软脂酸酯

酰胺的命名与酰卤相似，是根据酰基的名称命名的。取代酰胺（N上的氢被烃基取代的酰胺）必须在名称前边写出取代基的名称。

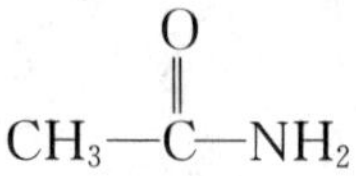

乙酰胺 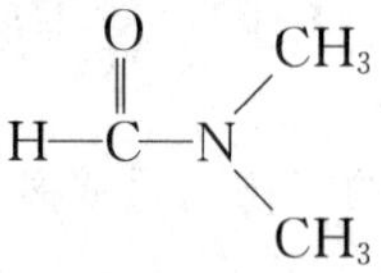   N，N—二甲基甲酰胺（DMF） 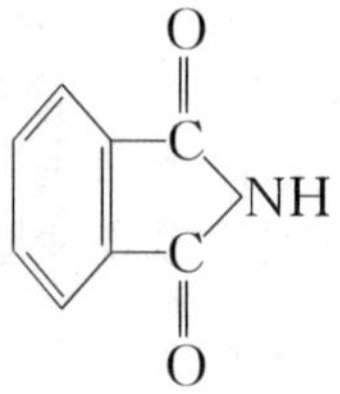   邻苯二甲酰亚胺

6.5 羧酸衍生物的物理性质

低级的酰卤和酸酐都是有刺激性气味的无色液体，高级的酰卤和酸酐为白色固体。低级酯是有香味的液体，如乙酸异戊酯有香蕉香味，苯甲酸甲酯有茉莉花香味，正戊酸异戊

酯有苹果香味，故许多低级酯可用作香料。高级酯为蜡状固体。

　　酰卤、酸酐和酯的分子中都没有可以形成氢键的氢，分子间不能缔合。酰卤的沸点比相应的羧酸低。如乙酸酐的沸点为 118℃，乙酰氯的沸点为 51℃。酸酐的沸点比相应的羧酸或醇都要低，而与相同碳数的醛、酮差不多，如乙酸甲酯的沸点为 57℃，丙酮为 56.1℃。

　　酰胺分子中氨基上的氢原子可以形成氢键，因此酰胺的熔点和沸点较高。除甲酰胺外，其余酰胺均为结晶固体。

　　取代酰胺分子中氨基上的氢被烃基取代，使氢键缔合作用减弱或无氢键生成，使其熔沸点降低。脂肪族 N—烃基取代酰胺和 N，N—二烃基取代酰胺通常为液体。液态酰胺是有机物和无机物的优良溶剂，如：N，N—二甲基甲酰胺能与水和多数有机溶剂及无机物互溶，是一种非常重要的非质子极性溶剂。

　　羧酸衍生物的物理常数见表 6-2。

羧酸衍生物的物理常数

表 6-2

类别	名　称	结　构　式	沸点（℃）	熔点（℃）	相对密度
酰卤	乙酰氯	CH_3COCl	51	−112	1.104
	乙酰溴	CH_3COBr	76.7	−96	1.52
	乙酰碘	CH_3COI	108		1.98
	苯甲酰氯	C_6H_5COCl	197	−1	1.212
酯	乙酸乙酯	$CH_3COOC_2H_5$	77	−84	0.901
	乙酸异戊酯	$CH_3COO(CH_2)_2CH(CH_3)_2$	142	−78	0.876
	丙二酸二乙酯	$CH_2(COOC_2H_5)_2$	199	−50	1.055

	甲基丙烯酸甲酯	$CH_2\!=\!C\!-\!COOCH_3$
		   $\|$
		   CH_3
			100		0.936

	邻苯二甲酸二甲酯	—COOCH₃ —COOCH₃	282		1.1995
	邻苯二甲酸二丁酯	—COO(CH₂)₃CH₃ —COO(CH₂)₃CH₃	340		1.045
酸酐	乙酸酐	CH₃CO〉O CH₃CO	139.6	−73	1.082
	顺丁烯二酸酐	CHCO〉O CHCO	200	60	1.48
	邻苯二甲酸酐	CO〉O CO	284	131	1.527

续表

类别	名 称	结 构 式	沸点（℃）	熔点（℃）	相对密度
酰胺	乙酰胺	CH₃CONH₂	211	82	1.159
	N,N—二甲基乙酰胺	CH₃CON（CH₃）₂	165		0.9366/25℃
	邻苯二甲酰亚胺	（结构式）	升华	238	
	乙酰苯胺	CH₃—CONHC₆H₅	305	114	1.21/4℃

6.6 羧酸衍生物的化学性质

羧酸衍生物分子中都含有一个相同的官能团——酰基（ R—C— ），酰基上都连有一
$$\underset{O}{\overset{\|}{}}$$

个可以被取代的负性基团，因此它们具有相似的化学性质。

$$R—\underset{\underset{H}{|}}{CH}—\overset{\overset{O}{\|}}{C}—L \qquad (L:—X、—OCOR、—OR、—NH_2)$$

—— 亲核取代反应
—— 羰基加成或还原反应
—— 活泼α-H反应

6.6.1 亲核取代反应

羧酸衍生物在亲核试剂，如 H_2O、ROH、NH_3 的作用下，发生 C—L 的 σ 键断裂，L
被羟基、烷氧基或氨基取代，可生成羧酸、酯或酰胺等产物。

1. 水解反应

羧酸衍生物与水反应都生成羧酸，叫作水解反应。酯在碱的催化下水解，称为皂化反
应。肥皂就是利用此反应制取的。

$$RCOCl + H_2O \xrightarrow{\text{室温}} RCOOH + HCl$$

$$(RCO)_2O + H_2O \xrightarrow{\triangle} 2RCOOH$$

$$RCOOR' + H_2O \underset{\triangle}{\overset{H^+ \text{或} OH^-}{\rightleftharpoons}} RCOOH + R'OH$$

$$RCONH_2 + H_2O \underset{\text{回流}}{\overset{H^+ \text{或} OH}{\rightleftharpoons}} RCOOH + NH_3$$

2. 醇解反应

羧酸衍生物与醇反应可生成酯，叫作醇解反应。酯的醇解反应又称为酯交换反应。酯
交换反应在有机合成中有重要应用。但酰胺的醇解反应较困难。

$$RCOCl + R'OH \longrightarrow RCOOR' + HCl$$

$$(RCO)_2O + R'OH \longrightarrow RCOOR' + RCOOH$$

$$RCOOR''+R'OH \longrightarrow RCOOR'+R''OH$$

酰氯和酸酐的醇解反应常用于制备由普通方法难以制取的酯，例如：

$$CH_3COCl+ \text{〈}\text{〉}\text{—OH} \longrightarrow CH_3COO\text{—}\text{〈}\text{〉} +HCl$$

3. 氨解反应

羧酸衍生物与氨（或胺）反应可生成酰胺等，叫作氨解反应。但酰胺的氨解反应比较困难。

$$RCOCl+2NH_3 \longrightarrow RCONH_2+NH_4Cl$$
$$(RCO)_2O+2NH_3 \longrightarrow RCONH_2+RCOONH_4$$
$$RCOOR'+NH_3 \longrightarrow RCONH_2+R'OH$$

亲核试剂与羧酸衍生物反应后，在其分子中引入了一个酰基，因此上述的水解、醇解、氨解反应也叫作酰基化反应。羧酸衍生物又称为酰基化试剂。最常用的酰基化试剂有酰氯和酸酐。

羧酸衍生物的亲核取代反应活性从吸电子诱导效应为：—X＞—OCOR＞—OR＞—NH$_2$。从供电子 p—π 共轭效应为：—NH$_2$＞—OR＞—OCOR＞—X。吸电子诱导效应越大，供电子的共轭效应越小，所以羧酸衍生物亲核取代总反应的活性为：

酰氯＞酸酐＞酯＞酰胺

酸或碱都可以催化羧酸衍生物的亲核取代反应。酸的催化历程是首先使羰基质子化，增加羰基的正电性，有利于进行亲核加成。碱的催化原理是能够提高亲核试剂的亲核能力，或是能增大亲核试剂的有效浓度。对于水解反应，碱的存在可以使反应产物羧酸变成羧酸盐，有利于正反应的进行。

6.6.2 与格氏试剂反应

格氏试剂是亲核试剂，它可以与酰氯、酸酐、酯和 N，N—二取代酰胺发生亲核加成反应。酯和酰氯与格氏试剂的加成反应在有机合成中应用较多。例如：

$$RCOOCH_3 \xrightarrow{R'MgX} R\underset{R'}{\overset{OMgX}{C}}OCH_3 \xrightarrow{-CH_3OMgX} R-\overset{O}{C}-R' \xrightarrow[H_2O]{R'MgX} R-\underset{R'}{\overset{R'}{C}}-OH$$

甲酸酯与格氏试剂反应最终可生成仲醇，其他羧酸酯与格氏试剂反应生成叔醇。

$$HCOOC_2H_5 \xrightarrow{R'MgX} HC\underset{R'}{\overset{OMgX}{C}}OC_2H_5 \xrightarrow{-C_2H_5OMgX} R'-\overset{O}{C}-H \xrightarrow[H_2O]{R'MgX} \underset{R'}{\overset{R'}{C}}\overset{H}{\underset{}{C}}-OH$$

如果用 1mol 格氏试剂在低温下慢慢滴入含 1mol 酰氯的溶液中，可以使反应停留在生成酮的一步。

$$RCOCl+R'MgX \longrightarrow R-\underset{R'}{\overset{OMgX}{C}}-Cl \xrightarrow{H_2O} R-\overset{O}{C}-R'+Mg\overset{X}{\underset{Cl}{}}$$

6.6.3 还原反应

酰氯、酸酐、酯和酰胺的分子中都含有羰基，可以催化加氢还原，氢化铝锂也是有效的还原剂。酰氯、酸酐和酯的还原产物均为伯醇，酰胺的还原产物为胺。

$$RCOCl \xrightarrow[\text{或催化加氢}]{LiAlH_4} RCH_2OH$$

$$(RCO)_2O \xrightarrow[\text{或催化加氢}]{LiAlH_4} 2RCH_2OH$$

$$RCOOR' \xrightarrow[\text{或催化加氢}]{LiAlH_4} RCH_2OH + R'OH$$

$$RCONH_2 \xrightarrow[\text{或催化加氢}]{LiAlH_4} RCH_2NH_2$$

酯的还原反应应用较广泛。工业上以油脂为原料，在高温、高压和亚铬酸铜催化加氢以制取高级脂肪醇。高级脂肪醇是合成表面活性剂的重要原料。

酯的还原反应还可以用金属钠和醇作还原剂，将酯还原为醇，该还原剂对碳碳双键无影响，可从油脂中制备高级不饱和脂肪醇，例如：

$$CH_3(CH_2)_7CH\!=\!CH(CH_2)_7COOC_4H_9 \xrightarrow{C_4H_9OH+Na} CH_3(CH_2)_7CH\!=\!CH(CH_2)_7CH_2OH$$

在有机合成中酯的还原是使羧酸间接转变为伯醇的重要方法，因为羧酸的还原比酯困难。

6.6.4 酰胺的特殊反应

酰胺是羧酸衍生物中最不活泼的化合物，但却能发生一些特殊反应。

1. 酸碱性

酰胺是氨或胺的酰基衍生物，氨是碱性物质，但酰胺分子中氮原子的未共用电子对与羰基发生共轭效应而偏向氧，使氮原子上的电子云密度降低，减弱了它接受质子的能力，因此酰胺近于中性。

在特殊条件下，酰胺可显示弱碱性。把氯化氢气体通入乙酰胺的乙醚溶液能生成不溶于乙醚的盐：$CH_3CONH_2 \cdot HCl$。但此盐不稳定，遇水即分解为酰胺和盐酸。这说明酰胺的碱性极弱，不溶于水的酰胺也不溶于酸。

$$\overset{\displaystyle O}{\underset{}{CH_3\overset{\|}{C}NH_2}} + HCl(\text{气}) \xrightarrow{\text{乙醚}} \overset{\displaystyle O}{\underset{}{CH_3\overset{\|}{C}NH_2}} \cdot HCl\downarrow$$

在酰亚胺分子中由于氮受两边羰基的影响，使氮上的氢活泼并显示一定的弱酸性，例如：

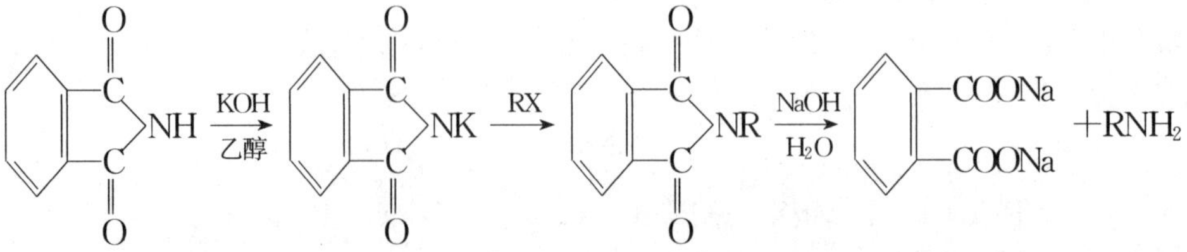

上述反应称为盖布瑞尔（Gabriel）合成法，是制取纯伯胺的方法。

2．脱水反应

酰胺在强脱水剂作用下或高温加热，发生分子内脱水生成腈，常用的脱水剂有五氧化二磷和亚硫酰氯。

$$RCONH_2 \xrightarrow{\text{P_2O_5 或加热}} RCN + H_2O$$

上述反应是腈水解的逆反应，腈水解先生成酰胺，再进一步水解得到羧酸。

3．降级反应

酰胺与次氯酸钠或次溴酸钠的碱溶液作用，脱去羰基生成伯胺。反应中碳链减少一个碳原子，故称为酰胺降级反应。这是霍夫曼（Hofmann）首先发现的制取胺的方法，也称为霍夫曼降级反应。

$$RCONH_2 + NaOBr + 2NaOH \longrightarrow RNH_2 + Na_2CO_3 + NaBr + H_2O$$

利用上述反应可由羧酸制备少一个碳原子的伯胺。

＊霍夫曼降级历程一般认为如下：

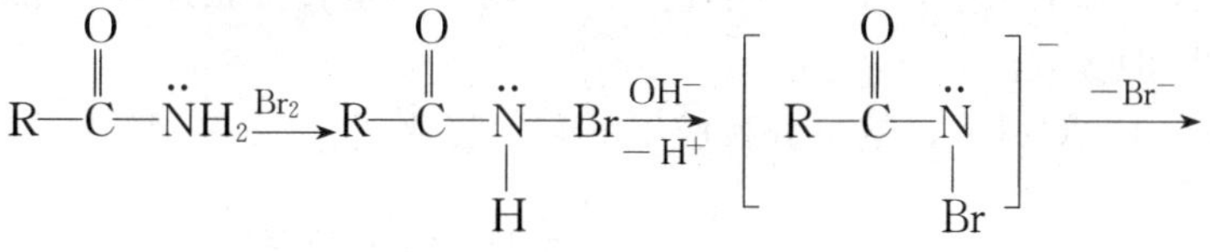

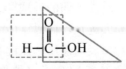

N—溴代酰胺

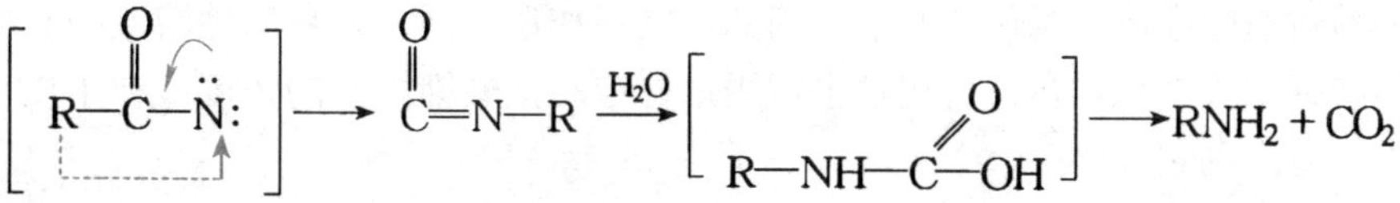

异氰酸酯

反应中酰胺首先与溴的碱溶液作用，生成 N—溴代酰胺。N—溴代酰胺在碱的作用下脱去 HBr，生成类似碳烯的活性中间体氮烯，氮烯分子中的氮周围只有 6 个价电子，不稳定，发生重排，生成异氰酸酯。异氰酸酯是个非常活泼的化合物，遇水后立即分解，得到伯胺，放出二氧化碳。

6.7　重要的羧酸和羧酸衍生物

6.7.1　甲酸 (HCOOH)

甲酸是最简单的羧酸，它是无色有刺激性气味的液体。能与水、乙醇、乙醚等互相混溶。其沸点为 100℃。甲酸在饱和一元酸中酸性最强（pKa＝3.77）并具有腐蚀性。甲酸的结构中有一个羧基，还有一个醛基。

$$H-\underset{\text{O}}{\overset{\text{O}}{C}}-OH$$

所以甲酸除了具有羧酸的性质外，还具有醛的一些性质，如它能发生银镜反应，能被高锰酸钾溶液氧化生成二氧化碳和水，使高锰酸钾溶液褪色，在浓硫酸存在下加热，便分解为一氧化碳和水，可利用此反应在实验室中制一氧化碳。

$$HCOOH \begin{cases} \xrightarrow{KMnO_4} CO_2 + H_2O \\ \xrightarrow[60\sim80℃]{浓\ H_2SO_4} CO + H_2O \end{cases}$$

甲酸在工业上可用来制取草酸，作橡胶凝聚剂、缩合剂，合成酯类，染料及医药上用作消毒剂和防腐剂。

6.7.2　乙二酸 $\begin{bmatrix} COOH \\ | \\ COOH \end{bmatrix}$

草酸通常以钾盐或钙盐形式存在于植物中，常见的草酸是含有两分子结晶水的固体，熔点为101.5℃，在干燥空气中能慢慢失去水分。无水草酸的熔点为189.5℃。它是饱和二元羧酸中酸性最强的羧酸，主要由于它分子中两个羧基直接相连，一个羧基对另一个羧基发生诱导效应的缘故。

草酸加热在150℃以上，就可分解成甲酸和二氧化碳。

$$\begin{matrix} COOH \\ | \\ COOH \end{matrix} \xrightarrow{150℃以上} CO_2 + HCOOH$$

草酸易被氧化生成二氧化碳和水，因此，常用作还原剂，如在酸性溶液中它可以定量的被高锰酸钾溶液氧化，在分析化学中常用来标定高锰酸钾溶液的浓度。在水质分析中测定耗氧量时也用到它。

$$5 \begin{matrix} COOH \\ | \\ COOH \end{matrix} + 2KMnO_4 + 3H_2SO_4 \longrightarrow K_2SO_4 + 2MnSO_4 + 10CO_2 + 8H_2O$$

草酸能与许多金属离子络合，形成的络合物溶于水，因此草酸能除去铁锈及衣物上的蓝墨水痕迹，还可作媒染剂、漂白剂。

6.7.3　丙烯酸 $(CH_2＝CH—COOH)$

丙烯酸可由丙烯腈水解得到：

$$CH_2＝CH—CN \xrightarrow{H_2O,\ HCl} CH_2＝CH—COOH + NH_4Cl$$

丙烯酸为无色有刺激性气味的液体，沸点141℃，熔点为13℃，易溶于水。它是最简单的不饱和酸，易发生氧化和聚合反应，放久后本身聚合成固体物质。丙烯酸是非常重要的一种化工原料，这类化工产品在人类的衣、食、住、行方面都有广泛的应用，用丙烯酸树脂生成的高级油漆色泽鲜艳、经久耐用，可用于汽车、缝纫机、电冰箱、洗衣机等机械的涂饰，还可作建筑物内外及门窗的涂料，也可用于纺织工业对纤维的整理、改性、浆纱、印花、截绒粘合。皮革工艺上，对皮革面的处理等。另外丙烯酸系列产品还对食品有保鲜作用，可使水果，鸡蛋保鲜期大大延长，而对人体无害。

丙烯酸除有羧酸的性质外，还有烯烃的性质，双键容易发生氧化和聚合反应。丙烯酸聚合时，通过控制反应条件，分别得到不同分子量的聚丙烯酸（分子量几百至数百万），按分子量的不同，它们的性质也不一样，在工业上可有各种不同的用途，可作塑料、涂料、胶粘剂。在工业水处理中作阻垢剂，分子量为数百万的聚丙烯酰胺是水处理中重要的絮凝剂。

丙烯酸是合成聚羧酸系高性能减水剂的主要单体。聚羧酸系高性能减水剂是目前世界上最前沿、科技含量最高、在建筑材料中应用较广泛的新一代高性能外加剂。合成它的大单体如：甲基丙烯酸酯、烯丙基醚、异戊烯醇醚等也是丙烯酸系列衍生物。

6.7.4 五倍子酸（或没食子酸）

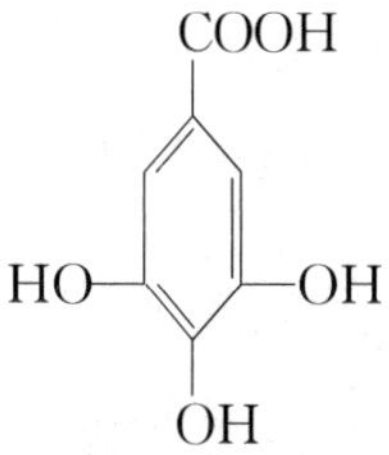

$$3，4，5—三羟基苯甲酸$$

五倍子酸以游离状态存在于茶叶中，它是丹宁的组成部分，用稀硫酸使丹宁水解，可得到五倍子酸。

五倍子酸难溶于冷水，而能溶于热水、乙醇和乙醚中，将它加热至200℃，则放出二氧化碳而生成1，2，3—苯三酚。五倍子酸具有强的还原性，能作照相显影剂。它的碱性溶液在空气中能吸收氧气而为暗棕色，它在水溶液中与三氯化铁作用，能产生蓝黑色沉淀。所以五倍子酸可以用来制造墨水。

6.7.5 顺丁烯二酸酐

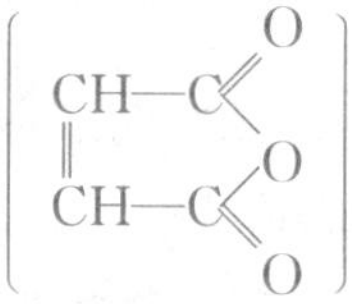

顺丁烯二酸酐是不饱和二元羧酸酐中最简单的一种。主要用它来生产聚酯树脂，醇酸树脂等。顺丁烯二酸酐不易聚合，但比较容易聚合为聚马来酸酐。

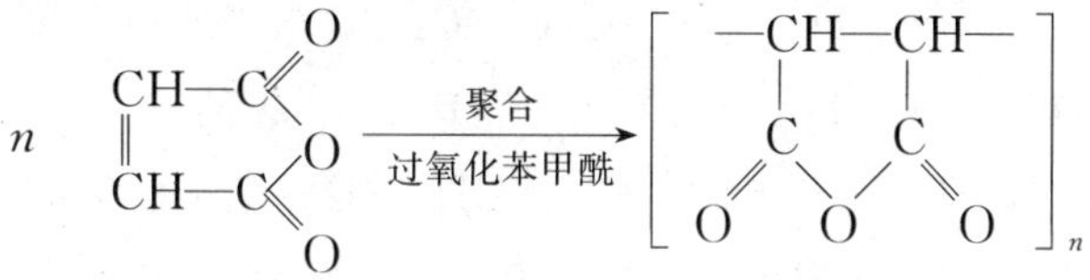

聚马来酸酐

聚马来酸酐的水解产物是工业冷却水的阻垢剂和分散剂。

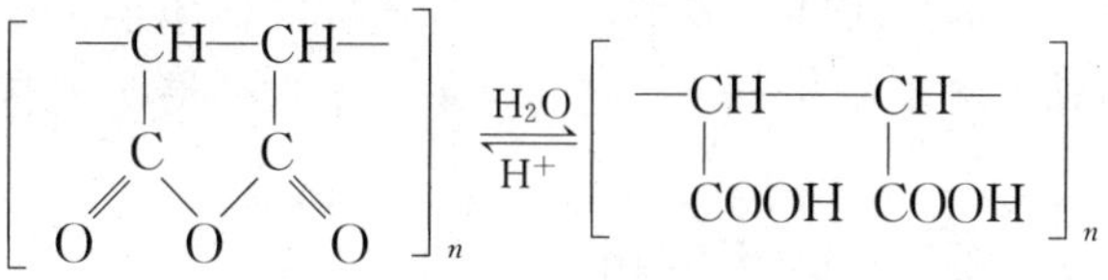

顺丁烯二酸酐还可以与其他单体共聚为高分子共聚物。它还可与乙二醇缩聚生成不饱和醇酸聚酯，再经一系列反应后，制成涂料和以玻璃纤维为填料的玻璃钢。

6.7.6 蜡和油脂

蜡和油脂都是直链高级脂肪酸的酯,广泛存在于自然界中。

1. 蜡

蜡的主要成分是高级脂肪酸和高级饱和一元醇形成的酯。如白蜡的主要成分是蜡酸酯,即:$CH_3(CH_2)_{24}COOCH_2(CH_2)_{24}CH_3$ 二十六酸二十六酯(白蜡)

又如 $CH_3(CH_2)_{14}COOCH_2(CH_2)_{28}CH_3$ 十六酸三十酯(蜂蜡)

$CH_3(CH_2)_{14}COOCH_2(CH_2)_{14}CH_3$ 十六酸十六酯(鲸蜡)

蜡可用于制造蜡模,蜡纸上光剂和软膏的基质等。石蜡的物态,物性与蜡相近,但石蜡是含二十个碳原子以上的高级烷烃,与酯的化学组成不同。

2. 油脂

油脂包括脂肪和油,习惯上把常温下为固体或半固体的叫脂肪,如牛油,猪油等;常温下为液体的叫油,如花生油、豆油、桐油等。

油脂的主要成分是直链高级脂肪酸和甘油生成的酯。甘油是三元醇,可以与一种脂肪酸形成酯,也可以与不同的脂肪酸组成混合甘油酯。油脂中绝大部分是混合甘油酯,结构式可表示为

$$
\begin{array}{l}
CH_2\text{—}OCOR \\
CH\text{—}OCOR' \\
CH_2\text{—}OCOR''
\end{array}
$$

R、R′、R″可以相同也可不相同。组成油脂的脂肪酸种类很多,其中有饱和脂肪酸,如猪油、牛油中含有软脂酸(十六酸)和硬脂酸(十八酸),它们都是饱和酸。花生油、大豆油、亚麻油中含有油酸、亚油酸、亚麻酸,组成蓖麻油的脂肪酸是蓖麻酸。它们是十八个碳原子的不饱和酸,并分别含有一个、两个、三个双键。

$CH_3(CH_2)_7\text{—}CH\text{=}CH\text{—}(CH_2)_7\text{—}COOH$ 油酸

$CH_3\text{—}(CH_2)_4\text{—}CH\text{=}CH\text{—}CH_2\text{—}CH\text{=}CH\text{—}(CH_2)_7\text{—}COOH$ 亚油酸

$CH_3\text{—}CH_2\text{—}CH\text{=}CH\text{—}CH_2\text{—}CH\text{=}CH\text{—}CH_2\text{—}CH\text{=}CH\text{—}(CH_2)_7\text{—}COOH$ 亚麻酸

$CH_3\text{—}(CH_2)_3\text{—}CH\text{=}CH\text{—}CH\text{=}CH\text{—}CH\text{=}CH\text{—}(CH_2)_7\text{—}COOH$ 桐油酸

$$CH_3\text{—}(CH_2)_5\text{—}\underset{\underset{OH}{|}}{CH}\text{—}CH_2\text{—}CH\text{=}CH\text{—}(CH_2)_7\text{—}COOH \quad 蓖麻酸$$

在这些分子中有的双键是成共轭体系,有的并不成共轭体系。

油脂比水轻,相对密度在 $0.9\sim0.95$ 之间,不溶于水,易溶于有机溶剂,如乙醚,四氯化碳等。

在酸的作用下油脂水解得到高级脂肪酸和甘油。

$$
\begin{array}{l}
CH_2\text{—}O\text{—}COR \\
CH\text{—}O\text{—}COR' + 3H_2O \xrightarrow{H_2SO_4} \\
CH_2\text{—}O\text{—}COR''
\end{array}
\quad
\begin{array}{ll}
CH_2\text{—}OH & R\text{—}COOH \\
CH\text{—}OH + & R'\text{—}COOH \\
CH_2\text{—}OH & R''\text{—}COOH
\end{array}
$$

$$\begin{array}{l} \text{CH}_2\text{—O—COR} \\ | \\ \text{CH—O—COR}' + 3\text{H}_2\text{O} \xrightarrow[\triangle]{\text{NaOH}} \\ | \\ \text{CH}_2\text{—O—COR}'' \end{array} \quad \begin{array}{l} \text{CH}_2\text{—OH} \quad \text{R—COONa} \\ | \\ \text{CH—OH} + \text{R}'\text{—COONa} \\ | \\ \text{CH}_2\text{—OH} \quad \text{R}''\text{—COONa} \end{array}$$

油脂与氢氧化钠加热时也可发生水解，生成甘油和高级脂肪酸的钠盐（肥皂），这个反应叫油脂的皂化。一克油脂皂化时所需氢氧化钠的毫克数叫作皂化值。测定油脂的皂化值可以知道油脂的分子量。

油脂除在酸或碱的作用下发生水解反应外，还能被空气中的氧所氧化，被微生物分解生成醛、酮、羧酸等，所以油脂储存过久就会变质，并产生一种特殊的气味，这种现象叫作"油脂酸败"，俗称"变酸"。一般动物油容易酸败，植物油不容易变质，如芝麻油，主要由于油中含有酚类物质可以抗氧化。在光、热、水的存在下油脂更容易变质。因此，储存油脂要在干燥、避光的密闭容器中，并存放在阴凉的场所。

含有共轭双键的不饱和脂肪酸的油脂具有一种特殊的性质。当把它涂成薄层与空气接触时，就会变成一层干硬而有弹性的固态薄膜，这种性质叫干性。具有干性的油脂叫干性油，分子中共轭双键越多，干性就越强，如桐油。这主要由于被空气中的氧所氧化以及进一步发生聚合反应所引起的。

油脂是人体进行生命活动所不可缺少的物质，尤其含有不饱和脂肪酸的油脂对人体的新陈代谢起着非常重要的作用。油脂还是工业上的重要原料，如制造肥皂、甘油、油漆、润滑剂等。

6.7.7 丙二酸二乙酯（或称丙二酸酯）

丙二酸二乙酯是无色有香味的液体，沸点199℃，微溶于水。它在有机合成中应用很广泛，是一个重要的中间产物。

1. 丙二酸二乙酯的制备

由于丙二酸分子中两个羧基间的诱导效应较强，使丙二酸不稳定，加热后易脱羧生成乙酸，故不用丙二酸直接酯化制取丙二酸酯，而通常以乙酸为原料，用下述方法制取：

$$\begin{array}{l} \text{CH}_3\text{COOH} \xrightarrow{\text{Cl}_2}_{\text{P}} \quad \begin{array}{c} \text{CH}_2\text{COOH} \\ | \\ \text{Cl} \end{array} \xrightarrow{\text{NaOH}} \begin{array}{c} \text{CH}_2\text{COONa} \\ | \\ \text{Cl} \end{array} \xrightarrow{\text{KCN}} \begin{array}{c} \text{CH}_2\text{COONa} \\ | \\ \text{CN} \end{array} \end{array}$$

$$\xrightarrow{\text{C}_2\text{H}_5\text{OH、H}_2\text{SO}_4} \begin{array}{c} \text{COOC}_2\text{H}_5 \\ | \\ \text{CH}_2 \\ | \\ \text{COOC}_2\text{H}_5 \end{array}$$

2. 丙二酸二乙酯的性质及其在有机合成中的应用

由于丙二酸二乙酯分子中亚甲基上的氢原子受相邻的两个羧基影响变得很活泼。

$$\begin{array}{c} \text{O} \qquad \text{O} \\ \| \qquad \| \\ \text{—C—CH}_2\text{—C—} \end{array}$$

所以使丙二酸二乙酯具有弱酸性（pKa=13）。

（1）合成烃基一元羧酸

它能与强碱性的乙醇钠反应生成丙二酸二乙酯钠盐，其钠盐与卤代烃或酰氯反应可生成烃基或酰基丙二酸二乙酯，再经水解制得烃基或酰基丙二酸，烃基或酰基丙二酸受热后容易脱羧生成烃基或酰基取代的乙酸。这是制取羧酸的一种方法。

$$\begin{array}{c} COOC_2H_5 \\ | \\ CH_2 \\ | \\ COOC_2H_5 \end{array} \xrightarrow{C_2H_5ONa} \left[\begin{array}{c} COOC_2H_5 \\ | \\ CH \\ | \\ COOC_2H_5 \end{array}\right]^- Na^+ \xrightarrow{RX} \begin{array}{c} COOC_2H_5 \\ | \\ R-CH \\ | \\ COOC_2H_5 \end{array}$$

$$\xrightarrow[H_2O]{NaOH} \begin{array}{c} COONa \\ | \\ RCH \\ | \\ COONa \end{array} \xrightarrow{H^+} \begin{array}{c} COOH \\ | \\ RCH \\ | \\ COOH \end{array} \xrightarrow[\triangle]{-CO_2} RCH_2COOH$$

（2）合成两个烃基的羧酸

用烃基丙二酸酯在乙醇钠存在下与卤代烃反应，还可以引入第二个烃基，再经上述各步反应，可制得带有支链的羧酸。

$$\begin{array}{c} COOC_2H_5 \\ | \\ R-CH \\ | \\ COOC_2H_5 \end{array} \xrightarrow{C_2H_5ONa} \left[\begin{array}{c} COOC_2H_5 \\ | \\ R-C \\ | \\ COOC_2H_5 \end{array}\right]^- Na^+ \xrightarrow{R'X} \begin{array}{c} COOC_2H_5 \\ | \\ R-C-R' \\ | \\ COOC_2H_5 \end{array} \xrightarrow[H_2O]{NaOH}$$

$$\begin{array}{c} COONa \\ | \\ R-C-R' \\ | \\ COONa \end{array} \xrightarrow{H^+} \begin{array}{c} COOH \\ | \\ R-C-R' \\ | \\ COOH \end{array} \xrightarrow[\triangle]{-CO_2} \begin{array}{c} R-CHCOOH \\ | \\ R' \end{array}$$

当需要引入两个不相同的烃基时，考虑空间阻碍效应，一般先引入大的烃基。

（3）合成二元羧酸

用 1mol 二元卤代烃或 1mol 碘与 2mol 丙二酸二乙酯钠盐反应，可以合成二元羧酸，例如：

$$\begin{array}{c} CH_2Br \\ | \\ CH_2Br \end{array} + \begin{array}{c} [CH(COOC_2H_5)_2]^- Na^+ \\ [CH(COOC_2H_5)_2]^- Na^+ \end{array} \longrightarrow \begin{array}{c} CH_2-CH(COOC_2H_5)_2 \\ | \\ CH_2-CH(COOC_2H_5)_2 \end{array}$$

$$\xrightarrow[②H^+]{①NaOH,\ H_2O} \begin{array}{c} CH_2-CH(COOH)_2 \\ | \\ CH_2-CH(COOH)_2 \end{array} \xrightarrow[\triangle]{-2CO_2} \begin{array}{c} CH_2-CH_2COOH \\ | \\ CH_2-CH_2COOH \end{array}$$

己二酸

$$2\ [CH(COOC_2H_5)_2]^- Na^+ \xrightarrow{I_2} \begin{array}{c} CH(COOC_2H_5)_2 \\ | \\ CH(COOC_2H_5)_2 \end{array} \xrightarrow[H_2O]{NaOH} \begin{array}{c} CH(COONa)_2 \\ | \\ CH(COONa)_2 \end{array}$$

$$\xrightarrow{H^+} \begin{array}{c} CH(COOH)_2 \\ | \\ CH(COOH)_2 \end{array} \xrightarrow[\triangle]{-2CO_2} \begin{array}{c} CH_2COOH \\ | \\ CH_2COOH \end{array}$$

用卤代羧酸酯与丙二酸二乙酯钠盐反应，也可以制取二元羧酸，例如：

$$[CH(COOC_2H_5)_2]^-Na^+ + \underset{\underset{\textstyle Br}{|}}{CH_2COOC_2H_5} \longrightarrow C_2H_5OOCCH_2\underset{\underset{\textstyle COOC_2H_5}{|}}{\overset{\overset{\textstyle COOC_2H_5}{|}}{CH}}$$

$$\xrightarrow[\textcircled{2}H^+]{\textcircled{1}NaOH, H_2O} HOOCCH_2\underset{\underset{\textstyle COOH}{|}}{\overset{\overset{\textstyle COOH}{|}}{CH}} \xrightarrow[\triangle]{-CO_2} \underset{\textstyle CH_2COOH}{\overset{\textstyle CH_2COOH}{|}}$$

习 题

1. 命名下列化合物或写出化合物的结构式。

(1) 　$\underset{\underset{\textstyle}{}}{\overset{\overset{\textstyle CH_3}{|}}{\text{苯基}}}$CH—CH$_2$COOH

(2) 　对苯二甲酸类结构 COOH ... COOH

(3) 　CH_2—CH_2—CH_2—CH_2—$\underset{\underset{\textstyle Cl}{}}{\overset{\overset{\textstyle CH_3}{|}}{CH}}$—COOH

(4) 　CH_3—$\underset{\underset{\textstyle CH_3}{|}}{\overset{\overset{\textstyle COOH}{|}}{C}}$—COOH

(5) 2，3—二甲基丁烯二酸　　　　　　　　(6) α—甲基丙烯酸甲酯

2. 写出分子式为 $C_5H_{10}O_2$ 的羧酸的同分异构体，并用系统命名法命名。

3. 比较下列化合物的酸性强弱。

(1) CH_3—CH_2—OH，CH_3COOH，$HOOC$—COOH

(2) Cl_3C—COOH，Cl—CH_2—COOH

4. 以溴乙烷为原料，选两条路线合成丙酸。

5. 完成下列反应：

(1) 丁酸 $\cdots\cdots \longrightarrow CH_3OOC$—$\underset{\underset{\textstyle}{}}{\overset{\overset{\textstyle CH_2—CH_3}{|}}{CH}}$—COOCH$_3$

(2) 2—丙醇 $\cdots\cdots \longrightarrow CH_3$—$\underset{\underset{\textstyle CH_3}{|}}{CH}$—$\underset{\underset{\textstyle O}{\|}}{C}$—$CH_3$

(3) 乙醇 $\longrightarrow$ 丙酸乙酯

(4) 1—丁醇 $\longrightarrow$ 2—戊烯酸

(5) 2—己酮 $\longrightarrow$ 戊酸

6. 以甲苯或乙醇为主要原料，用丙二酸酯法合成下列物质。

(1) 2，3—二甲基丁酸

(2) 3—甲基戊二酸

(3) β—苯基丙酸乙酯

7. 化合物 A 和 B 分子式为 $C_4H_8O_2$，其中 A 容易和碳酸钠作用放出二氧化碳，B 不

和碳酸钠作用，但和 NaOH 的水溶液共热生成乙醇，试推测 A 和 B 的结构式，并写出分析过程。

8. 设计一个分离戊醛、戊醇、戊酸的化学方法。

9. 用化学方法区别下列各组化合物。

(1) 甲酸，乙酸，丙二酸

(2) 乙酸，乙醇，乙醛

(3) 乙酸，乙酰氯，乙酰胺，乙酸乙酯

10. A、B、C 三种化合物的分子式都是 $C_3H_6O_2$，C 能与 $NaHCO_3$ 作用放出气体，A、B 不能。把 A、B 分别放入 NaOH 溶液中加热，然后酸化，从 A 得到酸 a 和醇 a。从 B 得到酸 b 和醇 b。酸 b 能发生银镜反应，而酸 a 不能。醇 a 氧化得到酸 b，醇 b 氧化得到酸 a。推测 A、B、C 的结构式，写出推导过程。

第7章　含硫有机化合物

硫和氧是同族元素，含氧有机化合物中的氧原子被硫代替，便形成含硫的有机化合物。如硫醇、硫醚、硫脲及硫的高价化合物磺酸等，本章着重讨论硫醇、硫醚、芳香族磺酸等。

7.1　硫醇和硫醚

7.1.1　硫醇

1. 一般概况

开链烃或芳香烃侧链上一个或两个以上的氢原子被硫氢基（—SH 巯基）取代后的生成物叫硫醇。若把醇看作是水分子中一个氢被烃基取代后的产物，则硫醇也可以看作是硫化氢的烃基衍生物。硫醇的通式为 R—SH。

硫醇的命名和醇的命名相似，只在相应的"醇"字前加一"硫"字即可，例如：

CH_3OH　甲醇　　　　　　　　　CH_3—SH　甲硫醇

CH_3—CH_2—OH　乙醇　　　　　　CH_3—CH_2—SH　乙硫醇

CH_3—CH—CH_3　　2—丙醇　　　　CH_3—CH—CH_3　　2—丙硫醇
　　　|　　　　　　　　　　　　　　　　|
　　　OH　　　　　　　　　　　　　　　SH

2. 硫醇的性质

在常温下甲硫醇是气体，易挥发，难溶于水，其他低级硫醇是液体，具有特殊气味。空气中含有 5×10^{-10} g/L 的乙硫醇即可被人们闻出它的臭味，分子量越大，挥发性越小，故高级硫醇气味渐减，以致没有臭味。

利用硫醇的恶臭来检验管道是否漏气，如天然气中掺入极少量硫醇后，即可发现是否漏气，以避免发生事故。

硫醇的化学性质与醇相似，它的主要特性表现在巯基上，如显酸性和它易被氧化生成硫的高价化合物。

（1）酸性

硫醇显弱酸性，与碱作用生成盐，与碱金属作用放出氢气，硫醇的重金属盐类，如硫醇汞、硫醇铜、硫醇铅、硫醇银等，可以从水溶液中结晶析出，利用这一性质来除去重金属。还可作重金属如汞、铅、锑等中毒的解毒剂。

$$R—SH + NaOH \rightarrow R—SNa + H_2O$$
$$2R—SH + 2Na \rightarrow 2R—SNa + H_2 \uparrow$$
$$2R—SH + HgO \rightarrow (R—S)_2Hg \downarrow + H_2O$$
白色

硫醇钠能溶于水。石油及其裂解气中常有少量硫醇，不仅使汽油、煤油有讨厌的臭味，并且它的燃烧产物二氧化硫有腐蚀性，必须把它从石油产品中除去，可利用碱洗的方法，使它变成硫醇钠溶于水中，与汽油等分离。

（2）与羧酸作用

硫醇与羧酸作用和醇与羧酸作用相似，生成硫醇酯和水，在形成硫醇酯时，使羧酸的羟基和硫醇的硫基上的氢结合失去一分子水。

$$R-\underset{O}{\overset{\|}{C}}-OH+H-S-R' \rightarrow R-\underset{O}{\overset{\|}{C}}-S-R'+H_2O$$

硫醇酯

所形成的酯中包含着硫原子，这个反应可作羧酸生成酯反应机理的旁证。

硫醇中硫氢基的氢原子除了可以用酰基取代形成硫醇酯外，也可被烷基取代成为硫醚。

$$R-SH+NaOH \longrightarrow R-SNa+H_2O$$
$$R-SNa+RX \longrightarrow R-S-R+NaX$$

硫醚

（3）氧化反应

硫醇易被氧化，在弱氧化剂或空气的作用下氧化成二硫烷基。碘氧化硫醇的反应式如下：

$$2R-SH+I_2 \longrightarrow R-S-S-R+2HI$$

常温下用次碘酸钠或过氧化氢作氧化剂，也能使硫醇被氧化成二硫烷基。工业上利用这个原理以亚铅酸钠（Na_2PbO_2）作为氧化剂，可把石油中含的硫醇氧化成为无害的二硫化物。

$$2R-SH+Na_2PbO_2+S \longrightarrow R-S-S-R+PbS+2NaOH$$

把空气通入反应结束后的水溶液中，则又将得到亚铅酸钠。

$$PbS+4NaOH+2O_2 \longrightarrow Na_2PbO_2+Na_2SO_4+2H_2O$$

重复上面反应，可把石油中的硫醇除去。

在强烈的氧化条件下，如用浓硝酸作氧化剂，则硫醇被氧化为磺酸。

$$R-SH+3[O] \xrightarrow[\text{或 KMnO}_4]{\text{HNO}_3} R-SO_3H$$

在这种条件下，氧化的结果并不是去掉氢原子，而是增加硫原子的化合价。

硫醇存在于原油产品中，也存在于造纸废水中，因为化学方法制浆主要是利用化学药品来离解纤维素，这些化学药品如硫化钠、氢氧化钠、亚硫酸盐等，它们能从纤维原料（如木材、芦苇、稻草等）中将纤维之间的填充物质溶解，而纤维素被离解出来制成纸浆，这些填充物质，主要是木质素和半纤维素。木质素分子中的甲氧基在硫化钠存在下，产生硫醇。

$$Na_2S+H_2O \longrightarrow NaOH+NaSH$$

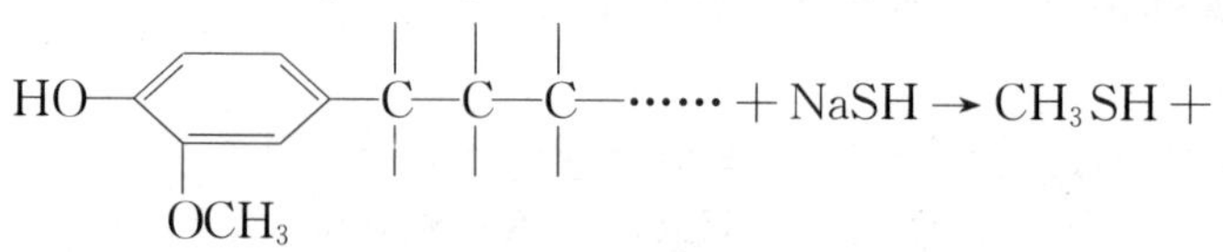

HO—⟨benzene⟩—C—C—C—……+NaSH → CH₃SH +
　　OCH₃

甲硫醇

$$NaO-\underset{\underset{ONa}{|}}{\bigcirc}-C-C-C\cdots\cdots$$

造纸废水及废气中有一种臭味,其原因之一,也是由于含有硫醇的关系。若将此废水放到江河中,就直接影响水质,目前有些造纸厂已着手回收这些有机物质。

7.1.2 硫醚

1. 一般概况

硫醚的结构可看作是硫化氢的二烷基衍生物。正像把醚看成是水的二烷基取代物一样。它们的通式是 **R—S—R**。

硫醚中最简单的是二甲硫醚或甲硫醚。它是无色液体,不溶于水,易燃,相对密度为 0.8458,熔点为 −83℃,沸点为 37.5℃,有特殊的臭味,自燃点为 206℃,爆炸极限 2.2%~16.7%。

结构式为 CH_3-S-CH_3。

甲硫醚在常温时,用硝酸作氧化剂可以变成二甲亚砜(但工业上一般都不采用此法生产)。在比较剧烈的氧化条件下,例如,用发烟硝酸或与高锰酸钾共热则被氧化生成砜类。

*2. 砜和亚砜

在造纸厂的废水中,含有大量的木质素。若是碱法制浆,它便呈碱木质素存在,若是亚硫酸盐法制浆,它便呈木质磺酸盐存在。它们都能在高温高压下与硫化钠或熔融硫作用。使木质素中苯环上的甲氧基发生裂解并与硫离子生成二甲硫醚。化学反应如下:

$$NaO-\underset{\underset{OCH_3}{|}}{\bigcirc}-C-C-C\cdots\cdots+Na_2S \xrightarrow[\text{35MPa}]{240℃}$$

$$NaO-\underset{\underset{ONa}{|}}{\bigcirc}-C-C-C\cdots\cdots+CH_3SNa$$

$$NaO-\underset{\underset{OCH_3}{|}}{\bigcirc}-C-C-C\cdots\cdots+CH_3SNa \longrightarrow$$

$$NaO-\underset{\underset{ONa}{|}}{\bigcirc}-C-C-C\cdots\cdots+CH_3-S-CH_3$$
二甲硫醚

造纸废水中含有这些有恶臭的有机物,若将它们综合利用,不仅处理了废水而且更重要的是回收了有用的工业产品,如可将硫醚氧化成亚砜和砜。

$$CH_3-S-CH_3 \xrightarrow[\text{HNO}_3]{\text{(O)}} \underset{\underset{O}{\parallel}}{CH_3-S-CH_3} \text{,} \quad CH_3-S-CH_3 \xrightarrow[\text{或 HNO}_3]{H_2O_2} \overset{\overset{O}{\parallel}}{\underset{\underset{O}{\parallel}}{CH_3-S-CH_3}}$$
二甲亚砜　　　　　　　　　　　　　　　　　二甲砜

二甲亚砜为无色透明液体，溶于水，呈微碱性，有苦味，毒性小，具有很强的吸湿性，对许多化合物都有溶解力。它是很好的溶剂，在石油化工和高分子工业中，常用作优良溶剂及脱硫剂。在医药等方面也有极大的用途。二甲亚砜是很好的防冻剂，以适当比例与水混合，冰点可低至一60℃。因此，在坦克、汽车的水箱中渗进二甲亚砜溶液，可使水箱在零下几十度的气温下也不会结冰。

*近几年来，我国的一些造纸厂利用造纸废液制成二甲亚砜，不仅处理了造纸废液中的硫醚，而且还为废液的综合利用开辟了一条新的途径。当然，造纸废液不仅能提取二甲亚砜，还可制出农业上需要的胡敏酸胺、工业上需要的乙醇、食品工业用的香草素等。

若用亚硫酸法制浆造纸，废液中的木质素以木质磺酸盐存在，用石灰等处理可得木质磺酸钙，它们都是木质磺酸盐系减水剂，在建筑材料工程中早已推广使用。由于液体材料难于运输，若将废液发酵处理，脱糖，烘干制成一种粉状木质磺酸钙，叫作 M 型混凝土减水剂，也叫木钙粉，它为阴离子表面活性剂。这种减水剂，主要以工业废水为原料，故资源丰富，成本低廉又减少环境污染，所以被各国广泛应用。

7.2 磺　　酸

烃分子中的氢原子被磺酸基（—SO₃H）取代所生成的化合物叫磺酸。其通式为 R—SO₃H。结构式为：

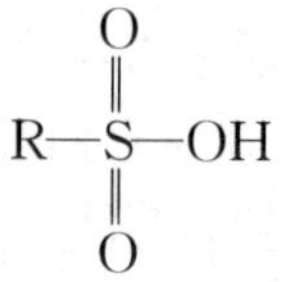

$$R-\overset{\displaystyle O}{\underset{\displaystyle O}{\overset{\displaystyle \|}{\underset{\displaystyle \|}{S}}}}-OH$$

磺酸的命名　一般把"磺酸"二字放在烃基的后面。如：

$$CH_3-CH_2-SO_3H$$
乙磺酸

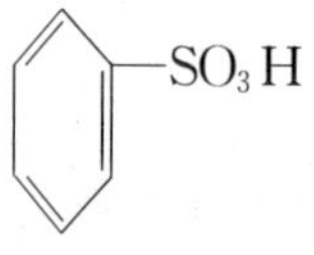

苯磺酸 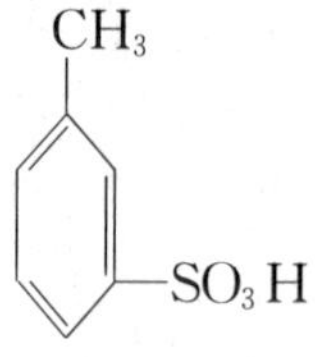　　　　　3—甲基苯磺酸 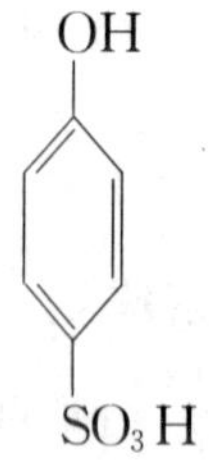　　　　4—羟基苯磺酸

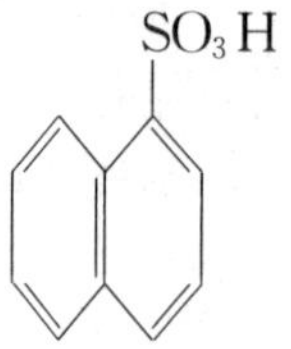

α—萘磺酸 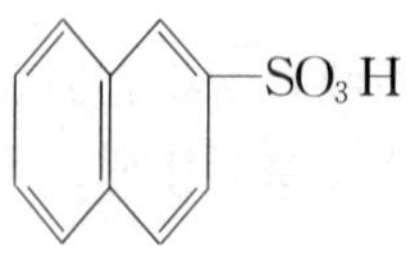　　　　β—萘磺酸 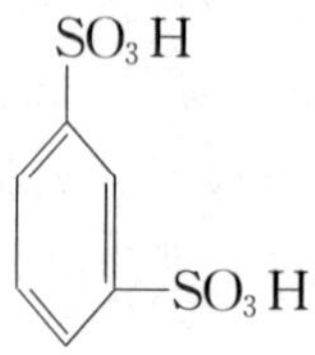　　　　　间—苯二磺酸

磺酸一般都是无色结晶，极易溶于水，难溶于有机溶剂。一般难溶于水的有机物质引入磺酸基可增大该有机物的溶解度。

磺酸是有机物中酸性很强的物质，它的酸性与硫酸及盐酸等相当。

在工业上，芳香族磺酸及其盐类较为常见，故本节主要讨论芳香族磺酸（或芳磺酸）。

7.2.1 芳香族磺酸的制法

芳烃直接磺化可制备芳磺酸。将芳香族化合物与浓硫酸、发烟硫酸或氯磺酸（$ClSO_3H$）一起加热，即得到相应的磺酸。

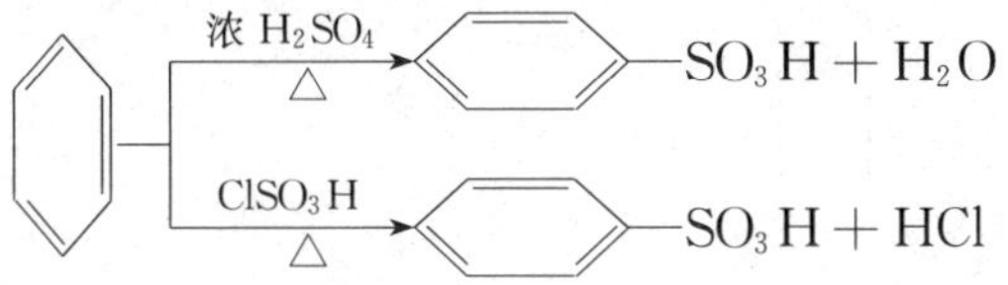

在磺化过程中，往往伴有少量的砜生成。

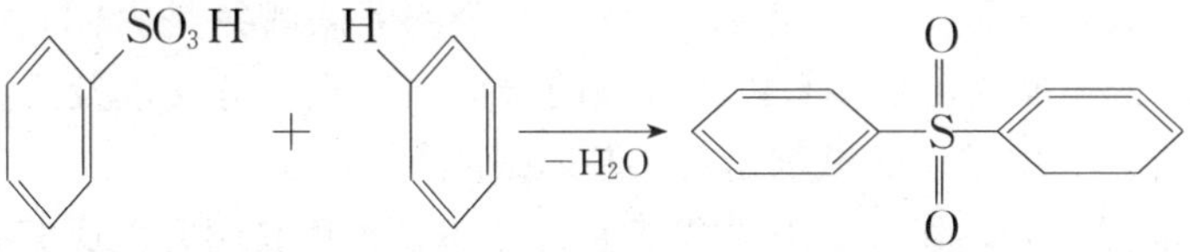

磺酸易潮解，常含有结晶水。在实际生产中常以其钠盐（或钙盐）的形式分离提纯，由于苯磺酸是强酸，它在饱和食盐水中溶解度较低，会沉淀析出（盐析）。将磺化产物注入饱和食盐水中，使其转变为相应的磺酸钠沉淀分离出来。由于磺酸、硫酸都能溶于水，磺化反应后便以此方法来将磺酸和硫酸分离。

磺酸是强酸，但又是很弱的氧化剂。所以在有机合成上被用作酸性催化剂，如，对甲基苯磺酸就是很有用的酸催化剂。

7.2.2 芳香族磺酸的性质

芳磺酸的结构中有芳环和磺酸基，它的主要化学反应都发生在磺酸基上，所以磺酸基是它的官能团，此外，芳环上也能发生取代反应，但由于受磺酸基的影响亲电取代相当困难。

1. 磺酸基中羟基的取代反应

磺酸基中的羟基可被卤素取代、被氨基取代，生成磺酰卤、磺酰胺。还可以生成芳磺酸酯等。

（1）被卤素取代。芳磺酸钠与五氯化磷或三氯氧化磷作用，便生成芳磺酰氯。

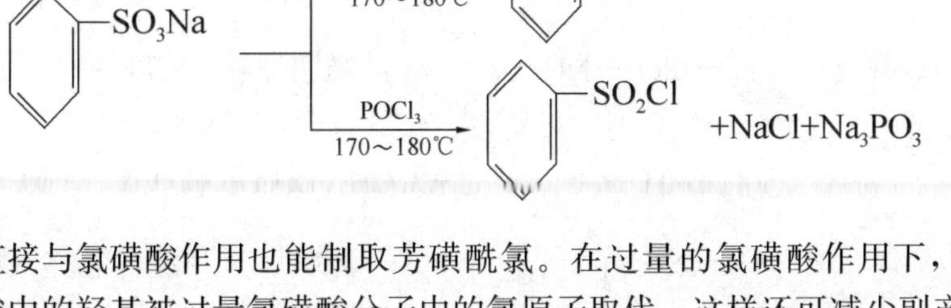

芳香烃直接与氯磺酸作用也能制取芳磺酰氯。在过量的氯磺酸作用下，先生成芳磺酸，然后磺酸中的羟基被过量氯磺酸分子中的氯原子取代，这样还可减少副产物二苯砜的生成。

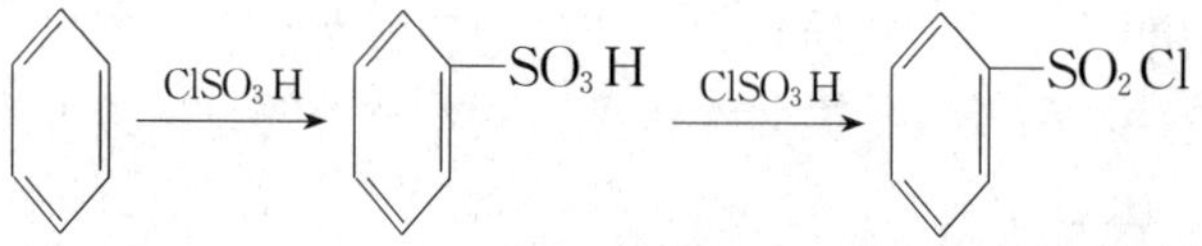

芳磺酰氯比羧酸酰氯的活泼性差，与水只发生微弱的水解，但与醇或胺则比较容易反应。在碱的存在下，芳磺酰氯与醇作用生成芳磺酸酯。

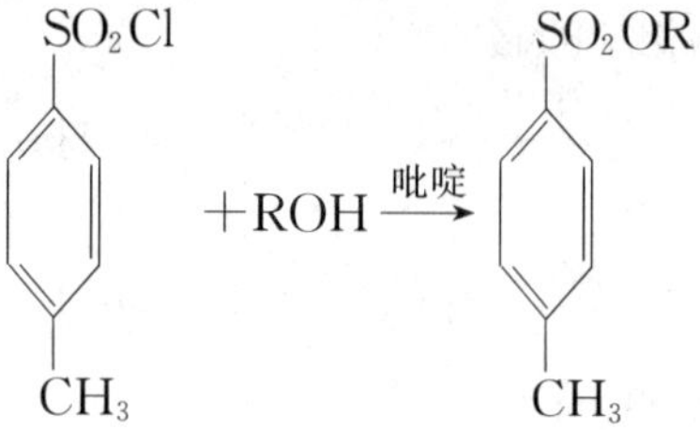

苯磺酰氯在室温时为液体（熔点 14.4℃），其余的芳磺酰氯是固体，如对甲基苯磺酰氯（熔点 69℃）。芳磺酰氯在某些有机化合物的合成、鉴别、分离以及反应历程的研究中具有一定的重要性，其中常用的试剂是对甲基苯磺酰氯。

（2）被氨基取代。芳磺酸分子中磺酸基上的羟基被氨基取代后生成芳磺酰胺（或芳磺胺），通常是由芳磺酰氯与氨或胺作用而得，但叔胺不发生反应。

磺酰胺分子中氨基上的氢原子被不同的基团取代可制出各种磺胺药物。如：

双氨基苯磺酰胺（磺胺）

磺胺吡啶（S. P.）

磺胺嘧啶（S. D）

磺胺噻唑（S.T）

磺胺甲氧哒嗪（S.M.P）

3—磺胺—5—甲基异恶唑（S.M.Z）

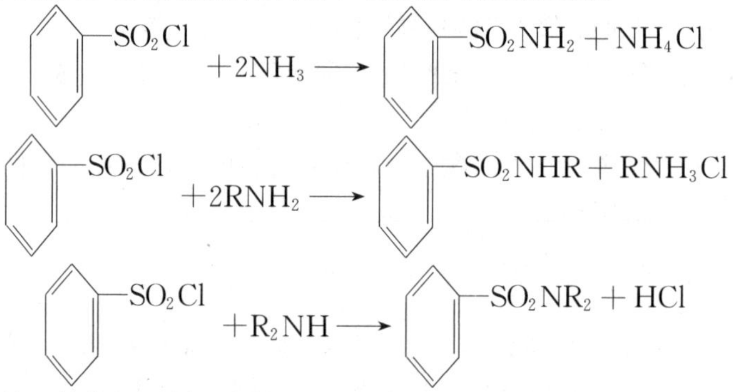

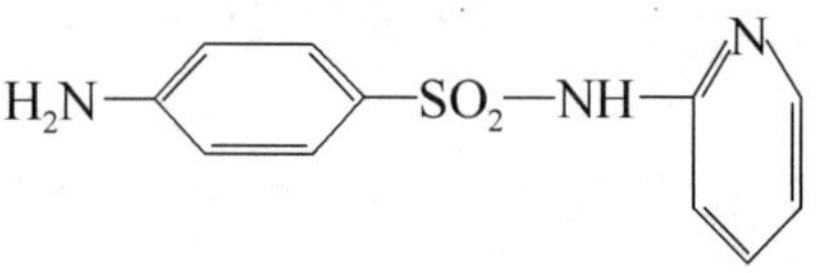

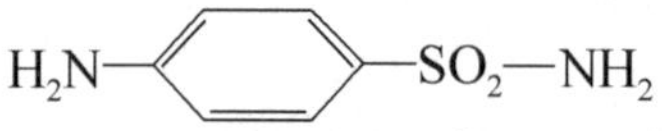

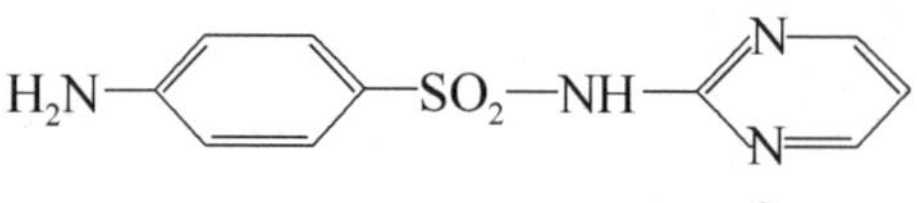

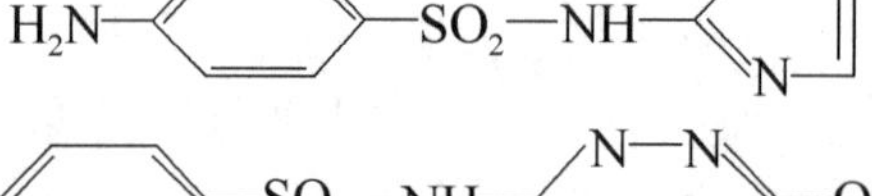

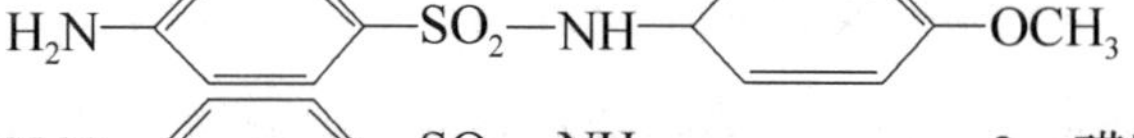

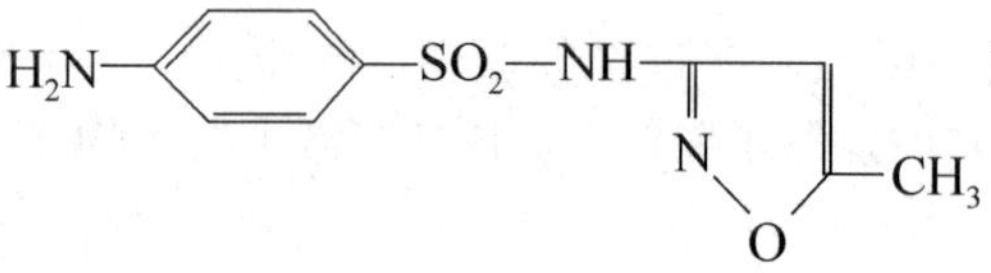

人们日常生活中用的糖精也是芳磺胺的重要衍生物。

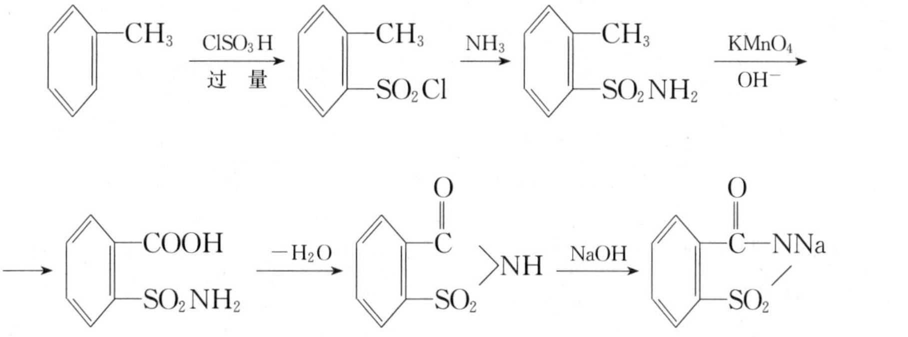

邻磺酰苯甲酰亚胺（糖精）

糖精是结晶固体，熔点 229℃，它比蔗糖甜 550 倍，但无营养价值，可作调味剂或供糖尿病患者食用。因它难溶于水，故通常制成钠盐使用。

2. 磺酸基的取代反应

磺酸基可被氢原子或亲核试剂（如 OH^-、CN^- 等）取代，分别生成芳香烃或相应的酚或腈。

（1）水解

在酸性溶液中，加热、加压、水解，失去磺酸基而转变为苯。

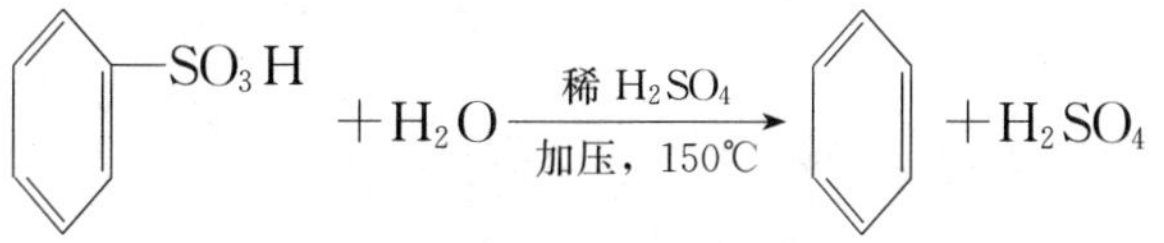

在有机合成上可以用此反应来除去化合物中的磺酸基，或者先让磺酸基占据环上的某些位置，待其他反应完成后，再经水解将磺酸基除去，如将苯酚直接溴化不易制得邻溴苯酚，但可通过下列反应制得。

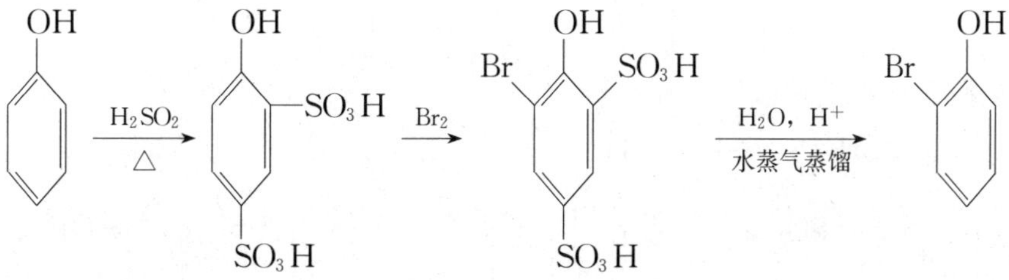

另外，利用脱磺酸基的反应来分离某些异构体，如二甲苯的三种异构体，因其沸点相近（见表 2-9）。用一般分离方法不易分开，可采用先磺化后脱磺酸基的方法分离：

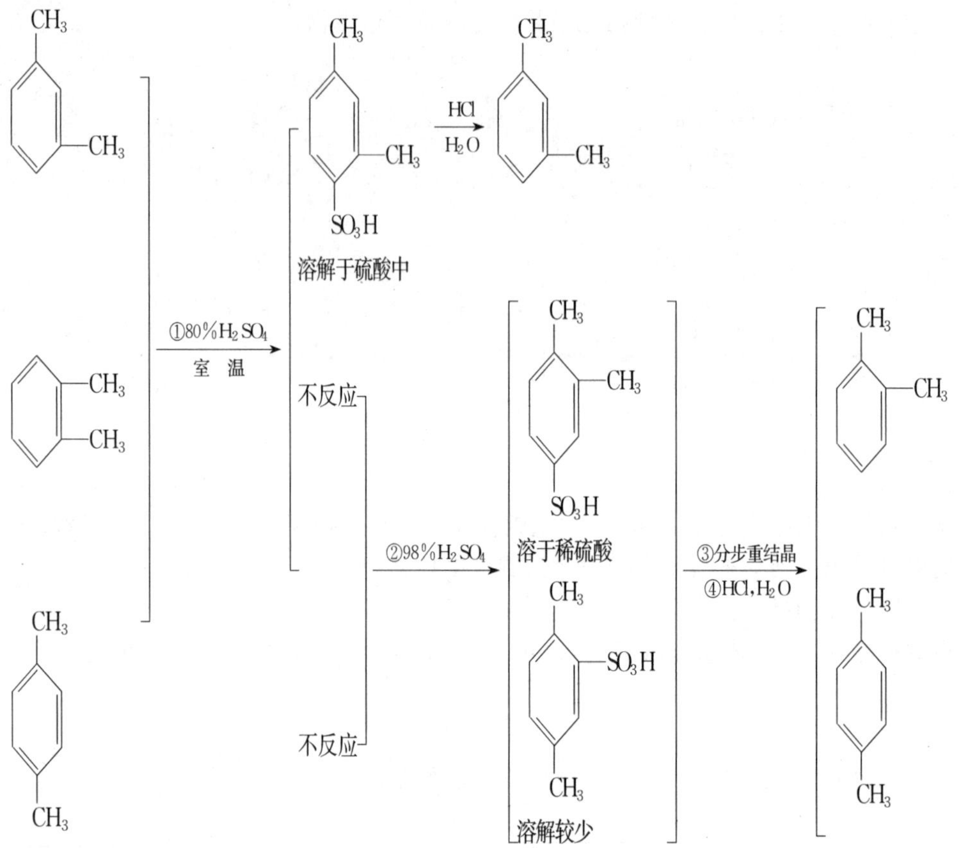

这种分离方法简单，也不用特殊设备。

（2）碱熔

磺酸钠（或钾）盐与氢氧化钠（或氢氧化钾）共熔，磺酸基被羟基取代，这是制备酚类的方法之一。

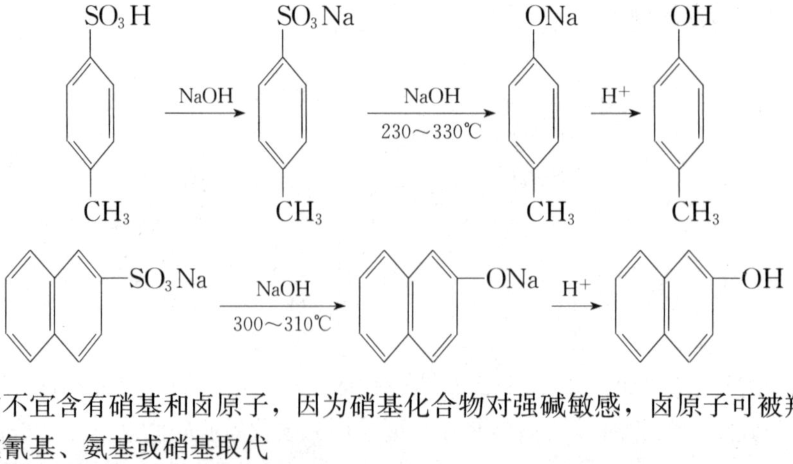

反应物不宜含有硝基和卤原子，因为硝基化合物对强碱敏感，卤原子可被羟基取代。

（3）被氰基、氨基或硝基取代

将芳磺酸盐与氰化钠（或氰化钾）共同蒸馏，则生成芳香腈类。

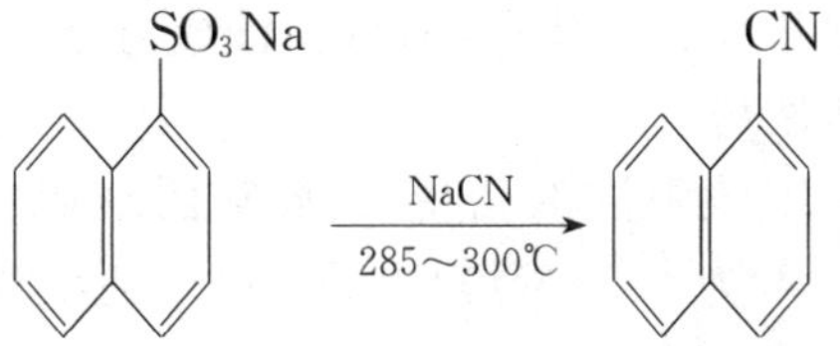

萘甲腈

可利用这一反应增长碳链。

由于苯酚直接硝化易将羟基氧化，利用此法可以间接制取三硝基苯酚。

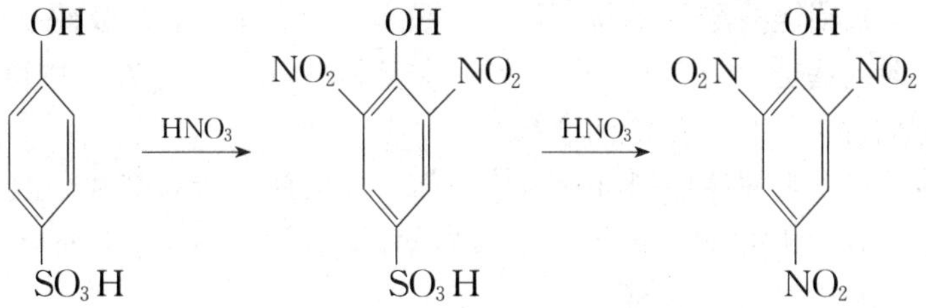

磺酸基还可被氨基取代：

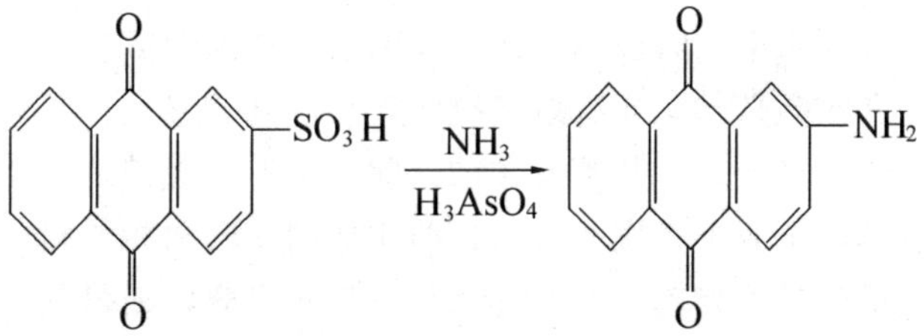

3. 芳环上的取代的反应

磺酸基是吸电子基，由于诱导效应和共轭效应的影响，使环上电子云密度降低，与弱的亲电试剂不易发生反应，如：一般不进行烷基化反应，与强的亲电试剂也需在较强的条件下才进行反应，同时取代基主要进入磺酸基的间位。

如：

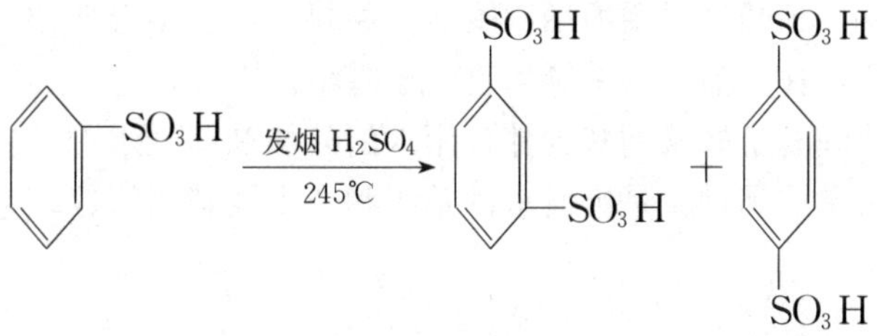

75%　　　25%

＊7.3　表面活性剂的概况

能显著降低水的表面张力或两种液体（如水和油）之间界面张力特性的物质，总称为表面活性物质或表面活性剂。例如：肥皂能够去污，这是由于肥皂的水溶液能使油污发生乳化形成乳状液，原来的油和水的界面不再存在。油成为分散的微小乳化粒子悬浮于水中而被除去。肥皂便是表面活性剂。

表面活性剂是一类在分子中同时含有亲水基团（如—COOH，—SO₃H，—OH，—NH₂ 等）与憎水基团（一般为十二个碳以上的长链烃基）的有机化合物。

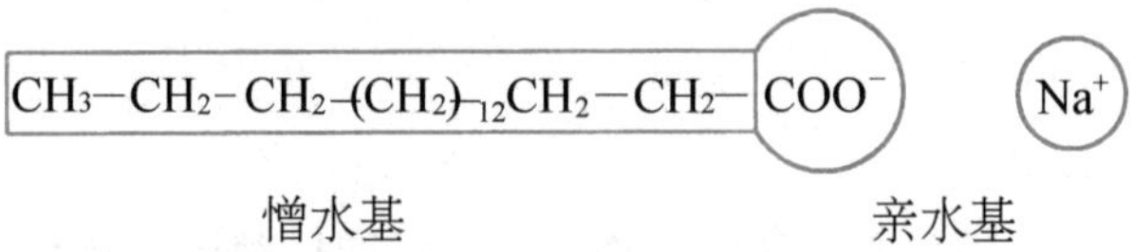

$$\boxed{CH_3-CH_2-CH_2-(CH_2)_{12}CH_2-CH_2-} \boxed{COO^-} \quad \bigcirc Na^+$$

憎水基　　　　　　　　　　　亲水基

肥皂分子是个长碳链羧酸的钠盐（R—COONa），烃基是个非极性基团，溶于油而不溶于水，这个长碳链基是个憎水亲油基；另一个基是—COONa，在水中可离解为—COO⁻与 Na⁺ 离子，它们都可水化，是憎油亲水基。

因使用目的不同，表面活性剂可分为洗涤剂、乳化剂、润湿剂和分散剂等。最常用的分类方法，是按其溶于水时能否离解，以及离解后生成离子的种类而分为阴离子、阳离子、两性离子和非离子表面活性剂。

7.3.1 阴离子表面活性剂

阴离子表面活性剂在水中离解成离子，其表面活性是由阴离子产生的。它使用较早且数量较多。除磺酸盐和羧酸盐外，还有烷基硫酸盐和烷基磷酸盐。

目前生产的阴离子洗涤剂是烷基苯磺酸钠。此烷基不是直链烷基，而是带支链的含十二个碳原子的各种烷基，工业上是用廉价的石油化学制品丙烯为原料，使其聚合成丙烯四聚体（一般是含有支链的各种异构体的混合物）再与苯反应，则得到十二烷基苯的复杂混合物。

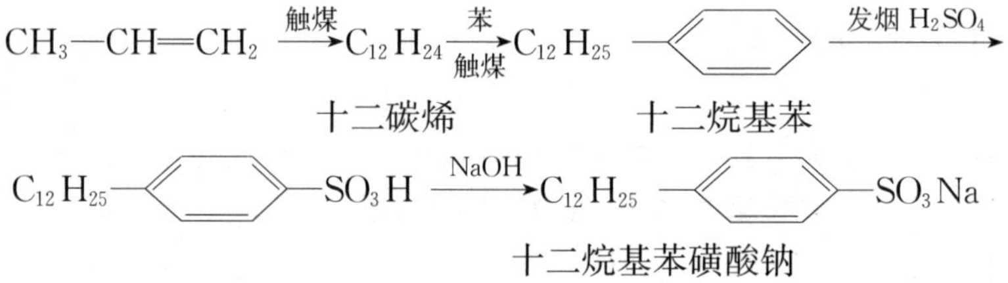

$$CH_3-CH{=}CH_2 \xrightarrow{\text{触煤}} C_{12}H_{24} \xrightarrow[\text{触煤}]{\text{苯}} C_{12}H_{25}\text{—}\bigodot \xrightarrow{\text{发烟 } H_2SO_4}$$

十二碳烯　　　　　　　　十二烷基苯

$$C_{12}H_{25}\text{—}\bigodot\text{—}SO_3H \xrightarrow{NaOH} C_{12}H_{25}\text{—}\bigodot\text{—}SO_3Na$$

十二烷基苯磺酸钠

在生产十二烷基苯磺酸钠时用丙烯四聚体为原料，产品中会残留一部分四聚丙烯，它是个难于分解的物质，在生活污水中微生物难于降解。

建筑材料中能使混凝土显著地减少拌合用水的外加剂即减水剂，它之所以能起到分散水泥的作用，也是由于这类物质是由憎水性基团和亲水性基团组成，它们是一些降低界面张力的物质。如：

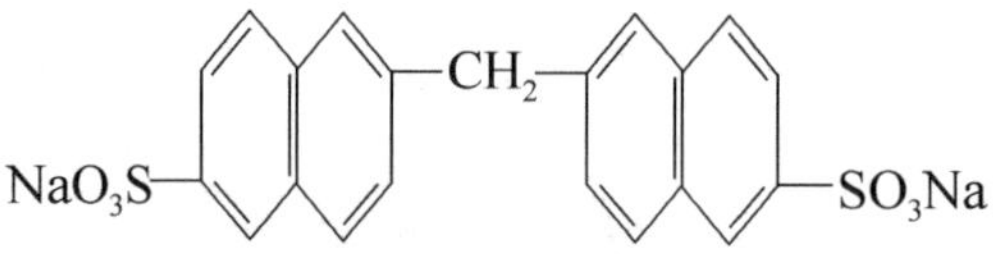

NaO₃S—⟨⟨⟩⟩—CH₂—⟨⟨⟩⟩—SO₃Na

亚甲基二萘磺酸钠

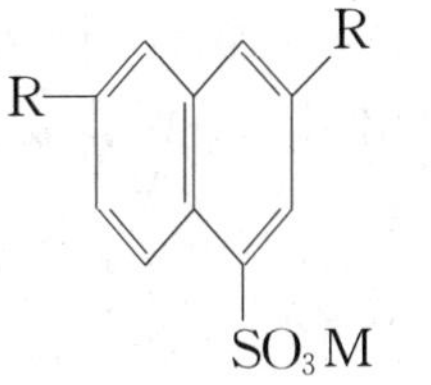

烷基萘磺酸盐　　　　　　M：表示金属离子

7.3.2　阳离子表面活性剂

阳离子表面活性剂在水中也离解成离子，但起表面活性作用的是阳离子。其中应用最广泛的是带有长链烷基的季铵盐，如十二烷基三甲基氯化铵。

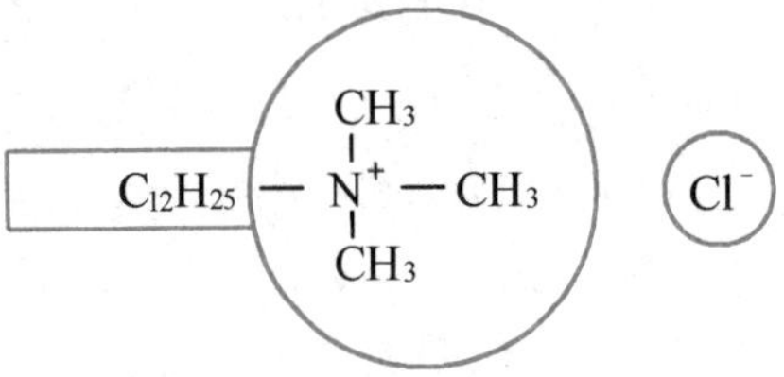

憎水基　　　　　亲水基

这一类表面活性剂具有润湿、起泡及乳化性质。它们对于具有负电荷的无机盐、金属表面等有强烈的吸附特性，故可用作矿石浮选剂、金属防腐剂等。目前应用最广的季铵盐还有十二烷基二甲基苄基氯化铵。

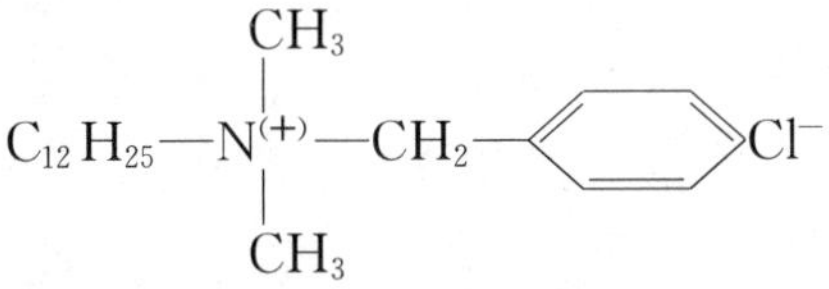

这种阳离子表面活性剂杀菌力特别强，在水处理中可作杀菌剂、消毒剂。

新型阳离子聚二甲基胺甲基丙烯酰胺（PDMAM）结构式如下：

PDMAM 可用于印染废水处理，利用生产羟甲基丙烯酰胺时排放的废液来生产。在水处理中，若以聚合氯化铝为混凝剂，以 PDMAM 作助凝剂，可使絮凝体体积增大，能明显加快水中胶体的沉降速度，它本身就是一种有机高分子絮凝剂。

7.3.3　两性表面活性剂

分子中同时具有阴和阳两种离子的表面活性剂，如十二烷基二甲基氨基乙酸钠。

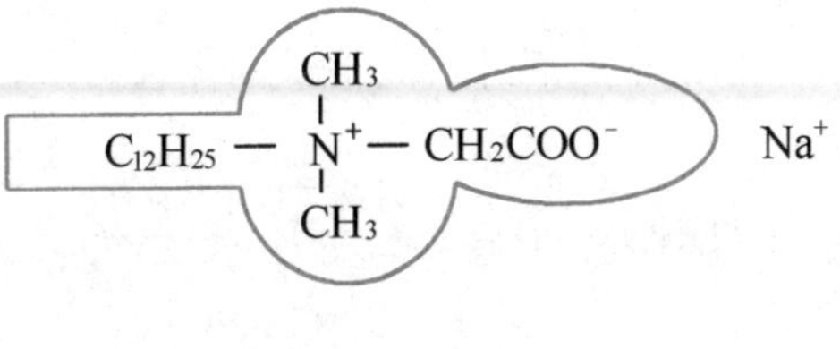

它是季铵盐阳离子部分和羧酸盐阴离子部分构成的两性表面活性剂，在酸性介质中显阳离子性质，在碱性介质显阴离子性质，在适当介质中显出阴、阳离子相等的等电点。这类表面活性剂可用作洗涤剂、染色助剂、抗静电剂等。

7.3.4 非离子型表面活性剂

这类表面活性剂在水中不离解成离子，其亲水部分是在水中不离解的羟基和醚键，其特性是无发泡性而乳化性强，是有较强的表面活性，可作乳化剂、洗涤剂、润湿剂和分散剂。

如：烷基酚聚氧乙烯醚　　R—⟨苯环⟩—O$\left(CH_2—CH_2—O\right)_n$H

聚氧乙烯烷基醇酰胺　　R—C(=O)—N$\left(CH_2—CH_2—O\right)_n$H，其中 N 上含 CH_2CH_2OH

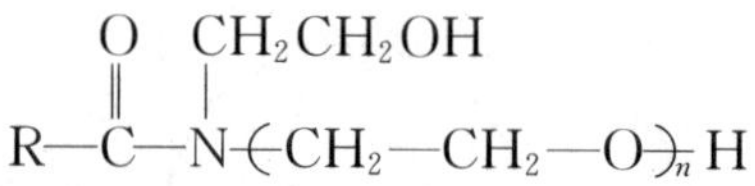

山梨醇月桂酸单酯　　$C_{11}H_{23}COOC_6H_8$（OH）$_5$

蔗糖脂肪酸酯　　R—$COOC_{12}H_{21}O_{10}$

这类表面活性剂耐酸耐碱性能好，且可与阳离子或阴离子表面活性剂混合使用。

瓜尔树胶　　$\left(C_{11}H_{16}O_9\right)CH_2$—O—$C_6H_{11}O_5$

瓜尔树胶是一种天然高分子混凝剂，它是由 D－半露糖和 D－甘露糖组成的非离子性混凝剂，存在于豆类作物的胚乳中。

习　题

1. 命名下列化合物。

(1) 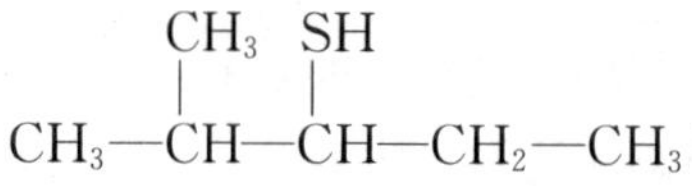 　　$\overset{CH_3}{\underset{}{CH_3—CH}}—\overset{SH}{\underset{}{CH}}—CH_2—CH_3$

(2) $CH_3—CH_2—CH_2—SH$

(3) 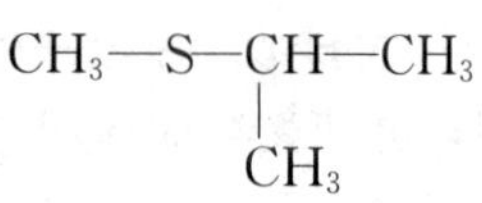 　$CH_3—S—\overset{}{\underset{CH_3}{CH}}—CH_3$

(4) 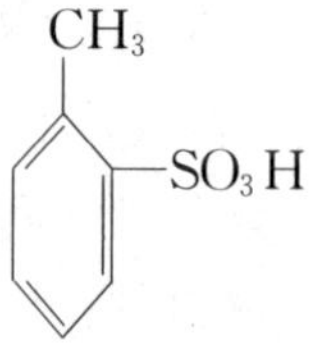 ⟨苯环，上 CH_3，邻位 SO_3H⟩

(5) 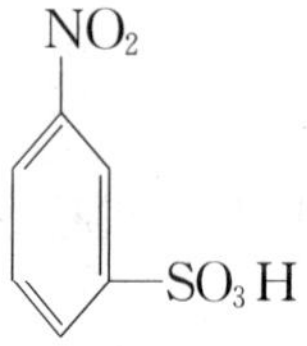 ⟨苯环，上 NO_2，对位 SO_3H⟩

(6) 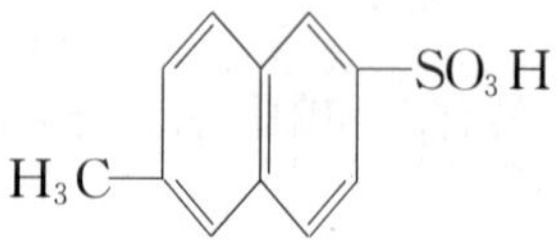 ⟨萘环，H_3C—...—SO_3H⟩

2. 完成下列各反应式（除指定试剂外，其他试剂任选）。

(1) 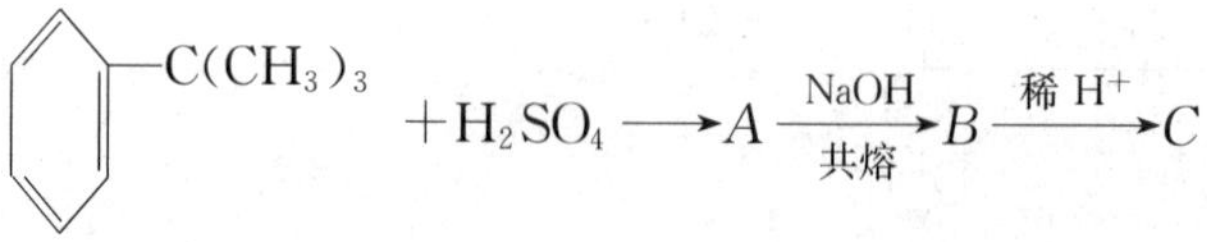 ⟨苯环—$C(CH_3)_3$⟩ + H_2SO_4 ⟶ A $\xrightarrow[\text{共熔}]{NaOH}$ B $\xrightarrow{\text{稀 }H^+}$ C

(2)

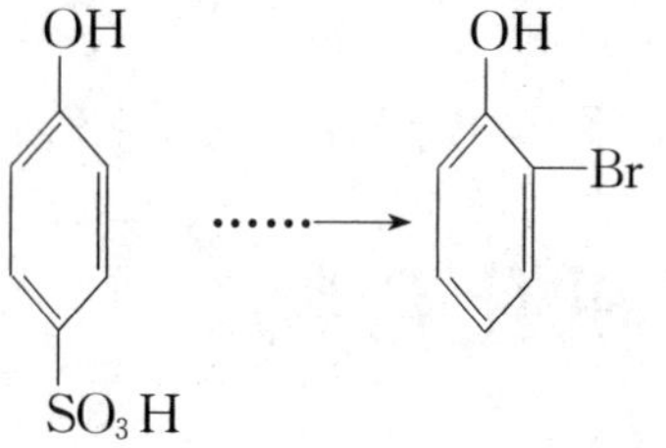

(3)

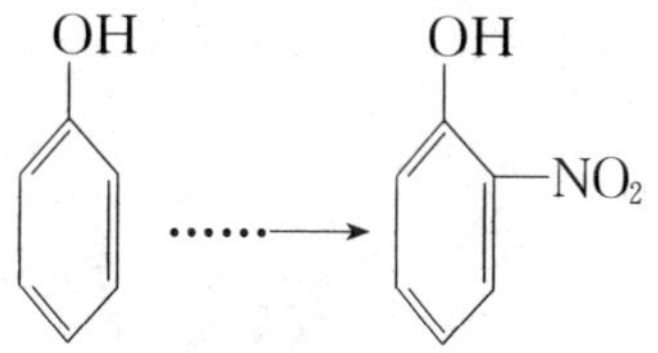

(4)

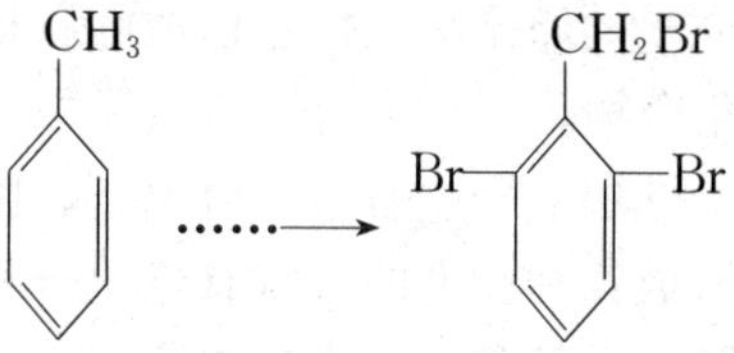

(5)

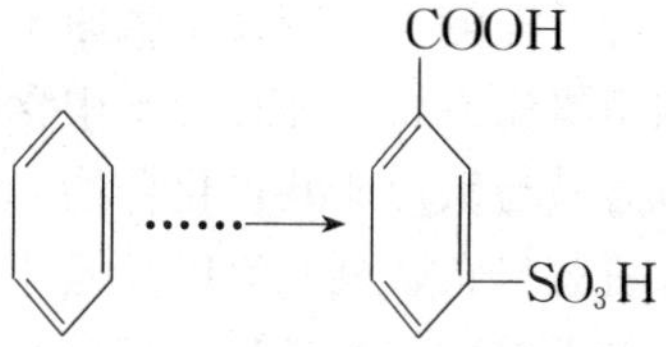

3. 化合物 $C_7H_7BrO_3S$ 具有下列性质：（1）去磺酸基后生成邻溴甲苯；（2）氧化生成一个酸：$C_7H_5BrO_5S$。后者与碱石灰共热再酸化得到间溴苯酚。写出 $C_7H_7BrO_3S$ 所有可能的结构式。

4. 下列化合物磺化时生成哪些磺酸，写出反应式。

（1）甲氧基苯；

（2）硝基苯；

（3）对硝基苯酚。

第8章 含氮有机化合物

烃分子中的一个或几个氢原子被各种含有氮原子的原子团取代后形成的有机化合物叫作含氮有机化合物。即在分子中含有 C—N 键的化合物。

氮容易与碳形成共价化合物。由于氮原子的最外层电子中有五个价电子，因此，它可以多种价态与碳、氢、氧以及氮原子本身结合，形成各种类型的含氮有机化合物。故含氮化合物种类较多。本章只介绍硝基化合物、胺、腈、重氮和偶氮化合物等。

8.1 硝基化合物

8.1.1 一般概况

烃分子中的一个或多个氢原子被硝基（—NO_2）取代而形成的化合物叫作硝基化合物。根据烃基不同又可将硝基化合物分为脂肪族硝基化合物和芳香族硝基化合物。

硝基化合物和亚硝酸酯是同分异构体。

但在亚硝酸酯的分子构造中，氮原子不是与碳原子相连，而是与氧原子相连，在分子中没有 C—N 键，其构造式为 R—O—NO。硝基化合物的构造式为 R—NO_2。

硝基化合物的命名与卤代烃相似，命名时以烃为母体，硝基是取代基。如：

CH_3—NO_2 CH_3—$\underset{|}{CH}$—CH_3（NO₂）

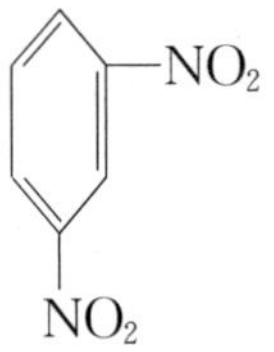

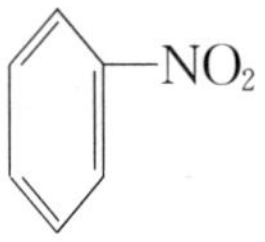

硝基甲烷　　　2—硝基丙烷　　　间二硝基苯　　　硝基苯

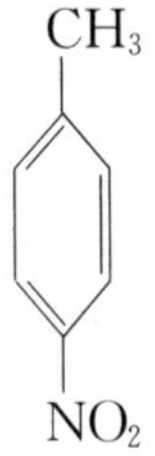

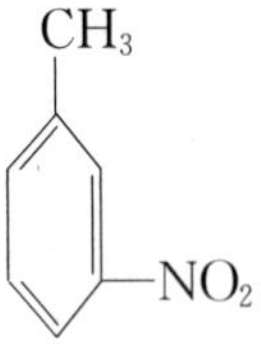

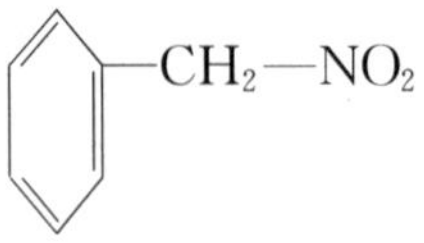

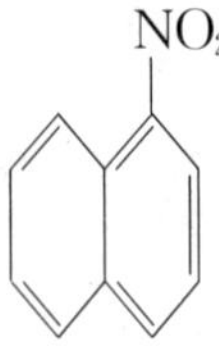

对硝基甲苯　　间硝基甲苯　　苯基硝基甲烷　　α—硝基萘

一般用 $R{-}N\overset{O}{\rightarrow}O$ 或 $R{-}\overset{+}{N}\underset{O}{-}\overset{-}{O}$ 来表示硝基化合物的结构通式。

硝基化合物分子中，硝基氮原子上的 p 轨道和两个氧原子的 p 轨道平行，且相互重叠，形成一个含有三个原子的 p—π 共轭体系，如图 8-1 所示，$-N\overset{O}{\underset{}{\diagdown}}$ 键上的电子云趋

向平均化，硝基的负电荷平均地分散在两个氧原子上，使两个氮氧键的键长

是相等的，均为 0.121nm（介于 N—O 键和 N=O 键之间）。

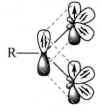

8.1.2　硝基化合物的性质

图 8-1　硝基中 p
轨道重叠示意

脂肪族硝基化合物是无色而有香味的液体，性质稳定。在芳香族硝基化合物中，一硝基化合物为高沸点的液体，有苦杏仁味。多硝基化合物多为黄色结晶。硝基化合物比水重，不溶于水而溶于醇、醚等有机溶剂。

硝基化合物有毒，它的蒸气能透过皮肤被肌体吸收，能和血液中的血红素作用，引起人体中毒。在染料或印染废水中含有硝基苯及其同系物。这些硝基化合物的毒性很大，若要处理这些废水，首先必须处理硝基化合物。根据资料报道硝基化合物是难于被微生物降解的。目前对于含硝基化合物的废水处理还有待探讨。

1. 酸性

在脂肪族硝基化合物中，含有 α—氢的硝基化合物即伯、仲硝基化合物能与碱作用生成盐，并能溶于碱。

$$R-CH_2-N\overset{O}{\underset{O}{\diagdown}} \rightleftharpoons R-CH=N\overset{OH}{\underset{O}{\diagdown}} \xrightarrow{NaOH} \left[R-CH=N\overset{O}{\underset{O}{\diagdown}}\right]^- Na^+$$

$$R-\underset{R}{\underset{|}{CH}}-N\overset{O}{\underset{O}{\diagdown}} \rightleftharpoons R-\underset{R}{\underset{|}{C}}=N\overset{OH}{\underset{O}{\diagdown}} \xrightarrow{NaOH} \left[R-\underset{R}{\underset{|}{C}}=N\overset{O}{\underset{O}{\diagdown}}\right]^- Na^+$$

因为硝基与羰基相似，能活化 α—氢，因此含有 α—氢的硝基化合物能产生互变异构。由硝基式转变为假酸式。

$$R-CH_2-N\overset{O}{\underset{O}{\diagdown}} \rightleftharpoons R-CH=N\overset{OH}{\underset{O}{\diagdown}}$$

硝基式　　　　　　假酸式

脂肪族硝基化合物主要是以硝基式存在，另一方面没有 α—氢的硝基化合物如叔硝基化合物和芳香族硝基化合物，则不能异构化为假酸式，所以不能溶于碱溶液中。

2. 还原反应

芳香族硝基化合物在不同的还原条件下，可以得到各种不同的还原产物，当然最终还是使硝基还原为氨基。

在酸性介质中以金属（铁或锡）和盐酸为还原剂时，硝基苯还原生成苯胺。

$$\underset{NO_2}{\bigcirc} \xrightarrow[HCl]{Fe 或 Sn} \underset{NH_2}{\bigcirc} +H_2O$$

当环上有其他可以被还原的取代基时，用氯化亚锡和盐酸还原是特别有效的，因为它只还原硝基为氨基。用硫氢化铵、硫化铵为还原剂可选择性地还原其中一个硝基为氨基。

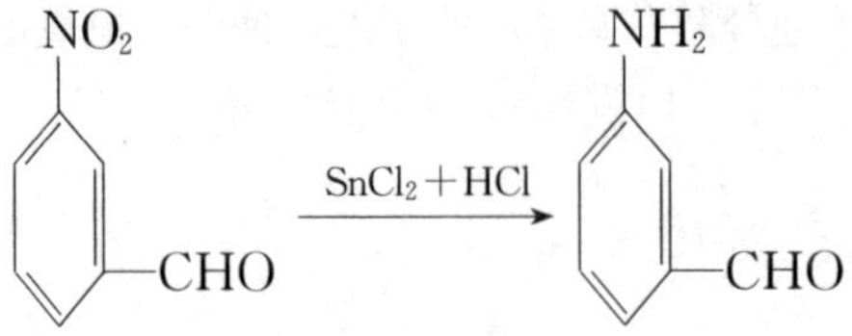

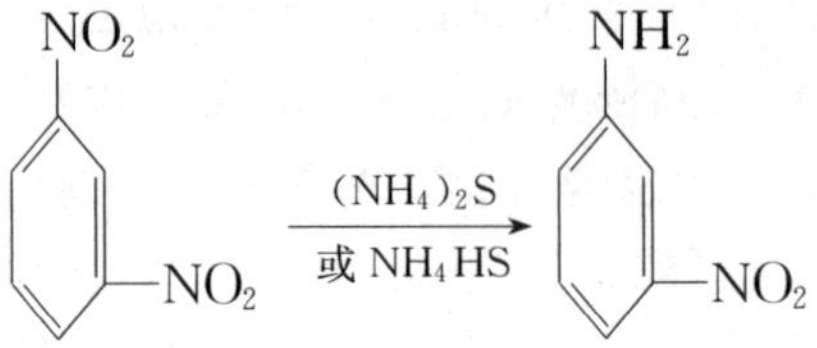

由硝基苯还原成苯胺时有很多中间产物，由于它们都比硝基苯更容易还原，所以不能被分离出来。

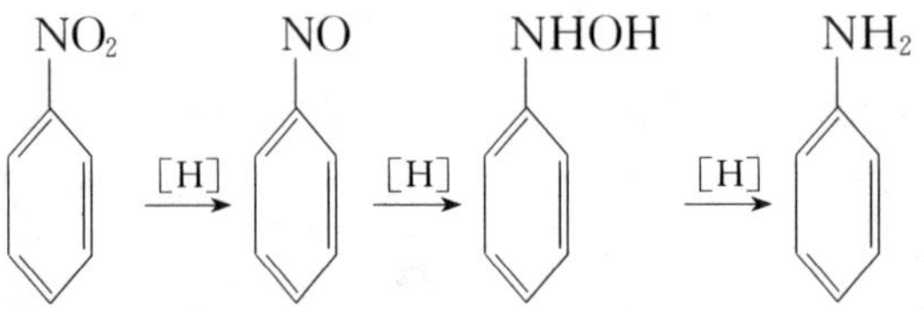

硝基苯　　亚硝基苯　　N—羟基苯胺　　苯胺

若用较弱的还原剂，其还原产物各不相同。

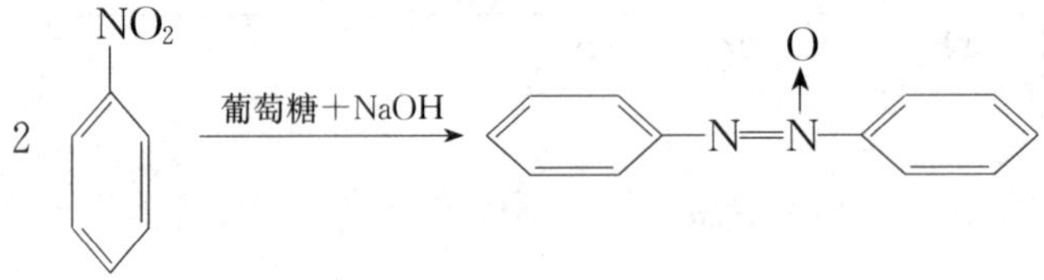

氧化偶氮苯

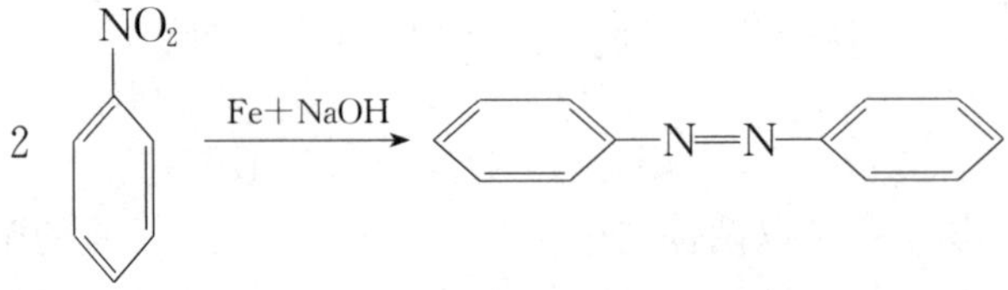

偶氮苯

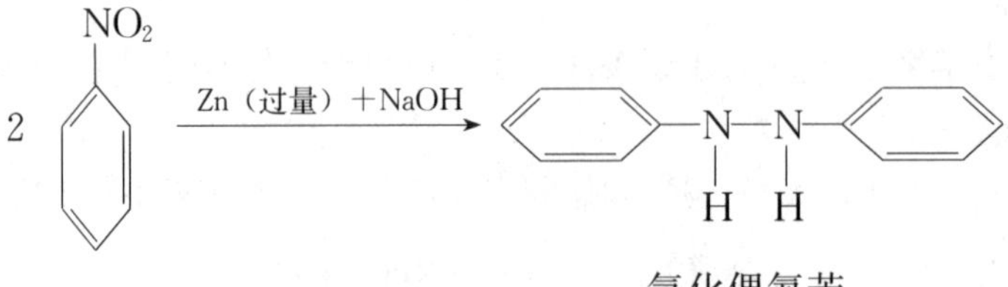

氢化偶氮苯

在碱性溶液中进行还原所得到的各种双分子产物，用金属钠和乙醇进一步还原，最后生成苯胺。利用这一性质，在处理染色废水时为除去废水中的颜色，降低色度，使偶氮染料还原缩短它的共轭链，使含有偶氮基的物质变成氢化偶氮苯，最后变为苯胺。

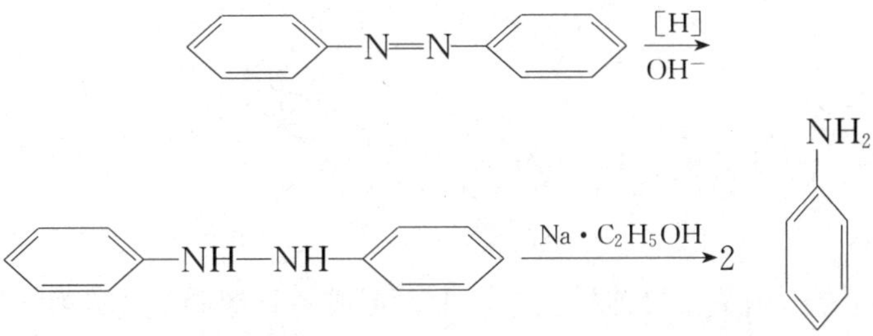

这种共轭体系破坏，偶氮染料颜色降低或无色，目前已有人用电化学还原方法来处理染料废水和印染废水中的某些染料颜色，尤其以偶氮染料效果较好。

8.1.3 芳香族硝基化合物环上的取代反应

硝基是吸电子基，当它与苯环直接相连后，苯环上电子云密度降低，使苯环钝化，不利于亲电取代。但若在氯苯的氯原子邻、对位上连有硝基，则氯原子的活泼性增强，容易发生亲核取代。如：

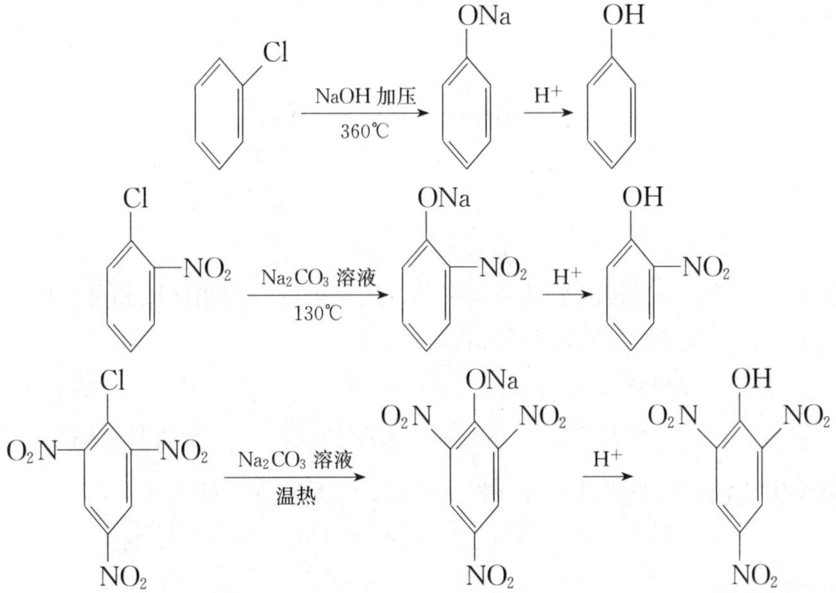

由于共轭效应及硝基的吸电子诱导效应的影响，使氯原子直接相连的碳原子电子云密度降低，氯原子的邻、对位上硝基越多，这种影响越大，越容易进行亲核取代。

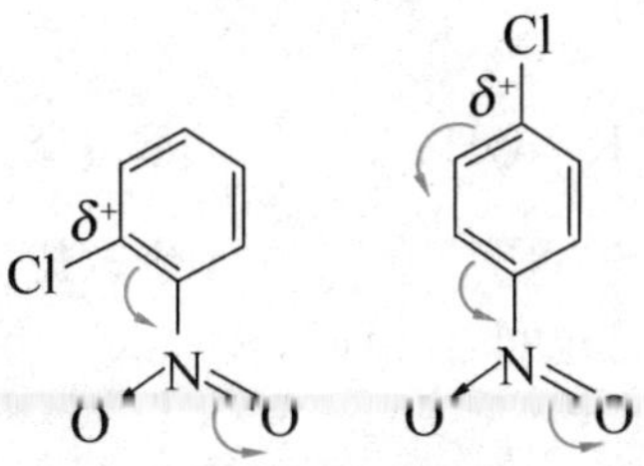

除此外，硝基与羟基都连接在苯环上时，尤其是在羟基的邻、对位时，吸电子的硝基通过共轭效应的传递，降低了羟基中氧原子上的电子云密度，增强了氢离解成质子的能力，使苯酚的酸性增强。

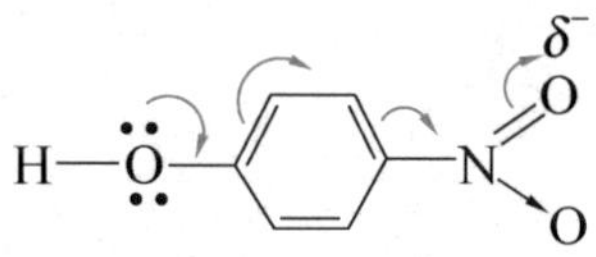

从上述实例可看出硝基直接连接在苯环上，形成芳香族硝基化合物，它对苯环上的取代反应是有一定影响的。

8.2　胺

8.2.1　一般概况

胺是氨分子中的氢原子被烃基取代后的衍生物，氨分子中的一个、两个或三个氢原子被烃基取代而生成的化合物分别叫作伯胺或一级胺（1°胺），仲胺或二级胺（2°胺），叔胺或三级胺（3°胺），如：

$$NH_3 \qquad 氨$$
$$R{-}NH_2 \qquad 伯胺（一级胺、1°胺）$$
$$R{-}NH{-}R \qquad 仲胺（二级胺、2°胺）$$
$$\underset{\underset{R}{|}}{R{-}N{-}R} \qquad 叔胺（三级胺、3°胺）$$

氨分子中氮原子上所连接的烃基种类不同，胺又可以分为脂肪胺和芳香胺。氨基连在芳香环侧链上，一般称为脂肪胺或叫芳脂胺，例如：

$$CH_3{-}NH_2 \qquad 脂胺 \qquad 甲胺$$

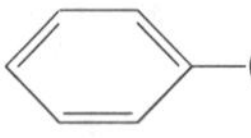

$\bigcirc{-}CH_2NH_2$ 芳脂胺　　苯氨基甲烷

根据分子中所含氨基的数目又可分为一元胺、二元胺等。如：

$$CH_3{-}CH_2{-}NH_2 \qquad 一元胺 \quad 乙胺$$
$$\underset{\underset{CH_2{-}NH_2}{|}}{CH_2{-}NH_2} \qquad 二元胺 \quad 乙二胺$$

铵盐或氢氧化铵分子中铵离子上的四个氢原子都被烃基取代分别叫作季铵盐、季铵碱，如：

$$R_4\overset{+}{N}OH^- \qquad 季铵碱$$
$$R_4\overset{+}{N}X^- \qquad 季铵盐$$

分子中四个"R"可以相同也可不相同。"X"可以是卤素也可以是羧根（如$RCOO^-$）。

胺类的命名方法有两种，简单的胺按它所含烃基来命名，以胺来表示，把烃基名称及数目放在胺字之前，如：

$$CH_3{-}NH_2 \qquad 甲胺$$

$(CH_3)_3N$	三甲胺

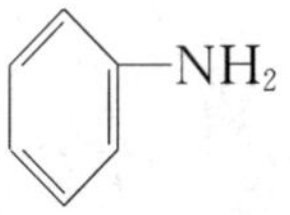

苯胺 —NH$_2$

$CH_3-NH-CH_2-CH_3$　　　甲乙胺

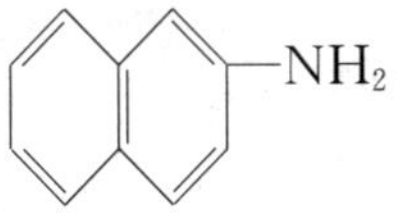

β—萘胺

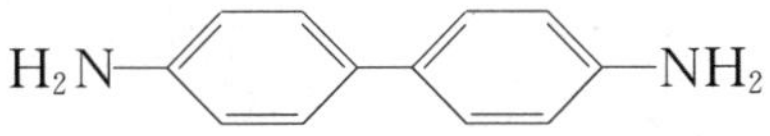

H_2N——NH_2　　　联苯胺

$(CH_3)_4\overset{+}{N}OH^-$　　　氢氧化四甲铵

$(C_2H_5)_4\overset{+}{N}I^-$　　　碘化四乙铵

当氮原子上同时连有芳基及烷基时，以芳胺为母体，命名时在烷基前面加上字母"N"，这样可以与烷基直接连在芳环上的异构体区别开来，如：

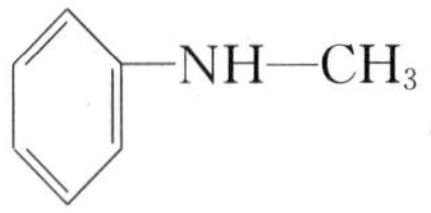

—NH—CH$_3$　　　N—甲基苯胺

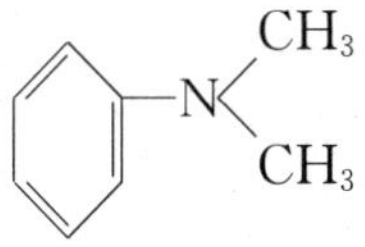

—N(CH$_3$)$_2$　　　N，N—二甲基苯胺

比较复杂的胺类，可把它看作是烃类的衍生物来命名，如：

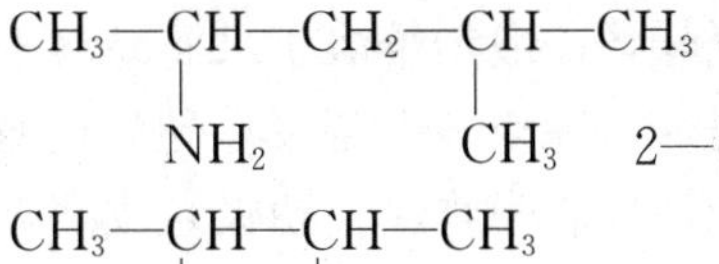

$CH_3-CH-CH_2-CH-CH_3$
　　 | 　　　　　 |
　 NH$_2$　　　 CH$_3$　　2—甲基—4—氨基戊烷

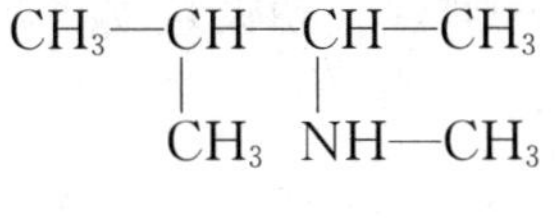

$CH_3-CH-CH-CH_3$
　　　 | 　　 |
　　 CH$_3$　 NH—CH$_3$　　2—甲基—3—甲氨基丁烷

8.2.2　胺的结构

氨分子中的氮原子成键时，首先杂化成四个 sp^3 不等性杂化轨道，然后氮原子用三个 sp^3 杂化轨道与三个氢原子的 $1s$ 轨道重叠，形成三个 sp^3—$1s$ 的 σ 键，成棱锥形，氮原子上还有一对未共用电子对占据另一个 sp^3 轨道，处于棱锥体顶点，空间排布近似甲烷中碳的四面体结构，氮原子在四面体形的中心。氨、三甲胺，苯胺的结构如图 8-2 所示。

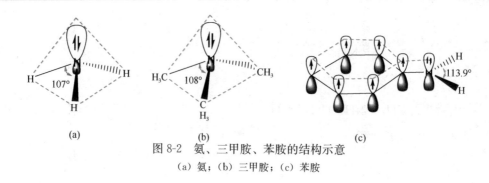

图 8-2　氨、三甲胺、苯胺的结构示意

（a）氨；（b）三甲胺；（c）苯胺

8.2.3　胺的性质

1. 胺的物理性质

脂肪胺如甲胺、乙胺、二甲胺和三甲胺等，在常温下都是气体，其他的低级胺都是液体，含十二碳原子以上的胺为固体。低级胺具有氨或鱼腥味，高级胺一般没有臭味。胺和氨一样是极性物质，除叔胺以外，因分子中没有 N—H，不能形成分子间的氢键，进而使分子缔合。其他的伯胺、仲胺的分子间均有缔合现象，故其沸点均较分子量相近的烷烃高，但胺的缔合能力比醇低，故沸点比分子量相近的醇为低。如：

	分子量	沸点（℃）
甲胺	31	−7
甲醇	32	64

碳原子数目相同的胺中其沸点为：

伯胺＞仲胺＞叔胺

低级脂胺易溶于水，随分子量的增大，水溶性逐渐减小，胺在水中的溶解度比相应的醇还要大一些，这是由于胺分子与水分子间的缔合能力大于胺分子之间的缔合能力。

芳胺为无色液体或固体，具有特殊气味，一般均难溶于水而易溶于有机溶剂，能随水蒸气挥发，可用水蒸气蒸馏加以分离、提纯。在空气中芳胺易受氧化而带有颜色。芳胺一般沸点高，固体胺熔点低。芳胺有毒，能被皮肤吸收，长期吸入或间接接触均可中毒，胺类化合物的物理常数见表 8-1。

2. 胺的化学性质

（1）弱碱性

胺是一种弱碱，水溶液呈弱碱性。

$$\ddot{N}H_3 + H_2O \Longrightarrow NH_4^+ + OH^-$$

胺 的 物 理 性 质

表 8-1

化 合 物	分 子 量	熔 点（℃）	沸 点（℃）	pK_b	溶解度（g/100g 水）
甲 胺	31	−92	−6.3	3.37	易 溶
二甲胺	45	−96	+7.5	3.22	易 溶
三甲胺	59	−117	3	4.20	91
乙 胺	45	−81	17	3.27	易 溶
二乙胺	73	−48	55	2.36	易 溶

化 合 物	分 子 量	熔点（℃）	沸 点（℃）	pK$_b$	溶解度（g/100g 水）
三乙胺	101	−115	89	3.36	14
乙二胺	60	8.5	116.5		易　溶
己二胺	116	41～42	196		易　溶
苯　胺	93	−6.2	184	9.12	微　溶
N—甲基苯胺	107	−57	196	9.20	3.7
邻甲苯胺	107	24.4	197	9.59	
间甲苯胺	107	31.5	203	9.30	
对甲苯胺	107	44	200	8.92	
二苯胺	169	54	302		
三苯胺	245	126	348		
α—萘胺		49	301		
β—萘胺		112	306		

胺与氨相似，它的氮原子上具有未共用电子对，能与水中的氢离子（H$^+$）结合生成带正电荷的铵离子（RNH$_3$）$^+$ 而使水中的（OH）$^-$ 离子浓度增加，因此胺的水溶液呈碱性。

$$R—\ddot{N}H_2 + HOH \rightleftharpoons RNH_3^+ + OH^-$$

在非水溶液中胺也显示出碱性。如与干燥的氯化氢作用生成盐。

$$\ddot{N}H_3 + HCl \rightleftharpoons NH_4^+ Cl^-$$

$$RNH_2 + HCl \rightleftharpoons RNH_3^+ Cl^-$$

当铵盐与碱溶液作用时，可重新游离出原来的胺，说明胺的碱性较弱。

$$RNH_3^+ Cl^- + NaOH \longrightarrow RNH_2 + NaCl + H_2O$$

胺盐易溶于水，不溶于某些有机溶剂，如苯、汽油等。利用胺这条性质可以把不溶于水的胺与不溶于水的其他有机化合物分离开来。

$$CH_3(CH_2)_9 NH_2 + HCl \longrightarrow [CH_3(CH_2)_9 NH_3]^+ Cl^-$$

不溶于水　　　　　　　　　　　溶于水

$$[CH_3(CH_2)_9 NH_3]^+ Cl^- + NaOH \longrightarrow CH_3(CH_2)_9 NH_2 + NaCl + H_2O$$

胺的这种性质常用于胺的分离和精制。

脂胺分子中氮上连接有烷基，烷基是供电子基团，能使氮原子电子云密度增加，从而增强了氮原子结合氢质子的能力，氮上的烃基越多，则碱性越强。在气态时，甲胺、二甲胺、三甲胺及氨的碱性强弱顺序为：

三甲胺＞二甲胺＞甲胺＞氨

在水溶液中它们碱性强弱的顺序为：

二甲胺＞甲胺＞三甲胺＞氨

pK$_b$　　3.22　　3.37　　4.20　　4.76

这是由于胺在水溶液中，其碱性的强弱除了与氮上烷基的诱导效应有关以外，还与其生成的铵正离子是否容易溶剂化，以及氮原子上所连的基团的空间效应有关。从诱导效应来看，三甲胺比二甲胺、甲胺都大，其氮上电子云密度也大，氮原子结合质子的能力也比其他两种胺强，当然碱性也强。但是由于三甲胺的氮原子上没有氢，它在水中的溶剂化程度比二甲胺、甲胺均小,因此铵正离子不稳定。同时由于空间效应的关系,三甲胺分子中甲基多,占了更多的空间,对氮原子上未共用电子起了屏蔽作用,使其不易与质子结合,所以三甲胺的碱性比二甲胺和甲胺弱。所以上述碱性强弱的顺序是溶剂化效应,诱导效应及空间效应几种影响的综合结果。

芳胺的碱性比氨弱,这是由于苯胺氮原子上的未共用电子对苯环的 π 电子组成 $p—π$ 共轭体系,产生电子的离域,使氮原子上电子云部分地移向苯环,从而降低了氮原子上的电子云密度,使它接受质子的能力减弱,所以苯胺的碱性比氨弱,但它仍能与强酸生成盐。

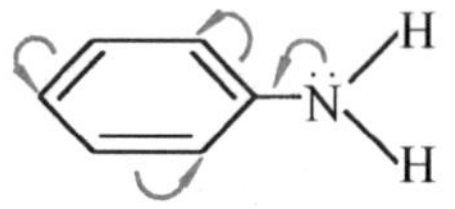

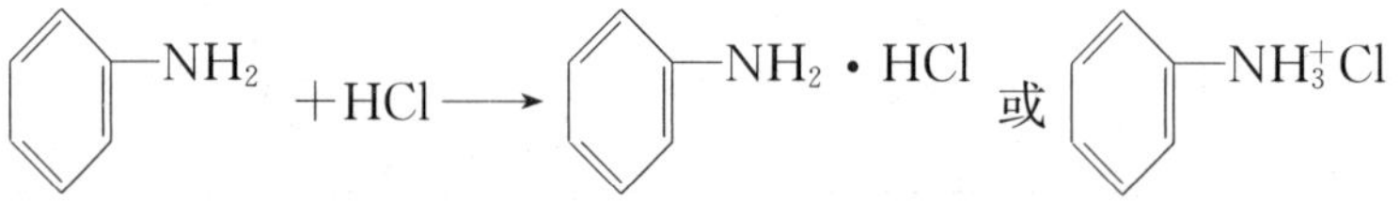

胺类的碱性强弱顺序为:

$$脂胺 > 氨 > 芳胺$$

在苯环上导入吸电子基如硝基等,能使芳胺的碱性减弱,这主要是受吸电子作用的原因;导入给电子基如甲氧基等,则能使芳胺的碱性增强。

(2) 烷基化反应

氨分子中的氢原子可被烷基取代,生成伯胺、仲胺、叔胺、季铵盐等,这种反应叫作烷基化反应。

$$NH_3 + CH_3CH_2I \longrightarrow CH_3CH_2NH_3^+ I^-$$
$$伯铵盐$$

$$NH_3 + CH_3CH_2NH_3^+ I^- \Longleftrightarrow CH_3CH_2NH_2 + NH_4I$$
$$伯胺$$

$$CH_3CH_2NH_2 + CH_3CH_2I \longrightarrow (CH_3CH_2)_2NH_2^+ I^- \overset{NH_3}{\Longleftrightarrow} (CH_3CH_2)_2NH + NH_4I$$
$$仲胺$$

$$(CH_3CH_2)_2NH + CH_3CH_2I \longrightarrow (CH_3CH_2)_3NH^+ I^- \overset{NH_3}{\Longleftrightarrow} (CH_3CH_2)_3N + NH_4I$$
$$叔胺$$

$$(CH_3CH_2)_3N + CH_3CH_2I \longrightarrow (CH_3CH_2)_4N^+ I^-$$
$$季铵盐$$

氨和伯胺与卤代烷或醇等烷基化剂作用时,胺作为亲核试剂,可与卤代烷等继续反应制取伯胺、仲胺、叔胺及季铵盐,所得产物往往是混合物,如果控制原料摩尔比和反应条件,可以使某一个胺为主要产品,如制伯胺时可使用大量的氨。

芳卤烷与胺反应要在高温、加压下才能进行。芳胺与脂肪族卤代烷作用,可生成仲芳胺、叔芳胺和季铵盐。

工业上可将苯胺与醇在硫酸的催化下,加压、加热以制备 N—甲基苯胺和 N,N—二甲基苯胺。

$$\text{C}_6\text{H}_5\text{—NH}_2 + \text{CH}_3\text{OH} \xrightarrow[230\text{℃加压}]{\text{H}_2\text{SO}_4} \text{C}_6\text{H}_5\text{—NH—CH}_3 + \text{H}_2\text{O}$$

$$\text{C}_6\text{H}_5\text{—NH}_2 + 2\text{CH}_3\text{OH} \xrightarrow[230\text{℃加压}]{\text{H}_2\text{SO}_4} \text{C}_6\text{H}_5\text{—N(CH}_3)_2 + 2\text{H}_2\text{O}$$

（3）酰基化反应

酰卤或酸酐与伯胺和仲胺作用，胺作为亲核试剂向羰基进攻发生亲核加成，再消去一个小分子，如卤化氢，在胺分子中导入酰基，这种反应叫作酰基化反应，这样生成 N—烷基酰胺或 N，N—二烷基酰胺。叔胺氮上没有氢原子不能与酰基化试剂作用，芳胺也易发生酰化反应，生成芳胺的 N—取代酰胺。

$$\text{R}\overset{\text{O}}{\underset{}{\text{—C—}}}\text{Cl} + \text{RNH}_2 \longrightarrow \text{R}\overset{\text{O}}{\underset{}{\text{—C—}}}\text{NHR} + \text{HCl}$$
N—烷基取代酰胺

$$\text{R}\overset{\text{O}}{\underset{}{\text{—C—}}}\text{Cl} + \underset{\text{R}}{\overset{\text{R}}{\diagdown}}\text{NH} \longrightarrow \text{R}\overset{\text{O}}{\underset{}{\text{—C—}}}\text{N}\underset{\text{R}}{\overset{\text{R}}{\diagup}} + \text{HCl}$$
N，N—二烷基取代酰胺

$$\text{C}_6\text{H}_5\text{—NH—CH}_3 + \text{CH}_3\overset{\text{O}}{\underset{}{\text{—C—}}}\text{Cl} \longrightarrow \text{C}_6\text{H}_5\text{—N(CH}_3)\overset{\text{O}}{\underset{}{\text{—C—}}}\text{CH}_3 + \text{HCl}$$
N—甲基乙酰苯胺

$$\text{C}_6\text{H}_5\text{—NH}_2 + \text{CH}_3\overset{\text{O}}{\underset{}{\text{—C—}}}\text{Cl} \longrightarrow \text{C}_6\text{H}_5\text{—NH}\overset{\text{O}}{\underset{}{\text{—C—}}}\text{CH}_3 + \text{HCl}$$
乙酰苯胺

酰胺是具有一定熔点的固体，借此可用来鉴别伯胺和仲胺，酰胺在酸或碱的催化下可以水解而得到原来的胺，所以酰基化反应常用来保护氨基，即酰化后再进行其他反应（如氧化反应）以免氨基被破坏，待反应完成后再将酰胺水解变为原来的氨基。如要在苯胺的苯环上引进硝基，不能用直接硝化方法进行硝化，因为硝酸能将苯胺氧化成苯醌，因此将氨基进行酰化，保护氨基然后再进行硝化，引入硝基，最后将酰基水解而除去，进而得到硝基苯胺。

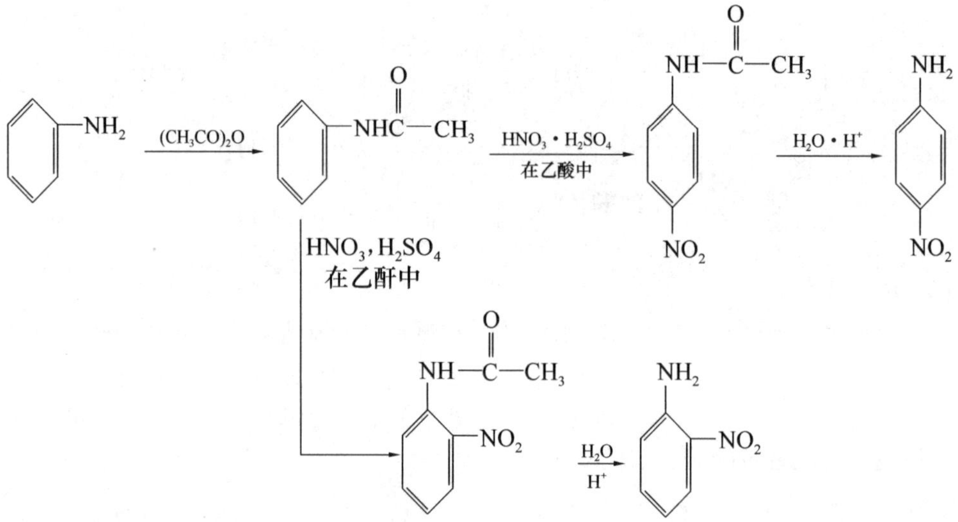

还可利用此法降低氨基的致活性，如要制取苯胺的一元卤化物，就可先用酰化方法降低氨基在苯环上的致活性，引进卤原子后再水解（后面讨论）。

（4）磺酰化反应

伯胺和仲胺分子中氮原子上都带有氢原子，它们都能与苯磺酰氯反应，生成相应的苯磺酰胺，这种反应叫磺酰化反应。

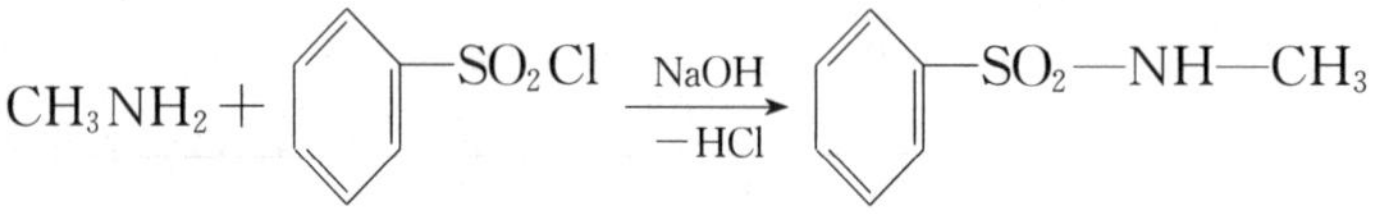

N—甲基苯磺酰胺

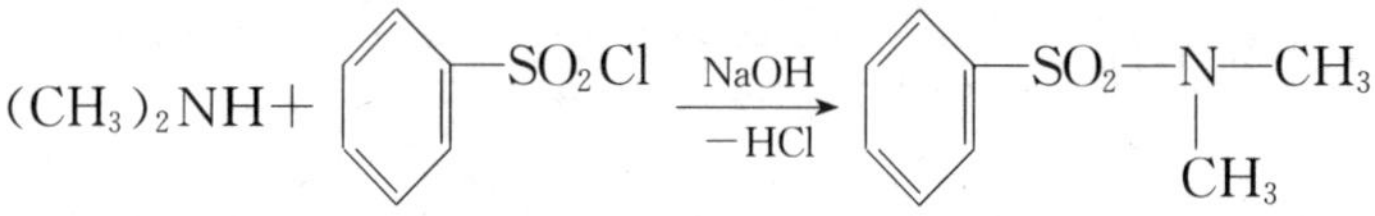

N，N—二甲基苯磺酰胺

磺酰胺是结晶固体，具有一定熔点。通过熔点的测定可以推测出原来的胺，因此磺酰化反应可以用于伯胺、仲胺的定性鉴定。

叔胺分子中氮原子上没有氢原子，它不能发生此反应。伯胺酰化生成苯磺酰胺，其氮原子上还有一个氢原子，能溶于氢氧化钠溶液。

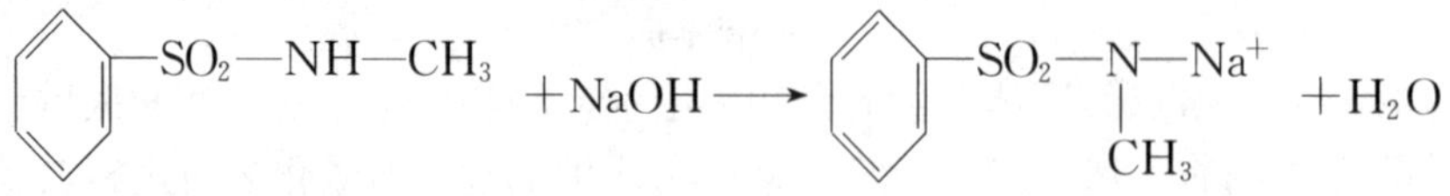

不溶于水　　　　　　　　　　　钠盐溶于水

仲胺生成的磺酰胺由于氮原子上没有氢原子，所以不溶于氢氧化钠水溶液。利用这个性质，可以鉴别伯胺和仲胺。

由伯胺和仲胺生成的苯磺酰胺，分别在酸的作用下水解，可得到原来的伯胺和仲胺，故可以利用此性质分离和纯化伯、仲胺类。如：

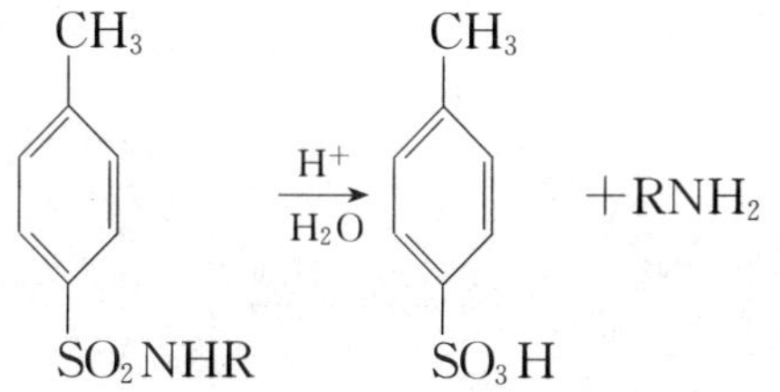

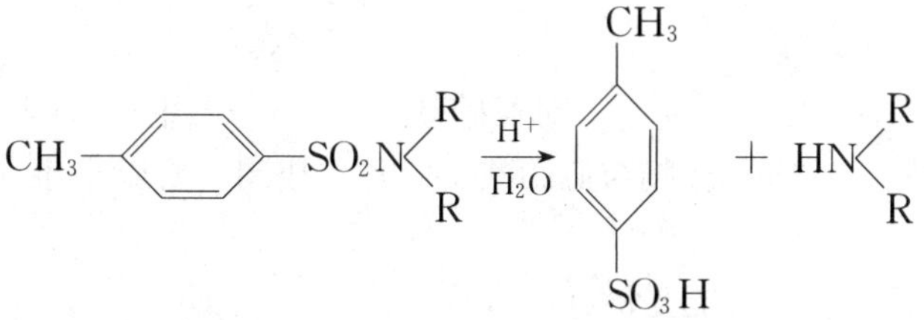

（5）与亚硝酸的反应

伯胺、仲胺、叔胺与亚硝酸反应各不相同，脂肪伯胺反应后生成重氮盐，立即又分解出氮，生成醇、烯烃等复杂混合物，在合成上没有意义。但是反应放出氮气是定量的，因此，可利用此反应对伯胺进行定性和定量分析。反应过程可简单表示如下：

$$RNH_2 \xrightarrow{NaNO_2+HCl} R—N^+ \equiv NCl^- \longrightarrow R^+—Cl^- + N_2 \uparrow$$

$$\left[R^+ — \begin{cases} \xrightarrow{H_2O} ROH \\ \xrightarrow{-H_2} \text{烯烃} \end{cases} \right]$$

仲胺与亚硝酸反应生成黄色难溶于水的 N—亚硝基胺。如：

$$(CH_3—CH_2)_2NH \xrightarrow{NaNO_2+HCl} (CH_3—CH_2)_2N—N=O$$

N—亚硝基二乙胺

N—亚硝基胺与盐酸共热，则水解重新生成原来的仲胺，因此这个反应可用来鉴定和精制仲胺。

叔胺不与亚硝酸发生类似反应，但它能与亚硝酸作用生成一个不稳定的亚硝酸盐，该盐易水解生成叔胺。

$$R_3N \xrightarrow{NaNO_2+HCl} R_3\overset{+}{N}HNO_2^-$$

芳香族胺类与亚硝酸反应也生成不同产物。芳伯胺在过量的强酸中与亚硝酸于低温下反应得到重氮盐，升高温度则分解放出氮气而形成酚。

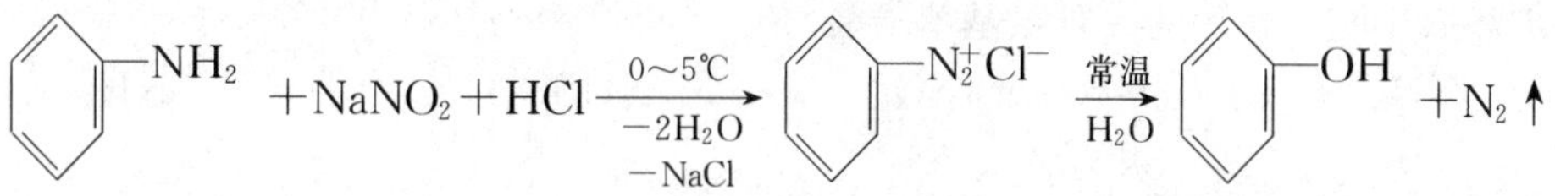

氯化重氮苯

芳仲胺与亚硝酸的作用与脂肪仲胺相似，生成黄色油状液体或黄色固体。

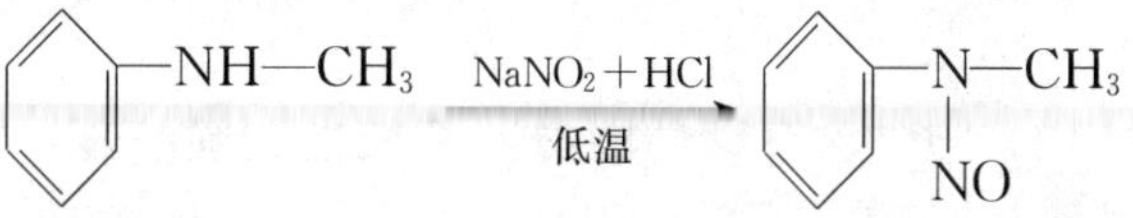

N—甲基—N—亚硝基苯胺（黄色油状液体）

芳叔胺与亚硝酸生成对位亚硝基取代产物，若对位占据，则生成邻位取代产物。

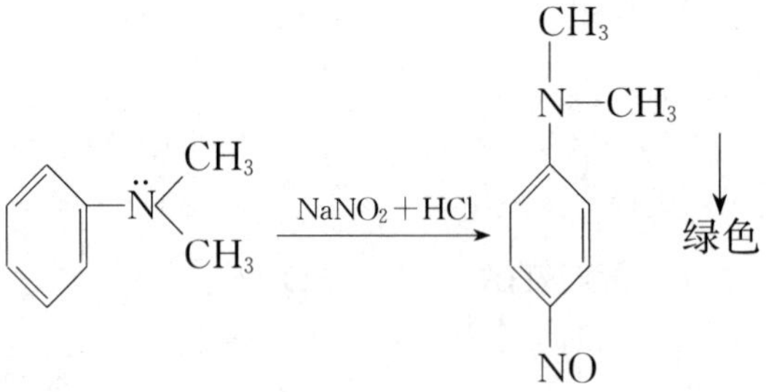

对亚硝基—N，N—二甲基苯胺

由于芳胺中伯胺、仲胺、叔胺与亚硝酸反应各不相同，所以常用此反应来区别这三类化合物。

许多亚硝胺类化合物，可能是潜在的致癌物质。

上述化学反应发生在氨基上，由于氨基对苯环的活化作用，所以使环上易于发生亲电取代。

（6）芳胺苯环上的取代反应

1）卤化。在苯胺水溶液中滴加溴水时，立即生成2，4，6—三溴苯胺白色沉淀。

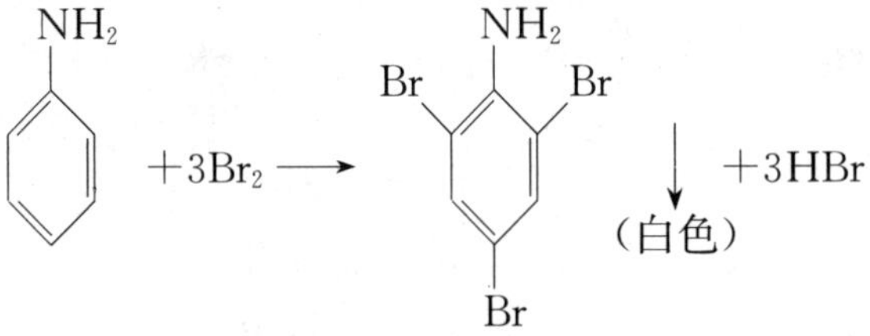

此反应可用于苯胺的定性和定量分析，若要得到一元取代物，必须降低氨基的致活性，常用乙酰化的方法。

2）硝化。芳胺易氧化，故不能直接用硝酸硝化，若使它溶于硫酸中，生成硫酸盐，然后再进行硝化。由于—NH_3^+ 是一个弱的间位定位基，故能得到间位的一硝基取代物。

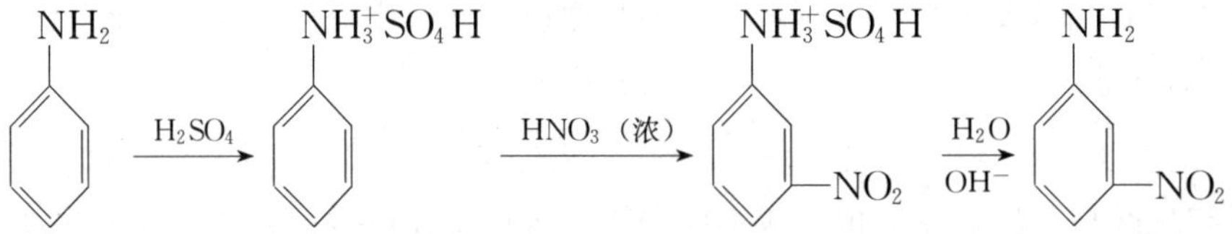

3）磺化。苯胺与浓硫酸混合，先生成苯胺硫酸盐，加热失去一分子水，在180～190℃加热数小时，就转变成对氨基苯磺酸。

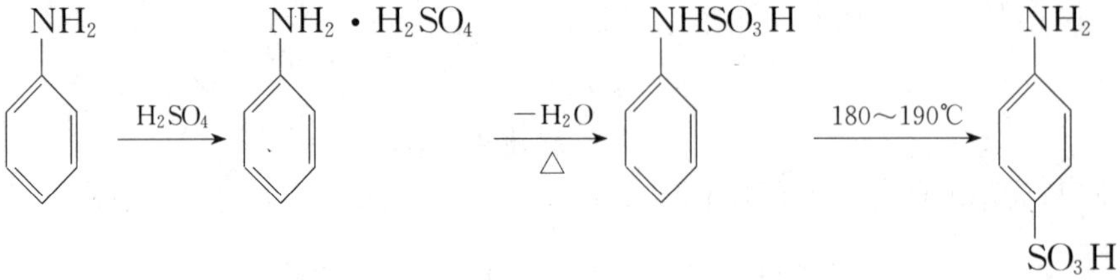

在氨基苯磺酸分子内，同时含有碱性的氨基和酸性的磺酸基，实际上是以内盐形式存在：

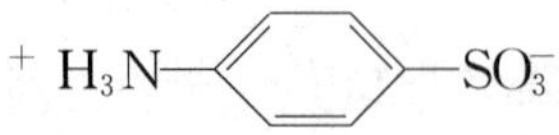

对氨基苯磺酸为一染料中间体，在染料工业中用途较大。

（7）氧化反应

脂胺不易被氧化，芳胺很容易被氧化，氧化过程很复杂，此处不讨论。

8.2.4　重要的胺

1. 乙二胺（$H_2N—CH_2—CH_2—NH_2$）

由二元卤烷与氨作用可以制取乙二胺。

$$\begin{matrix} CH_2—Br \\ | \\ CH_2—Br \end{matrix} +2NH_3 \xrightarrow[\triangle]{醇溶液} \begin{matrix} CH_2—NH_2 \\ | \\ CH_2—NH_2 \end{matrix} +2HBr$$

乙二胺除具有伯胺的一切性质外，碱性比一元胺强。乙二胺为无色液体，沸点116.5℃，溶于水和乙醇，不溶于乙醚和苯，有类似氨的气味，能吸收空气中的二氧化碳。乙二胺与氯乙酸在碱溶液中可缩合生成乙二胺四乙酸。

$$H_2N—CH_2CH_2—NH_2+4ClCH_2COONa \xrightarrow[pH9\sim12,\ 100℃]{NaOH\ 缩合}$$

$$\begin{matrix} NaOOCCH_2 \\ \\ NaOOCCH_2 \end{matrix} \hspace{-0.3em}\rangle N—CH_2—CH_2—N\langle\hspace{-0.3em} \begin{matrix} CH_2COONa \\ \\ CH_2COONa \end{matrix} +4HCl \xrightarrow{50℃以下}$$

$$\begin{matrix} HOOC—CH_2 \\ \\ HOOC—CH_2 \end{matrix} \hspace{-0.3em}\rangle N—CH_2—CH_2—N\langle\hspace{-0.3em} \begin{matrix} CH_2COOH \\ \\ CH_2COOH \end{matrix}$$

乙二胺四乙酸（EDTA）

乙二胺四乙酸又叫 EDTA，在分析化学中最常用的是它的二钠盐，它可以和微量的重金属或碱土金属的离子相结合，这样可以使溶液中不再有金属离子，因此可以避免这些离子的沉淀反应或其他不希望产生的反应。它也能用来测定某些离子，这是因为它可和这些金属离子形成稳定络合物的缘故。

在水质分析中，测定水的总硬度时，最常用的一种络合剂便是氨羧络合剂，即是 EDTA 二钠盐，在测定水的总硬度时采用铬黑 T 作指示剂。

铬黑 T

2. 苯胺

苯胺由硝基苯还原制得，它是无色油状液体，暴露空气中或日光下变成棕色，有强烈的杏仁气味，微溶于水，能与乙醚、乙醇、苯混溶，相对密度为 1.02，熔点为 -6.2℃，沸点为 184.4℃。

苯胺的用途很广，用于制染料、医药、人造树脂、橡胶硫化促进剂及彩色铅笔等。苯胺可经过呼吸道、口腔、皮肤侵入体内，吸收一定量后中枢神经中毒。由它引起的急性中毒,轻者皮肤发生轻度青紫,尤其是口唇、指甲和耳壳更明显,严重中毒时,则有极明显的青紫,意识不清及体温下降等。

苯胺在水中相当稳定,但在受生活污水污染的水中能氧化分解,苯胺对水的自净有影响,据实验知 1mg/L 苯胺可使生化需氧(水分析化学中讨论)显著增加。

3. 联苯胺

联苯最重要的衍生物是 4,4′—二氨基联苯,也叫作联苯胺,其结构式为:

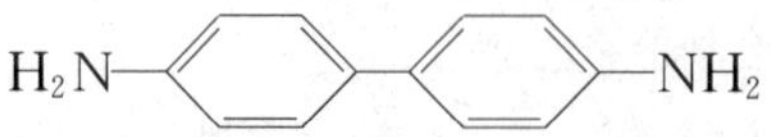

$$H_2N-\bigcirc\!\!-\!\!\bigcirc-NH_2$$

联苯胺为无色晶体,遇光或在空气中变黄,或红褐色,有剧毒,是致癌物,微溶于水,稍溶于乙醇和乙醚。联苯胺进行重氮化反应,生成含有两个重氮基的双重氮盐。

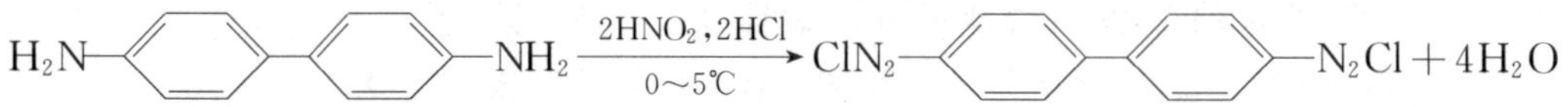

$$H_2N-\bigcirc\!\!-\!\!\bigcirc-NH_2 \xrightarrow[0\sim5℃]{2HNO_2,2HCl} ClN_2-\bigcirc\!\!-\!\!\bigcirc-N_2Cl+4H_2O$$

这种双重氮盐与对—氨基萘磺酸偶联,可得刚果红。

刚果红是最早发现的染料之一,它对酸的反应很敏感,在强酸溶液中(pH<3)变成蓝色,而在碱性溶液中(pH>5)又重现红色,因此刚果红也是一种指示剂。

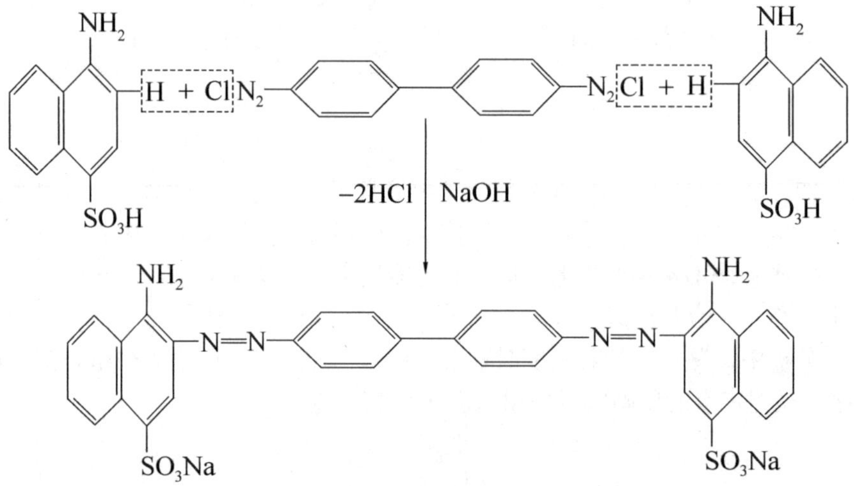

刚果红(红色)

4. 联邻甲苯胺

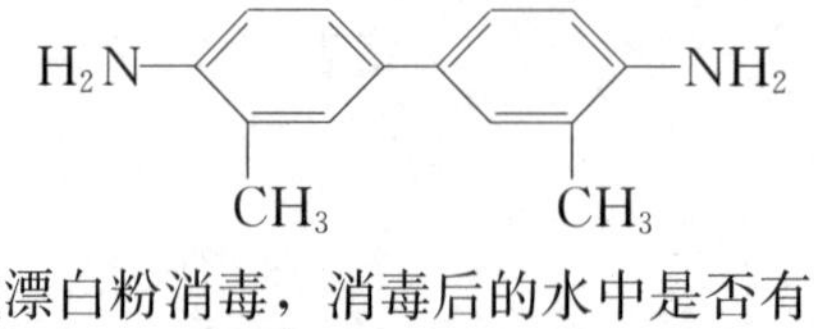

生活用水一般用氯气或漂白粉消毒,消毒后的水中是否有余氯,其检查方法有联邻甲苯胺法,即根据联邻甲苯胺的颜色改变情况,可知余氯含量多少,水质是否合格。

联邻甲苯胺是一种无色物质,被氧化后变为黄色,根据黄色深浅,用比色法进行比色,可知余氯含量。

$$HOCl \rightarrow HCl + [O]$$

$$HCl \cdot H_2N - \underset{CH_3}{\underbrace{}} - \underset{CH_3}{\underbrace{}} - NH_2 \cdot HCl \xrightarrow[-H_2O]{[O]}$$

（无色）

$$HCl \cdot HN = \underset{CH_3}{\underbrace{}} - \underset{CH_3}{\underbrace{}} = NH \cdot HCl$$

（黄色）

5. N，N—二氯一对羧基苯磺酰胺

$$\underset{SO_2NCl_2}{\overset{COOH}{\underbrace{}}}$$

俗称净水龙，又叫哈拉宗。它是白色粉末，微溶于水，易溶于氢氧化钠或碳酸钠等碱性溶液中，具有像氯气一样的臭味，常和碳酸钠混合制成小片，作为饮水消毒剂。适用于行军、旅游时使用，杀菌力极强，在二十万分之一至五十万分之一的浓度时，能在半小时内杀灭大肠杆菌、伤寒杆菌及霍乱菌等。

6. 三乙醇胺
$$N \begin{cases} CH_2-CH_2-OH \\ CH_2-CH_2-OH \\ CH_2-CH_2-OH \end{cases}$$

在工业上由环氧乙烷与氨作用制取三乙醇胺：

$$\underset{O}{\overset{CH_2-CH_2}{\triangle}} + H-NH_2 \xrightarrow{30\sim50℃} HO-CH_2-CH_2-NH_2$$

一乙醇胺（沸点 170.5℃）

$$\underset{O}{\overset{CH_2-CH_2}{\triangle}} + HOCH_2-CH_2-NH_2 \longrightarrow (HOCH_2-CH_2)_2NH$$

二乙醇胺（沸点 269℃）

$$\underset{O}{\overset{CH_2-CH_2}{\triangle}} + (HO-CH_2-CH_2)_2NH \longrightarrow (HO-CH_2-CH_2)_3N$$

三乙醇胺（沸点 360℃）

工业上就利用此方法制备三种乙醇胺，它们总称为乙醇胺。

乙醇胺具有氨的气味，是无色吸湿性黏稠液体，沸点较高，与水互溶，但不溶于苯。它具有醇和胺的双重性质，一乙醇胺和二乙醇胺在常温下能吸收 CO_2 和 H_2S，加热时放出 CO_2、H_2S 等酸性气体，所以在工业上用于气体净化。

一乙醇胺用于气体净化及二氧化碳浓缩等。二乙醇胺用于合成洗涤剂、气体净化等。

三乙醇胺是无色黏稠液体。在空气中变成黄褐色，相对密度 1.124，熔点 20~21℃，沸点 360℃，有吸湿性，溶于水、乙醇和氯仿。微溶于乙醚和苯，有碱性，能吸收二氧化碳和硫化氢等气体。

三乙醇胺在加强混凝土硬化过程中，是提高早期强度的外加剂，叫早强剂。由于三乙醇胺溶于水后降低了溶液的表面张力，使水泥粒子更容易与水接触，加速水对水泥颗粒的润湿和渗透，使水泥的水化速度加快，能提高水泥的早期强度。它也是水泥助磨剂。

8.2.5 季铵盐和季铵碱

叔胺与卤代烷进一步烷基化生成季铵盐。

$$R_3N + RX \longrightarrow R_4N^+X^-$$

季铵盐是结晶固体，具有盐的性质。溶于水，不溶于非极性有机溶剂，季铵盐加热分解生成叔胺和卤烷。

$$R_4N^+X^- \xrightarrow{\triangle} R_3N + RX$$

季铵盐氮原子上连有一个长碳链时可作为阳离子表面活性剂，如溴化二甲基苄基十二烷基胺。$[(CH_3)_2N-CH_{12}H_{25}]^+Br^-$ 它是具有去污能力的表面活性剂，也是具有强杀菌

$$\overset{\displaystyle\bigcirc}{\vert} \quad CH_2$$

能力的消毒剂。

季铵盐与伯胺、仲胺、叔胺的盐不同，它和强碱作用得不到游离胺，而是得到含有四种化合物的平衡混合物。

$$R_4N^+I^- + KOH \rightleftharpoons R_4N^+ + OH^- + KI$$

这个反应若不在水溶液中进行，可在醇溶液中进行，由于碘化钾不溶于醇，而使反应进行到底，若用湿的氢氧化银代替氢氧化钾，反应也能进行到底。

$$R_4N^+I^- + AgOH \longrightarrow R_4N^+OH^- + AgI\downarrow$$

反应完后，滤去所得的碘化银沉淀，然后再进行减压蒸馏，就得到晶体季铵碱。季铵碱是一种强碱，其碱性强度与氢氧化钠或氢氧化钾相近，易潮解，能吸收空气中的二氧化碳。加热则分解成叔胺。如氢氧化四乙胺受热分解为三乙胺及乙烯。

$$(CH_3CH_2)_4NOH \xrightarrow{\triangle} (CH_3CH_2)_3N + CH_2=CH_2 + H_2O$$

季铵碱在水溶液中离解出 OH^- 离子，就可以与周围所接触的溶液中的阴离子进行交换，如它可与水中所含的氯离子进行交换。

$$R-N^+(CH_3)_3OH^- + HCl \longrightarrow R-N^+(CH_3)_3Cl + H_2O$$

由于所交换的是阴离子，所以叫作阴离子交换剂，离子交换树脂中含有能起阴离子交换作用的交换基团，一般是季铵碱类型的基团。

8.3 腈

8.3.1 一般概况

烃分子中的氢原子被氰基（—CN）取代后的生成物叫腈。它们的通式是 RCN，其官能团是氰基。

腈的命名常按照腈分子中所含碳原子的数目而称为某腈，或以烷烃为母体，氰基作为取代基，称为氰基某烷，举例如下：

$$CH_3-CN \qquad\qquad 乙腈或氰基甲烷$$

$$CH_3—CH_2—CN \qquad 丙腈或氰基乙烷$$
$$CH_2=CH—CN \qquad 丙烯腈或氰基乙烯$$
$$\underset{\qquad\quad|}{\underset{\qquad\quad CN}{CH_3—CH_2—CH—CH_3}} \qquad 2—甲基丁腈或2—氰基丁烷$$

8.3.2 腈类化合物的性质

低级腈为无色液体，高级腈为固体。乙腈能与水混溶，随着分子量的增加，在水中的溶解度迅速减低，丁腈以上难溶于水。腈有毒，但不像氢氰酸那样剧烈。

从腈类的结构 R—C≡N 可以了解到它的化学性质，氰基—C≡N 有不饱和键，它们能发生加成反应，如：

1. 与氢加成。用醇与钠作还原剂或催化加氢，腈可还原成伯胺。

$$R—CN+4[H] \xrightarrow{Ni} R—CH_2—NH_2$$

2. 水解。与酸或碱的水溶液共沸，进行水解而最后得到羧酸（或羧酸盐）。

$$R—CN+2H_2O \xrightarrow{HCl} R—COOH+NH_4Cl$$
$$R—CN+H_2O \xrightarrow{NaOH} R—COONa+NH_3$$

水解反应后的生成物为羧酸或羧酸盐，它们都是无毒物质。根据这一性质，对含氰废水可进行水解，以改善水质。

3. 丙烯腈。丙烯腈可以由乙炔和氢氰酸在氯化亚铜催化下加成而得。

$$CH≡CH+HCN \xrightarrow{CuCl} CH_2=CH—CN$$

也可以由乙烯先与次氯酸加成而得到氯乙醇，再与氰化钠作用引入氰基，最后去水而得丙烯腈。

$$CH_2=CH_2 \xrightarrow{HOCl} \underset{|\;\;\;|}{\underset{OH\;\;Cl}{CH_2—CH_2}} \xrightarrow[-NaCl]{NaCN} \underset{|\;\;\;|}{\underset{OH\;\;CN}{CH_2—CH_2}} \xrightarrow{-H_2O} CH_2=CH—CN$$

近来工业生产中用丙烯与氨作用，能制出丙烯腈。

丙烯腈是无色液体，沸点为78℃，溶于水，由于分子具有双键，它能聚合生成高分子化合物聚丙烯腈。

$$nCH_2=CH—CN \xrightarrow[引发剂]{聚合} \underset{\qquad|}{\underset{\qquad CN}{[CH_2—CH]_n}} \qquad （聚丙烯腈）$$

聚丙烯腈用作合成纤维，如市上出售的腈纶毛线，十分坚固，能耐日光、老化。对酸和许多溶剂的抵抗力颇强，而且也不受细菌的影响。聚丙烯腈也可用来制造有机半导体。

丙烯腈的工业生产废水，不仅含有丙烯腈，同时还含有氢氰酸、乙腈、丙烯醛及氰醇，这些物质使新陈代谢停止，发生细胞内窒息等，所以对含腈废水必须进行处理。目前，我国对丙烯腈废水的处理，一般采用水解法。

$$HCN+H_2O \xrightarrow{NaOH} HCOONa+NH_3$$
$$CH_2=CH—CN+H_2O \xrightarrow{NaOH} CH_2=CH—COONa+NH_3$$

$$CH_3-CN+H_2O \xrightarrow{NaOH} CH_3-COONa+NH_3$$

水解反应是在碱性条件下进行的,因此产生的有机酸都转化为有机酸盐,把有毒的氰化物转为无毒的有机酸。有机酸在水中经生物分解可转变为无机物,如二氧化碳和水等,它们总的水解反应可表示如下:

$$R-C\equiv N \xrightarrow[OH^-]{H_2O} \left[R-\underset{\underset{OH\ H}{|}}{\overset{|}{C}}=N^- \right] \longrightarrow R-\underset{\underset{O}{\|}}{C}-NH_2 \xrightarrow{H_2O} RCOOH+NH_3$$

更有效的处理是采取稀释氧化法,即加压处理,残留的部分氰化物再用生物法除去。

8.4 重氮和偶氮化合物

8.4.1 一般概况

重氮和偶氮化合物分子中都含有—N_2—基,这个基团的两端与烃基相连的化合物叫偶氮化合物,—N=N—基叫偶氮基,可用通式 R—N=N—R 或 Ar—N=N—Ar 来表示,两个 R 或芳基可以相同也可不相同,如:

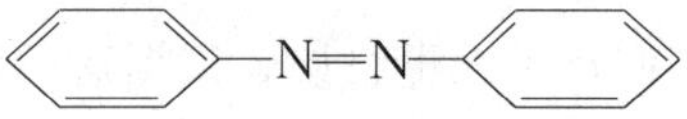

偶氮苯

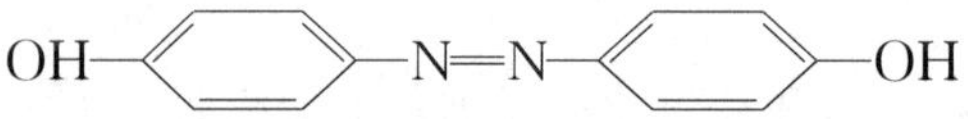

对羟基偶氮苯

$$CH_3-N=N-CH_3 \qquad\qquad 偶氮甲烷$$

若—N_2—基一端与烃基相连而另一端与非碳原子或基团相连的化合物叫重氮化合物。如:

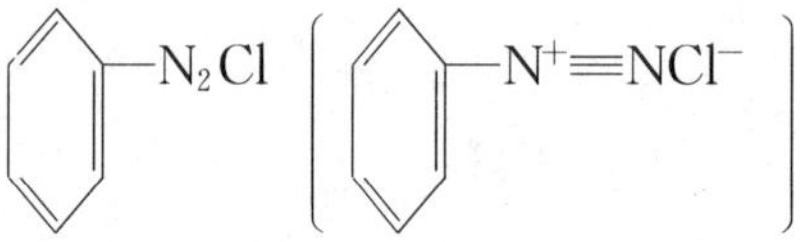

氯化重氮苯(或重氮盐酸盐)

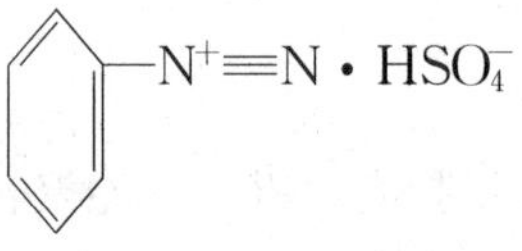

硫酸重氮苯

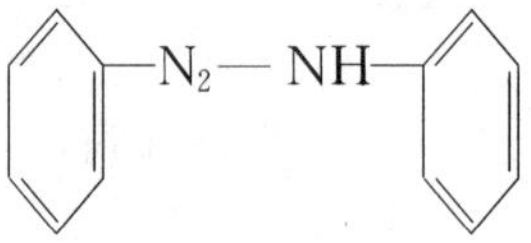

苯重氮氨基苯

8.4.2 重氮化反应

芳伯胺在低温和过量强酸(盐酸或硫酸)溶液中与亚硝酸作用,可生成重氮盐的反应叫重氮化反应。

如:

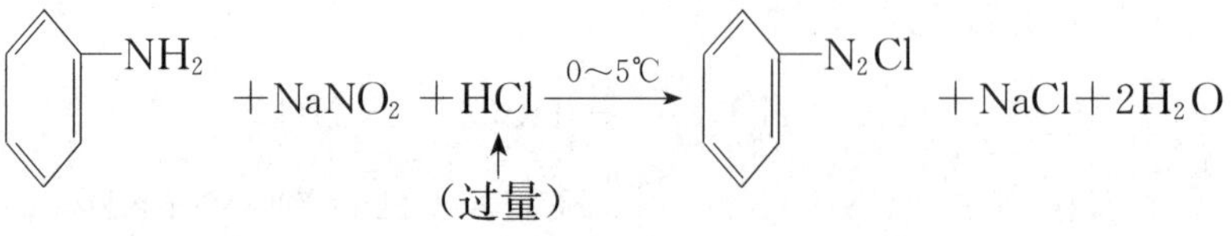

$$\underset{}{\bigcirc}-NH_2 + NaNO_2 + HCl \xrightarrow{0\sim5℃} \bigcirc-N_2Cl + NaCl + 2H_2O$$
(过量)

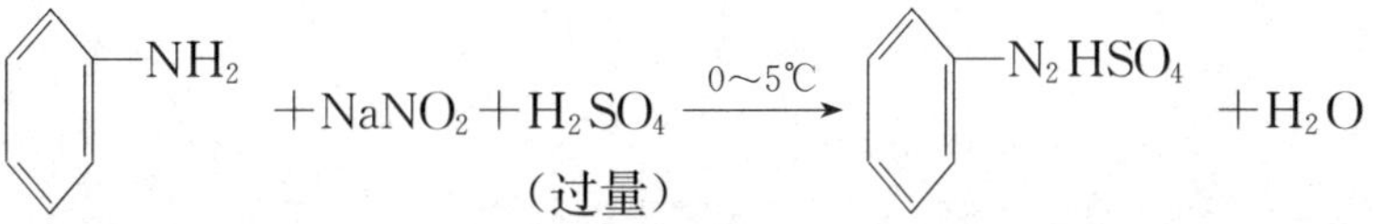

$$\text{（苯胺）}-NH_2 +NaNO_2 +H_2SO_4 \xrightarrow[\text{（过量）}]{0\sim5℃} \text{（苯环）}-N_2HSO_4 +H_2O$$

重氮化时盐酸或硫酸必须过量，否则重氮化过程中生成的重氮盐与尚未起反应的芳胺发生偶合，而亚硝酸要避免过量，否则将会加速重氮盐的分解。另外重氮盐一般在低温下稳定，温度超过 5℃，就会引起重氮盐分解，即使在 0℃ 时重氮盐的水溶液也只能保持数小时。因此，必须在应用时，临时配制。干燥的重氮盐很不稳定，遇热或撞击时容易发生爆炸。重氮盐的稳定性与苯环上的取代基和重氮盐的酸根有关，当苯环上有—X、—SO₃H、—NO₂ 等基团时，重氮盐较稳定，一般还可以分离出来，不易爆炸。

8.4.3　重氮盐的性质

重氮盐的化学性质非常活泼，可发生许多化学反应，生成各种类型的产物，在有机合成上很重要。它的主要化学反应可分为两大类，一类是重氮基—N₂X 被取代的反应，另一类是保留氮的反应。

1. 重氮基被取代的反应（去氮反应）

重氮基可被羟基、氢原子、卤素和氰基取代生成相应的芳香族化合物。

（1）被羟基取代（水解反应）

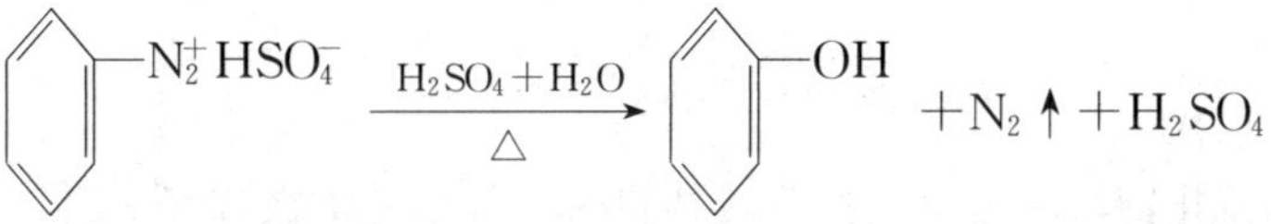

$$\text{（苯环）}-N_2^+HSO_4^- \xrightarrow[\triangle]{H_2SO_4+H_2O} \text{（苯环）}-OH +N_2\uparrow +H_2SO_4$$

此反应必须在较强的酸性溶液中进行，否则生成的酚易与未起反应的重氮盐发生偶联反应；用重氮盐酸盐也不太适宜，因常有副产物氯苯生成。这个反应通常是通过重氮盐的途径来使氨基转变为羟基，一些不能由芳香族磺酸盐碱熔而制得的酚类就可通过重氮盐水解而制取，如合成间硝基苯酚，若用硝基苯磺化再碱熔的方法合成它是不可能的，故用下面方法：

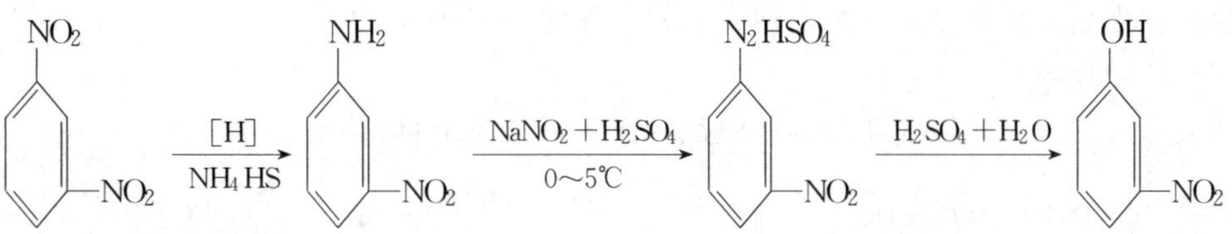

$$\text{（NO_2,NO_2）} \xrightarrow[NH_4HS]{[H]} \text{（NH_2,NO_2）} \xrightarrow[0\sim5℃]{NaNO_2+H_2SO_4} \text{（N_2HSO_4,NO_2）} \xrightarrow{H_2SO_4+H_2O} \text{（OH,NO_2）}$$

（2）被氢原子取代

重氮盐可与某些还原剂如乙醇、次磷酸（H_3PO_2）作用，重氮基被氢原子取代。

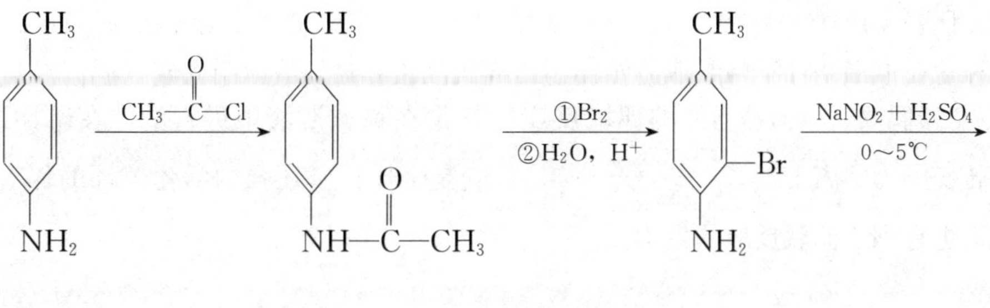

$$\text{（CH_3,NH_2）} \xrightarrow{CH_3-C-Cl} \text{（CH_3,NH-C-CH_3）} \xrightarrow[②H_2O, H^+]{①Br_2} \text{（CH_3,Br,NH_2）} \xrightarrow[0\sim5℃]{NaNO_2+H_2SO_4}$$

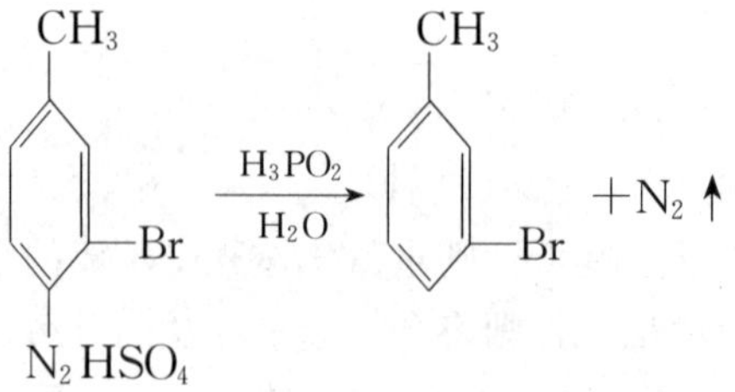

（3）被卤素取代

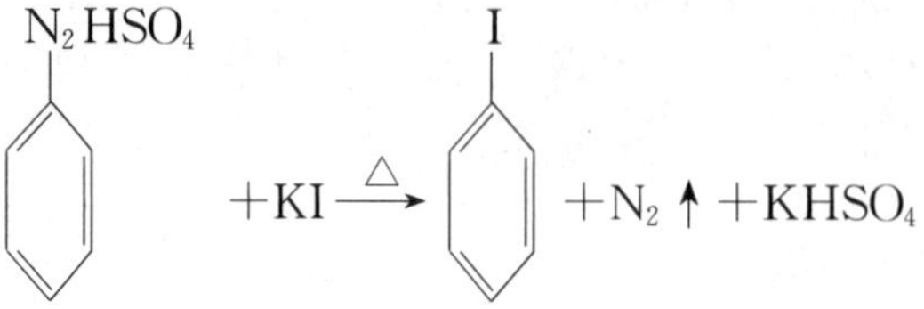

在加热条件下，用氯化亚铜的浓盐酸溶液或溴化亚铜的浓氢溴酸溶液作催化剂，卤素便取代重氮基。

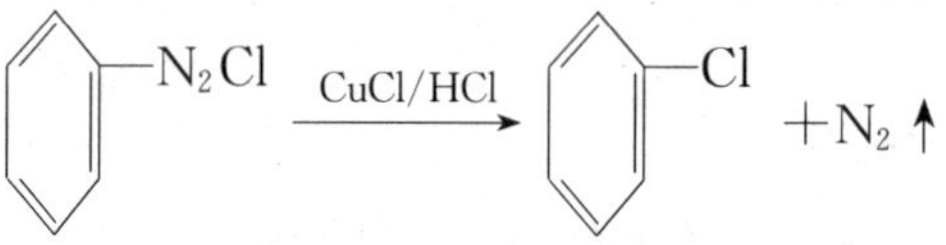

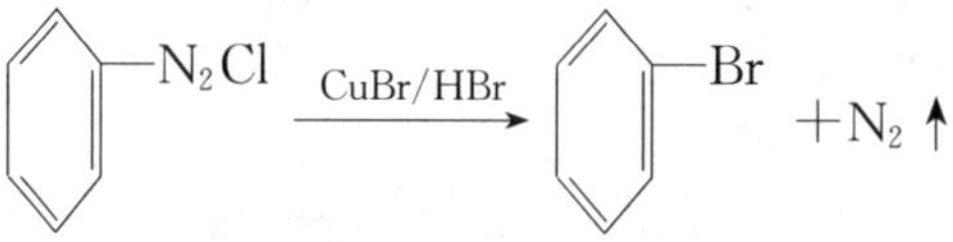

（4）被氰基取代

氰化亚铜的氰化钾溶液与重氮盐溶液共热时，重氮基被氰基（—CN）取代，

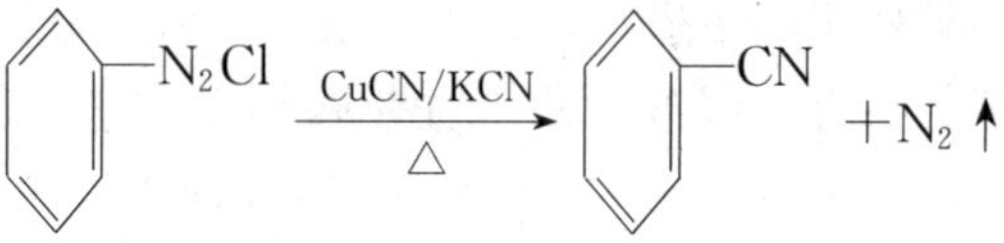

通过这一反应可由苯胺合成芳香族羧酸，也可还原成胺类，并增长碳链。

2. 保留氮的反应

反应发生后，重氮基不分解，两个氮原子保留在产物分子中。

（1）还原反应

重氮盐可在二氯化锡和盐酸等还原剂的作用下生成苯肼。

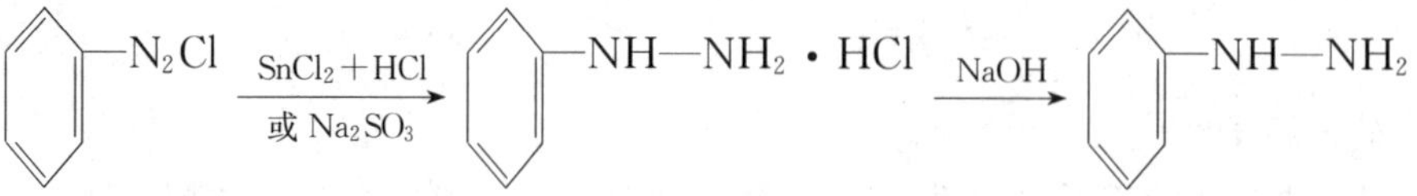

苯肼为无色液体，具有碱性，在空气中易氧化变黑。苯肼有毒，使用时应注意安全。

（2）偶联反应

重氮盐在低温条件下与酚或芳胺作用生成偶氮化合物的反应叫偶联（或偶合）反应。

1）与酚偶联。重氮盐与酚的偶联反应一般是在稀碱溶液中进行的，在碱性溶液中，酚羟基转变成为负离子（ 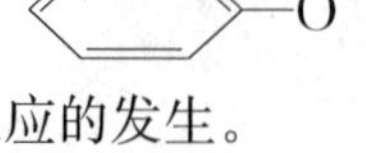 ），它是个比羟基还强的活化苯环的邻对位定位基，从而更有利于偶联反应的发生。

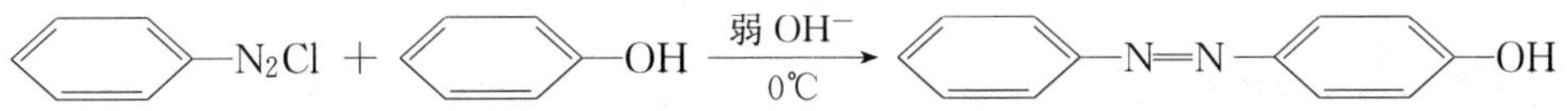

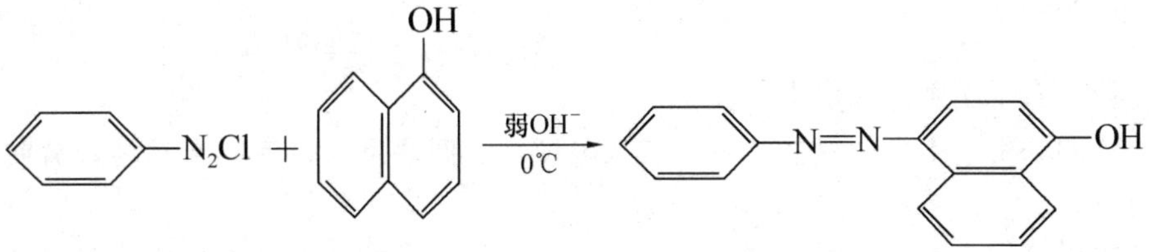

重氮盐与酚偶联，一般发生在对位，若对位被取代基占据，则发生在邻位。如：

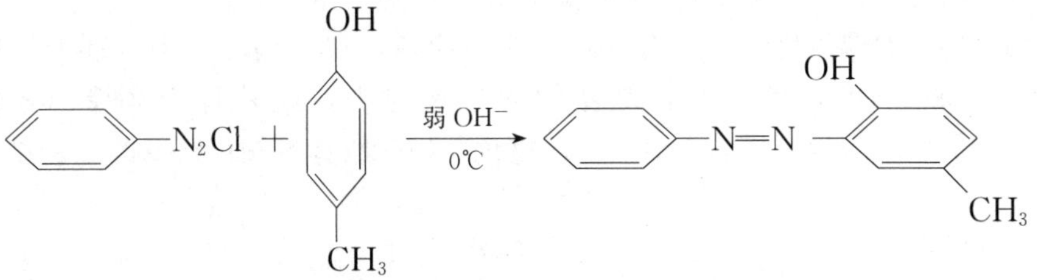

2）与芳胺偶联。重氮盐与芳叔胺的偶联反应一般是在弱酸性或中性溶液中进行的，而不能在强酸性溶液中进行，胺生成铵盐。芳叔胺分子中活化苯环的—NR$_2$基转变为钝化苯环的—$\overset{+}{N}$HR$_2$基，不利于偶联反应的发生。

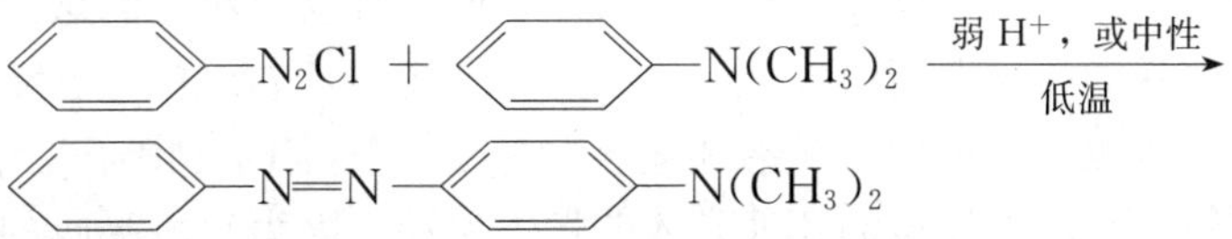

重氮盐与芳伯胺或芳仲胺偶联时，在中性或弱酸性溶液中进行，不是重氮基与氨基的对位发生反应，而是作为亲电试剂的重氮盐正离子

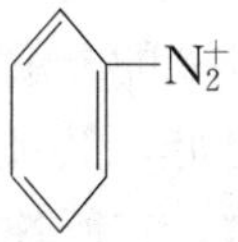

进攻氨基上的氮原子。

生成的苯偶氮氨基苯和少量苯胺盐酸盐，一起加热到 30～40℃则发生分子重排，生成对氨基偶氮苯。

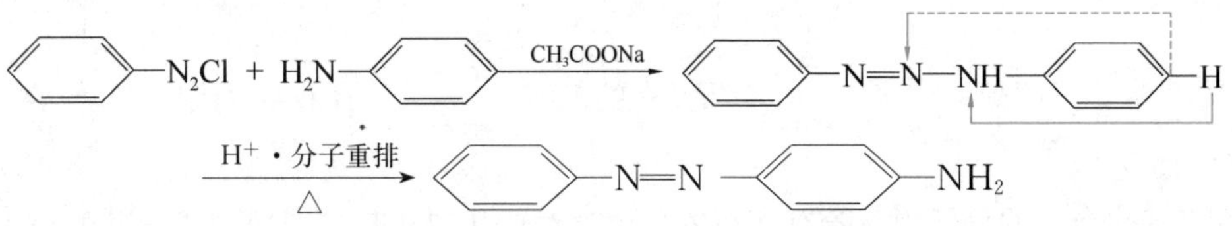

对氨基偶氮苯

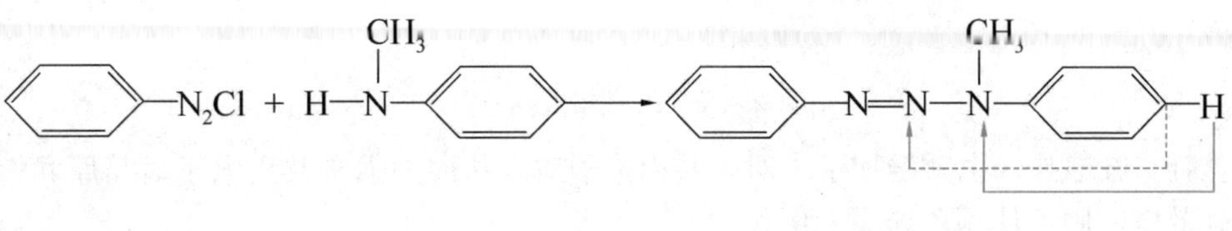

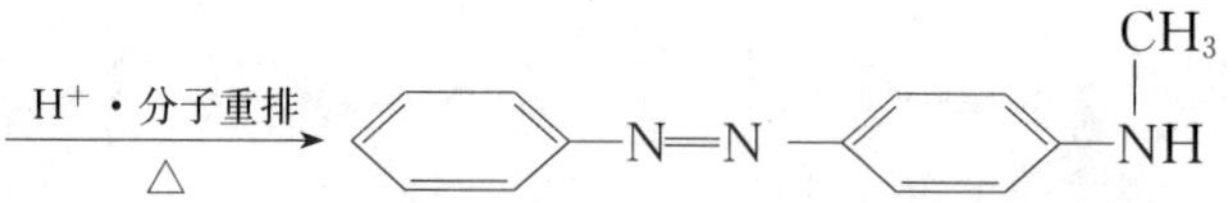

$$\xrightarrow[\triangle]{H^+ \cdot 分子重排}$$

对—N—甲基偶氮苯

若对位上有基团则在邻位上偶联。

上述的偶联反应中,重氮盐是一个弱亲电试剂。偶联反应,实际上是酚和芳胺的环上进行亲电取代。

本节中讨论的重氮化反应和偶联反应是制备偶氮染料的两个基本反应,并以偶氮基两端都连有芳基的化合物(Ar—N=N—Ar)较为重要。

作为偶氮染料的偶氮化合物具有颜色,相当稳定,在它们分子中的环上一般都具有—NH₂、—NR₂ 或—OH,并处于偶氮基的邻位或对位,此外环上还常含有—SO₃H、—COOH,它们可以增加染料的水溶性。偶氮化合物一般具有颜色,这与它的结构是有关系的。

8.5　物质的颜色和物质结构的关系简介

物质颜色和它们对各种光波的选择性吸收有关。

物体的颜色就是它对光选择性吸收的结果,而一种物质对光的选择性吸收是与其分子中电子的振动所需的能量有密切关系的,在分子结构中,如果价电子结合得越牢固,则电子振动所需的能量越大。例如,在饱和化合物分子中 σ 键的 σ 电子是结合得比较牢固的,必须吸收频率较高、波长较短的紫外光才能发生移动。因为它所吸收的为紫外光,因此一般都是无色的化合物,但在不饱和化合物分子中含有 π 键,组成 π 键的电子结合得不牢固。因此,只需要吸收频率较低的光就可以激发,在共轭体系中,π 电子连成整体,更易流动,因此激发所需的能量更低,共轭键链越长,它所选择的光的频率越低,波长越长,如果共轭键链长到一定程度时,它所选择吸收的光是可见光范围以内,它就是一种有色物质,吸收光波的波长不同,则颜色也不同。例如,乙烯只有一个双键,它是无色的。苯虽然是一共轭体系,但它所吸收的光仍为紫外光部分,故仍是无色的。如果两个苯环通过一个偶氮基而连接起来成为偶氮苯时,则共轭键链就增长,它所吸收的光波在可见光的范围内,故呈浅黄色,如

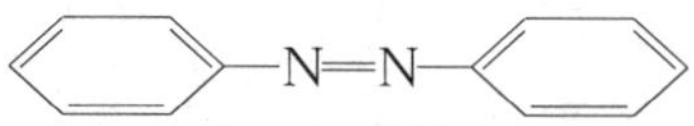

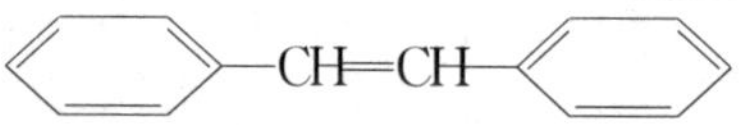

CH=CH 是无色的,而 (CH=CH)₄

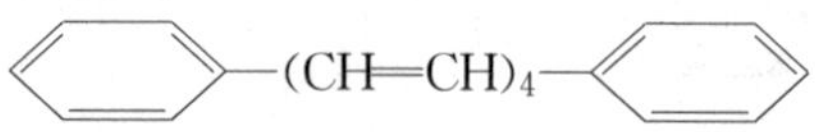

是绿色的。

在某些化合物的分子中,若有共轭体系包含着羟基和氨基,则羟基或氨基的离子化对颜色的加深或变浅也有影响。例如,有羟基的化合物在碱性溶液中即成为钠盐,而生成一个阴离子。

$$—OH \xrightarrow{NaOH} —O^-$$

这样,在氧原子上就增加了一对未共用电子对,从而加强未共用电子对与原共轭体系的共轭效应,因此使颜色加深,例如:

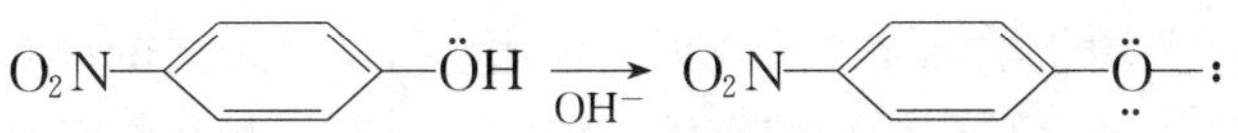

$$O_2N-\!\!\!\bigcirc\!\!\!-\ddot{O}H \xrightarrow{OH^-} O_2N-\!\!\!\bigcirc\!\!\!-\ddot{O}:^-$$

无色 　　　　　　　　　　　　黄色

含有氨基的化合物，在酸性溶液中，氨基就变成阳离子，而使氮原子上的未共用电子对消失。

$$-\ddot{N}H_2+H^+ \longrightarrow -N^+H_3$$

这样，其结果就使化合物的颜色变浅了，例如：

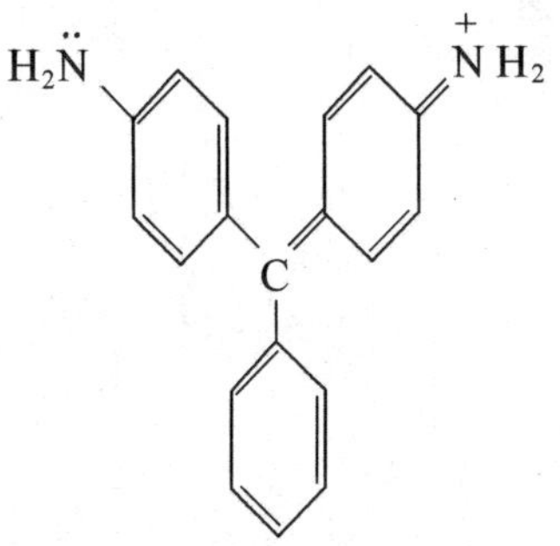

紫色 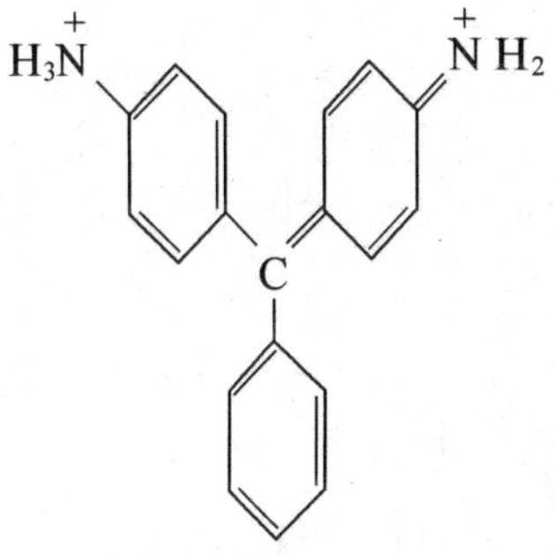　　　　　　　　　　　　黄色

共轭效应是各原子 p 电子云相互作用的结果，所以，只有当所有的原子都在同一平面上时才能发生这一效应。如果分子的平面结构受到破坏，共轭体系被割断，则影响对光的吸收，即吸收波长较短的光，例如：

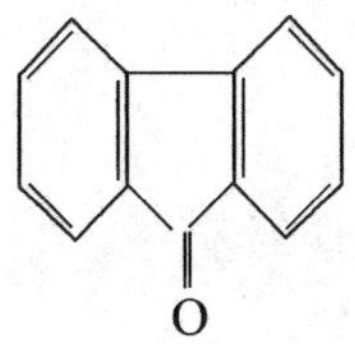

橙色　　　而　　　无色

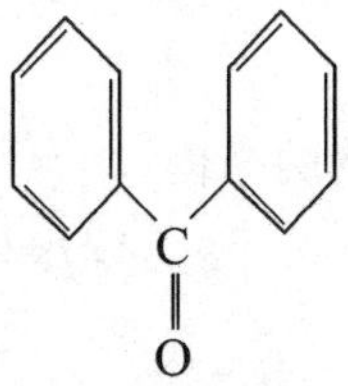

因为在后者的分子中，苯环和羰基之间的 σ 键可以自由旋转，因此两个苯环并不处在同一个平面上，也就是说原来的共轭体系变短了，以致成为无色的化合物。

又如：　　　　　　　　　　　　黄色

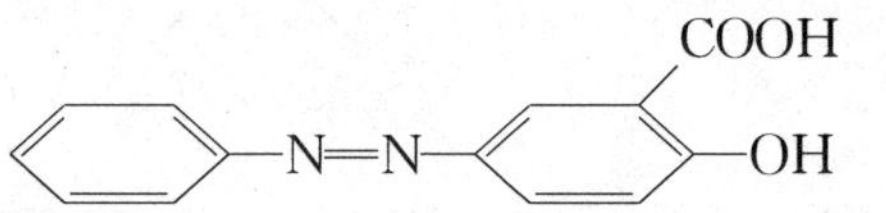

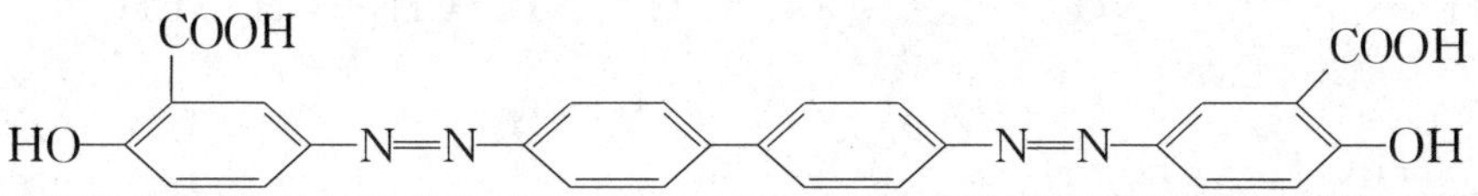

黄色

从上面两个化合物的结构来看，虽然后者的共轭体系长，应该颜色更深，但实际上，两者颜色基本相同，这是由于后者分子中联苯的单键可以发生"自由旋转"的缘故。

上面简单介绍了物质颜色与结构的关系，这对于废水中有色物质的处理会有所帮助。如染料厂或印染厂排出的废水，是含酸或碱的废水，采用中和方法处理。若是含有染料的有毒物质的废水，一般用化学沉淀方法处理。用化学方法处理后的染料废水中还含有部分有机物，则必须借助生物分解有机物的作用，经过复杂的生物化学过程使废水中的有机物除去。

不管用什么方法来处理染料废水，要想除去废水中的颜色是不太容易的。可以从物质的颜色和物质结构的关系来考虑，破坏它们的成色结构，即破坏它们的共轭体系，从本质上来破坏染料或印染废水中的有色物质。如何破坏，有待进一步探讨。

习　题

1. 命名下列化合物。

(1)

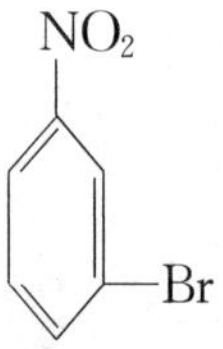

(2)

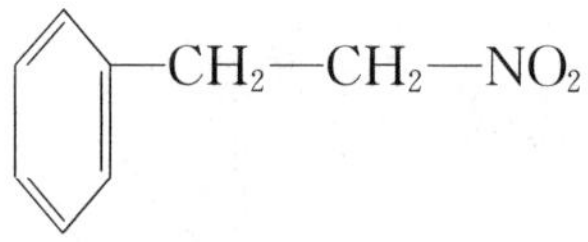

(3) $CH_3-NH-CH(CH_3)_2$

(4) $H_2N-CH_2-CH_2-CH_2-CH_2-NH_2$

(5)

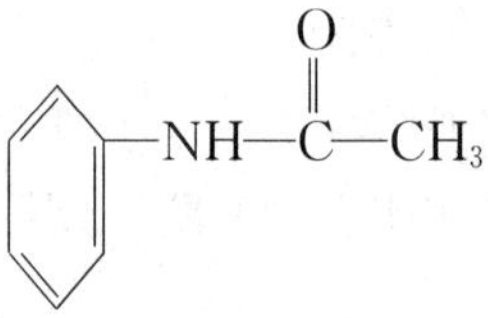

(6)

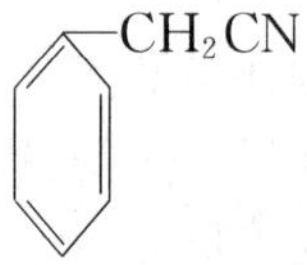

(7)

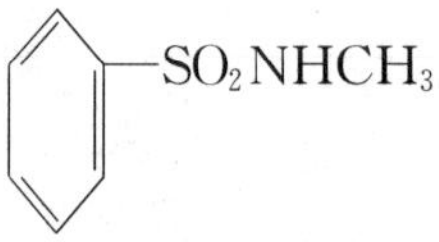

2. 写出下列各化合物的结构式。

(1) N—甲基苄胺

(2) 对甲基对氨基偶氮苯

(3) 苯偶氮氨基苯

(4) 氢氧化四正丁铵

3. 写出分子式 $C_4H_{11}N$ 脂肪胺的同分异构体，按伯、仲、叔胺分类并命名。

4. 将下列化合物按伯、仲、叔胺分类命名。

(1)

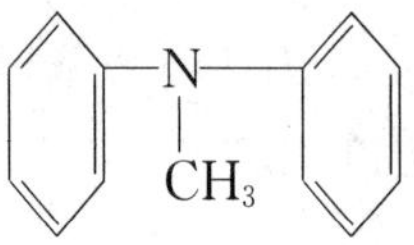

(2)

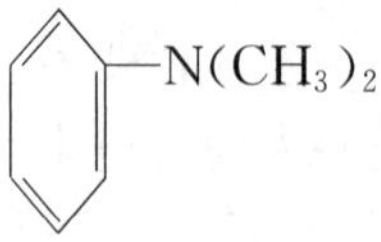

(3)

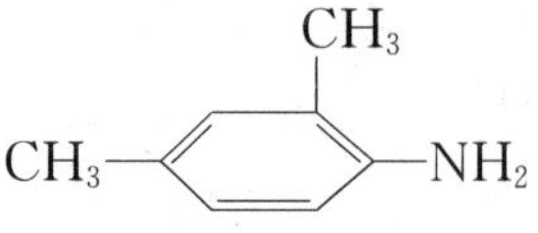

(4) $C_6H_5-NH-CH_2-CH_2-CH_3$

(5) 间—$CH_3C_6H_4-CH_2NH_2$

(6)

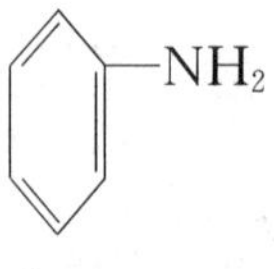

5. 完成下列反应。

(1) 邻硝基甲苯 …… → 2-硝基-4-甲基苯胺（邻硝基甲苯 NO_2/CH_3/NH_2）

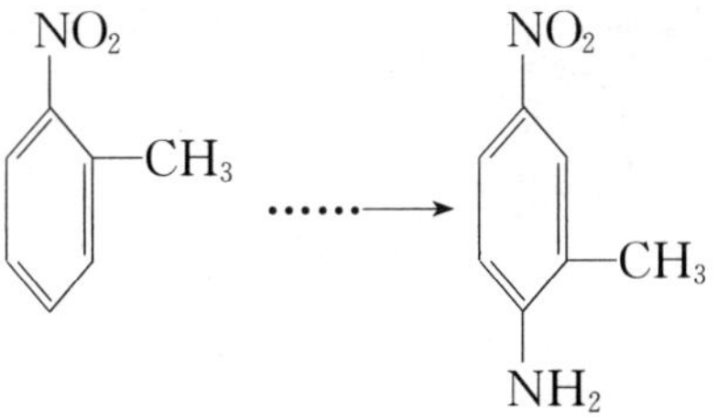

(2) 甲苯 …… → 苯基—CH_2—CH_2—NH_2

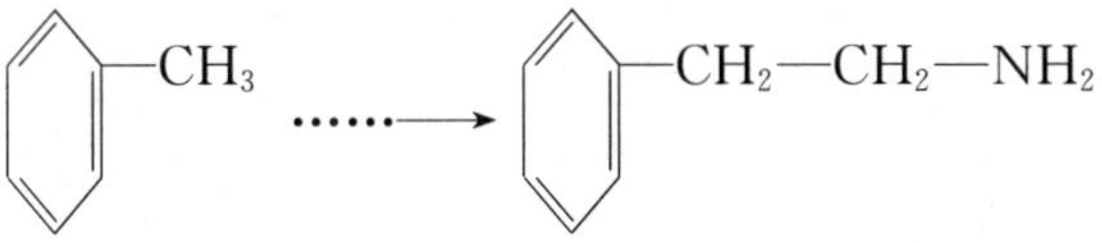

(3) CH_3—CH_2—CH_2—CH_2OH …… → CH_3—CH_2—CH_2—CH_2—CH_2—NH_2

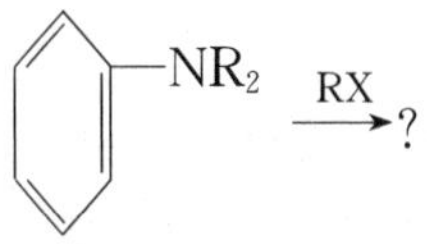

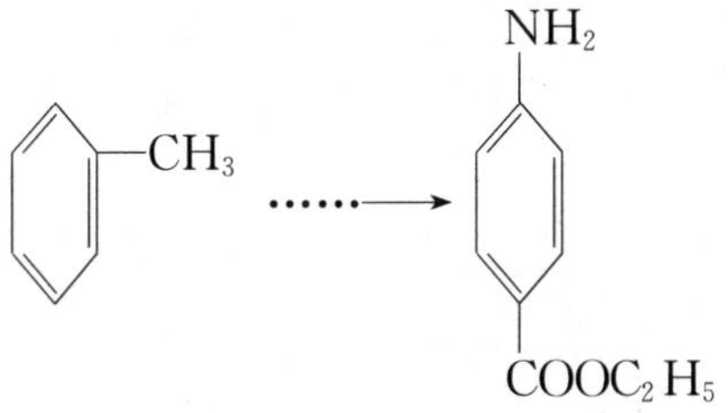

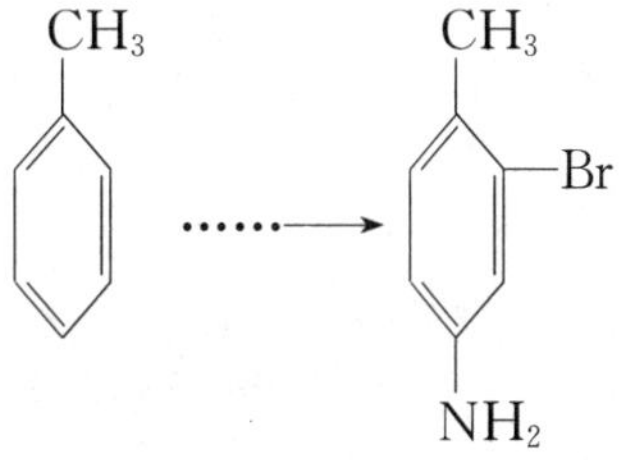

(4) 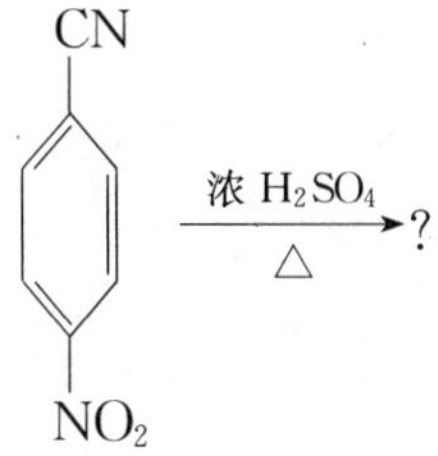 对硝基苯甲腈（CN ... NO_2）$\xrightarrow[\triangle]{\text{浓 } H_2SO_4}$?

(5) $\text{苯}-NR_2 \xrightarrow{RX} ?$

(6) 甲苯 …… → 对氨基苯甲酸乙酯（NH_2 ... $COOC_2H_5$）

(7) 甲苯 …… → 2-溴-4-氨基甲苯（CH_3/Br/NH_2）

(8) 苯基—N_2Cl ＋ 1-萘胺（NH_2）$\xrightarrow{\text{中性}}$?

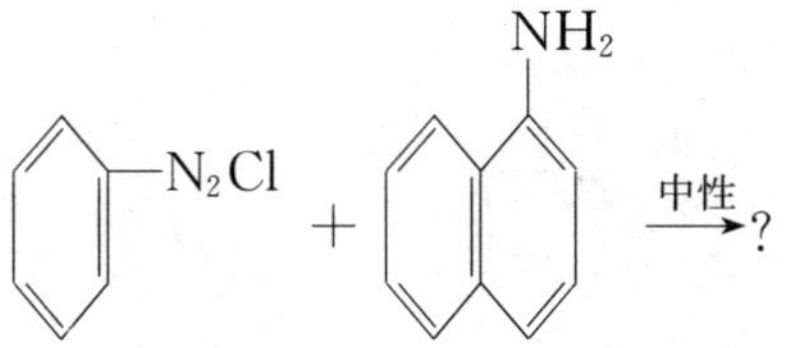

(9) $CH_3(CH_2)_4NH_2 \xrightarrow{\text{过量 } CH_3I} ? \xrightarrow[H_2O]{Ag_2O} ? \xrightarrow{\triangle} ?$

(10) 对甲基苯胺──→对苯二甲酸　　　　(11) 乙烯──→1，4—丁二胺

(12) 苯胺──→2，4，6—三溴苯甲酸　　　(13) 乙烯──→三乙醇胺

6. A、B、C 三个化合物的分子式为 $C_4H_{11}N$，当与亚硝酸作用时，A 和 B 生成含有四个碳原子的醇，而 C 则与亚硝酸结合成不稳定的盐。用强氧化剂氧化，由 A 所得的醇生成异丁酸。由 B 所得的醇生成丁酮。试写出 A、B、C 的构造式及各步反应方程式。

7. 用化学方法区别下列各组化合物。

(1) 乙醇，乙醛，乙酸，乙胺

(2) 邻甲基苯胺，N—甲基苯胺，苯甲酸和邻羟基苯甲酸

8. 用化学方法分离下列各组混合物溶液。

(1) 苯胺，对甲基苯酚，苯甲酸和甲苯

(2) 苯胺，对氨基苯甲酸和苯酚

(3) 邻硝基甲苯与邻甲基苯胺

9. 以甲苯或苯为主要原料合成下列化合物（其他试剂任选）。

（1）对硝基苯胺　　　　（2）间甲基苯酚

（3） 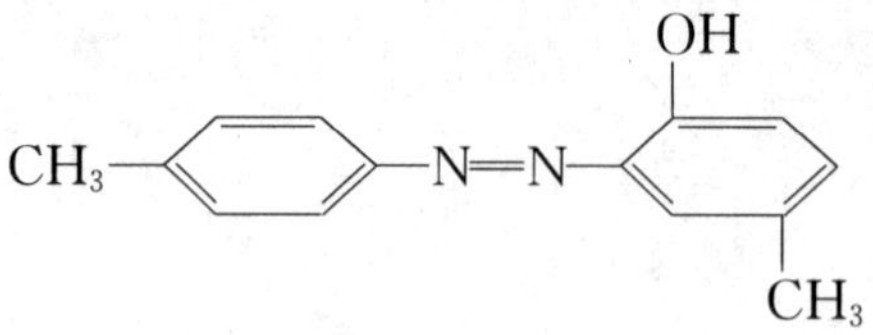　CH₃——⟨⟩——N=N——⟨⟩—OH，CH₃

（4）3，5—二溴硝基苯

第9章 杂环化合物

9.1 杂环化合物一般概况

在环状有机化合物的分子中，组成环的原子除碳原子外，还有其他非碳原子，如氧、硫、氮等。这些非碳原子叫作杂原子，由碳原子和杂原子组成的环状化合物叫作杂环化合物。

如：

呋喃   噻吩   吡啶

但像丁二酸酐、己内酰胺 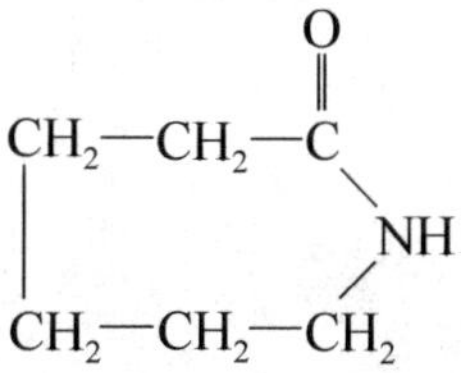 等化合物，它们具有脂肪族化合物的一般特性，因此把它们放在脂肪族化合物中讨论。本章讨论的杂环化合物，是一些比较稳定，具有一定芳香性，而且是一个闭合共轭体系的环状化合物。

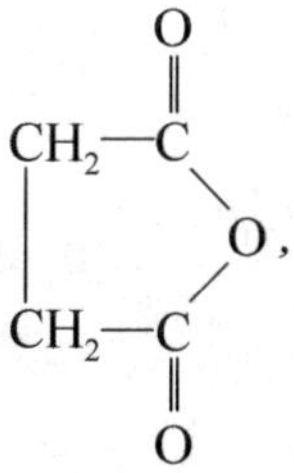

杂环化合物在自然界中分布极广，煤焦油、页岩油、石油中都含有杂环化合物。骨油中也含有杂环化合物，如吡啶。许多杂环化合物与动植物的生理作用关系密切而且重要，例如叶绿素、血红素、维生素 B_{12} 等。杂环化合物也是合成药物、染料、塑料和合成纤维等的重要原料。

杂环化合物可根据组成环的原子数目来分类，其中最重要的是五元杂环、六元杂环和稠杂环等，在每一类中按原子的种类、数目的不同又可分为很多类别，见表 9-1。

杂环化合物的命名一般采用两种方法：

1. 译音法

杂环化合物的名称是英文的音译，一般在同音汉字的左边加"口"旁，如呋喃（Furan）、吡咯（Pyrrole）、噻吩（Thiophene）等。这种命名方法是译音，与结构没有关系。

2. 系统命名法

这种命名法，是根据相应的碳环母体命名，把杂环当作杂原子取代了碳环中的一个或两个碳原子而形成的，命名时在碳环母体名称前加一个"某杂"两字即可。例如：

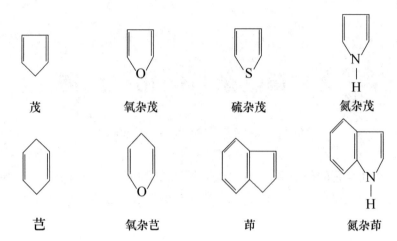

茂　　　　　氧杂茂　　　　　硫杂茂　　　　　氮杂茂

芑 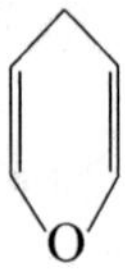　　　　　氧杂芑　　　　　茚　　　　　氮杂茚

重要的杂环化合物母体命名见表 9-1。

主要的杂环化合物分类及命名　　　　　　　　　表 9-1

碳环母体		杂 环 母 体 化 合 物	
		含一个杂原子	含两个杂原子
 茂	五元杂环	 氧杂茂（呋喃） 　　硫杂茂（噻吩） 　　氮杂茂（吡咯）	 1,2—二氮杂茂（吡唑） 　　1—硫—3—氮杂茂（噻唑）
 苯 　　芑	六元杂环	 氮杂苯（吡啶） 　　氧杂芑（吡喃）	 1,3—二氮杂苯（嘧啶）
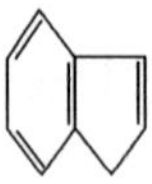 茚 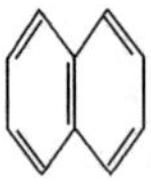　　萘	稠杂环（二环）	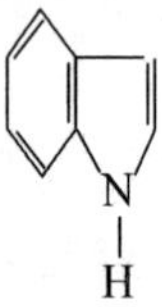 氮杂茚（吲哚） 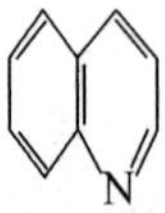　　1—氮杂萘（喹啉）	
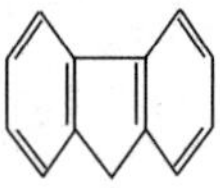 芴 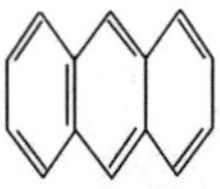　　蒽	稠杂环（三环）	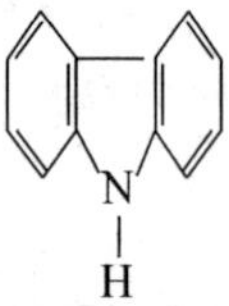 氮杂芴（咔唑） 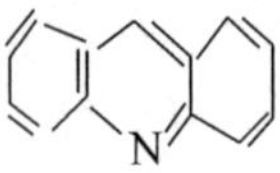　　9—氮杂蒽（吖啶）	

杂环化合物母体编号时，一般从杂原子开始，同一个环里有 n 个杂原子时，应使杂原子的号数最小，若是 n 个不同种类的杂原子时，则按 O、S、N 的次序编号。

9.2　五元杂环化合物

含有一个杂原子的五元杂环化合物以呋喃、噻吩、吡咯最重要。它们是构成相应衍生物的母体。

9.2.1　呋喃、噻吩、吡咯的结构

通过物理方法证明组成杂环的各原子都排布在同一个平面上，彼此以 σ 键相连接。呋喃分子中氧原子是 sp^2 杂化，氧的未成对电子除分别与两个碳原子形成两个 sp^2—sp^2 σ 键外，余下的两对未共用电子对，其中一对占据在另一个 sp^2 杂化轨道，另一对则占据在 p 轨道中。其所在的 p 轨道与环上碳原子的 p 轨道相互平行，相互重叠，并垂直于环平面，发生共轭效应，形成一个闭合的共轭体系。这个共轭体系是由五个原子上的六个 p 电子组成的，属于多电子的杂环，整个环上的 π 电子云密度比苯环大，它的 p 电子数与苯环上的 p 电子数相同，如图9-1所示。从结构可知，呋喃具有芳香性。

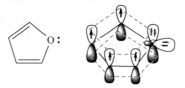

图 9-1　呋喃的结构

噻吩的结构与呋喃相似，吡咯分子中的氮原子以三个 sp^2 杂化轨道分别与碳及氢形成三个 σ 键。余下的一对未共用电子处在 p 轨道中与碳原子的四个 p 轨道相互平行，形成由六个 π 电子组成的封闭的共轭体系，因此噻吩和吡咯也都具有芳香性，如图9-2、图9-3所示。

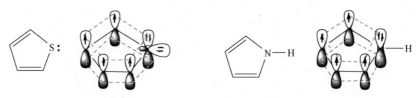

图 9-2　噻吩的结构　　　　　　图 9-3　吡咯的结构

9.2.2　呋喃、噻吩、吡咯的性质

呋喃、噻吩、吡咯都为无色液体，沸点分别为 32℃、84℃ 和 131℃，呋喃和吡咯都难溶于水，易溶于乙醇、乙醚等有机溶剂，吡咯在空气中放置时很易氧化而变黑。

呋喃、噻吩、吡咯都具有芳香性。但由于杂原子的电负性都大于碳，使环上的 π 电子云密度分布不像苯那样均匀，因此它们的芳香性不及苯典型，有时有共轭二烯烃的性质。又由于氧、氮的电负性不同，使杂环系中电子云密度分布不尽相同，从而芳香性也各异。

杂环化合物的芳香性是相对苯而言，从化学性质的角度来说，是指环状共轭体系对亲电取代反应、加成反应的难易程度以及对氧化剂的敏感性。

1. 取代反应

呋喃、噻吩、吡咯都比苯容易发生亲电取代反应，一般发生在 α 位上，它们亲电取代的活泼顺序是吡咯＞呋喃＞噻吩＞苯。

（1）卤代反应

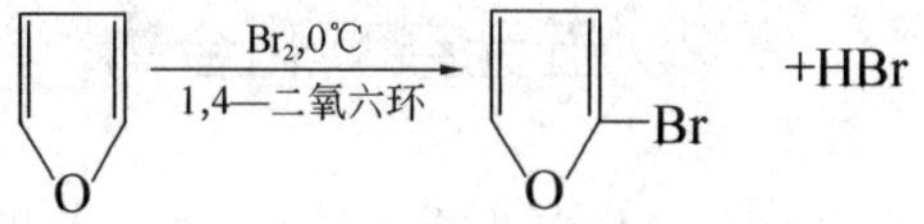

α—溴代呋喃

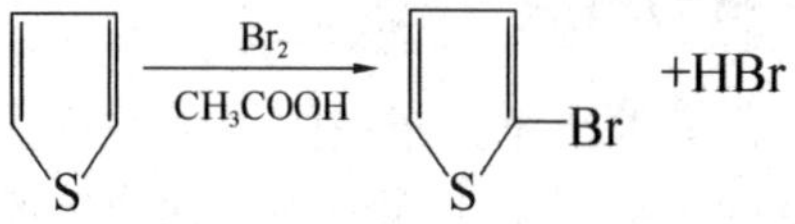

α—溴代噻吩

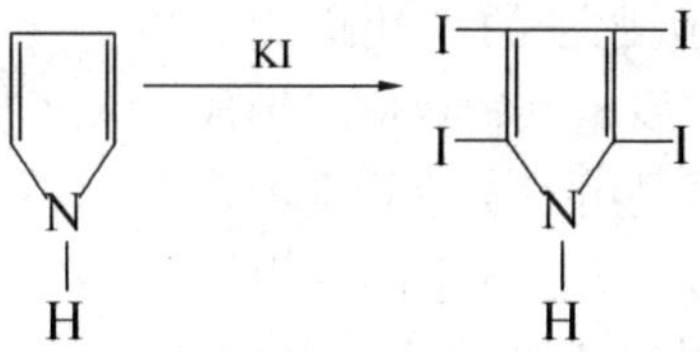

2,3,4,5—四碘代吡咯

（2）磺化和硝化反应

在强酸作用下，呋喃吡咯很容易开环而形成聚合物，因此不能用浓硫酸及混酸进行磺化及硝化，常常采用比较缓和的硝酸乙酰酯和三氧化硫吡啶溶液，分别作硝化及磺化试剂。

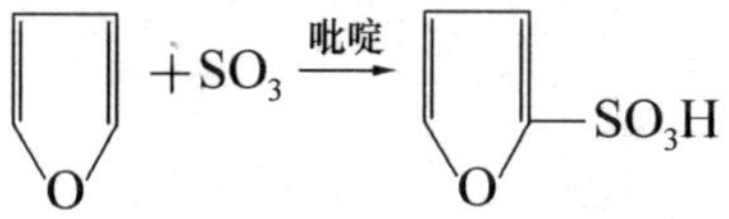

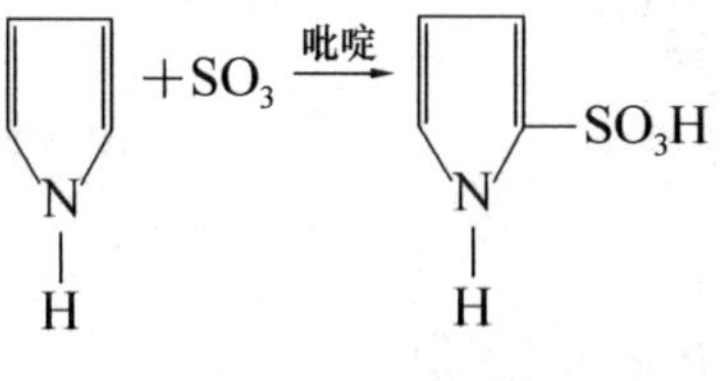

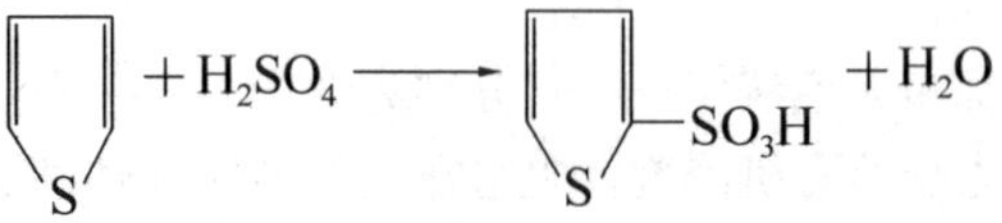

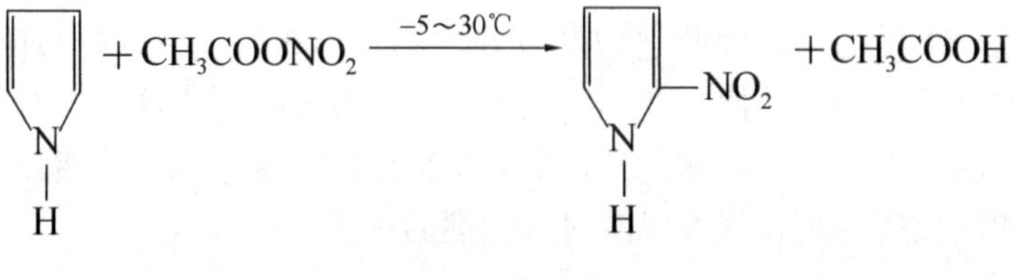

噻吩比苯容易磺化，生成的 α—磺酸噻吩可溶于硫酸中，借此方法可将粗苯中的噻吩除去，由煤焦油中得到的苯常常含有微量的噻吩，它们的沸点相近，不易分离。

2. 加成反应

呋喃、噻吩、吡咯除具有芳香性外，还具有一定程度的共轭二烯烃的性质，如发生加成反应，双烯合成反应。

（1）催化加氢

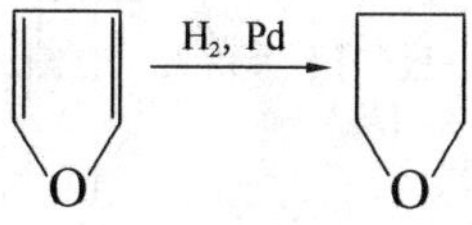

四氢呋喃

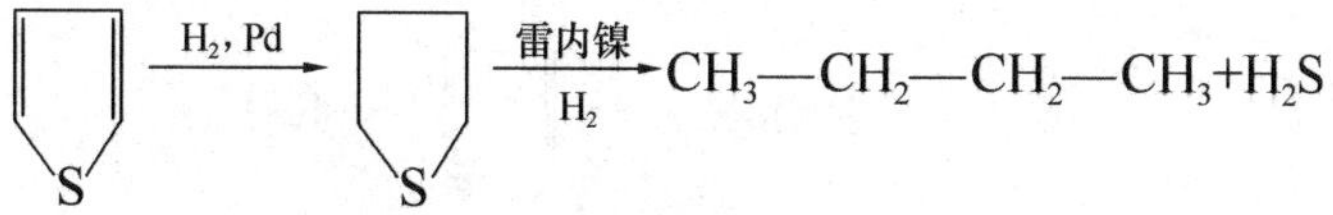

$\xrightarrow{\text{雷内镍}}$ CH₃—CH₂—CH₂—CH₃+H₂S

四氢噻吩

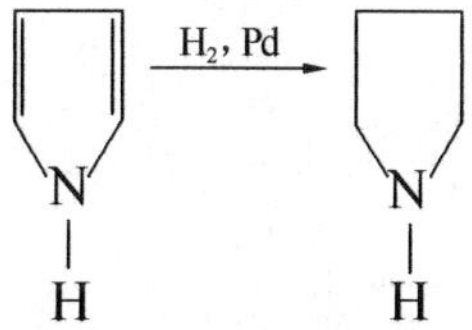

四氢吡咯

噻吩没有硫醚的性质，不能被氧化成亚砜及砜，但四氢噻吩具有硫醚的性质，可被氧化成亚砜及砜，噻吩与靛红在酸存在下加热可成蓝色，苯无此颜色反应，借此可用来检验粗苯中是否含有噻吩。

四氢吡咯与吡咯不同，不是闭合共轭体系。所以它是一种较强的碱。

吡咯的衍生物广布于自然界，如血红素、叶绿素、维生素 B₁₂都是含有吡咯环的化合物。它的蒸气或醇溶液与浸渍过盐酸的松木作用显红色，可用此法来检验吡咯及其衍生物。

四氢呋喃为无色液体，沸点 65℃，是一个环醚，为一优良溶剂。它与 HCl 作用，可生成 1，4—二氯丁烷，由它可制己二腈、己二胺或己二酸等，这些物质在有机合成方面都是重要的化工原料。

（2）双烯合成

呋喃可与亲双烯体作用发生双烯合成，说明它具有共轭二烯烃的性质。

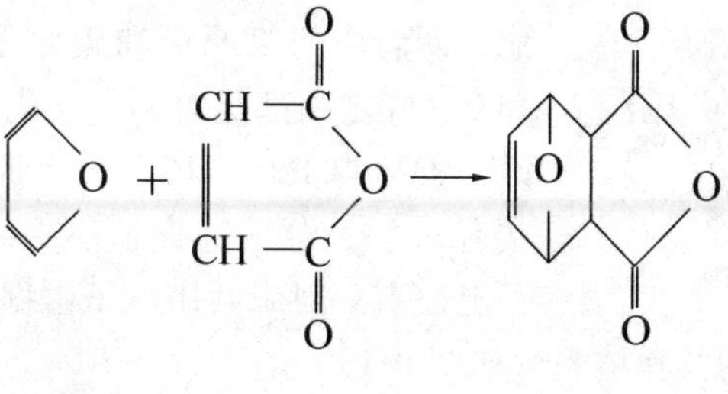

3. 吡咯的酸碱性

吡咯可看作是仲胺，具有碱性，它氮原子上的未共用电子对参与了环的共轭体系，使氮原子上的电子云密度降低。因而减弱了吸引 H^+ 的能力，碱性比苯胺还弱，不能与酸生成稳定的盐。

吡咯又具有酸性，亚氨基的氢原子能被钾或烷基所取代，当吡咯与固体氢氧化钾共热时，再生成吡咯钾，吡咯钾加过量的水，可水解为吡咯。吡咯还可与格氏试剂作用。

$$\begin{array}{c}\text{(吡咯)} \\ | \\ \text{N} \\ | \\ \text{H}\end{array} + \underset{\text{(固)}}{\text{KOH}} \xrightarrow{\text{加热}} \begin{array}{c} | \\ \text{N} \\ | \\ \text{K}\end{array} + \text{H}_2\text{O}$$

$$\begin{array}{c} | \\ \text{N} \\ | \\ \text{H}\end{array} + \text{RMgX} \longrightarrow \begin{array}{c} | \\ \text{N} \\ | \\ \text{MgX}\end{array} + \text{RH}$$

利用上述反应，可合成吡咯的衍生物。

$$\begin{array}{c} | \\ \text{N} \\ | \\ \text{MgX}\end{array} + \text{CH}_3\text{I} \longrightarrow \begin{array}{c} | \\ \text{N} \\ | \\ \text{CH}_3\end{array} + \text{Mg}\overset{\text{I}}{\underset{\text{X}}{<}}$$

9.3　六元杂环化合物

六元杂环化合物中比较重要和常见的是吡啶，本节主要讨论吡啶。

吡啶存在于煤焦油及页岩油中，和它一起存在的还有甲基吡啶。工业上的吡啶大多是从煤焦油中提取，将煤焦油分馏出的轻油部分用硫酸处理，则吡啶生成硫酸盐而溶解，再用碱中和，吡啶便游离出来，然后蒸馏精制。

9.3.1　吡啶的结构

吡啶的结构与苯相似，可看作是苯环中的一个（—CH—）被一个（—N—）置换而成。两者中的氮原子和碳原子都是以 sp^2 杂化，C—C和C—N之间都是以 sp^2 杂化轨道相互重叠形成六个 σ 键，键角为 $120°$。环上每个原子各以一个 p 电子形成共有六个 p 电子垂直于环平面的闭合共轭体系。氮原子上还有一对未共用电子占据一个 sp^2 杂化轨道，它与

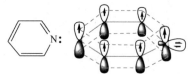

图 9-4　吡啶的结构

环共平面，不能参与环的共轭体系，如图 9-4 所示。

吡啶的结构与苯相似，所以它具有芳香性。

9.3.2　吡啶的性质

吡啶是具有特殊臭味的无色液体，熔点$-40℃$，沸点 $115.5°$，相对密度 0.978，溶于水及乙醇、乙醚、苯等有机溶剂，是许多有机化合物的优良溶剂。

吡啶分子中氮原子上的一对未共用电子没有参加到环的共轭体系中去，因此对吡啶环不发生给电子共轭效应；又由于氮的电负性大于碳，表现出吸电子诱导效应，使环上的电子云密度转向氮而降低。降低得最多的是 α 位及 γ 位，所以反应一般发生在 β 位上，因此吡啶比苯难于发生亲电取代反应，其性质与硝基苯相似。

1. 取代反应

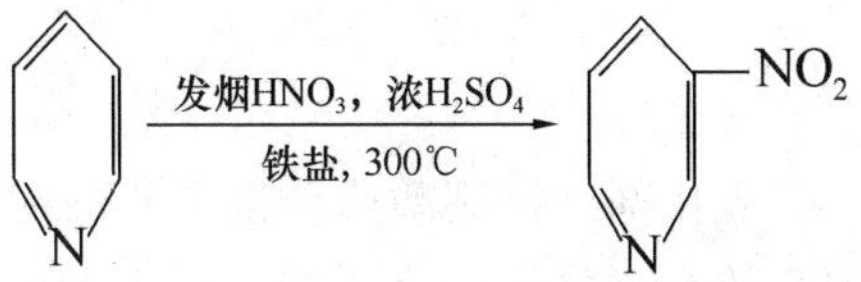

$\beta-$ 硝基吡啶

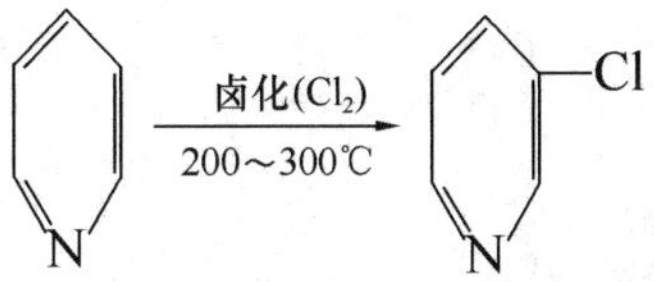

$\beta-$ 氯吡啶

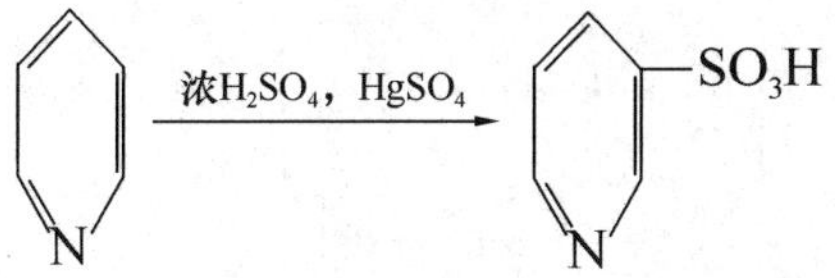

$\beta-$ 吡啶磺酸

吡啶不能发生烷基化反应，环上电子云密度的降低，在一定条件下又有利于亲核试剂（—$\ddot{N}H_2$、OH^- ）的进攻。发生亲核取代反应，取代基进入电子云密度较低的 α 位。

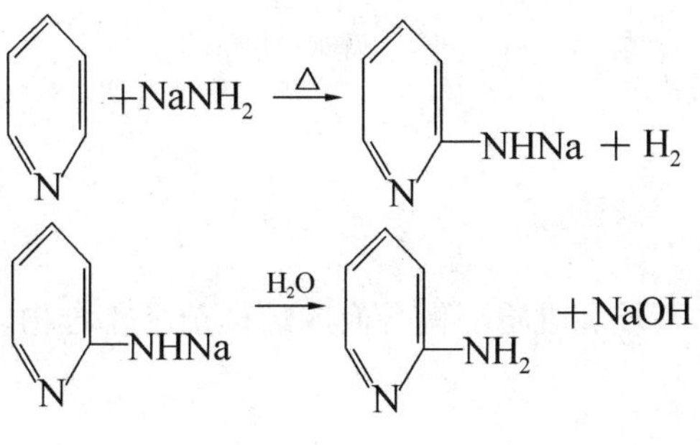

2. 弱碱性

吡啶的氮原子上有一对未共用电子，能与质子结合，具有弱碱性。能与强酸生成盐，也可与卤烷作用，生成季铵盐。

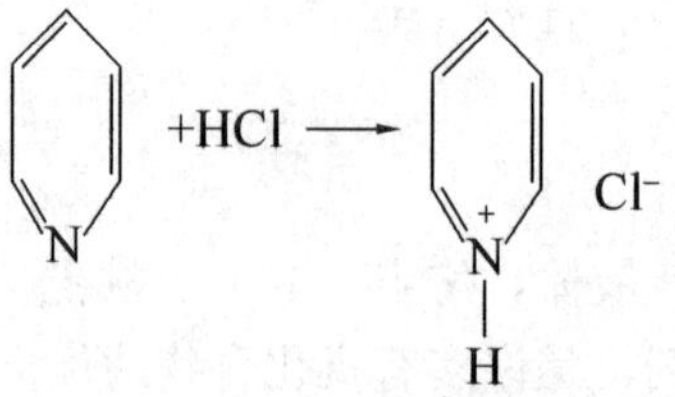

吡啶盐酸盐

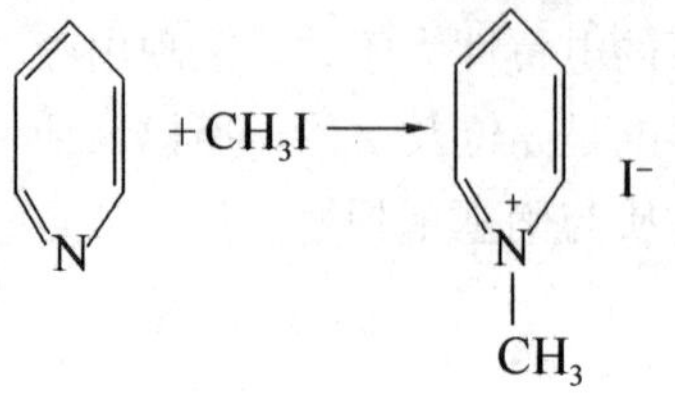

季铵盐

3. 氧化与还原反应

吡啶比苯难于氧化，在强氧化剂（浓硝酸或酸性重铬酸钾溶剂）加热条件下也不被氧化。但在同样条件下与环相连的支链可被氧化。如：

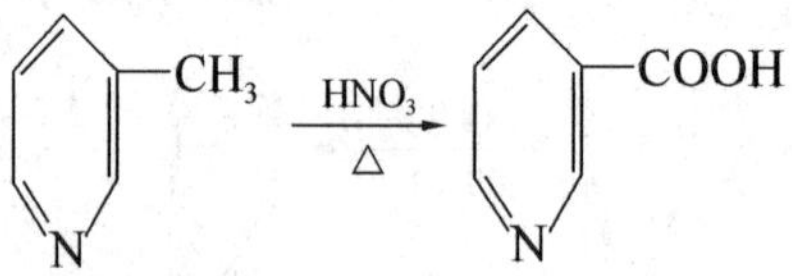

吡啶比苯容易加氢，还原后生成六氢吡啶。

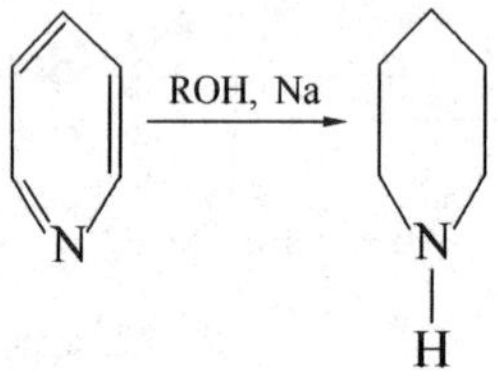

六氢吡啶

六氢吡啶是一种具有特殊臭味的液体。

9.4 稠杂环化合物

稠杂环化合物很多，本节只讨论吲哚、喹啉和嘌呤。

9.4.1 吲哚

吲哚 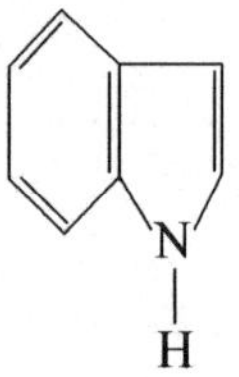 是由苯环和吡咯环稠合而成的稠杂环化合物。它存在于煤焦油中，城市生活污水及皮革工业废水中也存在吲哚。在自然界中某些植物、动物蛋白质组分中都存在吲哚环的化合物。

吲哚为无色片状晶体，熔点 52.5℃，具有粪便臭味（粪便臭气的主要成分是吲哚及

β—甲基吲哚），纯的浓度极稀的吲哚具有茉莉花香味。

吲哚的化学性质与吡咯相似，具有弱碱性，也可发生亲电取代反应。当它们进行卤化、硝化和磺化时大都生成 β—位的取代产物。

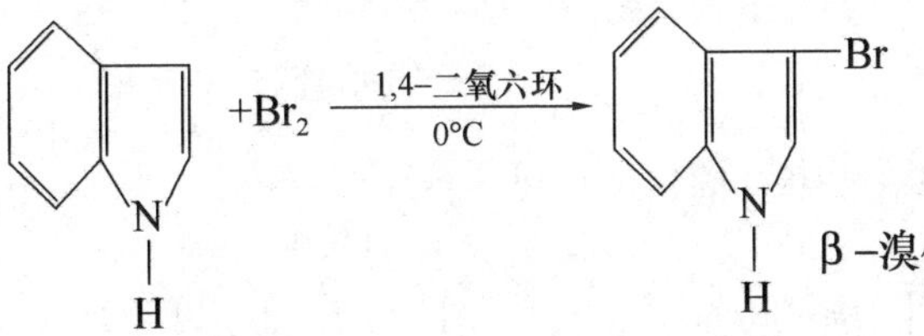

β-溴代吲哚

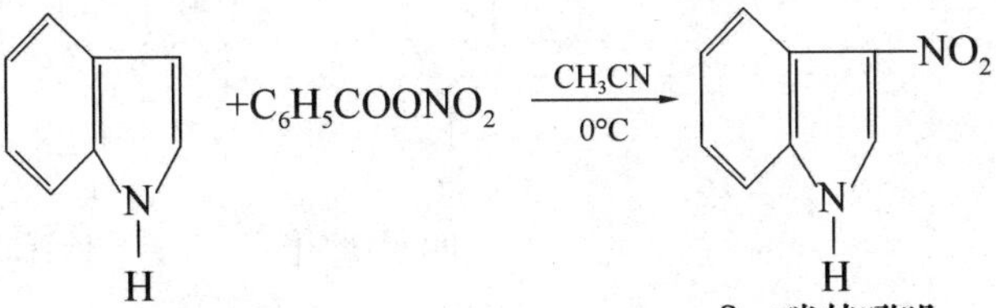

β-硝基吲哚

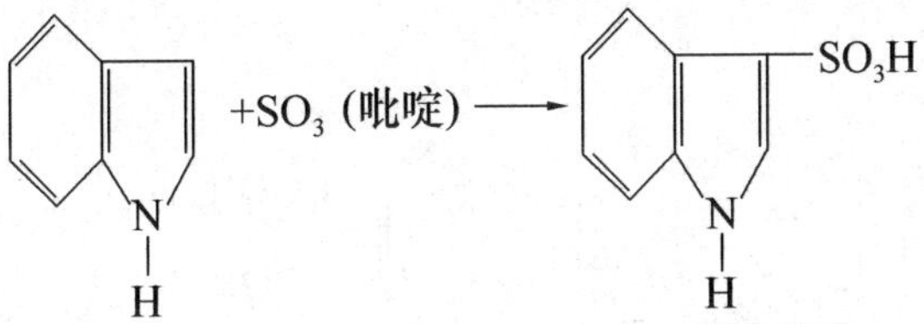

β-吲哚磺酸

9.4.2　喹啉

喹啉 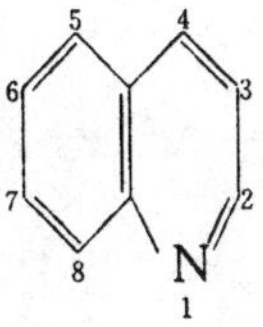 存在于煤焦油、页岩油和骨油中，是具有特殊气味的无色液体，在

空气中放置逐渐变成黄色，沸点 238℃，相对密度 1.095，难溶于水，易溶于有机溶剂。

喹啉是由一个苯环和一个吡啶稠合而成的稠杂环，所以它的性质具有两者的特点。如亲电取代发生在苯环上，而亲核取代发生在吡啶环上。

亲电取代

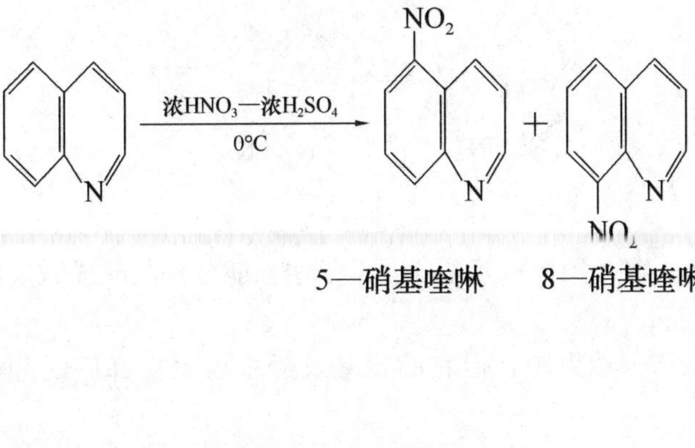

5—硝基喹啉　　8—硝基喹啉

亲核取代

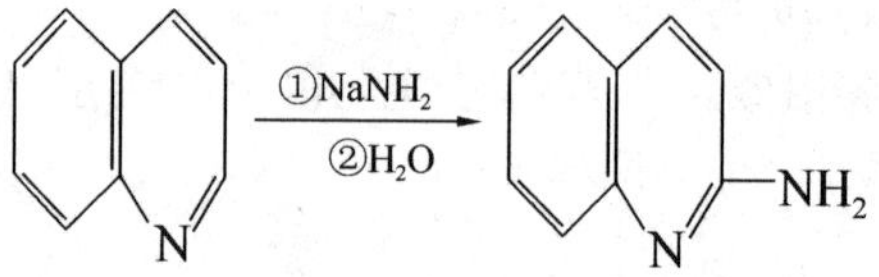

2—氨基喹啉

喹啉可被还原生成四氢喹啉,催化加氢可生成十氢喹啉。

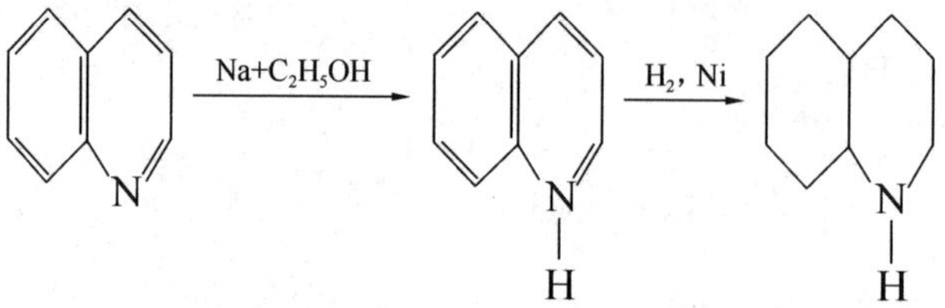

四氢喹啉　　**十氢喹啉**

喹啉中的吡啶环稳定,如用高锰酸钾氧化喹啉时,则苯环发生破裂,生成吡啶—2,3—二甲酸。

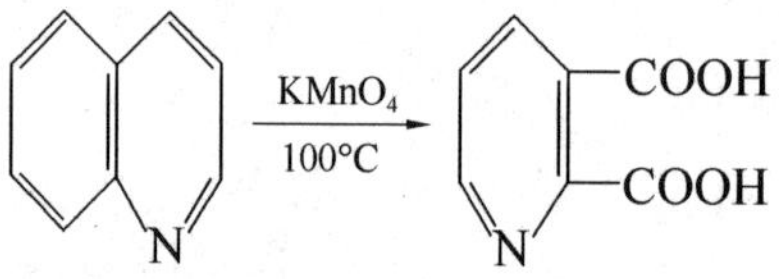

吡啶—2,3—二甲酸

喹啉是一个叔胺,具有弱碱性,能与无机酸生成易溶于水的盐。与卤烷生成季铵盐,一些抗疟药,如奎宁、氯喹、抗癌药喜树碱都是喹啉的衍生物。

9.4.3 嘌呤

嘌呤是咪啶和咪唑并联的稠环体系,它有两种互变异构体。

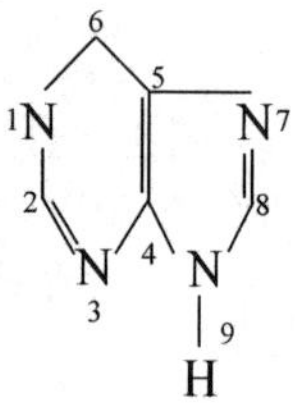

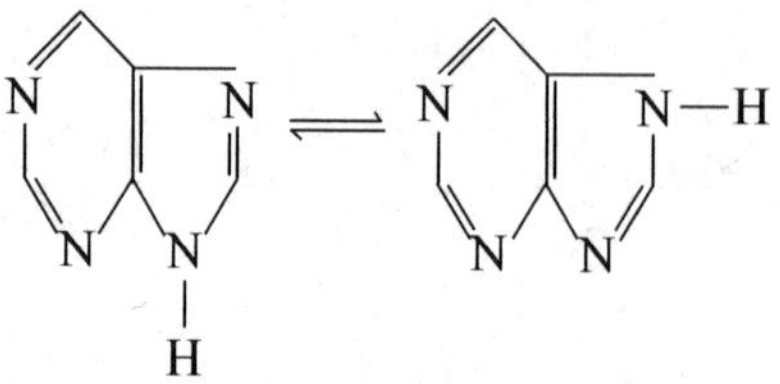

嘌呤是无色结晶,熔点216~217℃,易溶于水。能分别与酸或碱形成盐,但嘌呤的水溶液对石蕊呈中性。

嘌呤本身不存在于天然界中,但它的氨基及羟基衍生物都广泛分布于动植物体内。

如尿酸是2，6，8—三羟基嘌呤，它是鸟粪和爬虫粪动物体中蛋白质代谢的最终产物。正常人的尿中只含少量尿酸。尿酸常有如下两种互变异构体存在。

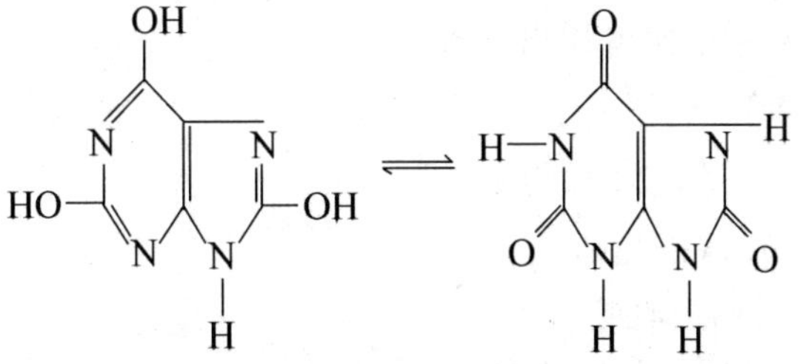

尿酸(烯醇式)　　酮式

在许多含氮杂环中，与氮原子相邻的碳上连有羟基、氨基或巯基时，常有如上的互变异构现象。

嘌呤的其他衍生物，如腺嘌呤与鸟嘌呤。

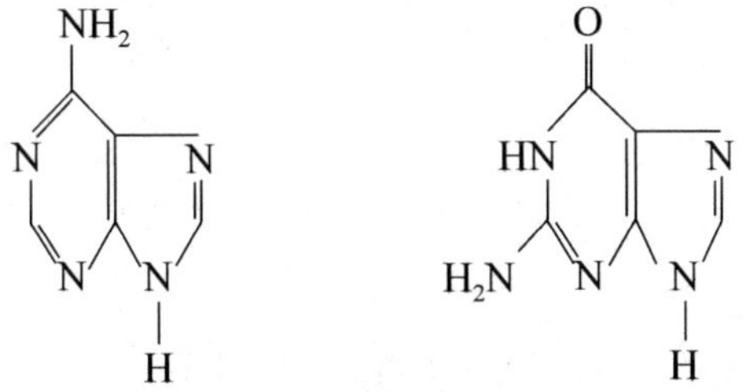

腺嘌呤　　鸟嘌呤

它们是核酸的组成部分之一。

习　　题

1. 命名下列化合物。

(1) 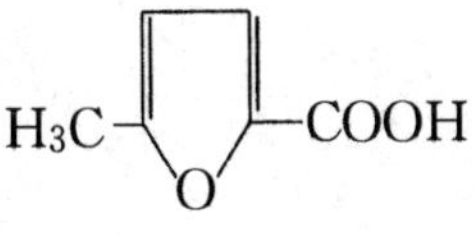　(2) 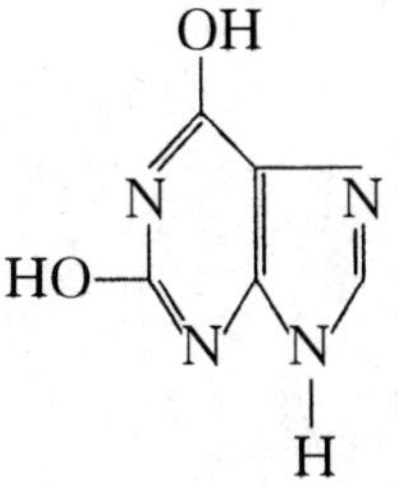　(3) 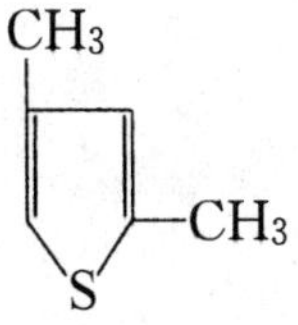

(4) 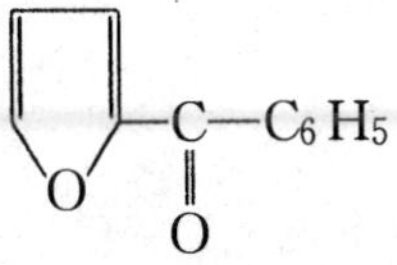　(5) 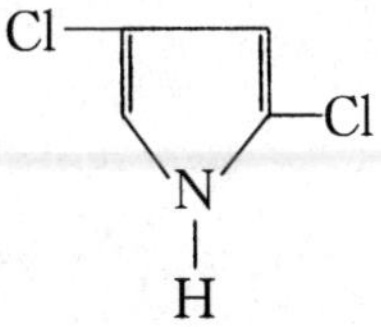　(6) 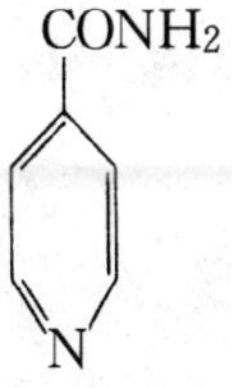

2. 写出下列化合物的结构式。

(1) 2，5—二溴呋喃　　(2) 4—甲基六氢吡啶　　　(3) N—苯基吡咯

(4) 2，4—二硝基噻吩　　(5) 8—羟基喹啉

3. 完成下列反应式。

(1) β—甲基吡啶 $\longrightarrow$ β—吡啶甲酰胺

(2) 吡啶＋2—碘丙烷→

(3) β—甲基吡啶 $\xrightarrow{\text{KMnO}_4}$? $\xrightarrow{\text{SOCl}_2}$? $\xrightarrow{\text{NH}_3}$?

4. 比较下列化合物的碱性强弱。

甲胺、苯胺、氨、吡咯、吡啶

5. 甲苯中混有少量吡啶，如何分离去除？

6. 怎样检验粗苯中有无噻吩存在？如何除去少量噻吩？

7. 用化学方法区别下列各化合物。

(1) 吡咯与吡啶　　　　(2) 呋喃、吡咯与噻吩

8. 比较呋喃、吡咯、噻吩的芳香性，并说明之。

第 10 章 碳 水 化 合 物

碳水化合物又叫作糖，是自然界中分布最广的有机化合物。例如，人们熟悉的葡萄糖、果糖、麦芽糖、蔗糖以及淀粉、纤维素等都是碳水化合物。碳水化合物分子中含有碳、氢、氧三种元素，大多数碳水化合物的分子组成可以用通式 $C_m(H_2O)_n$ 来表示，即分子中 H 和 O 之比为 $2:1$，例如葡萄糖和果糖的分子式为 $C_6H_{12}O_6$ 即 $C_6(H_2O)_6$；蔗糖的分子式为 $C_{12}H_{22}O_{11}$ 即 $C_{12}(H_2O)_{11}$；淀粉和纤维素可以写成 $(C_6H_{10}O_5)_n$。从形式看，它们好像是由碳和水组成的，因此，习惯地称为碳水化合物。需要指出的是，这个名称的含义是不确切的，因为 H 和 O 在上述化合物的分子中并不是以水的形式存在。而且有些化合物如鼠李糖的分子式为 $C_6H_{12}O_5$，无论从结构或性质来看它都应该属于碳水化合物，但它的分子中 H 和 O 之比却不为 $2:1$；有的化合物如乙酸和乳酸的分子式分别为 $C_2H_4O_2$ 和 $C_3H_6O_3$，虽然分子中 H 和 O 之比为 $2:1$，但其结构和性质与碳水化合物毫无共同点。由于"碳水化合物"这一名称沿用已久，至今仍然普遍采用。从化学结构来看，碳水化合物应该是多羟基醛或多羟基酮以及它们的缩合物的总称。

碳水化合物是构成植物支撑组织的基础，是人类和动物的主要食物，也是纺织、造纸、食品加工、发酵以及建材等工业部门不可缺少的原料。

根据碳水化合物能否进行水解以及水解的最终产物可将其分为以下三类：

单糖　单糖是不能水解的多羟基醛或多羟基酮。如葡萄糖、果糖、核糖等。单糖是构成碳水化合物的基本单位。

二糖　二糖是由两分子单糖缩合而成的糖类，所以它水解后能产生两分子单糖。如蔗糖、麦芽糖、纤维二糖、乳糖等。

多糖　多糖经水解后能生成多分子单糖，如淀粉、纤维素等。

单糖和二糖一般为无色结晶，易溶于水，具有甜味。多糖为非晶形物质，大多不溶于水，有的多糖能与水形成胶体溶液。

10.1 单　　糖

单糖一般是指含有 $3\sim6$ 个碳原子的多羟基醛或多羟基酮。极少含 7 个碳原子以上的单糖存在。

根据分子所含的是醛基或酮基，可将单糖分为醛糖和酮糖两类。按分子中所含碳原子数目，单糖可分为丙糖、丁糖、戊糖和己糖等。自然界中常见的单糖主要是戊糖和己糖。戊糖中最重要的是核糖和脱氧核糖；己糖中最重要的是葡萄糖，其次是果糖。现以葡萄糖和果糖为例讨论单糖的同分异构现象、结构和性质。

10.1.1 单糖构型的 D/L 标记法

同分异构现象在有机化合物中极为普遍。前面学过的碳链异构、位置异构、官能团异构等属于构造异构；构象异构和顺反异构属于立体异构。在立体异构中还有一种同分异构现象就是**旋光异构**，又称为**光学异构**或**对映异构**，这是碳水化合物中普遍存在的一种同分异构现象。

由立体化学（见第 13 章）可知，含有一个手征性碳原子的分子有两个对映异构体，其构型可以用 D/L 标记法标记。化合物分子中手性碳原子越多，其对映异构体的数目也相应增多，含有 n 个手性碳原子的分子，最多可以有 2^n 个对映异构体（有内消旋体的除外）。

葡萄糖和果糖都是含有多个手征性碳原子的化合物，D/L 构型标记法规定在单糖分子中，离羰基最远的手征性碳原子的构型与 D—甘油醛的构型相同者为 D—构型，与 L—甘油醛的构型相同者为 L—构型。例如：

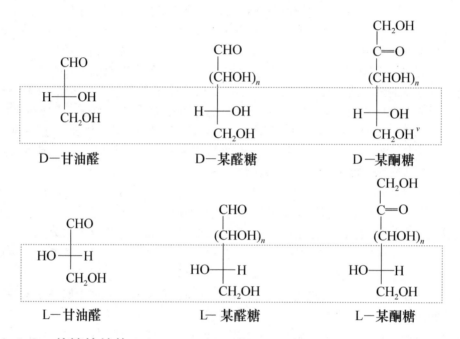

10.1.2 单糖的结构

1. 葡萄糖和果糖的开链式结构

葡萄糖和果糖都是六碳糖，前者分子中含有醛基，是个己醛糖；后者分子中含有酮基，是个己酮糖。它们都可以用以下开链式结构来表示：

根据 D/L 构型标记法规定及它们的旋光性，它们的费尔歇投影式分别为：

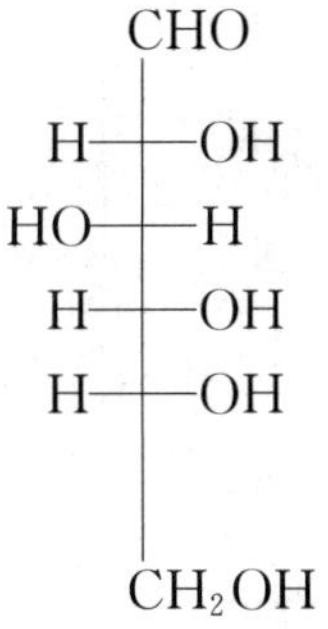

$$
\begin{array}{c}
CHO \\
H \!-\! OH \\
HO \!-\! H \\
H \!-\! OH \\
H \!-\! OH \\
CH_2OH
\end{array}
\qquad\qquad
\begin{array}{c}
CH_2OH \\
C \!=\! O \\
HO \!-\! H \\
H \!-\! OH \\
H \!-\! OH \\
CH_2OH
\end{array}
$$

　　　　　D－（＋）－葡萄糖 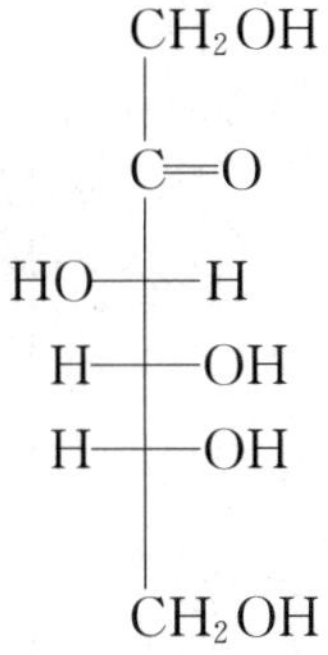　　　　　　　D－（－）－果糖

应该指出的是，D/L 构型和旋光方向之间并无必然的联系，前者是人为规定的，后者是实际测得的。

从以上结构可以看出，葡萄糖是个多羟基醛，果糖是个多羟基酮，两者仅仅是 C_1 和 C_2 的差别。

为了书写方便，在单糖的投影式中，可用短横"—"来表示羟基并将氢原子省略。例如葡萄糖和果糖可分别用以下简式来表示：

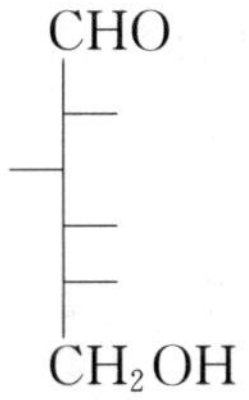

$$
\begin{array}{c}
CHO \\
| \\
| \\
| \\
| \\
CH_2OH
\end{array}
\qquad\qquad
\begin{array}{c}
CH_2OH \\
C \!=\! O \\
| \\
| \\
| \\
CH_2OH
\end{array}
$$

　　　　　葡萄糖 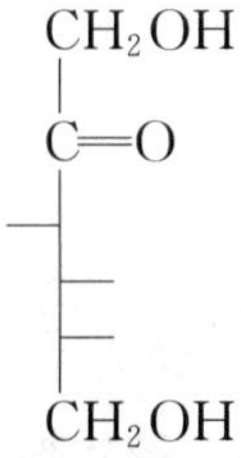　　　　　　　　　果糖

自然界中的单糖多数为 D－型糖。例如天然的葡萄糖和果糖都是 D－构型。

2. 变旋光现象及单糖的环式结构

（1）变旋光现象

实验中发现葡萄糖分子中虽然含有醛基，但不与饱和亚硫酸氢钠发生反应。还发现 D－（＋）－葡萄糖有两种不同的结晶，一种熔点为 146℃，25℃时在水溶液中的溶解度为 82g/100ml，比旋光度为＋112°；另一种熔点为 150℃，15℃时在水中的溶解度为 154g/100ml，比旋光度为＋19°。若将这两种葡萄糖分别溶于水中，并将水溶液放置一段时间后，它们的比旋光度都发生了变化，前者下降，后者上升，当变至 52.5°时，两者都不再发生变化。旋光性化合物溶液的旋光度逐渐改变至某一个恒定值的现象叫作变旋光现象。

（2）单糖的环式结构

葡萄糖溶液的变旋光现象以及不和亚硫酸氢钠加成的性质用葡萄糖的开链式结构是无法解释的。经过深入的研究，从醛与醇生成半缩醛的反应受到启发，有人认为 D－（＋）－葡萄糖应该是一个环状半缩醛结构。这个环状半缩醛结构是开链式结构中 C_5 上的羟基对羰基加成的结果。由于羰基是平面结构，故 C_5 上的羟基可以分别从平面的两方与羰基加成，从而形成两种不同的环状半缩醛。

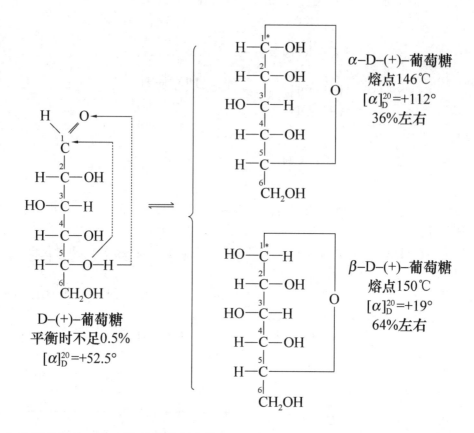

上述葡萄糖的环状半缩醛结构叫作**氧环式结构**。氧环式结构中，连接半缩醛碳原子 C^* 和 C_5 的氧原子叫作**氧桥**。当葡萄糖由开链式结构转变成氧环式结构时，C_1 由 sp^2 杂化状态转变成 sp^3 杂化状态，同时形成一个新的手征性碳原子（见第 13 章）。对于这个新的手征性碳原子有 α、β 两种构型。这两种构型分别叫作 $\alpha-D-(+)-$ 葡萄糖和 $\beta-D-(+)-$ 葡萄糖，两者的区别只是 C_1^* 的构型不同，其他碳原子的构型是完全相同的。这个新的手征性碳原子（对葡萄糖来说就是 C_1^* 半缩醛碳原子）叫作苷原子或甙原子，苷原子所连接的羟基称为苷羟基。如果苷羟基与 C_5 上连接的羟甲基位于碳链的同侧，则苷原子的构型为 $\alpha-$ 型，在碳链的异侧为 $\beta-$ 型。$\alpha-$ 型和 $\beta-$ 型没有对映关系，是非对映体。

由于 $D-(+)-$ 葡萄糖具有氧环式结构，而氧环式结构又有 α、β 两种异构体，这两种异构体可以通过不同的途径分别获得它们的结晶。在固体状态下它们很稳定，有各自的熔点和比旋光度。在溶液中，两种氧环式结构可以通过开链式结构实现相互转化，建立动态平衡。在平衡混合物中，$\alpha-D-(+)-$ 葡萄糖占 36% 左右，$\beta-D-(+)-$ 葡萄糖占 64% 左右，开链式结构很少，不足 0.5%。当一种异构体通过开链式结构转变成另一种异构体时，它们的比旋光度也在伴随着改变，只有在达到平衡时才能恒定。

在 $D-(+)-$ 葡萄糖溶液的平衡混合物中，由于开链式结构的存在，所以具有醛类物质的某些性质。

　　上述葡萄糖的氧环式结构是用费歇尔投影式来表示的，从环的稳定性角度看，这种过长的氧桥显然是不合理的。为了真实、形象地表达碳水化合物的氧环式结构，英国化学家哈沃斯（Hawarth）在费歇尔投影式的基础上提出平面六元环的投影式，将环上碳原子所连接的原子或原子团分别写在环的上方或下方，即将竖直的氧环式中处于右边的基团写在环的下方，处于左边的基团写在环的上方，改写后的环式结构叫作哈沃斯式。哈沃斯式可看作是缩短了氧桥的氧环式。为了缩短氧桥，使 C_5 上的羟基与醛基更接近，由于单键自由旋转而不改变构型，将 C_5 原子上的基团旋转 $120°$，这样，哈沃斯式的苷羟基在环的下方为 α-型，在环的上方为 β-型。现将葡萄糖由开链式改写成哈沃斯式的过程表示如下：

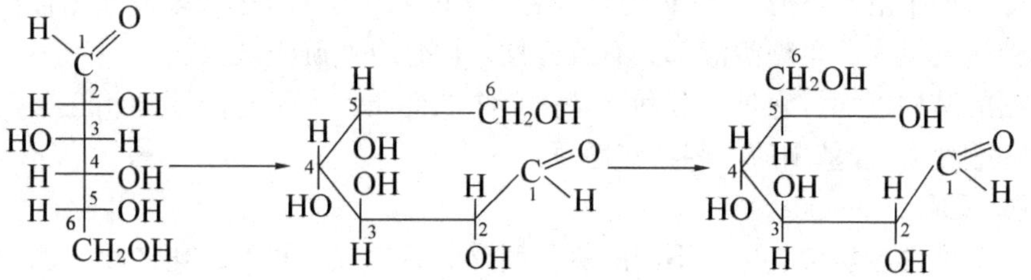

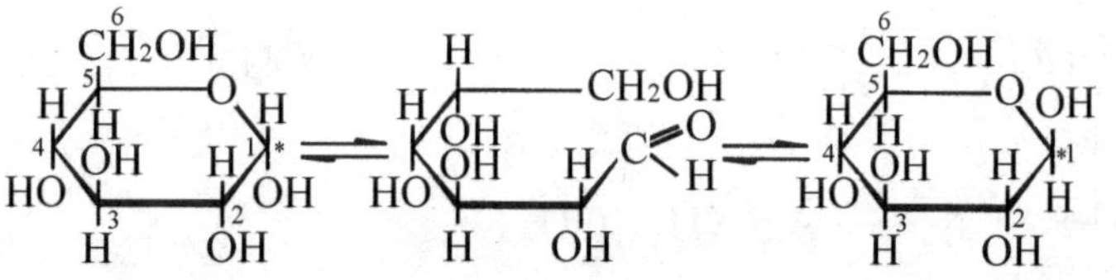

α-D-葡萄糖　　　　D-葡萄糖　　　　β-D-葡萄糖

　　葡萄糖的哈沃斯式是一个包括氧原子在内的六元环，从构象异构的角度来看，葡萄糖也具有和环己烷类似的椅式和船式两种构象，这里不再作讨论。

　　果糖也是以环状结构为主要存在方式。其环状的 α-型和 β-型也可以通过开链式结构的相互转变来建立动态平衡。下面是 D-(-)-果糖的两种氧环式结构，果糖的氧环式是开链式中 C_5 上的羟基对羰基加成形成的半缩醛结构。

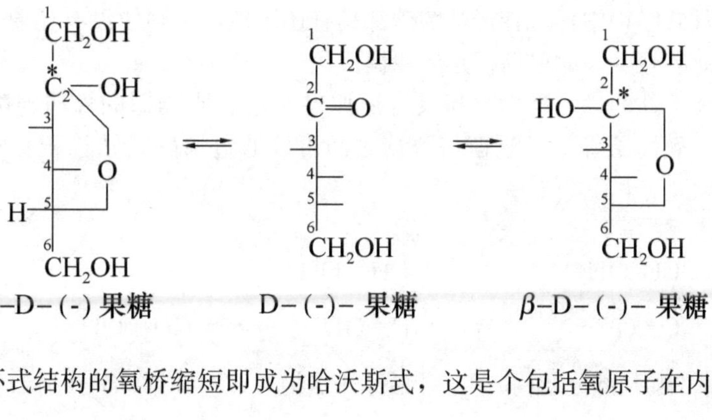

α-D-(-)果糖　　　　D-(-)-果糖　　　　β-D-(-)-果糖

　　将两种氧环式结构的氧桥缩短即成为哈沃斯式，这是个包括氧原子在内的五元环：

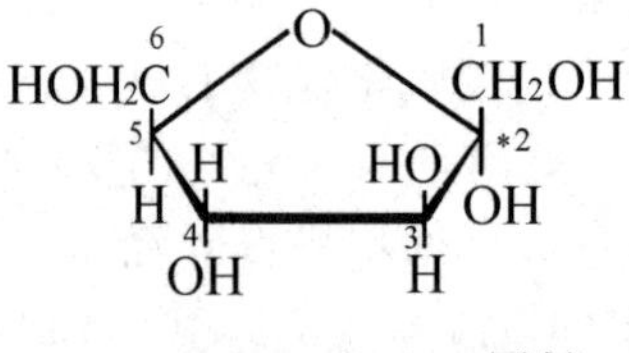

α－D－(－)－果糖 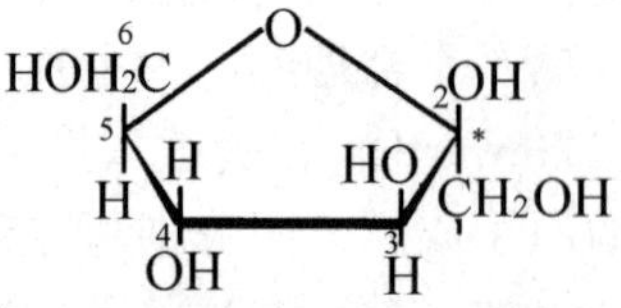   β－D－(－)－果糖

10.1.3 单糖的性质

单糖都是结晶固体，具有多羟基化合物的性质，易溶于水，尤其是在热水中溶解度极大。将单糖的水溶液浓缩，可得到黏稠的糖浆，故不容易从水溶液中直接得到结晶。单糖也溶于乙醇，但不溶于乙醚、苯等非极性溶剂。单糖都具有甜味（多羟基化合物的特性），尤其是果糖甜度更大。单糖溶液都具有旋光性，而且有变旋光现象。

由单糖的结构可知，它具有醇和羰基化合物的性质。由于官能团的相互影响，又表现出 α—羟基醛和 α—羟基酮的一些特殊性质。

1. 氧化反应

所有的单糖都容易被氧化，不同的氧化剂反应后生成不同的氧化产物。例如醛糖和酮糖与托伦试剂作用都能生成银镜，与斐林试剂作用都有红色氧化亚铜沉淀生成：

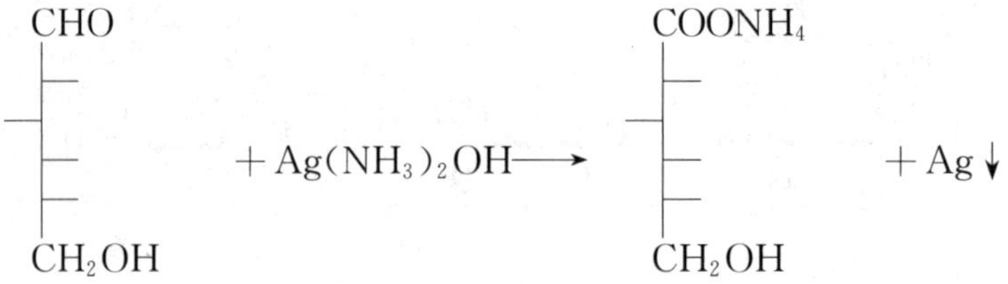

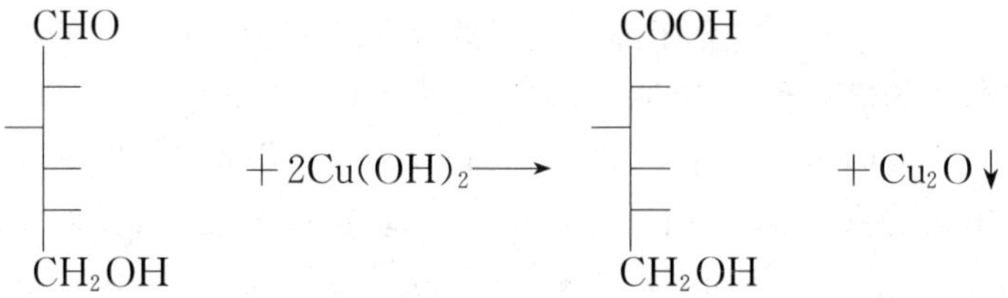

凡是能被上述弱氧化剂氧化的碳水化合物都是还原糖，不能被上述氧化剂氧化的都是非还原糖。在环式结构中含有苷羟基的糖都具有还原性，否则便没有还原性。在单糖的环式结构中都含有苷羟基，故单糖都是还原糖。

酮是没有还原性的，但是酮糖却具有还原性，这表明酮糖的性质与酮的性质不尽相同。这是因为在碱性条件下，酮糖与醛糖之间可以通过烯醇式结构相互转化，发生互变异构。

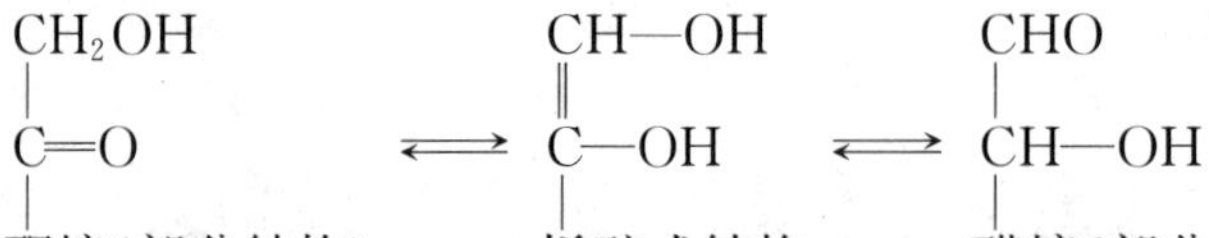

酮糖(部分结构)   烯醇式结构   醛糖(部分结构)

230

由于互变异构，酮基不断地转变成醛基。因此，酮糖也能被托伦试剂和斐林试剂所氧化。例如，D－(-)－果糖在碱性溶液中能部分转变成D－(＋)－甘露糖和D－(＋)－葡萄糖。

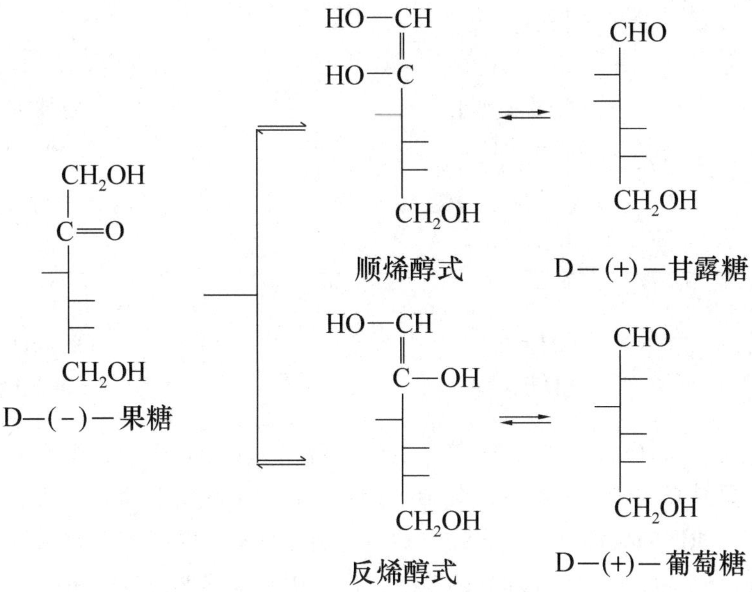

利用糖的还原性，可以在玻璃制品上镀银，也可以检查糖尿病患者尿液中的含糖量。醛糖能被溴水氧化成糖酸，也可以被强氧化剂硝酸等氧化成糖二酸。例如：

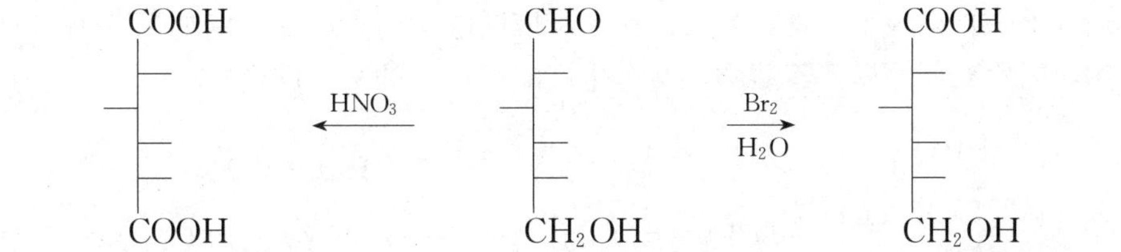

D－(＋)－葡萄糖二酸　　D－(＋)－葡萄糖　　D－(＋)－葡萄糖酸

果糖不被溴水氧化。若用强氧化剂氧化，则碳链发生断裂。利用溴水可鉴别醛糖和酮糖。果糖与间苯二酚的盐酸溶液经水浴加热后显红色，这是果糖的特殊反应即酮糖反应，是鉴别酮糖的方法之一。

* 葡萄糖酸的钠盐可用作循环冷却水和低压锅炉水系统的水处理剂。它是一种羟基羧酸型缓蚀剂。

* 葡萄糖酸钠及葡萄糖二酸钙可作混凝土缓凝剂，能延长混凝土的凝结时间，使混凝土耐久性增加，含气量降低，减少混凝土收缩。

2. 脎的生成

单糖能与苯肼作用生成苯腙。当苯肼过量时，苯腙继续反应生成难溶于水的黄色结晶，这种结晶叫作脎。

$$\begin{array}{ccc}\text{CHO} & \text{HC}=\text{N}-\text{NHC}_6\text{H}_5 & \text{HC}=\text{N}-\text{NHC}_6\text{H}_5 \\ | & | & | \\ | & | & \text{C}=\text{N}-\text{NHC}_6\text{H}_5 \\ | & | & | \\ \text{CH}_2\text{OH} & \text{CH}_2\text{OH} & \text{CH}_2\text{OH}\end{array}$$

葡萄糖 $\xrightarrow[-\text{H}_2\text{O}]{\text{C}_6\text{H}_5-\text{NHNH}_2}$ 葡萄糖苯腙 $\xrightarrow[-\text{C}_6\text{H}_5\text{NH}_2,\ -\text{NH}_3,\ -\text{H}_2\text{O}]{2\text{C}_6\text{H}_5-\text{NHNH}_2}$ 葡萄糖脎(黄色)

$$\begin{array}{ccc}\text{CH}_2\text{OH} & \text{CH}_2\text{OH} & \text{HC}=\text{N}-\text{NHC}_6\text{H}_5 \\ | & | & | \\ \text{C}=\text{O} & \text{C}=\text{N}-\text{NHC}_6\text{H}_5 & \text{C}=\text{N}-\text{NHC}_6\text{H}_5 \\ | & | & | \\ \text{CH}_2\text{OH} & \text{CH}_2\text{OH} & \text{CH}_2\text{OH}\end{array}$$

果糖 $\xrightarrow[-\text{H}_2\text{O}]{\text{C}_6\text{H}_5-\text{NHNH}_2}$ 果糖苯腙 $\xrightarrow[-\text{C}_6\text{H}_5\text{NH}_2,\ -\text{NH}_3,\ -\text{H}_2\text{O}]{2\text{C}_6\text{H}_5-\text{NHNH}_2}$ 果糖脎(黄色)

从以上反应可以看出，成脎反应是发生在 C_1 和 C_2 上的，其余碳原子不参与反应。而葡萄糖和果糖只是 C_1 和 C_2 的差别，其余结构完全相同，故葡萄糖和果糖生成的脎是相同的。凡是具有还原性的糖都可以生成脎。不同的糖脎具有不同的熔点和晶形，析出糖脎的时间也不相同。此性质可用于还原糖的鉴别，也可用于某些糖的分离和提纯。

无论是醛糖或酮糖，只要它们能生成相同的脎，就说明它们的区别仅仅在 C_1 和 C_2 上，其余碳原子的构型是相同的，如甘露糖。

3. 酯化反应

单糖分子中含有羟基，具有醇的性质，可以同酸作用生成酯。例如葡萄糖与醋酸或醋酸酐作用，能生成葡萄糖五乙酸酯，这是生产醋酸纤维的基本反应。

葡萄糖 $+5\text{CH}_3-\text{COOH} \xrightarrow{-5\text{H}_2\text{O}}$ 葡萄糖五乙酸酯

单糖和无机酸也能生成无机酸糖酯。例如戊醛糖中的核糖和2—脱氧核糖，它们的磷酸酯是核糖核酸及脱氧核糖核酸的重要组成部分。

4. 葡萄糖的分解

葡萄糖在微生物或酶的作用下可以分解。分解产物因外界条件不同而异。分解过程大致分为两种类型。如果分解时有外界的氧参与则称为有氧分解，此时葡萄糖被完全分解成二氧化碳和水。

$$\text{C}_6\text{H}_{12}\text{O}_6+6\text{O}_2 \longrightarrow 6\text{CO}_2+6\text{H}_2\text{O}$$

另一种是分解过程中外界氧不直接参与反应，这种分解方式称为无氧分解。例如：

$$C_6H_{12}O_6 \xrightarrow{\text{乙醇发酵}} 2CH_3CH_2OH + 2CO_2$$

$$C_6H_{12}O_6 \xrightarrow{\text{乳酸发酵}} 2CH_3CH(OH)COOH$$

$$C_6H_{12}O_6 \xrightarrow{\text{丁酸发酵}} CH_3CH_2CH_2COOH + 2CO_2 + 2H_2$$

$$C_6H_{12}O_6 \xrightarrow{\text{柠檬酸发酵}} HOOC—CH_2—\overset{\displaystyle OH}{\underset{\displaystyle COOH}{C}}—CH_2—COOH$$

柠檬酸

葡萄糖分解时都有热量放出，若在动物体内，放出的热量用于保持正常体温，供给肌肉维持活动等。例如人们在剧烈运动之后往往感觉肌肉酸痛，这便是葡萄糖分解产生乳酸的缘故。

5. 苷的生成

在单糖的环式结构中，苷羟基上的氢原子被其他有机基团取代后生成的化合物叫作苷或糖苷。例如在干燥的氯化氢的催化下，D－(＋)－葡萄糖与无水甲醇作用，脱去一分子水而生成的化合物叫作 D－(＋)－甲基葡萄糖苷。

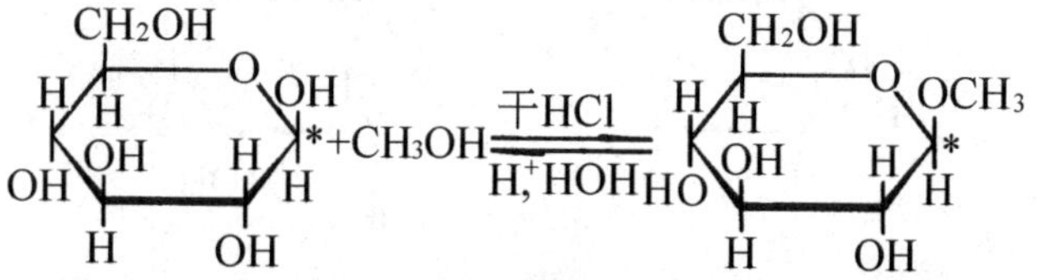

β–D–(＋)–葡萄糖　　　　β–D–(＋)–甲基葡萄糖苷

糖苷的分子由两部分组成：糖和非糖。非糖部分常称为苷元。例如上式中的甲基。糖和苷元相结合的键叫作苷键。由于苷原子有 α－ 和 β－ 两种构型，成苷反应也能形成相应的 α－苷键和 β－苷键，由它们相连接形成的苷是非对映体。

在糖苷分子中，已不存在苷羟基，这种环状结构在水溶液中，α－型和 β－型不能通过开链式结构实现相互转变，所以，糖苷的性质与单糖的性质完全不同。例如，它不能使托伦试剂和斐林试剂还原，不与苯肼作用生成脎，也没有变旋光现象。由于糖苷是一种缩醛或缩酮型化合物，对于碱很稳定，但在稀酸或酶的作用下可以水解成原来的糖和非糖化合物。

糖苷广泛存在于自然界中，很多中草药的有效成分就是糖苷。例如具有镇痛作用的水杨苷便是葡萄糖与邻羟基苯甲醇形成的苷。

在糖苷中，如果连接糖和非糖体的是氧原子，这种糖苷称为含氧糖苷，例如前式中的甲基葡萄糖苷。在自然界中，还存在着另一种重要的苷类物质——核苷。它是由核糖或脱氧核糖的苷羟基与某些含氮的杂环化合物氮上的氢原子脱去一分子水后，以氮苷键的形式连接的一种糖苷，在它的分子中连接糖与非糖体的是氮原子，故称为含氮糖苷。含氮糖苷在生物学上具有重要意义。

在低聚糖和多糖的分子中也有苷的结构存在。

10.2 二　糖

二糖是一种低聚糖，可以看成是两分子相同或不相同的单糖通过缩合脱水而形成的糖苷。由于参与缩合脱水的羟基不同，二糖也有还原糖和非还原糖之分。由一分子单糖的苷羟基与另一分子单糖的醇羟基之间缩合脱水得到的二糖，分子中仍然保留有苷羟基，可以转变成开链式结构，这类二糖具有还原性和变旋光现象，能发生成脎反应和成苷反应，是一种还原糖；如果两个单糖都是通过苷羟基之间缩合脱水而成，这类二糖分子中没有苷羟基，不能转变为开链的醛基，因而没有还原性和变旋光现象，也不能成脎和成苷，是非还原糖。

10.2.1 麦芽糖

麦芽糖是由一分子 $\alpha-D-$ 葡萄糖 C_1 位的苷羟基与另一分子 $D-$ 葡萄糖 C_4 位的醇羟基缩合脱水而形成的二糖，它是一种 $\alpha-D-$ 葡萄糖苷，所形成的键是 $\alpha-1,4$ 苷键，分子中还有一个苷羟基，具有单糖的性质，是一种还原性右旋糖。

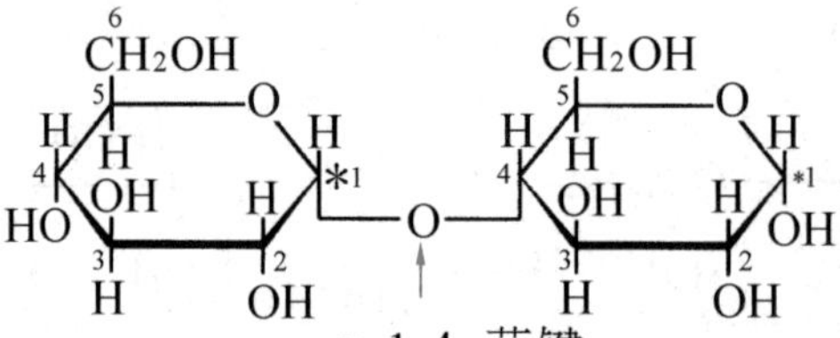

α-1,4-苷键

麦芽糖

麦芽糖为白色晶体或结晶状粉末，熔点为 $160\sim165℃$，溶于水，微溶于乙醇，不溶于乙醚，水解后生成两分子葡萄糖，是饴糖的主要成分，甜度为蔗糖的 40%，有营养价值，可做糖果，在微生物实验中用作细菌的培养基。由淀粉在淀粉酶的作用下水解可以得到，自然界中无天然产品。

麦芽糖中的苷羟基可以是 $\alpha-$ 型，也可以是 $\beta-$ 型，因此，麦芽糖有 $\alpha-$ 和 $\beta-$ 两种异构体，其 $\alpha-$ 异构体比旋光度为 $+168°$，$\beta-$ 异构体比旋光度为 $+112°$，在溶液中经过变旋达到平衡时比旋光度为 $+136°$。

10.2.2 蔗糖

蔗糖是由一分子 $\alpha-D-$ 葡萄糖 C_1 位上的苷羟基与一分子 $\beta-D-$ 果糖 C_2 位上的苷羟基经脱水缩合而成的二糖，因此，它既是一个 $\alpha-D-$ 葡萄糖苷，也是一个 $\beta-D-$ 果糖苷。

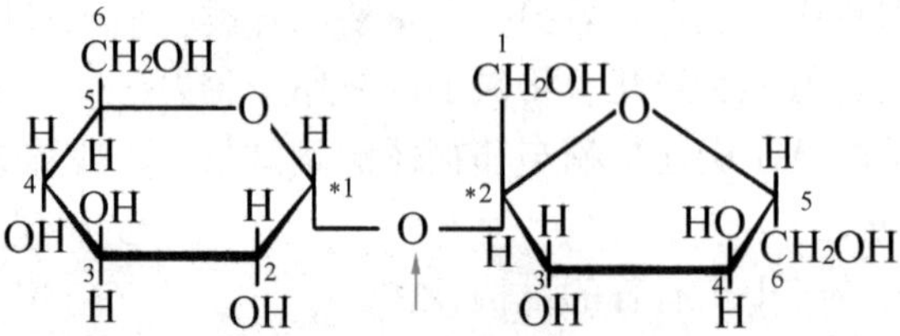

1,2-苷键

蔗糖分子中没有苷羟基，在水溶液中不能转变成开链结构，因此，蔗糖没有变旋光现象，不能生成脎，不能发生银镜反应，也不能使斐林试剂还原，它是一个非还原糖。

蔗糖是右旋糖，其比旋光度为 $+66°$。水解后生成 D－葡萄糖和 D－果糖的等量混合物。D－葡萄糖的比旋光度是 $+52°$，D－果糖的比旋光度是 $-92°$，所以，这两种单糖的等分子混合物的比旋光度是 $-20°$。

蔗糖水解前溶液是右旋的，水解后溶液变成左旋了，即旋光方向发生了转化。因此，常将蔗糖的水解反应称为转化反应。水解后生成的葡萄糖和果糖的混合物称为转化糖。

蜜蜂体内含有蔗糖酶，可以水解蔗糖，所以蜂蜜中大部分是转化糖。由于果糖的存在，故转化糖比单独的葡萄糖和蔗糖都更甜。

10.2.3　纤维二糖

纤维二糖是纤维素水解的中间产物，在自然界中并不游离存在。纤维二糖同麦芽糖一样也是由两分子 D－葡萄糖组成的。但它是由一分子 β－D－葡萄糖 C_1 位的苷羟基与另一分子 β－D－葡萄糖 C_4 位的醇羟基缩合脱水形成的二糖。与麦芽糖不同的是麦芽糖是 α－葡萄糖苷，纤维二糖是 β－葡萄糖苷，它所形成的键是 β－1,4－苷键。

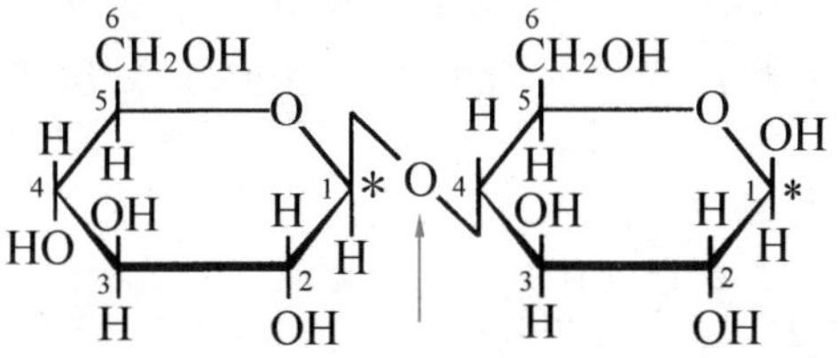

β-1,4-苷键

纤维二糖是白色结晶，熔点 $225℃$，溶于水，右旋，无味。由于纤维二糖含有苷羟基，所以其化学性质与麦芽糖相似，也是一个还原糖，能生成脎，也能成苷，具有变旋光现象。纤维二糖与麦芽糖互为异构体。由于它们的苷键构型不同（前者为 β－型，后者为 α－型），故生理活性差别很大。例如苦杏仁酶可以水解纤维二糖而不能水解麦芽糖，麦芽糖酶只能水解麦芽糖而不能水解纤维二糖，这就是所谓的酶的专一性。正因为如此，麦芽糖可以在人体内分解消化，纤维二糖则不能消化。

10.3　多　　糖

多糖是一种天然高分子化合物，广泛存在于自然界中。多糖经完全水解后能得到单糖。多糖由数百至数千个单糖的苷羟基和醇羟基缩合脱水而成。其理化性质与单糖和二糖均不相同。一般不溶于水，个别多糖能与水形成胶体溶液。无甜味，无还原性，也无变旋光现象。重要的多糖是淀粉和纤维素。

10.3.1　淀粉

淀粉为白色无定型粉末，不溶于有机溶剂，无还原性，广泛存在于植物的块根或种子中。淀粉是人类的主要食物，也是重要的工业原料，我国工业用淀粉主要从玉米、薯类、葛根等植物中提取。

淀粉颗粒由直链淀粉（链淀粉）和支链淀粉（胶淀粉）两部分组成。直链淀粉处于淀粉颗粒内部，支链淀粉分布在外层，它们在淀粉中的比例因植物种类而异，其物理性质和化学性质也各不相同。将淀粉用热水处理，得到10%～30%的可溶部分为直链淀粉，70%～90%不溶但能发生膨胀的部分为支链淀粉。

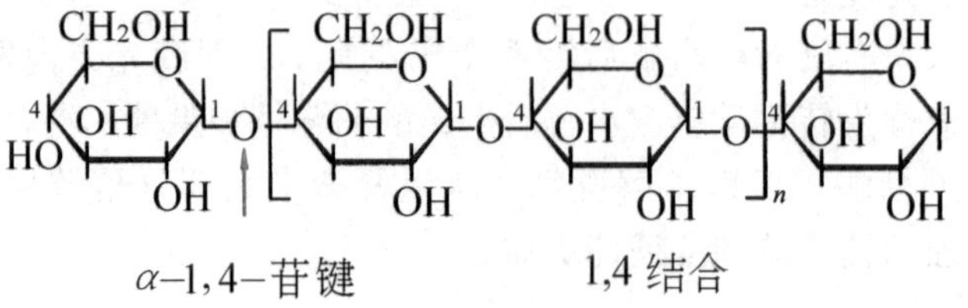

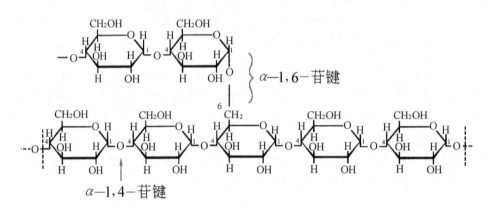

图 10-1　直链淀粉的结构

如果用淀粉酶来水解直链淀粉可得到麦芽糖，因此，直链淀粉可以看成是 D－葡萄糖通过 $\alpha-1,4$－苷键结合形成的链状化合物，其结构如图 10-1 所示。

支链淀粉也是由 D－葡萄糖组成的，但葡萄糖的连接方式与直链淀粉有所不同。在支链淀粉中，葡萄糖分子间除了以 $\alpha-1,4$－苷键相连外，还有 $\alpha-1,6$－苷键的连接，因而带有分支。每隔 $20\sim25$ 个葡萄糖单位就会出现一个分支，每个分支含有 $11\sim12$ 个葡萄糖单位。因此，支链淀粉的结构比直链淀粉更复杂，支链淀粉的结构如图 10-2 所示。

图 10-2　支链淀粉的结构

支链淀粉不溶于水，与热水作用发生膨胀而成糊状。

淀粉在酸的作用下加热水解生成糊精、麦芽糖等一系列中间产物，其最终的水解产物是 α－D－葡萄糖。淀粉水解过程如下：

$$(C_6H_{10}O_5)_m \xrightarrow{H_2O} (C_6H_{10}O_5)_n \xrightarrow{H_2O} C_{12}H_{22}O_{11} \xrightarrow{H_2O} C_6H_{12}O_6$$

淀粉　　　　　各种糊精　　　　麦芽糖　　　α－D－葡萄糖

$$(m>n)$$

直链淀粉遇碘显蓝色，支链淀粉与碘作用显紫色，分子大小不同的糊精与碘作用分别显蓝紫、紫红、红色等不同的颜色，可根据颜色判断淀粉的水解程度。

淀粉除食用外，工业上常用于生产糊精、麦芽糖、葡萄糖、酒精等，也可用于印染、纺织、造纸、制药、建材等行业。直链淀粉在水质分析中常用作指示剂。

10.3.2 纤维素及其衍生物

纤维素也是一种天然高分子化合物，是自然界分布最广的多糖。它是构成植物细胞壁的主要成分，常与木质素、半纤维素、树脂等伴生。木材、棉花、竹杆、草杆、甘蔗渣中都含有丰富的纤维素。

纤维素是以纤维二糖为单位缩合而成的多糖，结构如图 10-3 所示。

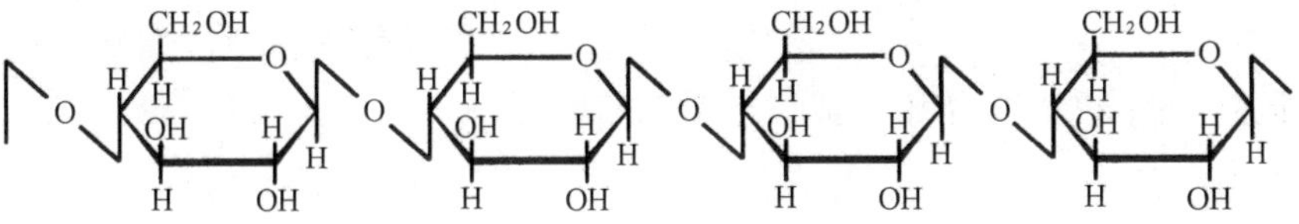

$\beta-1,4-$苷键

图 10-3　纤维素

纯净的纤维素为无色纤维状物质，不溶于水和各种有机溶剂，能溶于氢氧化铜的氨溶液或浓的氯化锌溶液。与淀粉一样无还原性，纤维素的分子式也是 $(C_6H_{10}O_5)_n$，但其相对分子量比淀粉大得多，而且不同来源的纤维素相对分子量不同。纤维素比淀粉还难于水解，通常需在浓酸中，或用稀酸在高温高压下才能水解，水解的中间产物为纤维四糖、纤维三糖、纤维二糖等低聚糖，最终水解产物为 D－葡萄糖。

虽然纤维素的基本结构单位也是葡萄糖，与淀粉不同的是它是靠 $\beta-1,4-$苷键结合起的。人体内存在的酶只能水解 $\alpha-1,4-$苷键，不能水解 $\beta-1,4-$苷键，故纤维素不能作为人类的营养物质，但草食动物的消化道内可分泌出能水解 $\beta-1,4-$苷键的酶。虽然纤维素在人体内不被消化，但是蔬菜等食物中存在的少量纤维素能促进胃肠蠕动，有防止便秘的作用。

纤维素是纺织和造纸工业的基本原料。由于纤维素分子中存在着醇羟基（每个葡萄糖单位含有三个醇羟基），表现出醇的一些特性，能通过某些化学反应获得各种纤维素衍生物。

1. 纤维素硝酸酯

纤维素硝酸酯俗称硝化纤维，是由棉纤维或木浆经浓硝酸和浓硫酸酯化而得的纤维状物质，呈白色或微黄色。

$$[C_6H_7O_2(OH)_3]_n+3nHNO_3 \xrightarrow{H_2SO_4} [C_6H_7O_2(ONO_2)_3]_n+3nH_2O$$

其酯化程度取决于两种酸的配合比和反应条件。通常以产物中含氮的百分数来表示。当纤维素分子中所有的羟基都被酯化，可得含氮量在 13％以上的纤维素三硝酸酯，又叫作高氮硝棉，主要用于制造无烟火药，故又称为火药棉；含氮量为 11％～13％时叫作中氮硝棉，是制造涂料（硝基涂料）、人造珍珠的主要原料，中氮硝棉亦可作胶粘剂和密封材料，医学上用以缝合创伤或灼伤的伤口等；含氮在 11％以下称为低氮硝棉，用乙醇溶解后再与樟脑共热可得到一种具有热塑性的塑料——赛璐珞，它是使用最早的塑料品种之一，可用来制造各种日用品。

纤维素硝酸酯容易着火，具有爆炸性，使用或制备时应特别小心。用作无烟火药时需加入安定剂。

*2. 纤维素醋酸酯

纤维素醋酸酯又称为醋酸纤维，由纤维素在少量硫酸存在下，与乙酸或乙酸酐作用，分子中的醇羟基发生乙酰化反应制得：

$$\left[C_6H_7O_2(OH)_3\right]_n + 3n\ (CH_3CO)_2O \xrightarrow[-3nCH_3COOH]{H_2SO_4} \left[C_6H_7O_2(O\overset{\overset{O}{\|}}{C}CH_3)_3\right]_n$$

纤维素三醋酸酯

将纤维素三醋酸酯部分水解生成纤维素二醋酸酯：

$$\left[C_6H_7O_2(O\overset{\overset{O}{\|}}{C}CH_3)_3\right]_n + nH_2O \xrightarrow[-nCH_3COOH]{H_2SO_4} \left[C_6H_7O_2(O\overset{\overset{O}{\|}}{C}CH_3)_2\right]_n$$

纤维素二醋酸酯

纤维素二醋酸酯可用来制备人造丝、电影胶片、塑料等，还可用来制备反渗透膜而用于水处理工程中。

纤维素醋酸酯不易燃烧和爆炸，使用较安全。

3. 纤维素黄原酸钠

纤维素分子中的醇羟基在氢氧化钠存在下，与二硫化碳作用生成纤维素黄原酸酯的钠盐称为纤维素黄原酸钠：

$$-\overset{|}{\underset{|}{C}}-OH + CS_2 + NaOH \longrightarrow -\overset{|}{\underset{|}{C}}-O-\overset{\overset{S}{\|}}{C}-SNa + H_2O$$

纤维素部分   纤维素黄原酸钠

将适量的水加入纤维素黄原酸钠，使之成为黏稠液体，再经细孔压入稀硫酸溶液中，就会被分解得到粘胶纤维。粘胶纤维可用作人造丝、人造棉、人造毛等，若经过狭缝压入稀酸中，可制成玻璃纸，常用于食品包装。

*4. 羧甲基纤维素

纤维素在氢氧化钠溶液中与氯乙酸作用，羟基中的氢原子被羧甲基（—CH_2COOH）取代生成的化合物叫羧甲基纤维素钠，一般叫作羧甲基纤维素，是纤维素醚的一种。

$$\left[C_6H_9O_4\ (OH)\right]_n \xrightarrow[NaOH]{ClCH_2COOH} \left[C_6H_9O_4\ (OCH_2COONa)\right]_n$$

羧甲基纤维素钠

羧甲基纤维素钠为白色或微黄色粉末，吸湿性强，在水中易形成透明而具有黏性的胶状物质。羧甲基纤维素钠在造纸工业中常用作增强剂，在印染、纺织工业中代替淀粉作上浆剂，在建筑涂料和医药中作增稠剂，在水处理工程中作絮凝剂等。

*5. 半纤维素

半纤维素是伴随纤维素存在于植物细胞壁中的一种多糖，它的分子比纤维素小，是由木糖、甘露糖和半乳糖等组成的杂聚糖，常含有 2 至 4 种或者更多不同种类的单糖。例如在稻草、麦秆、玉米芯和花生壳中就含有较为丰富的聚木糖，它是由许多木糖以 $\beta-1,4$ —苷键形成的一种半纤维素。这种半纤维素可以看成是纤维素分子中的羟甲基（—CH_2OH）被氢取代而成的一种聚木糖，其结构如图 10-4 所示。

图 10-4　聚木糖

半纤维素经酸性水解后生成 D—木糖。木糖与稀酸作用，经水解、脱水、蒸馏可制得糠醛，它是一种重要的化工原料。

木材、稻草、麦秆等是造纸原料，所以造纸废水中除含有前面讲过的有机化合物外，还含有五碳糖类，在废水处理中可综合利用加以回收。

习　　题

1. 解释下列名词或现象。
(1) 醛糖，酮糖
(2) D—型糖，L—型糖
(3) 苷，苷羟基
(4) 还原糖，非还原糖
(5) 果糖是酮糖，为什么也能像醛糖一样与托伦试剂、斐林试剂反应？
(6) 葡萄糖是醛糖，为什么不能与饱和亚硫酸氢钠溶液生成沉淀？
2. 写出 D—葡萄糖和 D—果糖与 HCN、NH_2OH、醋酸反应的产物。
3. 写出下列反应的主要产物。

(1)
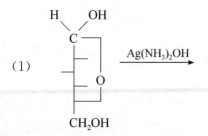

(2)

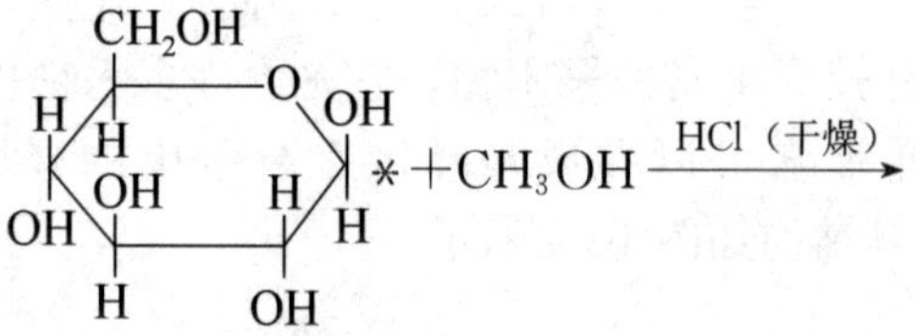

$\xrightarrow{\text{HCl (干燥)}}$

4. 如何鉴别下列各组糖类。

(1) D—葡萄糖与D—果糖

(2) 蔗糖与麦芽糖

(3) 果糖与麦芽糖

5. 如果把蔗糖与稀硫酸共热后，所得产物再和过量的苯肼作用，生成什么化合物？写出反应简式。

第11章 氨基酸、蛋白质、核酸

蛋白质和核酸属于生物高聚物，它们是生命的基础物质，具有较复杂的结构。但天然蛋白质最终水解产物是 α －氨基酸，它是组成蛋白质的基本单位，因此首先讨论氨基酸。

11.1 氨 基 酸

11.1.1 氨基酸的一般概况

羧酸分子中烃基上的氢原子被氨基（—NH_2）取代后的生成物，叫作氨基酸。

氨基酸可按照氨基和羧基相对位置的不同来分类，分别叫作 α －、β －、γ ……氨基酸。如

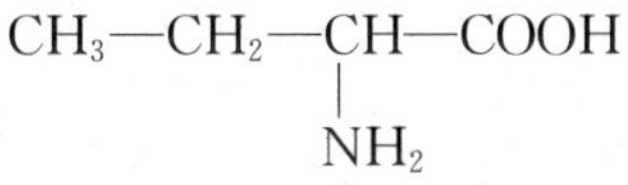

$$CH_3-CH_2-\underset{\underset{NH_2}{|}}{CH}-COOH \qquad \alpha－氨基丁酸$$

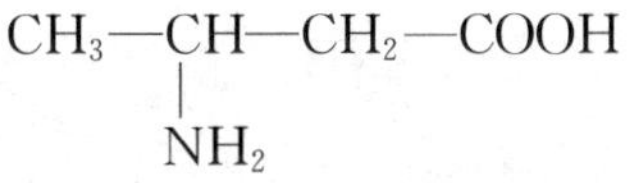

$$CH_3-\underset{\underset{NH_2}{|}}{CH}-CH_2-COOH \qquad \beta－氨基丁酸$$

氨基酸可以按系统命名法命名，但是 α －氨基酸都有简单的俗名，而且这些名称已被广泛地应用着。

在氨基酸分子中，氨基和羧基的数目并不都限于一个，而且两种基的数目也不一定相等。氨基和羧基数相等的氨基酸，它们近乎中性，因此又叫中性氨基酸，当氨基的数目多于羧基时，这样的氨基酸呈现碱性，叫作碱性氨基酸。反之，当氨基的数目少于羧基时，这种氨基酸叫作酸性氨基酸。

氨基酸是构成蛋白质的基石。在自然界存在的氨基酸有 20 余种。人类体内不可缺少的必要氨基酸大致有下列几种：

1. 苏氨酸 或称 α －氨基－β －羟基正丁酸

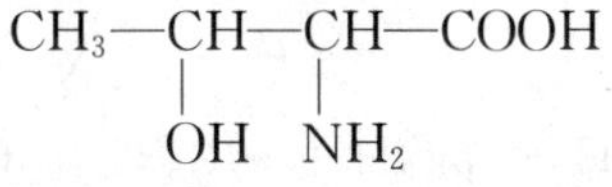

$$CH_3-\underset{\underset{OH}{|}}{CH}-\underset{\underset{NH_2}{|}}{CH}-COOH$$

2. 缬氨酸 或称 α －氨基异戊酸

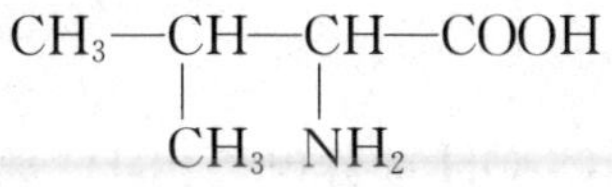

$$CH_3-\underset{\underset{CH_3}{|}}{CH}-\underset{\underset{NH_2}{|}}{CH}-COOH$$

3. 亮氨酸 或称 α －氨基异己酸

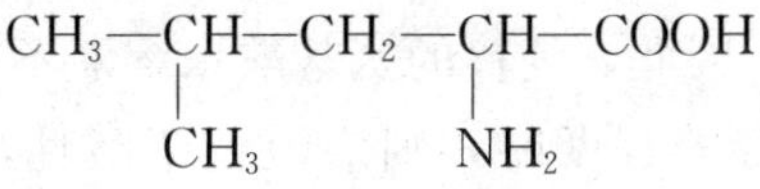

$$CH_3-\underset{\underset{CH_3}{|}}{CH}-CH_2-\underset{\underset{NH_2}{|}}{CH}-COOH$$

4. 异亮氨酸　或称 $\alpha-$氨基$-\beta-$甲基戊酸

$$CH_3-CH_2-\underset{\underset{CH_3}{|}}{CH}-\underset{\underset{NH_2}{|}}{CH}-COOH$$

5. 苯丙氨酸　或称 $\alpha-$氨基$-\beta-$苯丙酸

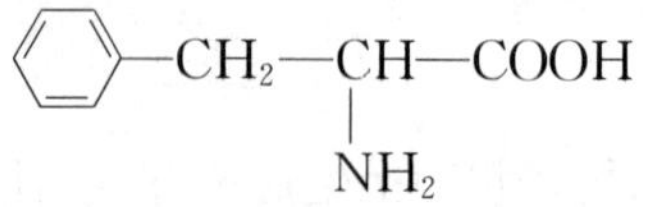

$$\langle\!\!\bigcirc\!\!\rangle-CH_2-\underset{\underset{NH_2}{|}}{CH}-COOH$$

6. 蛋氨酸　或称 $\alpha-$氨基$-\gamma-$甲硫基丁酸

$$CH_3-S-CH_2-CH_2-\underset{\underset{NH_2}{|}}{CH}-COOH$$

7. 色氨酸　或称 $\alpha-$氨基$-\beta-$吲哚丙酸

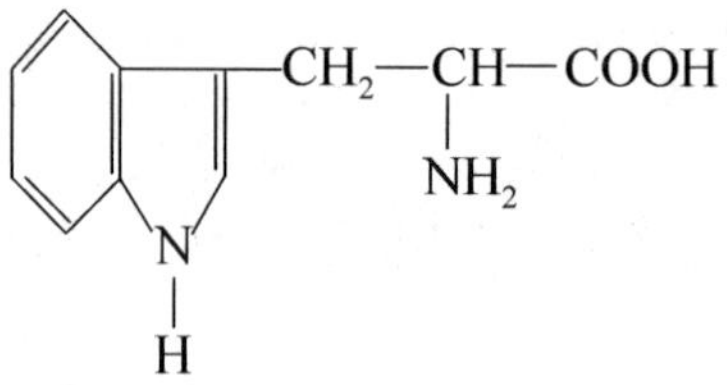

8. 赖氨酸　或称 $\alpha,\varepsilon-$二氨基己酸

$$H_2N-CH_2-CH_2-CH_2-CH_2-\underset{\underset{NH_2}{|}}{CH}-COOH$$

11.1.2　氨基酸的性质

从蛋白质所得来的 $\alpha-$氨基酸都是结晶固体。熔点很高，约在 230℃ 以上，熔化时分解，并放出二氧化碳。它们都能溶于强酸和强碱的溶液中，除胱氨酸、酪氨酸、二碘酪氨酸和甲状腺素外，一般溶于水。除脯氨酸和羟脯氨酸外，一般难溶于酒精及乙醚。

氨基酸的分子中既有氨基（—NH_2），又含有羧基（—COOH），所以它具有氨基和羧基的性质。由于这两个官能团在分子内的相互作用，它们又具有一些特殊性质。如：

1. 成盐作用

氨基酸既是酸又是碱，因此，与酸或碱都可以生成盐。

$$R-\underset{\underset{NH_2}{|}}{CH}-COOH + HCl \longrightarrow R-\underset{\underset{N^+H_3Cl^-}{|}}{CH}-COOH$$

$$R-\underset{\underset{NH_2}{|}}{CH}-COOH + NaOH \longrightarrow R-\underset{\underset{NH_2}{|}}{CH}-COONa + H_2O$$

2. 两性电离和等电点

当氨基酸溶于纯水时，其—COOH 部分电离出 H^+ 离子，而带负电。—NH_2 部分则和水中 H^+ 离子结合，而带正电。在一般情况下，氨基酸中羧基电离的程度与氨基和水中 H^+ 离子结合的程度不同。因此，纯粹的氨基酸水溶液不一定是中性，当羧基的电离大于氨基和水中 H^+ 离子结合的程度时，则溶液偏于酸性，氨基酸本身带负电，相反时，则溶液偏于碱性，而氨基酸本身带正电。

$$\underset{\underset{NH_2}{|}}{R-CH}-COOH \rightleftharpoons \underset{\underset{NH_2}{|}}{R-CH}-COO^- + H^+ \tag{1}$$

$$\underset{\underset{NH_2}{|}}{R-CH}-COOH + HOH \rightleftharpoons \underset{\underset{NH_3^+}{|}}{R-CH}-COOH + OH^- \tag{2}$$

如果将氨基酸水溶液酸化，则平衡（1）即向左移，平衡（2）向右移，结果氨基酸带正电荷，此时如通以电流，则氨基酸离子移向负极。如加碱于氨基酸水溶液中，则平衡（1）即向右移动，平衡（2）向左移，结果氨基酸带负电荷，此时通以电流，则氨基酸离子移向正极。如将氨基酸溶液中的酸碱度加以适当的调节，则可以使氨基酸的碱性酸性电离相等，在同一个氨基酸分子中形成等量的正离子和负离子，这时氨基酸处于等电状态，即氨基酸分子所带的电桥呈中性，在等电状态时氨基酸离子称为两性离子，此时氨基酸不向电场的任何一极移动，其溶液的 pH 就称为氨基酸的等电点。由此可知，氨基酸的等电点包含两层意思：一是说明氨基酸本身处于电性中和状态；二是说明氨基酸所处溶液的 pH，各种氨基酸的化学组成不同，故其等电点亦不相同，对一氨基一羧基的氨基酸水溶液来说，由于羧基的酸性大于氨基的碱性，因此氨基酸本身带的负电量大于正电量。为了使氨基酸达到等电状态，必须将溶液适当酸化，使平衡（1）适当向左移，平衡（2）适当向右移，增加正电荷量减少负电荷量，最后使两者相同等，故这一类氨基酸的等电点须小于 pH7。

氨基酸在酸、碱性溶液中的变化可表示如下：

$$\underset{\underset{N^+H_3}{|}}{R-CH}-COO^- \underset{OH^-}{\overset{H^+}{\rightleftharpoons}} \underset{\underset{N^+H_3}{|}}{R-CH}-COO^- \underset{OH^-}{\overset{H^+}{\rightleftharpoons}} \underset{\underset{N^+H_3}{|}}{R-CH}-COOH$$

$$\underset{\underset{NH_2}{|}}{R-CH}-COO^-$$

溶液 pH＞等电点　　　　等电点　　　　溶液 pH＜等电点

在等电点时，氨基酸实际上以中性的偶极离子存在着。

$$\underset{\underset{N^+H_3}{|}}{R-CH}-COO^-$$

这种偶极离子又称内盐。在等电点时氨基酸的溶解度最小。

游离的氨基酸也是以内盐的形式存在的。氨基酸所以具有较高的熔点、不易挥发、易溶于水、不溶于酒精及乙醚等性质，都是由于形成内盐所引起的。

3. 脱羧作用

氨基酸与氢氧化钡共热，即脱去羧基形成伯胺。

$$\underset{\underset{NH_2}{|}}{R-CH}-COOH \xrightarrow[\triangle]{Ba(OH)_2} R-CH_2-NH_2 + CO_2\uparrow$$

当蛋白质腐败时，或蛋白质在代谢过程中与脱羧酶作用时，也能产生脱羧作用。

4. 亚硝酸反应

除亚氨基酸（脯氨酸，羟脯氨酸）外，α－氨基酸中的氨基都能与亚硝酸作用放出氮气，并生成α－羟基酸，反应所放出的氮一半来自氨基酸的氨基，另一半来自亚硝酸，故测定氮的多少，即能算出氨基酸的含量。

$$R\text{—}\underset{\underset{NH_3}{|}}{CH}\text{—}COOH + HONO \longrightarrow R\text{—}\underset{\underset{OH}{|}}{CH}\text{—}COOH + N_2 \uparrow + H_2O$$

利用此反应可测定氨基酸、蛋白质及蛋白质水解产物中自由α－氨基酸的含量。

5. 与水合茚三酮作用

茚三酮的醇溶液与氨基酸共热产生深蓝紫色，此反应对定性鉴定、定量估计氨基酸特别重要，方法简单，灵敏度高，可靠性强是其特点，故常作为分析氨基酸的方法之一。

α－氨基酸被茚三酮氧化为醛、氨和二氧化碳，茚三酮则被还原。

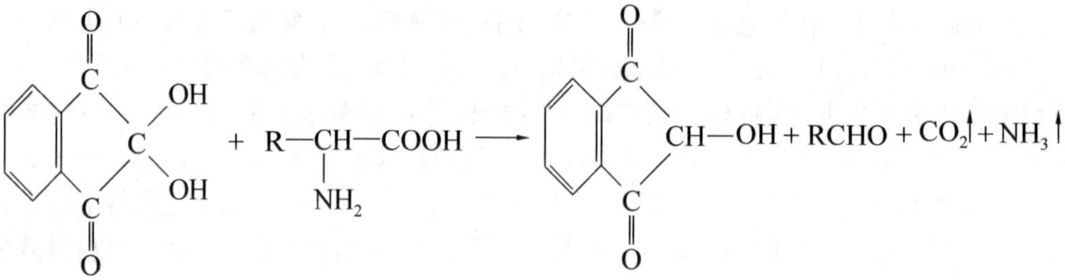

水合茚三酮　　　　　　　　　茚三酮的还原物

放出的氨与另一分子水合茚三酮及一分子茚三酮还原物缩合而生成有色物质：

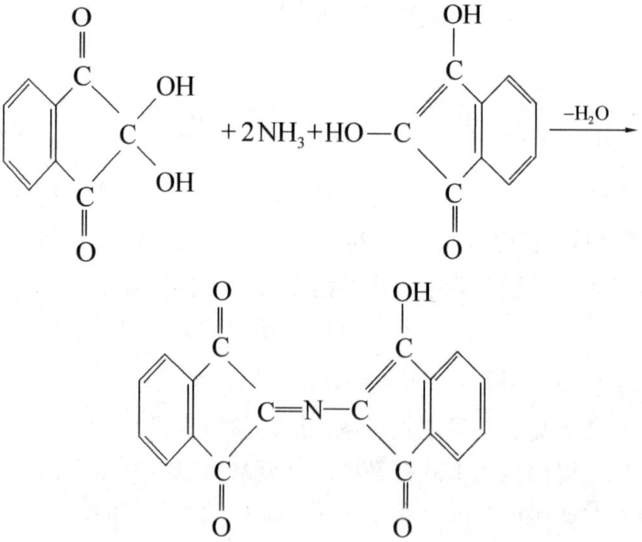

蓝紫色

N－取代的α－氨基酸如脯氨酸、β－氨基酸、γ－氨基酸等均不与茚三酮发生显色反应。

11.1.3 肽

1. 肽的生成、结构及命名

一分子α－氨基酸中的羧基与另一分子α－氨基酸中的氨基脱水生成酰胺时，所得的化合物叫作肽（peptide）。肽分子中—NH—CO—键叫作肽键，肽键为酰胺键。根据肽分子中的 α －氨基酸的数目，分别把它们叫作二肽、三肽、四肽以至多肽，例如由两个氨基酸首尾相接，失去一分子水而缩合成的酰胺叫作二肽。

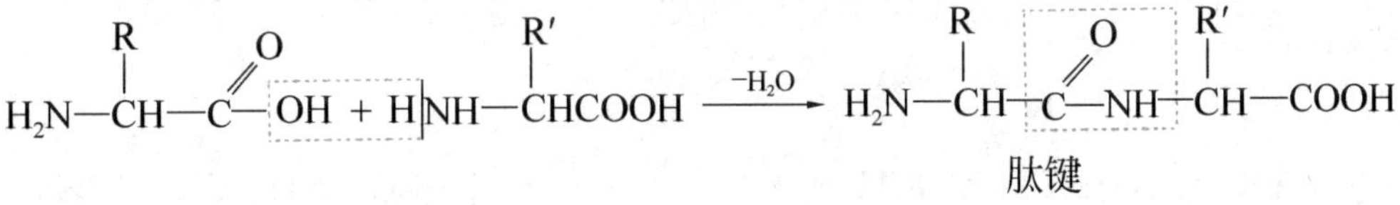

$$H_2N-CH-C-OH + HNH-CHCOOH \xrightarrow{-H_2O} H_2N-CH-C-NH-CH-COOH$$

肽键

多肽链可用如下通式表示：

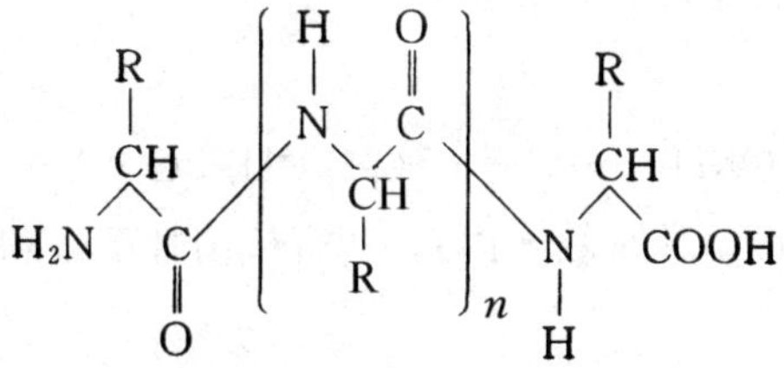

在肽链中，有氨基的一端叫作 N 端；有羧基的一端叫作 C 端。在写多肽结构时，通常把 N 端写在左边，C 端写在右边。命名时由 N 端叫起，称为某氨酰某氨酸，也可用简写来表示，例如：

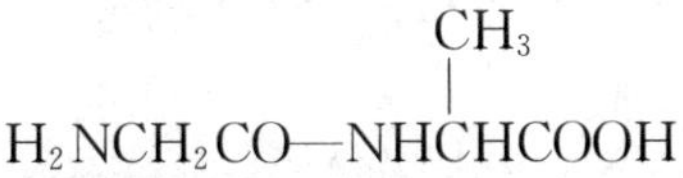

$$H_2NCH_2CO-NHCHCOOH$$

甘氨酰丙氨酸或甘·丙

$$H_2N-CH-C-NH-CH-C-NHCH_2COOH$$

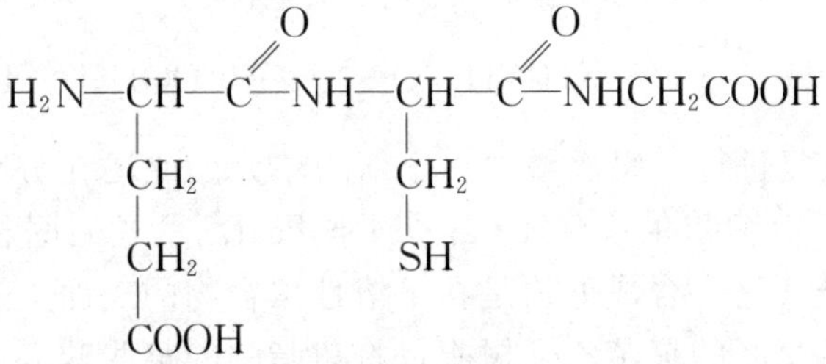

谷氨酰半胱氨酰甘氨酸或谷·半胱·甘

天然多肽都是由不同的氨基酸组成的。分子量一般在 10,000 以下。有的蛋白质分子由一根肽链构成的，而有的蛋白质是由几根肽链构成的。例如：胰岛素是由 A 链和 B 链两根肽链共 51 个氨基酸构成的；血红蛋白是四根肽链共 574 个氨基酸构成。

研究肽主要是为了解更复杂的蛋白质的阶梯，然而肽本身也是极为重要的化合物。另外由氨基酸组成的多肽分子都有一个排列顺序问题，已经发现，置换蛋白质分子中的一个氨基酸有可能改变整个分子的性能，从而造成生物功能上的巨大变化，甚至可能影响生物个体的生存。

2. 多肽

许多多肽具有十分重要的生理作用，是生命不可缺少的物质。例如睡眠因子，是一个九肽，它可以促进睡眠。多肽的合成是一项重要的有机合成，近二三十年来取得很大的进展。要合成一种与天然多肽相同的化合物，主要就是把氨基酸按顺序连接起来并防止同一种氨基酸分子之间的相互结合。因此在合成多肽时，要分别用保护基团保护氨基和羧基，而且这些保护基团在特定条件下很容易除去，同时不影响肽键。

羧基常通过生成酯加以保护。因为酯比酰胺容易水解，用碱性水解的方法，就可以把保护基团除去。

$$\cdots\cdots CO{-}NH{-}\overset{\overset{\displaystyle R}{|}}{C}HCOOCH_3 \xrightarrow{OH^-,\ H_2O} \cdots \xrightarrow{H^+} \cdots\cdots CO{-}NH{-}\overset{\overset{\displaystyle R}{|}}{C}HCOOH$$

氨基可以通过与氯甲酸苄酯（$C_6H_5CH_2OCOCl$）作用加以保护，因为氨基上的苄氧羰基很容易用催化氢解的方法除去。

$$C_6H_5CH_2OCO{-}NH\overset{\overset{\displaystyle R}{|}}{C}HCONH_2\cdots\cdots \xrightarrow{H_2,Pd} C_6H_5CH_3 + CO_2\uparrow + NH_2{-}\overset{\overset{\displaystyle R}{|}}{C}HCO{-}NH_2\cdots\cdots$$

例如：要合成甘氨酰丙氨酸（甘·丙），若直接用甘氨酸和丙氨酸脱水缩合，将得到四种二肽的混合物。

$$甘氨酸 + 丙氨酸 \xrightarrow{-H_2O} 甘·甘 + 丙·丙 + 甘·丙 + 丙·甘$$

如果采用下列反应，则可得到所要求的二肽。

$$C_6H_5CH_2OCOCl + NH_2CH_2COOH \longrightarrow C_6H_5CH_2OCO{-}NHCH_2COOH \xrightarrow{SOCl_2}$$

$$C_6H_5CH_2OCO{-}NHCH_2COCl \xrightarrow{\underset{CH_3}{H_2N{-}\overset{\displaystyle |}{C}H{-}COOH}} C_6H_5CH_2OCO{-}NHCH_2CO{-}$$

$$\underset{NH_2CHCOOH}{\overset{\overset{\displaystyle CH_3}{|}}{}} \xrightarrow{H_2,\ Pd} NH_2CH_2CO{-}NH\overset{\overset{\displaystyle CH_3}{|}}{C}HCOOH + C_6H_5CH_3 + CO_2$$

这种方法可以反复进行，每次增加一个新的单元。此法在分离和纯化新肽时非常烦琐费时，产率低。梅里菲尔德（R·B·Merrifield）发展的固相多肽合成法使肽的合成有了较大的突破。这个合成方法是在不溶性聚合物的表面上进行的。通常所用的聚合物是以二乙烯苯交联的聚苯乙烯树脂，将树脂中的某些苯环氯甲基化，然后与氨基酸水溶液一起搅拌形成氨基酸的苯甲酯：

$$NH_2\overset{\overset{\displaystyle R}{|}}{C}HCOO^- + ClCH_2{-}\boxed{P} \longrightarrow NH_2\overset{\overset{\displaystyle R}{|}}{C}H\overset{\overset{\displaystyle O}{\|}}{C}OCH_2{-}\boxed{P} + Cl^-$$

再加入氨基已保护的氨基酸及缩合剂，可形成二肽：

$$ZNH\overset{\overset{\displaystyle O}{}}{C}H\overset{\|}{C}OOH + NH_2\overset{}{C}H\overset{\|}{C}OCH_2{-}\boxed{P} \longrightarrow ZNH\underset{R'}{C}H\overset{O}{\overset{\|}{C}}NH\underset{R}{C}H\overset{O}{\overset{\|}{C}}OCH_2{-}\boxed{P} + H_2O$$

Z：保护基   P：聚合物

把保护基去掉，重复进行上述过程，即可得到三肽、四肽等。最后可加入 F_3CCOOH + HBr，将已合成肽链从聚合物上分裂下来。

11.2　蛋　白　质

蛋白质广泛存在于生物体内，是组成各种细胞的基础物质，在肌体的组织、血液、内分泌腺及骨骼中。皮革、毛发、角蹄、爪等都是由蛋白质所构成的，所有的酶（酵素）也都是蛋白质，某些病毒也是属于蛋白质。

蛋白质存在极其复杂的变化，对于动植物和微生物的生命有着密切的关系。恩格斯曾经说过："生命是蛋白质存在的方式，这种存在方式实质上就是这些蛋白质的化学成分的不断自我更新。"近年来的科学发展，更加证明了生命是物质存在的一种特殊状态。

11.2.1　蛋白质的组成

蛋白质可以认为是自然界中结构最复杂的有机化合物，它们的组成常因来源的不同而异，所以蛋白质的种类非常多。根据分析结果得知组成蛋白质的元素并不多，而且它们的百分含量的变化范围也不大，它们的百分组成大致如下：

C　　50%～55%
H　　6.5%～7.3%
O　　19%～24%
N　　15%～19%
S　　0.23%～0.24%

某些蛋白质还含有少量的磷、铁或碘等元素。

对于蛋白质的分子式和它们的分子量，还不能正确地规定，因为自然界的蛋白质往往是好多种蛋白质的混合物，要使它们彼此分离是很困难的。而且它们都是高分子化合物，因此到现在为止，蛋白质还是不能正确地规定它们的分子式和测定它们的分子量。从已经测得的蛋白质分子量的数字可以看出，它们的分子量都很高，而且各种蛋白质分子量相差很大，如下面几种蛋白质的分子量为：

血清蛋白　　　　　70000
胰岛素　　　　　　12000
血红蛋白　　　　　68000
血红球蛋白　　　　167000

由于对蛋白质的结构还未完全明了，所以不能按照它们的结构来分类，只能根据它们的形状（如纤维蛋白、球蛋白）、生理作用（如肌肉、毛发叫结构蛋白，起消化作用的叫胃蛋白酶，起调节作用的叫激素等）和组成（如单纯蛋白和结合蛋白）来分类。一般都根据它的组成来分类。

属单纯蛋白质这一类的如：

白蛋白　　　　如卵白蛋白
球蛋白　　　　如血清蛋白
组蛋白　　　　如细胞核蛋白的单纯蛋白质部分
硬蛋白　　　　如丝蛋白

这类蛋白质水解后只生成 α－氨基酸。

　　结合蛋白质的水解产物中，除 α 一氨基酸外，还有非蛋白质物质，如糖、色素、含磷或含铁化合物等。因此，可以认为在这类蛋白质中，蛋白质和非蛋白质是以结合形式存在的。

　　属结合蛋白质这一类，如：

核蛋白　　　细胞中的核蛋白

色蛋白　　　血中的血红蛋白

脂蛋白　　　肌肉中的脂蛋白

这类蛋白质中的非蛋白质部分叫辅基。辅基可影响结合蛋白质的性质。

　　核蛋白是由单纯蛋白质与核酸组成的结合蛋白质，它是组成细胞的重要成分。生物所特有的生长、繁殖、遗传与变异等特征，都是核蛋白起着主要作用。

　　核酸是核蛋白的辅基，是存在于细胞核中的一种酸性物质，故叫核酸。它对细胞成长和蛋白质合成（作为制造蛋白质的模板）起着重要作用，而且也是遗传的关键。没有核酸就没有蛋白质，核酸是一切生命的物质基础。核酸也是高分子化合物，分子量高达数百万，随来源不同而异。

　　构成核酸的单体是核苷酸，核苷酸是由核苷和磷酸组成。核苷又是由戊糖和有机碱（碱基）组成。存在于核苷酸中的有机碱都是嘧啶或嘌呤的羟基和氨基衍生物。由此可知结合蛋白的组成是相当复杂的。就核蛋白而言，它完全水解后除单纯核蛋白外还含有嘌呤环，嘧啶环的有机碱、核糖、脱氧核糖和磷酸的混合物。所以生活污水中的杂质是相当复杂的。11.3 节再讨论核酸。

11.2.2　蛋白质的结构

1. 一级结构

　　氨基酸按一定的顺序以肽键相连形成的多肽链称为蛋白质的一级结构。例如胰岛素含有两条多肽链，共有 51 个氨基酸单元。一条肽链由 21 个氨基酸单元组成，称为 A 链。另一条由 30 个氨基酸单元组成，称为 B 链。A 链和 B 链通过两个二硫键互相连接。

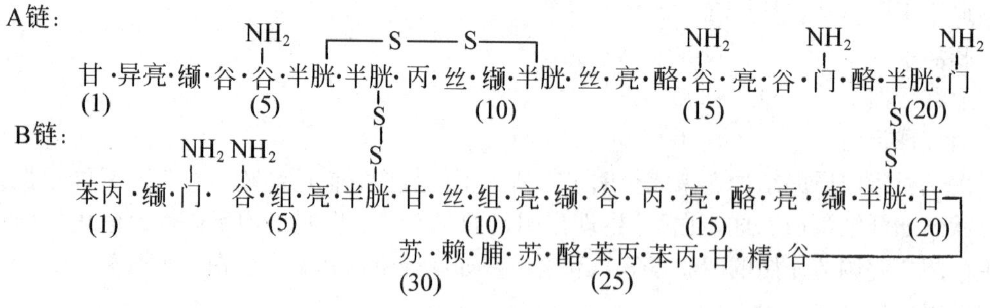

A链：

甘·异亮·缬·谷·谷·半胱·半胱·丙·丝·缬·半胱·丝·亮·酪·谷·亮·谷·门·酪·半胱·门

(1)　　　　　　(5)　　　　　　　　　(10)　　　　　(15)　　　　　　　　(20)

B链：

苯丙·缬·门·谷·组·亮·半胱·甘·丝·组·亮·缬·谷·丙·亮·酪·亮·缬·半胱·甘

(1)　　　　(5)　　　　　　(10)　　　　　　　　(15)　　　　　　(20)

苏·赖·脯·苏·酪·苯丙·苯丙·甘·精·谷

(30)　　　　　(25)

牛胰岛素的一级结构

2. 二级结构

　　多肽链在空间不是任意排布的。由于某些基团之间的氢键作用使肽链具有一定的构象。这是蛋白质二级结构。二级结构主要有两种形式：

　　(1) α 一螺旋形

　　α 一螺旋形多肽链结构可示意为如图 11-1 所示的结构。多肽链中有很多的—NH 和—

C=O 基团通过氢键相互连接，以保持肽链形成稳定的 α -螺旋结构。每一圈有 3.6 个氨基酸，相邻两圈的间距为 0.540nm，虽然 α -螺旋是蛋白质分子中最普遍存在的一种结构，但是各种蛋白质分子中 α -螺旋所占的比例不同，例如在肌红蛋白质部分中 α -螺旋占 70%，而在牛奶的乳球蛋白中则没有 α -螺旋结构。

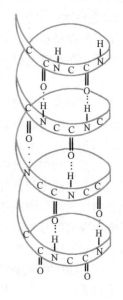

图 11-1　蛋白质的 α -螺旋结构

（2）β -褶纸形

β -褶纸形多肽链结构可示意为如图 11-2 所示的结构。肽链伸展在褶纸形的平面上，相邻的肽链又通过氢键相互连接。肽链的排列可以采取平行或反平行的方式。

3. 三级结构

蛋白质的三级结构是多肽链在二级结构的基础上进一步扭曲和折叠。在扭折时，倾向于把亲水的极性基团露于表面，而疏水的非极性基团包在中间。球状蛋白质往往比纤维状蛋白质盘卷折叠得更厉害。

稳定的蛋白质三级结构的键包括电性相反的基团之间的离子性相互作用的盐键、氢键、二硫键、憎水基相互作用，偶极与偶极之间的范德华力。

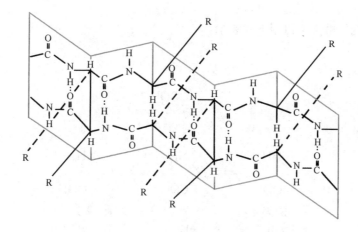

图 11-2　多肽链 β -褶纸形构象

4. 四级结构

两个或两个以上具有三级结构的肽链缔合在一起，就是所谓蛋白质的四级结构。血红蛋白是蛋白质四级结构的典型例子，它是由四条肽链缔合而成。

1965 年，我国科学家首先人工合成了具有生理活性的结晶牛胰岛素，其后，又完成了胰岛素空间结构的研究工作。人工合成胰岛素的成功，标志着人类在认识生命、揭示生命奥秘的历程中迈出了关键的 步，引起了世界科学界的极大震动。

11.2.3　蛋白质的性质

蛋白质是高分子化合物。多数蛋质可溶于水或其他极性溶剂，不溶于有机溶剂。蛋白质的水溶液具有胶体溶液的性质，不能透过半透膜，能够电泳。

1. 蛋白质的水解

蛋白质容易水解，不论用酸或碱进行水解，最后所得产物都是各种$\alpha-$氨基酸的混合物。当然，在水解过程中也发生氨基酸的进一步变化，有时由于某些氨基酸的分解而放出氨。

用不同的酶，可使蛋白质分解停留在一定的阶段，而且可以将这些中间产物分离出来。蛋白质水解时能得到各种中间产物，可以下式来表示：

蛋白质→胨→多肽→二肽→$\alpha-$氨基酸。

蛋白质在动物体内经水解过程变为各种$\alpha-$氨基酸后，就可以透过肠壁到血液中去，然后再由血液输送到各部分组织，在酶的催化下，这些氨基酸又可以在那里合成蛋白质。合成蛋白质所需要的氨基酸，可以由另一种氨基酸在动物体内转变而来，但是也有些氨基酸不能由别的氨基酸转变而来，因此，如果在动物体内缺乏这种氨基酸，就会影响动物的正常生长和健康。这些氨基酸称为必要氨基酸。

2. 蛋白质的两性解离及等电点

蛋白质是由许多氨基酸组成的，虽然一条肽链仅有一个游离的羧基端和一个游离的氨基端，然而构成蛋白质的氨基酸尚有许多在侧链上的可以离解的基团，情况比较复杂，尽管如此，在酸性溶液中，蛋白质带正电荷，在碱性溶液中带负电荷。调节溶液的 pH 至一定数值时，蛋白质的电荷为零，在电场中不移动，此时溶液的 pH 就是该蛋白质的等电点。不同的蛋白质有不同的等电点。

蛋白质的两性电离可以用下式表示：

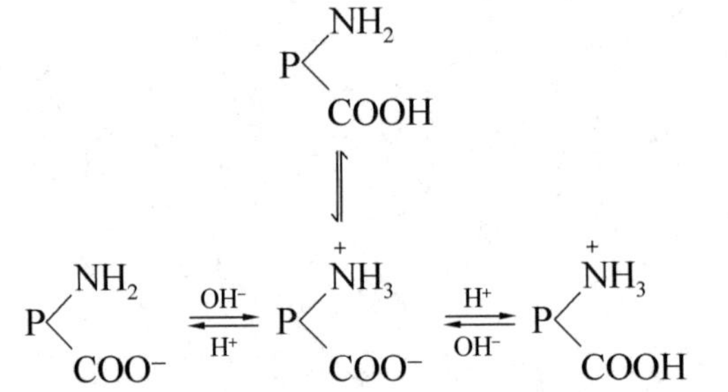

$$P\begin{array}{c}NH_2\\COOH\end{array}$$

阴离子   阳离子

pH＞pI   pH＝pI   pH＜pI

P 表示蛋白质大分子，pI 是该蛋白质的等电点，在等电点时是极易沉淀析出的，在制备蛋白质时，常用等电点性质，使它从溶液中分离出来。

3. 蛋白质的沉淀作用

蛋白质的粒子在水溶液中是非常稳定的，这主要有两方面因素：

(1) 水化层

蛋白质多肽链含有很多极性基团，如—NH_2、—COOH、—OH、—COONH 等，由于这些极性基团与水分子之间的吸引力，使蛋白质分子颗粒的表面就被一层很厚的水分子层所包围，这个水分子层称为水化膜。水化膜的存在，避免了蛋白质分子颗粒之间的接触，从而使其在溶液中稳定存在。

（2）电荷

由于蛋白质分子上某些基团的离子化，而使蛋白质分子表面带有电荷。蛋白质的带电，增加了水化层的厚度，使其在溶液中稳定存在。

除去这两种因素，蛋白质就发生沉淀作用。在等电点时，蛋白质分子呈电中性，此时溶解度最小。

在生产上，使蛋白质沉淀最常用的方法是在蛋白质溶液中加入大量溶解度很大的盐类和硫酸铵等。因为硫酸铵是强电解质，它的强烈的水化作用能剥去蛋白质分子表面的水化层，而使蛋白质沉淀下来。这种用电解质盐类使蛋白质沉淀的作用叫盐析。盐析是可逆过程，在一定条件下可重新溶解，并恢复原来的生理活性，淀粉酶等酶制剂的提取常用此法。

酒精及丙酮有机溶剂能破坏蛋白质的水化膜，所以在等电点时，加入这些溶剂可使蛋白质沉淀。例如乳品厂在检验牛奶是否酸腐时，常用 $60\%\sim70\%$ 的酒精溶液作为脱水剂。在牛奶中酪蛋白的等电点是 4.7，如果牛奶酸了，酸度升高即可达到酪蛋白的等电点，此时加入脱水剂去掉水化膜就破坏了蛋白质的两种稳定因素而凝聚沉淀下来，说明牛奶酸腐变质。

4. 蛋白质的变性作用

蛋白质经物理或化学方法处理以后，蛋白质肽链间的二硫键和氢键受到破坏，肽链展开，改变了原来的空间立体构型，这种现象叫作蛋白质的变性作用。蛋白质变性的结果一般有：a. 蛋白质肽键更易被蛋白质水解酶水解；b. 溶解度降低；c. 酶活性降低或消失；d. 不再结晶；e. 黏度增加；f. 旋光度增加。这些性质是与蛋白质变成非叠形及更不对称而暴露更多疏水基有关。

在物理变性方面，加热是最重要的一种因素，变性速率与温度很有关，一般化学反应温度上升 $10℃$，其反应速度加倍，而变性反应速率则增加到 600 倍。这也告诉我们低温下操作可减少和抑制变性。其他物理方法还有高压、紫外线照射、超声波或 x 光照射等。

化学方法变性是强酸、强碱、金属盐、乙醇、丙酮等引起的。

在高温、强酸或强碱作用下，变性往往是不可逆的。蛋白质变性后，不一定发生沉淀，用盐析法沉淀出来的蛋白质并没有变性。但多数情况发生变性后，有沉淀现象。

蛋白质变性在蛋白质加工中常加以利用，如制造干酪即用凝乳酶使酪蛋白凝固。豆腐制造也是利用钙、镁离子使大豆蛋白凝固下来。

5. 蛋白质的颜色反应

蛋白质可以和许多试剂发生特殊的颜色反应，如：在它的溶液中加入碱和少量的硫酸铜，就有紫色生成。这个反应的发生是由于蛋白质分子具有：

$$
\begin{array}{ccccc}
& \mathrm{O} & & & \\
& \| & & & \\
-\mathrm{N}-\mathrm{C}-\mathrm{N}-\mathrm{C}-\mathrm{N}- \\
| & | & \| & | \\
\mathrm{H} & \mathrm{H} & \mathrm{O} & \mathrm{H}
\end{array}
$$
结构的缘故，这叫缩二脲反应，凡化合物中具有不止一个酰

胺链段 $\left[\begin{array}{c} -\mathrm{N}-\mathrm{C}- \\ | \quad \| \\ \mathrm{H} \quad \mathrm{O} \end{array}\right]$ 都有这种反应。

另外某些蛋白质与浓硝酸作用时生成黄色如果再以氨处理又变成橙色。有此反应的蛋

白质，分子中一般都有苯环存在。如苯丙氨基酸、色氨酸、酪氨酸等的特有反应。

6. 与水合茚三酮的反应

与氨基酸相似，在蛋白质溶液中加入水合茚三酮则显蓝紫色。

11.2.4 蛋白质的腐败

细菌可以使碳水化合物、油脂、蛋白质腐败，这是细菌使各种物质分解的过程。碳水化合物及油脂腐败以后生成低级脂肪酸、甲烷、二氧化碳和水，它们一般不具毒性。蛋白质的腐败过程比较复杂，这个过程中包括水解、氧化、还原、脱氨基、脱羧基及硫氢基等反应，反应产物有脂肪酸、纤维素、醇、酚、胺、氨、甲烷、吲哚、硫化氢、二氧化碳等。其中有些是有毒物质。这些反应主要是通过细菌中的酶作用而发生的，酶首先把蛋白质水解成氨基酸，而后再发生一系列的反应。

1. 吲哚的生成

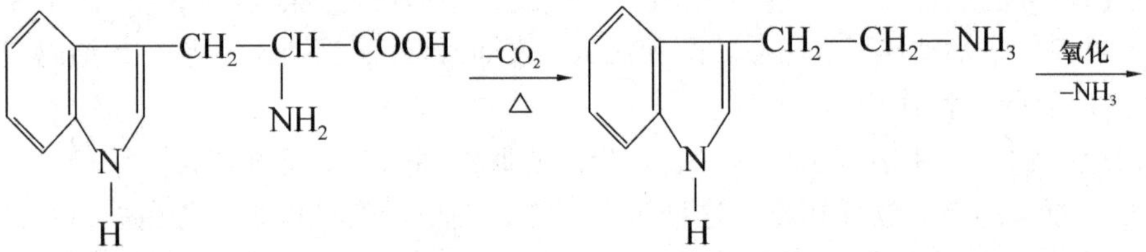

色氨酸   色胺

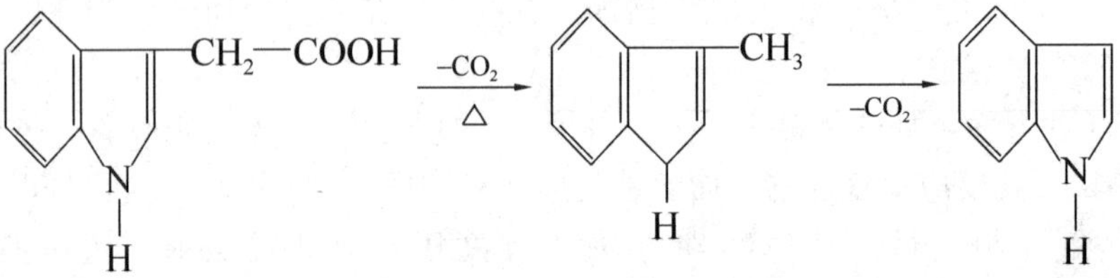

吲哚乙酸   甲基吲哚   吲哚

甲基吲哚及吲哚都有特殊的臭味，分解过程中生成的胺、氨及吲哚等都是有毒物质。

2. 尸毒素的生成

尸毒素为液体，是毒性极强的胺类。

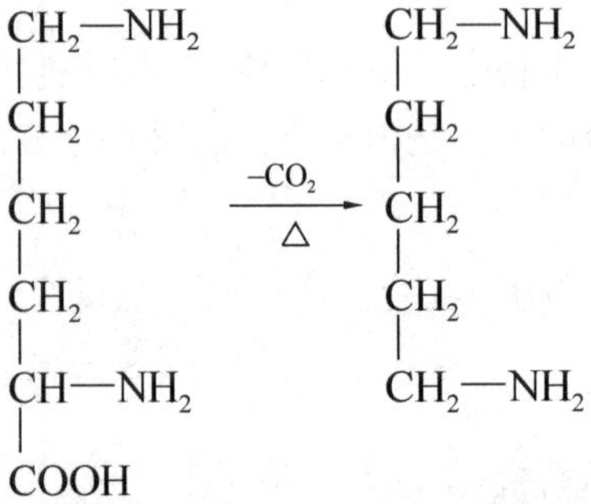

赖氨酸   尸毒素

3. 硫醇、硫化氢及氨的生成

$$卵蛋白 \longrightarrow \begin{array}{c} S-\overset{H_2}{C}-\overset{H}{C}\overset{NH_2}{\diagup}_{\diagdown COOH} \\ S-\underset{H_2}{C}-\underset{C}{\overset{H}{|}}\overset{COOH}{\diagup}_{\diagdown NH_2} \end{array} \xrightarrow{分解}$$

胱氨酸

$$\begin{array}{c} CH_2-SH \\ | \\ CH-NH_2 \\ | \\ COOH \end{array} \longrightarrow C_2H_5SH + H_2S + NH_3 + CH_3NH_2$$

半胱氨酸

从蛋白质的腐败产物，可以了解到生活污水及皮革厂、副食品加工厂等排出来的废水是有毒的，但水中的微生物能分解一部分这种物质，使它们转变为无机物，所以若不经处理而又超过水体自净能力，就会污染水源。

*11.3　核　　酸

核酸像蛋白质一样，也是生命的最基本物质。它与一切生命活动及各种代谢有着密切联系。因最早是从细胞核中提取出来的，又具有酸性，故得名核酸。核酸不仅存在于细胞核内，也存在于细胞质中。在自然界中，人、动物、植物和微生物都含有核酸，即使比细菌还小的病毒也同样含有核酸。所以核酸存在于一切生物体中，它与生物的生长、发育、繁殖、遗传、变异有密切关系。它对遗传信息的储存、蛋白质的合成都起着决定性的作用。核酸是生物用来制造蛋白质的模型，没有核酸就没有蛋白质，因此，核酸是生命的最根本的物质基础。

抗癌和抗病毒药物中，许多是属于核酸类衍生物，如治疗消化道癌症、白血病，由病毒引起的天花、狂犬病、乙型脑炎等药物。病毒主要是由蛋白质和核酸组成的，抗癌和抗病毒药物之所以有抗癌抗病毒作用，是因为癌细胞、病毒中核酸和蛋白质的合成比较旺盛，而这类药物可以抑制病原核酸和蛋白质的合成，从而抑制了癌细胞和病毒的进一步增殖。所以抗癌和抗病毒药物的作用机制是与核酸密切联系的。近年来发现一大类核苷抗生素及核酸有关的组成成分如腺苷磷酸、肌苷酸、肌苷等为抗生素工业打开新局面，也广泛应用于治疗肝炎、心血管疾病和白细胞减少症等。

11.3.1　核酸的组成及结构

核酸主要以核蛋白的形式存在。核蛋白是结合蛋白，核酸作为辅基与蛋白质结合在一起。核酸是链状高分子化合物，它们的相对分子量可达几百万甚至数亿，组成核酸链的单元是核苷酸。

1. 核酸的组成

核酸水解时，条件不同得到的产物不同，在适当酶催化下或在弱碱的作用下，核酸可以水解生成核苷酸，如果温度较高，则进一步水解成核苷和磷酸。在无机酸的作用下则完全水解生成戊糖、杂环碱和磷酸。

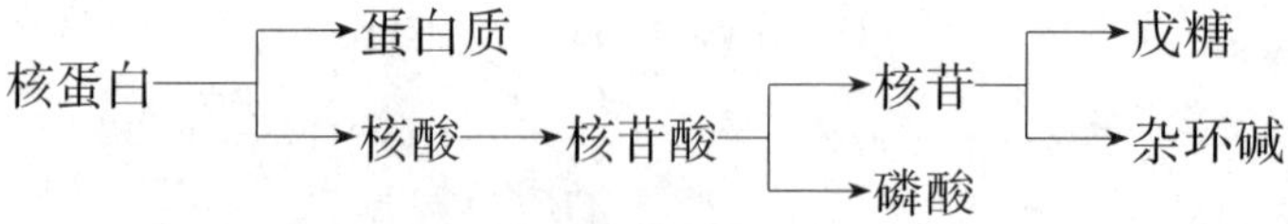

由核酸水解所得的戊糖都是 β 一型五元环状结构化合物，有两种，即 $\beta-D-$ 核糖和 $\beta-$ D 一脱氧核糖。按水解后得到的戊糖不同，核酸又可以分为两类；水解后得到核糖的核酸叫作**核糖核酸**（Ribonucleic acid）简称 **RNA**；水解后得到 2 一脱氧核糖的核酸叫作**脱氧核糖核酸**（Deoxyribonucleicacid）简称 **DNA**。

2. 戊糖的结构

天然核糖是结晶固体，熔点为 87℃，为 D 一构型左旋糖。核糖和脱氧核糖的结构式如下：

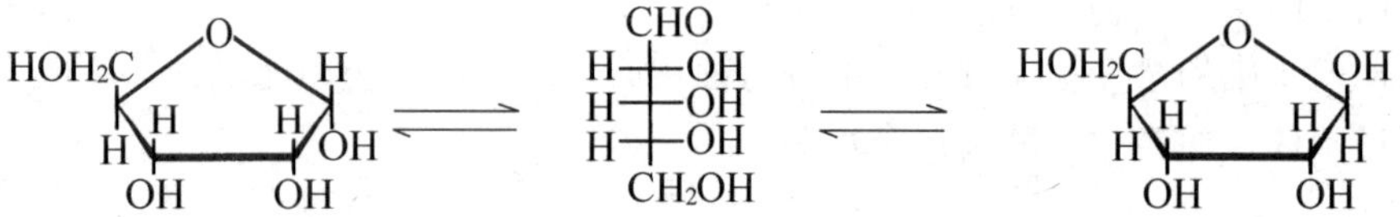

$\alpha-D-(-)-$核糖　　　　D$-(-)-$核糖　　　　$\beta-D-(-)-$核糖

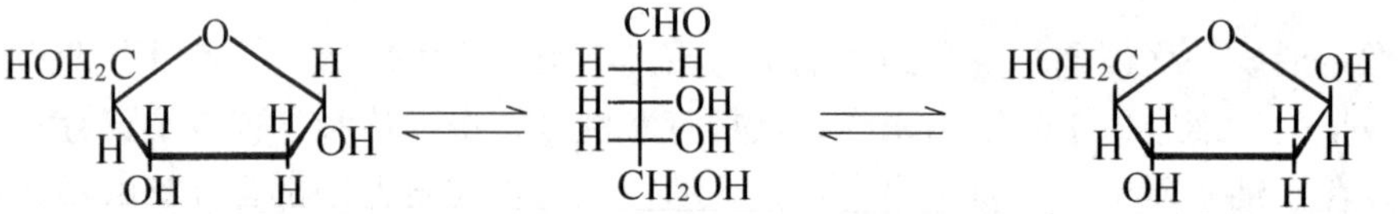

$\alpha-D-(-)-2-$脱氧核糖　　D$-(-)-2-$脱氧核糖　　$\beta-D-(-)-2-$脱氧核糖

3. 杂环碱

在所有的核酸中，存在着嘌呤和嘧啶两类杂环碱基。最常见的只有 5 种。其中嘧啶衍生物 3 种——尿嘧啶、胞嘧啶、胸腺嘧啶；嘌呤衍生物两种——腺嘌呤和鸟嘌呤，它们的结构式如下：

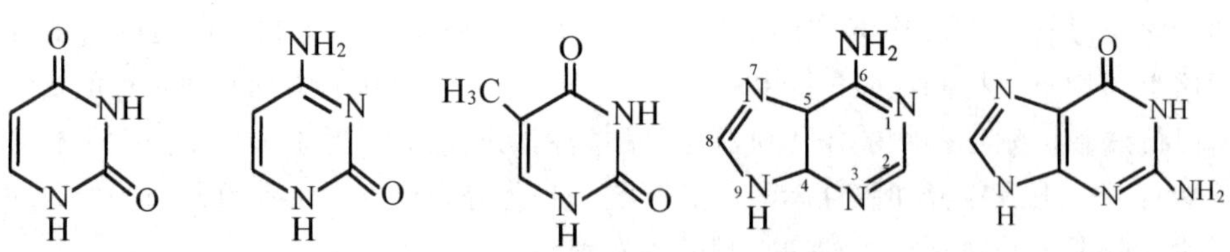

尿嘧啶　　　　胞嘧啶　　　　胸腺嘧啶　　　　腺嘌呤　　　　鸟嘌呤

(Uracil,简写U) (Cytosine,简写C)(Thymine, 简写T)　(Adenine,简写A)　(Guanine, 简写G)

RNA 中含有腺嘌呤、鸟嘌呤、胞嘧啶、尿嘧啶。

DNA 中含有腺嘌呤、鸟嘌呤、胞嘧啶和胸腺嘧啶。

4. 核苷

戊糖和杂环碱形成的苷叫作**核苷**。由于 RNA 和 DNA 所含杂环碱各有 4 种，所以它们各有 4 种核苷。RNA 的四种核苷是：

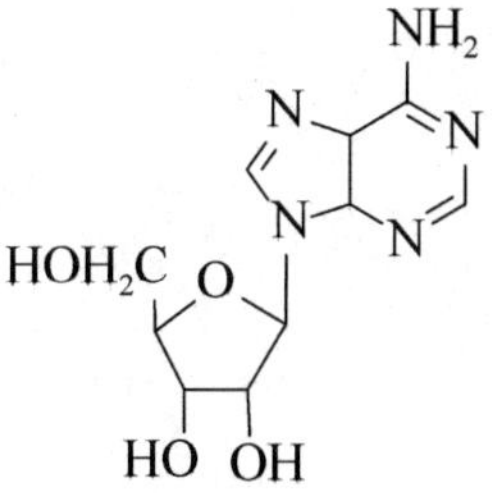

腺嘌呤核苷 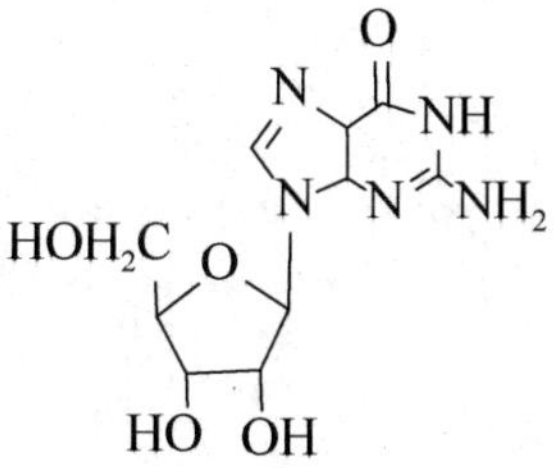　　　　　鸟嘌呤核苷 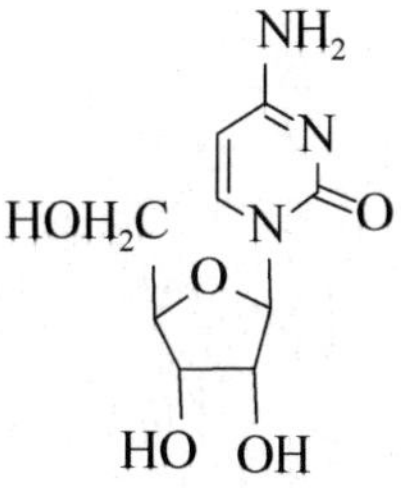　　　　　胞嘧啶核苷 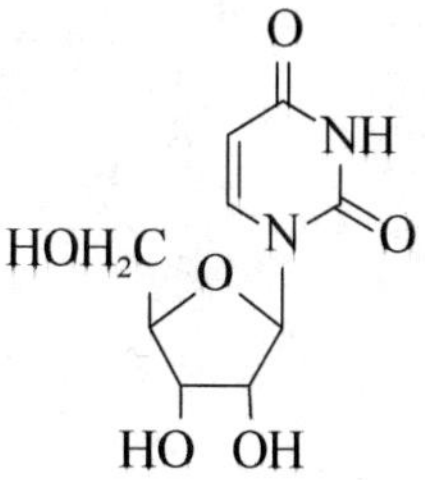　　　　　尿嘧啶核苷

DNA 的四种核苷是:

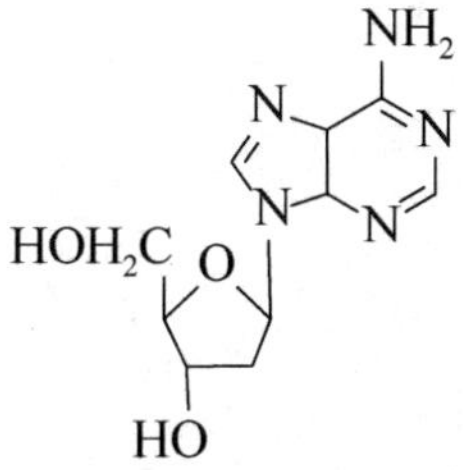

腺嘌呤脱氧核苷 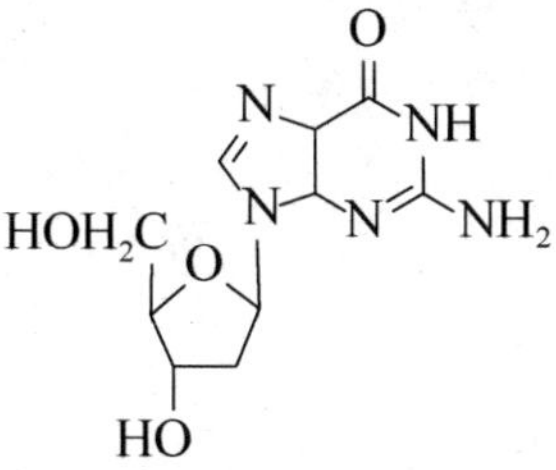　　　鸟嘌呤脱氧核苷 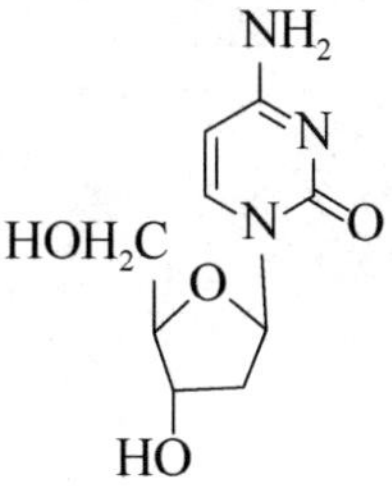　　　胞嘧啶脱氧核苷 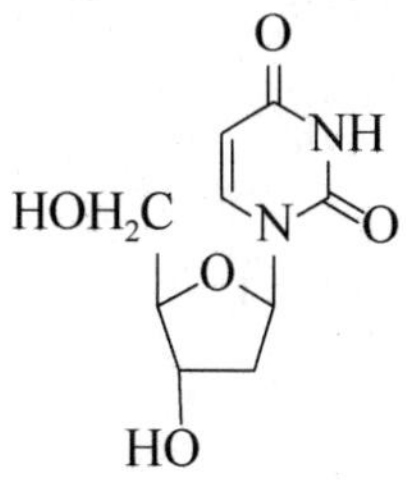　　　尿嘧啶脱氧核苷

5. 核苷酸

核苷中糖 $5'$ 位(核酸中糖的碳原子的位次以 $1'$、$2'$、$3'$……表示)羟基与磷酸所形成的酯叫作**核苷酸**,例如:

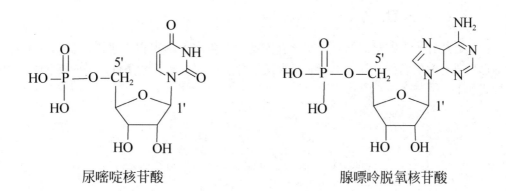

尿嘧啶核苷酸　　　　　　　　　　　　腺嘌呤脱氧核苷酸

6. 核酸的链结构

核酸是由众多核苷酸聚合而成的多聚核苷酸(polynucleotide),相邻两个核苷酸之间的连接键为 $3'$,$5'$—磷酸二酯键。无论是 DNA 还是 RNA,其基本结构都是如此,故又称 DNA 链或 RNA 链,DNA 和 RNA 链结构如下。

(A、U、T、G 等为各种含氮杂环)

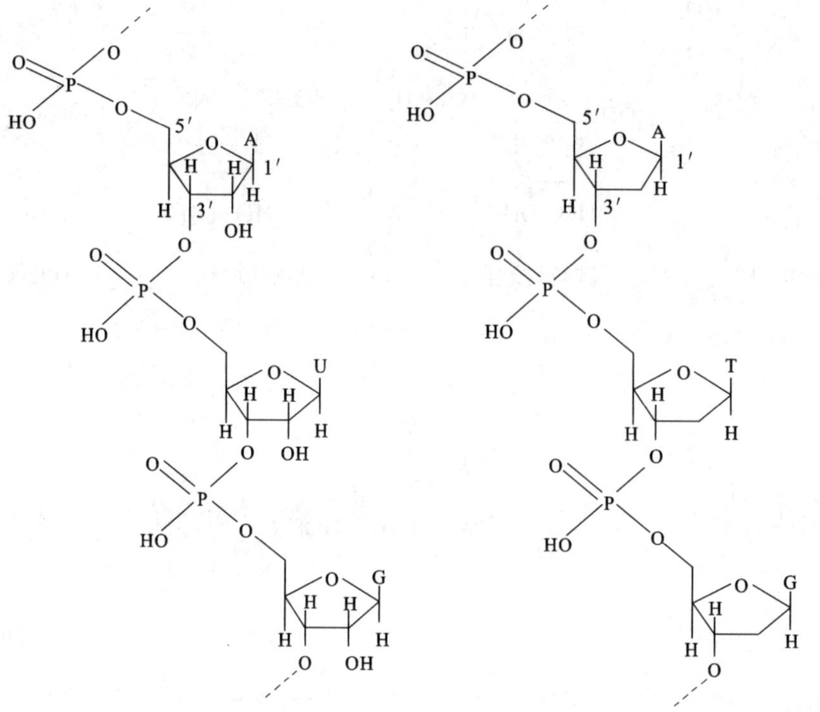

RNA   DNA

  每一种核酸中所含的糖是相同的，所以根据其中所含的糖将核酸分为核糖核酸（RNA）及脱氧核糖核酸（DNA）两大类。每一类中不同核酸的区别只在于含氮杂环（在生化中叫作碱基）的种类及排列次序不同。

11.3.2　核苷酸的生产

  由于近代分子生物学的发展，在核苷酸的工业生产上取得很大进展。日本在 1968 年就筛选出肌苷酸的菌种，具备了工业化直接发酵生产 $5'$—肌苷酸条件。$5'$—核苷酸二钠的结构式如下：

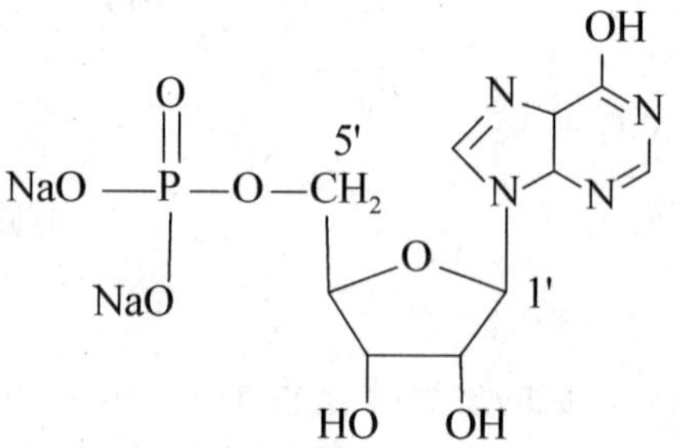

  它是具有很强鲜味的物质。此外，还有其他鲜味增强剂，如 $5'$—核糖核苷酸钙、鸟苷酸钙、肌苷酸钙等。核苷酸类物质在添加到液体食品中以后，可增加其黏滞性，使汤汁的"口感"更好，这是谷氨酸钠所没有的，所以核苷酸和谷氨酸钠混合使用称其为第二代味精，是 20 世纪 60 年代新兴的调味剂。随着核苷酸的代谢调节机制的研究，必定促进核苷酸的生产发展。

11.3.3 核酸的功能

核酸具有极其重要的生理功能，是生物遗传的物质基础。

DNA 主要存在于细胞核中（约 98% 以上），它们是遗传信息的携带者。DNA 的结构决定生物合成蛋白质的特定结构，并保证把这种特性遗传给下一代。RNA 主要存在于细胞质中（约 90%）它们是以 DNA 为模板而形成的，并且直接参加蛋白质的生物合成过程。因此 DNA 是 RNA 的模板，而 RNA 又是蛋白质的模板。存在于 DNA 分子上的遗传信息就是这样由 DNA 传递给 RNA，再传递给蛋白质，通过 DNA 的复制，遗传信息一代代传下去。

这仅是人们对核酸基本功能认识的简要概述。实际上，与生命现象有关的各种生物高分子（包括多糖、蛋白质和核酸）的功能都非常复杂。近几十年科学家对蛋白质和核酸的研究取得了很大的进展，但离彻底了解它们的结构和功能，直至揭开生命的奥秘这一目标还距甚远，科学家们正在继续作着艰苦而有意义的努力，一步步向最终目标迈进。

习　题

1. 写出下列化合物的结构。

(1) 甘氨酰亮氨酸

(2) 丙氨酰甘氨酸

2. 用简单的化学方法鉴别：

$$CH_3CHCOOH \quad , \quad CH_2{-}CH_2{-}COOH \quad ,$$
$$\underset{NH_2}{|} \qquad\qquad \underset{NH_2}{|}$$

（苯环—NH_2）

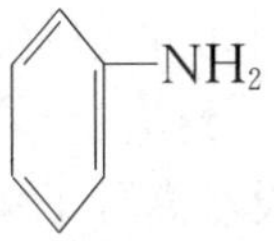

3. 氨基丁二酸（天门冬酸）在滴定时，是一个一元酸，用怎样的结构才能解释这一现象？

4. 有四个失掉标签的瓶子，已知它们分别装有下列物质。

(1) $CH_3{-}CH{-}CH_3$
　　　　$\underset{NH{-}CH_3}{|}$

(2) $H_2N{-}CH{-}COOH$
　　　$\underset{CH_2{-}COOH}{|}$

(3) $CH_2{-}CH_2{-}NH_2$
　　$\underset{CH_2{-}CH{-}COOH}{|}$
　　　　　　$\underset{NH_2}{|}$

(4) $CH_2{-}COOH$
　　$\underset{CH_2{-}NH_2}{|}$

利用石蕊试纸和亚硝酸盐，确定各瓶子里装着何种物质。

5. 将丙氨酸溶在水中，要使它达到等电点应加酸还是加碱？（它的等电点为 6.02）。

第12章 合成高分子化合物

12.1 概　述

高分子化合物是由成千上万个原子通过共价键连接而成的长链大分子，又称高聚物。与小分子化合物相比，高聚物不仅分子量大（一般在 $10^4 \sim 10^6$）；而且分子量还具有多分散性，即一种高分子化合物是由若干种分子量不相等的分子组成。

高分子化合物存在于自然界中，如植物中的纤维、动物中的蛋白质等。有史以来，人类在与自然界作斗争中通过自己的劳动使这些天然高分子产物满足人类生活中的需要。随着生产力的发展，由于某些天然高分子化合物的生产受到地区及自然条件的限制，渐渐不能满足人们的需求，特别是工业的发展，在技术上要求使用具备各种性能的材料，而这些性能是天然高分子材料所不具备的，这就促使人们不断探索自然高分子化合物的奥妙。当掌握了自然界中高分子的情况后，人们便模仿自然高分子来合成新的物质，最后创造性地合成了符合各个工业部门要求的各种性能的新型高分子化合物，叫合成高分子化合物。

高分子化合物品种很多，性能多种多样，为了便于研究，必须将它们分类。由于分类时的依据不同，因此分类的方法也不同。

（1）根据来源分类

依此可分为天然高分子化合物，如天然橡胶、淀粉等；合成高分子化合物，如聚氯乙烯等。

（2）根据分子的结构分类

依此可分为"线型"和"体型"两种结构。线型结构分子中碳原子（有时可能有氧、硫等原子）彼此连接成长链，如聚氯乙烯。而体型结构分子中长链之间通过原子或短链连接起来而构成立体结构，如酚醛树脂。

（3）根据对热的作用分类

依此可分为热塑性和热固性。热塑性物质受热软化，冷却时硬化，可以反复塑制，如聚乙烯。线型结构者多属热塑性，它们有较大的溶解性能。热固性物质开始受热时软化，受热到一定温度后就硬化成型，再受热不再软化，只能制一次，如酚醛树脂，它们多具体型结构，耐热及机械强度较好。

（4）根据制备的基本反应分类

依此可分为加聚反应和缩聚反应，如聚苯乙烯和聚酰胺树脂。

（5）根据高分子材料的用途分类

依此一般分为塑料、纤维和橡胶。

塑料是有机高聚物，在一定条件下（加热或加压）可塑制成型，而在平常条件下（0.1MPa，室温）能保持固定形状的材料叫作塑料。塑料的主要成分是合成树脂，它对塑料的性能起决定性作用。

合成纤维即合成树脂的纤维状物。

合成橡胶是指物理性能类似天然橡胶的有弹性的高分子化合物。

塑料、合成纤维、合成橡胶三者并不能截然分开。如聚酰胺类化合物通常用作合成纤维，但它也可用作工程塑料，制造各种机械零件；而聚偏二氯乙烯 $\{CCl_2-CH_2\}_n$ 通常作塑料，但也能制纤维。

高分子化合物的命名比较简单，一般在所用单体或假想单体的名称前冠以"聚"字便可。如由一种单体聚合得到的高分子化合物：聚苯乙烯、聚丙烯、聚丙烯腈、聚己内酰胺等。

由两种单体聚合得到的高分子化合物：如聚对苯二甲酸乙二醇酯、聚己二酰己二胺等。

在工业上常用作原料的高分子称作树脂，如聚氯乙烯树脂、聚甲醛树脂等。在商业上还经常应用一些习惯名称或商业名称，如将聚对苯二甲酸乙二醇酯叫作涤纶，聚丙烯腈叫作腈纶，聚顺丁二烯叫作顺丁橡胶。

高分子化合物一般是由许多同样的单元结构重复组成的。组成高分子的基本单元结构叫作结构单元，所含结构单元数目叫作高分子化合物的聚合度，用"n"表示。如：

$$n\mathrm{CH_2=CH} \xrightarrow{\text{聚合}} \{ \mathrm{CH_2-CH} \}_n$$
$$\quad\quad\ \ \ |\qquad\qquad\qquad\quad\ |$$
$$\quad\quad\ \ \mathrm{Cl}\qquad\qquad\qquad\quad\ \mathrm{Cl}$$

$$\text{氯乙烯}\qquad\qquad\quad\text{聚氯乙烯}$$

式中　　$\mathrm{CH_2=CH}$　　　单体；
　　　　　　　 |
　　　　　　　 Cl

　　　　　n　　　　　　　 平均聚合度；
　　　　$-\mathrm{CH_2-CH}-$　　结构单元。
　　　　　　　　　 |
　　　　　　　　　 Cl

合成高分子的原料叫作单体，并不是任何一个低分子化合物都能成为单体。一般单体必须具有两个或两个以上的官能团，如氨基酸、多元醇等；或者具有活泼中心的化合物，如有不饱和键的化合物等。

高分子化合物是由许多结构单元组成。这些结构单元的连接方式有线型和体型之分，如图12-1所示。

线型　　　　　　　　支链型　　　　　　　网状

图 12-1　高聚物的几何形态

当高分子化合物结构单元之间互相连接成线状（或链状）。称它为线型高分子化合物。其中也包括带有支链的线型高分子化合物。如低压聚乙烯和高压聚乙烯分别是线型和支链型的高分子化合物。

如果高分子化合物链与链之间以共价键相互连接成网状的主体结构就叫作体型高分子化合物，如酚醛树脂。

线型和体型高分子化合物在性质上是有差异的，如在受热时，线型高分子化合物可逐渐变软，直至熔融，是可熔性的，但遇冷后反又变硬。体型高分子化合物则不然，受热时不能软化，温度再高就分解，故称线型高分子化合物为热塑性高聚物，称体型高分子化合物为热固性高聚物。前者可以反复熔化，易于加工成型；后者不易熔化，只能在形成体型形态时进行一次加工成型。

它们对溶剂的作用也不一样。一般线型高分子化合物在适当的溶剂中可溶胀，最后成为高分子溶液，而体型高分子化合物不溶于任何溶剂，至多能溶胀，即溶剂分子扩散到高分子链间。所以大家常称线型高分子化合物为可溶可熔高聚物，体型高分子化合物为不溶不熔高聚物。

12.2 高分子化合物的合成及性能

12.2.1 高分子化合物的合成

将低分子原料转变为高分子化合物的过程叫聚合。聚合的基本反应有加成聚合（或加聚反应）和缩合聚合（或缩聚反应）两种反应。

1. 加成聚合反应

以相同或不相同的单体，在一定条件下（光热、引发剂、催化剂等），通过互相加成的方式结合成为聚合物的反应称为加聚反应。这类反应是链式反应。这些单体的共同特点是在分子中具有能够聚合的官能团，如双键、叁键、环状结构等，其中双键化合物最广泛，如：乙烯、氯乙烯、苯乙烯、丁二烯、2—甲基丙烯酸甲酯等。

加聚反应的历程，可按游离基型和离子型进行。常见的是游离基型的加聚反应。

2. 缩合聚合反应

缩聚反应是含有两个或两个以上官能团的单体，分子之间相互作用生成高分子化合物的过程，同时伴有小分子如水、氨、甲醇等的生成。

缩聚反应可分为线型缩聚与体型缩聚两类。如己二胺与己二酸缩聚反应生成聚己二酰己二胺（尼龙—66）是线型缩聚反应。

$$n\text{H}_2\text{N (CH}_2)_6\text{NH}_2 + n\text{HOOC (CH}_2)_4\text{COOH} \longrightarrow$$

$$\text{H} \begin{bmatrix} \text{NH(CH}_2)_6\text{NH}\overset{\displaystyle O}{\overset{\|}{-\text{C}}}\text{—(CH}_2)_4\overset{\displaystyle O}{\overset{\|}{-\text{C}}} \end{bmatrix}_n \text{OH} + (2n-1)\text{H}_2\text{O}$$

这类线型缩聚反应产物仍具有可以连续反应的官能团，可以和单体逐步反应变成更大的聚合物；或控制条件使其分子量在某一范围内分布得多一些，即分子量分布窄些。

缩聚反应多用酸或碱作催化剂。

体型缩聚反应，一般为线型高分子骨架通过交联剂（见12.4）再连结成网状高分子化合物的反应，其生成物为体型缩聚物，如离子交换树脂。其骨架是聚苯乙烯，交联剂是少量对二乙烯苯，在引发剂的作用下，生成体型聚合物。

12.2.2　高分子化合物的一般性质

1. 可塑性

线型高分子化合物，当加热到一定温度以上就渐渐软化，这时可借压力的作用进行成型。去压冷却后变为不易变形的坚韧物质，这种性能叫作可塑性。塑料名词也是由此而来。这些物质之所以具有可塑性，是因为它们含有无定型结构，分子间排列没有秩序，没有一定的熔点。

体型高分子化合物因其交联很多，分子链的屈挠性很小，物质间相对流动困难，所以当加热时，由于不能软化，于是便没有塑性了。它们受高热只能起分解作用，这类物质称为热安定性高分子化合物。

2. 化学稳定性

高分子化合物的化学性质一般是稳定的。因此，许多高分子化合物可制成耐酸、耐碱或耐其他化学试剂的器材；但经长期机械能的作用，或在光的照射下会发生裂解作用，生成分子量较小的分子，这时原来高分子化合物的性能发生显著的改变。例如：材料发黏或脆裂以致完全丧失机械强度，这种现象叫作老化。

3. 弹性

线型高分子化合物在普通情况下是卷曲的，好像一团不规则的线团，当物体受到外力拉伸时，卷曲着的分子便改变其构象而被拉得直一些，当外力去掉后，分子又可恢复到原来的卷曲状态，这就使物体显示了弹性。许多线性分子都具有弹性。体型高分子化合物，若交联不多也具有弹性（如橡皮），若交联很多则变得较硬、不具弹性，如高度硫化的硬橡皮，由于交联很多变成僵硬而失去了弹性。

4. 电绝缘性

直流电通过导体，是靠电子或离子自由流动来实现的。交流电通导体，只要使导体中电荷或分子中极性基随着电压的方向发生周期性转移就行了。由于有机高分子化合物分子中化学键都是共价键，不能电离，不能传递电子，所以是良好的绝缘体，特别是不带极性基团的高分子化合物，如聚乙烯对直流电都具有良好的绝缘性能。总的说来高分子化合物的绝缘性一般都是很好的。

5. 溶解度方面的特性

高分子化合物，一般在各种常用的溶剂中不溶解，但有些能发生溶胀现象，如把橡皮泡在汽油中，经若干时间后发现橡皮变大而较原来的软，这种现象叫溶胀。这是因为高分子化合物间吸引力较大，不易把它变成单分子溶解于溶液中，但由于它的卷曲，排列不规则，分子间发生孔隙（在体型结构中分子内部也有孔隙），溶剂分子可以掺入使之涨大。离子交换树脂放于水中，体积变大，其原因之一也在于此。

6 机械性能

高分子化合物的机构性能如抗压、抗拉、抗弯等，与分子之间的吸引力有关。分子之间吸引力的大小与分子量的大小以及分子有无极性有关。一般说来分子量越大分子间吸引力越大，极性分子间吸引力大于非极性分子。在高分子化合物中，由于它们的分子量非常巨大，因此分子间吸引力的总和已超过分子中化学键的键能，所以当承受外力时，个别分子链中的原子之间的键先断裂，而分子之间的滑动在后，正像我们用力锤击两片粘得很牢的木板时，木板断裂而粘接处未分开，同时由于分子之间巨大的吸引力而把许多子分链结合在一起，因之能承受较大的机械强度。一般体型高分子化合物的机械强度大于线型高分子化合物。

7. 高分子化合物的改性

有机高分子化合物绝缘性好、耐腐蚀、有弹性、质轻、易成型加工。这些特性是一般金属所不能比拟的，但它的机械性能不够理想，并且大多数不耐高温（400～500℃以上）。我们能够设法改变它的一些性能，如改变它的机械性能、化学稳定性、热性能等来满足生产和生活的需要。这种具有可改变的性能，叫作改性。如农业需要的薄膜，要求能耐寒并且要薄，而聚氯乙烯制成的薄膜达不到此要求。于是使氯乙烯和乙烯基异辛醚共聚，这种共聚物具有一定的内增塑性，这对提高农业用薄膜的质量、降低成本有很大作用，并且也改进了聚氯乙烯薄膜的耐寒性和耐加工性能。适宜用作低温、耐冲击制品、真空成型的容器硬板以及薄聚等。

要使某些塑料克服某些缺点，可以在它的单体中加入增塑剂、填料、防老剂或其他物质共聚。这样形成后的材料具有很多优点，基本上能满足生产及日常生活的需要。

12.3　高分子化合物各论

12.3.1　聚氯乙烯

$$\{ CH_2-CH \}_n$$
$$\qquad\qquad | $$
$$\qquad\qquad Cl$$

聚氯乙烯是我国目前应用最广泛的热塑材料。聚氯乙烯原为塑料中产量最大的品种，随着石油工业的发展，现已退居于聚乙烯之后。

根据 X 射线衍射研究的结果，聚氯乙烯的结构还不十分清楚，但是它总不是单纯的直线型结构，而是在聚合中生成支链或比较松散的交联结构。

1. 聚氯乙烯的合成

合成聚氯乙烯的基本原料是石灰石、焦煤和食盐。

$$CaCO_3 \underset{}{\overset{高温}{\rightleftharpoons}} CaO + CO_2 \uparrow$$
$$CaO + 3C \xrightarrow{2500\sim3000℃} CaC_2 + CO \uparrow$$
$$CaC_2 + 2H_2O \longrightarrow CH\equiv CH + Ca(OH)_2$$

湿法生产乙炔时，将产生大量含碱废水。

食盐电解得到氯气和氢气，两者合成氯化氢，它与乙炔在氯化汞为催化剂的情况下反应生成氯乙烯。

$$CH\equiv CH + HCl \xrightarrow{HgCl_2} CH_2=CH$$
$$\qquad\qquad\qquad\qquad\qquad | $$
$$\qquad\qquad\qquad\qquad\qquad Cl$$

单体氯乙烯用水作介质，偶氮二异丁腈作引发剂，用明胶悬浮剂进行悬浮联合，即生成聚氯乙烯。氯乙烯单体的合成路线，目前国外多从石油裂解废气分离提纯的乙烯开始。

2. 聚氯乙烯的性能与用途

聚氯乙烯树脂是白色粉末，它的使用温度范围为$-15\sim55℃$，在聚氯乙烯树脂中加入不同的增塑剂和稳定剂可制得各种硬制品和透明制品等。硬聚氯乙烯具有一定的机械强度，在室温或低于$55℃$以下，除强氧化剂以外，能耐各种浓度的酸、碱、盐溶剂的腐蚀，在氯代芳烃或烃和酮类介质中会被溶胀或溶解，但不溶于许多其他溶剂。聚氯乙烯是优良的绝缘材料，但不耐高频，不耐热。软聚氯乙烯具有弹性，耐曲折，多用作电线、电缆的包皮、薄膜，以及日常生活用品等。硬聚氯乙烯可作管道容器衬里、绝缘材料以及结构材料等。若在加工过程中加入发泡剂，则得富有弹性的泡沫塑料，将它夹在别种材料中制成三层结构材料，富绝热及隔声性，在日常用品中代替海绵。

在废水处理中，聚氯乙烯板用作生物转盘。

12.3.2　工程塑料

工程塑料一般是指机械强度比较高，可以代替金属用作工程材料的一类塑料。这种塑料除了具有较高的强度外，还有很好的耐腐蚀性、耐磨性、自润滑性以及制品的尺寸稳定性等优点。

聚酰胺塑料一般都称为尼龙，它是发展最早的工程塑料。尼龙品种很多，凡是二元酸和二元胺缩聚都能形成聚酰胺。目前国外工业化的品种有尼龙-6、66、610、612、11、12 等，另外还有透明尼龙 7、9、13 以及聚环酰胺等品种都正在加紧研究，品级和称号也逐渐增多。

我国的尼龙塑料发展也很快，目前已有很多品种投入工业生产，尼龙-6、66、在国内主要用于合成纤维，尼龙-1010 用于工程。

1. 尼龙-1010

$$\left[NH-(CH_2)_{10}-NH-CO-(CH_2)_8-CO \right]_n$$

生产尼龙-1010 的原料是蓖麻油，蓖麻油是 12—羟基—9—十八碳烯酸，其结构式为：

$$CH_3-(CH_2)_5-\underset{\underset{OH}{|}}{CH}-CH_2-CH=CH(CH_2)_7COOH$$

它在碱的作用下可以生成癸二酸，而尼龙-1010 便是由癸二酸和癸二胺的盐缩聚而成。

尼龙-1010 性能比较优异，可以在$80℃$以上使用，耐磨性能好，其耐磨效果为钢的八倍；作为机械零件有良好消声性，运转时噪声小，能耐弱酸、弱碱和一般溶剂，耐油性极为良好。耐寒性好，能在$-60℃$以上使用，吸水性比尼龙-6 和尼龙-66 为低；它的相对密度较轻，仅为钢的七分之一，就是说在同一体积时，钢重量是尼龙的七倍，因此，发展尼龙-1010 在国民经济及国防建设上都具有特殊的意义。

由于尼龙-1010 的综合性能好，可代替金属，特别代替战略物资的铜，如代用于橡皮热水袋的镀镍、铬、铜的细纹盖和机床液压系统的紫铜管，可为国家节约大量的铜，并且广泛用于制造各种机械零件和仪器仪表的部件；用于高压釜的密封圈在 $10\sim30MPa$ 下可经受 $900h$ 的考验，密封性能好。

2. 聚苯硫醚

$$\left[\begin{array}{c} \bigcirc \end{array} - S\right]_n$$

聚苯硫醚是一种新型的工程塑料，由对—二氯苯、硫化钠在极性溶剂（二甲基甲酰胺、六甲基磷酰胺等）中于高温下缩聚得到。

$$n Cl-\bigcirc-Cl+n Na_2S \xrightarrow{\text{高温}} \left[\bigcirc-S\right]_n+2n NaCl$$

聚苯硫醚具有高的热稳定性，可在370℃下进行加工，制品在200℃以下使用不发生变形。除了浓硝酸、王水等少数强氧化性酸外，对其他无机酸、有机酸都具有良好的抗腐蚀性，在各种浓度下的碱介质中都不受腐蚀，在170℃以下目前尚未发现可溶解它的溶剂。因此，是一种很有前途的耐热、耐腐蚀材料。

聚苯硫醚还与各种金属、非金属材料如陶瓷、玻璃、石墨、石棉、钢、铜、铅等具有强的粘合力，故可以作为高温熔性胶粘剂使用。由于它一方面具有强的粘合力，另一方面又具有优异的防腐性，因此，是一种比较理想的涂覆材料。

3. ABS

ABS是丙烯腈（Acrylonitrile）—丁二烯（Butadiene）—苯乙烯（Styrene）三元共聚物的简称，是20世纪40年代开发的一种具有优良综合性能的热塑性工程塑料。

从结构上看，ABS是一个由丙烯腈—苯乙烯共聚物为连续相、丁二烯橡胶微粒为流动相的两相结构，其结构式为：

$$-(CH_2-CH)_x-(CH_2-CH=CH-CH_2)_y-(CH_2-CH)_z-$$
$$\qquad CN \qquad\qquad\qquad\qquad\qquad\qquad C_6H_5$$

由于ABS是多元组成，因而ABS既有聚丁二烯柔性链结构赋予的高弹性和高抗冲击性能及聚苯乙烯良好的绝缘性和加工性能，同时，由于丙烯腈的引入，使ABS具有相当的硬度、耐化学腐蚀性以及易于着色的好品质。改变ABS的三种成分的配比，可获得不同特性和用途的ABS树脂。

ABS的用途极为广泛，如可用于航空、电子电器工业、汽车工业、轻工纺织、仪器仪表等领域，许多家电的外壳就是用ABS制成的，建筑工业中则用来制造板材、管材。

由于ABS的耐热性、耐燃性、耐低温性不够理想，通过在ABS类树脂中加入助剂、填料或将ABS树脂与其他树脂进行共混改性，可获得多种性能优异、满足不同应用需要的改性ABS和ABS类合金。如阻燃ABS、耐热ABS、透明ABS、ABS—PVC（聚氯乙烯）合金、ABS—PC（聚碳酸酯）合金、ABS—SMA（苯乙烯—马来酸酐共聚物）合金、ABS—PSF（聚砜）合金等。ABS类树脂和ABS类合金正向高性能、高等级方向发展。

12.3.3 有机玻璃

有机玻璃的学名叫聚甲基丙烯酸甲酯，其结构式为：

$$\left[\begin{array}{c} CH_3 \\ | \\ CH_2-C \\ | \\ COOCH_3 \end{array}\right]_n$$

1. 有机玻璃的合成

有机玻璃的主要原料是甲基丙烯酸甲酯，甲基丙烯酸甲酯可以用不同的方法合成，而其中以丙酮腈醇法在工业上最为重要。应用此法生产甲基丙烯酸甲酯时采用丙酮、氢氰酸或其盐、硫酸及甲醇作为原料。

反应第一步是以丙酮与氢氰酸在碱性催化剂影响下作用，或以丙酮与氰化钠或氰化钾在酸性亚硫酸盐或硫酸的作用下生成丙酮氰醇。

$$
\underset{\underset{O}{\parallel}}{CH_3-C-CH_3} + HCN \longrightarrow \underset{\underset{OH}{|}}{CH_3-\underset{\underset{CH_3}{|}}{C}-CN}
$$

反应的第二步为脱水、皂化及酯化：

$$
\underset{\underset{OH}{|}}{CH_3-\underset{\underset{CH_3}{|}}{C}-C\equiv N} \xrightarrow{H_2SO_4} \underset{OHOSO_3H}{CH_3-\underset{\overset{CH_3}{|}}{C}-C=NH} \xrightarrow{-H_2O} \underset{O \quad SO_3H}{CH_2=\underset{\overset{CH_3}{|}}{C}-C=NH}
$$

$$
\xrightarrow{H_2O} \underset{\underset{O}{\parallel}}{CH_2=\underset{\overset{CH_3}{|}}{C}-C-NH_2} \xrightarrow{H_2O} \underset{\underset{O}{\parallel}}{CH_2=\underset{\overset{CH_3}{|}}{C}-C-OH} \xrightarrow[H_2SO_4]{CH_3OH} CH_2=\underset{\overset{CH_3}{|}}{C}-COOCH_3
$$

甲基丙烯酸甲酯

$$
nCH_2=\underset{\overset{CH_3}{|}}{C}-COOCH_2 \xrightarrow{\text{聚合}} {\left[\begin{array}{c} CH_2-\underset{\overset{|}{COOCH_3}}{\overset{CH_3}{\overset{|}{C}}} \end{array}\right]}_n
$$

聚甲基丙烯酸甲酯

2. 有机玻璃的性能

（1）高度透明性

有机玻璃是目前最优秀的有机透明材料，透明率为 92%，比无机玻璃还高。太阳灯上的灯管是用石英做的，因为石英能够完全透过紫外线，普通玻璃只能透过 0.6%，而有机玻璃则能透过紫外线 73%。

（2）机械强度高

有机玻璃是具有大约 200 万分子量的有支链的线型高聚物。因此，有柔软的大分子链段，强度较好，它的抗拉强度为 $6\sim7kN/cm^2$。抗冲击强度为 $0.12\sim0.13kN/cm^2$，比无机玻璃高 7~18 倍（当温度一定时）。

（3）质量轻

有机玻璃相对密度为 1.18，同样大小的材料，其质量仅为无机玻璃的一半，为铝的 43%。

（4）耐紫外线及大气老化

有机玻璃户外放置五年后透光率仅下降 1%。

（5）易于成型加工

它不但能用机械切削、刨、钻孔，而且还能用丙酮、氯仿等溶剂自体粘结。能用吹塑、注射、挤压等加工热成型，可制成大至飞机座舱盖，小到假齿等各种制件。

有机玻璃产品，一般有板材、管、棒和模型料，可做成无色透明、五颜六色、珠光、荧光和各种制品。广泛用于工业部门，它是现代飞机座舱罩和挡风玻璃的优良材料；也可用于大型建筑和家庭天窗、电视、雷达标图的屏幕、汽车的风挡、仪器和设备的防护罩、电信仪表外壳、光学镜片、指示牌及日用装饰材料等。

12.3.4 聚四氟乙烯

1. 聚四氟乙烯的 $\{CF_2—CF_2\}_n$ 合成

聚四氟乙烯的单体是四氟乙烯，而四氟乙烯是由一氯二氟甲烷热裂制取的：

$$2CHClF_2 \xrightarrow{600\sim750℃} CF_2=CF_2+2HCl$$

四氟乙烯非常容易聚合，纯粹的四氟乙烯在室温以下，也会引起剧烈的聚合。因此，一般都在水中用悬浮聚合的方法控制它的聚合度。

$$nCF_2=CF_2 \xrightarrow{聚合} (CF_2—CF_2)_n$$

2. 聚四氟乙烯的性能及用途

聚四氟乙烯有粒状、粉状和分散液三种。固体相对密度2.1～2.3。成型品具有色泽洁白、半透明外观、蜡状感觉的特点。

聚四氟乙烯有"塑料王"之称，它主要有四大特点：

(1) 优良的耐高、低温性能。它是发现最早生产最大的耐高、低温塑料，它能在250℃下长期作用，300℃下短期使用，它长期使用的温度范围为-200～250℃。

(2) 优异的耐化学腐蚀性。它在强酸王水中、强碱浓氢氧化钠中以及原子能工业中用的强腐蚀剂五氟化铀中都不被分解，不溶于任何溶剂。

(3) 摩擦系数低。它的摩擦系数比两块磨得最光滑的不锈钢的摩擦系数小一半。磨损量只有它的百分之一。

(4) 优异的介电性能，一片0.25mm厚的薄膜，就能耐500V的高压，比尼龙的介电强度高一倍。

虽然聚四氟乙烯的强度较低（比不上其他某些塑料容易蠕变）。但加填料后能提高机械强度，并且硬度增三倍。

由于聚四氯乙烯能耐高、低温，因此可用作输送液氢管道的垫圈和软管，宇宙飞行登月服的防火涂层。

还可用作各种材料的绝缘浸渍液和金属、玻璃、陶器表面的防腐涂层。

用石墨填充的聚四氟乙烯，能作压缩机无油润滑活塞环，使用寿命可达15000h；用青铜粉填充的聚四氟乙烯，可做轴承罩、轴瓦、轴承垫，公路和铁路桥梁的滑动衬垫，食品工业加工夹心糖的不粘面和不粘糖浆的滚筒以及合成氨厂联合压缩机的密封垫。

另外，还由于聚四氟乙烯有优良的耐蚀性能，故可用作化工厂的高温输送管道、石油化工管件的接头、丁字管弯接头、法兰的阀片、防腐衬里、元素电解槽的电极隔板，由于介电性能好，可制作耐高温微小电容器等。

12.3.5 环氧树脂

丙酮与苯酚缩合，可生成2，2－（4，4′－二羟基）二苯基丙烷，简称双酚A或二酚基丙烷。

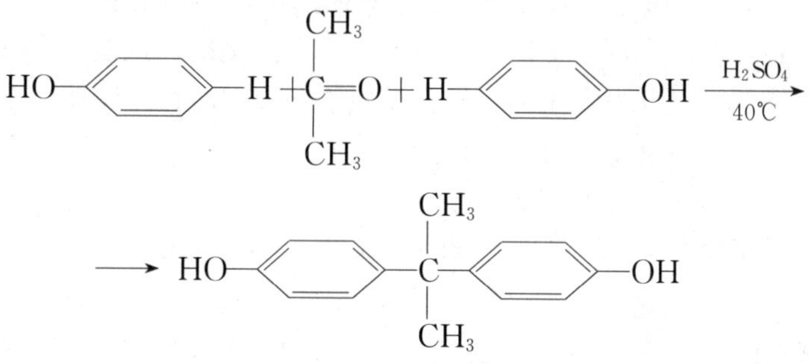

$$HO-\text{benzene}-H + C\!\!\!\!\!\!\!\underset{CH_3}{\overset{CH_3}{=}}\!\!\!\!\!O + H-\text{benzene}-OH \xrightarrow[40℃]{H_2SO_4}$$

$$\longrightarrow HO-\text{benzene}-\underset{CH_3}{\overset{CH_3}{C}}-\text{benzene}-OH$$

双酚 A 与环氧氯丙烷 $CH_2\!\!-\!\!CH\!\!-\!\!CH_2\!\!-\!\!Cl$ 进行一系列缩聚反应便生成环氧树脂。

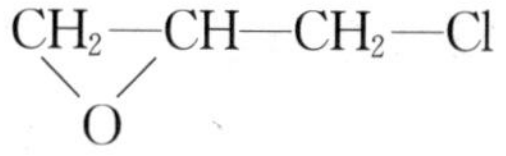

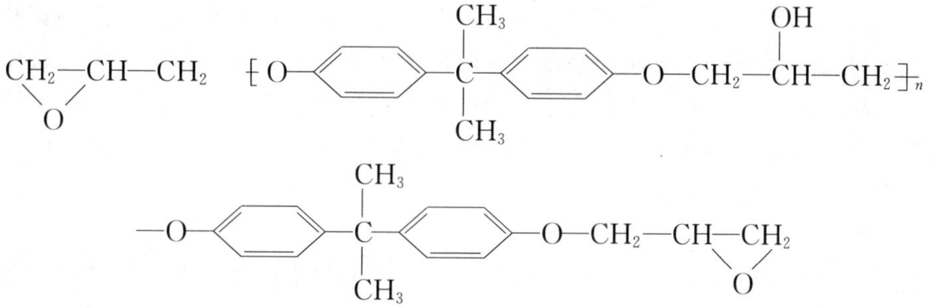

$$CH_2\!-\!CH\!-\!CH_2\!\!\left[O-\text{benzene}-\underset{CH_3}{\overset{CH_3}{C}}-\text{benzene}-O-CH_2-\underset{OH}{CH}-CH_2\right]_n$$

$$-O-\text{benzene}-\underset{CH_3}{\overset{CH_3}{C}}-\text{benzene}-O-CH_2-CH-CH_2$$

所得到的树脂，因最后分子中两端具有环氧基，因此，这种树脂叫环氧树脂。

这种环氧树脂是线型结构，具有热塑性，不能直接使用，使用时需溶于溶剂中，加入硬化剂才能使之成型。常用硬化剂为胺类、有机酸及有机酸酐等。用胺类可在室温下硬化（但间—苯二胺等要在高温下硬化）；在硬化时放出大量的热，易使制品开裂，并且一般胺类有毒，适应期较短，操作不便。用有机酸及其酸酐作硬化剂时放热较少，不会使制品开裂，但要求有较高温度及长时间硬化，并使制品耐碱性降低。

经过硬化后的环氧树脂有良好的耐腐蚀性及稳定性，它使酸类、碱类和一般有机溶剂都很安定。经过完全硬化后的树脂无味无臭并且对生物体无影响，对气候及霉菌没有显著作用。经过硬化后的环氧树脂结合能力很强。

环氧树脂有"万能胶"之称，这是因为它对大部分材料如金属、木材、玻璃、陶瓷、塑料、橡胶、皮革等都有很好的粘合性能，但对少数材料如聚乙烯、有机氟塑料和含有可塑剂的聚氯乙烯则无粘合性。在给水排水工程中，有时发生断管现象，为能在短时间内把管子修好，常采用胺类硬化过的环氧树脂将管子接好。

玻璃钢是以玻璃纤维或玻璃布为基础，以环氧树脂作胶粘剂制成的层压塑料，它的强度很大，常用作结构材料及电器绝缘材料。

*12.4　离 子 交 换 剂

12.4.1　一般概况

凡具有离子交换能力的物质，均称为离子交换剂。

离子交换剂分无机和有机两大类。无机离子交换剂有天然海绿砂（$Na_2O \cdot nAl_2O_3 \cdot Fe_2O_3 \cdot xSiO_2 \cdot yH_2O$）和合成沸石等。这种交换剂虽使用历史较久，但因只有阴离子交换剂，而且由于颗粒核心为致密结构，故只能进行表面交换，交换能力很低，现已很少使用。有机离子交换剂又可分为碳质和有机合成离子交换剂两种。碳质离子交换剂主要是磺化煤。本节只重点讨论有机合成离子交换剂。

1. 有机合成离子交换剂的组成和结构

有机合成离子交换剂又称离子交换树脂，它是一种带有能交换离子的高分子化合物，由下列两大部分组成。

(1) 交换剂本体

交换剂本体，是高分子化合和交联剂组成的高分子共聚物。交联剂主要是使高分子化合物成为固体，并使其成为网状。

通常用的交联剂有：二乙烯苯、苯酚及间苯二酚。交联剂的多少，关系到交联程度的大小。我们把交联程度的大小叫交联度。交联度的大小影响树脂的性能，如交联度大则树脂坚硬及对离子的选择性好、膨胀力小，但交换容量小，使用上不方便。相反，交联度小则交换容量虽有提高，但树脂易碎，膨胀力大，稳定性差，造成操作上困难。因此，交换树脂应有适宜的交联度。

(2) 交换基团

交换基团是由能起交换作用的阳（阴）离子和交换剂本体联结在一起的阴（阳）离子组成。

例如磺酸型苯乙烯、二乙烯苯强酸性阳离子交换树脂，它的本体是苯乙烯高分子聚合物和交联剂二乙烯苯组成的聚合体，它的交换基因是磺酸基（SO_3H），其中 H^+ 是可游离的阳离子，而 SO_3^- 是和本体（实际上是和本体上的苯乙烯）联结在一起的不可游离的阴离子。

如果以 R 表示交换剂本体，则这种交换剂可用 $R—SO_3H$ 表示，从离子交换剂的本体来看，其本体与交换基团中的 SO_3^-（即 $R—SO_3^-$ 部分）都是固定不变的，只有 H^+ 可以游离进行交换。

交换基团有两种形式：一种是将游离酸（碱）型，如磺酸型的—SO_3H；另一种是盐型，如—SO_3Na，在纯水制取中，主要采用游离酸（碱）型。

有机离子交换剂具有不溶、耐热、机械强度高、交换量大等优点。因而是目前性能最好，使用也最为广泛的一种离子交换剂。

2. 有机合成离子交换剂的分类

(1) 离子交换树脂

将有机高分子共聚物制成颗粒，就成为常用的离子交换树脂，离子交换树脂按其用途不同，又可制成球状、不规则的粒状和粉状等。在纯水制取中，目前使用最广泛的球状离子交换树脂。为什么叫树脂呢？因为它们像松树中分泌出来的松树脂而得其名。

(2) 离子交换膜

离子交换膜可分为均相膜、半均相膜和异均相膜三种。离子交换膜用途很广，但主要用于水的淡化、溶液的浓缩或分离等方面。根据其用途的不同，离子交换膜又分为电解质的电渗析浓缩用膜、盐水的电渗析脱盐用膜、电解隔膜以及特定的离子选择通过性膜等。

（3）离子交换纤维

离子交换纤维又称离子交换布。因纤维素化学反应能力强，交换基团可以结合在离子交换树脂的纤维织物上，故它具有反应速度快、表面积大等优点。

（4）离子交换纸

离子交换纸是用多孔性能的纸在高聚物溶液或本体中浸渍而成。

（5）离子交换液

这种交换液必须是溶解度很小，在进行液—液交换后，能够进行再生，故一般多为弱碱性胺类阴离子交换剂。它可用于铀的回收。

（6）离子交换块

离子交换树脂可制成块状或薄板状，将其直接置于溶液中吸附离子或作其他用途。这种方法，目前国内应用很少。

在纯水制取的一般水处理生产中，目前使用最广泛的是球状离子交换树脂。离子交换膜正在逐步推广和发展中，下面着重讨论离子交换树脂。

12.4.2　离子交换树脂

离子交换树脂是一类具有离子交换功能的高分子材料，它是由交联结构的高分子骨架与可离解的离子交换基团两个基本部分构成的不溶性高分子电解质。

1933 年 Adams 和 Holmes 首先人工合成了酚醛系阴、阳离子交换剂；1945 年，美国的 D'Alelio 制备了聚苯乙烯型强酸性阳离子交换树脂和聚丙烯酸型弱酸性阳离子交换树脂。之后，随着对环境污染的认识，高分子离子交换树脂迅速发展，树脂的种类日益增多，能够更有效地进行快速分析和分离过程，可解决诸如硬水软化、高纯水制备、脱色精制、废水净化、海水淡化、溶液浓缩、药物提纯等。此外，树脂还可用作某些反应的催化剂。

由大孔型离子交换树脂发展成的高分子吸附剂可以从极性或非极性溶液中吸附非极性或极性溶质，其吸附能力非常强，甚至可以从水中吸附浓度以"$\mu g/L$"（十亿分之一）计的微量杂质。

1. 离子交换树脂的种类

（1）一般常用的离子交换树脂（凝胶型）

按其所带基团的性质，通常又分为阳离子交换树脂及阴离子交换树脂两类。

1）阳离子交换树脂

合成树脂的本体中，常有酸性交换基，如磺酸基—$SO_3^- H^+$，羧基—$COO^- H^+$ 等是阳离子交换树脂。

阳离子交换树脂又可分为以下三类。

强酸类　带有磺酸基（—$SO_3^- H^+$）等交换基团的是强酸性阳离子交换树脂。

中等酸性　带有磷酸基（—$PO_3^- H_2^+$）或亚磷酸基（—$PO_2^- H_2^+$）等交换基团的为中等酸类阳离子交换树脂，在纯水制取中使用很少。

弱酸类　带有羧基—$COO^- H^+$ 或酚基—$O^- H^+$ 交换基团的为弱酸阳离子交换树脂。这类树脂有甲基丙烯酸型、丙烯酸型及酚醛型多种。目前使用最广泛的是丙烯酸型弱酸阳离子交换树脂，而酚醛型树脂已逐渐被淘汰。

2）阴离子交换树脂

合成树脂的本体中，带有碱性交换基团如季铵盐基（$\equiv NX$）、伯氨基（$—NH_2$）等是阴离子交换树脂。

阴离子交换树脂又可分为以下两类。

强碱类　带有季氨基（$—CH_2N^+$ $(CH_3)_3Cl$）等多种形式，通常可简写为$\equiv NX$碱性交换基团。强碱性离子交换树脂，目前常用的是苯乙烯型强碱阴离子交换树脂，如国产强碱 201 号树脂。

弱碱类　带伯氨基（$—NH_2$），仲氨基（$=NH$）等交换基团的为弱碱性阴离子交换树脂。目前常用的是苯乙烯型弱碱性离子交换树脂，如国产的 330 号树脂。

我国目前生产的水处理离子交换树脂的品种很多，主要使用的是一般离子交换树脂。这些树脂国内的分类方法是：

1～100 号为强酸类

101～200 号为弱酸类

201～300 号为强碱类

301～400 号为弱碱类

401～500 号为特种离子交换树脂。

一般常用的离子交换树脂具有凝胶型的结构。所谓凝胶型结构，就是当离子交换树脂浸入水溶液后产生溶胀现象。溶胀的原因，是因为当干燥树脂浸入水中后，水即扩散入树脂交换联网孔内，此时树脂交换基团在水中产生离解并成水合离子（水合离子的体积较原来的体积为大），从而使树脂交联网增大，发生膨胀。这种膨胀的性质在实用上是不利的，因为当它膨胀时机械强度就差，而且反复膨胀和收缩多使颗粒碎裂。

凝胶型树脂本身空隙小，交联又不均匀，所以容易被水中有机物阻塞污染，于是抗污染的能力很差。为此，近年来已制成一种多孔型离子交换树脂。

（2）多孔型树脂（大孔型）

这类树脂带有较大的交联网孔，因而可以吸附较大的离子和有机物，提高交联能力及交换速度。

多孔型树脂的制造方法有两种：一种是降低树脂的交联度，但这种方法制成的树脂孔隙率是相当有限的，且机构强度不高，使用上缺陷很多；另一种方法是在苯乙烯与二乙烯苯的聚合过程中加入适量可溶性的惰性填充剂（如汽油等），待聚合后再将此惰性物从共聚体中赶走，即可得到海绵状的高强度多孔型树脂。

高强度多孔树脂与非多孔树脂相比，其优点如下：耐磨性能好；耐氧化性能好；交换速度快；抗有机物污染性能强；可以对大的有机分子进行交换；容易再生，且再生剂用量较省；容易起催化及脱色作用。

虽然多孔型可以克服凝胶型树脂许多不足之处，但它还存在如下缺点：

1）价格比较贵，投资和操作费用比较高，目前未大量生产。

2）单位体积交换量较低，由于多孔型树脂有许多孔隙，单位体积中的交换基团总含量少，因此体积交换容量相应的比凝胶树脂略低。

3）由于多孔型树脂吸附简单无机离子较为牢固，所以再生过程中除去这些离子较困难，要达除去离子的相同程度就得用较多的再生剂，再生费用贵。

后两个缺点主要是由于不均匀的交联所造成，要改进这些缺点可用等（均）孔型树脂来解决。

等孔型树脂的主要特点是：不用二乙烯苯作为交联剂，以防止产生不均匀聚合而引起的不均匀孔隙。等孔型树脂的骨架实体部分交联度主要是利用氯甲基化的二次交联，因此这种树脂比一般多孔型树脂交联容量高。

（3）螯合型交换树脂

这种树脂含有与金属离子形式螯合物的基团，是一种对某些离子有特殊选择的树脂。

（4）两性交换树脂

这类树脂的共聚物上，同时带有酸性基和碱性基，能进行两性反应。

（5）电子交换树脂

这类树脂交换原理不是离子交换，而是电子转移，能起氧化还原作用，又名氧化还原树脂。

2. 离子交换树脂的合成

在纯水制取中，目前主要使用的是一般离子交换树脂（凝胶型）及高强度多孔性树脂。

在合成树脂之前，应首先了解交换树脂必须具备哪些条件，才能满足生产需要。

（1）作为离子交换树脂的必要条件

1）不溶于有机及无机溶剂中，因此树脂必须具有足够的交联使之成为体型结构。

2）树脂应该有适当的交换容量。交换容量小，再生频率增高，但交换量太高，又会使树脂的稳定性变低，易于破坏。

3）树脂颗粒应有良好的机械强度，并且使用时还应具备一些物理与化学上的稳定性。

4）树脂的交换反应及再生作用应很迅速。

（2）离子交换树脂的合成

1）苯乙烯型阳离子交换树脂

这种树脂是由苯乙烯和二乙烯苯等原料聚合而成。其步骤如下：

a. 聚合反应。苯乙烯和交联剂二乙烯苯为不溶于水的液态有机物，它们共聚反应可用下式表示：

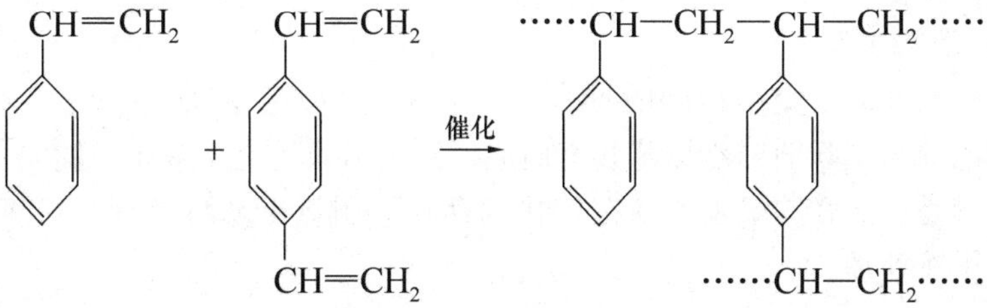

这种聚合体是悬浮聚合方法制成的，它的颗粒为球状。为防止球与球之间互相结合，需加入适量的明胶。该聚合反应的引发剂为过氧化苯甲酰。球体的紧密或疏松程度取决于交联剂二乙烯苯用量。

b. 磺化。聚合后的小球，在 80℃左右的温度下用二氯乙烷（CH_2Cl—CH_2Cl）和浓硫酸处理，使在苯环上导入磺酸基，即成强酸性阳离子交换树脂。

二氯乙烷的作用是使共聚体小球膨胀起来，以便使硫酸流入小球内部。反应完后，二氯乙烷在减压器内蒸发掉，过量浓硫酸可用纯碱中和并用清水洗涤。

磺化反应可用下式表示：

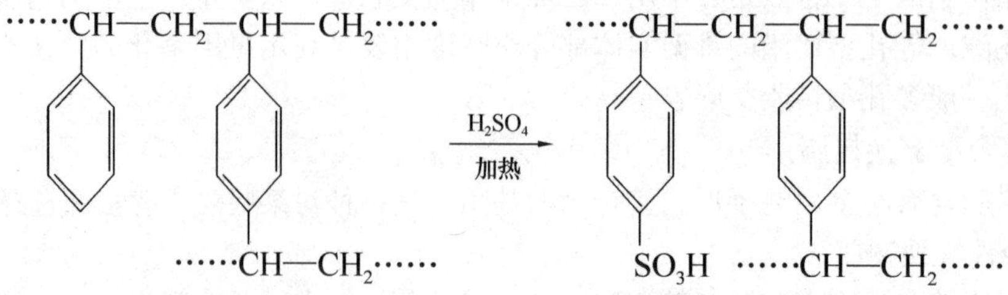

苯乙烯-二乙烯苯共聚物　　　　磺酸型阳离子交换树脂

这种树脂，由于是用浓硫酸处理而成，其磺酸基的离解能力最强，因而是酸性最强的一种，其酸性相当于硫酸的酸性。

2）丙烯酸型树脂

这种树脂是由甲基丙烯酸与二乙烯苯共聚而成。由于羟基在水中的溶解度大，故不能像强酸性阳离子那样进行悬浮聚合，需要一定量的甲醇基丙烯酸转换成甲基丙烯酸甲酯，然后再与适量二乙烯苯交联剂进行聚合反应。如某树脂厂生产的一种弱酸性阳离子交换树脂，就是甲基丙烯酸甲酯和二乙烯苯的共聚体。

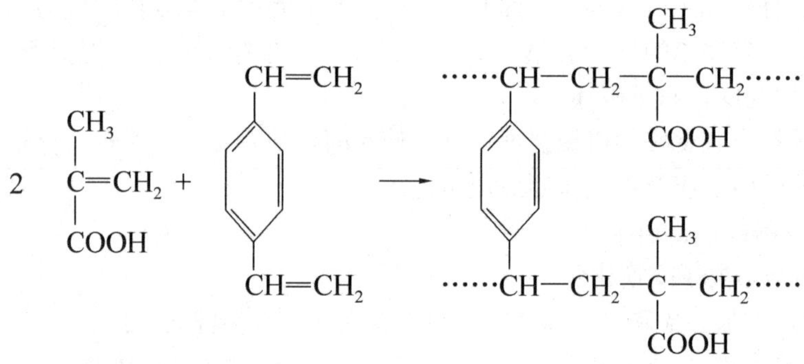

这种树脂交换容量比强酸性树脂大，容易再生。但是，这类树脂的化学稳定性和耐热性都较强酸性树脂差。

3）阴离子交换树脂

苯乙烯型强碱性离子交换树脂的聚合反应和苯乙烯型强酸性阳离子交换树脂基本相同，也是用苯乙烯与交联剂二乙烯苯共聚而成，只是引入的交换基团不同。

其合成过程是：交联的聚苯乙烯在催化剂存在下用氯甲基醚处理，得氯甲基化产物，再用叔胺和三甲胺处理。

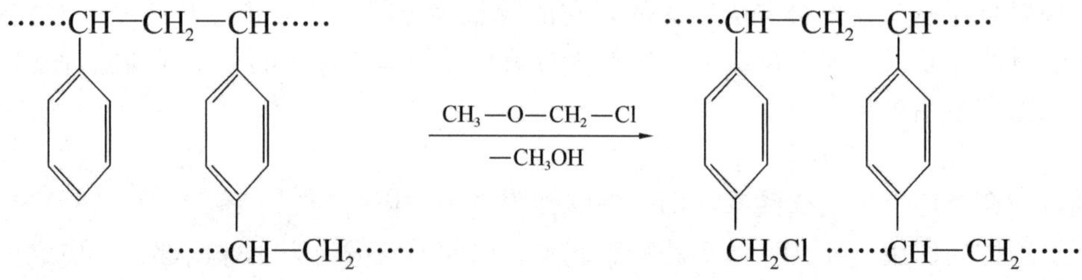

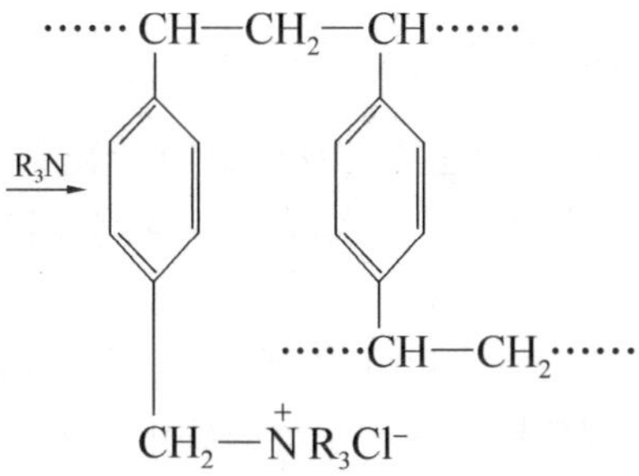

$$\cdots\cdots CH-CH_2-CH\cdots\cdots$$

$$\xrightarrow{R_3N}$$

$$\cdots\cdots CH-CH_2\cdots\cdots$$

$$CH_2-\overset{+}{N}R_3Cl^-$$

以上反应可看出，有叔胺处理时，得季铵型阴离子交换树脂。若用氨、伯胺或仲胺处理时，则分别得到伯胺型、仲胺型阴离子交换树脂。

3. 离子交换树脂一般性能及应用

离子交换树脂一般为白、黄、褐、黑色的细小颗粒，不溶于有机及无机溶剂，对一般氧化剂、还原剂、酸、碱等都稳定，具有一定的耐热性和机械强度，和其他高分子化合相似，在水中还可以发生溶胀。不过离子交换树脂的膨胀不仅由于水分子进入网眼结构，同时和解离出来的离子的解离度以及其水合离子的形状、大小有关。

离子交换树脂的理化性能在此不详细讨论，若在工业给水或废水处理工程中应用到它时，可参阅有关书籍及资料。

在工业给水中广泛应用离子交换树脂将水软化及除盐来制取纯水。近年来，在废水处理及综合利用方面也逐渐应用离子交换树脂来回收废水中的一些贵重离子，或除去放射性物质等。

由于离子交换树脂是带极性基团的高分子化合物，所以它与普通无机酸一样，在适当条件下能够催化许多类型的有机反应，如水解、缩合、加成、酯化、去氢、氨解等。目前应用最多的是炼油工业中裂解和精制过程。

*12.5　高分子分离膜

人们发现和应用膜分离技术已有很长的历史，在生物制品生产中普遍采用渗析技术从血清中除去硫酸铵，至今仍大规模使用。

传统的分离技术，不论筛分、沉淀、过滤、蒸馏、结晶、吸附等，都需要消耗大量的能量，而且分离的结果往往难以令人满意。利用高分子分离膜来分离物质，一般不发生相变，不耗费相变能，同时还具有较好的选择性，因而膜分离技术是一种高效、节能的分离技术，在物质的分离、浓缩、精制等方面都发挥了巨大的作用。该技术的使用不仅可减少环境污染，同时使生产过程更加合理。膜分离技术的发展也极为迅速，从 20 世纪 30 年代开发微滤（Microfiltration）开始，随后相继开发了渗析（Dialysis）、电渗析（Electrodialysis）、反渗透（Reverse osmosis）、超滤（Ultrafiltration）、纳米过滤（Nanofiltration）、气体分离（Gas separation）、渗透气化（Pervaporation）和液膜分离等。其中，微滤、渗析、超滤、电渗析、反渗透几种技术已比较成熟，建立了相当规模的工业，在化工生产、生物工程、环境保护、高纯物质制备、食品工业及医药行业等领域都有了日益广泛的应用。

12.5.1　基本概念与膜的种类

所谓高分子分离膜是指一种能透过其自身而具有分离某种特定物质的高分子功能材料，膜分离技术则是以合成聚合物膜为工作介质，以不同的能量形式为推动力的分离技术。

高分子分离膜从分离方法的角度，可分为渗透膜、反渗透膜、超滤膜、微滤膜、气体分离膜、离子交换膜等；按物理结构，高分子分离膜可分为对称膜与非对称膜、均质膜与非均质膜、复合膜；从带电性看，高分子分离膜则分为荷电膜与非荷电膜；按外观形态可分为管式膜、卷式膜、平板膜、螺旋膜、中空纤维膜；若按照其物态，又可以分为固膜、液膜与气膜三大类；此外，还可根据膜中微孔的大小及疏密程度不同，分为致密膜、多孔质膜和纤维质膜。将高分子物质配成溶液，然后将其在适当的基底材料进行流延或涂布，待溶剂完全蒸发后即得致密膜（孔径 $0 \sim 15\text{Å}$）。由这种方法制成的膜的显微结构与高分子和溶剂两者的性质密切相关。当高分子膜中空隙容积分率超过高分子体积分率时，膜中微孔会相互连接，形成多孔，这种膜就称为多孔质膜（孔径 $2\mu\text{m}$ 以上），是相当于纸的二次材料。

膜分离过程主要利用膜两侧的化学亲和力差、压力差、浓度差、分压差、电位差和温度差等作为物质透过膜的推动力，类型以微滤、超滤、渗透、反渗透、电渗析、气体分离、渗透汽化为主，见表12-1。

主要膜分离过程

表 12-1

分离过程	膜种类	作用与推动力	透过物	截留物
微滤	微滤膜	压力差	水、溶剂溶解物	悬浮物、颗粒、纤维
超滤	超滤膜	压力差	水、溶剂	胶体大分子
反渗透	反渗透膜	压力差	水、溶剂	溶质、盐
渗析	离子交换膜	浓度差	离子、低分子物	分子量大于 10^2 的溶剂分子
电渗析	离子交换膜	电位差	电解质离子	非电解质、大分子物质
气体分离	气体分离膜	压力差	渗透性气体	难渗透气体
渗透汽化	渗透汽化膜	分压差	易渗透组分的蒸汽	难渗透组分的液体

12.5.2　高分子分离膜各论

各种高分子分离膜都有一定的适用范围，受各种分离操作的参数——溶质的大小的限制。如反渗透、渗析、电渗析等要用致密膜；超滤、膜蒸馏等要用多孔质膜，对肉眼可识别大小的粒子的过滤操作则要用纤维质膜。一般情况下，透过膜的物质主要是溶剂时称为"渗透"，为溶质时称为"渗析"。

1. 微滤、超滤、反渗透膜

微滤、超滤和反渗透都是利用筛分原理，以压力差为推动力，使尺寸小的物质通过分离膜除去，而尺寸大的物质留下。它们的主要区别是截留物质的尺寸大小不同，见表12-2。

微滤、超滤、反渗透膜　　　　　　表 12-2

	微滤膜	超滤膜	反渗透膜
膜孔径	$0.05 \sim 10 \mu m$	$15 \sim 500 Å$	$3 \sim 20 Å$
截留物质	悬浮物、颗粒、微生物	胶体大分子、细菌	除 H_2O、H^+、OH^- 以外的其他物质
膜材料	聚四氟乙烯 聚酯 聚碳酸酯 聚氯乙烯 纤维素 聚偏氟乙烯	醋酸纤维素 聚砜 聚丙烯腈 聚酰亚胺 聚醋酸乙烯	聚甲苯二异氰酸酯 芳香族聚酰胺 聚苯并咪唑 醋酸纤维素
主要应用领域	食品工业 医药工业 水处理 纯水制备	生物工程 水处理	海水淡化 苦咸水淡化 废水处理 纯水制备

2. 离子交换膜

离子交换膜是以离子交换树脂制成的对溶液中的离子具有选择透过能力的高分子分离膜。从功能和结构的角度，离子交换膜可分为阴离子交换膜、阳离子交换膜、两性离子交换膜、镶嵌离子交换膜和聚电解质复合膜。

在外加直流电场的作用下，溶液中的阴阳离子作定向移动，带正电的阳离子向负极移动，它们很容易穿过阳离子交换膜，而不能穿过阴离子交换膜；同理，带负电的阴离子向正极移动，它们很容易穿过阴离子交换膜，而不能穿过阳离子交换膜，由此，溶液中的离子有选择透过性而得以分离。

离子交换膜主要用于电渗析、燃料电池、离子选择性电极、电极的反应隔膜、人工肾等方面。在环境工程上，离子交换膜成功地用于苦咸水、海水脱盐淡化、海水浓缩制盐、高氟水除氟、氯碱工业及含汞废水处理等。

3. 气体分离膜

气体分离膜是在反渗透膜的基础上发展起来的一种新型的高分子分离膜，气体分离膜用于气体混合物的分离，主要是利用不同气体分子在高分子膜材料中扩散速率或溶解度的差异，可用于富集 H_2、He、O_2、CO_2 等气体。

用高分子分离膜进行分离的气体体系大致可分为：H_2、He 小分子与其他气体的混合体系；O_2、N_2（分子量、分子半径均接近）的混合体系；对膜溶解系数较大的 CO_2、SO_2 与其他气体的混合体系；可形成络合物的气体与不能形成络合物的气体的混合体系。

气体分离膜的材料大多为聚砜、聚烯烃、聚炔烃、聚酰亚胺、有机硅橡胶、聚碳酸酯等。

气体分离膜在工业中的实际应用始于合成氨厂尾气中氢的回收，并迅速推广应用于石油化学工业，如合成甲醇、石油炼厂气中氢的回收。用高分子分离膜进行气体分离具有节能、高效、污染小等优点，已在 H_2 和 N_2 分离、O_2 和 N_2 分离、H_2O 和 CH_4 分离、CO_2 和 CH_4 分离等领域实现较大规模的工业生产，成为一项重大的产业革命。

4. 渗透汽化膜

渗透汽化是一种较新的膜分离过程，它利用了高分子分离膜选择透过性的优点，在膜的一侧减压使欲分离的有机分子在膜中通过溶解、扩散、蒸发而得以分离。因此，渗透汽化综合了膜法和蒸馏法的优点，是一种节能的分离技术，尤其适用于恒沸混合物及沸点相近的液体混合物的分离。

渗透汽化的主要工业应用是由中高浓度的乙醇脱水制备无水乙醇，由异丙醇中脱水及其他有机物质的分离也陆续得到实用。

* 12.6　有机高分子絮凝剂

随着人们环境保护意识的增强，防治污染、保护环境的工作已引起各级政府的高度重视。目前，我国水环境的污染和水源危机已比较严重。城市生活污水和工业废水在排放到天然水体之前，需经过处理，以除去其中的悬浮物、杂质等。在水处理的应用实践中，絮凝沉降法是目前国内外普遍采用的处理废水的一种既经济又简便的水质处理方法，如湿法冶金、石化、造纸、钢铁、纺织、印染、食品、酿造等多种行业的废水处理，使用絮凝法的占 55%～75%，而自来水工业几乎 100% 使用絮凝法。

在絮凝法中，用于使水中微粒相互聚集粘附并使之生成絮状物的药剂称为絮凝剂。絮凝过程包括凝结和凝聚两个阶段。所谓凝结是指絮凝剂吸附在微细的颗粒与胶体上，或者与其反应，中和表面电荷，使之相互粘结。凝聚是粗大分子散粒子粘附而生成絮状物。

絮凝剂是絮凝技术的关键环节之一，其种类、性质、品种直接影响到絮凝处理的效果。絮凝剂有许多类型，可以从不同的角度进行分类。

按化学性质，其可以分为无机絮凝剂和有机絮凝剂；按分子量的大小可分为高分子絮凝剂和小分子絮凝剂；按产品分类则可分为水溶液型、干粉型和乳胶型。

根据聚合物的来源，有机高分子絮凝剂可以分为天然高分子絮凝剂、化学改性天然高分子絮凝剂和合成高分子絮凝剂。

有机高分子絮凝剂用于废水处理始于 20 世纪 50 年代末，与无机高分子絮凝剂相比，有机高分子絮凝剂具有用量少、絮凝能力强、速度快、毒性小，受盐类、pH 及温度影响小等优点，而且，产生的污泥量少、易处理。在发达国家，有机高分子絮凝剂的应用范围已由一般的工业废水处理发展到生活饮用水的处理。

12.6.1　天然高分子絮凝剂

最先用作有机絮凝剂的是天然高分子物质，如明胶、瓜儿胶、海藻酸钠、丹宁酚等。天然高分子絮凝剂，虽然具有易生物降解、与环境相容性好、不易造成二次污染等优点。但因其来源有限，性质不稳定，分子结构不易调节，特别是分子中不易引入具有特殊功能的基团等缺点，使其应用受到限制。

12.6.2　改性天然高分子絮凝剂

这类絮凝剂按其原料来源的不同，大体可分为淀粉衍生物、纤维素衍生物、植物胶改性产物、壳聚糖类、蛋白质类等。天然高分子物质具有分子量分布广、活性基团可选择性大、结构多样等特点，易于通过化学改性制成性能优良的絮凝剂。由于来源广泛、价格低廉、无毒、可生化降解，不造成二次污染，而且制备工艺简单，因此，这类絮凝剂具有广泛的应用前景。

1. 淀粉类

淀粉是由许多 D—葡萄糖单元经糖苷键连接而成，每个 D—葡萄糖单元的 2、3、6 三个位置上各有一个羟基，因此，淀粉分子中存在着大量可反应的羟基，可以很方便地通过醚化、酯化、黄原酸化等对淀粉进行化学改性，使其活性基团增加。将淀粉与丙烯腈、苯乙烯、丁二烯、丙烯酸酯、醋酸乙烯酯、丙烯酸、丙烯酰胺、环氧化物等单体进行接枝共聚，可使分子链呈枝化结构，絮凝基团分散，从而对悬浮体系中颗粒物有更强的捕捉与促沉作用。由于用量少、价格低、无二次污染，且溶解性、絮凝性、粘结性能良好，受水体 pH、使用温度影响较小等优点，目前，改性淀粉已广泛用于食品、石油、造纸、电镀、印染、皮革等工业废水处理，污泥脱水、饮用水净化、重金属离子去除和矿物冶炼。

2. 木质素类

木质素是一种来源丰富、价格低廉的可再生资源。主要以造纸黑液的形式存在，作为水处理剂的研究始于 20 世纪 60 年代、70 年代成为热点。木质素分子中含有羟基、羧基、羰基等官能团，因此，它本身就具有絮凝性能，同时，这些官能团的存在也使其分子结构易于多样化，从而制成各种特殊功能的水处理剂，在含金属离子、食品工业、染料工业、含固体悬浮物等废水处理中得以广泛应用。

3. 壳聚糖类

这类絮凝剂的开发较其他天然高分子絮凝剂晚，但因壳聚糖无毒性、易于功能化、生物相容性好等优点，已作为绿色高科技新材料得以迅速发展。

壳聚糖是由甲壳素经 40%～60% 浓碱液加热至 80～120℃ 处理数小时，脱去 N—乙酰基的衍生物。它本身可作为阳离子型絮凝剂，同时因分子中含有羟基和氨基，可通过控制反应条件在其重复单元上引入其他基团。如通过羧甲基化、羟乙基化、烷基化、乙酰化、硫酸酯化，或与适当物质进行接枝与交联反应，能制成系列水溶性壳聚糖，赋予其不同的特性，从而拓宽其应用范围。因此壳聚糖类絮凝剂在水处理中具有很大的潜力和应用前景，已经用于医药废水、食品工业废水处理以及水质净化、饮料（果汁、果酒）的除浊澄清等方面。

12.6.3　合成类有机高分子絮凝剂

自 20 世纪 60 年代以来，人工合成有机高分子絮凝剂广泛用于原水处理、废水处理、污泥调理等领域。合成有机高分子絮凝剂是以适当的单体为原料，通过加聚、缩聚、开环聚合、成环聚合等反应来制备的。根据分子链上所带吸附基和带电基团的类型，可分为阳离子型（如聚乙烯亚胺）、两性离子型、阴离子型（如水解聚丙烯酰胺）和非离子型（如聚氧化乙烯、聚乙烯基咪唑、聚乙烯吡咯烷酮）。在应用时要根据水质情况、处理要求来加以选择。

聚丙烯酰胺（PAM）及其衍生物是合成有机高分子絮凝剂的主要品种，约 55% 的有机高分子絮凝剂为丙烯酰胺单体的聚合物或丙烯酰胺与其他单体的共聚物。在美国，有机絮凝剂总销量最大的就是 PAM；在日本，其市场占有率在 80% 以上；我国的年产量近万吨。

丙烯酰胺单体经自由基聚合反应生成聚丙烯酰胺：

$$n\text{CH}_2 = \underset{\underset{\text{CONH}_2}{|}}{\text{CH}} \longrightarrow \left(\text{CH}_2 - \underset{\underset{\text{CONH}_2}{|}}{\text{CH}}\right)_n$$

上述聚丙烯酰胺为典型的非离子型高分子絮凝剂。由于分子链中存在大量的—CONH$_2$官能团，它既是亲水基团，又是吸附基团，在水处理中主要用作辅助絮凝剂。其作用机理是：分子链中的—CONH$_2$官能团可与悬浮物发生吸附架桥作用，使絮体矾花的尺寸增大，沉降速度加快而得以去除。其絮凝效果与聚合物的相对分子量密切相关，提高聚合物相对分子质量，可增加絮凝剂在水相的流体力学尺寸或体积，从而提高絮凝网捕能力，有效降低絮凝剂的使用浓度，提高絮凝效果，一般说来，用作絮凝剂使用的聚丙烯酰胺的分子量约在 50 万～60 万之间。

将聚丙烯酰胺在碱性条件下进行水解可以制备阴离子型高分子絮凝剂。

$$\left(\text{CH}_2 - \underset{\underset{\text{CONH}_2}{|}}{\text{CH}}\right)_n \longrightarrow \left(\text{CH}_2 - \underset{\underset{\text{CONH}_2}{|}}{\text{CH}}\right)_x \left(\text{CH}_2 - \underset{\underset{\text{COO}^-}{|}}{\text{CH}}\right)_y$$

将聚丙烯酰胺与含阴离子的单体（如丙烯酸、丙烯酸甲酯）进行自由基共聚，也可以制备阴离子型高分子絮凝剂，如：

$$\left(\text{CH}_2 - \underset{\underset{\text{CONH}_2}{|}}{\text{CH}}\right)_x \left(\text{CH}_2 - \underset{\underset{\text{COOCH}_2\text{CH}_2\text{SO}_3^-}{|}}{\text{CH}}\right)_y$$

阴离子型高分子絮凝剂的絮凝效果与其分子链中阴离子的含量有关，且受介质 pH、高价金属盐的影响较大。目前，主要用作油田开采过程中的三次采油驱油剂。

阳离子型聚丙烯酰胺类高分子絮凝剂一般是通过将聚丙烯酰胺分子中酰胺基与甲醛及仲胺（如二甲胺、二乙胺）经过 Mannich 反应生成多元叔胺，再经季铵化后制备。如：

$$\left(\text{CH}_2 - \underset{\underset{\text{CONHCH}_2\text{N(CH}_3)_2^+\text{X}^-}{|}}{\text{CH}}\right)_n$$

阳离子二甲胺高分子絮凝剂是一种水溶性高分子电解质，分子链上带有正电荷的活性基。现代工业废水和城市生活污水中都含大量有机物质，有机物质微粒表面通常带有负电荷。因此，利用阳离子型的高分子絮凝剂，可以与带负电荷的有机胶体粒子中和，使体系中微粒逐步变大，从而加速沉降过程。

两性离子高分子絮凝剂是指在高分子链节上同时含有正、负两种电荷基团的水溶性高分子，大多以水解聚丙烯酰胺为原料，经过 Mannich 反应合成具有羧基和胺甲基的两性聚丙烯酰胺。如：

$$\left(\text{CH}_2 - \underset{\underset{\text{COO}^-}{|}}{\text{CH}}\right)_x \left(\text{CH}_2 - \underset{\underset{\text{CONHCH}_2\text{N(CH}_3)_2}{|}}{\text{CH}}\right)_y$$

与仅含有一种电荷的水溶性阴离子或阳离子高分子絮凝剂相比，其性能较为独特，适用于各种不同性质的废水处理，尤其是对污泥脱水，不仅有电性中和、吸附架桥作用，而且有分子间的"缠绕"包裹作用，使所处理的污泥颗粒粗大，脱水性好，即使是对不同性质的不同腐败程度的污泥，也能发挥较好的脱水助滤作用。

＊ 12.7　生物可降解高分子材料

自从 1920 年德国科学家 Hermen Staudinger 提出大分子概念以来，高分子科学有了迅速的发展，高分子材料已经成为人类社会文明的标志之一。目前，高分子材料已渗透到国民经济的各个领域和人们生活的各个方面，成为继钢铁、水泥、木材之后的第四大材料，在整个材料工业中占据重要地位。

随着高分子材料的迅速发展，人类面临两个难以解决的问题：环境污染和资源短缺。由于大多数合成高分子材料耐腐蚀性较好，使用后便产生大量在自然环境下难以分解的废弃物——即所谓的"白色污染"，是构成城市固体垃圾的重要成分之一。它们不仅影响了自然景观，丑化了城市，而且成为蚊蝇、细菌的滋生之地，造成地下水及土壤污染，妨碍动植物的生长，危及人类的健康和生存。

对废旧塑料的传统处理办法主要是土埋和焚烧。土埋法浪费大量的土地，焚烧则会产生大量的二氧化碳及其他对人有害的氮、硫、磷、卤素等化合物，造成二次污染。

绿色化学是 21 世纪化学研究和化学工业生产技术发展的目标，它要求化学家在研究化工产品生产的可行性的同时，还必须考虑绿色要求、设计符合对环境友好的化学过程和产品。就世界而言，寻找新的对环境友好塑料原料，发展非石油基聚合物迫在眉睫。

为了缓解能源危机，解决高分子材料的废弃物处理问题，特别是难于回收利用的一次性用品给地球环境和生态造成的污染问题，科学家提出了可降解高分子的概念，研究开发环境可接受的降解性高分子材料从 20 世纪 70 年代起就成为化学家们的奋斗目标，受到世界范围内的关注。其中，具有完全降解特性的完全生物降解高分子材料和具有光—生物双重降解特性的光—生物降解高分子材料，是目前的主要研究开发方向和今后的产业发展方向。

12.7.1　可降解高分子材料的类型

可降解高分子材料的品种繁多，目前尚无统一的分类方法，一般可根据降解机理、外因因素和制造工艺进行分类。

可降解高分子材料根据降解机理可分为完全生物降解型和光—生物降解型。

可降解高分子材料根据外因因素可分为光降解高分子材料、生物降解高分子材料和环境降解高分子材料三类。光降解高分子材料是指聚合物在光照下受到光氧作用吸收光能（主要为紫外光能）而发生光引发断链反应和自由基氧化断链反应；生物降解高分子材料是指在细菌、真菌、藻类等自然界存在的微生物作用下能发生化学、生物或物理作用而降解或分解成低分子或小分子的高分子材料；在光、热、氧、水、化学药品、微生物、高能辐射线、外力等自然环境条件作用下而引起降解的高分子则称为环境降解高分子。

根据原料和制造工艺可降解高分子材料可分为天然高分子降解材料、微生物合成高分子降解材料、化学合成可降解高分子材料和掺混型高分子降解材料。天然高分子生物降解材料是利用淀粉、纤维素、甲壳素、木质素等可再生的天然资源制备而成；在控制氮、氧、磷和矿物离子等生命养料的环境中，微生物可利用各种碳源发酵产生大量生物降解脂肪族聚酯，这种微生物产生型的热塑性树脂已成为环境友好材料的研究热点，其中，聚β—羟基丁酸（PHB）及β—羟基丁酸和β—羟基戊酸共聚物（PHBV）是研究最多、应用最广的两种。其中商品名为 Biopol 的羟基丁酸酯—羟基戊酸酯共聚物，已用于医用缝合线和人工器件。由于微生物合成高分子材料的耐热性和机械强度较差，而且成本较高，限制了其应用范围，现在只在医药、农业、电子等行业得到应用。

常见合成高分子大多是不能被生物降解的，但是，如果在大分子链中引入极性基团，提高聚合物的亲水性，或者在合成高分子中引入具有生物可降解特性的天然高分子的化学结构，则可明显提高聚合物材料的生物降解性能。聚酯、聚氨酯、聚酰胺、聚酸酐的主链结构与天然高分子结构部分相似，因此，它们都具有生物可降解性。在所有化学合成的可生物降解高分子材料中，研究最多的是脂肪族聚酯，以聚乳酸（PLA）和聚己内酯（PCL）研究得比较深入。聚乳酸是以谷物发酵得到的 L—乳酸为原料聚合而成的脂肪族聚酯类高分子材料，因可在自然界中经微生物、酸、碱等作用而完全分解，而且具有优良的生物相容性，降解产物可参与人体的新陈代谢，在医学领域被认为是最具发展前途的生物降解高分子材料，被广泛用作药物缓释载体、医用缝合线、骨折内固定材料等。

掺混型生物降解材料是将两种或两种以上的高分子化合物进行共混或共聚，其中至少有一种组分是可生物降解的，如天然高分子化合物（淀粉、纤维素、壳聚糖等），使所得产品具有相当程度的生物可降解性。但这种材料大多不能完全生物降解。

12.7.2 生物降解高分子材料的降解机理

天然高分子在自然界中通常都能被生物降解，而大多数合成高分子材料则由于微生物不能直接侵蚀它们而表现出降解特性很强的抗逆性，其原因可能是自然界中的微生物不能在短时间内进化出降解这些聚合物的代谢机制。

聚合物材料生物降解的实质还是化学反应，即微生物通过生物合成产生酶，酶进入聚合物大分子的活性位置，使大分子发生水解和氧化等反应将高分子断裂成低分子量的碎片，并最终降解为稳定的小分子化合物。

完全生物降解大致有三种途径：（1）生物化学作用：通过微生物的作用，聚合物可彻底分解为二氧化碳和水；（2）生物物理作用：由于生物细胞的增长而使聚合物组分水解、电离质子化而发生机械性毁坏，分裂成低聚物碎片；（3）酶直接作用：被微生物侵蚀部分导致材料分裂或氧化崩裂。

人们深入研究了不同的生物可降解高分子材料的生物降解性，发现与其结构有很大关系，包括化学结构、物理结构、表面结构等。天然高分子（如淀粉、纤维素等）容易被细菌、真菌等微生物分解，是因为这些高分子含有易被酶水解的化学键；合成聚合物材料通常具有高相对分子质量，使用时塑料等材料具有较高的结晶度，多数聚合物材料是憎水性的，这些结构因素都不利于合成高分子的生物降解。Potts 等人的研究表明，聚合物的生物降解性与其分子量高低有很大关系，如高相对分子量的聚乙烯非常稳定，几乎不被生物降解；但若相对分子量下降到低于 500 时，就能被生物所降解。聚合物的链结构也是影响其生物降解性的重要因素：主链中含有—OCO—、—NHCO—等亲水性基团的聚合物（如聚乳酸、聚己内酯）比那些主链只有 C—C 键的聚合物（如聚乙烯、聚苯乙烯）更易受到微生物的侵蚀；是否含有支链以及支化度的大小也直接影响聚合物的生物降解性。聚合物的生物降解性与其聚集态结构密切相关。固态聚合物的聚集状态有晶态、非晶态、取向态和液晶态等。一般情况下，非晶态聚合物材料的密度小，容易被氧、水和化学物质所渗透，从而发生氧化、水解等方式的降解。此外，微生物粘附聚合物材料表面的方式还受到材料的表面张力、表面结构、多孔性、环境的搅动程度以及可侵占表面的影响，通常有粗糙表面的材料比具有光滑表面的材料更易生物降解，这也许是因为粗糙表面的坑洼及裂缝有助于细菌、真菌等微生物的生长。

生物可降解高分子材料的降解除了与材料本身的性能有关外，还与水、温度、pH、氧气等环境因素有关。一方面，某些聚合物可在适宜的环境条件下直接发生降解，如水能水解酯键而令聚酯类材料降解；另一方面，适宜的环境条件可使微生物代谢活动旺盛，生长加速，有利于其寄居在高分子材料上并令其发生降解。

12.7.3　生物降解高分子材料的应用

生物降解高分子材料具有无毒、可生物降解及良好的生物相容性等优点，所以其应用领域非常广，目前已广泛应用于医药、农业、林业、渔业、包装业及餐饮业等领域。

日本 Kanebo Gosen 公司与 Kureha 化学公司 2004 年 12 月宣布，他们已开发了一种名为"PLA block"（聚乳酸块料）可生物降解的聚乳酸纺粘布，可用于水处理、土木工程与建筑材料等领域。

生物降解高分子材料在医药领域，可作为药物缓释载体、齿科材料、外科缝合线、组织修复、骨折内固定材料等。已作为药物控制释放载体被广泛研究的生物降解高分子有聚乳酸、乳酸—己内酯共聚物、乙交酯—丙交酯共聚物等脂肪族聚酯以及天然高分子材料甲壳素/壳聚糖及其衍生物。

生物降解高分子材料在农业领域，已开发的产品主要有农用地膜、育苗钵、肥料袋、堆肥袋等。

在包装业、餐饮业领域，生物降解高分子材料（尤其是微生物合成聚酯）被用于制造各种一次性塑料用品，如各种一次性快餐餐具、饮料瓶、包装袋、食品袋等。目前用于包装、餐饮行业的生物降解高分子材料有 PHB、PHBV、甲壳素/壳聚糖及其衍生物。

* 第 13 章　立体化学简介

立体化学是在碳原子四面体概念的基础上发展起来的一个化学分支。其主要内容是有机化合物的立体化学，虽然无机化合物如络合物等也有它们的立体化学问题，但这里不讨论。

早期，立体化学所研究的内容只限于那些具有相同构造的有机化合物，由于它们的原子（团）在三维空间内的不同排布（即构型）而引起的立体异构现象和由此而产生的不同性质，即**静态的立体化学**。后来，构象分析的提出以及近代物理方法的应用，科学家们对分子内部有了进一步认识，使立体化学迅速地发展起来，其所研究的内容已深入到空间结构对化学性质、反应速度、反应方向及反应历程等所产生的影响，即**动态的立体化学**。

立体化学在研究化学理论和实际应用上都起着重要作用。例如瓦尔登（Walden）翻转与 SN_2 反应历程的关系是研究化学理论的一个典型实例。测定比旋光度是在某些工业（如制糖、制药和香料生产等）上常用的分析手段。合成高分子聚合体（如聚乙烯、聚丙烯、顺丁橡胶等）和天然高分子聚合体（如糖类、蛋白质以及核酸等）的性质都与它们的空间结构有着密切的关系。测定光活性化合物的绝对构型和不对称合成，使立体化学在药物和香料的生产上以及在生物化学和分子生物学的研究上都占有重要的位置。随着近代科学的发展，立体化学也在迅速地发展，反过来它又促进了其他学科和某些化学分支的发展。

研究分子的结构一般要包括三个内容，即它的**构造、构型和构象**。构造是指分子内各原子间成键的顺序，具有相同分子式但各原子成键顺序不同的化合物，如正丁烷和异丁烷、乙醇和甲醚等都具有不同的构造，叫作**构造异构体**。构象和构型则是指在有一定构造的分子中各原子在空间的排布。一般来说，在有同一构造而原子有不同空间排布的异构体，叫作**立体异构体**。其中，凡能通过单键旋转而相互转化者，都属于不同的构象；凡不能通过单键的旋转而相互转化者，都属于不同的构型。

同分异构现象可归纳如下：

光学异构是指一些构造相同的分子，如使其一平面偏振光向右偏转，另一则使其向左偏转，这两者互为光学异构体。它们的特征之一就是构型不同。本章着重讨论构型的意义和不同构型之间的关系。

13.1　偏振光与旋光性物质

前面已经提到光学异构与平面偏振光的关系。光是一种电磁波，它是边振动边前进的，其振动方向和前进方向是互相垂直的，如图 13-1 所示。通过光前进方向的直线，可以有无数个平面，如图 13-2 所示。普通光是在所有这些平面内振动。令普通光通过方解石（$CaCO_3$）制成的尼克尔（Nicol）棱镜。这里棱镜的作用好像栅栏，它只允许在某一个平面内振动的光透过，而把在其他平面振动的光挡住。通过这棱镜的光称为平面偏振光，简称为偏振光。图 13-3 是普通光转变成偏振光的示意图。

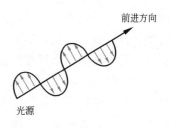

图 13-1　光波的振动方向

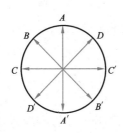

图 13-2　普通光振动的平面

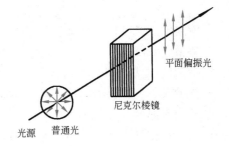

图 13-3　普通光转为平面偏振光示意图

从肌肉中得到的乳酸能使偏振光振动平面向右旋转，这种酸叫作右旋乳酸或（＋）—乳酸。由葡萄糖发酵得到的乳酸使偏振光的振动平面向左旋转，叫作左旋乳酸或（一）—乳酸。从酸牛奶中得到的乳酸不能使偏振光振动平面旋转，是外消旋乳酸或（±）—乳酸。像这种能使偏振光平面旋转的性质，叫旋光性。具有旋光性的物质，称为旋光性物质，也称光学活性物质。

13.2　旋光仪与比旋光度

测定偏振光平面旋转角度的仪器，是旋光仪，如图 13-4 所示。由旋光仪测定旋光性物质的旋光能力，是用旋光仪来观测和比较的。

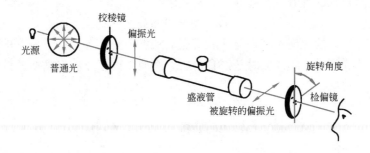

图 13-4　旋光仪示意图

旋光仪主要由单色光源（一般用钠光灯）、起偏镜、盛液管（旋光管）、检偏镜四部分组成。单色光通过第一个尼克尔棱镜（起偏镜）将自然光变为偏振光，偏振光通过盛有液体有机化合物或有机化合物的溶液时，若为旋光性物质，就可使偏振光旋转一定的角度，其偏转的角度用第二个尼克尔棱镜（检偏镜）来检测。

由旋光仪测得的角度就是该物质的旋光度 α。它的大小与测定时所用的光源、溶剂、溶液的浓度、盛液管的长度、温度等因素有关。因此，旋光度的数值不能直接用来比较各种旋光物质的旋光能力，必须规定一些条件，使它成为反映该物质旋光能力的特性常数，才可用于比较各种旋光性物质，通常用比旋光度 $[\alpha]$ 表示，即

$$[\alpha]_\lambda^t = \frac{\alpha}{c \times l}$$

式中　α——测得的旋光度；

　　　　l——盛液管长度（dm）；

　　　　c——溶液浓度（g/mL）；

　　　　λ——光源波长（D 表示钠光，589.3nm）；

　　　　t——测定时温度。

由上式可知，比旋光度是 1mL 含有 1g 溶质的溶液，置于 1dm 长的盛液管中测得的旋光度。

如在 1dm 长的盛液管里放有（＋）—2—丁醇溶液，其浓度为 2g/mL，在 20℃ 观察到的旋光度为＋27.8℃，其比旋光度为：

$$[\alpha]_D^{20} = \frac{+27.8}{1 \times 2} = +13.9°$$

如果测定用的是纯液体有机化合物，则其比旋光度为：

$$[\alpha]_\lambda^t = \frac{d}{d \times l}$$

式中　d——液体有机物的密度。

天然葡萄糖水溶液是右旋的，20℃ 时用钠光作光源测得的比旋光度为 52.5°，可表示为：

$$[\alpha]_D^{20} = +52.5°$$

肌肉中乳酸是右旋的，15℃ 时其比旋光度表示为：

$$[\alpha]_D^{15} = +3.82°$$

葡萄糖发酵得到的乳酸是左旋的，比旋光度为：

$$[\alpha]_D^{15} = -3.82°$$

一个旋光性物质的比旋光度，与它的熔点、沸点、密度等一样，是它的物理性质。在鉴定旋光性物质或测定它的纯度时是很有用的。例如制糖工业测定糖溶液的浓度，就是用旋光仪。

13.3　光学异构现象与分子结构的关系

在我们生活的物质世界里，有不少有机化合物是具有光学活性的。一个有机化合物是否具有光学活性，与它的分子结构有着密切关系。

13.3.1 分子的对称性、手征性与光学活性

一个有机化合物分子是否具有旋光性，最直接的方法是照镜子，视该分子与其镜像能否重叠，就好像我们人的右手照镜子，得到镜像是左手一样，反之亦然。左、右手是不能重叠的，所以人的左、右手是两个外观相似，但又不能重叠的两个实体（如图 13-5a 所示）。在立体化学中把这种互为实物与镜像关系而又不能重叠的分子称为**手征性分子**。物质分子具有这种特性称为**手征性**（手性）。如甲烷分子和它的镜像完全一样，它不是手征性分子。而氯溴碘代甲烷照镜子后得到的镜像，表面上相似，实际上两者不能重叠，是两个不同的化合物，它具有手征性（如图 13-5b 所示）。仔细观察一下甲烷与氯溴碘代甲烷分子的结构，可发现它们的差别在于甲烷中的碳原子连有四个相同的原子，而氯溴碘代甲烷分子中的碳原子连有四个不同的原子。把连有四个不同原子（原子团）的碳原子称为不对称碳原子，又称为**手征性碳原子，或手征性中心**。

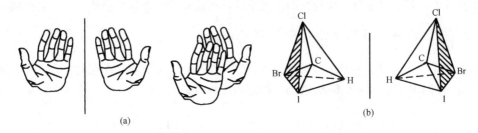

图 13-5 氯溴碘代甲烷的手征性示意图

（a）手征性示意图；（b）氯溴碘代甲烷实物和镜像

任何一个不能和它的镜像完全重叠的分子都叫**手征性分子**。一般来说，凡是有手征性的分子就有旋光活性。考察分子是否具有手征性的最简单而又准确的方法就是做出一对实物和镜像的模型，然后看它们是否能够全重叠。能重叠的是非手征性分子，不能重叠的则是手征性分子。此法虽然可靠，但对一些较复杂的分子是难于做到的。

物体与镜像不能重叠的原因是它缺乏对称因素。因此学会了判断一个分子有无对称因素的方法，就可以知道该分子是否具有旋光活性。一般可以从一个分子是否具有对称面、对称中心等因素来衡量它是否对称。

（1）对称面

如果有一个平面能将分子分为对映的两半，这个平面就是对称面，如甲烷的正四面体，就有平面将它的正四面体分成对映的两半，如图 13-6 所示，像这样的对称面一共有六个。

具有对称面的化合物是没有手征性的。它们自身与其镜像能完全重叠，不具有旋光性。

（2）对称中心

若分子中心有一点 P，以分子中任何一个原子（原子团）为出发点，与中心 P 相连，如延长此连线能在相等距离遇到相同的原子（原子团）时，则此分子具有对称中心。如苯就是具有对称中心的分子（图 13-7）。

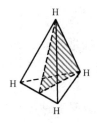

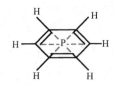

图 13-6　正四面体与对称面　　　　图 13-7　分子的对称中心

具有对称中心的化合物也是非手征性的，其分子本身和它的镜像也能互相重叠，也不具有旋光性。

一般来说，凡是具有对称面或对称中心的分子就是对称分子，能与其镜像相重叠，不具有旋光性，是非手征性分子。相反，如果考察一个分子找不到对称面或对称中心，那就是一个手征性分子，其分子本身不能与它的镜像重叠具有旋光性，如氯溴碘代甲烷、乳酸等。

13.3.2　含一个具有手征性碳原子的化合物

乳酸就是含一个手征性碳原子的化合物之一。它 α－碳原子上连有四个不相同的原子（原子团）我们用星号（＊）标示该化合物的手征性碳。

$$CH_3-\overset{*}{CH}-COOH \qquad 或 \qquad H_3C-CH_2-\overset{*}{CH}-OH$$
$$\qquad\quad OH \qquad\qquad\qquad\qquad\qquad\quad CH_3$$
$$\quad 乳酸 \qquad\qquad\qquad\qquad\qquad\qquad 2\text{-丁醇}$$

这些化合物与其镜像不相重叠，它们没有对称面，也没有对称中心。

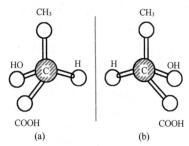

图 13-8　乳酸的对映体

含有一个手征性碳原子的化合物，其手征性碳上四个基团在空间有两种不同的排列方式，这两种不同的排列方式就是该分子的两种不同的构型，如乳酸图 13-8 所示。

图 13-8 中（a）与（b）是乳酸的两种构型，它们互成实物与镜象关系，称为对映体，其中之一为左旋体，另一为右旋体。

对映体的物理性质，除比旋光度的数值相同，方向相反外，其他都是相同的，在一般情况下，对映体的化学性质也是相同的。如随来源不同的三种乳酸的性质，见表 13-1。

各种乳酸的物理性质　　　　　　　　　　表 13-1

	熔　点　（℃）	pKa（25℃）	$[\alpha]_D^{25}CH_2O$
肌肉乳酸	52	3.79	＋3.82
发酵乳酸	52	3.79	－3.82
合成乳酸	18	3.86	0

肌肉乳酸为右旋体，发酵乳酸为左旋体，其他性质相同。第三者合成乳酸，为外消旋

体，它是左旋体与右旋体等量混合时，旋光能力相互抵消，不表现旋光性，我们称此混合物为外消旋体，通常以（±）来表示。外消旋的物理性质不同于左、右旋乳酸。

对映异构体在结构上的区别仅在于基团在空间的排列顺序不同，所以一般的平面结构式如 CH_3—CH—COOH ，无法表示基团在空间的相对位置，因而采用想象的三度空间
　　　　　　 |
　　　　　　 OH
的表示方法。

13.3.3　构型的表示法、构型的确定和标记

（1）构型的表示法

用分子模型的图形可以清楚地表示出手征性碳原子的构型，现在广为使用的是费歇尔（Fischer）投影式。例如两种乳酸模型和它们的投影式，如图 13-9 所示。

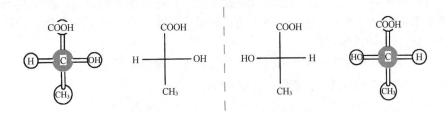

图 13-9　乳酸的分子模型和投影式

投影式中或模型中的手征性碳原子表示正好在纸面上，两个竖立的键代表模型中向纸面背后伸去的键。模型两边的两个横键表示模型中向纸面前方伸出的键。在书写时必须将模型按这样的规定方式投影。同样，在使用费歇尔投影式时，也必须记住这种按规定方式表示分子构型的立体概念。但应注意，对于投影式，可以把它在纸面上旋转 $180°$，但决不能旋转 $90°$ 或 $270°$，也不能把它脱离纸面翻一个身。因为旋转 $180°$ 后的投影式仍旧代表原来的模型，而旋转 $90°$ 或 $270°$ 后原来的竖键变成了横键，横键变成了竖键。按规定，投影式中的竖键应代表模型中向后伸去的键，横键应代表模型中向前伸出的键，所以旋转 $90°$ 或 $270°$ 后的投影式把原来向后伸去的键变成了向前方伸出，而把向前伸出的键变成了向后伸去。这样，这个投影式就不代表原来的构型，而是原来构型的镜像了。如果把投影式翻个身，则翻身前后，所有键的伸出方向都正好相反，因此翻身前后的两个投影式并不代表同一个构型。

以费歇尔投影式表示构型，应用相当普遍，但为了更直观，也常采用另一种表示法，即将手征性碳原子表示在纸面上，实线表示在纸面上的键，用虚线表示伸向纸后面的键，用三角形实线表示伸向纸前方的键，例如用这种方法所表示的两种乳酸构型及其相应的费歇尔投影式如图 13-10 所示。

这种表示方法虽然比较直观，但不适宜于表示含有多个手征性碳原子化合物的构型。

（2）构型的确定

对映体是互为镜像的两种构型，它们可以用两个费歇尔投影式来表示 。分别代表左旋体、右旋体。但哪一个是左旋体，哪一个是右旋体，从模型和投影式都看不出来，通过旋光仪可以测定出来，但从旋光方向也不能判断构型。因此，在未能直接测定旋光化合物

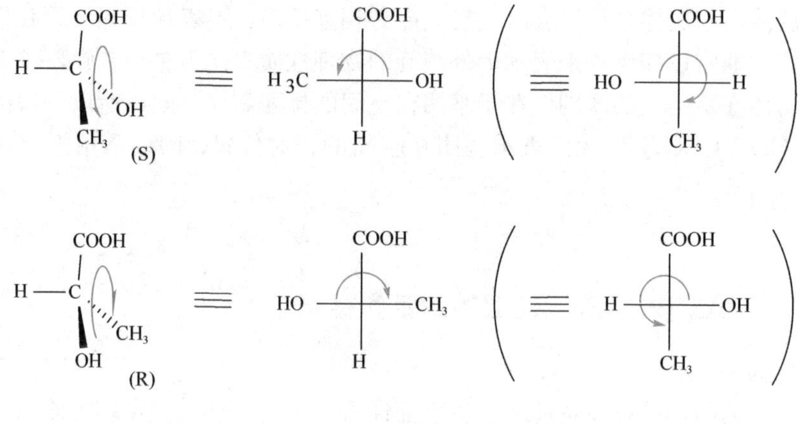

图 13-10　乳酸的构型及相应的投影式

的构型之前，对映异构体的构型只能是任意指定的，只具有相对的意义。但是对各种化合物的构型如果都这样任意地指定，必然会造成混乱。因此有必要选定一种化合物的构型作为确定其他化合物构型的标准。

2，3—二羟基丙醛（甘油醛）就是一个被选定作为构型标准的化合物。它含有一个手征性碳原子，故有两种构型，它们的投影式如下：

指定（Ⅰ）代表右旋甘油醛的构型，（Ⅱ）便代表左旋甘油醛的构型。在它们的投影式中，总把碳链竖立起来，醛基（第一个碳原子）在上面，而羟甲基（第三个碳原子）在下面，第二个碳原子（手征性碳原子）的羟基和氢原子在碳链的左右两边。右旋甘油醛的羟基在右边，氢在左边；左旋甘油醛的羟基在左边，则氢就在右边。以甘油醛这样的构型为标准，其他化合物的相对构型，一般就用通过化学反应把它们与甘油醛相关联或对照的方法来确定。即将未知构型的化合物，经过某些化学反应转化成甘油醛，视甘油醛的构型来确定未知构型化合物的构型，或者由甘油醛转化为未知构型的化合物。在这些化学转化中，一般是利用反应过程中与手征性碳直接相连的键不发生断裂的反应，以保证手征性碳原子的构型不发生变化。如下列左旋甘油酸和右旋丝氨酸构型的确定：

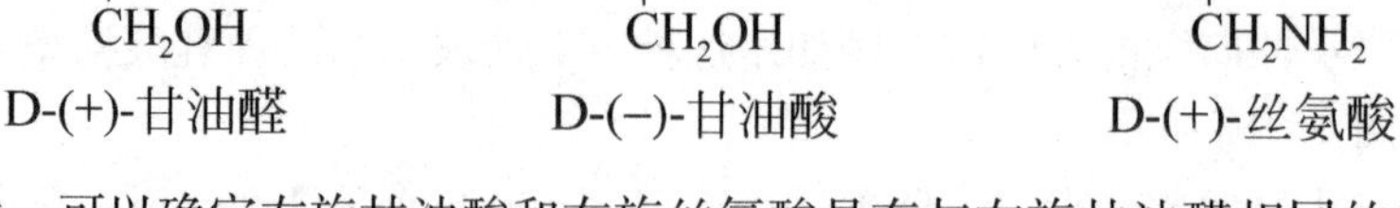

通过这些转化，可以确定左旋甘油酸和右旋丝氨酸具有与右旋甘油醛相同的构型，即在左旋甘油酸的投影式中手征性碳上的羟基在右边，氢原子在左边。通过这样的化学方法确定的各种旋光化合物的构型是以甘油醛人为指定的构型为标准，因此，由此确定出来的构型都是相对构型。那么两种甘油醛的真正构型（绝对构型）是否正如所指定的，还是正相反？直至通过 X 光衍射法直接确定了右旋酒石酸铷钠的绝对构型，证实了它的相对构型与

其绝对构型正巧是一致的。从而也证明了过去人为任意指定的甘油醛的构型也正是其绝对构型。虽然用 X 光衍射法可以直接确定一些化合物的构型，但这个方法并不方便。故一般确定构型时仍常用上述的间接方法。

（3）构型的标记

构造相同、构型不同的异构体在命名时，有必要对它们的构型分别给以一定的标记。如乳酸在同一构造式中有两种构型，它们的俗名都是乳酸。对于构型上的不同，通常是在乳酸这一名称之前再加上一定的标记以示区别。构型的标记法有多种。过去常用的是 D/L 标记法，现在更广为采用的是 R/S 标记法。

D/L 标记法是以甘油醛的构型为对照标准来进行标记的。右旋甘油醛的构型被定为 D 型，左旋甘油醛的构型被定为 L 型。凡通过实验证明其构型与 D-甘油醛相同的化合物，都叫 **D 型**，命名时标以"D"，而构型与 L—甘油醛相同的，都叫 **L 型**，命名时标以"L"。"D"和"L"只表示构型，不表示旋光方向。而旋光方向"（＋）"或"（－）"分别表示右旋或左旋。如：

COOH　　　　　　　　COOH

H——OH　　　　　HO——H

CH$_3$　　　　　　　　CH$_3$

D-(–)-乳酸　　　　　L-(+)-乳酸

CHO　　　　　　　　CHO

H——OH　　　　　HO——H

CH$_2$OH　　　　　　CH$_2$OH

D-(+)-甘油醛　　　　L-(–)-甘油醛

旋光物质的旋光方向与构型之间没有固定的关系，一个 D 型的化合物，可以是右旋的，也可以是左旋的，如 D－（－）－乳酸。

D/L 标记法应用已久，也较方便，但是这种标记只能表示分子中一个手征性碳原子的构型。对于含有多个手征性碳原子的化合物，用这种标记法并不合适，有时甚至会产生名称上的混乱。

R/S 标记法是根据手征性碳原子所连四个基团在空间的排列顺序来标记的。其方法是先把手征性碳原子所连的四个基团设为 a、b、c、d，根据次序规则（在讨论顺、反异构的 E—Z 命名时曾学过）排列出来的次序进行排队。若 a、b、c、d 四个基团的次序是 a 最先，b 其次，c 再次，d 最后，将该手性碳原子在空间作如下安排：把排在最后的基团 d 置于离观察者最远的位置，然后按先后次序观察其他三个基团，即从排在最先的 a 开始，经过 b 再到 c 轮转着看。如果轮转的方向是顺时针的，则将该手性碳原子的构型标记为"R"（拉丁文 Rectus 的缩写，右的意思）；如果反时针的，则标记为"S"（拉丁文 Sinister）的缩写，左的意思，如图 13-11 所示。

图 13-11

氯溴碘甲烷的构型标记如图 13-12 所

示，它们的先后次序为 I＞Br＞Cl＞H（即原子序数由高到低）。

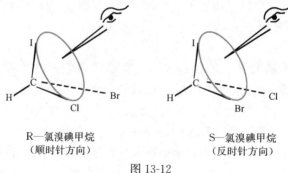

R—氯溴碘甲烷
（顺时针方向）

S—氯溴碘甲烷
（反时针方向）

图 13-12

R/S 标记法也可直接应用于费歇尔投影式。先将次序排列在最后的基团 d 放在一个竖立的（指向后方向的）键上，然后依次轮看 a、b、c，如果是顺时针方向转的，该投影式所代表的构型即为"R"型，如果是反时针方向转的即为"S"型。

基团次序为：$a＞b＞c＞d$

R　　　　　　S

再以乳酸为例，手征性碳上四个基团先后次序为：$OH＞COOH＞CH_3＞H$，它的两种构型分别如下识别和标记：

COOH　　　　　　　COOH

H—C⋯CH₃　　　　H—C⋯OH

OH　　　　　　　CH₃

(R)　　　　　　　(S)

现在 R/S 标记法在有机化合物构型中应用较多，它能比较方便地标记已知构型的化合物，也能从标记的 R/S 画出它的相应构型。但是在糖类化合物、氨基酸与多肽中仍习惯用 D/L 标记法。所以，我们对两种构型标记都应掌握。

13.3.4　含两个不相同手征性碳原子的化合物

含有一个手征性碳原子的化合物有一对对映异构体。分子中如果含有多个手征性碳原子，立体异构体的数目就要多些。因为，每个手征性碳原子可以有两种构型，所以分子中含有的手征性碳原子越多，异构体的数目越多，含有两个手征性碳的有四种异构体，含有三个手征性碳的有 8 种异构体。一般含有 n 个手征性碳原子的化合物，最多可以有 2^n 种立体异构体，但有些分子异构体数目小于这个最大可能数。当 n 为不相同的手征性碳原子数时，其外消旋体数为 $2n-1$，知道这个关系后，可计算出含 n 个手征性碳原子的异构体数。

含有两个不相同的手征性碳原子化合物就有四种构型。例如 2—氯—3—羟基丁二酸有下列四种立体异构体：HOOC—$\overset{*}{C}$H—$\overset{*}{C}$H—COOH（苹果酸）

|Cl OH

（下方为四个费歇尔投影式）

$\overset{1}{C}OOH$
Cl—$\overset{2}{C}$—H
HO—$\overset{3}{C}$—H
$\overset{4}{C}OOH$

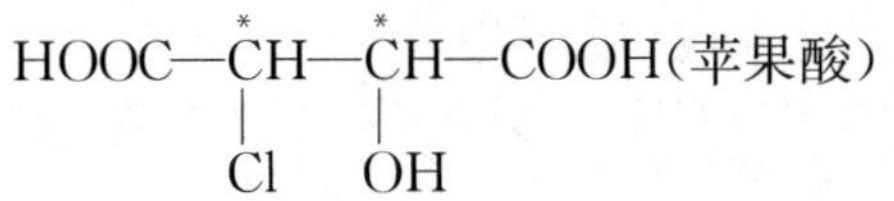

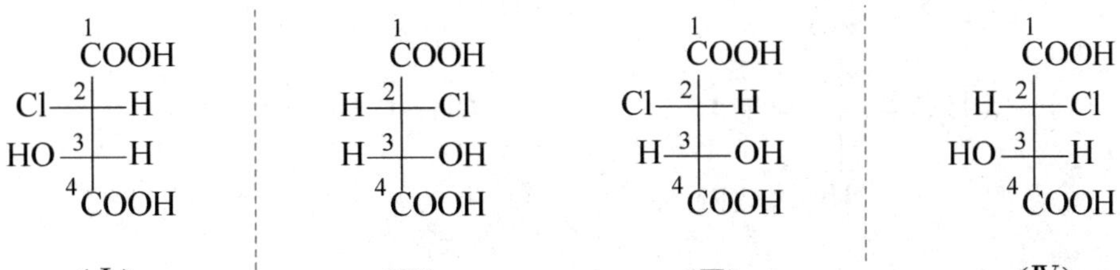

（Ⅰ）

（2S，3S）

$\overset{1}{C}OOH$
H—$\overset{2}{C}$—Cl
H—$\overset{3}{C}$—OH
$\overset{4}{C}OOH$

（Ⅱ）

（2R，3R）

$\overset{1}{C}OOH$
Cl—$\overset{2}{C}$—H
H—$\overset{3}{C}$—OH
$\overset{4}{C}OOH$

（Ⅲ）

（2S，3R）

$\overset{1}{C}OOH$
H—$\overset{2}{C}$—Cl
HO—$\overset{3}{C}$—H
$\overset{4}{C}OOH$

（Ⅳ）

（2R，3S）

分子中含有多个手征性碳原子的化合物，命名时可用 R/S 标记法将每个手征性碳原子的构型一一标出，如：2，3—戊二醇。

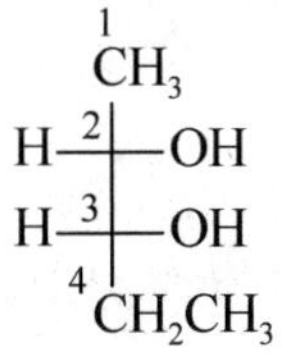

$\overset{1}{C}H_3$
H—$\overset{2}{C}$—OH
H—$\overset{3}{C}$—OH
$\overset{4}{C}H_2CH_3$

C_2、C_3 是手征性碳原子。

C_2 所连四个基团的次序是：

$$OH>CHOHCH_2CH_3>CH_3>H$$

C_3 所连四个基团的次序是：

$$OH>CHOHCH_3>CH_2CH_3>H$$

所以 C_2、C_3 的构型分别为 **"S"** 和 **"R"**，如图 13-13 所示。

图 13-13

命名时，应将手征性碳原子的位次连同其构型写在括号里。因该化合物的名称是（2S，3R）—2，3—戊二醇。

"R""S" 是手征性碳原子构型的一种标记方式。在化学反应中，如果手征性碳原子构型保持不变，产物的构型与反应物的构型相同，但它的 "R" 或 "S" 标记不一定与反应物的相同。反之，如果反应后手征性碳原子的构型转变了，产物构型的 "R" 或 "S" 标记也不一定与反应物的不同。因为经过化学反应，产物的手征性碳上所连基团与反应物的不一样了，产物和反应物的相应基团排列次序可能相同也可能不同。产物构型的 "R" 或 "S" 标记，决定于它本身四个基团的排列次序，而与反应时构型是否保持不变无关，如1—溴—2—丁醇在还原时，手征性碳原子的键未发生变化，故反应后，构型保持不变。但是还原后 CH_2Br 变成 CH_3，在反应物分子中，CH_2Br 排在 CH_2CH_3 之前，而产物分子中与 CH_2Br 相应的 CH_3 却排在 CH_2CH_3 之后，所以反应物构型的标记是"R"，产物的构型的标记却是"S"。

$$H_3CH_2C \overset{OH}{\underset{H}{\overline{\quad\big|\quad}}} CH_2Br \quad (R)$$

$$OH > CH_2Br > CH_2CH_3 > H$$

$$\downarrow 还原$$

$$H_3CH_2C \overset{OH}{\underset{H}{\overline{\quad\big|\quad}}} CH_3 \quad (S)$$

$$OH > CH_2CH_3 > CH_3 > H$$

2—氯—3—羟基丁二酸的四种异构体中，（Ⅰ）与（Ⅱ）是对映体，（Ⅲ）与（Ⅳ）是对映体。（Ⅰ）和（Ⅱ）、（Ⅲ）和（Ⅳ）为等量混合物是外消旋体。该两对对映体可以组成两种外消旋体。

（Ⅰ）与（Ⅲ）或（Ⅳ）、（Ⅱ）与（Ⅲ）或（Ⅳ）也是立体异构体。但它们没有互为镜像，故不是对映体。这种不对映的立体异构称为非对映体。对映体除旋光方向相反外，其他物理性质都相同。但非对应体旋光度不相同，而旋光方向可能相同，也可能不同。它们的其他物理性质都不相同，因此非对映体混在一起，可以用一般的物理方法将它们分离开来。

13.3.5 含两个相同手征性碳原子的化合物

这类化合物中，两个手征性碳原子所连的四个不同的原子团是一样的，如2，3—二羟基丁二酸（酒石酸）含有两个相同的手征性碳原子，可能有如下的四种构型：

$$
\begin{array}{cccc}
\overset{1}{COOH} & \overset{1}{COOH} & \overset{1}{COOH} & \overset{1}{COOH} \\
H\overset{2}{\mid}OH & HO\overset{2}{\mid}H & H\overset{2}{\mid}OH & HO\overset{2}{\mid}H \\
HO\overset{3}{\mid}H & H\overset{3}{\mid}OH & H\overset{3}{\mid}OH & HO\overset{3}{\mid}H \\
\overset{4}{COOH} & \overset{4}{COOH} & \overset{4}{COOH} & \overset{4}{COOH} \\
（Ⅰ） & （Ⅱ） & （Ⅲ） & （Ⅳ） \\
(2R, 3R) & (2S, 3S) & (2R, 3S) & (2S, 3R)
\end{array}
$$

（Ⅰ）与（Ⅱ）为对映体，它们的等量混合物为外消旋体。（Ⅲ）与（Ⅳ）似乎是对映体，实际上，将它们之中任何一个在此纸平面内旋转180°，都可与另一个重叠，这说明它们构型相同。所以酒石酸的立体异构只有三个，而且第三个异构体是一个不旋体。因为具有对称面，可以使分子成为对映的两半，从图13-14可以清楚地看到：酒石酸的这个异构体称为内消旋体。内消旋体是分子本身具有对称因素造成的。

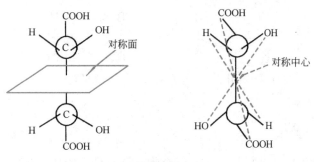

图 13-14

酒石酸三种异构体物理常数见表 13-2。

酒石酸各种异体的物理常数　　　　　　　　　　　　　　表 13-2

酒 石 酸	熔点（℃）	溶解度（g/100g 水）	$[\alpha]_D^{20}$（20%水溶液）	pKa$_1$	pKa$_2$
左 旋 体	170	139	+12°	2.93	4.32
左 旋 体	170	139	−12°	2.93	4.32
内消旋体	140	125	无	3.11	4.80
外消旋体	206	20.6	无	2.96	4.24

对映异构体及非对映异构体的化学性质几乎是完全相同的。一对对映异构体除旋光方向相反外，其他物理性质及旋光度都完全相同，而非对映异构体的物理性质是完全不同的。外消旋体是不同于任意两种物质的混合物，它常具有固定的熔点，而且熔点范围很窄。内消旋体的物理性质也不同于任何一种该异构体中的旋光体。

对映异构体极为重要的区别是它们对生物体的作用不同，如同一种维生素 C，左旋体能治疗坏血病，而右旋体就起不到治疗的作用；又如人体所需要的氨基酸都是 L 型的，它的对映体对人一点营养价值都没有，人所需要的糖都是 D 型的，而天然界存在的氨基酸和糖类也都是我们所需要的这两种构型。如果组成淀粉的糖和组成蛋白质的氨基酸都是我们所不需要的那种构型的话，人类就将无法生存。

由酒石酸的立体异构现象中可知，在一个分子中含有手征性碳原子，并不一定具有手征性。它是否具有手征性，需视整个分子是否缺乏对称因素。如果整个分子缺乏对称因素，它才有手征性，反之就没有手征性。从实物与镜像能否重叠的关系也可以判断出，一般来说，只有一个手征性中心的化合物都是具有手征性，含两个以上手征性中心的化合物则不然，需要审慎对待。只有从分子整体去观察分析问题才是可靠的。

13.3.6　环状化合物的立体异构

在脂环化合物中已讨论过环烷烃的构象及取代环烷烃的顺反异构，本章只介绍它的光学异构现象。

环状化合物的立体化学与其相应的开链化合物类似。环烷烃只要在环上有两个碳原子各有一个取代基，就有顺反异构现象。如环上有手征性碳原子，则有对映异构现象。如果是两个不同的取代基，则分子内存在两个不同的手征性碳原子，如 1—氯—2—溴环丙烷。

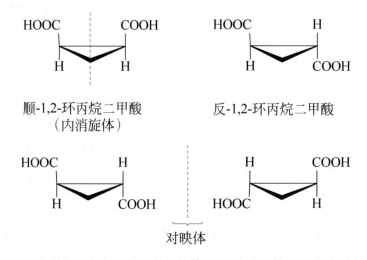

等量的（Ⅰ）与（Ⅱ）、（Ⅲ）与（Ⅳ）混合物，即是外消旋体。（Ⅰ）与（Ⅲ）或（Ⅳ）、（Ⅱ）与（Ⅲ）或（Ⅳ）之间是非对映体，所以1—氯—2—溴环丙环有四个立体异构体。

如果环丙烷的两个取代基是相同的，则情况与上述略有不同。如：1，2—环丙烷二甲酸，它也有顺、反异构体，顺式异构体有对称面，反式则否，也无对称中心，所以只有反式异构体有对映异构体，实际上，顺式异构体是一个内消旋体。

所以，1，2—环丙烷二甲酸只有三个异构体即一对对映体，一个内消旋体。

13.3.7 不含手征性碳原子化合物的立体异构

一个化合物是否是手征性的，决定于分子整体是否缺乏对称因素，手征性碳（或其他手征性原子）的存在并不是分子具有手征性的充分条件，也就是说手征性碳原子的存在有可能是手征性分子，也有可能不是手征性分子；没有手征性碳原子也不一定就没有手征性，像丙二烯型和联苯型化合物是不含手征性碳原子的，但可能是具有手征性的化合物。

丙二烯是累积双键化合物，中间的碳原子是 sp 杂化状态，两端的碳原子是 sp^2 杂化状态，分子内的两个双键相互垂直。

当它两端的碳原子连有不同的取代基时，整个分子就具手征性（缺乏对称因素），如

2，3—戊二烯具有对映异构体。

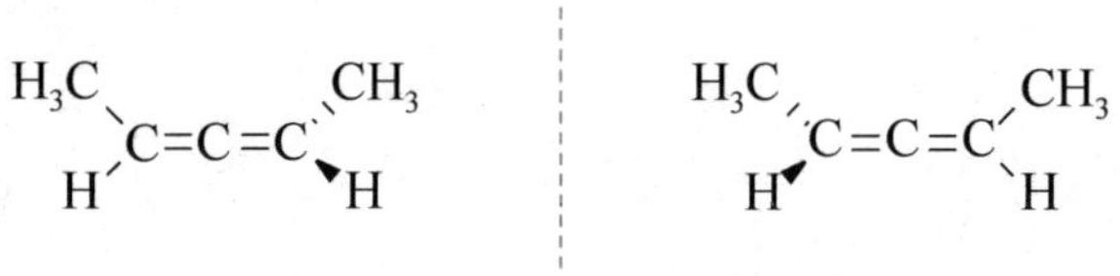

联苯的两个苯环通过一个单键所连，可以自由旋转。当联苯的邻位，即 2、6 位及 2′、6′位被两个不同的原子或原子团取代，并且两个取代基又足够大，大到能阻止连结两个苯环的单键自由旋转时，此联苯衍生物的两个苯环就不能处于同一平面上，整个分子缺乏对称因素，具有手性，如：

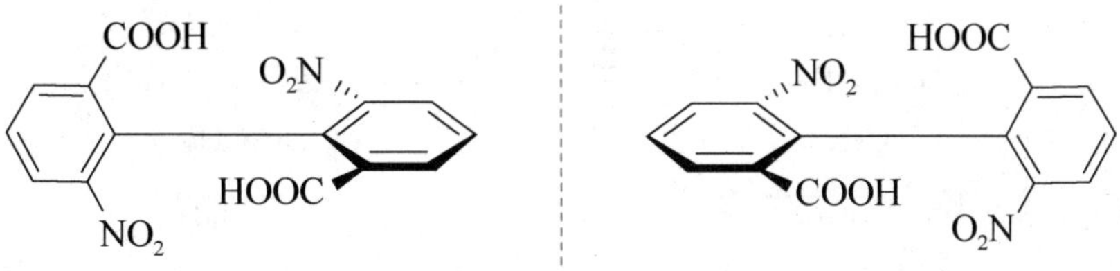

还有其他类型的不含手征性碳的手征性化合物，如还有一些元素（Si、N、P、As 等）的共价键化合物也是四面体结构，当这些元素的原子所连基团互不相同时，该原子也是手征性原子，含有这些手征性原子的分子也可能是手征性分子，此处不讨论。

13.4　构型的转化与外消旋化

一个手征性分子在取代反应中构型发生变化称为构型转化，如 S—苹果酸在五氯化磷中进行取代反应后，得到 R—2—氯化丁二酸。

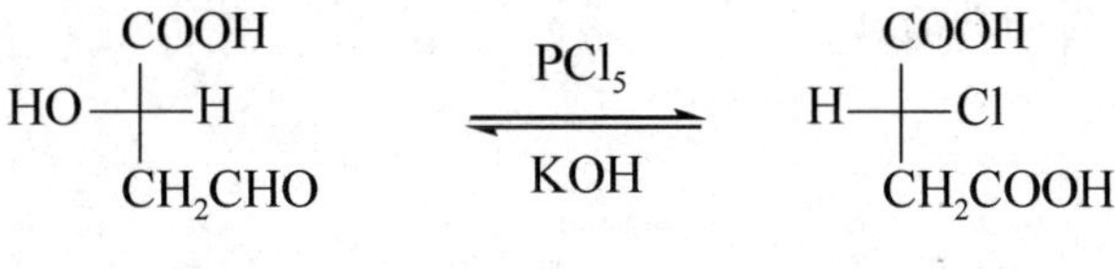

如果将生成 R—2—氯化丁二酸用氢氧化钾水解则又得到 S—苹果酸，所以在以上这两个反应中都发生了构型的转化。

因最早发现卤代烃中亲核取代反应（SN₂）构型转化的是德国化学家瓦尔登（walden），所以常把 SN₂ 反应的构型转化称为瓦尔登转化，它是 SN₂ 反应的立体化学标志。

某些旋光性物质，原来是一对对映异构体中的一个，它有旋光活性，但在一定条件下可以发生 50% 的构型转化，也就是有一半成了它的对映体，从而生成物就成为不旋光的外消旋体，这种作用叫外消旋化。它与瓦尔登转化是不同的。一个物质能否发生外消旋化则决定于它的结构，一般说来，在手征性碳原子上既连有一个氢原子，又连有一个羰基的化合物比较容易发生外消旋化，因为与羰基相邻的 α—氢活泼，有可能产生烯醇式异构体，而烯醇式异构体与酮式异构体之间为互变平衡体，所以，当烯醇式羟基上的氢原子转回至 C₂（手征性碳）时，氢原子由 C=C 的两侧与碳相连的机会是均等的，因此生成等量的对映体，即外消旋体。实验证明，能催化烯醇式异构体的试剂，如酸、碱都能促进外消旋化。

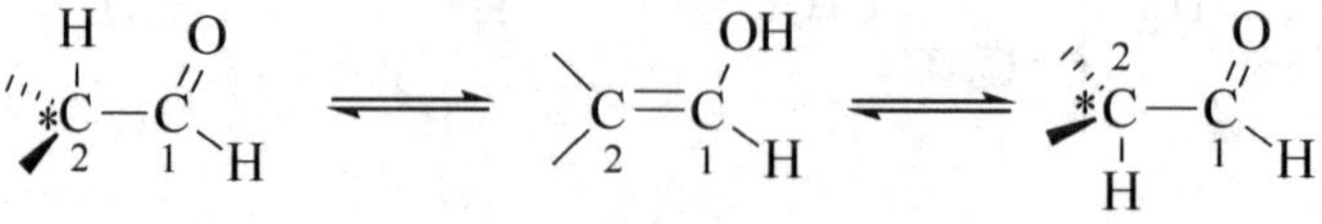

烯醇式

在化合物分子中，涉及手征性碳原子的键发生断裂的反应总起来有下列三种情况：构型转化、构型保持及外消旋化。当 R—2—溴丙酸与浓氢氧化钠共热时得到 S—乳酸，反应按 SN_2 历程进行，发生构型转化。

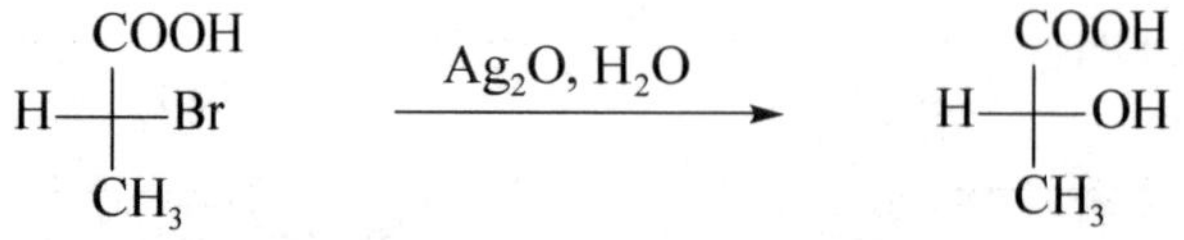

R-2-溴丙酸   R-乳酸

当 R—2—溴丙酸用润湿的氧化银处理时，得到的 R—乳酸构型保持不变。

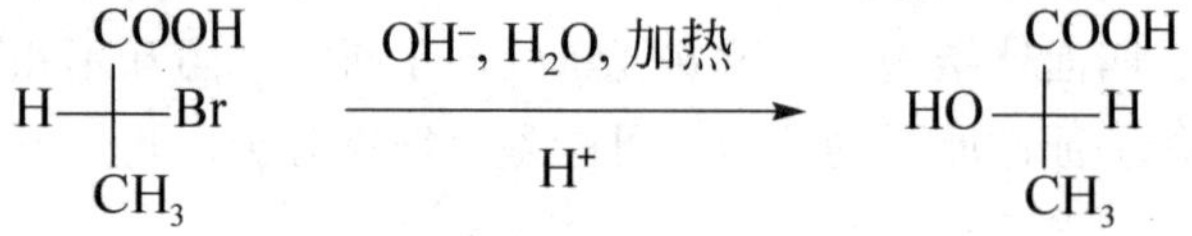

R-2-溴丙酸   S-乳酸

当 S—2—丁醇在强酸溶液中加热时，溶液的旋光性逐渐消失，因为在反应过程中发生外消旋化，一部分 S—2-丁醇转化成 R—2-丁醇，继续加热，逐渐生成外消旋体。前面已讨论外消旋化，它与构型转化不同，在构型转化中得到的是旋光性化合物，而在外消旋化中得到的是不旋光的外消旋体。

习题参考答案

第1章

1. 有机化合物：(1)、(3)、(6)；
   无机化合物：(2)、(4)、(5)。

2. 键能：共价键形成时放出的能量或共价键断裂时吸收的能量。
   键长：成键的两个原子的核间距。
   键角：两个共价键之间的夹角。
   共价键：两个原子相结合时，每个原子提供一个电子形成共有电子对而产生的化学键。共价键有方向性和饱和性。
   极性共价键：共价键中如果共有电子对不是平均共有，而是偏离其中一个原子，这种共价键称为极性共价键。
   官能团：有机化合物结构中，能反映出特殊性质的原子或原子团。
   电负性：元素的电负性即该元素原子在分子中吸引电子能力的大小。电负性数值越大的原子，吸引电子的能力越强。

3. (1) —Br，卤基，卤代烃。　　　　　(2) —NO₂，硝基，硝基化合物。
   (3) —C=C—，碳碳双键，烯烃。　　(4) —O—，醚键，醚。
   (5) —OH，醇羟基，醇。　　　　　　(6) —NH₂，氨基，胺。
   (7) —OH，酚羟基，酚。　　　　　　(8) —N=N—，偶氮基，偶氮化合物。
   (9) —COOH，羧基，羧酸。

4. (1) O；(2) Br；(3) F；(4) Cl；(5) I。

第2章

1. (1) $CH_3—CH_2—CH_2—CH_2—CH_2—CH_2—CH_3$
      庚烷

   (2) $(CH_3)_2CH—CH_2—CH_2—CH_2—CH_3$
      2—甲基己烷

   (3) $CH_3—CH_2—\underset{\underset{CH_3}{|}}{CH}—CH_2—CH_2—CH_3$
      3—甲基己烷

   (4) $(CH_3)_3C—CH_2—CH_2—CH_3$
      2,2—二甲基戊烷

   (5) $CH_3—CH_2—\underset{\underset{CH_3}{|}}{\overset{\overset{CH_2}{|}}{C}}—CH_2—CH_3$
      3,3—二甲基戊烷

   (6) $CH_3—\underset{\underset{CH_3}{|}}{CH}—\underset{\underset{CH_3}{|}}{CH}—CH_2—CH_3$
      2，3—二甲基戊烷

   (7) $(CH_3)_2CH—CH_2—CH(CH_3)_2$
      2，4—二甲基戊烷

297

$$CH_2-CH_3$$
(8) $CH_3-CH_2-\overset{|}{C}H-CH_2-CH_3$

　　3—乙基戊烷

(9) $(CH_3)_3C-CH(CH_3)_2$

　　2，2，3—三甲基丁烷

2.　(1)

$$\overset{1°}{\underset{\overset{\displaystyle |}{\underset{\displaystyle \underset{1°}{CH_3}}{}}}{\overset{CH_3}{}}}$$

$CH_3-\overset{1°}{\underset{1°}{\overset{|}{C}}}\overset{4°}{-}CH_2-\overset{2°}{CH_2}-\overset{2°}{CH_2}-\overset{1°}{CH_3}$

(2)

$$\begin{array}{ccc} \overset{1°}{CH_3} & \overset{2°}{CH_2}-\overset{1°}{CH_3} \\ | & | \end{array}$$

$CH_3-CH_2-\overset{|}{CH}-\overset{|}{CH}-CH_2-CH_2-CH_3$
$\;\;1°\quad\;\;2°\quad\;\;3°\quad\;3°\quad\;\;2°\quad\;\;2°\quad\;\;1°$

(3)

$$\begin{array}{ccc} \overset{1°}{CH_3} & & \overset{1°}{CH_3} \\ | & \overset{3°}{} & | \end{array}$$

$CH_3-CH-CH-CH-CH_3$
$\;1°\;\;\;3°\;\;\;|\;\;\;3°\;\;1°$
$\qquad\quad 3°\;CH-CH_3$
$\qquad\qquad\;|\qquad 1°$
$\qquad\;\;1°\;CH_3$

(4) 2，6—二甲基—5—乙基壬烷

(5) 2，2，3，3，4—五甲基己烷

(6) 2，5—二甲基己烷

(7) 2，3—二甲基—3—乙基戊烷

(8) 2，2，3—三甲基丁烷

(9) 2，3—二甲基—4—异丙基庚烷

(10) 2—甲基戊烷

3.　(1)、(3)、(5) 相同，(2)、(4)、(8)、(9) 相同，(6)、(7) 相同。

4.　(1) 错，应为：3—甲基戊烷；(2)、(3)、(4) 正确；(5) 错，应为：3，3—二甲基庚烷；

　　(6) 错，应为：2，2，4—三甲基己烷；(7) 错，应为：2，2—二甲基—3—乙基戊烷；

　　(8) 错，应为：3，4—二甲基己烷。

5.　(1) $CH_3-\overset{\overset{\displaystyle CH_3}{|}}{\underset{\underset{\displaystyle CH_3}{|}}{C}}-CH_3$　　(2) $CH_3-\overset{\overset{\displaystyle CH_3}{|}}{CH}-CH_2-CH_3$

(3) $CH_3-CH_2-CH_2-CH_2-CH_3$

(4) $CH_3-\overset{\overset{\displaystyle }{|}}{CH}-CH_2-CH_2-CH_3$ 和 $CH_3-CH_2-\overset{\overset{\displaystyle }{|}}{CH}-CH_2-CH_3$
$\qquad\quad\;\;CH_3\qquad\qquad\qquad\qquad\qquad\qquad CH_3$

(5) $CH_3-\overset{\overset{\displaystyle CH_3}{|}}{\underset{\underset{\displaystyle CH_3}{|}}{C}}-CH_2-CH_3$

6. (1)

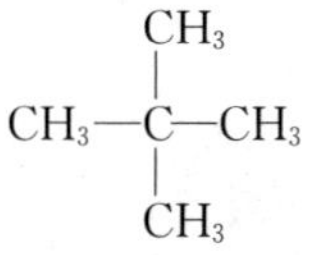

$$CH_3 - \underset{\underset{CH_3}{|}}{\overset{\overset{CH_3}{|}}{C}} - CH_3 \qquad (2)\ CH_3 - CH_2 - CH_2 - CH_2 - CH_3$$

(3) $CH_3 - \underset{\underset{CH_3}{|}}{CH} - CH_2 - CH_3$

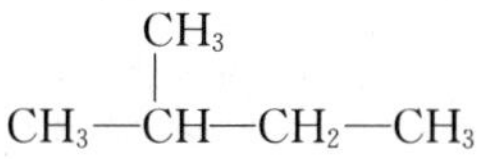

7. 正己烷＞2—甲基戊烷＞2，2—二甲基丁烷

8. (3)＞(1)＞(2)＞(4)＞(5)

9. 含有未配对电子的原子或原子团，称为自由基。通过自由基中间体进行的有机反应，称为自由基反应。自由基反应一般由链引发、链增长和链终止三个阶段组成。比如烷烃在光照作用下的氯化反应：

链引发：$Cl-Cl \xrightarrow{hv} 2Cl\cdot$

链增长：$Cl\cdot + R-H \longrightarrow R\cdot + HCl$

$\qquad\quad R\cdot + Cl-Cl \longrightarrow RCl + C\cdot$

链终止：$Cl\cdot + Cl\cdot \longrightarrow Cl_2$

$\qquad\quad Cl\cdot + R\cdot \longrightarrow RCl$

$\qquad\quad R\cdot + R\cdot \longrightarrow R-R$

10.

丙烷构象的透视式　　　　　　　　丙烷构象的投影式

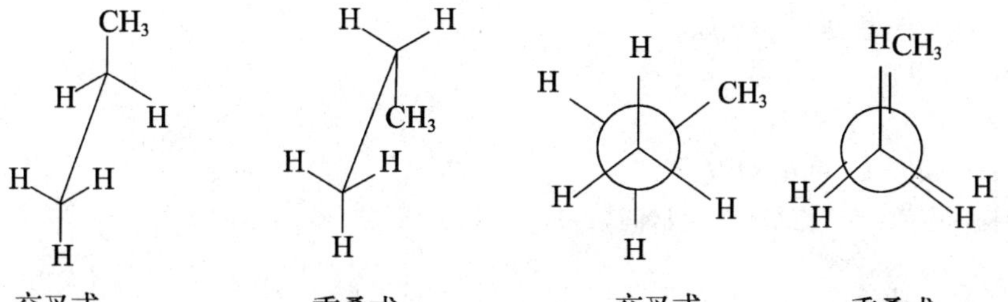

交叉式　　　重叠式　　　交叉式　　　重叠式

两种构象中，交叉式两个相邻碳原子上的原子或原子团距离最大，排斥力最小，内能最低，是最稳定的构象。

11. 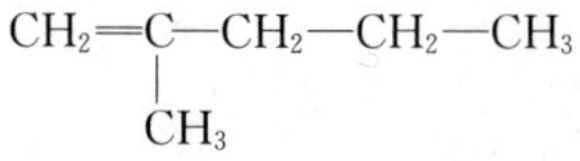 $CH_2 = \underset{\underset{CH_3}{|}}{C} - CH_2 - CH_2 - CH_3$　　　2—甲基—1—戊烯

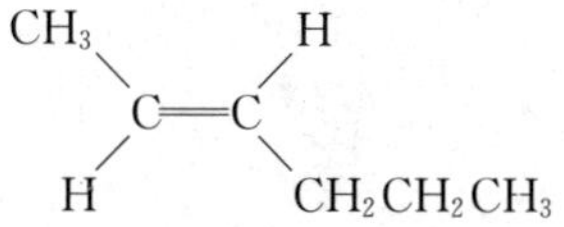

反—2—己烯 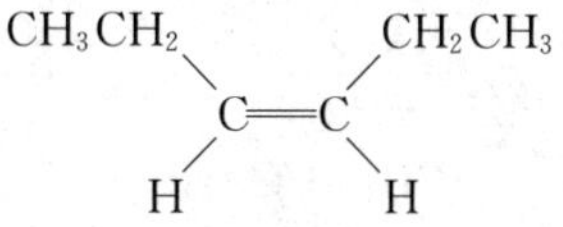　　　　　　　　　顺—3—己烯

12. (1)、(4) 无，其余皆有。

(2)

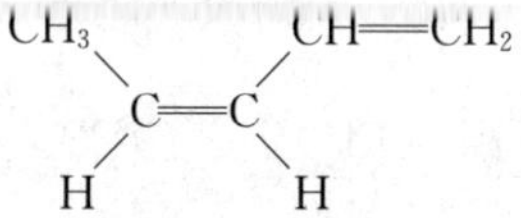

顺—1，5—己二烯 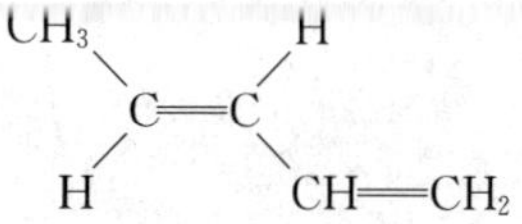　　　　　　　反—1，5—己二烯

(3)

$$\begin{array}{ccc} CH_3CH_2 & & CH_2CH_3 \\ & C=C & \\ H & & CH_3 \end{array}$$
顺—3—甲基—3—己烯

$$\begin{array}{ccc} CH_3CH_2 & & CH_3 \\ & C=C & \\ H & & CH_2CH_3 \end{array}$$
反—3—甲基—3—己烯

(5)

$$\begin{array}{ccc} CH_3 & & CH_2CH_3 \\ & C=C & \\ H & & H \end{array}$$
顺—2—戊烯

$$\begin{array}{ccc} CH_2 & & H \\ & C=C & \\ H & & CH_2CH_3 \end{array}$$
反—2—戊烯

(6)

$$\begin{array}{ccc} Cl & & Cl \\ & C=C & \\ H & & H \end{array}$$
顺—1，2—二氯乙烯

$$\begin{array}{ccc} Cl & & H \\ & C=C & \\ H & & Cl \end{array}$$
反—1，2—二氯乙烯

(7)

$$\begin{array}{ccc} CH_3CH_2 & & CH_2CH_2CH_3 \\ & C=C & \\ H & & CH_3 \end{array}$$
Z—4—甲基—3—庚烯

$$\begin{array}{ccc} CH_3CH_2 & & CH_3 \\ & C=C & \\ H & & CH_2CH_2CH_3 \end{array}$$
E—4—甲基—3—庚烯

13. (1) E—3—乙基—2—己烯

　　(2) E—2，4—二甲基—3—氯—3—己烯

　　(3) Z—1—氯—1—溴—1—丁烯

　　(4) E—2—甲基—1—氟—1—氯—1—丁烯

14. (1) 错，应为：顺—4—甲基—2—戊烯；

　　(2) 错，应为：4—甲基—2—戊烯；

　　(3) 无顺反异构，应为：1—丁烯；

　　(4) 错，应为：1—溴—2—甲基丙烯；

　　(5) 无顺反异构，应为：3—乙基—2—戊烯。

15.

(1) $CH_3-CH_2-\overset{\overset{\displaystyle Cl}{|}}{\underset{\underset{\displaystyle CH_3}{|}}{C}}-CH_3$ 　　(2) $CH_3-CH_2-\overset{\overset{\displaystyle OH}{|}}{\underset{\underset{\displaystyle CH_3}{|}}{C}}-CH_2Cl$

(3) $CH_3-\overset{\overset{\displaystyle Br}{|}}{\underset{\underset{\displaystyle CH_3}{|}}{C}}-CH_2Br$ 　　$CH_3-\overset{\overset{\displaystyle Cl}{|}}{\underset{\underset{\displaystyle CH_3}{|}}{C}}-CH_2Br$

(4) $\begin{array}{c} CH_3 \\ CH_3 \end{array}\hspace{-4pt}\overset{O-O}{\underset{O-O}{C}}\hspace{-4pt}\begin{array}{c} H \\ H \end{array}$, $CH_3-\overset{\overset{\displaystyle O}{||}}{C}-CH_3 + HCHO$

(5) $CH_2=CH-\overset{\overset{\displaystyle Cl}{|}}{C}H-CH_3 + HCl$

16.

(1) $CH_2=CH-CH_3 \xrightarrow[500℃]{Cl_2} CH_2=CH-CH_2 \quad \xrightarrow{Cl_2} \quad CH_2-CH-CH_2$

（Cl 标于相应碳上）

(2) CH_2=CH—CH_3 $\xrightarrow[H_2SO_4]{H_2O}$ CH_3—$\overset{\overset{OH}{|}}{CH}$—$CH_3$

17. CH_2=$\overset{\overset{CH_3}{|}}{C}$—$CH_3$ 更容易。因为中心碳原子上连接的甲基越多，由于甲基的供电子作用，中间体正碳离子正电荷分散程度越大，正碳离子越稳定，反应越容易进行。

18. CH_3—$\overset{\overset{CH_3}{|}}{C}$=$CH$—$CH_3$

19. CH_3—$\overset{\overset{CH_3}{|}}{\underset{\underset{CH_3}{|}}{C}}$=$CH$—$CH_2$—$CH_2$—$C$≡$C$—$CH_3$

20. CH_3—CH_2—$\overset{\overset{CH_3}{|}}{\underset{\underset{CH_3}{|}}{C}}$=$C$—$CH_2$—$CH_3$

21. 乙烯在 NaCl 水溶液中的加溴反应属亲电加成反应，是由亲电试剂首先进攻引起的，该体系中的亲电试剂只有 Br^+ 而无 Cl^+，故产物中不可能有 $ClCH_2$—CH_2Cl 生成。

22. 共七个异构体。

23. (1) CH_2=CCl—CH_2—CH_2—CH_3 (2) CH_3—CH_2—$\overset{\overset{O}{||}}{C}$—$CH_2$—$CH_3$

(3) CH_3—CH_2—C≡C—Na (4) CH_3—$\overset{\overset{CH_3}{|}}{CH}$—$C$≡$C$—$Ag$

(5) 提示：乙炔与两分子金属钠反应生成乙二炔钠，再与两分子溴乙烷反应。

24. (1) 4—甲基—2—己炔   (2) 4，4—二甲基—2—戊炔

(3) CH≡C—$\overset{\overset{CH_3}{|}}{CH}$—$CH_3$ (4) CH_2=$\overset{\overset{CH_3}{|}}{C}$—$C$≡$C$—$CH_3$

25. (1) 提示：丙炔在硫酸汞的硫酸稀溶液中与水发生加成。

(2) 提示：丙炔用 Lindlar 催化剂加氢还原成丙烯，再与 HBr 加成。

(3) 提示：丙炔与两分子 HBr 加成。

(4) 提示：丙炔与氨基钠生成丙炔钠，再与 1—溴丙烷作用还原。

26. A 的结构式为 CH_3—$\overset{\overset{CH_3}{|}}{CH}$—$C$≡$CH$； B 的结构式为 CH_3—$\overset{\overset{CH_3}{|}}{CH}$—$C$≡$C$—$CH_2$—$CH_2$—$CH_3$；

C 的结构式为 CH_3—$\overset{\overset{CH_3}{|}}{CH}$—$\overset{\overset{O}{||}}{C}$—$CH_3$；

D、E 的结构式为 CH_3—$\overset{\overset{CH_3}{|}}{CH}$—$COOH$ 或 CH_3—CH_2—CH_2—$COOH$。

27. (1) $\left[\begin{array}{c} CH_2\text{—}\overset{\overset{}{}}{CH}\text{—}\underset{\underset{Cl}{|}}{CH_2} \end{array}\right]_n$ (2) CH_3—$\overset{}{C}$=CH_2 (3)

28. A 的结构式为 CH_3—CH_2—C≡C—H； B 的结构式为 CH_2=CH—CH=CH_2。

29. CH_3—CH=CH—CH=CH—CH_3

30. (1) 第一步用硝酸银的氨溶液或氯化亚铜的氨溶液检验，有沉淀者为戊炔；第二步用高锰酸钾水溶液检验，褪色者为2—戊烯；余者为正丁烷。

　　(2) 第一步用顺丁烯二酸酐检验，生成沉淀者为1，3—己二烯；第二步用硝酸银的氨溶液检验，生成沉淀者为1—庚炔；第三步用溴水检验，褪色者为1，5—己二烯；余者为庚烷。

31. A的结构式为 $CH_3—CH_2—CH_2—C\equiv C—H$；

　　B的结构式为 $CH_3—CH_2—C\equiv C—CH_3$。

32. 由于炔钠是强碱，卤代烃不能选叔卤代烃，否则会生成消去产物。应选择3，3—二甲基—1—丁炔与 $NaNH_2/NH_3$ 反应生成炔钠，再与溴乙烷反应合成2，2—二甲基—3—己炔。

33. 共3个异构体。

34. (1) 1，1—二甲基环丁烷　　　　(2) 2—甲基—1—（2'—甲基环丙基）丙烯
　　(3) 一溴环戊烷　　　　　　　　(4) 1—甲基—4—异丙基环己烷

35.

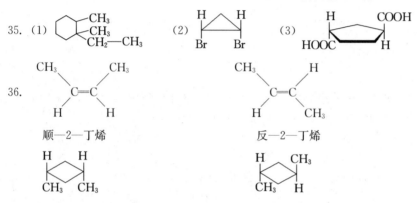

36.

順—2—丁烯　　　　　　　　　　　反—2—丁烯

順—1，3—二甲基环丁烷　　　　　　反—1，3—二甲基环丁烷

　　烯烃具有顺反异构的条件是两个双键碳原子，连接了两个不相同的原子或原子团。

　　环烷烃产生顺反异构的条件是环上任意两个碳原子，连接了两个不相同的原子或原子团。

37. (1) 第一步用高锰酸钾水溶液检验，褪色者为2—戊烯；第二步用溴的四氯化碳溶液检验，褪色者为1，2—二甲基环丙烷；余下者为环戊烷。

　　(2) 第一步用高锰酸钾水溶液检验，褪色者是丙烯；第二步用溴水检验，褪色者是环丙烷；无现象的是丙烷。

38. A的结构式为 ▷—CH_3；B的结构式为 $CH_3—CHBr—CH_2—CH_3$；C的结构式为 $CH_2\!=\!CH—CH_2—CH_3$

39. 共八个同分异构体。

40. 苯乙炔，对甲基异丙苯或4—甲基异丙苯，3—氯甲苯或间氯甲苯，对硝基邻氯甲苯，苄氯，对十二烷基苯磺酸钠，2—苯基丁烷，4—硝基—1—萘酚，5—氯—2—萘磺酸，α—甲基萘。

41. (1)

(2)

(3) CH_3—⟨　⟩—⟨　⟩—CH_3　　　(4)

42. 提示：(1) 先将苯溴代，再硝化。(2) 先将苯硝化，再溴化。(3) 先将甲苯的对位氯代，再用高锰

酸钾氧化。(4) 甲苯邻、对位二氯代。(5) 先将甲苯的对位硝化，再将两个邻位溴代。

43.

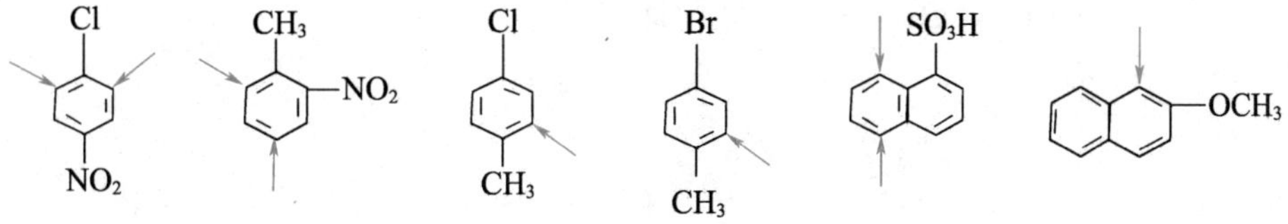

44. (1) 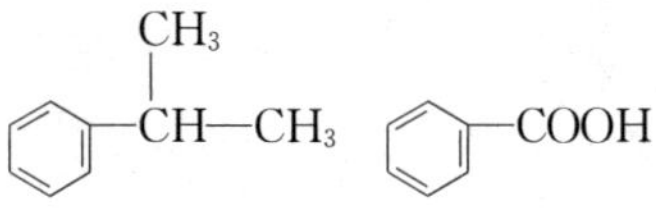 (2) 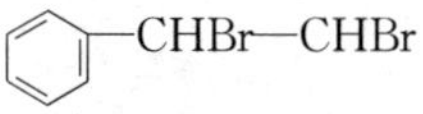

(3) $CH_2=CH_2$　$AlCl_3$　$KMnO_4$ 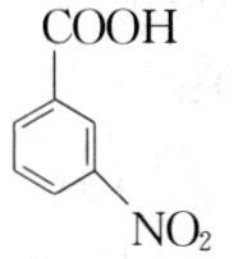 (4) 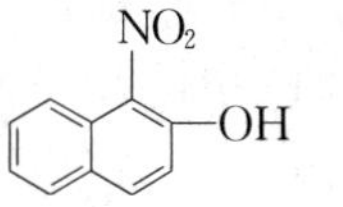

(5) 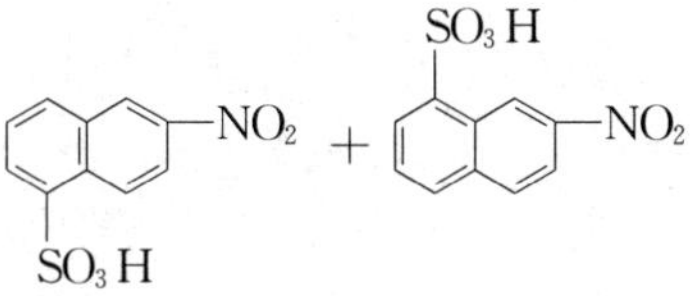 (6) 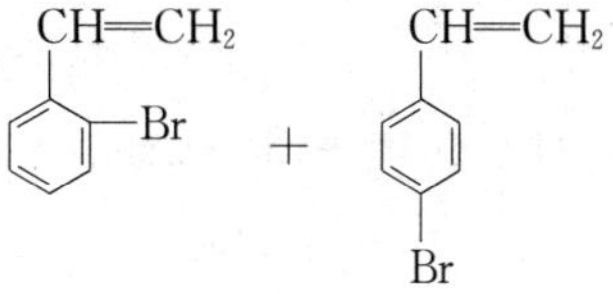

45. (1) 提示：加入 Br_2 的 CCl_4 溶液检验，褪色者为环己烯，不褪色者补加铁粉，补加铁粉之后褪色者为苯，不褪色者为环己烷。

(2) 提示：先用硝酸银的氨溶液检验，生成沉淀者为1—己炔。再用高锰酸钾水溶液检验，褪色者为1，5—己二烯，不褪色者为苯。

46. (1) 甲苯>苯>氯苯>硝基苯

(2) 苯酚>苯>苯乙酮>硝基苯

47. *A* 的结构式为 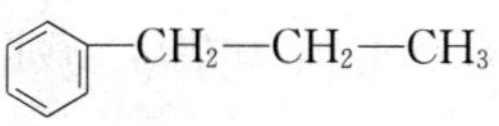 或 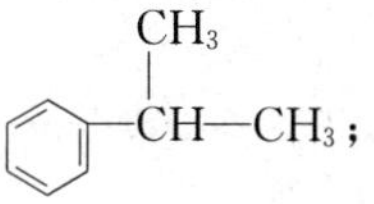；

B 的结构式为 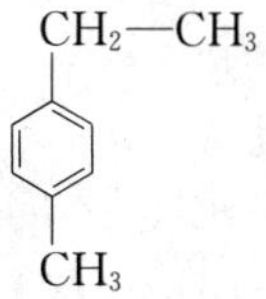；*C* 的结构式为 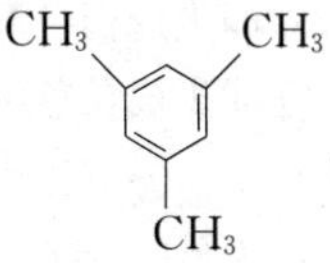

48. 提示：(1) 对甲氧基硝基苯硝化。

(2) 对苯二甲酸硝化。

(3) 对二硝基苯硝化。

(4) 间硝基苯甲酸硝化。

第3章

1. (1) 伯卤代烷4个，仲卤代烷3个，叔卤代烷1个。

(2) 乙烯型卤代烃5个，烯丙基型卤代烃3个，隔离型卤代烃1个。

2. (1) $CH{\equiv}C{-}CH(I){-}CH_2{-}CH_2{-}CH_3$　(2) $CH_3{-}C(CH_3)(Cl){-}CH(Cl){-}CH_3$

$$(3) \quad \underset{\underset{Cl}{\overset{Cl}{|}}}{\overset{\overset{CH_3}{|}}{\underset{}{C}}} \quad CH_3-\overset{\overset{Cl}{|}}{\underset{\underset{Cl}{|}}{C}}-\overset{\overset{CH_3}{|}}{\underset{\underset{CH_3}{|}}{C}}-CH_2-CH_3 \qquad (4) \quad CHI_3$$

(5) （间氯硝基苯结构） NO$_2$，Cl

(6) （环戊烯二溴结构） Br，Br

3. (1) 3，3—二甲基—2—氯戊烷　　(2) 1，2，2—三氯丙烷

(3) 4—甲基—5—氯—2—戊炔　　(4) 2—氯丙烯

(5) 均三氯苯或1，3，5—三氯苯　(6) 3—甲基—5—乙基氯苯

4. (1) $CH_3-\underset{\underset{CH_3}{|}}{\overset{}{CH}}-\underset{\underset{OH}{|}}{\overset{}{CH}}-CH_3$　　(2) $CH_3-\underset{\underset{CH_3}{|}}{\overset{}{C}}=CH-CH_3$

(3) $CH_3-CH_2-\underset{\underset{Br}{|}}{\overset{}{CH}}-CH_3$；$CH_3-CH_2-\underset{\underset{CN}{|}}{\overset{}{CH}}-CH_3$

(4) $CH_3-\underset{\underset{Br}{|}}{\overset{}{CH}}-CH_3$；$CH_3-\underset{\underset{MgBr}{|}}{\overset{}{CH}}-CH_3$

(5) $Cl_2/500℃$ 高温；$HOCH_2-CH=CH_2$；$ClCH_2-CHCl-CH_2OH + ClCH_2-CH（OH）-CH_2Cl$；$HOCH_2-CHOH-CH_2OH$

(6) $CH_3-C\equiv C-MgBr + CH_3-CH_3$

(7) 提示：2—碘丙烷消去一分子碘化氢得丙烯，丙烯与 Br_2 加成再消去两分子溴化氢得丙炔，丙炔与两分子溴化氢加成。

(8) 提示：甲苯硝化，光照下乙基 α—氢溴代，氢氧化钠水解得对硝基苄醇。

(9) 提示：乙炔与两分子氨基钠作用生成乙炔二钠，再与两分子碘甲烷作用生成2—丁炔。

5. 提示：

(1) 与硝酸银的乙醇溶液反应，室温下立刻生成白色沉淀者是苄氯，加热后生成白色沉淀者是 β—氯代乙苯，无沉淀生成者是对氯甲苯。

(2) 用硝酸银的乙醇溶液检验，后者立即生成白色沉淀，前者无沉淀生成。

(3) 用硝酸银的乙醇溶液检验，后者立即生成黄色沉淀，前者无沉淀生成。

6. (1) $CH_3-CH_2-CH_2-CH_2-OH$　　(2) $CH_3-CH_2-CH_2-CH_2-MgBr$

(3) $CH_3-C\equiv C-CH_2-CH_2-CH_3$　(4) $CH_3-CH_2-CH_2-CH_2-ONO_2 +AgBr$

(5) $CH_3-CH_2-CH_2-CH_2-CN$　　(6) $CH_3-CH_2-CH=CH_2$

(7) $CH_3-CH_2-CH_2-CH_2-O-CH_2-CH_3$

7. A 的结构式为 $CH_3-CH_2-CH=CH_2$；　　B 的结构式为 $CH_3-CH_2-C\equiv CH$；

8. A 的结构式为 $Br-CH_2-CH_2-CH_3$；　　B 的结构式为 $CH_3-CH=CH_2$；

C 的结构 CH_3COOH；　　　　　　　　　D 的结构式为 $CH_3-CHBr-CH_3$

9. $CH_3-\underset{\underset{\underset{CH_3}{|}}{\overset{\overset{CH_3}{|}}{C}}}{}-\underset{\underset{\underset{CH_3}{|}}{\overset{\overset{CH_3}{|}}{C}}}{}-CH_3$

10. $Cl-CH_2-C\equiv CH$

11. 提示：(1) 苯与溴乙烷在 $AlCl_3$ 催化下生成乙苯，乙苯在 $FeBr_3$ 催化下与 Br_2 反应生成对溴乙苯，再与 Br_2 在光照下发生乙基 α—氢溴代，消去一分子氯化氢即可。

(2) 苯与碘甲烷在 $AlCl_3$ 催化下生成甲苯，甲苯在光照下氯代生成苄氯，再与乙醇钠反应即可。

12. (1)

(2) α—溴代乙苯＞苄基溴＞β—溴代乙苯

(3) 1—溴丁烷＞2，2—二甲基—1—溴丁烷＞2—甲基—3—溴丁烷＞2—甲基—2—溴丁烷

第 4 章

1. 伯醇：(2) 1—丙醇；(3) 1，3—丙二醇；(4) 对甲基苯甲醇。

仲醇：(1) 2—丁醇；(6) 环己醇；(7) 4—甲基环己醇；(8) 2，5—己二醇。

叔醇：(5) 2，3，4—三甲基—3—戊醇。

2. (1) $CH_3-CH_2-CH_2-\underset{\underset{CH_2-CH_3}{|}}{CH}-CH_2OH$　　(2) $HO-CH_2-CHCl=CHCl-CH_2-OH$

(3) $CH_3-CH_2-\langle\ \rangle-CH_2OH$　　(4)

3. (1) 3—丁烯—2—醇＞2—丁醇＞正丁醇

(2) 对甲基苄醇＞苄醇＞对硝基苄醇

4. (5) ＞ (3) ＞ (4) ＞ (1) ＞ (2)

5. 提示：(1) 1—丁烯加水。(2) 2—甲基丙烯加水。(3) 2—甲基—1—丁烯加水。

6. (1)、(2)、(3) 不溶水，(4)、(5)、(6) 溶于水。

7. 提示：

(1) 先用 Br_2 的四氯化碳溶液检验，褪色者为 $CH_2=CH-CH_2OH$；再用硝酸银的乙醇溶液检验，生成黄色沉淀者为 $CH_3-CH_2-CH_2Br$；余者为 $CH_3-CH_2-CH_2OH$。

(2) 用卢卡斯试剂检验，立即浑浊者为 $(CH_3)_3C-OH$，放置片刻浑浊者为 $(CH_3)_2CH-OH$，常温下无变化者为 $CH_3-CH_2-CH_2-OH$。

(3) 加水，摇动后静置，乙醇钠溶于水，戊醇分层。

(4) 先加入 $FeCl_3$ 水溶液检验，显紫色者为苯酚；再用金属钠检验，放出气体者为丁醇；再用浓硫酸检验，溶解者为丁醚，分层者为己烷。

(5) 先用硝酸银的氨溶液检验，生成白色沉淀者为丙炔醇；再用溴水检验，褪色者为丙烯醇；余者为正丙醇。

(6) 加入 $FeCl_3$ 水溶液检验，前者显紫色，后者不变色。

(7) 先用 $FeCl_3$ 水溶液检验，显蓝色者为对甲基苯酚；再用浓盐酸检验，溶解者为苯甲醚，分层者为甲苯。

8. 提示：

(1) 浓 NaOH 溶液水解。

(2) 先脱溴化氢，再加水。

(3) 分三步：第一步，正丙醇与 HBr 生成 1—溴丙烷；第二步，正丙醇脱水生成丙烯，再加水生成 2—丙醇，与金属钠生成 2—丙醇钠；第三步，2—丙醇钠与 1—溴丙烷反应。

(4) 先脱水，再加水。

(5) 先与 Br_2 加成，再脱两分子 HBr。

9. $CH_3-\underset{\underset{CH_3}{|}}{CH}-\underset{\underset{OH}{|}}{CH}-CH_3$

10. A 的结构式为 $CH_3-CH_2-CH_2OH$；B 的结构式为 $CH_3-CH_2-CH_2Br$；C 的结构式为 $CH_3-CH=CH_2$；
   D 的结构式为 $CH_3-CH_2Br-CH_3$；E 的结构式为 $CH_3-\underset{\underset{OH}{|}}{CH}-CH_3$

11. (1) $HO-\langle\bigcirc\rangle-NH_2$ (2) 邻位 $\overset{O}{\overset{\|}{C}}CH_3$，$OH$ (3) $\langle\bigcirc\bigcirc\rangle-Br$

12. (1) 3—甲基苯酚或间甲基苯酚 (2) 3—乙氧基苯酚或间乙氧基苯酚
    (3) 2—甲氧基—1,4—苯二酚 (4) 对羟基苯磺酸
    (5) 1—甲基—2—萘酚 (6) 2—硝基—4—氯苯酚或邻硝基对氯苯酚

13. (6) ＞ (4) ＞ (5) ＞ (1) ＞ (2) ＞ (3)

14. (2) 分子内氢键，(1)、(3)、(4) 分子间氢键。

15. A 的结构式为 $\langle\bigcirc\rangle-OCH_3$； B 的结构式为 $\langle\bigcirc\rangle-OH$； C 的结构式为 CH_3I

16. A 的结构式为 $CH_3-CH_2-\underset{\underset{OH}{|}}{\overset{\overset{CH_3}{|}}{C}}-CH_3$

17. $CH_3-CH_2-CH_2-CH_2-OH$； $CH_3-\underset{\underset{H}{|}}{\overset{\overset{CH_3}{|}}{C}}-CH_2OH$； $CH_3-\underset{\underset{CH_3}{|}}{\overset{\overset{CH_3}{|}}{C}}-OH$

18. 苯酚

第 5 章

1. (1) 3—甲基戊醛 (2) 2—甲基—3—戊酮 (3) 2,4—戊二酮
   (4) 1—戊烯—3—酮 (5) 4—甲基—2—羟基苯甲醛 (6) 3,3—二甲基—2—丁酮

2. (1) $\underset{\underset{CH_2-CHO}{|}}{CH_2-CHO}$ (2) $CH_3-CH=CH-CHO$ (3) $CH_3-CH_2-\underset{\underset{CH_3}{|}}{CH}-\overset{\overset{O}{\|}}{C}-CH_3$

3. 提示：(1) 2—己醇氧化 (2) 5,6—二甲基—5—癸烯臭氧化 (3) 1—己炔水解

4. 提示：
   (1) 先氧化丙醇制丙醛，然后制备溴乙烷的格氏试剂，两者反应、水解制备 3—戊醇，氧化成酮即可。
   (2) 氧化 2—丁醇得 2—丁酮，制备 2—甲基—1—溴丙烷的格氏试剂，两者反应、水解即可。
   (3) 先制备 2—溴丁烷的格式试剂，再与甲醛反应、水解制备醇，氧化成醛即可。
   (4) 丁醇氧化得丁醛，丁醛羟醛缩和、加热脱水，再用 $NaBH_4$ 还原即可。

5. (1) $KMnO_4/H^+$ $CH_3-\underset{\underset{CN}{|}}{\overset{\overset{OH}{|}}{C}}-CH_2-CH_3$ (2) $CH_3-CH_2-\underset{\underset{CH_3}{|}}{C}=N-NH-\langle\bigcirc\rangle-NO_2$，$O_2N$

   (3) $CH_3-CH_2-CH_2-\underset{\underset{OMgBr}{|}}{CH}-CH_2-CH_3$； $CH_3-CH_2-CH_2-CHOH-CH_2-CH_3$

(4) $(CH_3)_3C—CH_2OH$；$(CH_3)_3C—COONa$

(5) $(CH_3)_3C—CH_2OMgBr$；$(CH_3)_3C—CH_2OH$

(6) 丙烯高温下 α—氢原子氯代，催化氢化，得 1—氯丙烷，与金属镁在乙醚溶液中制备格氏试剂，再与甲醛反应，水解成醇即可。

(7) 乙醇氧化成乙醛，乙醛经羟醛缩合、脱水得丁烯醛，丁烯醛与两分子乙醇在干 HCl 气体催化下反应生成缩醛，催化加氢、稀酸水解得丁醛，再羟醛缩合、催化氧化即可。

(8) 丙酮还原成醇，卤代，制成格氏试剂；该格式试剂与丙酮反应、水解即可。

(9) 乙醛经羟醛缩合、脱水得丁烯醛，再与两分子乙醇在干 HCl 气体催化下反应即可。

(10) 甲苯光照下与 Br_2 发生溴代生成苄基溴，制成格氏试剂；2—甲基—1—丙醇氧化成醛，与上述格氏试剂反应、水解即可。

(11) 丙烯与 HBr 加成生成 2—溴丙烷，制成格氏试剂；丙烯臭氧化制得乙醛和甲醛；甲醛与格氏试剂反应、水解、氧化得 2—甲基丙醛，再与格氏试剂反应、水解即得 2，4—二甲基—3—戊醇。

(12) 丙烯高温下 α—氢原子氯代，催化氢化，得 1—氯丙烷，制成格氏试剂；丙烯酸催化加水生成 2—丙醇，氧化得丙酮；丙酮与格氏试剂反应、水解，得 2—甲基—2—戊醇。

6. 提示：

(1) 加饱和亚硫酸氢钠，有结晶析出者为丁酮。

(2) 加 I_2 的氢氧化钠水溶液，有黄色碘仿沉淀生成者为丙酮。

(3) 加 I_2 的氢氧化钠水溶液，有黄色碘仿沉淀生成者为 2—戊醇。

(4) 加硝酸银的氨溶液，无银镜生成者为丙酮；再加斐林试剂，无砖红色沉淀生成者为苯甲醛；最后用 I_2 的氢氧化钠水溶液检验，无碘仿沉淀生成者为甲醛，有碘仿沉淀者为乙醛。

7. （6）＞（5）＞（3）＞（4）＞（2）＞（1）

8. $CH_3—CH_2—\overset{\overset{\displaystyle O}{\|}}{C}—\overset{\overset{\displaystyle CH_3}{|}}{CH}—CH_3$

9. A 的结构式为 $CH_3—\overset{\overset{\displaystyle OH}{|}}{CH}—\overset{\overset{\displaystyle CH_3}{|}}{CH}—CH_3$

10. A 的结构式为 $CH_3—\overset{\overset{\displaystyle O}{\|}}{C}—CH_2—CH_2—CH=CH—CH_3$

B 的结构式为 $CH_3—\overset{\overset{\displaystyle O}{\|}}{C}—CH_2—CH_2—COOH$

11. A 的结构式为 $(CH_3)_2CH—CHBr—CH_2—CH_3$；B 的结构式为 $(CH_3)_2C=CH—CH_2—CH_3$；

C 的结构式为 $(CH_3)_2CH—CH=CH—CH_3$；D 的结构式为 $CH_3—CH_2—CHO$；E 的结构式为 $CH_3—\underset{\underset{\displaystyle O}{\|}}{C}—CH_3$

第 6 章

1. (1) 3—苯基丁酸   (2) 间二苯甲酸   (3) 2—甲基—6—氯己酸

(4) 2，2—二甲基丙二酸   (5) $HOOC—\overset{\overset{\displaystyle CH_3}{|}}{C}=\overset{\overset{\displaystyle CH_3}{|}}{C}—COOH$ (6) $CH_2=\overset{\overset{\displaystyle CH_3}{|}}{C}—COOCH_3$

2. 共 4 个同分异构体。

3. (1) $HOOC—COOH > CH_3COOH > CH_3—CH_2—OH$

(2) $Cl_3C—COOH > Cl—CH_2—COOH$

4. 提示：(1) 溴乙烷与 NaCN 反应得丙腈，丙腈水解得丙酸。

  (2) 溴乙烷制成格氏试剂，与 CO₂ 加成、水解即得丙酸。

5. 提示：(1) 丁酸 α—氢溴代，与 NaCN 反应，制得 α—氰基丁酸；水解，甲醇酯化即可。

  (2) 2—丙醇与 HBr 反应得 2—溴丙烷，制成格氏试剂，再与等摩尔酰氯低温下加成、水解即可。

  (3) 乙醇与 HBr 反应得溴乙烷，再与 NaCN 反应，水解，得丙酸；丙酸与乙醇发生酯化反应得丙酸乙酯。

  (4) 丁醇氧化得丁醛，与 HCN 加成，酸催化下脱水、水解得戊烯酸。

  (5) 2—己酮经卤仿反应，酸水解即得戊酸。

6. 提示：

  (1) 分为三步：第一步，乙醇脱水成乙烯，氧化得甲醛，还原得甲醇，与 HI 反应得碘甲烷，制成格氏试剂；第二步，乙醇氧化得乙醛，乙醛与碘甲烷的格氏试剂反应、水解，得 2—丙醇，溴代得 2—溴丙烷；第三步，丙二酸酯在乙醇钠存在下，先与 2—溴丙烷反应，再与碘甲烷反应，氢氧化钠水解，酸水解，加热脱羧即可。

  (2) 分为两步：第一步；乙醇脱水得乙烯，加 Br₂，脱两分子溴化氢得乙炔，加两分子溴化氢得 1,1—二溴乙烷；第二步，在乙醇钠存在下，1mol 的 1,1—二溴乙烷与 2mol 丙二酸酯反应，氢氧化钠水解，酸水解，加热脱羧即可。

  (3) 甲苯光照下溴代得苄基溴，在醇钠作用下，与丙二酸酯反应，与 1mol 氢氧化钠水解，酸水解，加热脱羧，乙醇酯化即可。

7. A 的结构式为 CH₃—CH₂—CH₂—COOH；B 的结构式为 CH₃—COOC₂H₅

8.

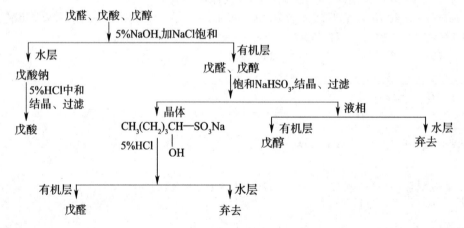

9. 提示：

  (1) 用硝酸银氨溶液检验，生成银镜者为甲酸。余下两者加热，放出气体能使澄清石灰水混浊者为丙二酸，无上述气体放出者为乙酸。

  (2) 用 NaOH 的 I₂ 溶液检验，无黄色碘仿沉淀生成者为乙酸。余下两者能与 2,4—二硝基苯肼生成黄色沉淀者为乙醛，无沉淀生成者为乙醇。

  (3) 用硝酸银溶液检验，生成白色沉淀者为乙酰氯；用 NaHCO₃ 溶液检验，放出 CO₂，能够使澄清石灰水变混浊者为乙酸；加 NaOH、加热，放出 NH₃，能够使 pH 试纸变蓝者为乙酰胺；余者为乙酸乙酯。

10. A CH₃—COOCH₃ B HCOOC₂H₅ C CH₃—CH₂—COOH

第 7 章

1. (1) 2—甲基—3—戊硫醇   (2) 1—丙硫醇   (3) 甲基异丙基硫醚

  (4) 邻甲基苯磺酸   (5) 间硝基苯磺酸   (6) 6—甲基—2—萘磺酸

2. (1) A 的结构式为 (CH₃)₃C— —SO₃H;

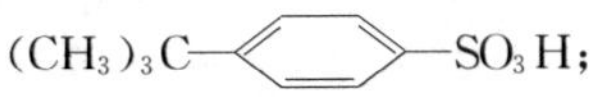

B 的结构式为 (CH₃)₃C— —ONa;

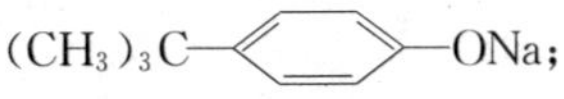

C 的结构式为 (CH₃)₃C— —OH

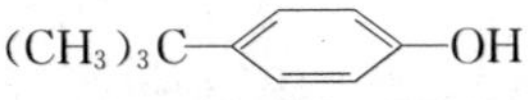

(2) 提示：溴代，酸水解加热脱磺酸基即可。

(3) 提示：苯酚对位磺化，邻位硝化，酸水解加热脱磺酸基即可。

(4) 提示：甲苯对位磺化，邻位二溴代，酸水解加热脱磺酸基即可。

(5) 提示：甲基化，氧化，磺化即可。

3.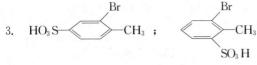

4. (1) 对甲氧基苯磺酸和邻甲氧基苯磺酸；(2) 间硝基苯磺酸；

(3) 2—羟基—5—硝基苯磺酸。

第 8 章

1. (1) 间硝基溴苯或间溴硝基苯　(2) β—硝基乙苯　(3) 甲基异丙基胺

(4) 1，4—丁二胺　　　　　(5) 乙酰苯胺　　　(6) 苯乙腈

(7) N—甲基苯磺酰胺

2. (1) 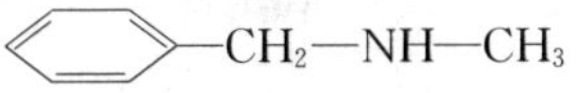 —CH₂—NH—CH₃

(2) CH₃— —N=N— —NH₂

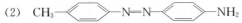

(3) —N=N—NH—

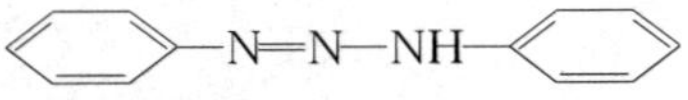

(4) (CH₃—CH₂—CH₂—CH₂)₄N⁺OH⁻

3. 共有八个同分异构体：伯胺 4 个，仲胺 3 个，叔胺一个。

4. (1) N—甲基二苯胺　　　叔胺　　　(2) N，N—二甲基苯胺　　叔胺

(3) 2，4—二甲基苯胺　　伯胺　　　(4) N—丙基苯胺　　　　仲胺

(5) 间甲基苄胺　　　　　伯胺　　　(6) 苯胺　　　　　　　伯胺

5. 提示：

(1) 将硝基还原成氨基，与醋酐发生乙酰化反应保护氨基，硝化，水解除去酰基即可。

(2) 甲苯光照下卤代，与 NaCN 反应氰基取代卤原子，还原氰基即可。

(3) 醇羟基卤代，与 NaCN 反应氰基取代卤原子，还原氰基即可。

(4)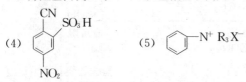

(5) —N⁺ R₃X⁻

(6) 硝化，氧化甲基成羧基，乙醇酯化，还原硝基成氨基即可。

(7) 硝化，溴代，还原硝基成氨基即可。

(8) 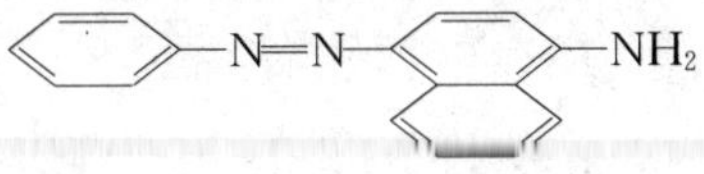 —N=N— —NH₂

(9) CH₃—CH₂—CH₂—CH₂—CH₂—N⁺—CH₃ ；I⁻；
　　　　　　　　　　　　　　　　CH₃
　　　　　　　　　　　CH₃

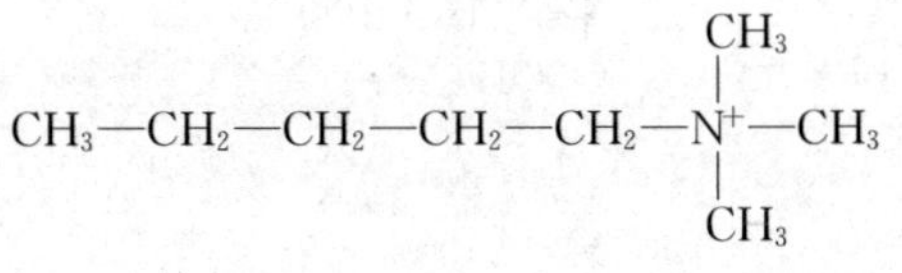

$$CH_3-CH_2-CH_2-CH_2-CH_2-\overset{\overset{\displaystyle CH_3}{|}}{\underset{\underset{\displaystyle CH_3}{|}}{N^+}}-CH_3 \ OH^-;$$

$$CH_3-CH_2-CH_2-CH=CH_2+N(CH_3)_3+H_2O$$

（10）提示：重氮化，氰基取代重氮基，氰基水解，甲基氧化。

（11）提示：加 Br_2，氰基取代溴原子，还原氰基成氨甲基。

（12）溴水与苯胺生成 2，4，6—三溴苯胺，氨基重氮化，氰基取代重氮基，水解氰基成羧基。

（13）乙烯在银催化下空气氧化成环氧乙烷，3mol 环氧乙烷与 1molNH₃ 反应得三乙醇胺。

6. A 的结构式为 $CH_3-\overset{\overset{\displaystyle }{|}}{\underset{\underset{\displaystyle CH_3}{|}}{CH}}-CH_2-NH_2$；$B$ 的结构式为 $CH_3-CH_2-\overset{\overset{\displaystyle }{|}}{\underset{\underset{\displaystyle CH_3}{|}}{CH}}-NH_2$；

C 的结构式为 $CH_3-CH_2-\overset{\overset{\displaystyle }{|}}{\underset{\underset{\displaystyle CH_3}{|}}{N}}-CH_3$

7. (1)

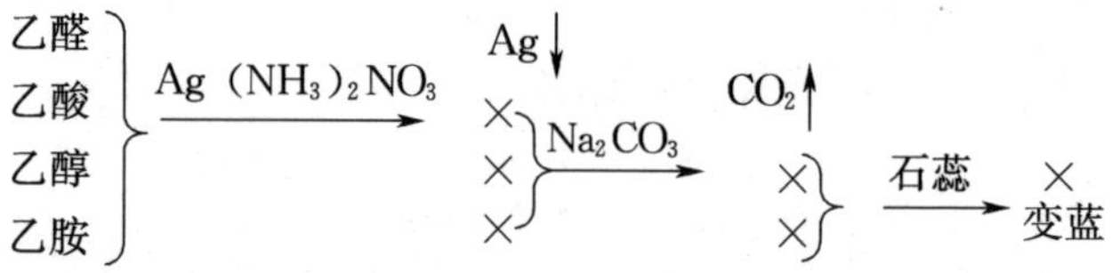

(2)

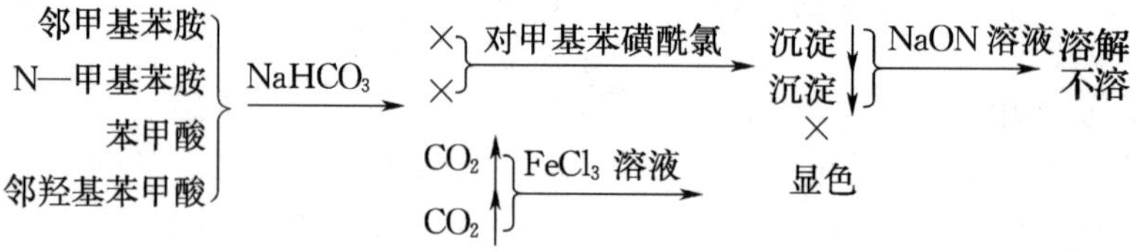

8. (1)

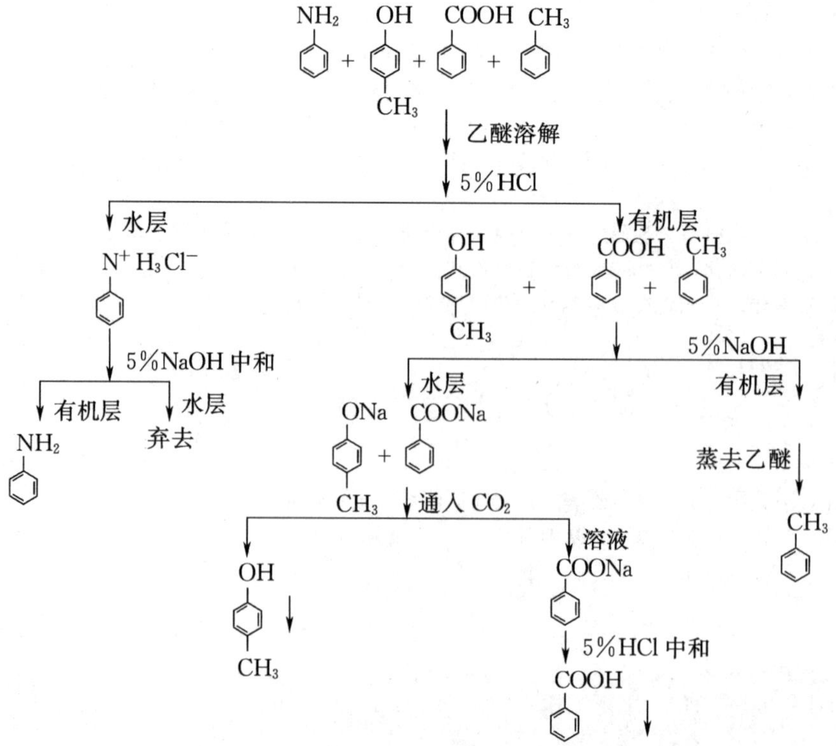

(2)

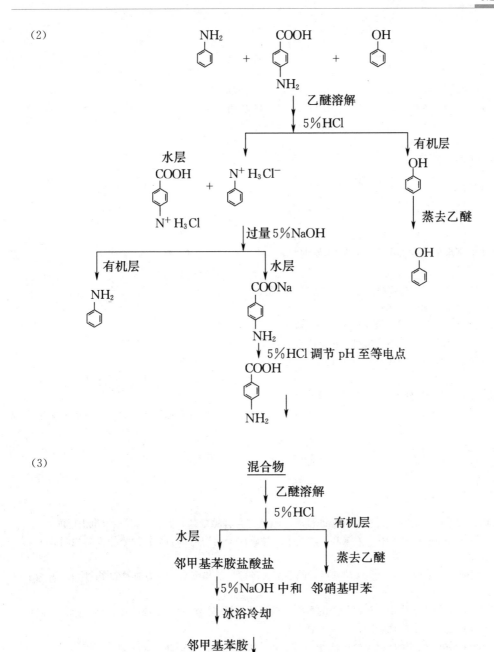

(3)

混合物

9. 提示：

（1）苯硝化，硝基还原成氨基，乙酰化保护氨基，硝化，水解脱乙酰基。

（2）甲苯对位硝化，还原硝基成氨基，乙酰化保护氨基，硝化，水解脱除乙酰基，重氮化，氢原子取代重氮基；还原硝基成氨基，重氮化，羟基取代重氮基。

（3）甲苯对位硝化，还原，重氮化，得对甲基苯重氮盐；—OH取代重氮基，得对甲基苯酚；对甲基苯重氮盐与对甲基苯酚发生偶联反应。

（4）苯硝化，硝基还原成氨基，乙酰化保护氨基，对位硝化，水解脱乙酰基，与溴水发生二溴代，氨基重氮化，氢原子取代重氮基。

第 9 章

1. （1）5—甲基—2—呋喃甲酸   （2）2，6—二羟基嘌呤
 （3）2，4—二甲基噻吩   （4）α—苯甲酰呋喃
 （5）2，4—二氯吡咯   （6）4—吡啶甲酰胺

2. （1）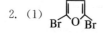   （2）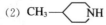   （3）

 （4）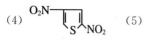   （5）

3. （1）氧化甲基成羧基，再用氨将羧基变成甲酰胺。   （2）

$$
\begin{array}{c}
\overset{+}{N}\ I^{-} \\
\mid \\
CH_3-CH-CH_3
\end{array}\ 。
$$

 （3）β—吡啶甲酸，β—吡啶甲酰氯，β—吡啶甲酰胺。

4. 甲胺＞氨＞吡啶＞苯胺＞吡咯

5. 用稀盐酸洗涤，吡啶生成盐酸盐溶于水中而除去，有机层为甲苯。

6. 取粗苯少许，依次加浓硫酸、靛红，加热变蓝色，即含噻吩。
 用浓硫酸洗涤，噻吩被磺化成易溶于水的α—噻吩磺酸，有机层为苯。

7. 提示：
 （1）能溶于稀盐酸者是吡啶，不溶者为吡咯。
 （2）用浸过盐酸的松木片检验，显红色者为吡咯。加浓硫酸、靛红，加热显红色者为噻吩。无以上现象者为呋喃。

8. 芳香性：吡咯＞呋喃＞噻吩。

第 10 章

1. （1）醛糖：含有醛基的糖，具有醛和醇的性质。酮糖：含有酮羰基的糖，具有酮和醇的性质。
 （2）D—型糖：在单糖分子中，离羰基最远的手征性碳原子的构型与 D—甘油醛的构型相同者为 D—型糖。
 　　　L—型糖：在单糖分子中，离羰基最远的手征性碳原子的构型与 L—甘油醛的构型相同者为 L—型糖。
 （3）苷：单糖的环式结构中，苷羟基上的氢原子被其他有机基团取代后生成的化合物叫作苷或糖苷。
 　　　苷羟基：苷原子上所连接的羟基称为苷羟基。
 （4）还原糖：能被托伦试剂或斐林试剂等弱氧化剂氧化的碳水化合物称为还原糖。
 　　　非还原糖：不能被托伦试剂或斐林试剂等弱氧化剂氧化的碳水化合物称为非还原糖。
 （5）果糖虽然是酮糖，但在碱性条件，可通过互变异构转化成醛糖，而与托伦试剂、斐林试剂发生反应。
 （6）葡萄糖有开链式和氧环式结构，只有开链式结构才含有醛基。在开链式和氧环式的平衡混合物中，开链式结构含量很少，不足 0.5%，所以葡萄糖不能与饱和亚硫酸氢钠溶液生成沉淀。

2. D—葡萄糖：
$$
\begin{array}{c}
ON \\
\mid \\
H-C-CN \\
\mid \\
\vdots \\
\mid \\
CH_2OH
\end{array}\quad;\quad
\begin{array}{c}
H-C=NOH \\
\mid \\
\vdots \\
\mid \\
CH_2OH
\end{array}\quad;\quad
\begin{array}{c}
CHO \\
\mid \quad\quad O \\
\mid\quad\quad\parallel \\
(CH-O-C-CH_3)_4 \\
\mid\quad\quad O \\
\mid\quad\quad\parallel \\
CH_2-O-C-CH_3
\end{array}
$$

D—果糖：

$$NC-\overset{\displaystyle CH_2O}{\underset{\displaystyle CH_2OH}{\overset{|}{\underset{|}{C}}}}-OH \;\;;\;\; \overset{\displaystyle CH_2OH}{\underset{\displaystyle CH_2OH}{\overset{|}{\underset{|}{C}}}}=NOH \;\;;\;\; (\overset{\displaystyle CH_2-O-\overset{O}{\overset{\|}{C}}-CH_3}{\underset{\displaystyle CH_2-O-\overset{\|}{\underset{O}{C}}-CH_3}{\overset{|}{\underset{|}{\overset{C=O}{\underset{CH-O-\overset{\|}{\underset{O}{C}}-CH_3}{|}}}}}})_3$$

3. (1) $\overset{\displaystyle COONH_4}{\underset{\displaystyle CH_2OH}{\overset{|}{\underset{|}{\quad}}}}$ $+Ag\downarrow$ (2)

4. 提示：

(1) 加间苯二酚、盐酸，水浴加热，显红色者为 D—果糖；余者为 D—葡萄糖。

(2) 用斐林试剂检验，有砖红色沉淀生成者为麦芽糖；余者为蔗糖。

(3) 加间苯二酚、盐酸，水浴加热，显红色者为 D—果糖；余者为麦芽糖。

5. 提示：蔗糖水解成葡萄糖和果糖，与过量苯肼作用，生成脎。

第 11 章

1. (1) $NH_2-CH_2-\overset{O}{\overset{\|}{C}}-NH-\underset{\displaystyle \underset{\displaystyle CH_3}{\overset{|}{CH_2-CH-CH_3}}}{\overset{|}{CH}}-COOH$

(2) $NH_2-\underset{\displaystyle CH_3}{\overset{|}{CH}}-\overset{O}{\overset{\|}{C}}-NH-CH_2-COOH$

2. 提示：把三种物质溶于水，用溴水检验，生成白色沉淀者为苯胺。用水合茚三酮检验，显紫蓝色者为 α—氨基丙酸，余者为 β—氨基丙酸。

3. 提示：天门冬酸在滴定时，是一个一元酸，说明它以内盐的形式存在。其内盐是一个一元酸，结构式为：

$$HOOC-CH_2-\underset{\displaystyle \overset{+}{N}H_3}{\overset{|}{CH}}-COO^-$$

4. 提示：几种物质各取少量，溶于水，用石蕊试纸检验，显蓝色者为 (1)、(3)，显红色者为 (2)，不变色者为 (4)。(1) 和 (3) 加亚硝酸钠和盐酸检验，有大量气泡生成者 (N_2) 为 (3)，无大量气泡生成者为 (1)。

5. 加酸。

实 验 部 分

有机化学实验是化学学科的一个重要组成部分。通过实验使学生在有机化学实验的基本操作方面获得一定的训练，培养学生正确观察、独立思考的能力和诚实的科学态度。实验配合课堂教学，使课堂讲授的基础理论和基本知识得到巩固和验证。

一、化学实验的一般知识

化学实验所用药品多具毒性、易燃、易腐蚀，化学反应又是在不同温度、压力下进行，如果操作不当，就会发生失火、烧伤、中毒或爆炸等事故。各实验中所用化学试剂的种类和浓度又各不相同，取用时必须认真仔细，否则不但会污染试剂，浪费药品，还会影响实验效果。所以，在实验中一定要严格遵守操作规程和以下安全规则：

1. 实验前要弄清原理和方法，熟悉实验步骤及危险药品的使用方法。

2. 实验开始前要检查仪器是否完整无损，装置是否正确，稳妥。

3. 实验进行时不得擅自离开实验岗位，并应随时注意仪器运行情况及反应进行是否正常。

4. 使用光学或电学仪器时，所有开关旋钮均应轻开轻关，使用完后应拆除电源线及其他接线，并将所有开关旋至"关"字标记。

5. 实验过程中，要爱护仪器，节约试剂、水、电、煤气，注意安全。实验结束时关闭水和煤气阀门，切断电源。

6. 使用有毒药品时（如氰化物、氯化物等），应防止进入口中或接触皮肤的伤口处。操作时应戴口罩、手套；实验完毕应立即洗手；取用氰化物或含汞化合物等有毒药品，所用移液管，绝对禁止用口吸取，一定要用洗耳球吸取；使用有毒液体、气体或在反应中生成这些物质时，应在通风橱内操作，剩余物品不可乱丢。

7. 使用易燃、易爆的试剂，如乙醚、酒精、二硫化碳、丙酮等，应远离火源，并禁止用直接火焰加热。回流、蒸馏这类药品的仪器绝对不要漏气，室内空气要流通。

8. 应经常保持实验室的整洁，并且在实验过程中要保持桌面、仪器和水槽整洁与干净，任何固体物质不能投入水槽中；废纸、废屑，应投入废纸箱内；废酸或废碱液应小心地倒入废液缸内。

9. 实验前要了解安全设备、灭火器的使用方法及放置位置，着火时不要惊慌失措。

10. 急救常识：

（1）玻璃割伤：如为轻伤，应及时挤出污血，用消毒的镊子取出碎玻璃片，用蒸馏水洗净伤口，涂上碘酒或红汞水，用纱布包扎。若为大伤口，要及时止血，送医疗室。

（2）酸或碱液溅入眼中：要先立即用大量的水冲洗，然后，若是酸液，再用1％碳酸氢钠溶液冲洗；若是碱液，再用1‰硼酸溶液冲洗。最后再用水冲洗一次。重伤者，经初步处理后迅速送医院。

（3）火伤：轻火烧伤涂以硼酸油膏，重大烧伤迅速送医院。

（4）溴液溅入眼中：要按酸液溅入眼中的处理办法急救，然后迅速送医院治疗。

（5）皮肤被酸、碱或溴液灼伤：若是被酸灼伤，先用大量水冲洗后，再用饱和碳酸氢钠溶液洗；若为碱液灼伤，先用大量水冲洗后再用1‰醋洗，最后都要再用水冲洗一遍，并涂上药用凡士林；若被溴液灼伤，伤处先立即用石油醚冲洗，再用2‰硫代硫酸钠溶液洗，然后涂上甘油。

二、有机化学实验常用玻璃仪器

1. 烧瓶（实验图 1）

（1）平底烧瓶（实验图 1a）适用于配制和贮存溶液，但不能用于减压实验。

（2）圆底烧瓶能耐热和反应物（或溶液）沸腾以及所发生的冲击振动。短颈圆底烧瓶（实验图 1b）瓶口结构结实，在有机化合物的合成实验中最常使用。水蒸气蒸馏实验通常用长颈圆底烧瓶（实验图 1c）。

（3）锥形烧瓶，简称锥形瓶（实验图 1d），常用于容量分析和有机溶剂进行重结晶的操作，因为这时瓶内固体物质容易取出；也可用于做常压蒸馏实验的接收器，但不能用作减压蒸馏实验的接收器。

（4）三口烧瓶（实验图 1e）在需要安装机械搅拌器的实验中最常使用，中间瓶口安装机械搅拌器，两边侧口可安装回流冷凝管、滴液漏斗、温度计等。

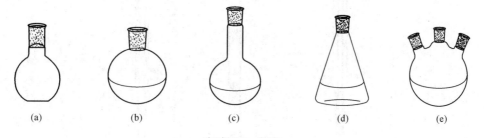

实验图 1　烧瓶

(a) 平底烧瓶；(b) 长颈圆底烧瓶；(c) 圆底烧瓶；(d) 锥形瓶；(e) 三口烧瓶

2. 蒸馏头（实验图 2）

（1）蒸馏头（实验图 2a），在需要测定沸点的常压蒸馏实验中使用，下连接烧瓶，上连接温度计，侧连接直形冷凝管。

（2）克莱森（Claisen）蒸馏头，简称克氏蒸馏头（实验图 2b），常用于减压蒸馏实验，正口安装毛细管，支口安装温度计，侧口安装直形冷凝管。容易发生泡沫或暴沸的蒸馏，也使用它。

（3）蒸馏弯管（实验图 2c），当不需要测量蒸馏的沸点时，经常采用蒸馏弯管，连接烧瓶和直形冷凝管，进行蒸馏。

3. 冷凝管（实验图 3）

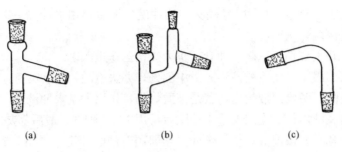

实验图 2　蒸馏头

(a) 蒸馏头；(b) 克氏蒸馏头；(c) 蒸馏弯管

(1) 直形冷凝管（实验图 3a）以自来水作为冷凝水，蒸馏沸点小于 140℃ 的有机物。当蒸馏沸点高于 140℃ 的有机化合物时，由于内外温差过大，直形冷凝管容易发生炸裂，需要采用空气冷凝管。

(2) 空气冷凝管（实验图 3b）用于蒸馏沸点高于 140℃ 的有机物，避免直形冷凝管以冷水作为冷却介质，温差过大造成的炸裂。

(3) 球形冷凝管（实验图 3c）内管的冷却面积大，对蒸气的冷凝有较好的效果，适用于加热回流的实验。

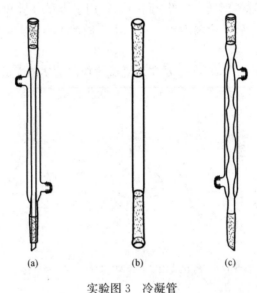

实验图 3　冷凝管

(a) 直形冷凝管；(b) 空气冷凝管；(c) 球形冷凝管

4. 漏斗（实验图 4）

(1) 漏斗（实验图 4a 和实验图 4b）在普通过滤时使用。

(2) 分液漏斗（实验图 4c 和实验图 4d）用于液体的萃取、洗涤和分离，有时还可用于滴加试液。

(3) 滴液漏斗（实验图 4e）能把液体一滴一滴地加入反应器。使漏斗的下端浸没在液面下，能够明显地看到滴加的速度。

(4) 恒压滴液漏斗（实验图 4f）有一个支管连接漏斗筒体的上部和下部的磨口，安装在反应瓶上，此支管有维持漏斗内液面上的压力与瓶内压力相等的作用，在密封的情况下，能够保证反应过程中，顺利地将反应物滴加到烧瓶中。

（5）布氏（Buchner）漏斗（实验图 4g）瓷质的多空漏斗，在减压过滤时使用。

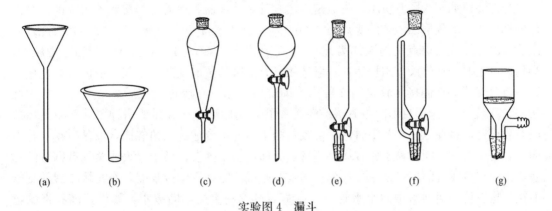

实验图 4　漏斗

（a）长颈漏斗；（b）短颈漏斗；（c）筒型分液漏斗；（d）梨形分液漏斗；

（e）滴液漏斗；（f）恒压滴液漏斗；（g）布氏漏斗

5. 其他标准玻璃磨口仪器

（1）接引管（实验图 5a），在蒸馏装置中，连接在直形冷凝管后面，接引馏分，流入接收瓶。

（2）分水器（实验图 5b），在某些水作为反应产物之一的有机反应中，应用分水器将水从反应体系里面移走，从而促进化学平衡朝着产物方向移动，提高反应的产率。

（3）玻塞（实验图 5c），能够将磨口烧瓶、锥形瓶等磨口容器塞严，隔绝空气，防止空气及其所含的水分进入。

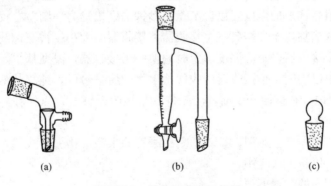

实验图 5　其他标准磨口仪器

（a）接引管；（b）分水器；（f）玻塞

三、实验中的基本操作

有机化学实验基本操作很多，本书只介绍蒸馏和萃取。

蒸馏、分馏和水蒸气蒸馏这三种蒸馏方法，都是有机制备中常用的重要操作，一般用来纯化和分离。而且前两种又是回收溶剂的主要方法。

1. 蒸馏

（1）蒸馏的一般操作

蒸馏装置如实验图 6 所示，一般是由温度计、蒸馏瓶、冷凝管与接收器组成的，温度计的选择，一般较蒸馏液体的沸点高出 10～20℃（当蒸馏一个含有不同沸点的混合液时，温度计的选择应以沸点高的液体为准），但不宜高出太多，因一般温度计测温范围越大，则精确度越差。加热液体用烧瓶，一般选用具有支管的蒸馏烧瓶，如在一般的圆底烧瓶上装一具有支管的玻璃接续管，则亦可作蒸馏烧瓶之用（在经过回流后需要蒸馏，常用此法）。冷凝管一般选用直形冷凝管或空气冷凝管，选用哪一种或需要何种尺寸，视具体蒸馏对象而定，将在下一小节中讨论，接收器则可用容量合适的三角烧瓶，取其口小、蒸发面小、易于加塞、同时易于放置桌上等特点。如遇易于挥发、易于着火或蒸气有剧毒的物质，则应在冷凝管的出口处，接一个三角吸滤瓶或蒸馏烧瓶作接收器，而在接收器的支管上接一橡皮管，通到水槽的出水管中，在蒸馏过程中水槽不断放水，如果蒸馏有毒的物质，则全过程应在通风橱内进行。

温度计的汞球，在蒸馏过程中，需全部浸没于蒸气中，装置的准则为汞球与毛细管的结合点，宜与蒸馏烧瓶出气支管的中心轴成一直线。

液体在蒸馏烧瓶中的量，应为烧瓶容量的 1/2～2/3，超过此量，在沸腾时溶液雾滴有被蒸气带至接受系统的可能，同时，沸腾强烈时，液体可能冲出，在加热蒸馏开始前，应加入少量沸石或其他类似物（如碎磁片、毛细管、小的磨砂玻璃珠等），以供给沸腾气化时所需要的"气芽"，否则可能由于过热而出现暴沸现象，使蒸馏瓶内的压力突然增大，轻则将液体冲入接受系统，重则有使蒸馏烧瓶炸裂的可能。若开始时忘记加沸石，必须等蒸馏溶液冷却后再加入，否则将使溶液暴沸，发生危险。

蒸馏烧瓶在加热前需先将冷凝管内的冷水流通，加热方法一般避免用直接火焰，而用各种适当的加热浴，加热的强度，以调节至每秒钟的馏出物为一滴左右较为适宜。

欲得纯粹的蒸馏物，至少需备三个接收器，接收器的大小视被蒸馏物的多少而定，在蒸馏开始时用一个接收器，蒸馏温度恒定时调换一个接收器，温度从恒定开始上升时再换一个接收器，其中以中间一个接收器所收的蒸出物的质量最好，纯粹的液体化合物，其沸点范围应在 2℃ 以内，在蒸馏开始前，应先将各个接收器称过，以便在蒸馏完毕后，可以直接称出馏出的质量。

蒸馏完毕后，须先移去热源，接着切断冷凝管的水源，移去接收器，然后将蒸馏系统拆开洗净，干燥，以备下次应用。

（2）蒸馏过程中的注意事项

在蒸馏过程中，应重点注意下列几个问题，以防止产生不良效果或事故。

1）加热浴的过热问题

加热浴必须比蒸馏液体的沸点高出若干度，否则是不能将被蒸馏物蒸出的，加热浴温度比沸点高出越多，蒸馏速度越快，但加热浴的温度一般最高不能比沸点超出 30℃。在沸点很高的场合也绝不超出 40℃。因加热浴的温度过高，易于产生两个现象：一为蒸馏速度太快，蒸馏烧瓶中和冷凝器上部的蒸气压超过大气压，以致将上二处的塞子冲开甚至将烧瓶炸裂，使大量蒸气逸出，如易燃的物质即引起燃烧甚至爆炸，严重时可引起人身事故及火灾，这一现象在蒸馏低沸点物时尤应注意；另一现象为被蒸馏物的过热分解，高沸点的化合物，在蒸馏时由于易被冷凝，往往蒸气未到达蒸馏烧瓶的支管处，即已回流冷凝而滴回烧瓶中，此时应调换短颈蒸馏烧瓶，或用石棉线绕在蒸馏瓶颈上保温等办法解决（或采用减压蒸馏）。如不用以上办法而只提高加热浴的温度，则经过一定时间后，高沸点的液体往往受热过久而分解或变质。

2）对被蒸馏物性质的了解

在蒸馏前，对被蒸馏物的性质应作尽可能多地了解，如对被蒸馏物的沸点范围已经了解，则对选择加热浴及选用冷凝系统极为有利。又如在室温易于固化的物体，则先了解其熔点后，即可在冷凝系统中作相应的预防措施（如缩短冷凝路程，在冷凝管中通温水等），不致将冷凝管道堵塞。物质在蒸馏中有无爆炸的可能，也是极为重要的。例如过氧化氢、肼等达到一定浓度时，三聚醛与浓硫酸达到一定比例时，有过氧化物的乙醚浓缩至一定程度时，均有在蒸馏过程中引起爆炸的可能。遇到这种可能性时，一方面在蒸馏过程中应注意适可而止或消除其爆炸因素；另一方面这一类化合物的蒸馏本身就应在具有安全装置的通风橱中进行，工作人员并应戴上防护面罩。

3）其他注意事项

作为蒸馏用的烧瓶，应一律用圆底的，冷凝管中的冷水流速，有时因水压作用而改变，需要随时注意。蒸馏过程中，如沸石或碎磁片失效，会引起暴沸现象；如在蒸馏过程中出现严重的发泡现象，可加入少许醇类（乙醇、丁醇等）或其他消泡剂。

2. 萃取

从水溶液中除去有机物质除了蒸馏以外有时需要使用别的方法，将混合物与一个不混溶的溶剂一同振荡就能够达到这个目的。如果溶剂选得适当，则大部分有机层将从水中转移到与水不混溶的有机溶剂里。溶质应被溶剂提取，这个过程称为萃取。

作为萃取用的一个好的溶剂应当是难溶或不溶于水，也不溶于含有欲萃取有机物中的其他任何物质；它也应当是挥发性的，以便借蒸馏与所萃取的化合物分离。最重要的是，有机物在萃取的溶剂中应当是十分易溶，比它在水中容易溶解得多。当然，溶剂不应与水或与被萃取的物质作用。用在萃取操作中最普通的溶剂是乙醚，它是一个能溶解多种其他化合物的物质。乙醚对大多数物质是惰性的，并且容易用简单蒸馏从混合物中除去。乙醚非常易燃，与空气混合生成点火就能爆炸的混合物，这是它的严重缺点。

在萃取过程中溶质既溶解于水又溶解于溶剂。在每一液相中溶质的量取决于：（1）溶质在每种液体中的溶解度；（2）每种液体的体积。在任一特定温度下，分配于两个互不混溶的溶剂中的溶质，在各个溶剂中浓度的比值是常数。

$$\frac{C_A}{C_B} = K$$

在方程式中，C_A 是每毫升有机溶剂中所含溶质的克数；C_B 是每毫升水中所含溶质的克数。K 代表分配常数（即在两层液体中溶质的比）。例如，如果 $K=4$，表明溶质在溶剂 A 中的可溶程度是在溶剂 D 中的四倍。

假设在某一萃取过程中，$K=4$，溶质最初的质量是 20g。计算用 35mL 乙醚从 100mL 水中能萃取的溶质质量。

$$4 = \frac{\dfrac{x}{35}}{\dfrac{20-x}{100}} \qquad x = 11.7\text{g （萃取物）}$$

如果用 20mL 和 15mL 乙醚进行两次萃取比用 35mL 一次萃取是否更有效。

第一次萃取：

$$4 = \frac{\dfrac{x}{20}}{\dfrac{20-x}{100}} \qquad x = 8.9\text{g （萃取物）}$$

这时在水中应剩余 20.0～8.9g 即 11.1g。

第二次萃取：

$$4 = \frac{\dfrac{x}{15}}{\dfrac{11.1-x}{100}} \qquad x = 4.2\text{g （萃取物）}$$

两次萃取的总和为 13.1(8.9＋4.2)g，而使用总体积相同的乙醚一次萃取只得到 11.7g 溶质。

步骤

在萃取操作中，最常使用梨形分液漏斗。分液漏斗可以放在铁环上或在漏斗颈上套个塞子用夹子夹住。把水溶液和溶剂放入漏斗中，一个手指按住塞子，将分液漏斗反复倒转，使混合物受到缓和的振摇。经过练习，也可以在紧靠活塞上部的位置捏住漏斗，用旋转动作来混合里面的物质。在混合物中可能产生一些热，使漏斗中压力增加。当用乙醚作溶剂时，这种效应非常显著。为了消除压力，可将漏斗倒置，小心地打开活塞。关闭活塞，把漏斗放回到垂直位置，然后拿掉顶部的塞子，这样，当打开活塞放出混合物的一个液层时，液体可以顺利地流出。

在萃取过程中可能产生一些实际问题。有时可能生成乳浊液而不分层。这时可以加入一些氯化钠来破坏乳浊液，氯化钠能促使胶体粒子的去电荷作用。另外它还有盐析剂的作用，即氯化钠溶解到水层，从而迫使有机物质转移到溶剂层。有时加几滴稀酸或稀碱也能破坏乳浊液。

偶尔在界面上会形成未知组成的泡沫状固体物质。要除去它，可以在漏斗中松松地放少量脱脂棉，将混合物倒在上面过滤即可。

当萃取完成时，剩下的问题就是决定哪一层是有机层。在你尚未确定之前，不要丢弃任何一个液层。在有机实验中最使人懊丧的事就是"我把需要的液层倒到水槽里去了"。当然，密度较大的一层总是在下面，但它的组成是什么？密度小的溶剂如乙醚，通常浮在上面；四氯化碳则在下面。然而，物质进入有机层后就可能使密度改变，以至于你预料会浮在上面的溶剂实际上可能沉下去。如果有怀疑，可取 1～2ml 你认为是水层有液体，加两滴水。如果溶解，便可以确定为水层；如果不溶，那么这层就是有机层。

其他溶剂。用乙醚做萃取溶剂并不总是可能或合适的。通常使用的一些其他溶剂有：苯、正丁醇、四氯化碳、氯仿、二氯乙烷、二氯甲烷、石油醚（主要是戊烷和乙烷的混合物）。

中性物质与酸或碱。中性物质和碱的混合物很容易分离，即用稀酸把碱转变为盐，然后将中性物质萃取分离。用稀的氢氧化钠中和水溶液使碱复原。这样，就游离出有机碱，可以再被萃取。从中性物质中分离酸可以采用相似的方法，当然，所不同的是，使用稀的无机酸和无机碱的顺序应当颠倒过来。

四、实验预习和实验报告的基本要求

学生在本实验课开始时，必须阅读书中有机化学实验的一般知识，在进行每一个实验前必须认真预习有关实验内容。首先要明确实验目的、原理、内容和方法。然后写出简要的实验步骤提纲，特别着重注意实验的关键步骤和安全问题。总之，要安排好实验计划。

实验报告应包括实验的目的和要求、反应式、主要步骤和现象，计算产率，讨论等。要如实记录和填写报告单。

实验分为性质实验和制备实验两大类，书写的格式也略有不同。

（一）性质实验

按照实验表 1，记录实验所进行的反应，现象及结果并解释原因。

性质实验记录 实验表 1

反　　应	现象及结果	原　　因

（二）制备实验

制备实验，分为六个部分。其中，实验记录见实验表 2。

1. 主要反应（原理）
2. 主要试剂用量
3. 理论产量
4. 实验记录

制备实验记录 实验表 2

时　　间	记　　录	现　　象

5. 实验结果
6. 讨论

五、实 验 内 容

实验一 工业乙醇的蒸馏

1. 实验目的：了解蒸馏及沸点的测定原理，了解蒸馏在有机化合物分离、纯化与鉴定中的重要作用，掌握蒸馏的操作要点。

2. 实验原理：液体物质的蒸汽压随温度的升高而升高，当蒸汽压与外压相等时，液体开始沸腾，此时的温度成为该液体物质在该压力下的沸点。将液体加热沸腾使之变为蒸汽，收集蒸汽冷凝为液体，这两个过程的联合操作成为蒸馏。蒸馏是分离、纯化和鉴定有机化合物的重要方法。

3. 实验药品：工业乙醇

4. 实验步骤：

蒸馏装置及其安装[1]：首先根据加热器的高度，安装好 100mL 圆底烧瓶，倒入待蒸馏的液体（30～50mL 工业乙醇），注意蒸馏液体积不超过烧瓶容量的 2/3，加入沸石。安装蒸馏头和温度计，注意温度计水银球的上限与蒸馏头的支口的下限齐平。从左至右，依次安装冷凝管，接液管和接收瓶，如实验图 6 所示。

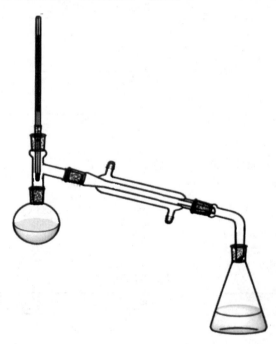

实验图 6　蒸馏装置

蒸馏：接通冷凝水，注意冷凝水从冷凝管下口进上口出。电加热套加热[2]，当蒸汽顶端到达水银球时，温度计读数急速上升，观察到冷凝管口有液滴形成，气液平衡形成，温度计读数稳定，此时温度计的读数，为该液体在该压力下的沸点。调节加热电压，使馏出速度为 1～2 滴/s。注意观察温度计的读数，当达到 77℃，换上一事先称量的干净锥形瓶，收集 77～79℃的馏分。待温度超过 79℃，或者烧瓶内仅剩几毫升液体时（不可蒸干），停止加热。稍冷，关冷凝水，从右至左拆除蒸馏装置。将蒸馏所得乙醇称量（或量体积），计算收率。

注释：

[1] 蒸馏装置的安装需要注意以下几点：（1）温度计水银球的上限与蒸馏头支口的下限齐平，才能准确测量蒸馏的温度。（2）冷凝管一般采用直形冷凝管，冷凝水下进上出。（3）安装和拆除装置的顺序：安装装置的一般顺序，烧瓶、蒸馏头、温度计，从下到上；蒸馏头、直形冷凝管、接引管、接收瓶，从左至右。拆除装置的顺序，接收瓶、接引管、直形冷凝管，从右到左；温度计、蒸馏头、烧瓶，从上到下。（4）开始实验，先通冷凝水，后开始加热；结束实验，先停止加热，待冷却后，再关冷凝水。（5）沸石的作用，是引入沸腾中心，使蒸馏平稳地进行，只需要加入几粒，而且是在蒸馏开始前的冷液体中加入，禁止往已经加热至沸或接近沸点的热液体中投放沸石。

[2] 如果使用酒精灯等明火，加热蒸馏沸点低于 100℃的有机物，必须采用水浴加热，严禁使用明火直接加热易燃易爆的低沸点有机物。有机化学实验室普遍使用电加热套加热，由于杜绝了明火，可直接加热蒸馏不需要采用水浴，但是要注意调节至适当的加热电压，使蒸馏平稳地进行。

思 考 题

1. 蒸馏实验操作中，应当注意哪些问题？
2. 如果要进一步提高乙醇的含量，可以采用什么样的办法？

实验二　乙酸乙酯的制备

1. 实验目的：了解从有机酸合成酯的一般原理及方法；掌握回流、萃取、干燥、蒸馏等基本操作技术。

2. 实验原理：醇和有机酸在 H^+ 的存在下发生酯化反应生成酯。

$$CH_3COOH + CH_3CH_2OH \underset{110～120℃}{\overset{H_2SO_4}{\rightleftharpoons}} CH_3COOC_2H_5 + H_2O$$

3. 实验药品

冰醋酸 14mL；

乙醇（95%）25mL；

浓硫酸，饱和碳酸钠，饱和食盐水，饱和氯化钙，无水硫酸钠。

4. 实验步骤：

100mL 圆底烧瓶中，放入 14mL 冰醋酸和 25mL 乙醇（95%），然后一边摇动，一边分批缓慢加入 7.5mL 浓硫酸，混合均匀，并加入几粒沸石，装上回流冷凝管，如实验图 7（a）所示。接通冷凝水，注意冷凝水从下口进上口出，电加热套加热[1]，回流 30min。稍冷后，取下回流冷凝管，加入几粒沸石，连接蒸馏弯管、直形冷凝管、锥形瓶，如实验图 7（b）所示，改为蒸馏装置。接通冷凝水，加热蒸馏，至不再有油状馏出物为止[2]。

将饱和碳酸钠溶液很缓慢地加入到馏出液中，不断摇动接收器，直至无二氧化碳气体逸出。将混合液倒入分液漏斗中，静止，放出下面水层（用 pH 试纸检验，酯层应呈中性）。用等体积的饱和食盐水洗涤后[3]，再用等体积的饱和氯化钙溶液洗涤两次，放出水层。有机层从分液漏斗上口倒入一干燥的锥形瓶，加入无水硫酸钠 1～2g，用磨口玻塞密封，不时振摇锥形瓶，干燥 10min。

将干燥后的乙酸乙酯倒入 25mL 干燥的烧瓶中，加入沸石，依次安装蒸馏头、温度计、直形冷凝管、接收瓶，电加热套加热蒸馏，装置如图 7（c）所示。用预先称量好的锥形瓶，收集 73～78℃的馏分，称量、计算产率。

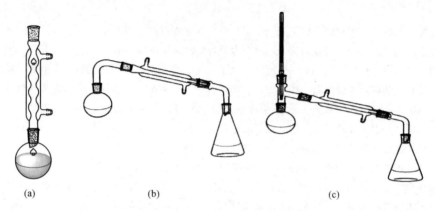

实验图 7　乙酸乙酯的制备

注释:

[1] 加热温度不宜过高，否则会增加副产物乙醚的含量，甚至进一步碳化变黄乃至变黑。

[2] 乙酸乙酯与水或醇能形成二元或三元共沸物，其组成及沸点如表 3。

[3] 必须用饱和食盐水洗涤，除去残留的碳酸钠，避免在下一步饱和氯化钙洗涤的时候，产生大量碳酸钙絮状沉淀，造成分离的困难。为了减少乙酸乙酯在水中的溶解损失（每 17 份水溶解 1 份乙酸乙酯），这里采用饱和食盐水洗涤。

乙酸乙酯与醇和水的二元和三元共沸物组成及沸点　　　　　　　　　　实验表 3

沸点（℃）	组成（%）		
	乙酸乙酯	乙醇	水
70.2	82.8	8.4	9.0
70.4	91.9	/	8.1
71.8	69.0	31.0	/

思 考 题

1. 在本实验中硫酸起什么作用？

2. 回流结束后蒸出的粗乙酸乙酯中，主要含有哪些杂质？

3. 能否用浓氢氧化钠溶液代替饱和碳酸钠溶液来洗涤蒸馏液？

4. 用饱和氯化钙溶液洗涤，能除去什么？为什么先要用饱和食盐水洗涤？是否可用水代替？

实验三　甲　基　橙　的　制　备

1. 实验目的

通过甲基橙的制备掌握重氮化反应及偶合反应的实验操作；掌握盐析、重结晶及抽滤等基本操作[1]。

2. 实验原理

甲基橙是一种指示剂，它由对氨基苯磺酸重氮盐和 N，N—二甲基苯胺的醋酸盐在弱酸性（pH＝3.5～7）低温条件下偶合而制得。偶合先得到的是红色的酸式甲基橙；加入碱液后，紫红色的酸式甲基橙转变为橙黄色的钠盐，即得到甲基橙。

反应式

$$H_2N-\!\!\!\bigcirc\!\!\!-SO_3H + NaOH \longrightarrow H_2N-\!\!\!\bigcirc\!\!\!-SO_3Na + H_2O$$

$$H_2N-\!\!\!\bigcirc\!\!\!-SO_3Na \xrightarrow[0\sim5℃]{NaNO_2+HCl} \left[HO_3S-\!\!\!\bigcirc\!\!\!-\overset{+}{N}\!\!\equiv\!\!N \right] Cl^-$$

$$\left[HO_3S-\!\!\!\bigcirc\!\!\!-\overset{+}{N}\!\!\equiv\!\!N \right] Cl^- + \bigcirc\!\!\!-N\!\!<\!\!\!^{CH_3}_{CH_3} \xrightarrow[0\sim5℃]{HAc}$$

$$\left[HO_3S-\!\!\!\bigcirc\!\!\!-N\!\!=\!\!N-\!\!\!\bigcirc\!\!\!-N(CH_3)_2 \right]^+ Ac^- \xrightarrow{NaOH}$$
$$\overset{|}{H}$$

$$NaO_3S-\!\!\!\bigcirc\!\!\!-N\!\!=\!\!N-\!\!\!\bigcirc\!\!\!-N(CH_3)_2 + NaAc + H_2O$$

HAc 表示醋酸。

3. 实验药品及仪器

(1) 仪器

烧杯（100mL）两个；

烧杯（250mL）一个；

试管、水浴装置、抽滤瓶、布氏漏斗（80mm）、滤纸、台称、量筒（10mL）、量杯（15mL）等各一个。

(2) 试剂

5％氢氧化钠溶液、10％氢氧化钠溶液、对氨基苯磺酸、亚硝酸钠、盐酸、N，N—二甲苯胺、冰醋酸、氯化钠、无水乙醇、乙醚、淀粉—碘化钾试纸。

4. 实验步骤

(1) 重氮盐的制备

在 100mL 小烧杯中，放入 5％氢氧化钠溶液 15mL，再加入 3.5g 对氨基苯磺酸晶体[2]，在热水浴中温热并搅拌使其溶解。另称取 1.3g 亚硝酸钠，溶于 6mL 水中，加入到上述烧杯内。在搅拌下，将该混合溶液缓缓滴入装有 25mL 水和 5mL 浓盐酸（在 250mL 烧杯内）组成的冰冷溶液中，并始终控制温度在 5℃以下，很快有对氨基苯磺酸重氮盐的沉淀生成。滴加完后，用淀粉—碘化钾试纸检验，使试剂刚好显蓝色[3]。为了保证反应完全，继续在冰浴中放置 15min。

（2）偶合反应

将 2.5mL N，N—二甲基苯胺放入试管里，加入 2mL 冰醋酸，振摇，使之混合[4]。在不断搅拌下，将此溶液慢慢加到上述冷却的对氨基苯磺酸重氮盐溶液中。加完后，继续搅拌 10min。此时有红色沉淀生成。然后在搅拌下，慢慢加入 25mL 10%氢氧化钠溶液，混合物由紫红色转变为橙黄色。此时反应液呈碱性，粗制甲基橙呈细粒状沉淀析出。

将反应物加热 5min 加入 8g 氯化钠，搅拌使氯化钠全部溶解。稍冷，在冰水浴中冷却，使甲基橙晶体全部重新析出。用布氏漏斗抽滤收集晶体。

再将滤饼连同滤纸移到装有热水的烧杯中（每克粗产品约用 150mL 水），微微加热后，不断搅拌，滤饼溶解后，取出滤纸。让溶液冷至室温，然后在冰水浴中冷却。待甲基橙晶体再次全析出后，用布氏漏斗抽滤收集晶体。用少量乙醇洗涤产品[5]，产量约为 3.2～3.5g。

5. 性质实验

溶解少量产品于水中，加几滴盐酸，振荡观察现象，用稀的氢氧化钠中和，观察颜色有何变化，为什么？

注释：

[1] 盐析：一般是指在溶液中加入无机盐类物质（如氯化钠）而使溶解的物质析出的过程。

重结晶：重结晶是指将晶体先行溶解（用溶剂），然后又重新从溶液中结晶的一种过程。重结晶是提纯物质的一种方法，利用这种方法，可减少或除去晶体的杂质。

[2] 对氨基苯磺酸是一种两性物质，酸性比碱性强，因而以酸性内盐存在。它能与碱作用成盐，加入氢氧化钠就生成水溶性较大的对氨基苯磺酸钠。

[3] 如果试纸不显蓝色，说明亚硝酸钠的用量不够。

[4] N，N—二甲基苯胺与醋酸生成 N，N—二甲苯胺醋酸盐，若反应物中有未作用完的该物质，加入氢氧化钠后，就会有 N，N—二甲苯胺析出，影响产物纯度。

[5] 用乙醇洗涤的目的是为了使产品迅速干燥。

思 考 题

1. 重氮化反应为什么要在低温下进行？

2. 是否所有偶氮化合物制备都必须在酸性溶液中进行偶合：甲基橙为什么在酸性溶液中制备？

实验四　柠檬烯的提取

1. 实验目的：了解天然产物柠檬烯精油的提取原理；掌握挥发油提取器[1]的使用。

2. 实验原理：橘子皮挥发油的主要成分是柠檬烯，采用挥发油提取器，可以方便地将柠檬烯从橘皮里面提取出来。

3. 原料：橘子皮。

4. 实验步骤：100g 橘皮[2]剪碎，放入 500ml 圆底烧瓶中，加入水[3]（70～150mL），少许沸石。安装挥发油提取器和球形冷凝管。打开冷凝水，加热，待水沸腾后，蒸汽上升，水逐渐在挥发油提取器中沉积。观察提取器中水面上层的油层，并记录不同时刻油层的体积。当油层不再增加时，停止加热。稍冷，从挥发油提取器中放出油层，得到粗柠檬烯。称重，计算产率。

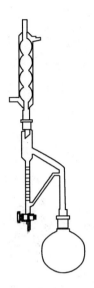

实验图 8　柠檬烯的提取装置图

注释：

[1] 将水和被提取原料一起加热至沸，挥发性有机物（简称挥发油）与水一起被气化至回流冷凝管，被冷却滴落至挥发油提取器左边的主管中，由于挥发油密度比水低，浮在左边主管的水面上，而右边支管的水面逐渐增长至提取器的支口处，并通过右边支口流回烧瓶，挥发油则在提取器左边主管的水面上富集。

[2] 橘子皮、广柑皮、柚子皮均可，提前准备好，并剪碎。

[3] 水量根据情况添加适量，以淹没材料为宜。

思 考 题

1. 挥发油是传统中草药的重要药理成分吗？请列举两种以上含有挥发油的中草药，并通过查阅资料，检索其挥发油的主要成分是什么？

2. 柠檬烯在生产实践中有何作用？

实验五　有机物的性质试验

1. 实验目的

大多数有机反应是发生在官能团上的反应。本实验主要根据有机化合物不同官能团的特性，在一定条件下与某些化学试剂作用产生特殊的颜色、气味、沉淀以及生成气体等现象而与其他有机物相区别。所以，性质试验要求操作简便，花费时间少，反应快，结果明显，而且对某一官能团具有专一性。

具有相同官能团的化合物，由于受分子中其他部分的影响，其反应性能也不可能完全相同，再加上有时会存在一些干扰因素，所以在有机定性分析试验中，也常常会发生某些例外。对于某种官能团，如果能用几种方法进行检验，可以增加官能团定性分析试验的可靠性。

327

2. 实验步骤

（1）卤代烃的性质

$$R-X+AgNO_3 \xrightarrow{\text{醇}} AgX\downarrow +RONO_2$$

取三只试管，分别加入 1%硝酸银乙醇溶液 1mL，再分别加氯代正丁烷，溴代丙烷和碘代丙烷 0.5mL，摇匀后在室温下静置约 5min，记下沉淀出现的时间和颜色。将未出现沉淀的试管置于热水浴中温热 2min，再观察。

（2）醇的性质

1）金属钠试验

$$R-CH_2-OH+Na \longrightarrow R-CH_2-ONa+\frac{1}{2}H_2\uparrow$$

$$\begin{array}{c}R\\ \diagdown\\ \diagup\\ R'\end{array}CH-OH+Na \longrightarrow \begin{array}{c}R\\ \diagdown\\ \diagup\\ R'\end{array}CH-ONa+\frac{1}{2}H_2\uparrow$$

$$\begin{array}{c}R\\ |\\ R'-C-OH+Na\\ |\\ R''\end{array} \longrightarrow \begin{array}{c}R\\ |\\ R'-C-ONa+\frac{1}{2}H_2\uparrow\\ |\\ R''\end{array}$$

$$R-CH_2-ONa+H_2O \longrightarrow R-CH_2-OH+NaOH$$

$$\begin{array}{c}R\\ \diagdown\\ \diagup\\ R'\end{array}CH-ONa+H_2O \longrightarrow \begin{array}{c}R\\ \diagdown\\ \diagup\\ R'\end{array}CH-OH+NaOH$$

$$\begin{array}{c}R\\ |\\ R'-C-ONa+H_2O\\ |\\ R''\end{array} \longrightarrow \begin{array}{c}R\\ |\\ R'-C-OH+NaOH\\ |\\ R''\end{array}$$

取三支干燥试管，分别加入 1mL 正丁醇、仲丁醇和叔丁醇，再用镊子放入绿豆大小的，并有新鲜切口的金属钠一粒[1]，观察各试管内反应速度的差异。用手指按住试管口，待有气体平稳放出时，用点燃的火柴靠近试管口，放开手指，有何现象发生？待反应完毕[2]后，分别取 1～2 滴反应液于瓷反应板上，让残余的醇挥发掉，然后滴 1～2 滴蒸馏水于残留物上，再分别滴加酚酞指示剂[3]1 滴，观察颜色的差异。

2）卢卡氏试验

$$R-CH_2-OH \xrightarrow{ZnCl_2/HCl} R-CH_2-Cl+H_2O$$

$$\begin{array}{c}R\\ \diagdown\\ \diagup\\ R'\end{array}CH-OH \xrightarrow{ZnCl_2/HCl} \begin{array}{c}R\\ \diagdown\\ \diagup\\ R'\end{array}CH-Cl+H_2O$$

$$\begin{array}{c}R\\ |\\ R'-C-OH\\ |\\ R''\end{array} \xrightarrow{ZnCl_2/HCl} \begin{array}{c}R\\ |\\ R'-C-Cl+H_2O\\ |\\ R''\end{array}$$

分别将 0.5mL 正丁醇、仲丁醇、叔丁醇置于三只干燥试管中，各加入卢卡氏试剂[4] 1mL，然后置于温水浴中，观察 5min 前和 1 小时后各试管内混合物的变化，记下变浑浊或出现分层的时间及界面的清晰程度。

（3）酚的性质

1）显色反应

$$6Ar{-}OH + FeCl_3 \longrightarrow [Fe(ArO)_6]^{3-} + 6H^+ + 3Cl^-$$

取两支试管，分别加入苯酚和对一苯二酚饱和溶液0.5mL，然后各加1%三氯化铁溶液1滴，观察现象。在不停地摇动中，继续向对一苯二酚中缓缓滴加三氯化铁溶液，直到生成沉淀为止，观察沉淀的形状和颜色。

2）溴水试验

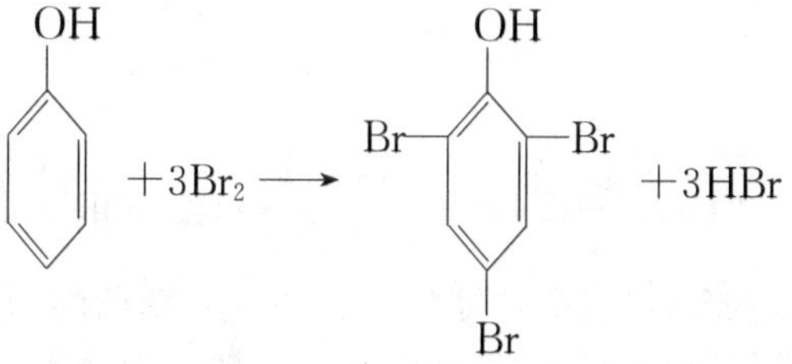

取试管一支，加入苯酚饱和溶液1mL，再加饱和溴水[5]2滴，观察所发生的现象。

（4）醛和酮的性质

1）加成反应

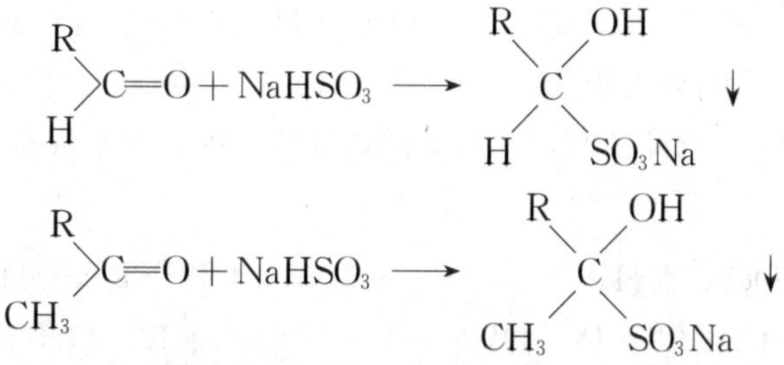

分别取0.5mL苯甲醛和丙酮于两支干燥试管中，各加入饱和亚硫酸氢钠溶液[6]1mL，摇匀后将试管置于冷水浴中冷却3～5min，观察现象。

2）银镜反应

$$R{-}CHO + 2Ag(NH_3)_2OH \xrightarrow{\triangle} 2Ag\downarrow + RCOONH_4 + 3NH_3 + H_2O$$

取一支清洁的大试管，加入2%的硝酸银水溶液2mL，滴入1小滴5%氢氧化钠溶液，立即有棕黑色氧化银沉淀生成，用力摇动，使之反应完全。然后一边摇动试管，一边滴加2%氨水直到棕黑色沉淀恰好全部溶解[7]，溶液澄清，即配成银氨溶液，亦称托伦试剂（若氨水已过量，再回加一滴硝酸银溶液）。

在托伦试剂中加入两滴5%甲醛溶液，摇匀，然后将试管置于温水浴中静置3～5min[8]观察现象。

3）碘仿反应

$$H{-}\overset{\overset{\displaystyle O}{\|}}{C}{-}CH_3 + 3NaOI \longrightarrow H{-}\overset{\overset{\displaystyle O}{\|}}{C}{-}ONa + CHI_3\downarrow + 2NaOH$$

$$R{-}\overset{\overset{\displaystyle O}{\|}}{C}{-}CH_3 + 3NaOI \longrightarrow R{-}\overset{\overset{\displaystyle O}{\|}}{C}{-}ONa + CHI_3\downarrow + 2NaOH$$

取 5 支试管，各加入碘—碘化钾溶液[9]1mL，一边摇动，一边各滴加 5％氢氧化钠溶液至碘的红色刚好消失，溶液呈浅黄色[10]，然后分别加入丙酮、乙醇、异丙醇、正丁醇和仲丁醇 3～4 滴，观察并比较试管中析出沉淀的快慢。若无沉淀生成，可回加几滴碘—碘化钾溶液或在温水浴中加热数分钟，冷却后再观察。

4）与 2，4—二硝基苯肼的作用

取三支试管，各加入 1mL 新配制的 2，4—二硝基苯肼试剂[11]，然后再分别加入 3～4 滴甲醛、苯甲醛和丙酮，用力摇动后放置片刻，观察有何现象发生。若无现象，可微热半分钟，振荡后放冷，再观察。

（5）羧酸的性质

1）酯化反应

$$R{-}COOH + R'{-}OH \xrightarrow[\triangle]{浓\,H_2SO_4} RCOOR' + H_2O$$

取干燥大试管 1 支，加入异戊醇，冰醋酸各 3mL，浓硫酸两滴，摇匀后在沸水中加热 10min，放冷。然后加蒸馏水约 15mL，轻轻摇动试管，观察析出并浮于水面的酯层，是否有香蕉水气味生成。最后将产物收集于回收瓶内。

2）甲酸的还原性

$$HCOOH + KMnO_4 \xrightarrow{H^+} CO{\uparrow}_2 + H_2O + MnO_2{\downarrow} + KOH$$

在两支小试管内分别加入甲酸、乙酸各 0.5mL，再各加蒸馏水 1mL，混匀后再各加 2mol/L 硫酸 1mL 及 0.5％高锰酸钾溶液 2 滴，加热至沸，观察现象。

（6）酯的性质

$$R{-}COOR' + H_2O \xrightarrow{H^+ 或 OH^-} R{-}COOH + R'{-}OH（水解）$$
$$R{-}COOR' + R''{-}OH \longrightarrow R{-}COOR'' + R'{-}OH（醇解）$$

$$R{-}COOR' + NH_3 \longrightarrow R{-}\overset{\overset{O}{\|}}{C}{-}NH_2 + R'{-}OH（氨解）$$

1）水解

取 2 支试管，各加蒸馏水 1mL，再分别加入 3N 氢氧化钠 2 滴和 3N 硫酸 2 滴，摇匀后各加入用苏丹Ⅲ染红的乙酸乙酯2滴,振荡后观察红色酯层是否消失。

2）醇解

取 1 支试管，加入异戊醇 1mL 和 3N 硫酸 2 滴，混匀后加入用苏丹Ⅲ染红的乙酸乙酯 2～4 滴，充分振荡后加蒸馏水 2～3mL 稀释[12]，闻闻有何气味产生。

3）氨解

在试管中加入 2％氨水 1mL 和用苏丹Ⅲ染红的乙酸乙酯 2 滴，振荡后观察酯层是否消失。

4）异羟肟酸试验（酯类的特殊反应）

$$R{-}\overset{\overset{O}{\|}}{C}{-}OR' + H_2N{-}OH \longrightarrow R{-}\overset{\overset{O}{\|}}{C}{-}\overset{\overset{H}{|}}{N}{-}OH + R'OH$$

异羟肟酸

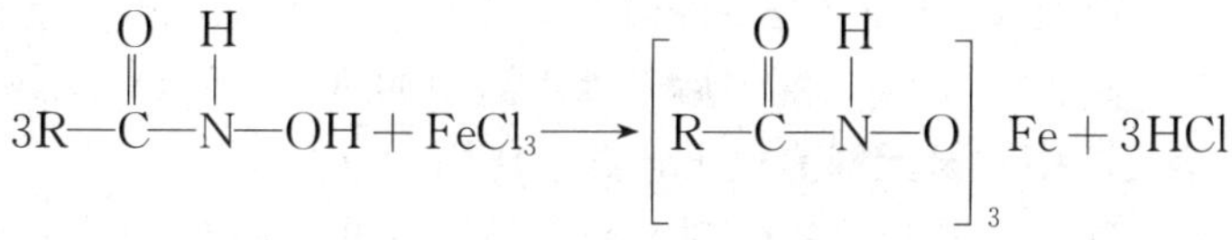

$$3R-\overset{\overset{\displaystyle O}{\|}}{C}-\overset{\overset{\displaystyle H}{|}}{N}-OH+FeCl_3 \longrightarrow \left[R-\overset{\overset{\displaystyle O}{\|}}{C}-\overset{\overset{\displaystyle H}{|}}{N}-O\right]_3 Fe+3HCl$$

异羟肟酸铁（红色）

取干燥试管 1 支，加 0.5N 盐酸羟胺乙醇溶液 1mL（约 8 滴），加入乙酸乙酯（其他酯也行）2 滴，再加入 20％的氢氧化钾乙醇溶液 0.5mL（约 4 滴）使混合物呈碱性，加热混合物至沸腾，放冷后加入 1N 盐酸溶液 2mL 使溶液酸化。如果出现浑浊，可再加乙醇 2mL 摇匀，在旋动中加入 10％的三氯化铁溶液 1 滴，观察溶液颜色的变化。

（7）芳胺的性质

1）碱性试验，成盐反应

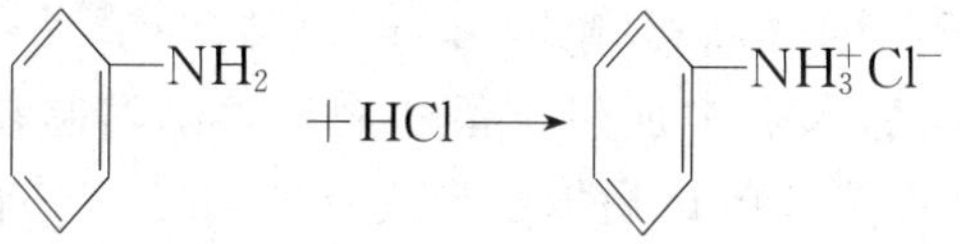

取试管 1 支，加苯胺 2 滴，再加浓盐酸 2 滴，有何现象发生？再加蒸馏水 2mL，摇动试管，又有何现象？

2）溴化反应

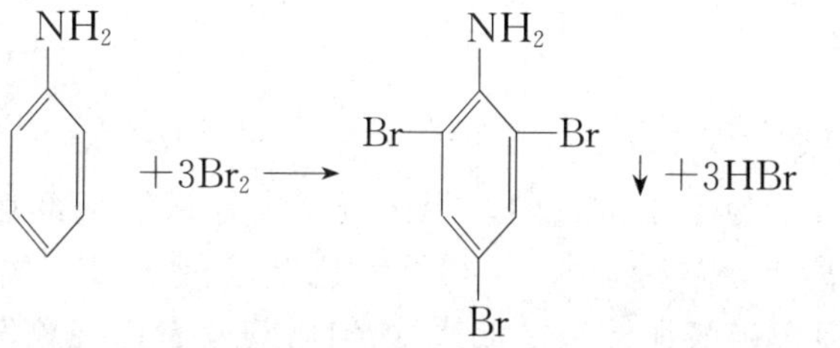

取试管 1 支，加蒸馏水 2mL 和一小滴苯胺，用力摇动试管，使苯全部溶解，溶液变清亮，然后加入饱和溴水 3 滴，边滴边摇动试管，每滴加一滴时，注意观察试管中的变化。

（8）碳水化合物的性质

1）糖的还原性

（a）银镜反应

按照前实验（4）②的方法配制托伦试剂，然后将托伦试剂分装入三支清洁的小试管，分别加入 5％葡萄糖溶液，5％果糖溶液和 5％麦芽糖溶液 2 滴，摇匀后在温水浴中静置 3～5min，取出观察三支试管中有何现象。

（b）与斐林试剂作用

取清洁大试管 1 支，各加入斐林试剂Ⅰ和斐林试剂Ⅱ 3mL，混匀，即配成鲜蓝色的斐林试剂[13]，然后将斐林试剂均分入五支清洁小试管中，再分别加入 5％葡萄糖溶液，5％果糖溶液，5％蔗糖溶液，5％麦芽糖溶液和 1％淀粉溶液[14] 2 滴，振荡均匀后，同时将五支试管放入沸水浴中加热 2～3min。取出后置于试管架上冷却，注意观察各试管中颜色的变化，是否有红色沉淀生成？

331

2）二糖及多糖的水解

在两支试管中分别加入5％蔗糖溶液和1％的淀粉溶液1mL，再向第1支试管内加6N硫酸1滴，第二支试管加2～3滴，混匀后于沸水浴中加热10～15min，取出放冷，再逐滴加入10％碳酸钠溶液，中和至无气泡放出，试液待用。

另取干净试管一支，各加入斐林试剂Ⅰ和斐林试剂Ⅱ1mL混匀后分别取0.5mL于上待用试液中，摇匀，然后于沸水浴中加热3～5min，观察并解释所发生的现象。

3）酮糖反应

在两支试管中分别加入0.5mL 5％葡萄糖溶液和5％果糖溶液，再分别加入0.05％的间—苯二酚盐酸溶液[15]1mL混匀，将试管同置于沸水浴中加热2min，比较两试管内溶液颜色的变化。

4）成脎反应

取四支试管，分别加入5％葡萄糖溶液、5％果糖溶液、5％蔗糖溶液和5％麦芽糖溶液1mL，再分别加入新配制的苯肼试剂[16]0.5mL，摇匀，取一小团棉花塞住试管口[17]，然后将试管同时放入沸水浴中加热，留心观察，随时将出现沉淀的试管取出，并记下沉淀析出的时间。加热30min后取出所有试管，置于试管架上让其自然冷却，继续观察10～15min，比较试管内生成糖脎的顺序。

然后用玻棒取出少量的糖脎于载玻片上，用盖玻片盖好后，在低倍显微镜下[18]观察各种糖脎的结晶形状和颜色。

（9）蛋白质的性质

1）颜色反应

（a）尿素缩合呈缩二脲反应

取黄豆大小尿素一粒于小试管内，用试管夹夹住试管上部在灯焰上直接加热至熔后重又变成固体时离火，放冷后加10％氢氧化钠溶液1mL（若不溶解，可稍加热），待全部溶解后，加1％硫酸铜溶液2滴[19]摇匀后观察有何现象发生。

（b）蛋白质的缩二脲的反应

取干净试管一支，依次加入蛋白质溶液[20]1mL，10％氢氧化钠溶液1mL，1％硫酸铜溶液2～5滴，摇匀后观察现象。

（c）黄蛋白反应

取一支试管，加蛋白质溶液1mL，再加浓硝酸3滴，此时出现白色沉淀，再将沉淀放在沸水浴中加热，观察试管内沉淀颜色的变化，取出放冷后，再加10％氢氧化钠溶液1mL，又有何变化？

（d）茚三酮反应

a）取小滤纸片一张，滴上一滴蛋白质溶液，用风吹干后，在斑痕上滴加一滴0.1％茚三酮乙醇[21]溶液，在灯焰上方小心烘干，有何现象？

b）取试管一支，加蛋白质溶液0.5mL及0.1％茚三酮乙醇溶液2滴，混匀后在沸水浴中加热10min左右，有何现象发生？

2）沉淀反应

（a）盐析作用—可逆沉淀反应

取试管一支，加入蛋白质溶液0.5mL，饱和氯化钠溶液3～4滴，混匀后再加饱和硫酸铵溶液 1mL，有何现象发生？再加 2~3mL 蒸馏水稀释，摇匀，观察蛋白质沉淀是否重又溶解？

（b）不可逆沉淀反应

取两支试管，分别加入蛋白质溶液 1mL，再向第一支试管加乙醇 2mL，向第二支试管加苯酚饱和溶液 1mL，观察有何变化？

注释：

［1］用镊子从瓶中取金属钠一小块，先用滤纸吸干表面粘附的溶剂油，再用小刀切成绿豆大小的颗粒，切剩的钠粒，放回原瓶，严禁丢入水槽、废液缸或垃圾中。

［2］如果试管内停止冒气泡时仍有未反应完的金属钠，应用镊子取出，用乙醇破坏，然后用水稀释。

［3］酚酞指示剂的配制。

将 0.1g 酚酞溶于 100mL 95％的乙醇溶液中，即得无色的酚酞乙醇溶液。本试剂在室温下的变色范围为 pH=8.2~10。

［4］卢卡氏试剂的配制。

将新熔融过的无水氯化锌 34g 溶于 23mL 浓盐酸（相对密度 1.18）中，在不停地搅拌中将容器置于冰水浴中冷却，以防止氯化氢逸出。所得试剂体积为 35mL，卢卡氏试剂应在使用时配制。

［5］饱和溴水的配制。

将 15g 溴化钾溶于 100mL 蒸馏水中，再加 10g 溴，振荡即可。

［6］饱和亚硫酸氢钠溶液的配制。

在 100mL 40％的亚硫酸氢钠溶液中加入 25mL 不含醛的乙醇，滤去析出的晶体。本试剂应在使用时配制。

［7］氨水不能加得太多，否则影响实验效果，而且会生成具有爆炸性的物质雷酸银。

［8］切忌将试管在灯焰上直接加热，在热水浴中也不能加热过久。温度过高，加热过久不但有利于雷酸银生成，还会析出氮化银沉淀。两者均有爆炸性。

托伦试剂必须现用现配，久置同样有危险。

［9］碘—碘化钾溶液的配制。

称取碘化钾 20g，溶于 100mL 蒸馏水中，然后加入 10g 研细的碘粉，不停地搅拌，使其全部溶解。此时，溶液呈深红色。

［10］若有过量的碱存在，加热后会使已经生成的碘仿消失。

$$\text{CHI}_3 + 4\text{NaOH} \longrightarrow \overset{\displaystyle O}{\underset{\displaystyle \|}{\text{H—C}}}\text{—ONa} + 3\text{NaI} + 2\text{H}_2\text{O}$$

［11］2，4—二硝基苯肼试剂的配制。

取 2，4—二硝基苯肼 1g，加入 7.5mL 浓硫酸，溶解后倒入 75mL 95％的乙醇中，用水稀释至 250mL，必要时过滤备用。

［12］酯的醇解产物中有新的酯生成，对苏丹Ⅲ仍有显色作用。

［13］斐林试剂的配制。

斐林试剂Ⅰ的配制：将硫酸铜晶体（CuSO₄·5H₂O）3.5g 溶于 100mL 蒸馏水中，加 0.5mL 浓硫酸，混匀，即得浅蓝色的斐林试剂Ⅰ。

斐林试剂Ⅱ的配制：将酒石酸钾钠（KNaC₄H₄·5H₂O）17g 和分析纯氢氧化钠 5g 共溶于 100mL 蒸馏水中，必要时用玻璃毛过滤即得无色清亮的斐林试剂Ⅱ。斐林试剂Ⅰ和斐林试剂Ⅱ应分别保存，使用时等量混合即为斐林试剂。

［14］1％淀粉溶液的配制。

将 1g 可溶性淀粉溶于 5mL 冷的蒸馏水中，用力搅成稀浆状，然后倒入 94mL 则煮沸的蒸馏水中，即得近于透明的胶体溶液，放冷后待用。

[15] 0.05％间—苯二酚盐酸溶液的配制。

将 0.05g 间—苯二酚溶于 50mL 浓盐酸中，再用蒸馏水稀释至 100mL。

[16] 苯肼试剂的配制。

将苯肼试剂 5mL 溶于 50mL 10％的醋酸溶液中，加活性炭 0.5g（若为颗粒，研成粉状）搅拌后过滤，将滤液保存在棕色试剂瓶内。本试剂使用时配制，久置会失效。

苯肼有毒，切忌皮肤接触。若不慎触及，立即用 5％醋酸溶液冲洗，再用肥皂洗涤，最后用清水冲洗。未使用完的苯肼试剂，应密封好，避光贮存。

[17] 为了防止加热过程中苯肼蒸气的逸出，需用少量棉花塞住试管口，以免中毒；也不能将试管直接在灯焰上加热。

[18] 低倍显微镜的使用和维护。

将载有标本的玻片放于显微镜的载物台上，调整光源或反光镜，使光线充满视域，调节粗准焦螺旋，使镜筒下移，至物镜尽量接近载物玻片（调节载物台，使之上升至载物玻片尽量接近物镜），但不能让其接触。再缓慢调节粗准焦螺旋，使镜筒缓慢上移（或调节载物台，使之缓慢下移）至能从目镜中见到标本时，改用细准焦螺旋调节，直到物象清晰为止。记录所观察到的现象，注明放大倍数。

光学零件表面切忌用手触摸。万一镜面沾染尘埃，可用镜头纸揩擦，或用脱脂棉蘸取少量二甲苯或酒精轻轻擦拭。

[19] 硫酸铜应避免过量，以防止在碱性溶液中生成沉淀而干扰蛋白质的颜色反应。

[20] 蛋白质溶液的配制。

取一个鲜鸡蛋的蛋清（约 25mL）加水 100mL，搅拌 10min，过滤，滤液即为卵蛋白溶液。

[21] 0.1％茚三酮乙醇溶液的配制。

将 0.1g 茚三酮溶于 125mL95％的乙醇即可。本试剂使用时配制。

思 考 题

1. 卤代烃与硝酸银的醇溶液作用能生成卤化银沉淀，此实验为什么不用硝酸银的水溶液？

2. 醇与金属钠的反应为什么必须用干燥的试管？为什么醇钠可作碱性试剂？

3. 为什么醛、酮的加成反应所用的亚硫酸氢钠必须是饱和溶液？

4. 根据甲酸的结构，解释为什么甲酸具有还原性。

5. 为什么苯胺与溴水作用会生成多元取代产物？

6. 举例说明什么是还原糖、非还原糖。

7. 为什么糖脎反应可用来鉴别还原糖和非还原糖？葡萄糖和果糖为什么会生成相同的糖脎？

8. 在同等条件下，蔗糖和淀粉哪一个更容易发生水解反应？为什么？

9. 哪些蛋白质能够发生黄蛋白反应？为什么？

10. 氨基酸能否发生缩二脲反应？为什么？

11. 为什么乙醇、苯酚可以作杀菌剂？

主要参考文献

[1]　徐寿昌主编 . 有机化学 . 第二版[M]. 北京：高等教育出版社，2004.

[2]　汪小兰主编 . 有机化学 . 第五版[M]. 北京：高等教育出版社，2017.

[3]　邢其毅编 . 基础有机化学 . 第四版[M]. 北京：高等教育出版社，2017.

[4]　天津大学，重庆建筑工程学院编 . 给水排水化学[M]. 北京：中国建筑工业出版社，1979.

[5]　荣国斌等编 . 大学有机化学基础[M]. 上海：华东理工大学出版社，2006.

[6]　王积涛，王永梅等编 . 有机化学 . 第三版[M]. 天津：南开大学出版社，2009.

[7]　李毅群，王涛等编 . 有机化学 . 第二版[M]. 北京：清华大学出版社，2013.

[8]　高鸿宾主编 . 有机化学导论[M]. 天津：天津大学出版社，1988.

[9]　马之庚，陈开来主编 . 工程塑料手册(材料卷)[M]. 北京：机械工业出版社，2004.

[10]　胡宏纹，吴琳主编 . 有机化学 . 第五版[M]. 北京：高等教育出版社，2021.

[11]　金关泰主编 . 高分子化学的理论和应用进展[M]. 北京：中国石化出版社，1995.

[12]　黄靖，郭金育等编 . 聚羧酸系高性能减水剂及其应用技术-2015[M]. 北京：北京理工大学出版社，2015.

[13]　孙酣经等编 . 化工新材料及应用[M]. 北京：化学工业出版社，1991.

[14]　第十设计院等编 . 纯水制备[M]. 北京：国防工业出版社，1972.

高等学校给排水科学与工程学科专业指导委员会规划推荐教材

征订号	书 名	作 者	定价（元）	备 注
22933	高等学校给排水科学与工程本科指导性专业规范	高等学校给水排水工程学科专业指导委员会	15.00	
39521	有机化学(第五版)(送课件)	蔡素德等	59.00	住房和城乡建设部"十四五"规划教材
27559	城市垃圾处理(送课件)	何品晶等	42.00	土建学科"十三五"规划教材
31821	水工程法规(第二版)(送课件)	张智等	46.00	土建学科"十三五"规划教材
31223	给排水科学与工程概论(第三版)(送课件)	李圭白等	26.00	土建学科"十三五"规划教材
32242	水处理生物学(第六版)(送课件)	顾夏声、胡洪营等	49.00	土建学科"十三五"规划教材
35065	水资源利用与保护(第四版)(送课件)	李广贺等	58.00	土建学科"十三五"规划教材
35780	水力学(第三版)(送课件)	吴玮　张维佳	38.00	土建学科"十三五"规划教材
36037	水文学(第六版)(送课件)	黄廷林	40.00	土建学科"十三五"规划教材
36442	给水排水管网系统(第四版)(送课件)	刘遂庆	45.00	土建学科"十三五"规划教材
36535	水质工程学 (第三版)(上册)(送课件)	李圭白、张杰	58.00	土建学科"十三五"规划教材
36536	水质工程学 (第三版)(下册)(送课件)	李圭白、张杰	52.00	土建学科"十三五"规划教材
37017	城镇防洪与雨水利用(第三版)(送课件)	张智等	60.00	土建学科"十三五"规划教材
37018	供水水文地质(第五版)	李广贺等	49.00	土建学科"十三五"规划教材
37679	土建工程基础(第四版)(送课件)	唐兴荣等	69.00	土建学科"十三五"规划教材
37789	泵与泵站(第七版)(送课件)	许仕荣等	49.00	土建学科"十三五"规划教材
37788	水处理实验设计与技术(第五版)	吴俊奇等	58.00	土建学科"十三五"规划教材
37766	建筑给水排水工程(第八版)(送课件)	王增长、岳秀萍	72.00	土建学科"十三五"规划教材
38567	水工艺设备基础(第四版)(送课件)	黄廷林等	58.00	土建学科"十三五"规划教材
32208	水工程施工(第二版)(送课件)	张勤等	59.00	土建学科"十二五"规划教材
24074	水分析化学(第四版)(送课件)	黄君礼	59.00	土建学科"十二五"规划教材
33014	水工程经济(第二版)(送课件)	张勤等	56.00	土建学科"十二五"规划教材
29784	给排水工程仪表与控制(第三版)(含光盘)	崔福义等	47.00	国家级"十二五"规划教材
16933	水健康循环导论(送课件)	李冬、张杰	20.00	
37420	城市河湖水生态与水环境(送课件素材)	王超、陈卫	40.00	国家级"十一五"规划教材
37419	城市水系统运营与管理(第二版)(送课件)	陈卫、张金松	65.00	土建学科"十五"规划教材
33609	给水排水工程建设监理(第二版)(送课件)	王季震等	38.00	土建学科"十五"规划教材
20098	水工艺与工程的计算与模拟	李志华等	28.00	
32934	建筑概论(第四版)(送课件)	杨永祥等	20.00	
29663	物理化学(第三版)(送课件)	孙少瑞、何洪	25.00	
24964	给排水安装工程概预算(送课件)	张国珍等	37.00	
24128	给排水科学与工程专业本科生优秀毕业设计(论文)汇编(含光盘)	本书编委会	54.00	
31241	给排水科学与工程专业优秀教改论文汇编	本书编委会	18.00	

　　以上为已出版的指导委员会规划推荐教材。欲了解更多信息，请登录中国建筑工业出版社网站：www. cabp. com. cn查询。在使用本套教材的过程中，若有任何意见或建议，可发 Email 至：wangmeilingbj@126.com。